数控技术及应用指南

CNC-Handbuch

汉斯·B. 基夫 (Hans B. Kief)

[德] 赫尔穆特·A. 罗斯基瓦尔 (Helmut A. Roschiwal)　著

卡斯滕·施瓦兹 (Karsten Schwarz)

林　松　樊留群　邢　元　胡大为　等译

机械工业出版社

本书译自原书第31版，首先介绍了数控技术的发展历史，从使用者的角度对数控系统的组成及功能进行了详细的介绍，特别是结合丰富的实例图解，使读者更加容易理解机床加工过程的逻辑控制、加工轨迹的运动控制原理和技术，从而对数控机床有更加深入、清晰的认识。本书重点介绍了数控机床的应用，从数控机床的种类、生产系统的组成、刀具及其管理、数控编程以及数字化网络化的生产信息系统，全面覆盖了数控机床应用的各个环节，使读者系统性地掌握数控机床的高效绿色的使用，是一本学习和使用数控机床的不可多得的经典指南。

本书图文并茂，既可用于数控技术基础培训，也可作为实际应用中的技术指导用书，同时对扩展数控技术专业视野和从事相关研究具有极大的参考价值。

本书适合从事数控技术的专业技术人员、数控机床的使用人员及大专院校相关专业的师生阅读。

CNC-Handbuch, 31st edition/by Hans B. Kief, Helmut A. Roschiwal and Karsten Schwarz/ISBN: 978-3-446-45877-2

© 2020 Carl Hanser Verlag, Munich

All rights reserved

Coverkonzept: Marc Mueller-Bremer, www.rebranding.de, Munich

Titelillustration: Mit freundlicher Unterstuetzung der SIEMENS AG

Simplified Chinese Translation Copyright ©2023 by China Machine Press. This edition is authorized for sale worldwide.

本书中文简体字版由Carl Hanser Verlag授权机械工业出版社在世界范围内独家出版发行。未经出版者书面许可，不得以任何方式抄袭、复制或节录本书中的任何部分。

北京市版权局著作权合同登记　图字：01-2021-1670 号。

图书在版编目（CIP）数据

数控技术及应用指南 /（德）汉斯·B.基夫，（德）赫尔穆特·A.罗斯基瓦尔，（德）卡斯滕·施瓦兹著；林松等译 . — 北京：机械工业出版社，2022.10

ISBN 978-7-111-71767-6

Ⅰ.①数… Ⅱ.①汉… ②赫… ③卡… ④林… Ⅲ.①数控技术 – 指南 Ⅳ.① TP273-62

中国版本图书馆 CIP 数据核字（2022）第 186135 号

机械工业出版社（北京市百万庄大街 22 号　邮政编码 100037）
策划编辑：林春泉　刘星宁　　责任编辑：间洪庆　杨　琼
责任校对：李　杉　翟天睿　　封面设计：马若濛
责任印制：刘　媛
涿州市般润文化传播有限公司印刷
2023 年 7 月第 1 版第 1 次印刷
184mm×260mm · 38.5 印张 · 1 插页 · 922 千字
标准书号：ISBN 978-7-111-71767-6
定价：318.00 元

电话服务 　　　　　　　网络服务
客服电话：010-88361066 机 工 官 网：www.cmpbook.com
　　　　　010-88379833 机 工 官 博：weibo.com/cmp1952
　　　　　010-68326294 金 书 网：www.golden-book.com
封底无防伪标均为盗版 机工教育服务网：www.cmpedu.com

SIEMENS

扫一扫
查看更多

数字原生数控系统
—— SINUMERIK ONE

全新硬件平台和革新性功能，树立生产力新标准

数字化服务产品帮助机床用户和机床制造商创建数字孪生，实现虚拟调试

创新功能进一步提高机床的加工速度、加工精度和表面质量

虚拟与现实无缝交互的工程方式，降低产品研发的费用和风险，缩短产品上市时间

译者序

数控机床及数控加工技术是制造业的"母机"和使能技术。数控技术从它诞生到现在的 60 多年里,从硬件数控到计算机数控,从单工艺技术到多轴联动的复合及混合加工技术,从单机独立制造到柔性制造系统得到了持续不断的发展。在德国工业 4.0 和中国制造 2025 背景下,数控机床不仅作为加工设备,同时也是智能化的数据来源及信息处理节点,在现代加工技术中起着重要的作用。

《数控技术及应用指南》一书经历了 40 多年的不断地修订和完善,本次翻译版是原书的第 31 版,作者在《数控技术及应用指南 2015/2016》版的基础上又对其内容进行了实时的更新和充实,增加了在工业 4.0 下的数控技术的发展,体现了高度严谨和务实的德国精神。此次再版主要更新了以下内容:

在第 2 章中增加了"测量仪器的简单诊断"(2.1.5 节)的内容,更新了"刀具的位置编码"(2.2.5 节)的内容,增加了"状态监测和机床数据采集"(2.3.6 节)、"CNC 的触摸操作"(2.3.8 节)、"OPC UA 在数控机床中的应用"(2.3.12 节)等内容;在第 3 章中增加了"CNC 机床的驱动调节"(3.1 节)的详细内容,增加了"主轴驱动系统的选型"(3.4.2 节),增加了"工业 4.0 对主轴的要求"(3.5.5 节)的内容;在第 4 章中补充了"增材制造"(4.2 节)的内容;在第 5 章中增加了"批量生产中集成于机床的工件测量"(5.4 节)的内容;优化了"基于激光技术的刀具监控"(5.5 节)的内容;在第 7 章中增加了"数控机床领域的数字化之路"(7.5 节),介绍了数字化孪生技术,增加了"中型制造业企业中的工业 4.0"(7.6 节),阐述了信息物理系统和工业 4.0。

本书图文并茂,不仅清晰地阐述了数控原理、功能和应用,而且对近年来的数控技术的最新概念和发展进行了广泛的介绍。本书既可以用于数控技术的基础培训,也可以作为实际应用中技术指导的工具书,同时对扩展数控技术专业视野和从事相关研究也具有极大的参考价值。

本书的翻译工作是在机械工业出版社积极推荐和大力支持下完成的。主要译者为同济大学机械与能源工程学院中德机械工程中心的林松教授和樊留群教授,天津大学机械工程学院邢元副教授,西门子(中国)有限公司数字化工业集团运动控制部数字化推广专家胡大为工程师,其中林松教授和邢元副教授负责第 1 ~ 4 章的翻译和审校,樊留群教授负责第 5 ~ 8 章的翻译和审校,最后由胡大为工程师从工业实际应用的角度对全书进行了细致的审读、修改和补充。除此之外,参加本书初稿翻译、文字整理和插图编排工作的还有中德机械工程中心的研究生(按姓氏拼音排序)刘琛、李文文、沈钦、吴杰、徐怀安、姚文华、郑皓、张鑫、张越,在此一并表示衷心感谢!

尽管翻译团队在给定的时间内做了最大努力,根据德文专业语言的特点,力求直译和意译的高度统一,但在本书的翻译过程中难免还存在不足之处,我们期待广大读者的任何建议、意见和看法,以便在今后的翻译中提升翻译质量。

译 者
2022 年 8 月

原书前言

　　数控辅助制造技术在当今已成为全球生产的支柱。已具有高度自动化的制造业在互联网技术的帮助下，变得更加有效。因此，任何正在或想要在切削加工或增材加工制造技术领域工作的人员都必须拥有扎实的数控技术基础知识，必须了解数控机床的各个组件如何运作，以及它们如何影响整个系统、影响被加工工件的质量，以及影响最后的生产盈利。

　　数字化正在改变生活的各个领域，包括制造业。工业 4.0 一词是在全球工业制造领域中应用互联网技术的代名词。即使是对数控辅助制造系统的规划，都始于机床制造商和用户之间复杂的沟通，其重点往往不在于是否完全自动化，而是寻找技术上合适的、生产效益高的和经济性好的解决方案。为此，良好的术语知识是必不可少的。此外，还要求能够实际使用这项技术所提供的广泛可能性。加工的规划、设计和设备调试过程都是由数字工具来支持的。作为项目规划的结果，机床制造商开发了其机床系列的数字孪生技术，从而可以更灵活地响应客户的需求。利用数字孪生技术，用户几乎可以完整地准备好自己的生产，而不必为此占用真正的机器来进行非生产性任务。

　　尽管由于越来越多的数字化和人工智能的应用，数控机床的制造和使用过程中的常规任务正在逐渐消失，但仍然需要高素质的人员来开发、规划和完善合适的解决方案，并在这个过程中始终重视后续的盈利性。在用户方面，包括操作员和程序员以及负责操作、维护和维修的专业人员。他们扎实的专业知识和对各方面相互作用的理解是确保这种制造生产系统始终正常运作和盈利的先决条件。

　　我们把本书奉献给希望具备这些高素质的人员。

Hans B. Kief　　　　　　*Helmut A. Roschiwal*　　　　　*Karsten Schwarz*

　　三位编写者都是工程师和专业作家，他们在数控机床和控制的研发、FMS 规划、CNC/CAD/CAM 技术的应用、网络和自动化应用方面，以及对管理人员、工业技术人员和学生的培训以及教学方面有多年的跨专业的经验。

目 录

第 1 章
计算机数控（CNC）技术导论

简要内容：

1.1 数控加工的发展历史

纵观数控（NC）技术的发展历史可以发现扮演重要角色的不仅仅是技术。在全球化开始的时候，来自日本的挑战和来自管理层正确或错误的决策是导致其中的市场以及制造业版图整体发生变化的主要原因。

1.1.1 第二次世界大战后初期

1. 1945—1948 年

德国大部分生产基地都被破坏或者无法使用，还有一部分生产设备被拆卸并作为战争赔偿运到国外，由此产量降到了谷底。

工业城市大都被摧毁且绝大部分房屋无法居住，数万吨的瓦砾碎石堵塞了街道和公路，电力、燃气和水的供应设施也是临时搭建用来应急的，加之当时的工业生产非常少，即使有例外也可以忽略不计。

2. 1948—1955 年

1948 年货币改革后，机床和制造业的重建便开始了，它主要是在现有的基础上完成的，因为战争之后很短的时间里，很难开发、生产出新的机床。

绝大多数的机床是为手工操作而设计的，然而缺少有经验的技术工人，因此只有少量、可用的机床能用于生产大众急需的产品。

由于需求几乎是无法满足的，因此必须将这些可用的机床按两班制或者三班制运行，以满足紧要且批量化产品生产的需求。

虽然出现了新的工作岗位，但是劳动力严重不足，因为战争期间约有 200 多万德国男人战死，约 600 多万人受伤、生病或被囚禁。

在上述情形下，解决的办法只能依靠来自西欧各国的外籍工人，为他们提供了足够的工作岗位。

当时的目标是：重建被摧毁的城市、工厂、桥梁、家园、街道和基础设施，以及改善急需的交通运输。

因此，人们需要各种类型的机械设备，尤其是建筑机械、起重机、挖掘机和大货车。

工业生产的前景在于：手动生产设备、机械化装配线、自动机械设备的批量生产；制造的产品寿命至少为 10 年，且不需要很快地更新生产工艺。

巨大的需求、明智的政策和富有创造力的人民是德国产生"经济奇迹"的原因。

1.1.2 机床行业的重建

根据1960—1970年机床使用状况的描述，德国当时拥有比所有工业化国家都要新的机床库存，机床的平均使用寿命为 5~6 年，由于统计数据的欠缺，这个寿命值可能偏小。一些新的机床所用的技术仍然同第二次世界大战前一样。

美国在 1960—1975 年约 15 年的时间里使用的依然是旧技术开发的机床。随后，通过机床设备的更新换代，人们开始在车辆和航空航天工业中使用数控机床（数控车床、数控铣床和加工中心）。在美国，数控机床在本土工业中的发展要比在欧洲快很多。很多项目得到了国家的支持，如军工产品的制造。

美国利用数控机床制造的产品在全球范围内销量很好，然而却忽视了机床设备质量的持续提高，导致价廉物美的日本机床的进口量增加。

随之而来的数控技术的迅速改进，对所有类型的机床造成很大的影响，并且要求有新的机床结构与之相对应。由于很多美国的数控系统制造商不能及时地做出调整，因而导致他们很快便破产了。

在20世纪70年代初期，日本加大了对那些简单、便宜、根据最新理念设计的机床产品的投资。不久之后，人们就可以以很低的价格买到现货。这些机床均按照下列设想进行设计：批量化的标准机床而没有很大的改型，可靠、配置有批量化生产的NC装置而无法选择其他控制器，价格经济实惠。

德国的制造商只为传统的欧洲地区提供产品，而日本从一开始就把目标定位在全球市场，以美国为重点，然后是欧洲，但遗憾的是一直没有考虑过客户个性化定制的需求。

20世纪80年代中期，日本占领了德国原有的世界机床市场的份额。

德国制造商竞争力下降的一个原因是进口份额的上升，从1973年的11.9%上升到1981年的33.3%，1991年达到了41.2%。

1.1.3 东德⊖ 的机床工业

以莱比锡、德累斯顿、开姆尼茨形成的三角形萨克森工业区被称作德国机床行业的摇篮，在第二次世界大战之前，超过20000人在这个工业区工作。战后，这里的工业设备大多数都被摧毁了，且重建明显要比西德难。

当时在苏联占领的区域，大多数幸存下来的工业企业作为赔偿被转让给苏联。因此，某些著名的机床公司Pfauter、Pittler、Hille和Reinecker把总部迁移到西德⊜。包

括很多专家在内的上百万人，选择了离开机床行业。

直到1953年，苏联放弃了进一步的战争索赔，德国的机床行业才逐渐重建起来，但不再作为前业主或企业家的财产，而是以国家企业的形式出现，简称为VEB（国营企业）或者VVB（公有企业协会）。当年组建了VVBMW，即机床和工具公有企业协会，出自它门下的著名机床厂，如Heckert、Mikromat、Niles、Auerbach、Union和Modul等，直到今天一直都存在。

德意志民主共和国（DDR）那时几乎没有重工业，直到20世纪60年代初期，一旦这些需求得到满足，就可以根据计划经济选择小、中和大批量生产。它们的机床产品系列包括车床、升降工作台式铣床、万能机床、外圆磨床、平面磨床、镗床、齿轮加工机床和多种专用机床。德意志民主共和国（DDR）生产的机床在全球范围内享有盛誉，大概70%的机床出口，但超过一半的机床是销往苏联的。在柏林墙拆除之后，东德的机床销售受到了影响。在60年代中期，机床自动化这个主题成为德意志民主共和国（DDR）计划经济的焦点，并在1964年莱比锡春交会上展示了第一台基于继电器技术用于多种机床上的独立的NC控制器。数控系统的制造始于卡尔·马克思市（开姆尼茨）的国有企业发电厂。在收购了开姆尼茨的西门子（SIEMENS）公司和AEG分公司之后，该国有发电厂在1972年新建了厂房，集中生产数控系统，并且在1978年改名为"卡尔·马克思"数控技术国营企业（VEBNumerik "Karl-Marx"）。CNC-600在海科特CW500机床上的应用如图1-1所示。

⊖ 东德是德意志民主共和国的简称。
⊜ 西德是德意志联邦共和国的简称。

图 1-1　德国控制制造商（VEB）NUMERIK 生产的 CNC-600 在海科特 CW500 机床上的应用，该机床也被用作柔性制造系统（FMS）的模块

从 1965 年开始，一代又一代的数控系统被研发和制造出来，其功能开始能和西方国家研发的数控系统相媲美。但控制技术发展的环境并不乐观，由于西方国家的封锁政策，制造商只能采购到很少的、先进的微处理器和内存芯片，而尝试自主制造微处理器只取得了阶段性的成功。总之，来自西方的竞争日益增加，两德的统一将东德很多的机床制造厂逼到了生存的边缘。除了苏联销售市场减少之外，还有所有权归属问题的不明确、部分生产资料过于陈旧以及极深的纵向生产范围是其生产能力下降的原因。最终，东德主要的机床工厂幸存下来，并进行了相应的结构调整和所有权变更，从而使德国在今天再一次登上世界机床工业的顶峰。

1.1.4　全球机床行业的发展

在第二次世界大战之后的 10~15 年内，很多工业化国家主要生产的还是过时的机床，因为这些机床它们完全能够满足使用

的要求。然而，随着日益激烈的竞争，机床的现代化迫使制造商更加关注成本和如何引导消费者的消费观念。

从 20 世纪 70 年代开始，世界范围内的销售市场发展为买方市场，也就是说产品更新换代速度的更快，产品的生命周期相应地缩短。

这一发展趋势导致的结果是：大批量生产开始转向小批量生产。一成不变的批量化产品的生产线被自动化、柔性的数控机床生产所替代，自动化以及使用传输线的批量制造取代了固化的批量制造。但同时由于产品越来越高的复杂度，现代机床对需要使用一以贯之的数据以快速进行 NC 编程的 CAD 系统越来越依赖。

新的、有潜力的数控机床制造的产品产量增加了，如：

1）国防工业中的坦克、装甲车辆和厢式货车等。

2）航天行业特许生产的星际战斗机、幻影战斗机、直升机和相应的武器，以及后来的空中客车、MRCA- 旋风战斗机、阿尔法喷气机和 Dornier DO 27 飞机。

3）法国（达索公司、宇航公司、斯奈克玛公司）、英国（霍克公司、英国宇航公司）以及美国（波音公司、麦道公司、仙童公司、洛克希德公司、西科斯基公司）也开始寻找新的机器概念，提出高速度、高精度机床、新的机床尺寸（平面铣床、大型镗床）和加工中心的设计概念。

大量未发掘的潜力存在于所有的中小

型供应企业。

1.1.5 德国机床工业的进一步发展

自 1968 年以来西德的航空航天工业和汽车工业为本地的机床工业带来了实质性的推动，表现如下：

1）高度自动化的大型平面铣床和加工中心。

2）三轴和五轴联动铣床以及对各轴同时进行插补的铣床。

3）用于大铣削宽度的有 8 个平行主轴的龙门铣床。

4）电子束焊接机、柔性制造单元和高度自动化的工件运输系统和自动换刀装置。

5）用于模具和工具制造的高速切削机床。

6）新的编程和加工策略（APT、CAD、CAD/CAM）给很多欧洲制造商带来了大量的订单。

在 1970 —1980 年内，德国成为最大的机床出口国。

最初，许多机床的扩展内容只是简单地添加到了经过"验证"的旧机床概念中，于是导致的结果是：太多的机床组件，太复杂的机构，太长的制造时间，太繁琐的概念，太昂贵的成本，太长的调试时间，太频繁的故障中断和太长的故障停机时间。

结论：这些机床对于"通常"的工业来说太不经济！在普通机械工业的制造领域迫切需要物美价廉的产品概念及有突破性的进步。

1.1.6 日本机床的影响

与欧洲特别是德国的制造商相比，日本的机床只有在普通市场获得批量制造的机会，其价格才能降低并更快地投入使用。虽然这些机床获得特殊应用的可能性非常有限，但是日本的机床制造商以及相关的数控公司（发那科公司、三菱公司）仍为

他们日益被接受的高质量而感到骄傲。这些机床被中端制造业和零件供应商广泛地使用，迫使很多欧洲机床制造商在他们的机床中使用日本的控制产品。这同时也为德国的机床制造商带来了一个新的机会，他们的机床在国际上的销量更多了。在巨大的压力下，德国的控制系统制造商（西门子公司、海德汉公司、博世公司）不得不在接下来的时间里调整自己的产品，使其符合国际需求。

日本机床实现了大批量生产，其数控系统（发那科、三菱、大隈、MAZATROL 公司等）交货时间极短并具备极高的可靠性。同时还提供优质的服务。不久，越来越多的德国机床制造商在自己生产的机床产品中，将日本的控制器适配于自己的机床设备并享用日本公司已经遍布全球的服务。例如他们从发那科（FANUC）公司购买数控系统，将其用于自己生产的机床，然后销往世界各地。

1.1.7 德国机床制造业的危机

在经历了 1985—1990 年的繁荣之后，德国机床制造业从 1992 年进入第二次世界大战后最严重的危机阶段。到 1994 年，机床产品实际下降了近 50%，员工减少了 30%。在这一时期，德国机床制造业的结构和经济困难尤为突出。

这种下降是由多个问题共同造成的。

德国机床制造业的危机如同 20 世纪 80 年代美国的危机，原因在于德国没有对日本机床形成封锁和抵制——这从长远看来是不利的，制造商只采取价格竞争。此外，德国的机床制造商之间相互竞争，而不是联手与采用新思路和快速强大的日本进行竞争。这些新思路或好方法是：统一刀具装夹和转换系统，统一托盘交换装置和彼此协调统一的工作台高度。这些思路和方法对形成柔性制造系统具有重要的影响。尽管不同制造商供

应的机床产品组合使得柔性生产线的导入变得非常简单、价格便宜并且支付得起，但是新的、价廉物美的机床产品的研发力度仍然不足。竞争机制可防止产生雷同，保证产品之间相互协调、互补，提供战略性方案，这正是大部分客户所需求的。

这些问题产生的结果是：低于5%的利润率将导致机床制造业没有更大的、前瞻性的发展。很多德国机床制造商要么缺乏战略性的策略，要么缺乏资金。换言之，他们所做的尝试几乎都避开了专用机床这一领域。由于缺少通用机床的基本装机量，而且专用机床又太过于昂贵，使得填补市场空白的政策也没有发挥作用。

此外，潜在的买家要求制造商提供更多的详细规划，并且不承担由此而产生的费用。

在这种形势下，很多著名的机床制造商开始破产，或者在接下来的几年中被竞争对手收购。

1.1.8 原因及影响

德国的产品经理开始公开发问：是什么原因造成日本的机床制造业比一直成功的德国机床制造业发展得好？

日本机床产品价格便宜是因为产品成本低还是因为具备更好的科技概念？或者是因为其供货时间短的原因吗？

事实上，这些原因仅仅是造成上述局面的一小部分！重要的原因是日本机床制造商有高质量的产品、好的经营理念以及遍布全球的服务！德国的机床制造商寻求的是专用机床的市场，而日本的机床制造商寻求的是通用机床的市场。

日本生产的机床性能很好，而且其机床零件大概便宜30%。

买主对这些优点的印象非常深刻。因此，越来越多的用户在购买时总是优先选择日本的机床产品。

甚至以前一直依靠德国品牌的客户也越来越多地选择购买亚洲产品，这是因为以一台"超级特殊专用机"的价格及其较长的交货期，客户可以买到两台甚至三台日本的通用机床现货。这是最具说服力的原因！

直到20世纪80年代末90年代初，德国专业机床制造商的市场份额变得太小了。德国幸存下来的机床制造商才领悟到，为了能够在机床生产方面再一次获得成功，他们必须要在机床制造方面"另辟蹊径"。

对很多制造商来说，解决危机的办法就是合并，这大都是被银行逼迫的。如今，有一些制造商发展得极具竞争力，并且宣称自己全新机床中的零部件数量减少了30%~35%。这些公司终于领悟到，他们不仅在理念上过时，而且在"技术上大材小用"，并且在市场决策上犯了错误。但是客户对德国生产的机床还是高度认同的，除了一些客户指定的特殊功能要求外，德国机床具有同日本机床媲美的技术规范。

新的、功能强大的、可交互的数控程序系统在数控机床中扮演一个不可被低估的角色，它不仅像一个编程平台，而且还像一个可以通过直接发布命令来使用的机器。

新工艺技术和新机床对机床行业的复苏做出了贡献，如高速铣床、大功率激光焊接和切割技术、成型工艺方法、快速成型系统以及金属和陶瓷材料的硬质切削机床，以及万能机床如何在一次装夹中完成整个加工过程，这种机床自然而然地逐渐受到越来越多的关注。

新的、高动态性能的驱动系统的应用使机床的速度变得越来越快。

1.1.9 柔性制造系统

美国的大公司如卡特彼勒公司、康明斯柴油机公司、通用电气公司以及几个机床制造商（辛辛那提的米拉克龙公司、卡耐特雷克公司、Sundstrand等公司）从20世纪70年代起就开始设计和安装了第一台柔性制造系统（FFS），该系统包括几个可替换的（相同的）或者互补的（不同的）数控机床，以及一些常见的工件运输系统和控制系统。可以利用该系统订购单件产品，当然也可以经济地完成中小批量的产品生产。在一些特殊情况下，柔性制造系统也可用于大批量生产。

此时，日本成功地完成了第一台柔性制造系统的安装，并且在国际上进行了宣传。来自世界各地的参观者对这个神秘的无人车间大厅感到惊奇。

在德国，用户对柔性制造系统的需求起初非常地谨慎。这种令人犹豫不决的购买行为的主要原因涉及庞大的工程，通常用户要求并花费很多精力的单件成本计算，投资计算以及时间计算。所有这一切都将导致很高的成本和价格。这才趋向于从"无人工厂"更多地到"减少人员的生产"这种经济实惠的制造理念，同时也使德国的机床用户越来越对这种系统产生兴趣。

1974 年建立的位于埃斯林根的鲍尔传动装置公司是德国第一个使用柔性制造系统的公司。它由 9 个相同的配有博世 / 迪克斯控制器的加工中心（BURR 工厂）、1个为工件自动运输设计的托盘型流转系统以及安装在每个机床上的托盘中转站组成。也正是在这一时期，第一个可用的数控系统和程序存储器代替了纸带阅读机，对柔性制造系统的发展起了决定性作用。鲍尔埃斯林根齿轮公司在接下来的几年中，扩大投资了 12 台这样的柔性制造系统，并在1988 年更换成功更加强大的数控系统。在超过 20 年的时间里，通过 2~3 次的倒班工作制实现并超过了用户在技术上和经济上的期望。德国的机床制造商终于可以在很短的交货期内按照订单批量生产了。

关于柔性制造系统的第一个好消息传开之后不久，公司便迎来了更多的订单。

在日本、美国和欧洲，经常持续地根据最新的科技状况并依据其原理建立柔性制造系统。在合适的柔性制造系统机器引导下，丰富了所积累的经验，提高了生产效率，从而可以实现准确无误地组合和操作。刀具和工件集成在机器人上，由此使这个系统具有更好的系统概念。在加工早期，发现规划中的误区，也使得更强大的模拟系统和生产计划系统（PPS）得到促进和发展。

20 世纪 90 年代初期，柔性制造系统的使用和多种需求有关。虽然这个系统高产，但只是在某种程度上很灵活，其购置费用很高。此外，企业的柔性制造系统具有高性能，于是对操作人员的要求也高，不仅能够操作系统而且还能够维护系统。在当时，对生产中快速变化的要求和物美价廉是亚洲制造商生产标准化机床的一个备选方案。

同样，凭借越来越强大的功能和可靠的控制，计算机技术可以建立更多的柔性制造系统。从制造的角度来讲是合理的，但是相对于快速变化的标准机床市场，柔性制造系统的使用失去了意义。

在德意志民主共和国（DDR），可以看到使用柔性制造系统所带来的生产率的提高。例如当时的国企机床制造商 Fritz Heckert（弗里茨·海科特）（其现在的名称为 Starrag-Heckert），它是东方集团最早的柔性制造系统制造商，它生产了一套称为"棱镜"（Prisma）的柔性制造系统，主要用于一些受厂房面积限制的小型悬臂铣床生产。该柔性制造系统共有 9 台切削机床，配合各种运输系统、装夹系统、清洗系统和冷却系统进行工作（铣、钻、磨），整个车间由一台中央计算机控制，于 1971年应用于实际生产。其中的升降台式铣床每个月可以生产 500 个组件，并且这个系统大约可以运行 18 年。直到德意志民主共和国（DDR）结束，该柔性制造系统仍然应用于农业机械、卡车机械以及东方集团的其他机械工业中。

1.1.10　2009 年世界经济危机

2008 年末，德国机床行业的订单开始下滑，直到 2010 年中期才结束。造成这种情况的原因是产生了巨大的金融和经济危机。大家都知道，不良的贷款情况曾经把全球金融系统带到崩溃的边缘。

人们一度认为这场危机是由美国的次级抵押贷款引发的。由于房价不断上涨，客户可以使用荒谬的信贷协议，最后以在华尔街转售而结束。再加上美国的贸易赤字不断增长，储蓄率下降，造成在收购和融资过程中负债比率过度。在 2009 年初期，大部分人都经历了前所未有的最糟糕的就业环境。如果这些银行还没有被注销，他们的债务大概有 1 亿美元。由于个体经济之间的紧密联系，这场危机几乎席卷了全球，并且引发了前所未有的政治反响。大多数国家的政府抽走了数万亿美元和欧元。由于来自银行系统性的救援，德国的负债比率也极大地增加。

在这严峻的情况下，为了使本国的情况优于其他许多国家，德国成功地进行了政治改革，将短时工作延长 24 个月，避免了集体裁员。2010 年，机床市场起初增长缓慢，而后开始不断地增长。德国的机床制造商和他们的工程师、专家在短时间内又可以开始全力以赴地工作了。

在 2011—2012 年，德国的经济再一次"咆哮"，机床工业有了大量的订单。这两年的繁荣掩盖了所有以前阴暗面的问题，即全球同步的流动性危机带来的"前所未有的"惨烈后果。同样令人惊奇的是，德国的机床订单情况又很快恢复到了危机前的水平。

有时候，人们甚至认为这是德国的第二次经济奇迹，同时，一些亚洲国家如中国，其经济增长率也再一次回到危机前的水平。

1.1.11　形势及展望

不管在大批量生产还是在小批量生产中，如今数控机床显然是一个大众产品。随着市场的全球化，无论是制造商还是机床的使用者都开始转移到亚洲。虽然德国在机床行业的排名中依然是主导国家，但是包括中国、韩国、印度，当然还有日本在内的国家和地区的排名同样也上升到了前列位置。

简单标准化机床的大批量生产一方面导致单机操作的低自动化程度，另一方面要求欧洲高薪国家有高度自动化的生产技术，尽可能地减少人力的使用。数控机床制造商认识到了这种趋势，生产的控制系统功能合适并且价格合理。除了西门子公司、发那科公司、三菱公司、海德汉公司、法格公司等控制系统制造商，还有 GSK（广州数控），他们在全球市场的产品占有率，激励着中国的数控系统制造商。到目前为止，数控系统供应商的主要产品集中在中国国内市场，但向国际市场进军才是他们最终的目的。

有关生产技术和生产自动化的最新想法、观念在世界范围内不断地发展。当前最主要的目标是数控机床和智能机器人，不同的版本都是为满足各种应用而设计的。高动态的直线驱动器、高分辨率和准确的位置测量系统以及全新的机器概念使数控机床成为占据主导地位的生产系统，而不仅仅只是切削工具。

目前，在全球范围内，机器人是一个高需求的产品。所有的工业化国家都研制和生产了自己的产品，用于生产、搬运和装配的专用机器人。

人们根据对"数字化生产"概念的理解，提出了几乎相同的观点。这个观点非常有趣，既要自动化，但价格又不能太高，否则其盈利能力只是一个乌托邦式的美好想法。

此外，由于柔性制造系统快速增长的

生产能力，对数控机床以及控制系统应具备更高的功能性和更多的灵活性提出了要求。同时不仅在大批量生产中实现了联网，还对加工作坊和来料加工工厂的机床都进行了联网。于是客户和生产制造商通过计算机网络进行沟通，同时为实际 CNC 切削中的质量管理和制造方法提供数据并保存记录，如飞机和医疗器械的零部件生产。

根据每个生产原则量身定制所谓连续过程链的转化，在不久的将来是一个挑战。

此外，机床以及数控系统对自身的要求也发生了改变。20 世纪末，五轴联动数控铣床是一种昂贵的高端加工设备，但现在几乎已是标准化机床了。为了获得更高的生产效率，完整的加工已成为大家关注的焦点。最有可能的是，在不调整机床的情况下实现在一台机床上进行很多工步的加工。这不仅是一个时间和生产效率的问题，还是一个关乎质量的问题。

除了可用五轴联动数控铣床加工外，还可以通过工作台的摆动或者铣头多方向进给进行加工，这使得多任务加工技术越来越重要。在机床行业，人们还利用不同的加工技术组合，如车铣复合加工、铣车复合加工或者由磨削、激光、铣削、车削等构成的组合加工方式。这种复合加工技术应用于一个多任务加工或者混合型机床上，的确能够提高加工效率和产品质量，但还需要一种协调调度各种工作的系统，并且对这些过程进行管理。高度自动化的生产系统要求对生产过程进行监测。例如刀具破损监测使得工作系统更可靠，工件质量检测器应具有全自动的测量、记录功能和校正、选项功能，加上完全正确的数据传输，即使是不知名的小企业也能装备这种设备。在行业内，这样合理的需求被广泛地认知和接受。

最后，还应该引用已经成熟的制造工艺体系。可以根据具体任务，选择不同的加工方法和加工过程，在专用的数控机床上借助于 CAD 模型，生成物理的（测试）工件。尤其是在工具和模具行业，这些技术的应用非常成熟。

快速成形制造是激光束作为万能工具的全新的制造工艺过程。很多德国的制造商和欧洲其他制造商在这个领域非常活跃，并且非常成功。

1.1.12　结论

在大约 50 年内，数控技术不仅改变了机床生产模式，同时改变了广义上的企业和人。机床制造商和用户都知道，要求百分百地全自动化生产已不仅仅是纸上谈兵，而是在所有生产过程中都涉及的内容，包括制造和自动化生产中的注意事项，只有这样才能得到技术和经济上可行的解决方案。机床和控制器生产商将技术完美的制造理念转化为销售价格的竞争力，并且在一定程度上抑制了日本早期成功带来的优势。

在现代化生产中，高效率的体系如计算机、新型机床概念、自动运输和处理系统、可靠的控制系统和智能监控系统是不可缺少的，虽然人们也明白这个目标还不能达到，但也为之而努力。

为了取得技术、经济上的优势，能够在复杂系统中进行高水平的规划、操作、维护和保养，在管理层和生产车间中最必不可少的就是受过良好教育和培训的人。

拥有双重教育系统的德国在国际环境中有全球公认的一个巨大优势。受过优良培训的技术工人是德国取得经济成功的基础，特别是在机床工具行业。

完全自动化的、复杂的且不会出现问题的机床控制可靠性、操作简单化和具有更高的功能水平是数控制造商所追求的目标。

自从 2008 年以来，生态效益和能源效率在公众的视线中逐渐加强，这种情况也会体现在机床和生产技术中。机床和控制系统制造商已经开始考虑如何在辅助传动系统、加工过程和数控零件加工程序上进行高效节能的优化。

2011年，在汉诺威工业博览会上首次提出了工业4.0的概念，这被称为第四次工业革命，是一次高度个性化，但又是将大宗商品可支付得起的生产作为目标的革命。对机床工具行业来说，必须坚持一条从普通的工艺环节转变的道路，通过使用互联网机制和CAD/CAM过程完成一个产品从提出概念到完成生产的过程。其结果主要取决于如何成功地使参与生产过程的跨学科的合作伙伴（机床制造商、刀具生产商、工装夹具生产商、测量装置生产商和CAD/CAM开发商等）为了这个目标的实现而做出协调与合作。

1.2 数控技术发展的里程碑

如今通过存储指令操作设备的思想已被运用于数控机床，这一思想最早可以追溯到14世纪，用于由针状滚轮牵引控制的钟乐演奏。

1808年，Joseph M.Jacquard 使用穿孔板卡实现了纺织机的自动控制，发明了可互换的数据载体用于对机器的控制。

1863年，M.Fourneaux 申请了自动钢琴专利，之后自动钢琴的名字便广为人知。该专利是用一条大约30cm宽的纸条通过相应的孔洞控制压缩空气来操控钢琴按键。此后，这种方法得到了广泛的应用，纸卷的音调、强度和通过速度也得以控制。同一时期，纸片数据载体和辅助功能控制方法也相继问世。

1938年，麻省理工学院的 Claude E.Shannon 在他的论文中提到一个结论，即通过布尔代数将数据转化为二进制形式，实现快速计算和发送，电子开关是唯一能够实现这个功能的器件。这奠定了现代的计算机包括数控在内的基本原理。

1946年，John W.Mauchly 博士和 J.Presper Eckert 博士向美国陆军交付了第一台电子数字计算机 "ENIAC"，创建了电子数据处理的基础。

1949—1952年，John Parsons 和麻省理工学院受美国空军委托开发了一套用于机床的控制系统。该控制系统中，主轴的位置可以由计算机的输出结果直接控制，同时能够自动地生成相关制造文件记录。John Parsons 主要提出了以下4种观点：

1）保存穿孔卡片中轨迹的计算位置。

2）自动地从穿孔卡片读取机床位置。

3）实时显示当前所读取的卡片位置，并完成中间值的计算。

4）伺服电动机可以控制轴的运动。

通过使用这些机器设备可以为飞机制造业提供更为复杂的零部件。在此以前，这些复杂的零部件只有部分可用少量的数学数据进行准确的描述，对于手工制造来说非常难以完成。计算机和数控机床的组合在行业发展的初始阶段即设定完成。

1952年，在麻省理工学院运行了第一台由辛辛那提 Hydrotel 公司提供的带有立式主轴的数控机床。其控制部分由电子管控制，可以实现三轴同步运动（3D线性插值），并且可以利用二进制编码磁带保存数据。

1954年，本迪克斯（Bendix）公司购买了帕森斯（Parsons）专利，并且制造了第一台采用工业化方式生产的数控机床，该数控机床的数控系统同样采用电子管控制。

1957年，美国空军在自己的车间里制造了第一台数控铣床。

1958年，在 IBM 公司的704计算机上搭建起第一种符号式的编程语言 APT。

1960年，采用晶体管技术的数控（NC）系统替代了继电器和电子管构成的数控系统。

1965年，采用自动换刀装置，提高了自动化程度。

1968年，IC（集成电路）技术使得控制器变得更小且更可靠。

1969年，通过 Sundstrand 公司的"全方位控制"和 IBM 公司计算机的控制，第一台 DNC 设备在美国问世。

1970年，实现自动托盘转换技术。美国 Bedford Associates 成立了一家新公司，以开发、制造、销售和维修新的 Modicon（模块化数字控制器）产品，这是第一个可编程序控制器（SPS、PLC）作为硬连线继电器控制器的替代品。

1972年，拥有内置标准的小型计算机数控机床开启了强大的计算机控制数控（CNC）机床的新时代，但其很快被微处理器 CNC 系统取代。

1976年，微处理器对数控技术产生了革命性的影响。

1978年，柔性制造系统问世。

1979年，第一次实现与 CAD/CAM 的结合。

1980年，集成于 CNC 系统的编程辅助功能引发了与手工输入加工程序赞成或反对的"信仰之争"。

1984年，支持辅助图形编译功能的计算机数控机床重新为"车间的规划"制订了标准。

1986—1987年，利用标准化接口实现了综合信息交流方式 CIM，为自动化工厂开辟了一条道路。

1990年，数控机床和驱动器之间的数字接口改善了数控轴和主轴的控制精度和控制特性。

1992年，开放的数控系统可以适应客户个性化的修改、操作习惯和功能。

1993年，首次在加工中心使用标准的直线驱动系统。

1994年，通过使用 NURBS 样条曲线进行 CNC 插补，实现了 CAD/CAM/CNC 工艺链的闭环。

1996年，实现数字驱动控制和亚微米级（< 0.001μm）的精确插补，速度可达100m/min。

1998年，六足机构和多功能一体机床成功运用于工业生产。

2000年，CNC 系统和 PLC 通过内部接口，实现世界范围内的数据交换和故障诊断/修复。

2002年，首次在一张计算机插卡内实现高度集成、普遍配置的 IPC-CNC 系统，包括数据存储、PLC、数字 SERCOS 驱动器接口和 PROFIBUS 接口。

2003年，对由机械的、热相关的和测量技术带来的误差源进行电子补偿。

2004年，为检测程序错误和优化程序，在 PC（计算机）端对数控程序进行外部的、动态的过程模拟变得越来越重要。因此，需要建立机床夹具和工件的动态化图形模拟系统。

2005年，纳米和微米插值的 CNC 系统改善了工件的表面质量和加工准确度。

2007年，实现远程服务。试运行期间，通过电话或者数据线进行人工支持，对机器设备进行故障诊断、维护和修理。

2008年，为迎合设备和零件制造中日益增长的安全性要求，开发了专用安全系统。例如，在 CNC 系统和驱动系统上实施安全的运动、安全的外围信号处理和安全的通信。另外，无需进行费力的软件开发和接线。

2009年，迫于成本压力，提高生产效率日渐成为工业生产所关注的焦点，尤其在欧洲市场显得格外迫切。零件在一次装夹中完成加工是提升生产效率的有效方式。可以实现多面加工的五轴机床越来越多地用于铣削加工。对于车削加工，利用多个滑板（多个 X 轴）或除了动力刀具外将铣头集成在车床的工作空间内以加强机床的功能。同一时期，还开发出环境友好型和节能型的"绿色生产"机床。

2010年，CNC 系统中多核处理器的引入带来了进一步的性能提升。已往，必须预先计算好的功能现在可以集成到控制器中（如使用样条插补）。

2011 年，CNC 系统可以检测整个机床的能量消耗。通过分析单个机床在时域范围内的能耗及对其所需能量的控制，来提升机器的能源使用效率。

2012 年，针对多任务工况的激增，开发出新的 CNC 机床 - 多任务机床或称为混合型机床问世。此类机床成功地将不同的加工工艺如车削、铣削、磨削和激光加工等集成到一台机床。由于零件的复杂性，CAD/CAM 系统成为这类机床成功的重要因素。

2013 年，除了技术功能外，不仅对于采购决定而且作为日常使用，数控机床的评判依据越来越强调能源效率的重要性。

2014 年，工业 4.0 的构想越来越多地运用在生产技术上。在 2014 年汉诺威工业博览会上，通过资源的多向交流实现了每个节点上实时的信息交流，使整个工业过程形成新的系统结构层次，同时，这可能成为再一次工业革命的基础。

2014 年，触摸式操作面板用于 CNC 技术，从而为 CNC 技术提供了更为直观和易学的经营理念。

2015 年 3D 打印已经在复杂塑料零件的生产中确立了自己的地位，并越来越多地用于金属加工领域。

2016 年工业 4.0 进入第六年时，已经初步完成，理论框架已经确定，它提供了用于将所有生产区域连接的网络技术。但真正的挑战还在后面：即确保网络化制造操作的绝对安全。

数字化也影响着机床行业，首次使用基于云的机床监控系统、在设备维修保养阶段应用贴近现实的仿真系统和增强现实技术。

2018 年增材制造工艺已越来越多地集成到传统机床中，这样可以在一次装夹操作中完成工件的加工和应用。除处理加工任务外，机器人还可以在机床内部和外部执行加工步骤。CNC 能够同时操作机器人和机床，并相互独立地控制。

2019 年数字化技术既支持机床的设计、工程和调试过程，也支持数控机床使用者的切削工艺过程。作为机床制造商开发的结果，除了实际的机器之外，还创建了所谓的"数字化孪生"模型，一方面支持机器制造商更快速、更精确地开发一系列新型机床；另一方面，机床用户可以使用"数字孪生"使工作更加高效。

2020 年通过广泛地研究和应用，人工智能（AI）方法在机床领域的应用初见成效。

例如，支持预防性维护的解决方案或旨在通过补偿温度或摩擦等环境的影响提高加工精度的过程。

除了基于局域网络的机器学习算法，基于云的算法也正在不断发展。

1.3 数控技术和计算机数控技术

1.3.1 通向 NC 的途径

机床的主要任务在于快速而准确地重复一个受控的、稳定的运动过程，于是批量生产出来的产品就有一致的质量，而不受人为地干预。人们根据所使用的机床数控系统的控制单元类型，将其分为机械控制系统、电气控制系统、电子控制系统、气动控制系统或液压控制系统。

在加工一个零件之前，机床需要一些"信息"。

在引入数控技术之前，位置信息是通过操作人员手动输入的，或者借助模板、凸轮这类机械辅助设备来完成。生产流程的改变或新产品的更替都需要很长的停工期，以调整机床和控制系统。为此，人们使用可调节的限位开关，在机床运动超出特定位置时使其自动停止。但是，精确地调节这些限位开关将要耗费大量时间，还应考虑人工更换工具的时间，设置主轴转速和进给时间，工件定位和夹紧时间以及程序转换时间。总之，这种控制方式的控制范围相对有限，可控步数很少。

至于应对更加灵活的生产，如工位频繁变动和复杂形状零件的加工，采用这种控制方式的机床从经济上根本没有可行性。

于是人们探索一种新的控制理念，以满足如下要求：

1）在程序长度和机床运动相关的范围内尽可能达到不受限制的控制范围。

2）加工过程中的调整无需人为干预。

3）可存储、可迅速完成替换且可修正加工程序。

4）在不同长度的行程中没有挡块和限位开关。

5）能够精确定位，实时三维多轴联动，以加工复杂的形状和表面。

6）可实现刀具快速更换，包括进给速度和主轴转速的快速变化。

7）根据需求实现被加工零件的自动更换。

控制系统应具备以下功能：能够快速、准确地转换加工任务；能够使用零件图样上的参数来控制刀具和工件的相对运动；带有电子数据评测系统的高分辨率的定位测量系统，应能保证机床和工件相对运动的精度。

这种控制系统通过输入数字而工作，数控的基本概念由此而来。

更进一步的数据，如工件的进给速度、主轴转速和刀具编号能够被编程，额外的操作指令（M 功能）应当能自动激活换刀操作和控制切削液的开/关。

所有和加工次序相应的数字量按顺序排列，构成了控制机床的数控程序。

从 NC 技术到 CNC 的发展过程如下：最早的数控（NC）系统是通过继电器并采用接线式编程或者也称为硬接线搭建起来的，其电子功能单元由小而密集的电子管、晶体管和集成电路构成。直到微电子和微处理器获得应用后，数控系统的廉价、可靠、高效才得以实现，即 CNC 系统。

CNC 系统必须在零件加工过程中不断地对除位置及开关量信息外的数字量进行处理，如补偿不同的刀具直径、刀具长度或装夹误差。由于具有很高的处理速度，CNC 系统能够实时地执行所有的管理、控制和显示功能。此外，对于支持图形动态显示的机床还能在加工过程中输入下一环节的程序段。

1.3.2 硬件

现在的 CNC 系统使用的电子设备是微处理器、集成电路（IC）以及伺服控制回路专用模块。图 1-2 所示为一些高度集成的微电子模块。因此，电子数据存储器可以存储越来越多的应用程序、子程序和大量的修正值。

图 1-2 高度集成的微电子模块

图 1-2 中，①为内存模块，②为 PCI 总线控制器，③为 EPLD 模块，可擦除可编程的逻辑器件，④为千兆接收机 / 发射机，用于液晶显示器的控制，⑤为内存条，最大为 1GB。

1）在只读存储器（ROM）和可擦除可编程只读存储器（EPROM）中，保存的是 CNC 操作系统中保持不变的数据，以及固化的、经常使用的加工循环程序和例程。

2）在闪速可擦可编程只读存储器（FE-PROM）中主要保存的是调试后才能获得的数据，这些数据必须能够永久保存并能经常进行修改，如机床参数、专用循环程序和子程序。

3）扩容的随机存取存储器（RAM）中保存的是主程序和修正值。

图形显示和动态模拟都要求具备很大的计算和存储容量，因此在主控制器中使用了额外的、专门定制设计的超大规模集成电路（VLSI）。这些高集成度的微电子模块都是专门按照客户的要求设计的，并且是大规模生产的，再次实现了体积小、可靠性高、控制速度高以及后期维护成本最少的目的。

电气设备的所有组件都集成在一块或者多块印制电路板上，插在部件底架上，通过内部总线相互连接，如图 1-3 所示。为了避免 CNC 系统出现误动作，电子器件安装在静电屏蔽和电磁屏蔽的金属板上。同时这些屏蔽金属板应有防油和防尘功能，因为电路板上的沉积金属微粒会损害该设备系统的可靠性。

图 1-3 工业控制计算机（IPC）的可插拔电子组件

因此，不能在电柜内安装用于冷却的空气循环装置，也不能安装过滤装置，否则将会导致冷却的失效。当箱体表面的散热不足时，安装主动冷却装置是唯一可行的解决办法。因此，需要将可允许的环境温度从 10℃ 提高到 45℃，湿度不应超过 95%。很多时候，用户必须注意在低温下形成的冷凝水，因为这同样会产生干扰，导致设备的损坏。

1.3.3 软件

CNC 系统需要一套操作系统软件，也称控制软件或者系统软件。它基本上由两部分组成：标准软件和机床专用软件。

标准软件，如用于数据输入、显示、接口管理或者表格管理的软件，通常可以使商业计算机运行。而与机床类型相关的系统软件必须与被控制的机床类型相匹配，主要体现在机床的运动关系以及运动方式的显著差异上。CNC 系统的特色之一是：不需要改变 CNC 系统的硬件就能修改或者调整参数。对于专用机床（如车床、铣床等）类型，或者在调试阶段通过参数定义或者机床参数设定，或者直接由 CNC 制造商预先提供车削、铣削、磨削控制的对应参数。

操作系统确定了机床整体的功能和使用范围。在后台，持续运行的检测和故障诊断过程可获取机床的数据，数据接口也同样由软件来进行管理。此外，带有加工过程的图形仿真集成于 CNC 编程系统和处理修正值的机床特殊变量都可以通过系统软件实现。机床一些特有的参数可以通过软件来实现，如轴的数量、伺服驱动器的参数值、不同的刀具库和换刀装置、软件限位开关或者刀具监控设备的连接。这些机床特有的参数值可在启动时输入，然后被永久存储，只有授权人员可以修改。

CNC 系统制造商用一种集成的编程语言研发控制软件或系统软件。NC 控制器的内核控制插补、运动进给和 CNC 命令只有和 CNC 系统制造商通力合作才能改变。机床制造商可以通过参数和机床数据来配置机床的具体结构。另外，可以通过机床制造商的显示器屏幕显示机床特定的单位或者例行程序（排屑器、托盘的更换程序和在紧急情况下可供空运转的例行程序等）。用户不但可以从机床制造商获得自己所需的加工宏程序或者循环程序；还可以自己创建这些程序，以适配个性化的金属切削技术或者特殊刀具。

1.3.4 控制类型

从初始发展到现在，共有 4 种不同的控制类型，如图 1-4 所示。

1）点控制：点控制只用于定位，如图 1-4a 所示。所有编程轴在起动时总是同时快速移动，直到每根轴到达目标位置为止，在定位过程中刀具不做切削。当数控机床所有的轴到达程序指定位置的时候，加工处理才开始。

例如：钻孔机、冲孔机、切割机的横向进给运动。

2）直线控制：在直线控制方式下，各轴陆续进行编程移动，到达目标位置后刀具进给。其驱动运动路径总是平行于各运动轴的，并且进给速度必须由编程控制。由于直线控制与路径相比具有很大的技术限制并且价格差异很小，直线控制只在一些特殊的情况下才使用。

例如：钻孔机的进给控制、工件的搬运和上下料。

3）路径控制：通过路径控制可以使两根或者更多的数控机床轴按照确切的相互关系运动。数控系统自动进行插补的协调，计算一系列起点和终点间的路径点。在编程的终点 NC 轴仍然不停止，而是在随后的轨迹区段不中断地继续运动，直到程序结束。其间将不断地调整轴的进给速率，以符合预定的切削速度。

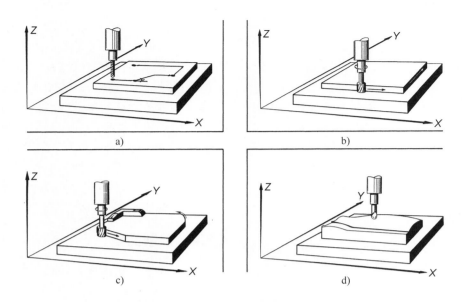

图 1-4　数控机床技术从点控制到 3D 路径控制的发展

a）点控制　b）直线控制　c）2D 路径控制　d）3D 路径控制

这种控制方式被人们称为 3D 路径控制，简称 3D 控制。在这种控制方式下，刀具运动可以在平面上和空间内完成执行。

例如：铣床、车床、电火花成型机、加工中心。实际中所有的机床类型都是这种控制方式。

1）线性插补：刀具在一条直线上移动，也就是说从起点到终点都是直线，如图 1-5 和图 1-6 所示。线性插补理论上可以被设定为任意数量的轴。对机床而言，五轴联动是最具有意义的，即用 X、Y、Z 坐标可以确定空间的目标点，用另外两个摆动运动如 A 和 B 轴的旋转运动，可以确定刀具在空间或加工斜面上的轴线位置。这意味着可以通过线性切线来逼近轮廓曲线和空间曲线，实现所有的轮廓曲线和空间曲线加工。每个基点彼此的距离越近，或者说尺寸公差越小，那么指定轮廓的路径就越准确。逼近点的数目也增加了系统在单位时间内的处理负荷，因此要求控制器必须有相应较高的处理速度。

2）圆弧插补。理论上所有的轨迹都可以通过线性插补用多边形来逼近。圆弧插补（见图 1-7）和抛物线插补可减少输入的数据量，简化这一规则的程序设计，同时增加运动的准确性。

圆弧插补仅限于主平面 XY、XZ 和 YZ。根据不同的控制，可以编程不同的圆弧插补。例如，对象限内的一个圆，可以通过其圆心点参数或者端点坐标和半径进行编程。（见相关编程章节）。

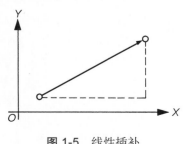

图 1-5　线性插补

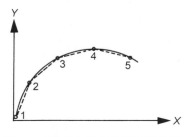

图 1-6　用多边形小线段逼近曲线

抛物线插补、样条插补、纳米 / 微米插补见第 2 章数控机床的功能。

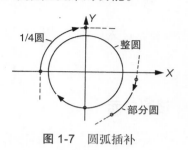

图 1-7 圆弧插补

1.3.5 数控轴

机床坐标轴可以分为平移轴和旋转轴。平移轴通常是垂直关系，以便刀具通过三个轴的运动到达工作区中的每个点。两个附加的旋转轴和摆动轴可用于加工倾斜表面或跟随铣刀轴。

为了对数控轴进行控制，要求每个数控轴有如下装置：

1）一个电子的可进行判断的位置测量系统。

2）可调节的伺服驱动系统。

数控系统的任务是将 CNC 装置提供的设定值与位置测量系统返回的实际值进行比较，当出现偏差时由驱动器发出调节信号来弥补这种偏差，如图 1-8 所示。这就是所谓的闭环控制回路。轨迹控制过程连续提供目标轨迹的位置值，而被控轴则需要按预定轨迹运动，从而实现连续的运动。

在数控车床上进行钻孔、铣削加工时，将主轴作为数控轴来设计。在数控钻床和数控铣床上，当主轴定位和螺旋插补功能可通过编程实现时，也将主轴作为数控轴来设计。

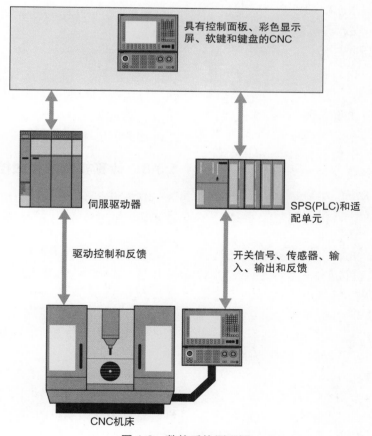

图 1-8 数控系统原理图

加工中心通常要配备数控回转工作台。

可以像数控轴一样移动的刀库中的独立刀位越来越多了。使用位置测量系统可节省用于识别刀库位置或刀具位置码的编码设备的费用，同时使刀具定位和更换的过程加快。

机床轴遵循笛卡儿坐标系的原则：①平移轴 X、Y、Z；②平行轴 U、V、W；③旋转轴或摆动轴 A、B 和 C。详细内容见数控机床章节。

1.3.6 可编程序控制器

早些时候，可编程序控制器（PLC）被称为"新一代电子设备"，它有与继电器类似的功能，具有尺寸更小，更灵敏，且响应更快的特点。

PLC（见图 1-8）的主要任务是控制和监控所有的连接操作和互锁功能。对于具有相同优先级的功能，如更换刀具和更换零件，需要通过 CNC 系统的开关命令选择，然后由 PLC 自动逐步监控。正确地完成这个工作循环后，PLC 给 CNC 系统一个信号，使数控程序继续运行。

所有的控制任务都是通过 PLC 执行。尤其是 PLC 在改变、修改、扩展方面和控制机床上的电气设备有突出的作用。PLC 硬件可以完全集成在数控系统中，这意味着之前描述过的逻辑功能将由 CNC 系统的处理器处理，并且将控制信号经处理器发送到配电系统。

对于复杂的机床，制造商会优先选择 PLC，因为其具有可以抛开数控系统单独对 PLC 程序进行调试的优点。这样，机床的许多功能在连接到 CNC 系统之前就已经可以运行了。

有关 PLC 的更详细内容请参阅 2.4 节可编程序控制器。

PLC 还用于监测加工过程本身。

紧急信号，如刀具破损或主轴转速过大时可以直接被 CNC 系统识别，并在 PLC 处理周期内触发必要的反馈。因为高动态性能的机床无法及时对工件和机床的损坏做出反馈，因而大部分数控系统会提供一定数量的快速输入、输出点，以便直接和数控系统进行通信。例如应用快速输入和输出来处理凸轮开关和探头信号。

1.3.7 适配单元

根据语言习惯的不同，适配单元和适配控制系统是两个不同的概念。

适配单元（见图 1-8）包含所有的熔断器、电动机保护断路器、变压器、接触器、辅助驱动器、高性能的放大器和接线端子。

机床通过适配单元切换到辅助驱动器上，如驱动刀具和工件移动或打开切削液，或者进行排屑。

有独立的 PLC 的数控机床也安装了适配单元。

适配控制系统的任务是对控制信号进行编译、注释、完成逻辑运算和实现特定机械功能流程的控制。由于 PLC 集成于 CNC 系统，因此所需的硬件也大多集成在 CNC 系统的控制电路板上。

1.3.8 计算机技术和数控技术

计算机技术的开发和应用几乎与数控技术同时起步，应用范围不断扩大。

1. 数控机床内部的计算机

现代数控系统上的微型计算机是数控系统的核心部件。由于工业控制计算机（IPC）的硬件是标准化、大批量的产品，因此计算机用户将开发任务的重心转移到软件上。

计算机技术使得越来越多的数控功能有可能集成在越来越小的体积中，可以在软件的基础上提高系统的综合监控故障的诊断能力，从而消除故障。

最重要的因素是降低成本，并且在降低价格的同时扩展服务范围。

控制的小型化有显而易见的优点，以前笨重的电气控制柜变成较小的可安装在机床上的控制面板。

2. 用于数控编程的计算机

计算机很早就应用于数控机床的编程，当零件有复杂的几何形状时，计算机可以辅助完成设计。计算机克服了有关交叉点、过渡区、轮廓、相位、曲线和形状等复杂的几何元素的计算困难，节省了大量时间。数控程序员将必要的数据从图样中输入，或者直接从 CAD 系统中获取，可以省略辅助计算。

由于所需的计算机体积越来越小，功能更强大，速度更快且价格更便宜，可以

将其用在特定机床上的数控编程系统并集成到 CNC 系统中，所以出现了支持图形对话方式的机床数控系统。面向车间的编程（WOP）输入控件可提供完美的编程工具和图形界面，彩色图形和对话框管理被认为是最好的编程工具。现在的数控系统已经集成了仿真软件，在实际切削之前，可以在显示屏上模拟工件加工，包括使用的刀具和夹紧装置。还可以在 3D 显示和 2D 视图之间切换。为了检查下料或内部加工的正确执行情况，可以显示工件的剖视图。通过可视化的工件加工，可以尽量避免工作空间的碰撞。此外，加工时间已经在模拟中显示出来，即生产订单可以很容易地计算出来，如图 1-9 所示。通过数控制造和自动化数据处理到在生产领域越来越多的处理不同任务的计算机系统，并呈增长趋势。

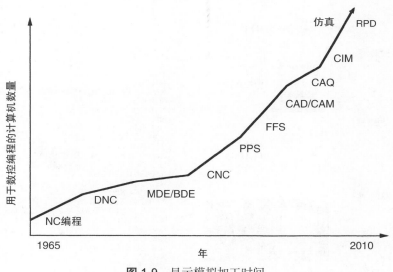

图 1-9　显示模拟加工时间

3. 用于自动化的计算机

计算机技术对 CNC 机床的设计有很大的影响。CNC 系统加载和卸载工件提高了机床的自动化程度和机床的灵活性。可以在机床外部准备可互换的刀库并且能够快速地更换整套刀具。

集成机器人使刀具更换更快速、更灵

活。采用新的控制技术和驱动技术能够使组件的数量和机床的价格减少 25%~30%，同时提高了性能。

在生产中越来越多的任务通过计算机系统传递，其目标是以最少的成本进行生产。这些计算机集成制造系统的方式多种多样，并且使用成本很低。

当控制整个生产的一台或多台计算机之间能够实现相互联系时，则表明柔性制造系统（FFS）中多台数控机床的合并已经较令人满意了。如此，不仅需要在生产系统中添加用于传输 CNC 系统存储数控程序的 DNC 系统，还要确保工件和刀具的所有数据在正确的时间内使用在正确的机床上。此外，所有运动部件的运输都由制造系统控制、监控和记录。因此，必须针对系统中的小故障做好紧急应对措施，以节约宝贵的生产加工时间。

CAD 建模、NC 编程和 CNC 制造构成了数字化制造工艺。工业生产对 CAD 样件数据转化速度的要求和缩短产品研发周期的要求，使得计算机无可替代。计算机越来越多地用于规划、准备、运输、测量、测试、监控、安装和调整工作。

在生产领域，计算机系统越来越多地处理不同的任务并且用于数控制造和自动化数据处理，如图 1-9 所示。

1.3.9　NC 程序和编程

为了能够用数控机床加工零件，用户需要创建该零件的数控加工程序。根据零件的结构或复杂性，可以选择在加工准备阶段或直接在机床加工时完成以上工作。

数控程序包括轴运动信息（路径信息）和激活交互功能的所有信息，如图 1-10a 所示。在加工过程中，将这些信息按正确的顺序逐个串联在一起。这些信息可通过自动读取磁盘，继而输入到数控机床。如果与计算机能直接进行数据传输，那么就可直接把数控程序（见图 1-10b）传送到数控机床上。标准的程序结构是引入数控机床至关重要的

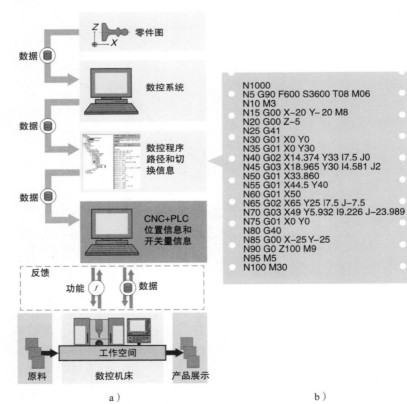

a）   b）

图 1-10　数控加工中的数据交换及数控加工程序示例

a）数控加工中的零件数据和加工数据交换　　b）数控加工程序示例

条件。人们很早以前根据国际标准化组织（ISO）的建议统一了国际标准化代码，该代码后来收录进了 DIN 66025 标准。因此，所有数控机床的程序结构在很大程度上得到了统一，编程可以在外部及独立于机床的编程系统上完成。而对特定 CNC 机床进行程序适配则是后置处理器的任务。转换程序也可以在 CAD 计算机或之后的 CAM 编程系统上完成。

数控加工中手工编程的原理是：逐步输入机床运动，逐步收集数控程序中的路径和交互信息并将其转移到移动式自动读取磁盘，或者手动将程序语句输入到数控系统中，如图 1-11a 所示。CAD/CAM 自动编程的原理是：输入毛坯和成品的几何形状以及由此自动产生的机床运动。在 CAD 系统内构建零件，数控编程系统根据 CAD 数据生成完成零件切削所需的机床运动（CAM），如图 1-11b 所示。

CAD/CAM 自动编程系统（见图 1-11b）可以简化编程并避免冗长、耗时的辅助计算。在屏幕上对加工过程的动态图形仿真为程序员提供无差错编程的保证。如果在 CAD 系统上完成零件的设计，那么就能转移 CAD 系统中 CAD 计算器所产生的工件数据，并将其直接用于数控编程。

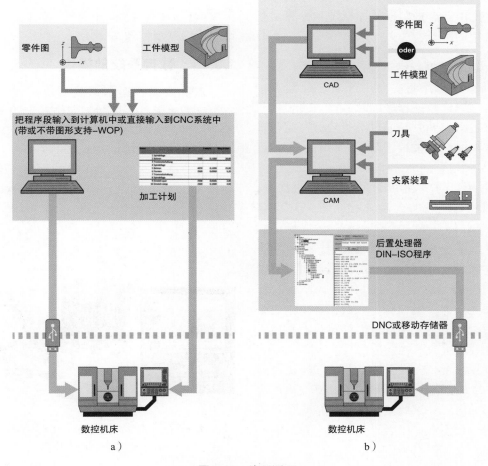

图 1-11　编程原理

a）手工编程原理　b）CAD/CAM 自动编程原理

1.3.10　数据输入

操作人员可通过设备和磁盘把数控程序输入数控系统，同时，必须在使用计算机时熟知如下相关信息：

1）用于手动输入数据、打字、修改（编辑）的 ASCII 键盘。

2）电子的数据存储器及相应的接口（USB2）。

3）直接通过电缆或电话线与相应的数据接口连接的计算机（DNC）。

1. 键盘

如今几乎所有的数控系统都能实现部分快速计算机辅助编程功能或者修正机床程序。ASCII 键盘是实现数控系统和计算交互时最常用的工具。

2. 电子数据存储

电子数据存储主要用于快速存储、传输和自动判读数控程序以及数控系统中的所有调整过程。同时，通过电子数据存储系统能够重复读取有关程序改正的所有信息并进行保存。

近 10 年来，随着计算机技术的发展，现有数控存储器的规模发展迅速。在 20 世纪末，NC 内存的大小只有 KByte 级别存储范围，而现在的内存基本没有限制。如今，用户存储和处理数控程序的存储器可以根据需要使用 CF 卡、U 盘或 USB 接口进行扩展。但是和办公计算机一样，在数控环境中也必须有病毒防护，否则可能因计算机病毒侵入而造成数据丢失和控制故障。

电子数据存储的缺点是：与其说设备寿命不受时间限制，倒不如说其寿命更取决于人为操作；在某些情况下出现危险是可以确定的，如人们可以轻松地读取、更改和删除数据。

3. 分布式数字控制

分布式数字控制（DNC）是建立在 CNC 系统和数据线（数据总线）之间用于快速传输数控程序的计算机连接。

这种类型的数据输入不直接属于"数据输入设备"，但却由于它本身的优势发展成为最常用的输入方式。一台或多台计算机负责与之连接的数控机床所有数控程序的存储和管理，并将这些数据按照预定的安全检查需求传送到数控系统。此外，需要传送的还有所需的刀具数据、停机时间和校正值（见 DNC 相关章节）。数据的调用可以在数控系统上手动处理或自动处理。

数据传送之后，数控机床即可自由处理所存储的数控程序，之后不必再与 DNC 主机连接。除非数控程序过于庞大，即数控系统的内存太小不足以容纳整个程序，这种情况下需要逐段传送程序。

1.3.11　数控系统的操作

良好的设计运算系统可使数控机床具备更高的经济性，同时在实施特定的操作时可辅助进行人机会话，能有效地避免工作人员操作过程中的错误，增强工艺过程的安全性。现代数控系统在上述方面都能提供很好的技术支持。图 1-12 所示为 SINUMERIK 840D sl 数控系统包括控制面板、数控系统、伺服驱动器、直线电动机、伺服电动机和转矩电动机。

图 1-12　SINUMERIK 840D sl 数控系统
（图片来源：西门子公司）

根据不同的工艺要求，数控机床的控制需求也大相径庭。在大批量生产时，如汽车行业或医疗行业，仅存在相对较少的数控编程，生产过程中所使用的机床多出现在组装线和柔性制造系统中，其生产的产品一般差异较小。这类机床通常配备极其方便且具备快速故障诊断与维修操作的功能。零件的数控程序几乎仅在加工过程中使用，并且不受质量要求和认证要求的影响而发生变化。在这样的生产背景下，设备系统具有更高的适用性，可进一步降低生产辅助时间并提高经济性。与此同时，人们期望 CNC 系统不仅具有极高的性能和可靠性，而且还要有集成公司网络的开放性。除了向更高级的计算机系统传输零件的程序数据，CNC 系统还能实现对刀具需求的控制与评估。为保证整个 CNC 系统正常、高效运作，除计算机系统已有的接口外，还需配置附加的网络模块和附加接口。

现如今，CNC 机床普遍应用在计件生产制造企业、模型制造业、模具制造业、批量生产型企业中。与大批量生产不同，单件小批量生产中所使用的机床必须能更好地适应不断变化的产品种类。并且 CNC 系统在应对所有其他需求时同样具备很好的操作舒适性。整个系统的操作流程必须符合用户的使用习惯且不被刻意复杂化。任何一段简单的逻辑运算都应与对应的生产效率及经济性相适应。精心设计的人机接口（MMI 或 HMI）在工业生产中具有重要的实际价值。

程序编译时，应根据企业的组织形式、操作人员和制造类型采用不同的编译方法，金属加工工业中不同的程序编译方法如图 1-13 所示。

图 1-13 金属加工工业中不同的程序编译方法

零件数控程序可由数控机床直接编译产生，也可由 CAD/CAM 系统或加工工艺程序创建，如图 1-14 所示，然后通过相应的网络系统或 USB 闪存输入到数控机床中。而对于 CNC 机床的中间执行原理，即便训练有素的技术工人也无法做到完全熟知。由于技术短缺或成本压力，工资水平较高的国家往往会为数控机床配备相应的技术助理，因此在构建 CNC 系统中，应保证用户界面的结构逻辑性与可操作性。现代 CNC 系统能为零件制造的整个过程提供有效的支持。

1.3.12 数控编程

在机床配置的开始阶段，即数控程序读入阶段，必须规定相应的工件坐标系零点以及制造所必需的工件数据和控制数据。同

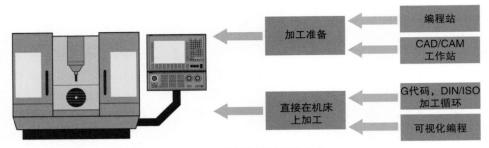

图 1-14　零件数控程序的生成

时，CNC 系统还具备相应的测试功能、数据管理功能和刀具管理功能。图 1-15 所示为一个标准的基于零件的复杂性、机床操作人员的经验和制造工厂的组织结构，通过相应的操作程序可在数控机床上直接完成单件小批量的零件生产。对于机床数控程序的直接编译方法，因生产环境的不同而不同，最简单的方法是机床操作人员直接输入 G 代码控制指令。但由于其清晰度及可读性不强，因此，如果同一台机床由不同班次的不同操作人员使用，往往会出现问题。根据数控系统的不同，都能或多或少地找到相对应的加工辅助宏程序或加工辅助循环。上述情况广泛存在于车削和铣削加工中，部分也存在在磨削加工中。在相应的工艺循环中，必须对定心、钻孔、开槽、攻螺纹、平面车削、平面铣削等操作进行子程序的编译与整合。对相应的工艺数据，如背吃刀量、退刀平面、进给量、主轴转速等也应参数化表示并将其输入到相应的机床系统中。

数控系统还包含图形化编程辅助功能，这意味着整个加工循环可以用易于理解的图像进行表述和模拟。通常情况下，CAD/CAM 程序被直接输入到中间制造商的控制系统中。而每个公司则根据自己的生产习惯、组织架构选择合适的 CNC 编程类型。

现今大多数 CNC 系统都能支持所有的程序编译方法。然而，并不是所有的编译方法都适合所有的生产环境。在大批量的加工制造中，一般不使用加工循环技术或者更准

确地说图形化编程技术，因为工件的加工批量比较大，加工程序就需要特别优化；而在执行加工流程时，循环通常可调整的空间比较小。而在小批量订单中，在机床侧直接编程往往是较好的工艺规划方式。因此，要求机床操作人员应具备相应的编程知识，对实际工作环境进行正确甄别并选择合理的生产方案。

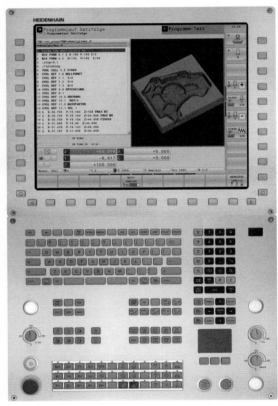

图 1-15　一个标准的 CNC 系统操作面板
（来源：海德汉公司）

1.3.13 小结

近年来, 数控机床在结构和控制方式上有着本质的改变, 以致于完全想通过人工操控几乎不可能。操作人员只能在进行故障诊断时通过经验加以干预。为保护人和机床免受操作失误或错误指令带来的损害, 现代数控机床提供了更多的安全和故障检测单元。

尽管所有的数控机床工作原理都相同, 但不同型号的机床仍然需要具备与之相适应的功能丰富的特定控制, 这一点可通过基于数控系统运行软件的硬件系统来实现。这也是为什么 CNC 系统和数控机床这两部分内容安排在一起。

现代数控机床配备有多个主要数控轴、简单的辅助轴和许多开关功能, 可实现不同的加工方法, 如图 1-16 所示。例如激光切割或高速铣削需要非常精确和快速的机床运动, 只能通过相应的高速伺服驱动系统来实现。

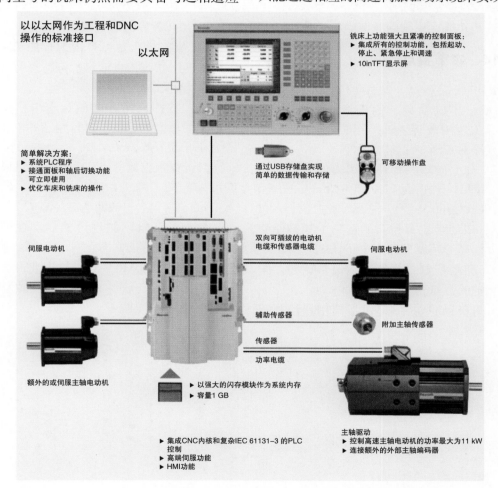

以以太网作为工程和DNC操作的标准接口

以太网

铣床上功能强大且紧凑的控制面板:
► 集成所有的控制功能, 包括起动、停止、紧急停止和调速
► 10inTFT显示屏

简单解决方案:
► 系统PLC程序
► 接通面板和轴后切换功能可立即使用
► 优化车床和铣床的操作

通过USB存储盘实现简单的数据传输和存储

可移动操作盘

伺服电动机

双向可插拔的电动机电缆和传感器电缆

伺服电动机

辅助传感器

附加主轴传感器

传感器

功率电缆

额外的或伺服主轴电动机

► 以强大的闪存模块作为系统内存
► 容量1 GB

主轴驱动
► 控制高速主轴电动机的功率最大为11 kW
► 连接额外的外部主轴编码器

► 集成CNC内核和复杂IEC 61131-3的PLC控制
► 高端伺服功能
► HMI功能

图 1-16 四轴数控车, 铣类机床 (来源: 博士力士乐公司)

由于性能优良, 数控机床承担了很多工作, 包括单个或成组系统的全自动高标准的运转。其部分功能如下:

1) 在工作过程中进行数控编程。

2) 管理每个刀具至少50条记录的大规模数据库。

3) 在输入新的数控程序时, 自动生成并导出缺失刀具的列表。

4）自动与外部计算机，如测量机、DNC 系统以及生产计划系统（PPS）的通信。

5）通过柔性制造单元（FFZ）和柔性制造系统（FFS）获取零件的数量、废品，返工以及非规律变化，或对加工的优先次序给定进行管理。

6）与生产数据（BDE）/设备数据（MDE）采集软件进行集成、故障诊断，以图形显示的方式支持机床操作人员进行维护、服务以及故障排查。

这些功能在后续的章节中将会介绍。

1.3.14   本节要点

1）"数控"是"数字控制"（Numerical Control）的简称，德语为"Steuern mit Zahlen,（使用数字进行控制），指在机床上通过直接输入指令来加工工件。

2）如今的数字控件使用微处理器进行控制，即计算机数字控制（Computerized Numerical Control）。

3）微处理器有较高的运算主频，使处理器以极高的精度控制多个机床轴。

4）路径控制是最普遍和最常用的。同时可控轴的数目是可扩展的。

5）连续轨迹控制还可以使用点控制和路径控制（编程）。

6）CNC 机床的功能范围由相应品牌的 CNC 系统软件和机床制造商的应用决定。

7）对于客户特定的调整（特殊功能，项目特定的要求等），机床制造商可以调整或补充用户界面，并将自己的循环程序和 NC 功能纳入控制中。各种 CNC 型号为此提供了自己的软件工具。

8）NC 程序可以通过键盘直接输入到 CNC 中，也可以通过接口（DNC，以太网，WLAN，USB 等）进行传输。

9）数控机床是可自由编程的机床，即每个轴的运动过程可通过能进行可替换的数控程序给定。

10）数控机床通常包括水平移动轴和旋转轴。每个轴配备可进行判定的电子测量系统和可调节的驱动系统。

11）在数控机床上，有关工艺的功能也是可编程的，如进给速度（F）、主轴转速（S）、刀具（T）和辅助功能（M）。

12）可在机床侧进行如自动换刀或自动更换工件这样的同时运行的步骤。系统可调用开关功能（M00~M99）并进行全自动加工。信号给定通过 PLC 和相应执行器侧的功率放大器完成。

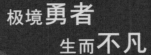

ENS

极境**勇者**
生而**不凡**

OP PSU2200
齐型导轨电源

TOP PSU2200 是一款高性价比的导轨型电源，能够将交流 220V 转换为直流 24V；产品体积小、重量轻、便
维码可以通过手机扫描得到各种产品信息；其 PCB 板附有三防涂层（防潮、防尘、防盐雾等）；附带短路保
J2200 按输出电流可以分为 3A、5A、10A、20A 四种型号，是满足工业基本供电功能应用的高性价比产品。

防涂层（防潮、防尘、防盐雾等），能够有效应对多种严苛应用环境

维码，通过手机扫码可以得到产品的相关资料信息，操作更方便，同时效率更高，更节能环保

低：
至零下 40 摄氏度，无惧严寒

SIEMENS

西门子 ICP 增值服务-控制电柜系统性解决方案.

- **系统集成业务普遍存在的困扰**

设计工程师能力欠缺，产品性能无法保证	客户投诉率高，现场服务时间长	工艺标准缺失，产品质量标准不统一	项目成本高，准时交付率低
生产布局不合理现场混乱不堪	生产装配依靠"大工"，蓝领招工难	物料状态不明，员工寻找物料时间长	没有合适的工具工装，生产难度大

想寻求改变，优化提升，但是无从下手，不知道从何做起，哪个点可以成为企业提升的突破点。

- **对症下药，ICP "4步法" 提供全套解决方案**

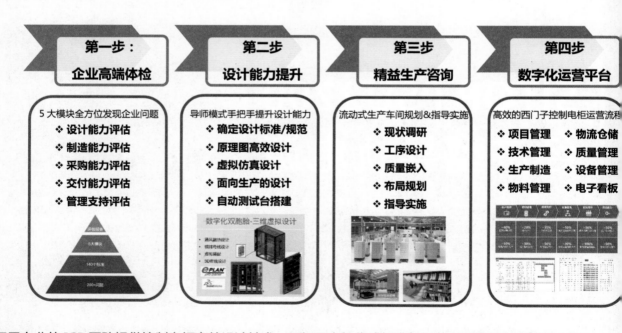

> "西门子专业的 ICP 团队提供控制电柜高效设计技术，西门子电柜集成标准与规范以及精益生产管理，帮助合作伙伴控制电柜设计技术升级，产品质量提升。我们提供以下服务：企业高端体检，控制电柜电气设计，结构设计，生产管理能力的培训，精益生产咨询，数字化解决方案等。我们在西门子官网商城（https://mall.siemens.com.cn）上架了多款服务产品，真诚地期待与您合作，携手共赢。

第 2 章
计算机数控（CNC）机床的
功能

简要内容：

2.1 路径信息和路径测量

在机器运动的数字控制中，其根本的新颖性体现在对路径信息的编程。在机床中就是每个数控轴具有一定分辨率的直接位置值，例如 1/1000mm 的分辨率。实现路径控制需要对刀具和工件之间的相对运动进行连续控制，这将同步为数控系统中每一个数控轴进行计算和控制。

2.1.1 引言

数控机床的标志性功能单元是位置控制环——即进给驱动和位置测试的连接。另一标志性的组件是自动换刀装置和工件更换装置。数字控制影响着机床配置，如床身、导轨和主驱动。

数控机床具有整个自动生产流程中的全部功能，这对零件加工至关重要。这些流程中的信息以数字形式存储，最终转化为机器语言。位置信息和开关量信息有所不同，前者确定机床运动，后者触发机床功能。

如果刀具还要在一个自由选择的方向上切入工件，则需要另外两个旋转轴。在大型机器或者那些可以多个刀具同时加工的机器中，还有更多的轴，其中一些是平行的轴。

表 2-1 介绍了不同类型机床的轴数，以及哪些机床功能是自动化的。

2.1.2 轴的标识

定位平面上的一个工件需要两个平移轴，定位空间上的工件则需要三个直线轴，即所谓的笛卡儿坐标。图 2-1 所示为笛卡儿坐标系。

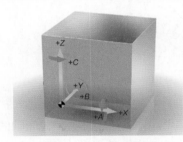

图 2-1 笛卡儿坐标系

数控机床坐标轴和运动方向的标识是按照 DIN 66217 标准来确定的。这一标准关联于 ISO 推荐标准 R841。两者都遵循右手三指法则，以定义相互垂直的主要轴，即 X 轴、Y 轴、Z 轴的方向，如图 2-2 所示。

表 2-1 不同类型的机床对自动化程度的不同要求

机床类型	轴数	换刀方式	换工件方式	特殊功能
钻床	3	手动 / 自动	手动	特定钻孔循环，电子加工行业专用的高速铣削功能（钻攻中心）
铣床	3 ~ 5	手动 / 自动	手动 / 自动	龙门和平行轴，HSC[①]，刀具补偿
车床 1	2	自动	手动	图形编程，循环
车床 2	2 × 2	自动	手动 / 自动	循环
车床 3	小于 8	自动	自动	轴心对齐，动力刀具，自动排屑，多滑板机床
加工中心	4 ~ 5	自动	自动	刀具管理，刀具盘，水平 / 竖直头，物料转换
磨床 1	3	手动	自动	修整循环，摆动轴，多个磨头头架
磨床 2	5+3+n	自动	自动	砂轮和工件的自动更换
压力机 1	2	手动 / 自动	手动 / 自动	冲压功能，换刀
压力机 2	5	自动	自动	冲头可主动旋转，自动套裁，组合冲头

（续）

机床类型	轴数	换刀方式	换工件方式	特殊功能
激光切割机床	3 ~ 5	手动	手动 / 自动	激光功率控制，高速进给
插齿机	5+	手动 / 自动	手动 / 自动	滚齿模数，参数编程
线切割机床	2 ~ 5	手动 / 自动	手动 / 自动	沿原路径回退
加工单元	6 个同步轴，3 个异步轴	通过管理监控交换	通过工件识别程序	DNC 接口，生产数据 / 设备数据采集功能，传感接口，图形化诊断，托盘库
柔性制造系统	任意	自动	自动	刀具补偿表，闭合的数据回路，托盘输送

① HSC 的中文意思为高速切削，英文全称为 High Speed Cutting。

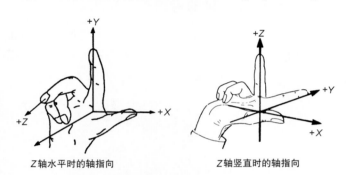

Z 轴水平时的轴指向   Z 轴竖直时的轴指向

图 2-2 右手三指法则的应用

为了用这一法则定义数控机床轴的方向，可将中指立在主轴的刀架上作为 Z 轴，手指指在主轴回缩方向上指向远离工件的地方。

现在转动右手，使拇指指向最长轴的运动方向，这便是 X 轴，通常位于水平面上。由此 Y 轴可以自动确定，食指的指向为其正方向。

其他辅助轴都是通过这三个基准轴确定的，分别为：

A 轴、B 轴、C 轴是通过 X 轴、Y 轴、Z 轴作为中心轴的旋转或摆动轴，也就是说，A 轴绕 X 轴转动，B 轴绕 Y 轴转动，C 轴绕 Z 轴转动。旋转轴的正方向符合右手螺旋法则，即视线方向为轴的正方向，也称为"起瓶塞法则"，意思是开瓶器旋进的方向为旋转的正方向。

U 轴、V 轴、W 轴是主轴，X 轴、Y 轴、Z 轴的平行轴。

P 轴、Q 轴、R 轴则是不一定平行于 X 轴、Y 轴、Z 轴的辅助轴，其中 R 轴主要用于确定钻孔时工件的参考地址，即 Z 轴从快速移动切换到进给运动的地方。（R 为参考平面）

通常人们还会见到如 X1/X2 或 Y1/Y2 的标记（见图 2-3），这些是可移动的门架或横梁，即所谓的龙门轴，由于其导轨间距较大，需要两个单独的驱动器（每侧一个），以便在不同负载下也能完全平行移动。因此，这些轴不是相互独立运动的、彼此没有关联的轴，而是共同运动的轴，因此这些轴使用同样的编程地址，即 X 轴或 Y 轴。

在确定轴的正向时，人们基于假设刀具始终运动，工件始终静止。在这种情况下，轴的正方向的指定与运动的正方向一样标为 +X、+Y，+Z、+A 和 +C。如果工件在水平工作台或旋转工作台上运动，运动方向和轴的方向是相反的。工作台向右运动，则工件相对向左运动，从而确定轴的实际方向，但地址用加号、撇号来标记：+X'、+Y'，+Z'、+A'、+B' oder +C'。这种确定轴移动方向的规则有其优势，即编程人员可以独立于机床的具体结构确定加工程序代码。不必考虑机床的配置，刀具和工件的相对位置可以被确定下来，轴线的移动方向可以确保正确。

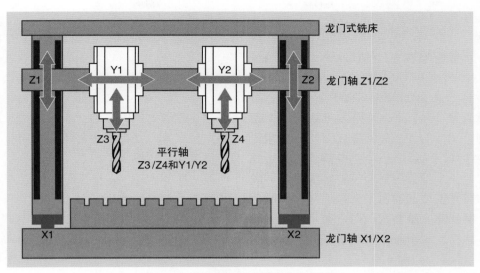

图 2-3 龙门轴与平行轴之间的区别

2.1.3 位置控制回路

在开发机床的数字化控制时，使用过不同的控制系统，其间位置控制回路被证明是最为安全可靠的。早些时候，开环控制链因其简易性也被经常使用，如步进电动机这种特殊的驱动装置就是在开环系统中工作的：因为没有实际位置的反馈，所以属于开环控制链。由于这一技术已经很少使用，本书不再赘述。

在位置控制回路方面，闭合回路可以不断地检查和反馈机器轴的当前位置，为无误差运动提供了高度的安全性。图 2-4 以水平轴为例展示了位置控制回路的原理。机械导轨位置等需要调节的量不断地被采集出来，并与上级控制的位置设定值进行比较。而位置给定量与实际量的差值（位置控制偏差）会通过位置控制器放大，并作为控制信号发送给坐标轴的驱动系统，以作为这些偏差的补偿信号。

轨迹控制给出新的位置值，即

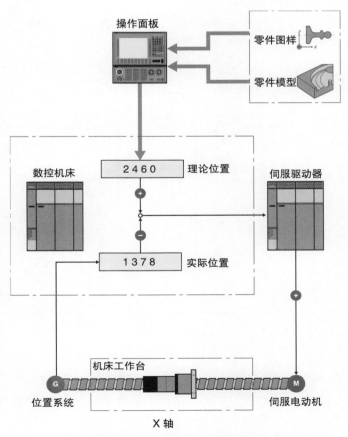

图 2-4 闭环控制中几何信息输入与加工原理

被控轴所需的跟随量，由此实现轨迹的持续运动。因此，每个数控轴需要配置一个电子的可以进行位置量判读的位置测量系统和一个可控制或者可调节的伺服驱动系统。

在进给驱动的位置控制中，有一个重要的参数是可实现的 K_V 系数（比例增益位置控制器），该位置控制器被设计成 P 型控制器。P 型控制器的一个重要特征是恒定控制偏差。一个位置控制器的恒定误差，即设定值和实际值之间的误差，与运动的实时速度成比例变化，被称为跟踪误差或者跟踪距离，其计算公式为

$$X_s = v/K_V$$

其中 X_s ——跟随误差（mm）；

K_V ——比例放大位置控制器系数
[（m/min）/mm]；

v ——速度（m/min）。

跟随误差在特定运行速度下的大小可以通过已知的 K_V 系数确定。K_V 系数也因而成为衡量加工精度和进给驱动动态性能的参数。

不过，这类闭环控制系统是一个振荡系统，在过高的放大系数下会触发控制回路振荡。这会大大地损害工件的加工质量，必须不惜一切代价避免，这也限制了控制回路的增益。为提高 K_V 值并减少跟踪误差，简单的位置控制回路可以通过电机速度和电机电流的附属控制回路来扩展，如图 2-5 所示，将位置控制偏差作为后面电机速度环的输入值，速度环调节器中被放大之后的速度偏差作为后面电流环调节器的给定值输入。这一转速调节器和电流调节器的比例积分（PI）过程允许对最小控制偏差进行补偿，而不会在设定值和实际值之间产生永久性差异。

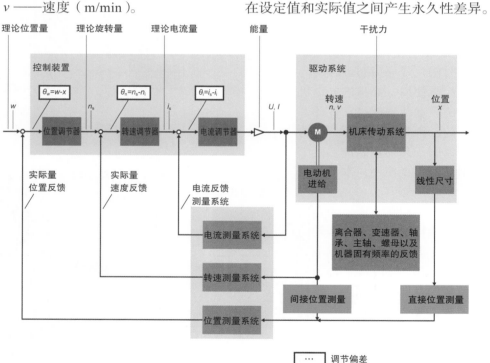

图 2-5 闭环控制示意图

一个进给驱动可达到的 K_V 系数同样受到其中的机械部件结构的影响。1）正如每一个可振荡系统一样，运动质量应该尽可能小，驱动单元的刚度应尽可能大。

2）系统的非线性因素，如摩擦和间隙应尽可能小。

这里的设计方案还将在后面的章节中讨论。

路径测量系统和滑板之间的摩擦与间隙也是反向死区产生的原因。反向死区是指从相反的方向接近目标位置时，两实际位置间的距离，它会引起位置偏差，因此应尽量减小。通过储存在数控系统中的特定修正值，使这个偏差在很大程度上得到补偿。

直接或间接路径测量系统的测量位置对结果也有很大影响。图 2-6 展示了这一差别。

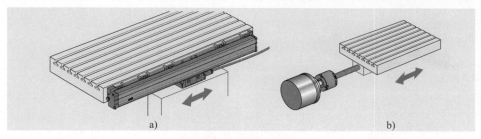

图 2-6 位置测量原理
a）带有直线光栅尺　b）带有丝杠 / 螺母 / 旋转编码器

2.1.4　位置的测量

进给轴的位置检测对机床的精度贡献很大。在拟定位置测量技术时应注意以下关键指标：

由于其工作条件的多变性，对所使用的测量技术的要求很高。因此，尽管零件质量和加工速度不同，进给轴也必须精确定位。此外，保证机器的生产效率也是测量技术可靠性的重要内容。位置测量装置必须能在恶劣环境下正常工作数年而无需维护。

为了使机床更加精确，应用所谓的闭环控制技术，以满足前面所描述的对测量技术在精确度和可靠性上的要求。下面以直线轴的长度测量为例进行介绍，旋转轴角度测量的注意事项与之相同。

1. 半闭环和全闭环

一个数控进给轴的位置主要由两种方法确定。

1）如果通过与滚珠丝杠相连的旋转编码器确定由螺距决定的驱动位置。那么，滚珠丝杠起了双重作用。作为驱动元件它必须承载巨大的力，作为定位元件丝杠需要有很高的精度和可重复的螺距。它作为驱动元件会导致丝杠的发热，由此引发热变形。因

为位置控制回路只包含滚珠丝杠传动端的编码器，因此这一偏差不能被检测出来，从而也不能获得补偿。在这一情况下，人们将这种控制方式称为半闭环控制，如图 2-7 所示半闭环控制中，轴的位置误差是不可避免的，零件的质量也会受到巨大影响。

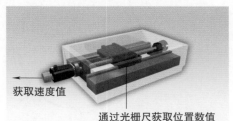

获取速度值

通过光栅尺获取位置数值

图 2-7 半闭环控制

2）通过直线光栅尺来确定滑板位置，这样位置控制环也包括在整个进给机构中。人们将这种控制方式称为全闭环控制，如图 2-8 所示。在这种控制方式下，机床传动元件的误差和间隙对于位置检测的精确度没有影响，测量的精确度只取决于直线光栅尺的精度和安装位置。

2. 机械影响下的位置偏差

1）运动学误差可直接对应于通过进给螺杆和编码器（半闭环）所进行的位置测量，其产生原因是滚珠丝杠的螺距误差以及

进给机构的间隙。螺距误差直接影响测量结果，因为滚珠丝杠的螺纹节矩是作为长度测量的测量标准存在的，进给机构的间隙则会引起反向死区。

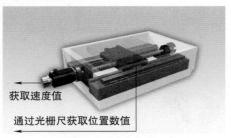

图 2-8   全闭环控制

对螺距误差和反向死区的补偿在大多数控制系统中都是可实现的。为确定补偿量，需要昂贵的带有外部测量装置的量仪，如干涉仪和正交光栅测量仪。此外，补偿后的反转死区余量不能长时间保持稳定（图 2-9 中一年后 X 轴上的间隙明显增加），使

用前必须进行相应的重新校准。

2）进给机构的力变形。导致进给机构变形的力会对轴滑板的真实位置产生一个不同于对应进给轴丝杠和旋转编码器获取位置的偏移量。这里主要涉及因滑板加速而产生的惯性力、切削加工过程中的切削力以及导轨中的摩擦力。

① 加速力。按照一般导轨质量 500kg、中等加速度 $4m/s^2$ 计算，得出一般变形量为 10 ~ 20μm，这一变形量无法被主轴 / 编码器系统识别。因为总体趋势很显然是向更高加速度推进，因此变形量也逐渐增大。图 2-10 为半闭环控制方式下，立式加工中心中与轴的速度和加速度相关的误差。

从图 2-10 可以看出，带有丝杠和旋转编码器的位置控制系统，其圆轨迹在速度提高时明显偏离理想圆度，而使用直线光栅尺的同一加工中心明显有更好的轮廓精度。

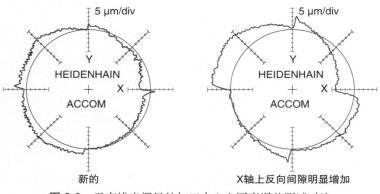

图 2-9   无直线光栅尺的加工中心上圆度误差测试对比

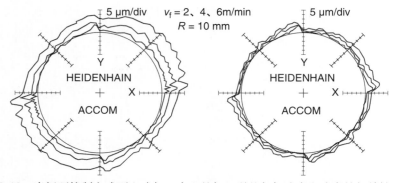

图 2-10   半闭环控制方式下立式加工中心的加工误差与加速度和速度的相关性示例

② 切削力。切削力可以很容易达到千牛的数量级，然而它不仅影响进给系统，而且还影响机床的整个结构。进给系统的变形通常在机床总变形中只占很小部分，长度测量仪（直线光栅尺）只检测这一小部分，控制系统可以对其调整。因此，具有关键尺寸的零件通常以小的进给力和相应的小的机器变形切削加工。

③ 摩擦力。根据轴承类型的不同，对于滚子导轨来说，导轨中的摩擦力是法向力的 1%~2%，对于滑动导轨来说其摩擦力是法向力的 3%~12%。因此，在法向力为 500N 的情况下，进给机械所产生的变形为 0.25μm~6μm*。

3. 滚珠丝杠发热引起的位置偏差

滚珠丝杠发热（见图 2-11）引起的位置偏差是半闭环控制中位置测量的最主要问题，其原因在于滚珠丝杠的双重作用。即一方面它需要以较大的刚度将伺服电动机的转动转化为线性进给运动，另一方面它本身还必须作为一个精确的量具。这双重功能之间的妥协是难以解决的。

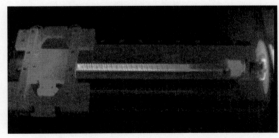

图 2-11 滚珠丝杠在 10m/min 速度进给时发热的热力学云图

不管是刚度还是发热都取决于滚珠丝杠螺母和支座的预紧。通常在滚珠丝杠螺母处产生进给系统中大部分的摩擦力。一个典型的直径为 32mm 的滚珠丝杠空载力矩和摩擦力矩为 0.5 ~ 1N·m 之间。这意味着，在转速为 2000r/min 的快速行程中滚珠丝杠中将会产生 100 ~ 200W 的摩擦热。

近年来，由于对滚珠丝杠加速能力的要求不断增加，滚珠丝杠的最大允许转速增加一倍以上，但预紧力以及由此产生螺母的摩擦力并没有减小。滚珠丝杠发热明显增加，在极端情况下滚珠丝杠的螺母需要被动冷却，以避免过度的消耗。

这种摩擦热对进给轴精度的影响是可以通过根据 ISO DIS 230-3 对机床的检查而清楚地看到。这一标准包括：关于如何统一测量外部和内部热源而引起的车床和铣床的热？原则上可以把机床结构的变形按成因分为环境条件变化导致的或主轴驱动发热导致的机床结构变形。对于每一种误差类型，该标准都推荐了相应的测量方法。此外，还给出了进给轴的位置偏差。

1）床身变形测试如图 2-12 所示，将 5 个测量探头固定在一个即使受热也尽可能不变形的框架上，将其靠住装在刀柄位置上的测量棒，进行床身变形的测量。

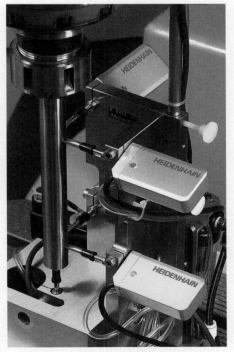

图 2-12 根据 DIN ISO 230-3 标准测试加工中心的床身变形

2）轴偏移为计算轴的偏移量，需要让机床以特定的运动规范运行，并尽可能地接近移动范围两端的至少两个点上记录位置的变化，直到出现位置变化的饱和度。除了激光干涉仪外，也可以使用千分表（百分表）等简单设备进行轴位测量。这种测量能在投入精力较小的情况下在任何车间里进行。为了能同时测得两个维度的偏移量，可使用比对仪测量（见图 2-13）在沿着轴线测量的时候，这种比对仪所能确定的垂直于轴线的最大偏差为 +/−1 毫米对应的偏差值。这些二维测头是非接触式的，因此测量仪器自身的机械结构不会对测量结果造成干扰。

3）位置偏差的测量举例：钻基准孔的工件。

基于对一个简单零件批量生产的仿真——该零件沿长度方向上有均匀分布的多孔设计，可以直观地看到进给轴的驱动精度。为此，在一个毛坯件上模拟系列生产中的几个零件的加工。图 2-14 描述了这一过程：首先加工两个端面和三个孔，接着在无刀具切入工件的情况下重复该步骤 30 次，

对后续零件的加工进行模拟。进行 2mm 的横向进给后，刀具切入工件，重复第一步。加工过程在 10 个来回后停止，也就是说 10 次刀具切入工件的加工和总共 270 次刀具不切入工件的加工。加工时间持续约 70min。

图 2-13　比对测量法测轴偏移

在半闭环控制系统中，加工过程中温度对端面以及内孔的偏移影响以阶梯图表示，这样就可以直观地看清楚滚珠丝杠发热的影响。离滚珠丝杠固定轴最远的被加工孔的热漂移最大可达到 213μm，如图 2-15 所示。

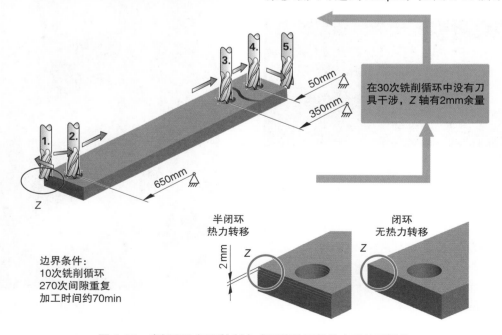

图 2-14　半闭环和闭环控制方式下简单零件热变形的可视化

半闭环控制系统中的孔位置偏移

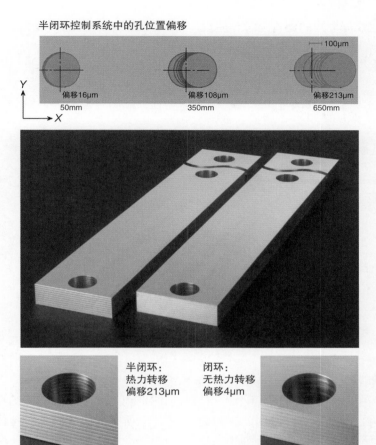

图 2-15 不同控制方式下钻孔位置偏移对比

与此相比，根据 DIN ISO 230-3 标准，用正交光栅测量仪对位置热稳定性的测试结果类似。这期间加工主轴需要以 5～6m/min 的进给速度往返运动 70min。随着滚珠丝杠螺母和滚珠丝杠固定轴承间距离的增大（时间增加），位置偏差（热偏差）也在增加，如图 2-16 所示。这一热偏差在全闭环控制中可以通过精确的直线光栅仪加以补偿。通常在机器验收时，根据标准 VDI-DGQ3431 和 DIN/ISO 230-2 所采用的机器精度测试，并不能检测到这些热误差。

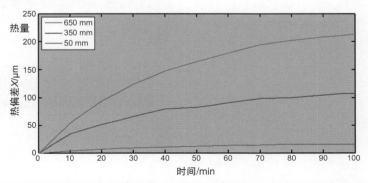

图 2-16 根据 DIN ISO 230-3 标准测得的滚珠丝杠三个位置上的热偏差

4. 封装的直线光栅尺的结构与工作原理

不管采用何种测量原理（光学还是电磁学），也不管采用何种测量方法（增量式测量或绝对式测量），封装的直线光栅尺的基本结构如图 2-17 所示。

滑台在标尺上运行，通常是由标尺上

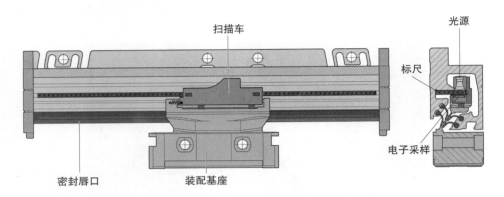

图 2-17　封装的直线光栅尺基本结构

的 5 个滚珠轴承引导。安装台和滑台间的联接允许有必要的安装公差，以便在机器中安装。压力弹簧和张力弹簧用来防止滑台的抬起。一个铝质或铁质的外壳保护整个系统，另外用一个或两个密封圈将其封闭，以防止微粒和水分的侵入。为了提高防止细小颗粒和液体侵入的性能，还可用净化后的压缩空气灌入外壳。

1）测量方法。在使用仪器对机床进行测量时，本质上有两种测量方法：绝对式测量和增量式测量。在绝对式测量中，测量仪开启后可以立即得到所测的位置值，这些数据能够随时被控制器读取。为确定绝对位置，需要使用一组相对较粗的伪随机码构成的光栅刻线和一组精细的增量刻轨信号的组合（见图 2-18）加以确定。增量刻轨信号的周期通常为 20～100μm 并可以进行更精密的细分。代码轨道决定了绝对位置——代码（如 16 位代码）所对应的基本长度的每个线形，在直线光栅尺上也只对应唯一的位置。通常测量仪器的电子单元连接这两种栅距并计算出位置量，然后通过数字化串行协议发送到数控系统。

在增量式测量设备中，机床为了保持和坐标轴参考点之间的距离，必须在开机后走过一段行程直到找到下一个参考标记。为了使走到下一个参考标记的距离尽量小，需要建立所谓距离编码的参考标记。两个已知的相邻参考标记的距离对一个刻度来说是唯一的，这样在走过两个参考标记后数控系统可以清楚地计算当前坐标轴的实际位置。所需的路径距离最大值现在只有 20mm，如图 2-19 所示，输出信号振幅为 $1V_{SS}$ 的正弦波。

图 2-18　带有额外增量刻轨信号的光栅编码结构

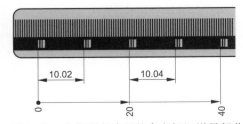

图 2-19　有着距离编码的参考标记增量部分

2）测量原理：封装的直线光栅尺主要利用光学测量原理，如图 2-20 所示。较之磁力或感应原理，光学原理具有更小的信号周期，所以光学测量仪器能够准确地扫描检测 20μm 的轨迹。小的信号周期意味着更小的测量步长，而这正是影响零件表面均匀性的原因。

光学系统的结构和设计对测量仪器的可靠性起着决定性作用。对增量码的单一扫描和对伪随机码的对比测量被证明是最为可靠的组合方式。

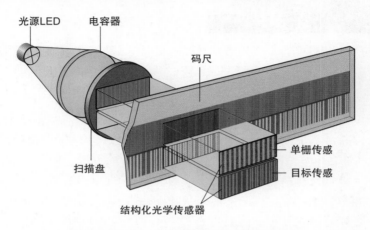

图 2-20　带有扫描和伪随机码的传感器结构

3）测量精度：封装的直线光栅尺的精度有两种规格：精度等级和内插细分误差，如图 2-21 所示。精度等级是指在一定距离的测量过程中，比如超过 1 米，测量值对真实值的偏差。细分误差是指在一个信号周期中的位置偏移。

在长距离测量过程中，虽然从精度等级可以得出有关机床的定位精度的结论，但信号周期内的位置偏差会影响表面质量和动态性能—尤其是对于直接驱动，如直线电动机驱动或力矩电动机驱动中。由于人的肉眼对小的周期性的结构偏差反应十分敏感，要想获得完美的零件表面，在一个周期的位置偏移应该控制在 ±0.2μm 之内。

在图 2-22 所示的测试工件上，细分误差对工件表面质量的影响很明显。左边试件的平面已经被机床加工过，所用的直线光栅尺为 ±0.5μm 的细分误差，能看到一条清晰的波浪纹。中间试件所用直线光栅尺的细分误差为 ±0.2μm，表面偏差也能稍微辨别出来。右边试件的平面被机床加工过，所用直线光栅尺的细分误差小于 ±0.2μm，表面偏差就没那么明显了。

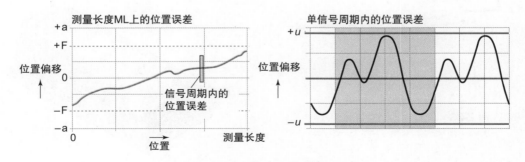

图 2-21　精度等级和细分误差的定义

图 2-22 使用大细分误差直线光栅尺获得的表面质量

5. 旋转轴的精度

在半闭环系统中，进给轴因发热导致的位置偏移显然不仅发生在线性轴上，同样也发生在旋转轴上。通过高精度的圆光栅可以使旋转轴的定位精度和重复精度明显提高。

图 2-23 所示为半闭环中的角度误差，展示了蜗杆传动的旋转工作台在前 15 分钟内做往复摆动时非对称的温度分布，从最初的起始位置摆动到 180°，然后又回到起始位置，然后再转到 -180°，然后再回到起始位置。最大转速为 12.5r/min。21 ～ 30℃的升温必然对半闭环系统造成 10″ 的角度误差。

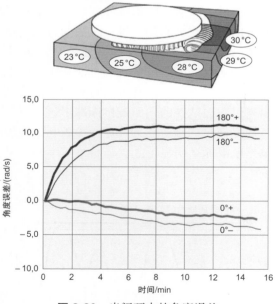

图 2-23 半闭环中的角度误差

在带有圆光栅的闭环控制中，这一升温对位置精度没有影响，如图 2-24 所示。

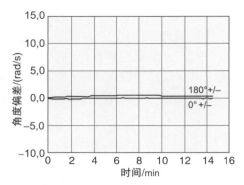

图 2-24 半闭环中的角度误差

6. 直接驱动对测量技术的要求

直接驱动能够实现进给运动没有中间的机械传动装置，如滚珠丝杠，它将电能直接转换成所需的运动。对于旋转轴所使用的直接驱动设备是扭矩电动机，如图 2-25 所示，对于线性轴所使用的设备是直线电动机，如图 2-26 所示。扭矩电动机是一种多极的电气直接驱动的低转速电动机。它通过相对较小的转速提供很高的转矩，主要通过较多的极对数和大的直径产生。

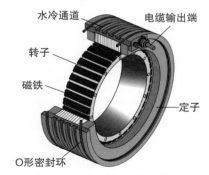

图 2-25 力矩电动机的结构

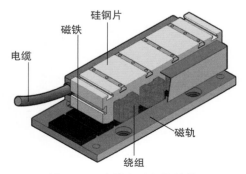

图 2-26 直线电动机的结构

由于直接驱动无磨损和生产效率高，越来越多的机床上使用了这一驱动技术。相比而言，直线电动机的动力和效率在机床工作台拖动沉重负载时受到的限制，力矩电动机在旋转运动中可以充分发挥其优势。为了使直接驱动的技术优势充分发挥出来，动态特性不受限

制，必须使测量仪的插值误差尽可能小。其原因可参见图 2-27 中的驱动技术的特殊控制回路。测量仪将信号发送到位置和速度调节器，控制回路中的放大系数是高动态所必需的，它也提高了测量仪的信号误差可能产生高噪声或电动机的功率损耗等不利影响。

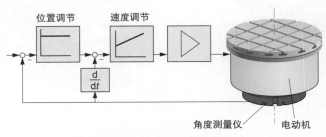

图 2-27　力矩电动机的控制环

7. 大内插误差引起的功率损耗

在高精度车床上要尽可能避开驱动装置的发热，过小精度和过大内插误差的测量仪器对直接电机的同步干扰巨大。控制回路试图通过相应的（反）加速来消除这些速度

差异。功率损耗导致电动机发热，从而导致整个机械结构的发热。图 2-28 所示为大内插误差和小内插误差的测量仪在直接驱动时的温度走势。

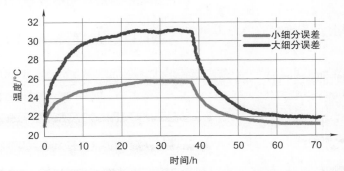

图 2-28　大细分误差和小细分误差的测量仪在直接驱动时的温度走势

如图 2-29 和图 2-30 所示，旋转工作台　的发热也能从热力图上清楚地看到。

图 2-29　用小细分误差的仪器时温度较低

图 2-30　用大细分误差的仪器时温度较高

图 2-31、图 2-32 所示为一些带测量装 置等的导轨和测量系统。

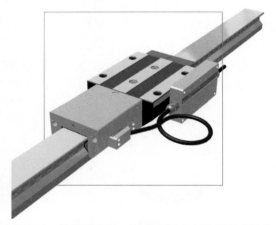

图 2-31 带测量装置、读头和调节电路的滑动导轨

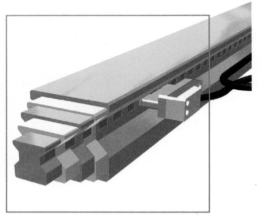

图 2-32 有着不同大小导轨的集成位置测量系统

2.1.5 测量仪器的简单诊断

在可靠性和可用性方面，机床对主轴和轴的测量系统提出了很高的要求。除了冷却液、润滑油和振动压力之外，连续使用（多班次使用）的可靠性对机械设备和电子设备提出了巨大挑战。一致的服务诊断工具对于在发生故障时迅速确定故障原因至关重要。

在模拟接口的情况下，可以由技术人员直接在仪器中评估设备的信号，而无需进一步的信号处理。

在使用数字接口时，不可能再由技术人员对测量仪器的原始信号进行定性评估，仪表本身对原始信号进行评估并通过数字接口传输。因此，具有绝对接口的现代测量仪器可以提供评估数据，如图 2-33 所示。

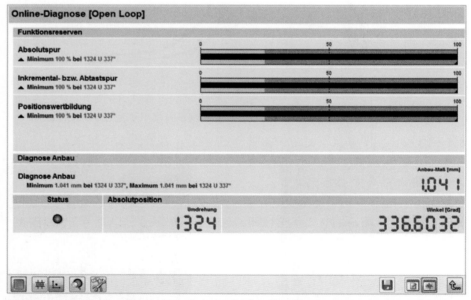

图 2-33 通过数字接口可以显示参数（用于判读的数字信息）并对测量系统进行在线诊断

（来源：Heidenhain）

评估数字代表所谓的功能储备，是0~255之间的数值。如果低于80，设备将通过总线协议向控制器发送警告，在30以下，设备将置位并向上位控制器发出报警，在这种情况下，机器将停止运行。

在预测性维护方面，将控制系统或控制层面的诊断信息加以浓缩是必不可少的。对于偶发的故障，如一次性的液体污染，是不可预知的。但是，随着时间的推移，对应的服务功能阈值将在持续的改变中学习这些偶发事件，进而实现对相关服务的主动规划。

在由振动引起的故障的情况下，通常需要在机器上进行额外的现场诊断，以便清楚地识别和消除振动的原因。

仪表只能显示诊断数据和可能的功能储备，解释是机器制造商或使用者的任务。机器的使用条件通常是如此的不同，以至于为了一个可靠的预防性维护的说明需要对大量的机器进行现场分析。

其挑战在于如何将专家的知识形象化以便以易于理解的方式诊断机器和测量系统的状态。

扭矩电机的监控：

为了在带有扭矩电机的旋转工作台获得最大的连通性，必须监控电机三个绕组的温度，以保持较大的加工力。这可能导致电机电流的不对称分布，同时可能导致电机三个绕组中的一个过载，这只能通过监控各个电机绕组来检测。

另一个监测任务是针对角度测量装置的轴承磨损的监测。当旋转台以最大速度运行很长时间时，轴承摩擦可能导致测量装置过高的工作温度。而旋转工作台是可能在长时间处于最高转速状态下工作的。

由于现代化的刀具允许非常高的切削速度，因此高速的旋转工作台带来了更高的生产率。为了防止超过最高工作温度，封装的角度测量仪器（如海德汉公司的RCN）可以完成温度的测量并将其传输到控制器。

在图2-34中，温度以数字量的方式传输到控制器。在以下两种情况下，控制器都可以防止部件发生损坏：或者降低转速进而完成对操作员的警告或者中断对应过程。与模拟传感器传输到控制器的方式相比，数字量数据传输具有许多优点。特别是在接线成本和测量结果受到外部场干扰方面都有很明显的降低。

图 2-34 用于测量的传感器盒带力矩电机的转盘上的温度

2.1.6 补偿

机床的精度主要受到理想几何模型的机械偏差以及动力传导和测量系统的误差影响。在机床加工时，温度和力的变化可能会使精度降低。

部分这些系统偏差通常可以在机器调试时测量，并在实际位置编码器和附加传感器技术的支持下，可以在运行期间进行补偿，因此现代数控机床有着非常有效的轴补偿功能。然而需要注意的是，数控机床的补偿仅仅是在有限范围内得以修正，最重要的还是改善机床的机械结构并提高它的精度。

可以使用的补偿功能如下：

1）间隙补偿。

2）丝杠螺距误差补偿。

3）摩擦或象限误差补偿。

4）下垂度误差补偿和角度误差补偿。

5）温度误差补偿。

6）体积误差补偿。

7）刻痕和齿轮误差补偿。

8）动态。

9）电子平衡。

10）动态误差补偿。

补偿功能可通过对机床参数的设置来分别设定。一般来说，理论值与实际值的显示不考虑补偿值的大小，而是显示"理想机床"的位置值。

1. 间隙补偿

运动的机械构件和驱动构件（如滚珠丝杠）之间进行力传递时就会发生反向间隙。完全避免间隙是不可能的，况且还会面临磨损过大的问题。在机械构件和测量系统的连接处同样有间隙。机械反向间隙会对机床的加工结果产生不利影响。例如，由于连接松弛，编码器的位置会比机床工作台的实际位置超前，其测得的位移也会比机床工作台的实际位移大，这意味着会产生加工误差，如图 2-35 所示。

在机床调试过程中，机床制造商必须测量机械结构的反向间隙误差，对于每个数控轴的间隙，需要将数控轴分别从两个方向靠近每个数控轴的测量点来测量。计算得出的位置误差必须记录进所用机床的机械参数内。在机床运转过程中，这些补偿量会自动激活，间隙补偿（见图 2-36）会在每个轴的移动方向变化时，在相应的轴上完成。

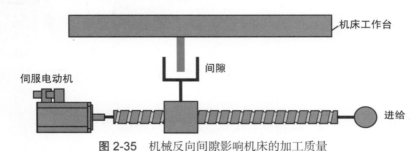

图 2-35　机械反向间隙影响机床的加工质量

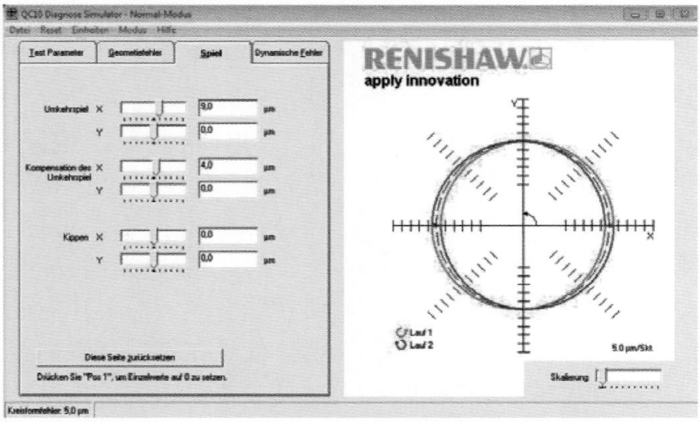

图 2-36　利用圆度检测仪测量 X 轴上的反向间隙并通过数控机床补偿该误差

2. 丝杠螺距误差补偿

数控机床"间接测量"（位置编码器位于驱动轴的伺服电动机内或者在滚珠丝杠的自由端）的测量原理假定：在机床运行范围内的任意位置滚珠丝杠的螺距是恒定的，这样便能根据滚珠丝杠的位置推算出轴的实际位置。不同精度等级的滚珠丝杠或多或少地会有制造误差，这就是所谓的丝杠螺距误差。

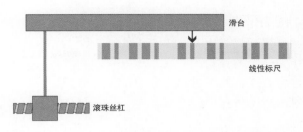

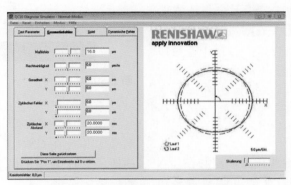

图 2-37 轴的插补误差的测量及补偿

X 轴和 Y 轴上的偏移量误差是由于滚珠丝杠的制造公差导致了轴的插补误差。这一误差可以通过雷尼绍的圆度检测仪获得，然后由机床 CNC 系统中的丝杠螺距误差补偿参数修正，如图 2-37 所示。

此外还有所使用的测量系统及其与机床的连接所造成的尺寸偏差，即所谓的测量误差。

为了纠正这些误差，数控机床的"自然误差曲线"可由独立的测量系统（激光测量仪）测得，所需的修正值存储在数控系统中，并且在运行过程中对实际位置值进行与位置相关的修正。

3. 摩擦或过象限误差补偿

除了惯性力和机械加工切削力外，在机床的传动机构和导轨中还存在对机床轴的性能产生影响的摩擦力。轴的轮廓精度受到从静态摩擦的过渡过程的负面影响，特别是在从静止状态加速时。

由于摩擦力的突变会在短时间内出现一个更高的跟随误差；由于插补联动轴（路径轴）就会导致产生明显的轮廓误差；在圆轨迹中，轮廓误差是由于在轴的转向逆转时，其中一个轴的停顿所导致的，特别是在象限转换时，如图 2-38 所示。

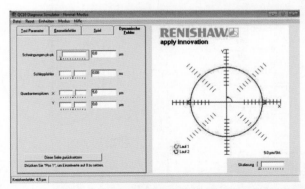

图 2-38 X 轴改变方向时加速产生的过象限误差可通过雷尼绍圆度检测仪测得并通过摩擦补偿值进行更正

因此，当机床转轴从静止状态加速时，即在从静态摩擦到滑动摩擦的过渡中，摩擦或象限误差补偿值将作为一个额外给定的转速脉冲被打开。通过这种方式，几乎可以完全避免圆形轮廓线在象限转换过程中的轮廓误差。

在机床调试过程中，机床的制造商必须根据圆度检测仪核定在象限过渡过程中圆轨迹轮廓的初始质量，在这一过程中，可以用 CNC 系统内部工具或外部测量设备（如 Renishaw QC10 球杆仪），所测定的误差必须作为补偿值被输送至 CNC 系统的校正值表中（机床数据）。

4. 悬垂度误差补偿和角度误差补偿

机床的机械组件的重量可能会带来机床运动零件的与位置相关的位移和运动部件的倾斜，因为包括导轨在内的机床部件也会发生弯曲，因此会带来所谓的悬垂度误差如图 2-39 所示。

如果运动轴没有彼此精确地按照所期望的角度（如垂直）呈现，从零位开始不断增加的挠度会导致不断增加的位置误差。这种角度误差也会因机床组件或者刀具、工件的自重而产生。

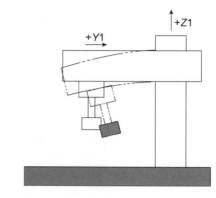

图 2-39　$Y1$ 轴由于悬臂轴的自重而产生的悬垂度

校正值在调试阶段可以通过测量技术来确定，且在 CNC 系统中保存与位置相关的值，如作为校正值表。在机床的运行中，通过将相应轴在表格中的基准点的数值和位置给定值结合来进行线性的插补并修正。每一次插补组总是包括一个基本轴和一个补偿轴。也就是说，如果 Y 轴的垂直度在 X 轴和 Y 轴的插补组合中没有给出，那么会用 X 轴在插补组合中对这个不精准度进行补偿。如图 2-40 所示，用雷尼绍圆度检测仪测得垂直度几何误差在 X 轴和 Y 轴上的比值，可通过 CNC 系统的悬垂度误差来修正。

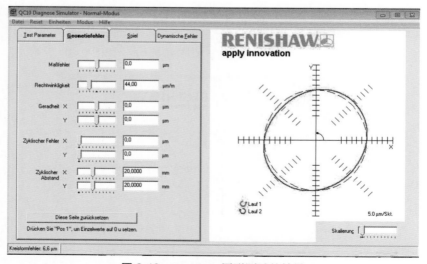

图 2-40　Renishaw 圆形测试的结果

Renishaw 圆形测试的结果：X 轴和 Y 轴之比的垂直度中的几何误差，使用 CNC 系统的下垂补偿校正误差。

5. 温度误差补偿

来自机床电动机或者来自环境（如阳光照射、气流）的热效应会导致机床底座和机床零件热膨胀。这种膨胀与温度和机床零件的热导率等有关。由于机床零件的热膨胀导致单根轴的实际位置改变，这将对正在加工的工件精度产生不良的影响。CNC 系统可以修正这种轴特有的位置变化。当调试机床时，机床制造商在确定的时间（如 24 小时）内制作一个机床的热红外图像，人们可以通过机床可能的热源得到反馈，并采取相应的冷却措施。对于温度修正而言，通常需要根据位置实际值，使用在机床中预先给定的测量编码器以及多个温度传感器来确定温度特性。从而测量出轴的位置与温度变化的关系。

在机床的 PLC 程序中会建立寄存器和公式，以记录和储存机床特有的关于轴的膨胀和测得温度之间的关系。因为温度状态变化相对缓慢，通过 PLC 测量的温度值可能存在短时间的延迟，因此人们会得到不同的温度误差曲线。这些温度误差曲线必须作为数控机床的参数输入，数控系统使用这些参数计算补偿值，这样温度补偿值就可作为修正量调整轴的理论位置。

6. 空间误差补偿（VCS）

回转轴，如旋转摆动的铣头也同样会体现系统的几何误差，如图 2-41 所示。原因在于两个旋转轴的位置之间存在相对的偏差，如铣头的定向偏差以及最终每个旋转轴的定位偏差。

每台机床，无论多么精确，在进给轴的导向系统中都会有微小的系统几何误差。在直线轴上有线性位置误差，水平的和垂直的直线度误差，以及滚动、倾斜和偏航误差。更多的误差出现在机床零部件相互定向的过程中，如垂直度误差。在一个 3 轴机床的刀具夹持部分共计有 21 种几何误差（3 根直线轴每根有 6 种误差类型，再加上 3 个垂直度误差），图 2-42 所示为机床进给轴的系统几何误差。

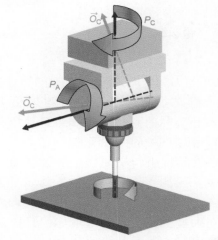

图 2-41　龙门铣床转轴的系统几何误差（O：方向误差，P：位置误差）

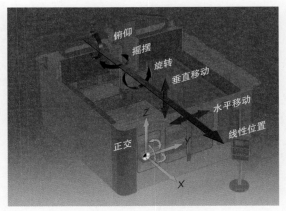

图 2-42　机床进给轴的系统几何误差（X 轴）

在上述 CNC 机床中，系统误差实际上都会出现。每一个偏移叠加在一起形成总的误差，就是所谓的体积误差。所有各线性轴和旋转轴的单一系统性误差的叠加发生在工作空间的每个位置，形成以下误差：

1）刀尖点相对于刀具编程定位的位置偏置，如图 2-43 所示。

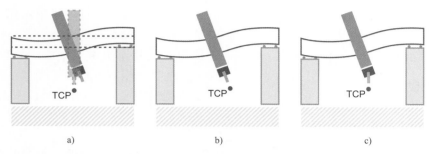

图 2-43 三轴和五轴机床的空间误差的补偿作用方式（五轴机床还需要平衡定向误差）

a）无补偿　b）激活 VCS　c) 激活 VCS 和方向补偿

2）与刀具所需方向的特定位置偏差。

体积误差描述了在假想的理想无误差机器和实际的有误差机器中刀具中心点（TCP）在空间中的位置偏差。

通常情况下，空间误差的大小随刀具中心点在机床工作空间的位置，如图 2-44 所示。

在大型机床上，如果轴的位置排列不同，则引起的误差可能达到 100μm 的数量级，这是由长梁引起的，例如在大型龙门铣床上。加工零件上出现如此大的误差，致使人们必须采取昂贵且费力的措施加以避免，因此在数控机床上对这些误差进行综合补偿是很有必要的。

三轴机床和五轴机床的空间误差的补偿作用方式（见图 2-43）。此外，对于五轴机床，还需要平衡定向误差。

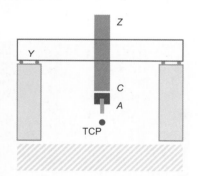
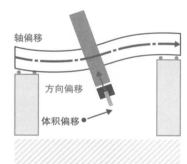

图 2-44 刀尖点的空间误差与直线轴位置的相关

直线轴无偏差或有偏差，对刀尖点的空间误差与直线轴有无偏差相关，如图 2-44 所示。为确定空间误差，生产商使用带有位置、旋转、传动和圆度测量传感器的激光测量仪，所有的机床误差必须在相同的工作空间内测量。一次测量显然是不够的，因此可以采用成组测量方法。

通过激光干涉仪可以测量完整的几何误差，如图 2-45 所示，同时为数控机床生成补偿文件。

图 2-45 通过激光干涉仪检测位置精度

用激光干涉仪进行轴的测量，既可以用

不同的光学器件连续进行，即在单个测量中测量路径、直线度以及倾斜、偏航和滚动，也可以用多轴激光同步进行，以节省时间。

多轴测量是通过激光二极管/PSD 阵列，基于位置、俯仰、转向以及水平/垂直直线度和滚动进行干涉测量的组合。多轴测量时，所有的自由度都被测量记录下来。

所确定的数值无需进一步计算或转换即可以直接写入 VCS 文件。它只需要指定测量光束相对于刀具中心点（TCP）的位置。

根据表 2-2 可以指定空间误差补偿模型中的偏差。

测量，来验证空间误差补偿的有效性，如图 2-46 所示。

表 2-2　空间误差补偿中的偏离指定

轴	位置	直线度 1	直线度 2	滚动	振动	偏转	垂直度
X	XTX	XTY	XTZ	XWX	XWY	XWZ	XRY
Y	YTY	YTZ	YTX	YWY	YWZ	YWX	YRZ
Z	ZTZ	ZTX	ZTY	ZWZ	ZWX	ZWY	ZRX

使用空间误差补偿文件（VCS）前后单个数据的空间补偿测量结果如图 2-47 所示。

空间误差补偿只能记录系统性的偏差而不考虑所有如松弛之类的随机误差。因此，对于成功的空间误差补偿，重要的是使机床轴在几何上实现最佳的校正，并使所有间隙（平移间隙和侧向间隙）最小。最理想的情况是通过独立的测量装置，例如可完成空间测量的球杆仪（见图 2-48）。

通过激活数控系统中空间误差补偿以及相应的变换（例如五轴转换），即便是此前已精确设置了线性补偿，机床的平移误差

以及垂直度误差也会明显降低。

图 2-46　多轴读取器激光干涉仪 XM-60，用于同步采集 6 个自由度（来源：Renishaw）

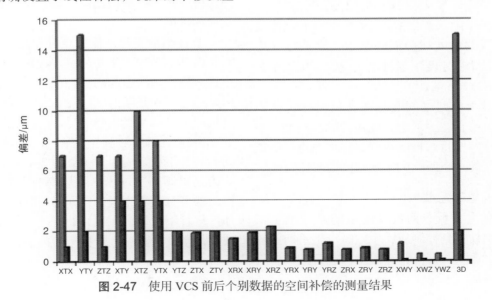

图 2-47　使用 VCS 前后个别数据的空间补偿的测量结果

图 2-48 支持空间测量球杆仪的原理与测量方法
（QC20-W 圆度测量仪）

7. 跟随误差补偿

跟随误差用以描述在机床轴运行过程中位置调节器的持续控制偏差。轴向跟随误差是指机床轴的理想位置和实际位置的偏差。跟随误差会导致不理想的、与速度有关的轮廓误差，特别是在诸如圆弧和拐角等的轮廓曲线的加速过程中。

通过跟随误差补偿可以将轴向误差减小到接近于零。机床制造商必须在机床调试期间通过数控机床自带的"信号跟踪功能"或者外部测量手段将跟随误差检测出来，并记入将其输入为此目的的提供的机床数据库。

在跟随误差补偿的速度预控下，速度控制器的输入端会额外给予一个速度设定值。因此在速度恒定时跟随误差可以完全被消除。

对于彼此之间互相插补但时序特性不同的数控轴，为了达到优化的轮廓精度而不损失控制质量，轴的控制回路可通过跟随误差补偿的动态匹配来实现相同的时序特性。

8. 电子配重

有重力负载而没有配重的悬臂轴会在解除制动直到控制回路生效时产生不期望的下沉，严重时甚至会造成工件、刀具或者机床的损坏。

悬臂轴的下沉可以通过电子配重近乎完全地避免。电子配重通过引入调节机制减小悬臂轴的下垂，当解除制动后恒定的平衡力矩可以保持悬壁轴的位置。电子配重必须由机床生产商投入使用，相关轴的驱动装置必须进行相应的优化。

其缺点是：在运行时，驱动电动机必须持续输出所要求的转矩，这就有可能导致发热甚至过载，因此电动机的选型要合理。

9. 动态误差补偿

加工过程本身引起的动态偏差常常导致表面质量和零件精度不能达到要求。动态误差包括短时的位移误差、角度误差以及刀具中心点的振动。进给轴的加速或制动会产生动态误差，并且 NC 程序处理得越快，动态误差就越大。但是传动链本身并不是完全刚性的，其弹性也会导致振动。

动态误差会随着机器的使用时间而改变，例如，由于磨损，导轨的摩擦力会发生变化。此外，动态误差也与工件的重量有关。

动态误差的可见迹象为工件表面上的振纹、阴影以及对比度变化。动态误差也对刀具和机床的机械性能方面带来很大的负担，可导致刀具磨损增加，甚至刀具断裂以及损坏机床。

通常驱动控制不能完全补偿这些误差，而是由其他多种控制功能实现误差补偿，减小机床进给轴所引起的动态误差，并且在机床高进给率和复杂的轨迹运动时显著提高轨迹精度。

颤振是切削过程中由振动引起的一个动态的、不稳定的因素（见图 2-49a），它被认为是限制加工过程中除屑率的因素之一。振动的可见迹象为颤痕，同时刀具的磨损更加严重且不均匀，在最坏的情况下可能会导致刀具断裂，颤振也给机床带来了很大的机械负担。

颤振抑制可以主动地减小抖动趋

势，并因此显著地提高机床切削性能（见图 2-49b），这样会允许更大的进给速度并增加单位时间的材料切除率（在某些特定的加工任务大大超过 20%）。同时，由于负载的减小，使得刀具寿命延长，工艺可靠性也显著增加。

阴影和对比度波动通常是制造工艺加工质量的标志，它表明只有牺牲表面质量以及零件精度才能赢得加工速度。现代控制系统配有功能以及功能包，能更好地发挥机床的精度潜力，从而实现更高的加工速度，同时提高表面质量和零件精度。它们影响不同的机器参数，比如以增加动态特性，同时为了更高的精度而抑制振动和位置偏差。

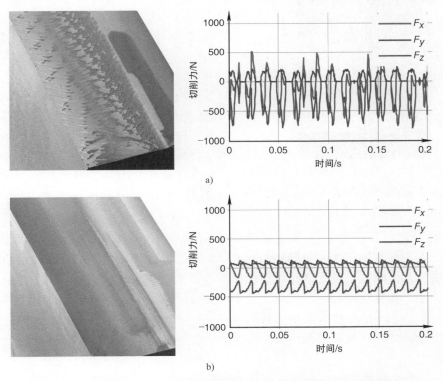

图 2-49 颤振时（上）和颤振抑制开启时（下）的工件表面和切削力

动态误差的补偿包括与加速度有关的位置误差的补偿。动态加速过程产生的力可以使机器的部件产生短暂的变形，这可能会导致刀具中心点在加速度的方向和在垂直于加速度的方向产生误差。由于位置测量装置检测不到俯仰运动或动态回弹所引起的误差，进给轴的调节机构不会对此做出反应。

对工具中心点处与加速度相关的位置偏差进行补偿，可实现更精确的生产。通过加速度（加速提升持续时间的量度）的增加，可以明显地减少加工时间。

在斜面或曲面加工中，也常常有可见的阴影或对比度波动。常见的原因是传动链中的弹性和设备中出现的振动。利用相应的功能可以主动地抑制造成这种情况主导的低频振荡，可实现快速无振动铣削。同时，通过这些功能也可以获得高的加速度变化率，因此能得到更大的加速度。于是可以减少加工时间而不使表面质量受损。

主动振颤抑制对零件表面质量的影响如图 2-50 所示。上图为无主动振颤抑制的零件表面，质量有明显损伤；下图为有主动振颤抑制的零件表面，质量较好。

图 2-50　在没有主动颤振抑制的情况下处理的表面（上），可以清楚地看到阴影。通过主动的振动抑制，可以获得明显更好的表面质量（下）

机床轴的位置、负载状况和速度同样对加工质量有直接影响，为了得到相匹配的进给控制规律和消除每个轴上产生的负面影响，可使用如下控制功能：

1）随轴的位置而改变的机床参数。由此可以在进给轴的整个行程范围内得到更好的轮廓精度。

2）根据线性轴的当前质量或旋转轴的惯性质量以及摩擦力持续调整控制参数——甚至在加工过程中（Heidenhain-播放视频18）。机床操作人员不再需要亲自确定机床的加载条件，从而避免了操作失误。

3）根据与速度或加速度相关的摩擦条件的变化来调整机床参数。因此，在主从轴的快速横移过程中，可以抑制振动并获得更高的最大加速度。

所有这些功能在数控系统中都能适应机床运动和负载的高循环率。对机器结构没有干预。此外，许多所描述的功能相互补充，以获得更好的加工效果。

2.1.7　本节要点

1）数控机床的本质特征是以数字（数值）的形式指定路径信息并在机床中自动执行这些位置信息。

2）每个数控轴由位置控制环控制。位置测量装置不断采集数控轴的实际位置，并与设定值进行比较，直到差值为零。

3）在位置测量中使用带有光学读数头和数字化的线纹标尺。不论是采用编码器，直线光栅尺或者圆光栅都可以达到更高的精度。

4）绝对位置编码器是非易失性的，并且在电源中断后还能检测到绝对位置。

5）随着轴的每一次运动，都会产生一个滞后量（跟随误差），滞后量与运动速度成正比。

6）跟随误差的大小是由 K_v 系数决定的，它表示在出现 1mm 的跟随误差之前轴可以移动的速度（以 m/min 为单位）。

7）全闭环操作是指在直线进给轴上通过直线光栅尺测量轴的位置，或在旋转轴上通过直接与轴耦合的圆光栅测量旋转角度。

8）半闭环控制方式是指在直线进给轴上通过滚珠丝杠和电动机编码器测量轴的位置。

9）当进给轴的长度为 1m，在半闭环控制方式下，滚珠丝杠轴的平均温度由 20℃上升到 40℃时，最大定位误差可达 0.2mm。

10）温度的变化和机械作用力能使精度降低。由此产生的系统偏差可以在机器调试阶段进行测量，并通过 CNC 功能进行部分补偿 CNC 系统，为此提供一系列的补偿功能，但补偿的程度有限。机床的精度高低首先主要由机械设计确定。

11）温度、机械作用力或测量误差等各种因素的影响会导致工件的尺寸偏差，可以通过 CNC 系统中的数字补偿来消除或减少这种偏差。

2.2 切换功能

为了使数控加工过程完全自动化，除了路径信息外，还需要切换功能 M 代码以及工艺数据 F、S 和 T 代码进行编程。不同类型和结构的数控设备扩展了越来越多的切换功能。下面将以切削机床为例，对其中最重要的 4 个功能进行介绍。

2.2.1 简要介绍

辅助功能、开关指令、附加功能、开关功能的含义是一样的，都是指在数控程序中根据 M 地址编程的指令。

1）辅助功能是数控机床的基础功能，其在加工过程中以编程方式打开或关闭的所有功能。例如切削液的开与关，夹具的夹紧与松开以及工件的更换。

2）工艺数据包括刀具号（T）、刀具补偿值（D）、主轴转速（S）和进给速度（F）。

在 M 地址字下最多有 99 个功能，并根据 DIN 66026 标准的第二部分对其进行标准化。这些信号的处理在 CNC 适配控制系统中进行。

更多关于 M 功能的信息参见第 6 部分"NC 程序"一章，6.1.4 节切换命令功能。

在早期的标准中只考虑了切削机床的开关功能，为了使未来开发的数控机床有足够的可用 M 代码，将原本只有两位数的 M 代码（M00 ~ M99）扩展到了三位数至四位数（到 M9999），而无需改变现有的标准。

可自动触发固定的机床功能在传统自动机床上已经很常见了。完善机床的开关功能并将其包含在数控机床的自动加工过程中，才有可能在单一操作中完成完整的零件加工过程，是加工中心最基本的发展目标。

与不同类型的机床及许多改进设计相对应在机床功能的设计和操作模式方面产生了很大的变化。这里将通过示例对自动换刀和自动更换工件功能，以及转速和进给切换的功能进行说明。

2.2.2 换刀功能

大多数数控机床按照工作计划确定的顺序使用不同的刀具来完成工件的加工过程。为了能够将自动工作顺序扩展到整个加工过程，一个带自动换刀功能的刀具库是不可或缺的。

早在传统机床中，特别是在钻床和车床上，使用的是转塔刀架，其中每把刀具都有一个固定位置。每道工序完成后，转塔刀架将自动地切换到下一工位，并切换下一把刀具到加工位置。

在早期的数控机床中，沿用了这项成熟的转塔刀架技术，以实现刀具更换自动化。但很快发现，由于转塔刀架中刀具数目有限，故需要一个其他的解决方案。随后在 1960 年首次开发出的加工中心原型中，使用了美国卡耐特雷克公司（Kearney&Trecker 公司）的"Milwaukee-Matik"刀具库，该刀具库包括一个双爪换刀机械手、编码工具和自动换刀托盘。由于制造商给所有的这些创新技术申请了专利，使得该方案被封锁多年，但同时也刺激了新换刀方案的发展。

评价一个换刀装置的关键性指标有：可用刀具数量；刀具尺寸和重量限制；换刀时间，主要是指"屑对屑时间"；可能的额外成本，如刀柄和刀具盒。

2.2.3   铣床和加工中心的换刀功能

铣床和加工中心上所需的刀具数量往往比车床需要的多很多，因为这些机床上的许多刀具是形状关联或尺寸关联的，如钻头、锪钻、拉刀和螺纹刀具。因此，在这些机床中，刀库会采用不同的结构样式，从而将机床、刀库和换刀装置组成加工单元。刀库有不同类型，可分为盘式刀库如图 2-51 所示，链式刀库如图 2-52 所示，碟式或盒式刀库。

对于这些类型的刀库，换刀程序包含两个阶段：

1）首先根据刀套号的 T 地址将后续要生效的刀准备好。

2）准备完毕后，换刀过程根据带 M 指令的数控程序启动下一步加工步骤。

相应的刀补值要么跟随刀具一起激活，要么单独通过 D 地址字激活。

图 2-51   盘式刀库（来源：Miksch）

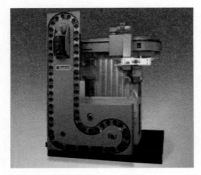

图 2-52   链式刀库（来源：Miksch）

在一些解决方案中，机床的刀库中包括 100 多种刀具。如此多的刀具数目不能通过简单的一维排列方式来实现，如链式刀库或环形配备的盘式刀库。其中一个原因是该种方案寻找新刀具的运行时间太长。同时在盘式刀库中，仅仅因为刀库尺寸大小便使刀具数目不能太多，这种刀库最多安装 32 把刀。在链式刀库中，刀具数量受链条和刀具的总重量所限，以及受由此因素影响的高驱动功率所限，因此在链式刀库中也采用两个分开的短链。另外，在运行过程中，由于链条运动产生机械振动，对加工精度也有不利影响。

要增加刀具数量，可在机床引入两个或多个刀库，刀库安装在机床底座的左右两边。甚至可以设计所谓的换刀装置，4 个刀盘成 90° 依次分置在转台上，加工时依次转到相应的工位。

另一种方案是刀库使用二维系统对刀具排列。例如，刀具放置呈两个或三个同心环上，或采用几个同轴叠加的圆盘。但应注意，当刀具抓手穿过外环抓取内环刀具时会出现问题。

如今更多地采用线性刀库这类解决方案作为首选，其中刀具以并列排列或上下叠层排形式。

在所有的这些方案中，都必须解决在第二维度上运动的可能性问题。

格子箱存储多刀具的优选解决方案是可更换的盒式刀库。一台机床可以容纳 4 ~ 6 个这样的盒式刀库夹层，每个盒式夹层在一个矩形区域内可以容纳 20 ~ 30 把刀具。更换刀具时，在机床外给盒式夹层装满刀具，并在机床工作时交换盒式夹层。以这种方式，新的刀具在使用时可快速地准备或在不需要时快速地移除，刀具的重新排序以及刀具在机床内的运输通过一个区域机械手完成，它的运动范围能覆盖刀具盒整个区域。机械手把所需刀具从刀具盒取出，并放置在换刀器和主轴的换刀位置上，加工完成后再从该位置取回刀具。

对于刀库和主轴之间的换刀也有多种

解决方案。其必须满足以下基本功能，因系统而异，可能顺序有所不同：

1）主轴和刀库运行到换刀位置。

2）下一把刀具准备。

3）上一把刀具从主轴上取下。

4）上一把刀具入库。

5）下一把刀具从刀库中取出。

6）下一把刀具装入主轴。

7）主轴和刀库回到工作位置。

这一与具体机床有关的特定换刀流程是通过控制系统来确定的，为此所需的时间是检验机床经济效益的重要指标，也定义为"屑对屑时间"。

如果可以估计到用户使用有限数量的工具就足够了，则"提取式刀库"是一种廉价的解决方案。

如图2-53所示，加工中心上有刀库和为换刀而分配的刀具，布置在主轴 X，Y 方向结合区域上。

图 2-53 加工中心上下料方式换刀
（来源：MAG IAS 有限公司）

由于带刀架的主轴将使用过的带 Z 轴的刀具放在自由的刀库空间内，刀库继续循环，主轴拾取新的刀具，换刀时间自然比用换刀器要长一点，如图2-54所示。

在一个单臂或双臂夹持器系统中，换刀时间更快。其中，双爪换刀机械手是最快的，因为上一把刀具和下一把刀具在一个操作中完成换刀。后续要使用的刀具将在主要加工时间内，即机床再次工作时，搜索出来，并为下一次刀具更换做好准备。

上述所有刀库方案都有对所存储和管理的刀具在尺寸和重量上的限制。这意味着，特别大型或重型刀具必须手动完成换刀。在特殊情况下，也可为该类刀具在加工中心内附加配置一个换刀装置，如大型车端面刀盘或大型镗刀。

2.2.4 车床的换刀功能

由于车床上的大部分刀具没有专门的特定形状或功能要求，一般情况下需要的刀具数目较少，所以在今天依然盛行使用转塔刀架。现在的车床可以配备 2~3 个转塔刀架，每个转塔刀架的刀具数目可增加到18把。

在转塔刀架的换刀方案中，通常不是对刀具编号进行编程，而是对转塔分度位置的编号进行编程，如 T1~T8 刀位号。这实现了编程刀具和刀塔位置之间的固定对照。然而，机床操作员必须注意不同的工作在 T1…T8 上设置了完全不同的刀具。另外，也可以使用标识符，如面铣刀_63，它使刀具有一个不易混淆的参考。

转塔刀架可实现顺时针或逆时针的自动旋转，以使下一把刀具以最短的路径到达加工工位。转塔轴可 45° 或 90° 倾斜，由此可以开发出不同类型的转塔刀架，如星形刀架、皇冠形刀架和圆盘形刀架。除了车削钢材和集中布置的钻具外，如今在车床的转塔刀架中还可配所有类型的驱动刀具。

虽然转塔刀架容纳的刀具数目有限，但是因为不需要额外的换刀抓手而更加经济。由于刀具总是处在相同的刀位处，从而避免了工件由于换刀造成的尺寸偏差。除此之外，换刀过程更快，因为每个刀塔通常可以沿着最短路径空转后到达规定的换刀位置，从而省去了回程时间。

转塔刀架的主要优点是碰撞危险较低。

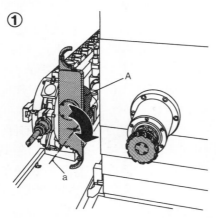

摇臂A沿主轴方向转90°（轴a），同时抓取主轴上使用的刀具并抓取刀库中要更换的新刀具

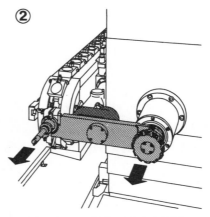

通过换刀臂162mm纵向行程取出主轴上和刀库中的刀具

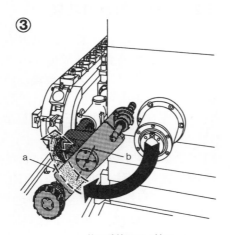

换刀臂转180°（轴b）

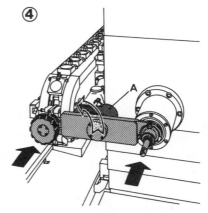

换刀臂返回到初始设置位置，摇臂A转90°到静止位置

图 2-54　链式刀库上双爪换刀

2.2.5　刀具的位置编码

对刀库中刀具的识别有不同的编码方法，其中每种方法都有其特定的优缺点。具体可分为以下几种。

1. 刀位编码方式

位置编码，即是 wei 刀库中刀具位置进行编码，要么对刀库转塔里的刀位进行编号并在零件程序中运用刀具位置号，而不是用刀具号，在 T 下编程，或者通过标识符或刀具编号永久确定其在刀库的位置。另外，在自动换刀过程中必须将使用过的每把刀具放回到刀库中的固定位置。

优点：

1）使用商业上通用的刀具或刀柄。

2）最短刀位寻址路径。

3）通过相应的长代码密钥或者电子刀位识别系统实现刀位的动态无障碍识别。

4）尺寸过大的刀具可以任意放置，此时将相邻的地方空出来以避免刀具碰撞。

缺点：

1）当设置一个新程序时，刀库中所有的刀具必须按编程设置的位置放置在刀位中。

2）在加工产品组合中的部分待加工零件时，如果不同的刀具在不同工作的 NC 程序中占据相同的位置，就有可能会出现问题。

3）用套装刀具装入刀库有可能是个问题，只能通过一些数控技术技巧来解决。

2. 可变位置编码

操作人员可为每个刀具在刀库中设置一个任意位置，然后把刀具编号输入数控程序中，并由后续数据管理系统接收管理。刀具在每个换刀过程中被赋予一个新的刀具码，因为数控系统记录了刀具对应的刀位码。刀具码是可编程的，数控系统根据内部的数据管理单元可以寻找到刀具的当前位置。该方法越来越被广泛采用，因为其兼顾前述方法的优点，又避免了其缺点。

可变位置编码的优点是：

1）可使用未编码或电子编码刀具。

2）使用可靠的刀库位置编码。

3）可对程序中的刀具码编程。

4）最短寻找路径。

5）通过双爪获得更短的换刀时间，双爪分别为两把刀具交换其刀库和主轴位置。

可变位置编码的先决条件是数控系统拥有必要的系统软件，其中必须满足如下条件：

1）每次换刀时，完成正确的数据分配，并将其安全存储。

2）提供电子编码系统相应的数据接口、用于数据块的读写装置和刀具数据计算器。

3）支持手动刀具交换，将所需刀具带到拆卸工位，并显示刀具编号供检查。

4）能为尺寸过大的刀具保留固定位置，其周围位置留空。

2.2.6　工件的更换

自动化加工的进一步措施就是工件的自动更换。通过工件自动更换能够避免工件夹紧和卸载时的非加工时间，其优点是可以提高机床的生产效率并解放生产线上的工人，直至实现无人化生产。结合这种可能性，即许多加工程序存储在数控系统中，在某些条件下，甚至有可能在单件或小批量生产中实现无人值守、需求控制的零件系列的不同零件加工。将数控机床集成到柔性制造系统中时，工件自动更换也是一个不可或缺的前提条件。变更操作可以用 M 指令进行编程和执行，如 M60。

在传统车床上已经实现了工件的自动更换，这些车床从"棒材"开始工作，并配备了一个棒材库，用于自动送入新棒材，因此可以长时间无人工作。

根据工件种类和其夹紧方式可采用如下自动更换工件系统：

1）用棒材来加工。

2）采用提取法加工工艺。

3）通过装载工具更换未夹紧的工件，如标准工业机器人，如图 2-55 所示。

4）更换夹持在夹持装置上的工件，如托盘（托盘交换器）。

5）在棒材机床中通过零件抓取器取出工件。

图 2-55　使用标准工业机器人交换工件
（来源：Chiron 公司）

这些自动更换工件系统的选择取决于工件的种类、尺寸大小以及加工类型。

用棒形材料加工只适用于由实心材料制成的相对较小的工件，所以主要应用在数控车床上，但也可用在加工中心和车铣复合中心上。因为工件在加工结束后，特别是当工件还必须进行后续加工操作时，工件必须被切断或锯断，通常使用装置或一个机械手。在车削加工中，棒材加工会极大地限制主轴的切削转速，这是不利的方面，鉴于现代切削材料的性能，将极大地增加加工时间。由此引出棒料的另外一种工作方式，即在加工前将棒材切割成一定尺寸的长度，然后才将切割好的毛坯夹住。

采用拾取法时，工件由夹具直接从放料区抓取出来并送入加工操作。该方式主要用在车床上，这是由于卡盘是很好的装夹夹具。由于工件是在没有夹持的情况送入的，需放在一个水平表面上，因此只能从上面抓取和夹持仅从上方抓取和夹紧，这在主轴垂直悬挂的车床上非常适用。主轴必须从加工位置向抓取位置移动，另外在加工完成后移向不同的存放位置，通过运动数控机床的 X 轴，这可以很容易地实现。对于工件的送入和取出，一条简单的传送带就能完全实现。该类型系统只适用于处理尺寸不太大、稳定放置的工件且主要用于圆形件。

通过装载工具更换未夹紧工件的前提条件是夹紧过程简单且可重复，例如零点夹紧系统，并以液压或气动方式夹紧。在这里也要区分单夹头或双夹头系统。在换刀过程中，单夹头系统必须先移开完成的工件，然后取新工件送达机床加工位，而双夹头系统可直接实现未加工零件和已加工零件的更换。所以，双夹头系统所需时间更短。

上述工件更换系统不仅用于轴类零件的搬运，也可实现在车床或磨床中加工的盘类零件，特别是当该机床通过一个单独的输送系统与其他机床相连时的搬运，这经常涉

及龙门装置，即工件从上方通过进料装置达到工作区。当使用若干互补型数控机床建立柔性加工系统时，通常使用工业机器人，保证机械手可以在不同的机床之间交换使用。

对夹持在夹持装置，例如托盘上的工件进行自动更换的方式，只有当工件便于纳入夹持装置时，以及相应的高批量或长时间运行使得托盘更换装置的使用更为合理时，就可以采用这种工件更换的方式。

托盘是工件载体，在其底部有合适的表面和功能元件，用于在加工中心的工作台上将其精确地固定和夹紧。通过使用工件托盘，可以在加工过程的同时夹住下一个或下一批多个工件，并为生产做好准备。许多铣床制造商都提供单托盘交换装置（见图 2-56），作为标准铣床的选配件，通常用于车间区域。根据不同的要求，托盘交换装置现在可以通过几个托盘扩展到所谓的托盘站。

在柔性制造单元（FFZ）或柔性制造系统（FFS）中，额外的托盘堆垛或连接系统为机床自动反复新的工件托盘，用于传送已加工工件到中心夹紧区，工件的自动更换可在任意长的加工时间内完成。相比单机床的连接系统，托盘堆垛具有如下优点：如果每个工作班次需要 4~8 个托盘，那么托盘存储（托盘池）是一个低成本的选择，可以在数小时内无人生产。当一个制造企业开始只有一台机床，以后可能想增加更多的机床时，价格优势就变得特别明显。这意味着只有在购买第二台机器时，才会产生连接装置的费用。

每个托盘在大多数情况下都配备编码装置，以实现跟踪和监控。编码装置可自动识别托盘，进而识别其上夹紧的工件，然后激活在相应数控系统中存储的数控程序。运用柔性制造单元时，编码装置必须完成自动设置和读取，以便能指定如工件编号、机器编号，或在几台数控机床上进行连续加工操作时应遵守的任何顺序参数。这对编码装置

也提出要求，即在一个加工工件完成后，托盘在柔性制造系统的哪些机器上进行了加工。这有助于操作人员在出现加工故障、超出公差或废品的情况下，更容易地确定有问题的机床或工具。

同样，根据固定的编码寻到托盘，借助"工件管理"实现数控系统中加工数据的更新和保障。

图 2-56 带托盘的交换系统加工中心（来源：Heckert）

2.2.7 主轴的变速功能

主驱动装置的转速和转向也必须在工件加工过程中反复改变。使用恒定速度切削时，切削直径的变化要求主轴转速相应的改变，对于带旋转刀具的机床，至少在每次换刀都要求有不同的转速。因此，对于自动加工过程来说，自动地实现速度调整也是很有必要的。

主轴转数是一个技术功能参数，它由 S 地址字直接给出，以 mm/min 或 mm/r 为单位进行编程，转速方向由切换功能 M03

和 M04 指令确定顺时针旋转和逆时针旋转，M05 指令激活主轴停转。（见 3.3 节 CNC 机床的主轴驱动系统）

在通用机床中，驱动轴由普通的三相异步电动机驱动，主要通过齿轮有级传动机构来实现调速，极少能实现无级变速。通过几何封闭的滑动齿轮变速机构不适合运用自动化。因此，在车床中主要采用动力换档离合的变速器。然而，这些齿轮箱又大又重，不适合布置在支架上的主轴驱动，如在镗床或加工中心上。因此，液压驱动通常是首选。

使用无级变速电动机可以简化加工任务，虽然价格高昂，但很快就流行起来。由于无级调速范围仍然有限，故仍有必要使用齿轮变速器来提高调节范围。如果有级变速机构被设计成几何封闭的机构，即滑动齿轮机构或带爪离合器，则进行速度转换必须停止驱动。为此，存储在控制系统中的一个子程序被用于此目的。因此，可采用电磁多片离合器来配合该有级传动，则在非停机状态下也可进行速度切换。

近来，无级变速电动机在其调速范围方面也得到进一步发展，所以附加的有级变速器可以逐渐淘汰。详见第 3 章中 3.1 节内容。

2.2.8　进给速度功能

由于数控机床所用的刀具种类繁多，因此需有一个非常大的可编程且可无级调节的进给速度范围。即使在激光加工机床和水切割机床中，也需要对进给速度进行编程、持续控制，在许多情况下还需要自动调整在插补轴插补时，如自由曲面的直线插补、圆弧插补或螺旋插补，必须不断地控制所有插补轴的进给运动，以保证编程的切削速度恒定。

（详见第 3.3.1 节）

进给量是一项技术功能，可用 F 地址字编程。

在直接进给编程中，进给速度由程序 F 地址直接给出，单位为 mm/min（G94）或者 mm/r（G95）。这些数值在数控程序中转换成控制轴驱动的转速设定值，输出到驱动放大器，根据加工要求可以实现自动适应加工顺序。

用 G00 代码对轴的快进对刀进行编程，无需刀具干预。

确定轴应该如何接近和达到编程终点，可通过 G 功能代码实现，详细说明见 6.1 节 NC 程序中的准备功能内容。

2.2.9　小结

可编程切换功能对于数控机床的自动化工作流程是必不可少的，它们可在一台机床上完成工件的基本加工，而无须人工辅助。在金属切削数控机床中最重要的功能是自动换刀、自动更换工件和主轴自动变速，以及基于刀具和工件的进给速度。

一个完整的加工过程需要多种刀具，所以有必要实现自动换刀。根据所需刀具的数量和大小使用相应的、合适的刀库。车床对刀具种类的需求量小，主要的转塔刀架包括星形刀架、皇冠形刀架和圆盘形刀架。其中驱动工具也可用于进行钻孔或铣削加工。

铣床和加工中心对刀具种类的需求量大。因为许多刀具是尺寸关联或形状关联的，为此，有许多不同类型的刀库和更换装置刀库可分为链式刀库、板式刀库。如果使用的刀具明显超过 100 把，那么则可使用本盒式刀库来实现更高的刀具存储容量。

最简单的换刀方式是取刀法，但缺点是换刀时间一般较长。采用带有一个简单卡爪的夹持系统实现快速换刀，或采用更好的双卡爪的夹持系统实现更快的换刀。

刀具识别对换刀过程和刀库都有很大的影响，共有刀位编码方式、刀具编码方式和可变位置编码三种刀具编码方法。

当刀库中刀具数目足够多并能够自动地更换工件时，就可实现全自动化族类零件的加工，而不需要人工辅助。如在数控车床上加工杆件，较简单的工件通常可以在没有卡盘的情况下，使用拾取法或由装载机器人进行更换。当工件需要特殊的夹紧装置时，则在夹持状态下，可通过一个托盘实现工件更换。如果可能的话，也可以进行多次夹持。

由于车床切削直径可变范围较大，为了保持稳定的切削速度，有必要实现自动调速。数控车床的自动调速可以通过无级变速

来实现。回转刀具的每次换刀都不可避免地
与转速和进给量有关。目前，数控车床的自
动调速主要是通过无级变速电动机实现的。
对于具有超大调速范围的数控车床，还需要
附加一个可切换的有级齿轮变速器。

2.2.10 本节要点

1）在切换功能方面，通常区分为 M 功
能（开 / 关 / 顺时针旋转 / 逆时针旋转 / 停转）
和技术功能（刀具 T、主轴 S、进给速度 F、
直径 D、高度或长度 H）。

2）对自动换刀装置的主要评价标
准是：

① 可用的刀具数量。

② 对于刀具尺寸和重量的限制。

③ 换刀时间，也被称为"切屑到切屑
时间"。

④ 辅助刀架、刀盒或刀柄的成本。

3）车床上的换刀装置主要有星形刀
架、皇冠形刀架和圆盘形刀架。

4）对于铣床和加工中心，通过以下几
点进行区别：

① 链式刀库。

② 板式和盘式刀库。

③ 架式和盒式刀库。

④ 拾取式刀库，如用于抓取大型刀具。

5）各类刀具在刀库中的识别方式尤为
重要。所选取的识别方式将直接影响刀具搜
索和换刀所需的时间，以及刀库系统用于换
刀（重新加载刀具）的精力投入。相关要点
如下：

① 位置编码。

② 可变位置编码，即对工具编号进行
编程，但通过最短路径搜刀具位置编号。

6）自动换工件装置中所配置的系统也
有所不同。

① 棒材的加工，主要用于车床。

② 拾取法工件上下料方式。

③ 具备单个或多个夹紧装置的交换
托盘。

7）为更换在夹持具中夹在托盘上的工
件，应在夹具上配置一个托盘存储装置。

8）对于数控车床而言，具有自动跟踪
功能的主轴，其可编程转数（S）始终是必
要的。而对于铣床和加工中心而言，几乎每
次换刀后都需要进行相应的转速变换。

9）机床的切换功能依照 DIN 66026 标
的相关规定用 M 代码来编程，通常是两
位数。

2.3 操作功能

通过计算技术的机集成，数控系统变得体积更小，速度更快，功能更扩大且更易于使用。从第一代 CNC 系统技术发展至今，数控机床不断地加入新的功能和任务。这使得数控机床的复杂性、自动化程度以及可靠性不断提高。计算机辅助机床控制也使得生产效率得到显著的改进。

2.3.1 定义系统

人们将 CNC 系统理解为数字控制，其包含一个或多个用于执行控制功能的微处理器。屏幕和键盘是 CNC 系统的外部表现，如图 2-57 所示。数控操作系统也称为数控系统软件，它包括所有必要的功能，如插补计算、位置控制、速度控制、显示、编辑、数据存储和数据处理。此外，还需要一个被控制的机床适应程序，该程序由机器制造商创建并集成在适应控制（PLC）中，其中规定了所有与机床有关的链接和特殊功能流程的互锁，例如刀具更换、工件更换和轴的限制。如换刀、换工件和轴限位。

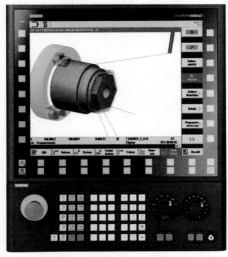

图 2-57 SINUMERIK 840D sl 的外设
（来源：西门子公司）

在加工过程中，与工件相关的机床运动控制由零件程序来完成。这些程序由操作人员设置，与 CNC 系统软件无关。

2.3.2 CNC 系统的基本功能

CNC 系统除了完成数字控制的传统任务，即精确地控制刀具和工件之间的相对运动，还在不断地增加新任务和新功能。当一些任务处于后台运行时，如监测机床安全运行，要求操作人员时刻注意并能人为地进行干预。因此，机床控制系统必须清晰明了，易于操作。因为随着 CNC 的发展，简单的读数控制已经成为复杂的、具有全新功能的数据处理的过程计算机。这些将在本书中加以介绍和简要说明。

当今 CNC 的基本配置的设备包括：

1）对角线为 8 ~ 21 英寸的彩色显示屏幕如图 2-57 所示，用于显示、编程、模拟、操作和诊断功能。

2）人机互动的操作说明，并支持至少两种语言切换。

3）用户存储器，用于存储多个零件程序、补偿值、刀具数据、零点坐标表和加工循环。

4）采用总线耦合或集成的具有高处理速度的 PLC，以进行切换功能的控制 NC 轴的可编程软件限位开关，以取代机械限位开关和必要的接线。

5）BDEZ/MDE（生产数据和设备数据）采集和自动的操作日志，以记录操作失误、故障报告、功能流程、警报和人工干预。

还有些功能可使机床更精确、可靠和更方便用户操作使用，如：

1）受温度影响的设备误差补偿。

2）可变的刀位编码，以加快刀具寻找与更换。

3）在自动操作中，刀具破损和刀具寿命监控。

4）校正值存储器中刀具数据的自动读取。

5）无需等待时间，可实现同步的主要轴和异步辅助轴的联动控制。

6）通过键盘进行机床参数值的输入，以取代调试过程中费力的调整工作等。

对于自动化加工过程，数字控制还包括其他功能和任务，这些是必须解决的先决条件。

下面将列举并解释一些特定功能。相同的功能在不同品牌控制系统中的名称可能有所不同，运行也会有差异，性能范围也会有所不同。

1. 轴锁定

有针对性地锁定单根轴或所有轴，以使机床上的 CNC 程序在轴不动的情况下快速测试机床上的数控程序是否存在程序错误。换刀过程、托盘交换、切削液通断以及主轴启停也可以有选择地锁定，以节约时间。

2. 动力刀具

这是指用于车床的刀具，如钻头或铣刀，它们加工固定的工件，因此需要自己的独立驱动。为此，主轴必须是可以路径控制的（C- 轴）。

3. 异步轴

异步轴是指辅助轴或副轴，不跟随主轴一起插补，可单独操作运转（如机床中装夹工件或刀具装卸设备的驱动轴）。

4. 数据接口

CNC 装置通过数据接口与更高一级的计算机相连，完成数据交换或远程执行控制功能。工件和刀具的自动识别也需要这样的数据接口（见图 2-58）。

5. 诊断软件

诊断软件是用于永久地或可编程地激活对机器行为和控制行为的监测功能，以便自动地记录错误及其产生错误的原因。为此，数控系统利用屏幕将测量值显示为曲线、图表或数字形式。所有的数据通过数据接口输出。除了故障诊断软件外，控制器生产商还提供特殊的诊断软件，用以支持用户优化零件程序，由此可以显著地减少处理时间（循环时间）。例如，当 PLC 检测到刀具损坏时，可调用异步子程序进行换刀，随后坏刀具被新刀具替换，加工继续进行直到结束。

6. 能效分析

一些新的数控系统具有能效分析程序，通过这种方式，可以通过供电模块的切换时间来记录能耗。这可以支持机床制造商为特定的应用正确确定供电模块的大小，同时向用户提供一种功能，即优化工作流程和零件程序，以避免不必要的能耗。这对大批量生产尤其有利。

7. 空切削

在加工操作结束时，主轴继续旋转，进给停止，经过一段可编程的时间后刀具才被收回。

8. 手动输入

借助于 CNC 的键盘来手动输入和修正NC 程序，及至使用 WOP 控件的图形及交互式对话在机床上进行计算机辅助编程。

9. 高级语言元素（查询、循环和变量）

如今，数控系统内具有类似 BASIC 语言或 C 语言的编程语言，能实现复杂过程的编程和计算。

因此，可以嵌入寻查指令（IF-THEN…ELSE-END-IF）和循环指令（FOR-- TO --NEXT，WHILE---DO---END），甚至可以访问文件系统（如保存的日志文件），也可以用这种高级语言写入文件。应注意的是，这种高级语言的书写规则是由特定生产商制订并提供的，不是统一规范的。所以，包含了这类高级语言的程序无法在不同厂商的CNC 系统之间实现互换。

10. 修正值

机床装备的每把刀具信息都是依据现有刀具数据进行存储的（如直径、长度、半径、寿命），作为数控程序处理过程的参考依据。另外，测量误差补偿、零点偏移、夹具误差或磨损值都属于修正数值，并保存在为此目的提供的数据存储器中，以备检索。

11. 宏指令

通过宏指令，可以对程序语言元素进行组合并重新定义。例如，将不易读的 G 代码替换为方便阅读的程序字或将现有的程序语言元素进行替换，得以实现通过调用单独的 G 代码指令即可替换原来整行的加工程序。

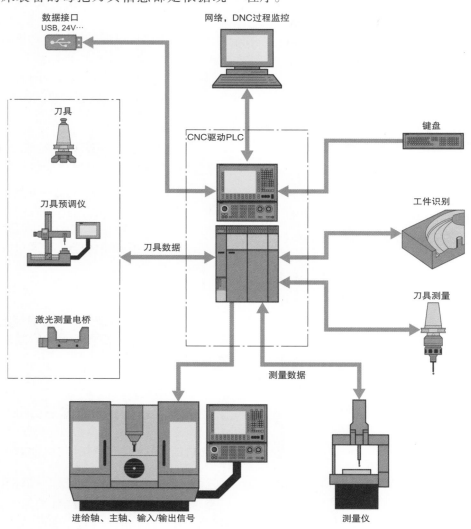

图 2-58 CNC/PLC 的数据接口用于传输不同的与生产相关的数据

12. 偏置

对工件或工具的夹持误差进行电子补偿，从而可节省精确的机械对准或调整。

13. 极坐标

极坐标是用来描述与角度相关的功能，给出角度表达形式。但在具有线性轴的机床上进行加工时，无论是在编程中还是在CNC系统中，极坐标编程的程序必须转换成直角坐标系下的程序。

14. 位置设定

操作人员要借助千分表或其他辅助工具来设定主轴中心到工件的一个固定点，并把轴位置设置为图上或设置为数控程序的给定值。现今的标准中规定采用触发式测头来实现位置设定。

15. 程序测试

通过给定大进给量或高进给速度，加速完成数控程序处理，目的是检测编程错误、碰撞和其他错误。此时不采用金属加工材料，而是使用特殊的、易于加工的塑料进行程序测试。

16. 复位

单击控制面板上的复位按钮，可中断当前的程序处理，CNC系统与机床保持同步。它们回到初始位置，从程序起点位置开始新的进程。这样的操作，使可能发生的数控程序的失误都被删除。

17. 加速限制（斜率）

CNC系统可设置轴的加速和减速行为，以避免冲击并保护机床。重要的是，调整所有轴在相同的数值，从而避免路径偏差。

18. 段隐藏（删除段或跳过段）

在执行段号前标有反斜杠语句的数控程序时（如"/N147 X…Y…"），数控系统可根据之前的开关设置执行或跳过这些程序段，使得已编程的测量循环或停机指令生效。如果该功能关闭，将跳过这些语句且不中断工件的加工过程。

19. 程序段预运行

利用程序段搜索功能，可在程序中断后使程序快速到达之前预先设定的段号而机床不发生相应位移，并且程序再次跳到预先选定的段时带有所有修正值的正确刀具、正确的进给速率以及正确的主轴转速都会准备好。这是一种省时的方法。

20. 模拟

在考虑刀具修正和毛坯几何形状的情况下，加工过程（刀具移动路径）和最终工件的图形表示，根据不同的控制类型，可以模拟整个操作过程，并以三视图或实体模型展示。通过完整的程序计算可以预先识别误差来源和预估加工时间。直接在数控机床上进行模拟。

21. 镜像、旋转、移动

对编程的路径数据可以选择已有的轴进行镜像处理、旋转和沿特定路径移动。在一些具有重复几何形状的零件编程中，使用这些功能将会减少工作量。

22. 同步轴

所有的机床数控轴都是同时插补和协调运转的，通常是所有机床的主要轴（与其对应的是异步轴）。

23. 子程序/循环

子程序或循环程序是长期存储的程序，如孔模式、钻削循环、螺纹循环和铣削循环可通过输入所需数据（参数值）的值，并可任意多次调用并执行，也被称为参数化子程序。

24. 轮廓重新定位

在加工过程中，当工具损坏或急停后，

刀具必须在中断位置重新进入（见图2-59），程序在中断处继续进行加工，不能在工件表面上留下划痕，这时必须考虑新的刀具补偿值。

更详细的功能说明请查看相关的CNC文档。

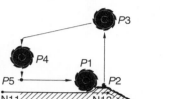
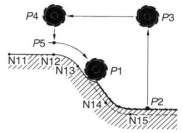

中断位置和停止位置相同　　　　　　中断位置和停止位置不同

P1=中断位置
P2=停止位置
P3=换刀位置
P4=自动再载入程序切入点
P5=铣削路径的再载入点
通过P4和P5的偏移，实现加工载入点的再确认

这里需要程序调用更多的程序段，重新回到N11段、N12段或N13段位置

图2-59　通过轮廓重新定位功能，刀具断裂后自动重新进入循环

2.3.3　CNC系统的特殊功能

在机床的概念设计和开发阶段，基本上是由制造商决定CNC系统的性能和可扩展性的。新的CNC系统构思还要求有一个开放的数控系统软件接口，以便在后续开发中为机床制造商和用户提供了日后整合特殊功能或他们自己的技术可能性。因此，CNC系统要有一个特殊的编程软件，帮助集成这类特定的解决方案。甚至可以访问控制图形，例如以图形方式显示操作辅助工具，选择菜单或动态模拟。因此，很容易地改造CNC系统为托盘运输管理的主系统。机床制造商能在早期开发阶段时测试新功能，而不必寻求CNC系统制造商的协助。现在来看看这些在现代化数控系统实现的特殊功能。

1. 轴交换

轴交换功能允许在具有水平主轴和前置刀具转头的机床上处理在具有垂直主轴的铣床上所编制的数控程序，例如图2-60中交换Y轴和Z轴。

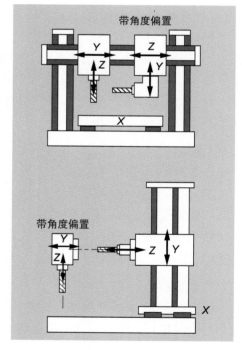

图2-60　在前置角度端交换Y轴和Z轴

2. 加工区域限制

通过对每个转轴的下限和上限进行编程，数控机床可用的工作空间就被暂时界定

了。当给定的路径值在编程设定的区域范围外时，会触发错误信号，立即停机。

比如

N1 G25 X100 Y255 Z70 $=X轴、Y轴和Z轴的下限值

N2 G26 X440 Y321 Z129 $=X轴、Y轴和Z轴的上限值

3. 异步子程序

在CNC系统中，可定义一个小的子程序，用于中断正常的加工过程，以执行特殊功能称为异步子程序。这类异步子程序通过PLC或另外的通道触发。

实例1：一台机器的两个工作单元具有重叠工作空间，如果其中一个工作单元必须进入另一个工作单元的工作空间里时，则借助异步子程序中断后者的工作，第一个工作单元的加工任务处理完并离开该工作空间后，后一个工作单元能回到最后退出的位置并继续工作。

实例2：当PLC检测到刀具破损时，可通过一个异步子程序来移动刀具，以便更换新刀具替换破损的刀具后，并在其最后退出的位置继续切削。

4. 刀具长度自动测量

当刀具安装完成后，系统首先执行一个测量循环，通过测量探针移动测量并存储检测到的刀具绝对长度，如图2-61所示。

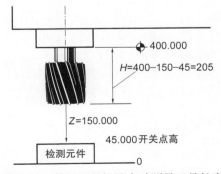

图 2-61　使用测量探针自动测量刀具长度

5. 自动系统诊断

一个用于将数控系统屏幕切换成示波器操作模式的特殊软件。可用它来测试数控程序，并且在编程或加工过程时发现存在的错误。系统诊断可处理以下问题：

1）错误在程序中第一次出现在哪里？

2）错误对程序有何影响？

3）错误对其他变量或子程序有何影响？

4）该错误对程序的重要性是什么？

6. 平衡切削——4轴车削

4轴车削也称平衡切削，其前提是车床至少应具有两个独立的刀架。通常情况下，在车削中心后面设一个刀塔，在车削中心前面设第二个刀塔。机床必须设计成两个刀架可以同时切入被夹持的工件。在切削长度足够的情况下，这两个刀架在给定切削用量时可以设置为不同的吃刀深度同时用于加工。这样做的优点是节省了加工时间，因为每次的切削量增加了。此外，切削力在加工过程中也分布得更均匀了。平衡切削还可以最大程度地减少振动，尤其是对于细长的零件，如图2-62所示。对于需要多通道进行生产加工的零件，在对其进行编程的过程中，必须事先通过机床参数定义导向通道和后续通道。车削加工始终从导向通道开始。一旦导向通道加工出预定的"排屑距离"（偏移量）后，第二个通道，也称为跟随通道，立即从第二个深度开始进刀。跟随通道的运动由轴的离合连接保证。如图2-63所示。

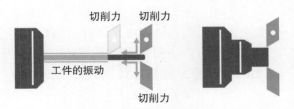

图 2-62　平衡切削：双倍切削效率，减少工件振动（来源：西门子公司）

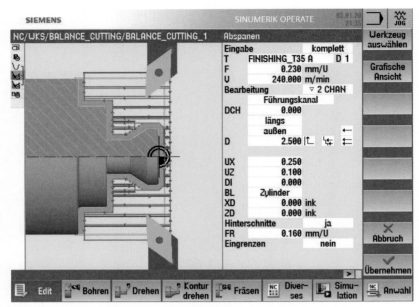

图 2-63   平衡切削 -4 轴车削

根据加工参数的选择，通过加工循环952 编程。

7. 程序段处理周期

为了获得较高的表面质量和轮廓精度，CNC 系统必须快速执行数控程序，而且不能出现进给波动。如果一条代码段的处理时间短于下一条代码段的准备时间，会引起进给中断。为此 CNC 系统必须具有较高的计算速度和持续提供预先准备好的程序段的能力。动态缓存器可不断读取和写入代码，保证有足够数量的预先准备好的程序段，从而防止出现"轴卡顿"现象，如图 2-64 所示。如果供应量仍然不足还必须降低进给速度，使轴缓慢地运行但保证连续运转。图 2-65 给出了程序段处理周期、一个程序段处理周期内的进给量和进给速度之间的相互关系。

实例 1：一个程序段处理周期的进给量是 0.1mm，程序段处理周期是 t =2ms，则最大进给速度是 4m/min。

实例 2：在 20ms 周期时间内，1mm 的程序段处理周期的进给量能达到的最大进给速度是 3m/min，要达到 10m/min，则周期

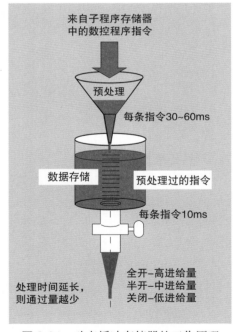

图 2-64   动态缓冲存储器的工作原理

时间不能超过 6ms。

8. DNC 接口

DNC 接口可用于自动读写子程序、刀具补偿值、PLC 数据以及错误状态和错误

信息等。为此，CNC 系统必须有适当的数据接口功能。功能强大的 DNC 数据接口也允许在计算机引导下远程控制机床，例如用于零点对中、删除特定程序、整理刀库中的刀具等。更详细的内容可见 DNC 章节。

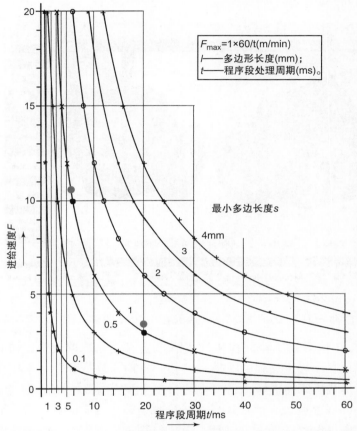

图 2-65　程序段处理周期、程序段处理周期的进给量及可以达到的最大进给速度之间的相互关系

2.3.4　防碰撞功能

现代数控机床意味着动态、精确和高效。为了保证机床的长久达到预期的运行效率和精确，必须避免机床空间的碰撞。根据劳动和安全法规要求，数控机床通常是一个完全封闭的空间，且由于高的进给量和加速度值，当发生故障时，操作人员在反应时间内进行人为干预是不可能的，所以在工作准备阶段，机床的防碰撞检查尤为重要。数控系统提供多种安全功能，尽量避免碰撞发生。

1. 仿真

20 世纪 80 年代初，数控机床就可实现数控加工程序的图形动态模拟，最初这些只是显示刀具路径的简单线条图形，操作员只能从这些图形中艰难地识别出编程的移动路径是否正确。而现在大多数的数控系统都有信息模拟，按真实比例显示机床、刀具和工件。形比例模拟，所以只能在实际加工开始前，模拟出整个加工过程中的刀具和零点偏移。图像显示通常是动态的，工件显示是三维的，进给量则用不同的颜色区分。同 CAD/CAM 软件类似，还可以对工件和刀具进行缩放。剖视图允许检查隐藏的内部轮廓和内孔。这意味着仅通过程序的可视化就可以尽可能地发现工件与刀具之间的碰撞，并通过适当的程序修正来避免。例如图 2-66

中，利用 3D 模拟切削过程来检查程序。当程序仿真中不计算刀具长度而只有刀具的接触点数据时，在后续的进给运动中仍有碰撞风险。

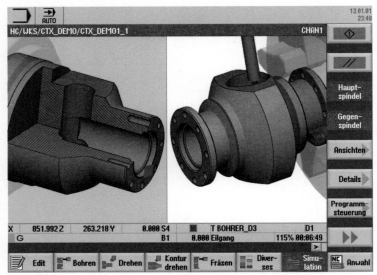

图 2-66 数控铣床上的 3D 模拟切削以帮助识别程序中碰撞

链接：借助主轴加工的剖视图也可正确识别内加工时的轮廓干涉（来源：西门子公司）。

因此，仅靠模拟并不能免除数控机床操作者的责任，避免自动加工过程中因碰撞而造成的工件、刀具或机床的损坏。

除了确定工件的基准点和测量刀具的功能外，还有其他设置功能也可避免发生碰撞。

2. 系统设置功能

1 个 NC 程序通常不会在未经测试的情况下启动，即使在通过 CNC 的模拟，可能还有 CAD/CAM 系统的模拟，都表明其过程没有错误的情况下。

为此数控系统提供不加工的试运行的可能性，即所谓的空运行。在加工工件之前，直接在机床上测试程序，以便尽早发现程序中的错误。为此必须输入试运行进给速度到控制系统中。试运行时，一些 Gl、G2、G3 等编程代码的进给速度，将以通过一个所确定的试运行进给速度来替代。试运行进给速度值也适于用来代替编程的旋转进给

率，且要尽可能取大值，如达到快速移动速度。此时工件或者毛坯不应夹紧，或者在程序开始时应该激活正向进给方向（Z）的相应零偏移。当激活空运行进给时，不能进行工件加工，因为改变的进给值可能导致刀具的切削速度被超过，也就是说，可能会损坏工件或刀具。空运行只能测试无误的数控程序的执行情况，无法检测出错误的进给是否导致碰撞。

防碰撞检测的另一个工具是利用空运行和程序测试同时结合模拟过程，即机床不执行编程的轴运动。只执行辅助功能、停顿时间和换刀过程。工件的完整加工过程并显示刀具的几何形状，只虚拟地显示在数控系统的显示屏上，且操作人员可以检查运行顺序是否正确。

另一种方法是单段模式运行。在首次启动数控程序之前，最好自动模式启动程序，但启动选定的单段模式，操作人员可时

时地观察数控程序段的运行情况，一个接一个地运行 NC 程序段，工件依次实现切削加工，操作人员在任何时刻都能实现程序的即时中断。当程序中有循环程序、宏程序或子程序时，应注意控制系统将这些作为一个程序段处理，一个开始指令可以触发机床的多个运动。

3. 保护区域

保护区域可保护机床上的各个元件、设备和工件，以避免错误运动。刀具相关保护区域（见图 2-67）用以保护刀具部分，如刀具和刀柄。工件相关保护区域（见图 2-67）用于保护工件部分，如工件上的一部分、机用虎钳、夹爪、主轴卡盘和尾座等。

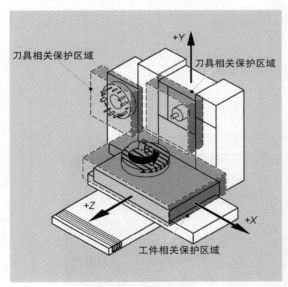

图 2-67 保护区域

根据控制类型和配置，保护区域有如下功能：

1）防止轴进入保护区域。
2）减少进给量。
3）在屏幕上只显示碰撞情况。

大多数情况下，操作人员可以通过简单输入坐标系坐标在机床参数中定义机床的保护区域，以避免换刀区或工作台的碰撞。

但是这些保护区域不能动态地监视碰撞情况，这意味着在多轴运动中，防碰撞只能在有限的范围内实现。

4. CNC 端在线动态防碰撞检测

在很多情况下，上述防碰撞方法只能在非常有限的范围内有效，因此很有必要在控制系统中进行动态碰撞检测。

工件实际的夹紧部位和工件位置只能通过手动设置参考点和在机床上的测量来明确确定。在某些情况下，只有在数控程序运行期间，其中的一些任务由循环程序、宏程序和子程序完全自动承担。在最坏情况下，尤其是当机床的相关工作区因为零件需求而被完全利用时，操作者在加工时才检测到碰撞或者软件限位开关的动作。所以具有动态碰撞检测的数控系统才能提供最佳的防碰撞保护。

在全局程序设置中可以定义变换类型（如位移、旋转、轴交换），这些变换叠加作用于数控程序中所定义的变换。操作人员可以在加工过程中的任意时间定义或取消这些变换。这些定义的变换只能被控制系统识别，且只能由具有动态碰撞检测功能的系统检测到。

刀具补偿值与之前的刀具模拟值部分地偏离，因为当换刀装置每次装刀时才会把实际值输入到程序中的刀具数值表，并在刀具调用时这些值才有效。此外，操作人员也可在刀具调用时额外添加其他修正值（δ 值）。或者仅在加工过程中利用工作台测量系统，或者通过激光测量来确定真实的刀具长度和半径的补偿值并将其存储在 CNC 系统的补偿表中。这些值也只能被 CNC 系统识别，从而识别到碰撞并进行阻止。

在刀具寿命结束前，可在程序中任意位置执行全自动换刀。CNC 系统更换由操作人员定义的备用刀具。特别是在五轴铣床中，换刀会造成复杂的运动，这些是通过特殊的宏代码控制且不能事先模拟的。动态碰撞检测系统也可检测这类过程。

机床用户和机床制造商有很多可能性，可以通过机器参数单独适配各种功能中的控制行为。例如，这允许操作者在周期内或周期结束时设置不同的定位、坐标转换的效果以及旋转性等。这些设置不能在外部明确模拟，有时还会在数控程序执行期间产生变化。在这种情况下，只能通过数控系统的动态检测来避免碰撞。

5. 动态碰撞检测的工作原理

动态碰撞检测在控制软件中真实机床对象，根据得到的数据监测可能发生碰撞的情况，避免对机床、刀具和零件造成损失，如图 2-68 ～ 图 2-70 所示。为了使用动态碰撞检测功能，机床制造商必须在机床调试期间，借助几何对象（如平面、立方体、圆柱体）定义所有的碰撞危险区域（如主轴、工作台、机械部件、内饰、测量装置等）。

现代控制系统可以使用机器运动学的特殊设计软件在 PC 机上或直接在控制系统，轻松、方便地进行配置。

该软件可以模拟工作空间内的机械动作，并显示机床部件之间的碰撞情况，这些部件还可以被传入到机器中在线运行的动态碰撞监测里，同时在控制系统上也可对机床部件的可视化进行监测如图 2-71 所示。如果监测到机床部件之间存在碰撞危险，所有轴停转，且用不同颜色标记出相关的机床部件。此外，检测到有碰撞风险的机床部件的名字会显示在状态窗口上。

动态碰撞检测所涉及的机床部件在一定程度上组成了机床的保护壳盖。CNC 根据观测到的空间信息和实时刀具数据计算得到轴运动情况，并安全防止发生潜在的碰撞。在数控程序执行中，在即将与所定义的包络体发生碰撞之前的最后一个加工步骤不会被执行，即机床停止动作。提高检测过程可靠性的另外一方法是：检测不仅在机床加工之前进行，在机床设置时也应进行，如图 2-72 所示。用于动态碰撞监测的控制集成系统可实时提供这些功能 。

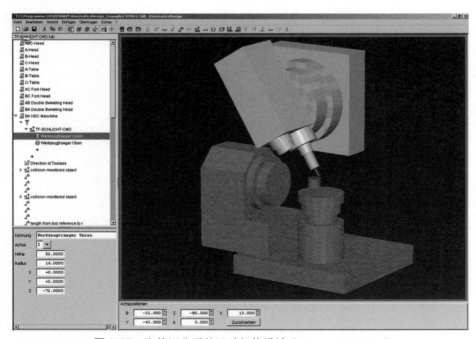

图 2-68　海德汉公司的运动机构设计（KinematicDesign）
PC 软件工具使得动态防碰撞监控的配置非常简便（来源：海德汉公司）

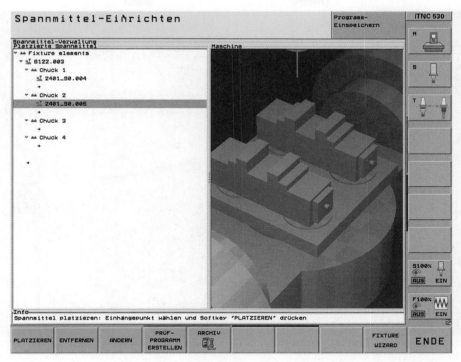

图 2-69 利用一个集成的夹紧装置管理系统进行简单的防碰撞检测（来源：海德汉公司）

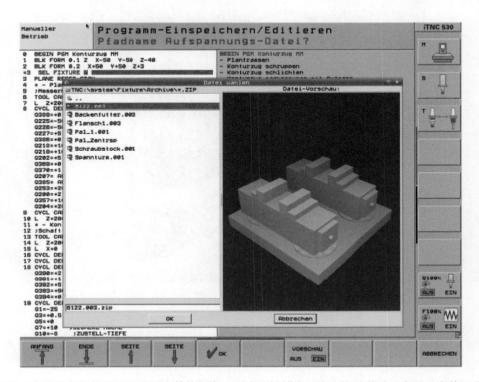

图 2-70 存档的夹紧状况可以随后在数控程序上再次选择并防碰撞监控时激活（来源：海德汉公司）

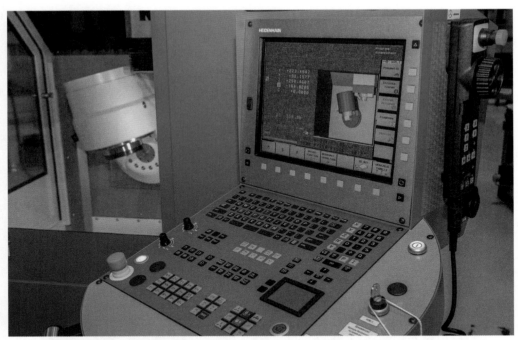

图 2-71 机床在运动时的碰撞检测和显示（来源：海德汉公司，DCM 碰撞检测）

图 2-72 在机床设置时的动态碰撞检测（来源：海德汉公司）

在机床设置时，机床操作人员可通过使用轴方向键或电子手轮手动操作机床。在这种手动操作模式中，操作人员不可能总是预见到碰撞，因此动态碰撞检测系统在手动模式中也在工作，当有碰撞时及时停止轴运动并发出警告。

动态碰撞检测有效地防止了可能发生的碰撞，在机床运行中实时兼顾主轴、工作台、机床部件、防护罩、测量设备、夹具、刀具情况。此外，动态碰撞检测功能还可为控制系统提供重要的信息，用于改善加工策略，以全面避免碰撞。

6. 工作空间自动检测（见图 2-73）

在工作空间自动检测过程中，直接安装在主轴上的摄像机首先拍摄一个生产批次的第一个合格件的参考图像：如在加工前工件的正确夹紧，或者加工后的无误差工件。但已知错误的参考图像也可能被记录和存储：如典型的夹具错误（例如遗忘装夹键）。

在进一步的批量加工过程中，控制器会自动检测后续零件与合格件的参考图像是否一致，也就是说它学会去识别错误并专门检查装夹情况。通过这种方式工作空间自动检测系统可以在加工之前检测工件是否被错误夹紧。这种对夹持情况的检查避免了在刀具、工件和机器上造成昂贵的损坏。在加工完成后自动工作区监测还能显示如缺少孔这样没有被执行的加工步骤。

这种检测什么时候开始？多久检测一次？操作员可以在数控程序中完全独立的确定。此外，操作员可以用自己的照片记录复杂的夹持情况，以及遇到重复任务时，夹紧状态可以完全直接复制。在参考图像中，操作人员可以定义特殊的检测范围，例如工件需有特别重要的夹紧情形或加工步骤。这种选择性检测的优点是，即使工件上有切屑和冷却液依然可以保证测量结果可靠。检测范围定义得越窄，工作区自动监测所提供的检测结果越好。工作空间自动检测也有学习能力，它可以根据几个参考图像来学习典型的结构和污染情况，从而使切屑和冷却液对误差搜索的影响较小。精密灵敏的部件位于保护性外壳中，因此在加工过程中飞散的切屑和冷却润滑剂不会污染甚至损坏相机及光学元件。只有在照片时，镜头前的挡板才会打开。然后，用气幕保护光学器件免受机床空间中水雾的影响。

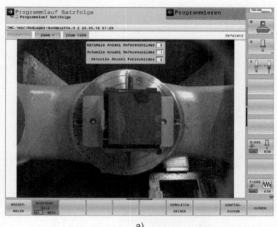

a)

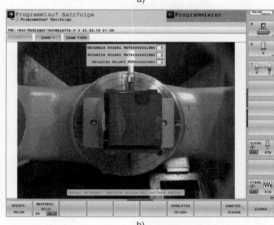

b)

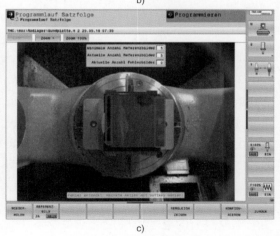

c)

图 2-73　借助于工作空间检测功能识别出与理想位置（图 2-73a）的控制偏差：一个还插着的锁紧扳手（图 2-73b）的情况或一个夹紧时工件错位的情况（图 2-73c）（来源：Heidenhain）

2.3.5 数控机床的集成安全理念

为保护操作者免受危险运动的影响，必须规范机床的安全措施。这些措施的作用是防止机器的危险运动，特别是当保护装置打开时，例如当机床设置时，这些安全的功能包括监测轴的位置，例如末端位置，包括监测速度和停顿，直至在危险情况下停止。

现代数控机床的轴加速度能达到 3～4g，安全风险也相应提高。因此，机床的安全技术是无故障操作的一个重要组成方面。传统的安全技术主要基于机电开关元件，与控制和驱动技术并行和驱动技术并行，不能满足现今的自动化技术的安全性、灵活性和经济性要求。这就需要额外的集成安全技术，当检测到危险情况时，在电源电路中引起开关操作，引导运动停止，如图 2-74 所示。在安全功能的集成中，数控系统和驱动系统除了承担各自的功能任务外还要承担安全任务。

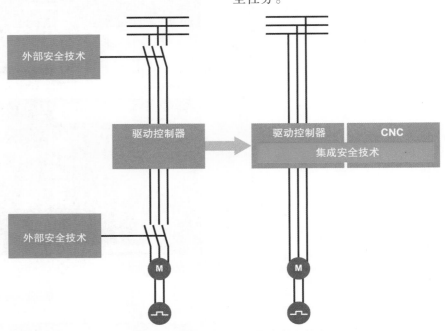

图 2-74 外部安全技术和集成安全技术

由于从相关安全信息（如转速或位置）的获取到评估之间的数据路径很短，因此可以实现非常短的响应时间。在超出允许的极限情况下，如位置极限或速度极限，安全集成技术系统就会对此快速反应。这对期望的监测结果至关重要。安全集成技术可直接作用于驱动器上的功率半导体而不需要通过位于电源电路上的电子机械式的开关设备来实现，这有利于降低对故障的敏感度，并减少布线工作。

对于安全信号的反馈机制，可以既采用单反馈回路系统，又采用双反馈回路系统处理信号。反馈回路的信号既可以提供给 NC 控制器计算机使用，又可以提供给伺服驱动器计算机使用。这两台计算机之间可进行数据和结果的交叉比较。如果检测到差异，驱动器就会安全停止。与安全相关的传感器和执行器借助安全输入或输出模块，通过 PROFIBUS 或 PROFINET 连接到控制系统的两个通道上。在控制中，这些信号在异步子程序（NCK）和标准 PLC 程序（如 STEP 7）中的两个通道上进行处理。两台计算机（NC 和 PLC）之间进行数据和结果的横向比较。如果检测到差异，驱动器就会安全停止。

集成了安全功能的控制器和数字驱动器已经面世多年。将安全功能集成到基本系统中，提供了一个迄今没有熟知的智能系统，可直接访问电气驱动和测量系统，从而导致了极其快速和与情况相关的反应。

在现代机床的高动态驱动下，这对运行安全至关重要。

所有安全功能根据标准 DIN EN ISO 13849-1 性能等级 PL d 的要求以及根据 DIN EN 61508 的安全完整性等级 SIL 2，它们是针对每根轴起作用的，而且既可以在设置模式也可以在自动模式下使用。这意味着在设置模式下可提供高水平的人身保护，在自动模式下还可提供额外的机床、刀具和工件保护。

数控集成安全功能如图 2-75 所示，包括如速度检测、静态检测及位置检测。安全相关的外围设备信号，如急停或光学传感信号，可以直接与标准输入模块和输出模块相连，通过集成的、安全的、可编程的逻辑器实现信号之间的相互连接。

基本上，所有安全相关的故障都会引导出对危险运动的控制、安全停止，或快速断开与电机连接的供能。在故障情况下变频器和电机之间的关断处理是非接触的，并且可以在很短的响应时间内对特定轴进行触发。因此，没有必要在驱动中进行直流放电，该动作能保护电子器件，实现驱动器的快速重启，并由此取得较高的设备可用性。

机床驱动的制动方式总是最优化地适应机床的运行状态。这导致了非常短的超程距离，例如当安全门打开时，大大降低了机床使用者的风险。

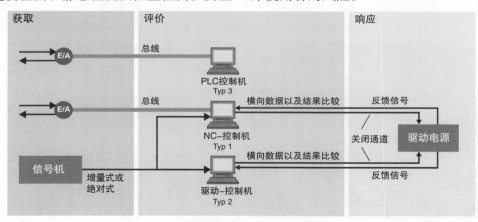

图 2-75 数控集成安全功能

数控集成安全功能，通过多通道的系统架构实现可靠的数控集成安全功能。在识别故障信息需要控制器的响应，控制器立即中断驱动力并将相应的信息发给数控系统。

集成的安全技术依其一以贯之的解决方案提供全新的技术可能性，见表 2-3。

集成安全功能是根据不同的机床或设备进行参数设置和规划设置的，因此可以实现的安全概念的优化方法是多种多样的。从下面的例子中，可以简要了解在什么范围内集成功能可以用于优化。

1）机床类型。通过安全降速可以定义每台驱动器的速度极限值；结合安全软件凸轮可以实现诸如磨床砂轮安全的圆周速度、安全速度；省去了昂贵和复杂的外部设备；在龙门机床和车床中可以通过安全制动管理显著降低悬挂轴下落的风险。

2）机床工作模式。在机床设置模式下，防护门开启，可以在"急停"时实现驱动装置尽快停转。在自动模式下，可以安全地关闭插补组中与路径有关的驱动器。在自动测试中，当具有附加安全装置的安全防护门开启时，可以实现对新程序的测试，例如"启用开关"和"安全设定值"限制。

3）机床操作。在安全门打开且速度监控处于激活状态的设置模式下，可以通过触摸按钮并借助附加的"启用按钮"移动线性

轴。主轴可以在防护门开启时手动旋转，而其他驱动器仍处于位置控制中，如图 2-76 所示。操作员在刀库或换刀站的干预可以与加工区正在进行的生产平行进行，这时换刀程序会被暂停直到危险消除。

表 2-3　功能范围

功　能	意　义
安全停机	在监控或传感器（光电元件）作用下，电动机从运动变为停止
运行停止	电动机停止时，监控一个可调容差窗口，电动机保持全部的位置调节
安全停止	脉冲抑制电动机，电源中断
安全制动管理	双通道控制停机或制动器和循环制动测试
安全减速	设置限速值，如在安装过程中不启用使能开关
安全软限位开关	可变行程范围界限或安全界限
安全软件挡块	范围识别
安全相关的输入 / 输出信号	过程接口
标准总线上的相关安全通信	遵循 PROFIsafe 协议，建立分散的外围设备过程信号和安全信号与 PROFIBUS/PROFINET 系统的连接
安全可编程逻辑控制器	所有与安全有关的信号和内部逻辑运算的直接连接

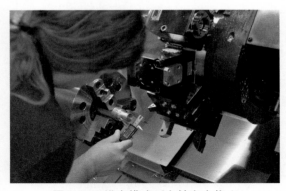

图 2-76　设定模式下主轴安全停止

通过上述简单实用的机床操作，用户可不必再对安全设置中的危险动作有担忧。

4）可用性。在发生故障或危险的情况下，协调的安全停机能消除或减少相应的损害（如机床碰撞），且允许机床快速、简单的重新启动。通过用软件和电子产品代替电力机械设备和接线，也消除了很大一部分易磨损的技术装备。在所定义的安全区域或所定义的设备部分中的驱动器可有目的地、安全地停车，例如，在重新配置机床工装或在紧急停止时，在其他安全范围内或其

他设备组件可在此期间继续进行加工。最大限度地减少了停机时间并提高了机床的可用性。

5）装配工艺。使用安全软限位开关、安全软件凸轮和安全可编程逻辑控制器，淘汰了很多机床电气柜中用于安全信息处理的机电元件，省去了机床和机柜间额外的连接装备。在柔性制造系统中，线路或多个单独的机床间的相互连接可实现安全信号的无缝通信，这对设备的操作、管理和可用性而言是一个显著的优点。

1. 拐角延迟

在型腔铣削中，当刀具切入时，每个拐角处的加工都会使铣刀产生过载，这有可能损坏刀具和工件。因此，编制一个所谓的拐角制动程序，在每个拐角处进给时自动按编程设定值减小进给量，如图 2-77 所示，防止产生铣刀过载。

拐角延迟、模式化的 G 功能可防型腔铣削中刀具过载、刀具断裂和工件损坏。

2. 框架

框架（FRAME）是一个坐标变换的公用术语，如平移或旋转。在加工具有倾斜轮廓的零件时，要么使带相应夹具的工件平行对准机床轴线来设置，或者如在五轴机床上，基于工件生成相应的修改过的坐标系。通过可编程的"框架"，可以以可编程的方式旋转或平移坐标系，由此可以实现如下功能：

1）零点的任意平移。

2）旋转坐标轴或使其平行于所需的工作平面。

3）在一次装中进行倾斜平面上加工，如图 2-78 所示，在多个倾斜角度上钻孔或多面加工。

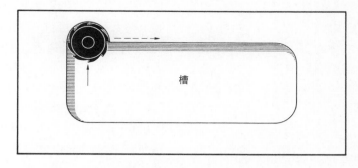

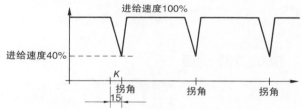

图 2-77 编制拐角制动程序

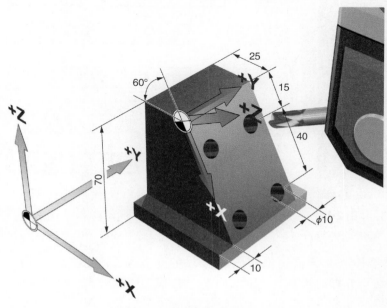

图 2-78 倾斜平面上加工

3. 铣削策略

铣削策略可生成基于特定加工任务的优化路径。在 CAM 系统中，可以通过不同的铣削策略会影响刀具路径，以提供最佳的切削条件。铣削策略的使用应有针对性，如螺旋线或摆线切削路径可提高刀具寿命，改善加工表面及实现硬质（高达 65HRC）材料的加工。

对于特定的宏指令（循环），铣削策略可以不通过 CAM 系统，而直接在控制器中编程。例如铣方槽用螺旋线进刀加工，铣键槽用摆线加工策略，或者大体积切削量加工时用切入式铣削。

4. 自适应控制（AC）

铣削的进给速度通常是由被加工材料、铣刀和铣削深度决定的，且对于每次铣削过程都是固定的。加工过程中铣削条件的变化，如铣削深度变化、刀具磨损或者材料硬度的变化，这对进给速度没有影响。这意味着随着材料强度的降低，进给速度也同时尽可能地部分低于可能的水平，因此有必要延长加工时间。特别是在切削量增加时，如果进给率编程过高，可能会造成主轴和刀具过载。

进给轨迹的优化是根据主轴功率和其他工艺数据通过自适应进给控制来完成的，其操作模式总是基于主轴功率的测量，可优化进给轨迹如图 2-79 所示。通常情况下，可借助学习步骤记录最大的主轴功率。在 CNC 系统中，主轴功率的最大值和最小值记录在一个表中，自适应进给控制功能比较目前的主轴功率和参考功率，并在整个加工过程中通过调节进给速度（见图 2-80），以保持参考功率不变。

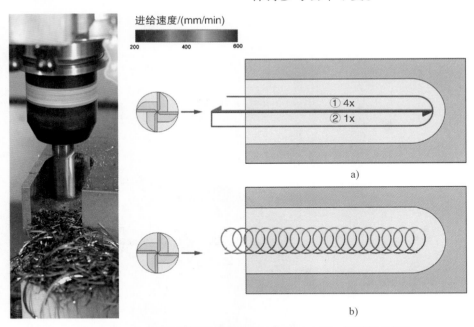

图 2-79 自适应进给控制可优化进给轨迹（来源：海德汉公司）

a）采用传统铣削策略需 4 次全进给加 1 次半进给 b）采用自适应进给控制只需 1 次摆线铣削

自适应进给控制要始终确保达到可能最大的进给量从而并提高效率。当主轴功率增加时，该监控会降低进给率，自动更换姐妹刀具或发送信使信息。所有这些措施的目的都是为了防止由于刀具断裂或刀具磨损而造成的间接损失，有效地保护机床机械和主轴不受过载影响，保持生产效率。

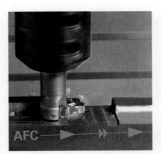

图 2-80 自适应进给控制调整进给速度适应不同的切削条件（来源：海德汉公司）

5. 不带补偿夹具的攻螺纹

此功能省去丝锥补偿卡盘，因为它不必要地限制了钻孔范围（即可以达到的钻孔深度）。通过 Z 轴在插补过程中的内插进给量取决于编程螺纹的螺距，由此可精确获得盲孔的钻孔深度。随后主轴反转，刀具沿螺旋线相反方向回退，而不会对螺纹孔施加拉力或压力。

6. 铣螺纹

用成形铣刀铣内螺纹和外螺纹时需要螺旋插补，如图 2-81 所示。螺旋插补由两个运动组成：一个在平面 XY 上的圆周运动，

另一个是在垂直于该平面上的直线运动（Z 轴）。铣刀必须接近工件，刀具沿 Z 方向的进给量必须与螺纹间距一致。

7. 手动退刀（刀具回退）（见图 2-82）

回退功能支持因断电或 NC 复位而中断后，手动将刀具从工件上退回。这使得在攻丝操作（G33/G331/G332）中断后，或一般情况下，在 JOG 模式下用钻头进行加工操作中断后，可以在不损坏刀具或工件的情况下，沿刀具方向回退。这为在中断点继续加工创造了先决条件，即使涉及的主轴处于倾斜模式。

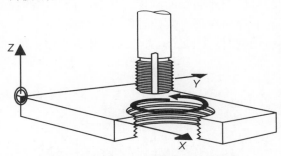

图 2-81 用成形铣刀螺旋插补铣螺纹

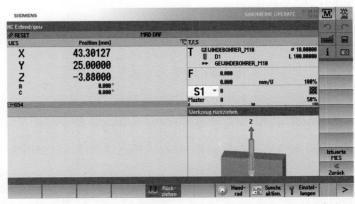

图 2-82 通过手动缩回，可以在复位或断电后从丝锥孔中缩回，而不会损坏工件或刀具，如 SINUMERIK 840D sl.（来源：西门子公司）

8. 通道结构

在带多个同步工作单元的复杂机床中可使用 CNC 中的通道结构。每个单独的工作单元（通道）被分配若干个可同时插补的

（同步动作的）轴。每个通道内运行的程序彼此独立，不受其他通道影响。

根据需要，可以将通道的个别轴取消并

将其分配给其他通道，通过这种方式，可以根据加工任务对机床的逻辑结构进行调整。

9. 比例因子（见图2-83）

数控加工程序中的所有编程尺寸都可以用任何系统进行转换，这对每个转轴都不相同。这样可以用一个数控程序生产几何形状相似、尺寸不同的零件。另外，功能强大的数控系统甚至还可以以任意角度 α 对零件进行车削。

10. 比例误差补偿

比例误差补偿功能是对每个数控轴进行自然误差曲线的测量，且由此计算出的校正值存储在每个数控轴的校正存储器中，当驱动轴时，CNC 系统自动参考这些校正值，

以实现比测量系统更高的精度，如图 2-84 所示。

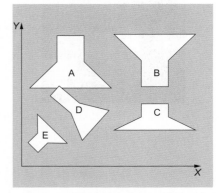

图 2-83 通过可编程比例因子实现零件的放大、缩小或变形

A—原始程序　B—沿 X 轴镜像并偏移
C—Y 方向缩小 1 倍（$q=0.5$）

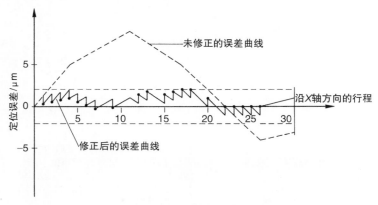

图 2-84 比例误差补偿

11. 测量循环

测量循环是存储在 CNC 系统中的序列循环，用于通过触发式测头自动测量孔、槽或表面，如图 2-85 所示的探针自动测量循环用于确定孔的中心。通过这些测量数据可立即实现工件位置、加工精度、公差、圆心、净尺寸或倾斜位置的计算。通过数据接口还可以输出测量值。

通过"过程中测量"的方式，可以在执行 NC 程序的过程中通过测量过程检查工件的公差。如有必要，在 NC 程序中或为刀具会自动激活相应的修正。（如图 2-86 中的用于

检查工件加工中心的高精度测头）。使用 CNC 系统中的测头要求在数控系统中进行特殊的校准和测量循环，以获得精确的测量数值。

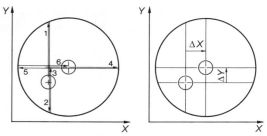

图 2-85 探针自动测量循环用于确定孔的中心（来源：雷尼绍公司）

图 2-86　用于检查工件加工中心的高精度测头
（来源：雷尼绍公司）

图 2-87　皮米级插补

12. 纳米插补或皮米插补

直线插补、圆弧插补和样条插补是根据数学插补方法的不同而定义的，但这是一种更高分辨的插补，原因如下：对具有数字接口的驱动器而言，控制系统和驱动控制器之间通过数字协议（如 SERCOSinterface）进行位置、速度及转矩设定值的交换。根据机床类型和精度要求，该数据的传递精度在 $0.01 \sim 10 \mu m$ 之间（ =0.000.01mm 到 0.01mm）。

传动精度不能与轴分辨率和路径测量系统精度相混淆。传动精度是数控系统预设插补值的分辨率或精度，驱动控制器必须对预设插补值做出反应。

为实现驱动器更好的控制特性，现代机床系统的传动精度提高到纳米级或皮米级。在纳米级插补中点位设置精度为 $1 \times 10^{-9} m$（ 0.000001mm），在皮米级插补中则为 $0.6 \times 10^{-12} m$（ 0.000000006mm）。这使得数控轴在进行插补运算后的刀具轨迹更流畅，从而提高工件表面的质量，如图 2-87 所示的为皮米级插补。

13. 数控辅助轴

辅助轴必须完全独立于主轴运行，以使工件或刀具能不受加工顺序的影响进行更换。当主要轴（ X、Y、Z、A、B）用于加工工件时，辅助轴（ U、V、W）用于执行完全不同的程序（异步轴）。

14. 同步车削

在同步车削中，刀具与工件之间的调整是连续变化的。这样就可以加工复杂工件的几何形状，而不会在刀具或刀架与工件之间发生碰撞的区域中断切削。在粗加工的情况下，有针对性地改变刀具与工件之间的仰角，可以使刀具的寿命延长，原因是切削刃可以得到最佳的利用。另一方面，在精加工的情况下，可以利用这种可能性，使仰角尽可能地保持恒定，以达到非常恒定的切削条件，使之产生优良的表面。此外，被加工轮廓可以一次完成，因此没有刀具切入和切出的痕迹。还可以节省传统加工策略中必须计算的接近和离开时间。由此可见，同步车削可以简化和加快程序的编写。用户不必对每一个单独地进给设置都进行独立的编程，控制系统的算法负责处理无碰撞加工所必要的进给设置的计算，如图 2-88 所示。

该功能可用于多任务铣 - 车复合机床或车 - 铣复合机床。在机床方面，相应的旋转轴和倾斜轴是使用该功能的前提条件。

15. 托盘管理

控制器提供强大的托盘管理功能，用于智能规划生产流程。这样做的目的是为了能够精确地提前规划下一步生产流程，并直接在控制器上顺利地处理待处理的订单，这对于无人值守的班次是很重要的。

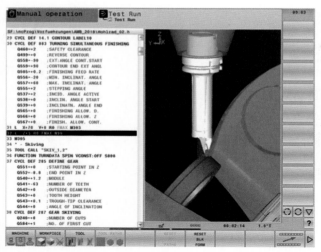

图 2-88　同步车削功能使复杂的加工几何形状得以加工，并用于多任务机床。（来源：海德汉公司）

这种智能规化生产流程工具可以智能地、有预见性地安排即将到来的订单。用户只需为即将到来的夜班、白班或周末创建一个订单库存。一旦创建了订单池，控制系统就会自动地检查是否满足了顺序处理输入订单的所有先决条件。其中，除其他事项外，包括对以下标准的查询。

■ 是否在托盘、程序或工装夹具上指定了参考点？

■ 刀库中是否提供了具有足够使用寿命的所需刀具？

■ NC 程序是否在模拟模式下运行且没有错误消息？

这种检查的结果以图表的形式清晰明了地显示出来，如图 2-89 所示。用户可以立即了解所有程序是否准确无误地运行，是否存有所需的刀具。于是用户知道什么时候需要人工干预，机器将被使用多长时间运行。该检查循环重复，始终显示更新的数据。如果控制器检测到问题，例如，刀具寿命不足以满足计划中的加工操作，它将显示所需人工干预的预期时间。详细地来说，可以提前掌握所预告的以下信息。

图 2-89　海德汉公司的批处理管理计划工具对作业状态一目了然：绿色勾号表示作业运行顺利，红色叉号表示需要人工干预。下一次干预的时间会在屏幕右上角显示（来源：海德汉公司）

■ 加工顺序；

■ 下一次人工干预的时间；

■ 程序持续时间和运行时间；

■ 基准、刀具、NC 程序的状态信息。

由于方便编辑选项，用户可以复制、移动和粘贴单个甚至完整的结构条目。此外，他还可以在托盘零件加工的过程中创建新的工作任务。以这种方式创建的订单池是线性处理的，用户可以锁定单个程序甚至整个托盘，然后在订单的线性处理过程中直接跳过。

托盘管理作为一种规划工具不仅对自动化的加工设备有意义，而且也适用于传统的单件加工，因为上面提到的结构元素也可以用在没有托盘的机床上。在这种情况下，只需要在系统设置中配置机器在 NC 程序结束时所应有的表现，即：机床操作人员手动设置下一个工件，然后开始下一个加工操作。

16. 样条插补

样条插补中引入数学中的在过渡处相切的高阶曲线的连接。这使得复杂的曲线形状可以用较少的 NC 程序来表示，而不是用多边形折线集和线性内插的方式来逼近。（见图 2-90）。通过过渡相切将达到轴的更顺滑的路径性能（见图 2-91）。样条只能在与之相应配备的编程系统内进行编程。样条插补还包括抛物线插补。

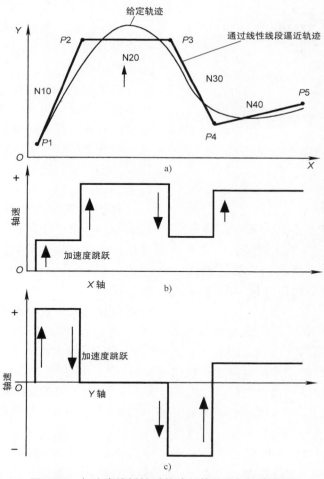

图 2-90 匀速直线插补时的路径偏差和加速度跳跃

a）路径偏差　b）加速度跳跃　c）加速度跳跃

在现今的 3D 加工中，所用的直线插补对几何上要求严格的小公差的表面会带来一系列问题，如涡轮机叶片、飞机整体部分或成形刀具加工。这些问题通常是由 CNC 系统过高的程序段处理周期、轴驱动的加速度跳跃（见图 2-90b、c）以及轴控制回路振荡引起的，特别是在高速加工时，必须寻求解决办法，让我们详细了解一下这些问题。

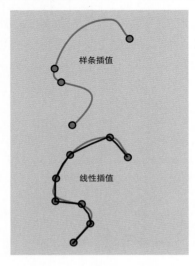

图 2-91　使用样条来编程轨迹并再现线性多边形

17. 问题解读

问题 1：数据转换

在 CAD 系统中，曲线和形状的数学表达与数控程序中的简单轨迹描述有根本的不同。CAD 系统通过样条曲线来描述曲线和曲面，准确地说是非均匀有理 B 样条曲线（NURBS）。

NURBS 在这里指的是借助点和参数来描述曲线和自由曲面的一种熟悉的数学方法已有多年的历史，它也用来精确描述规则曲面，如圆柱面、球面或环面。它们优于其他样条曲线，因为它们能够清晰地表示所有类型的几何形状—甚至是尖角和边缘。在此数学基础上，更多的 CAD 系统建立了自己系统内部的曲面模型和几何体模型。

这种表达类型也用于产品模型数据交换标准 STEP（ISO/IEC 10303 标准）上，但不在 CNC 系统中。因此，在已有的 CNC 系统加工过程中，必须将高精度的 CAD 曲面变换表达为多边形路线，对形状进行近似以生成线性集，这是后续处理任务之一。为达到很高的形状保真度，必须在逼近中找出非常小的弦误差，这将导致最小单步的增多而导致大量的 CNC 程序段。

问题 2：程序段处理周期

在很多小多边形的数控加工中会碰到时间界限问题。

一个 CNC 系统是一个时钟系统，它根据所用微处理器的时钟频率来工作。程序段处理周期是 CNC 系统准备下一个加工步骤所需的计算时间。在现今系统中一般在 1 ~ 10ms 之间。如果计算时间比处理一个程序段所需时间长，那将导致机床性能的不连贯的卡顿。

后果：出于加工质量的原因选择短的线性插值段不仅产生大量数据，而且限制进给速度，有悖于高速切削中要求的高进给率。

通过 NURBS 实现更长的路径编程，程序段处理周期问题就不再像以前那般重要。

问题 3：线性插补中的振荡

多边过渡时的加速度跳跃再加上无牵引力驱动控制会引起机床振动或冲击，这会使机床轴受到极值负载，其结果是工件表面上有可识别出的典型的多棱角面状结构和颤振图样。

解决办法：使用样条插补方法。

在 CAD 样条变换时考虑到使用 DIN 格式时会失去 NURBS 的优势，因此在设计 CNC 时，要使其能够直接接受和处理来自 CAD 系统的 NURBS。CNC 控制器设置成 NURBS，由 CAD 系统直接管理和处理。这样做特别是对高速加工有三大显著优点：更快（30% ~ 50%）的加工速度、更高的精度和更好的加工表面。此外，这样做也消除了工件的费时返工。

实际运行还表明，机床运动更均匀，没有急剧变化的加速度峰值，这对机床的负载、工件表面和刀具寿命都有益处。

因此，采用一种完全不同的编程形式，表示如下：

N29　P0[X] = (-3.525, .001)　P0[Y]=(20, -.014, .006)

N30　P0[X] = (-33, -26.371, 26.155) P0[Y]

= 20, 6.947, -3.367)

P0[Z] = (23.977, 25.953, -25.953)

N31　P0[X] = (-33, .265, .095)　P0[Y]

= (20, -.034, .012)

P0[Z] = (20.977, -.847, .489)

N32　P0[X] = (-12.155, 36.816, -19.133)　P0[Y] = (20, -7.727, 6.775) P0[Z] = (20.977, 39.746, -19.808)

对每根轴传递三次多项式系数，如对 X 轴传递的三次多须式系数为

$$X(t) = at^3 + bt^2 + ct + d$$

18. 语言切换

在 CNC 系统中，显示的对话语言有两种以上，因此对操作人员就没有问题了，维修人员只需在初始时切换到自己使用的语言，便能无障碍操作。

语言中一个特别的挑战是使用不同字符的语言（如中文），这种情况下，CNC 系统必须调整内容（文字）和显示（字符）。在现今的数控中部分程序中的文本也可能用所在国语言（如注释或消息）。

19. 从内部或外部存储器执行 NC 程序（EES）

通过外部存储器执行，简称 EES，数控系统提供了一个简单的数据管理解决方案，与存储位置无关。用户还可以直接从所有连接的数据存储器（如 NC 内部存储器、本地硬盘、PC、USB、网络）中执行和调用 NC 程序，如图 2-92 所示。

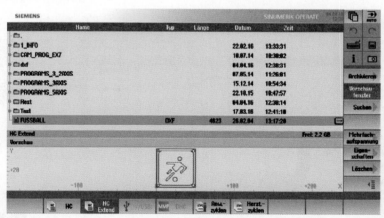

图 2-92　外部存储器的程序管理，功能 EES，以 SINUMERIK 840D sl. 为例。（来源：西门子公司）

也可以直接在外部介质上处理子程序。外置驱动器作为集成 NC 存储器的扩展，主程序和子程序可以存储在该驱动器的任何文件夹中。主程序也可以直接从外部存储器中执行。这就意味着主程序调用子程序时，在跳转命令方面没有任何限制，如向前或向后跳转、循环等命令。同时调用本身也只是通过指定子程序名来完成，没有任何特殊的语法或路径规范。此外，程序的大小也不再重要，因为数控系统的内存几乎扩展到了外部介质的大小。

20. 在标准加工中心（BAZ）加工齿轮

现代数控系统可以使用工艺循环生产

高质量的内、外齿轮，使直齿轮和斜齿轮的生产变得简单而经济。这可以使用一台多任务铣 - 车复合机床，可在一次装夹中完成全部的切削加工如图 2-93 所示。为此，它们提供了如下支持：例如，支持滚刀展成的复制过程的编程。用户只需要输入齿轮几何形状的数据和要使用的刀具。所有进一步的计算，特别是复杂的动作同步都是由控制器完成的。滚齿加工循环的操作方式也是如此。

图 2-93　即使在标准的加工中心上，也可以使用 CNC 宏（循环）来加工外齿轮和内齿轮。
（来源：海德汉公司）

为了避免发生不可预见的程序中断（如电源中断）时造成的损坏，工作循环支持优化的快速退刀功能。工艺循环自动确定刀具从工件上回退的方向和路径。

这种齿轮循环的基础通常用于定义一个自己单独的工作循环，用于定义齿轮的几何形状。这意味着用户为后续生产过程中所需的所有加工步骤只需一次定义工件几何体尺寸就可以了。

21. 公差循环（高速设置 CYCLE832）

通过"高速设置"功能（CYCLE832），可以预先分配用于加工自由曲面的数据，使得对应的加工可以最优化的开展。

CYCLE832 的调用包含三个参数：

加工类型（工艺）、轴的公差和输入定位公差（适用于 5 轴机床）。

利用"高速设置"功能（见图 2-94）操作者可以根据加工类型（粗加工、预精加工、精加工 / 速度和精加工 / 精度）提供最佳速度控制。也可以加工并实现非常精细的零件结构，在这一过程中工作循环可自动开启和关闭必要的控制功能。

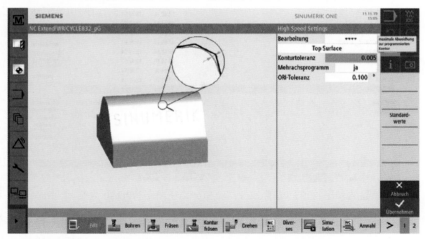

图 2-94　借助 CYCLE 832 控制循环，为自由曲面的最佳加工设置公差
（来源：西门子公司，Sinumerik ONE）。

22. 远程服务

远程服务提供省时省力的人力支持，需求者可以从远程服务中心得到对数控机床提供的快速诊断和修复，如安装和调试，故障消除和新软件版本的更新。

远程服务的前提条件是，机床制造商

和客户之间通过电话或数据线实现直接的IT（信息技术）连接。远程服务功能可分为：

1）仅作为机床状况快速评估和故障排除的参考和评价功能。

2）通过直接访问的方式提供修复CNC软件或PLC程序的措施。

23. 虚拟数控内核（VNCK）

控制系统的虚拟数控内核是仿真系统的计算基础。在机床空间仿真和完全加工仿真中，控制系统制造商提供数控内核作为虚拟的环境，以实现在真正的生产之前在计算机端真实、准确地模拟控制行为。虚拟数控内核可测试子程序，如碰撞和工件的表面质量缺陷，并提供生产规划所需的重要参数。因此，机床配置和测试时间可大大缩短。

24. 进给限制

过高或过低的进给速度都可能损坏刀具和工件，因此以可编程的方式限制允许的速度范围。数控程序中的速度值过高或过低时，都会被自动限制在极值范围内。

25. 前馈控制

数控轴在运行刀具轨迹时的迟滞误差或跟随误差会引起工件的轮廓误差。由于系统的惯性，铣刀有偏离编程轮廓（见图2-95中粗实线）的倾向，这会产生不同于编程轮廓的表面（细实线）。

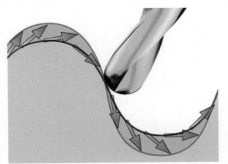

图2-95 跟随误差并提高轨迹的轮廓精度

跟踪误差的大小是由系统（如模拟位置调节）和进给速度决定的。

一个高的 K_V 值和"轴前控制"功能可使在路径移动过程中与速度有关的跟踪误差减少到零，并且可以改善工件的轮廓精度。

26. 3D刀具补偿

在具有4个或5个数控轴的数控机床上，如果一个或两个旋转运动都在刀具轴上，并且刀具长度或直径应该被修正，就需要进行三维刀具补偿，如图2-96所示。

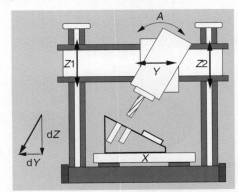

图2-96 3D刀具补偿（允许带刀具补偿斜面加工和摆动铣头的斜孔加工，其中 Z 方向运动不是沿着立柱移动的）

在这种情况下，无论是标准钻孔循环操作还是刀具补偿都不会起作用。甚至在靠近钻孔位置就要求复杂的计算，且钻孔过程需要两轴或三轴的线性插补。通过3D刀具补偿，操作人员可以输入或校正机床上以倾斜位置装夹的工件，CNC系统会据此自动计算出所产生的位置和运动。

27. 3D刀具半径补偿

尽管刀具制造得在多方面精度很高，首先半径铣刀就没有统一的几何形状，每把刀具的半径通常与理想的圆形有相当大的偏差。研究表明，标准刀具的偏差可以达到0.015mm。即使是高质量、昂贵的精密铣刀，也会在 μm（微米）范围内的偏差。

这对于高精度加工来说是一个缺点，因为在控制系统中计算出的刀具半径与工件的接触点和实际刀具半径不一致，而且每换一把新的刀具就会出现这种情况。通过三维刀具半径补偿和三维测量的循环，用户可以快速、方便地补偿这些偏差。不需要任何复杂的刀具测量或额外的设备。使用大多数铣床都有的功能，可以简单地进行补偿。

为了确定待使用铣刀的半径偏差，用户可以用该刀具在测试工件上进行试验加工。然后，用之前借助三维刀具半径补偿校准的触碰式测头测量铣削的轮廓。控制装置立即将铣削轮廓与理想轮廓的偏差转化为刀具上的半径偏差，并将其写入补偿值表。这个补偿值表可以用来定义与角度相关的偏差值，描述刀具圆弧与理想圆弧形状的偏差。在随后的加工过程中，控制系统再对当前刀具与工件接触点处定义的半径值进行修正。

直径为 20mm 的非球面透镜的加工实例非常清楚地显示了这种效果，如图 2-97 所示。在试切后，使用接触式测头并调用相对应的测量循环可测定加工结果与所要求的透镜形状存在相当大的偏差，最高可达 25μm。补偿半径偏差后，非球面透镜整个表面的形状偏差小于 5μm。

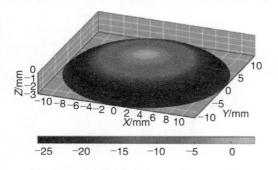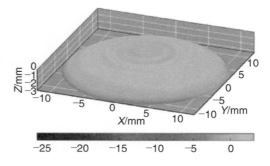

图 2-97　这是加工非球面透镜时，三维刀具半径补偿的效果：左边是第一次试切后的形状偏差；右边是主动补偿后铣出的透镜（来源：海德汉公司）

为了能够准确地确定接触点，NC 程序必须由 CAM 系统用表面标准块（LN 块）生成。除了刀具的位置外，刀具与工件的接触点以及刀具相对于工件表面的相对方向也可作为可选项在平面标准块中定义（见图 2-98）。补偿正是由控制器自动完成。

28. 远程诊断

当地往往找不到机床故障诊断专家。因此，Teleservice（远程服务）可以提供省时省钱的支持，通过机床制造商的服务中心、维修部门或 CNC 制造商的热线电话与用户现场的问题机床相连接，对机床问题进行快速诊断。典型的使用案例有：

■　运行、调试和维护过程中的故障诊断。

■　安装新版本的软件。

前提是通过数据线直接连接到用户的机器。远程服务功能可分为：

■　只显示和评估功能，以便快速评估机器状况和排除故障；

■　直接干预的主动维修措施，例如在 CNC 或在 PLC 的软件中。

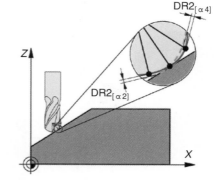

图 2-98　三维刀具半径补偿可以防止切削刃从工件上切除太少，甚至更糟的是出现过切。

（来源：海德汉公司）

2.3.6 状态监测和机床数据采集

通过对机床成本结构的分析表明，机床的后续累计成本会大大超过购买价格。为了能够最大程度地降低后续成本，应知道哪种加工类型会给机床带来比较大的后续成本。通过观察与负载有关的故障和失效行为，可以实现对部件使用寿命的观察。

在这一要求下，自动化、全区域的中央状态监测是无法回避的方案。实际上，能够长期监控机床的主要是大型企业。避免一次非计划性故障通常会摊销投资成本。多年来人们都知道手动远程访问，只有在出现问题时才会启动，而状态监测则在早期阶段就能表明机器数值有问题。因此，它是高效、可自动化地远程服务功能的基础，在问题发生之前就能监测到，从而可以避免昂贵的维修和停工，例如及时地更换有缺陷的轴承，虽然成本只有几欧元，但若不及时处理，将会在不经意间导致不可预见的机器故障。从被动式维护过渡到面向机床状态的维护是可能的。状态监测解决方案可自由扩展，用户可以决定只监控一台机器还是监控一个有几千台机器的机加车间。因此，这个话题对于机床制造商和机器操作者来说都会感兴趣。汽车供应商的例子说明了状态监测的价值所在。由于机床长期使用，造成机床滚珠丝杠已经完全磨损。由于更换是在计划外，生产损失和维修费用有时会在五位数范围。通过状态监测，滚珠丝杠使用到一定的预定机械状态时，就会被送去维修，所用成本不到1000欧元，而且还可以统筹规划停机时间。

带有运动部件的机床都装有各种传感器，如接近开关、压力开关、光栅尺、振动传感器和温度传感器等。它们给出的数据是用于机床的监控。现代数控系统还可以直接访问所有 NC 和 PLC 变量，如 PLC 输入/输出、标志位、温度、润滑剂、气封、运动时间、NC 数据、扭矩、电流、温度和设定值等数据。通过长期监测和与目标值比较，操作者可以尽早了解偏差情况。如有必要，还可以方便地集成外部传感器，例如用于监控主轴或辅助单元。

目前，客户端/服务器通信的优点是访问这些数据不需要在数控系统或 PLC 中进行任何单独干预，而是通过控制 PC 上的通用客户端运行。对于很多数控系统来说，客户端已经包含在供货范围内，只需要激活即可。数据采集逻辑的实际配置是通过 Web 用户界面（WebUI）来完成的，Web 用户界面由运行在客户端的脚本提供给机器。这意味着，即使是后续将状态监测引入现有的基础设施中也是简单的。若对控制系统进行干预真是必要的话，机器和设备操作员没有必要对损失来自设备制造商承诺的质保期表示担心。

根据不同的需求，数据收集在本地的机床上、公司网络中或云端。无论存储位置在哪里，通常都不需要其他软件来访问、记录和评估数据；这些数据可以在相应的服务器上运行，并可以通过浏览器进行可视化。总体而言，可视化变得越来越重要。许多操作员希望对车间或工厂中机器的状况有一个总体了解，并一目了然地看到需要计划哪些维护措施。对机器制造商通过标准化和开放的平台为客户提供这些机器视图和信息。连接其他制造商的机器或设备也很重要，因为几乎所有用户都拥有多种品牌设备的机加工车间。

云解决方案为机器制造商和机器操作员提供了这些可能性，并且还具有能够在全球范围内安全地访问数据、评估和采集逻辑的优势。

在公司网络中的集成也可以在组织的基础上实现在全球范围内访问数据，还可以轻松地连接公司网络中的其他系统，如 SCADA、ERP、MES 和 CAM 系统。在状态监测中，关注的重点不是机器的故障而是分析更早时的状态：例如，如果一直在 70℃ 的温度突然上升到 80℃，此时可能还不能说明问题的严重性，但它至少表明有问题应注意和观察这种趋势。为了保持评价的清晰，问题的焦点是智能的数据采集，而不是大数据分析。

通过所谓的指纹记录正常值，在此基础上可以定义警告极限和临界极限的上下界，用手机或电子邮件通知。在电子邮件中还可以附上有关问题的历史和当前数据，从而最大限度地减少对历史数据的追溯分析。

电子邮件通知不仅适用于问题案例，而且还多用于定期自动向多个收件人发送带有机器当前运行状态的报告。

当机床出现明显的状况时，可以对机床的部件进行永久监控，并发出针对性的通知，如图 2-99 所示。

自动执行一系列测试，对不同的车轴组合进行各种球杆试验，如图 2-100 所示。

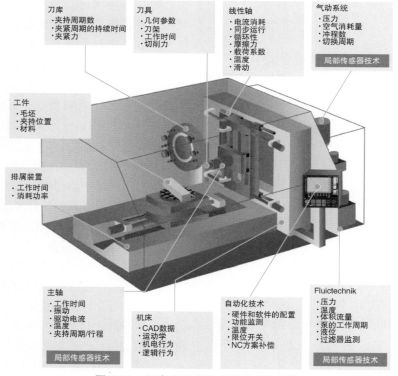

图 2-99   机床出现状况时进行永久监控

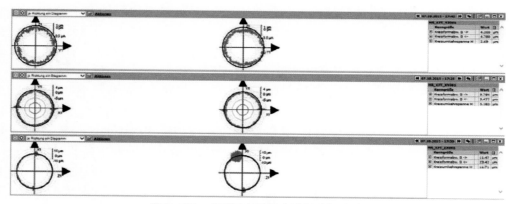

图 2-100   对不同车轴组合进行球杆试验

对上一张图片左下角的自动圆周率测试检测到的问题进行提取，如图 2-101 所示。

滚珠丝杠的问题可以在早期发现。例如，每周一次的圆度测试，最大圆度偏差为 10μm，就会通知维修人员仔细查看这个问题。

在整个行程距离内进行同步测试。例如，在这里可以通过极限值自动监控平均、最大或最小扭矩。加速和制动梯度被智能抑制，重量平衡的影响得到补偿。

图 2-102 所示的同步测试可以用来显示整个行程中不规则的情况。机床保护盖板的锁死或运行不畅、磨损的导轨、磨损的滚珠丝杠、变形的直线传动装置等，都可以从扭矩或力的评估中看出。通过现有的直接测量系统，还可以对机械刚度进行评估。

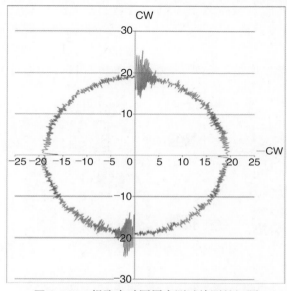

图 2-101 提取自动圆周率测试检测的问题

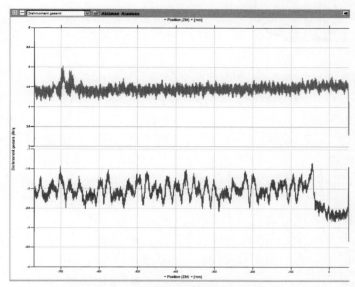

图 2-102 在行程距离内进行同步测试

1. 远程访问

通过远程访问，可以对数控机床进行以下访问（见图 2-103）：

■ 远程桌面。远程控制和监视机器的人机界面；

■ 文件传输。从机床控制系统中调用文件，或将文件传输到机床控制系统中去。

■ 远程 PLC。访问数控系统的 PLC；

■ 电话会议。几名服务技术人员（例如控制器制造商、机器制造商、维护部门）参加会议；

■ 会话记录。为会议中的行动提供文件证明。

安全的远程访问是通过会议服务器实现的。会议服务器可以由第三方供应商使用，也可以直接设在终端客户或机器制造商处。这种架构为机器和服务工程师提供了灵活的可访问性。通过证书和认证来确保对机器和服务器的访问安全。

由于限制了机床与外界服务器的相互联系（出站流量），因此终端客户的机床所在的 IT 环境不需要配置和 VPN 通道相关的设备，也就是说，远程访问可以变得安全，而不必由客户的 IT 部门通过 VPN 隧道单独释放。

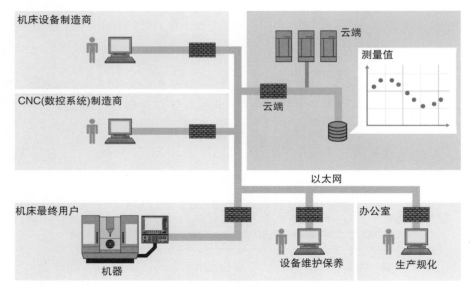

图 2-103 远程访问界面

2. 大数据与智能数据

智能数据采集基于两个原理。

时间控制的数据采集用于数值的周期性跟踪。此处可以定期对机器记录的运行性能数据进行有意义的评估。

事件控制的数据采集可通过机器信号之间的逻辑链接中进行编译，也可以是精确到扫描周期的由几个任意信号组成的 PLC 跟踪记录。

除了 PLC 信号的周期精确记录外，还可以使用 Servo Trace（伺服跟踪）或 NC 数据的跟踪服务器记录 NC 数据。

如今已经可以使用以下应用程序：

■ 检查 NC 轴的同步。该测试可用于通过扭矩 / 力来测量轴在每个方向上的整个行程中的不均匀性。

■ 通过两个 NC 轴的圆度测试显示圆度偏差和反向间隙。

■ 通用轴的测试，不仅分析扭矩和刚度，而且分析和摩擦相关的特性。

如果数控系统内的集成方法不够用，可以连接一些模块，如用于高频数据采集的加速度传感器系统，一方面可以实现高达40kHz的数据缓存，以及形成最大值、最小值和平均值，另一方面还可以检测峰值。

总结：状态监视不仅仅是为了识别故障，而且还为了更早开始分析工作。例如，通过与机器正常值的特征"指纹"进行持续比较来识别机器的变化，例如主轴温度和轴的同心度的变化等。并通过公司网络报告给维护部门或机器制造商，在机器故障之前触发相应动作，避免计划外的事故。

2.3.7 数控显示

在贯穿数字网络化的生产中，用户可以直接访问机器上有用和相关的信息。显示是"操作员界面"。因此，良好、信息丰富和清晰的显示是 CNC 机床无故障操作的重要前提。如今，CNC 通常为此目的使用各种尺寸的 LCD。由于显示器都做得比较薄，它可以很容易地放置在最合适的位置，并且屏幕对角线最大为 61cm（24in）。最重要的显示内容是轴位置显示，已经激活的程序，当前刀具的工艺参数以及任何待处理的警报或消息。这样可以精确地读取当前位置，并可以识别零件的当前的工作状态。

电子显示屏可以在任何时候设置为零或一个定义的值，从而避免了程序员费时的计算工作，将图样尺寸转换为机器的绝对位置的耗时计算。操作员还必须能够随时通过显示器获取下列相关信息：

- 程序编号、名称和内存需求；
- 程序内容；
- 所有校正值、零点偏移和其他校正措施；
- 有效地进给和转数值；
- 有效的 G 代码功能和 M 代码功能；
- 子程序和循环；
- 工件和刀具管理；
- 警告信息、状态信息和错误消息；
- 机床参数值；
- 输入图形和仿真图形；
- 诊断程序；
- 服务和维护信息；
- 其他。

根据数控系统的扩展能力或可变性，可提供更小或更大的图形屏幕作为显示单元。对于某些数值的显示，其大小是可以切换的，图形显示可以通过"缩放"来改变。有时还可以连接第二个或第三个屏幕，这对于大型机床来说特别有利，例如，可以在附加的显示屏上快速、方便地操作刀库，该显示屏位于上料点。

从 2015 年左右开始，在数控机床的显示屏的发展方面出现了以触摸操作为主的大屏幕显示的趋势。在这个过程中，越来越多的单个按键功能被转移布置到显示屏上。目前，已经有一些机器在没有或减少的机器控制面板的情况下，在屏幕上用虚拟键来实现各自的功能。虚拟按键可以很容易地补充视觉效果，如改变颜色，或显示器的触觉反馈，这就可能设计出更好的用户体验。更大的宽屏显示器还提供了在 CNC 用户界面上添加更多信息的可能性。因此，显示元素可以永久地显示在侧屏中（见图 2-104），可以大大减少操作区之间的切换，从而机器操作员对数据有一个更好概览，可以更好地了解生产和设置过程中所有必要的数据。

显示管理器或宽屏等功能也支持大屏幕（如图 2-105 所示，分屏提供了两个工作区域：实际的控制屏幕和一个额外的侧面区域。在这个侧面区域，用户可以平行于控制屏幕显示其他应用程序。对于详细的视图，侧面区域也可以在整个屏幕上以全格式显示，如图 2-106 所示）。这样就提供了一种可能性，即除了在屏幕上显示实际 CNC 用户界面之外，还可以显示其他显示的内容，例如：

■ 用于显示图样、工单或操作说明的 PDF 阅读器；

■ 观察机房的 IP 摄像机图像；

■ 屏幕键盘；

■ 刀具数据；

■ 其他机器或控制器；

■ 网络浏览器；

■ 用于额外设备单元的操作或运行中的 MES 的操作的应用软件程序。

为了实现单个元件的最佳操作，可以选择在整个屏幕上显示。对于符合人体工程学或个性化的屏幕布局，显示屏还可以镜像或以不同的视角显示。

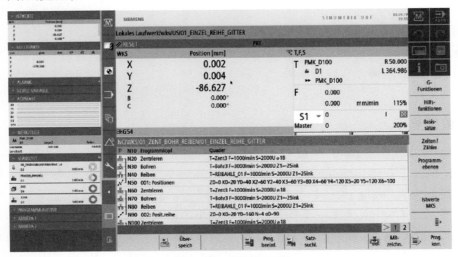

图 2-104　宽屏显示器

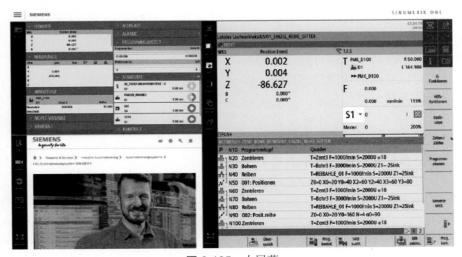

图 2-105　大屏幕

2.3.8　CNC 的触摸操作

自 2015 年以来，大多数数控制造商都提供了带有触摸功能的显示器。为了确保在生产环境中即使在不太理想的照明条件下也能无误地操作，这些显示器通常为 15in（1in=0.0254m）和更大的尺寸。通过使用电容式传感器系统，触控面板也可以在清洁条件较差的工业环境中使用，并可以戴上工作手套操作。通过触摸操作，可以实现全新的操作理念。例如，可以将设置功能或数据管理功能组合成一个应用程序，机器操作员可以快速地调用。此外，机器制造商和机器操作者可以通过设计自己的应用程序来实现数控系统的个性化操作。

　　CNC 机器上的多点触摸操作在目前是一种时尚的趋势。在智能手机和平板计算机用户界面所熟悉的直观触控手势示意图正越来越多地进入生产设备界面，如图 2-107 所示。

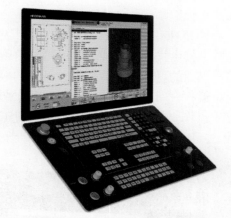

图 2-106　提供的两个工作区域
（来源：海德汉 TNC 带宽屏）

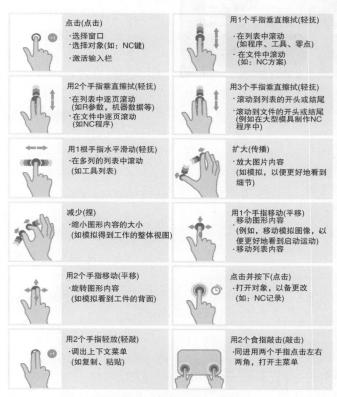

图 2-107　触控手势示意图

2.3.9　数控系统用户界面的扩展

　　现代生产对 CNC 系统用户界面提出了越来越高的要求。用户体验的期望效果是，操作能与每种工艺技术和特定机床的特征实现最优适应。此外，一个设计成功的用户界面可以使机床生产商形成自己独家的品牌标识，这些特征不仅在功能上而且在视觉设计上都能大大影响客户的购买决策。

数控机床中的一个开放性总称"人机交互"是指由机床生产商或最终用户自由设计用户界面的可能性。利用数控系统的触摸控制面板——通过直观的手指手势放大图形内容（见图 2-108），以便更好地识别工件细节。

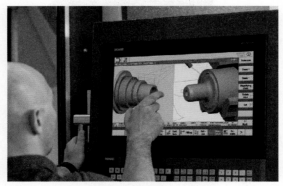

图 2-108 数控系统触摸控制面板 CNC Sinumerik 840D sl.（来源：西门子公司）

特定用户界面的创建基于在控制系统中由制造商提供的操作系统，并始终遵循如下原则：通过接口实现与总线相连的从站之间的通信，电气设备中数据的可视化通过一个开发环境生成并实时地输出到人机界面上，如图 2-109 所示。

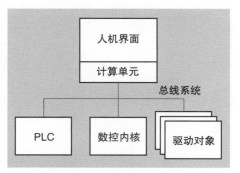

图 2-109 数据访问结构示意

不同的 CNC 系统生产商都会提供完整的程序包，用以实现用户界面的设计，包括

功能如下：

1）各参与接口的描述，如 NC、PLC 和电动机。

2）提供服务，如警报服务、事件服务或数据服务。

3）在 NC 上直接存储 HMI 的应用程序。

4）为实际的封闭系统创建补充操作区。

5）开发工具已经集成了创建新程序的常用程序包。

6）接口检查软件。

机床生产商提供用户界面的可变设计，有如下不同的原因：

1）加工循环设计。

2）为特定工艺设计专门的用户指导，如磨削技术或电火花加工技术，这些都是数控系统供应商不支持的。

3）扩展诊断和调试功能。

4）创建独特的销售亮点。

5）HMI 作为企业形象的一部分。

6）通过积极的用户体验获得可持续的客户的忠诚度。

7）为终端用户的个性化定制生成预定义的选项。

8）高度自动化系统的控制和管理。

9）连接到上一级数据系统。

人机界面的特定技术解决方案如图 2-110 所示。

作为一个应用案例，这里应该提到 DMG-Mori 公司的数控操作解决方案 Celos（见图 2-111）。在 21.5 英寸的触摸屏上，除了实际的数控操作外，还提供了其他有趣的功能，如工作管理器（规划和管理任务订单）、工作助手（任务订单的定义和处理）以及 CAD/CAM 浏览器。与消费领域的触摸设备一样，这些功能也是以直观的、可操作的应用程序的形式提供使用。

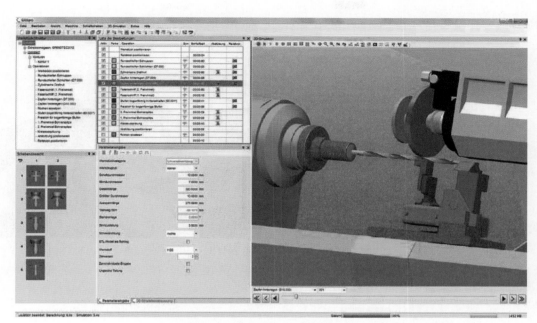

图 2-110 HMI 的特定技术解决方案

图 2-111 21.5in 数控面板的 Celos 控制方案中的
应用（来源：DMG-Mori 公司）

另外，一个来自于磨床领域的实例展示出触摸屏在 CNC 机床操作中日渐增加的应用。瑞士 Agathon AG 股份有限公司开发并制造了一种高精度的磨床，用以加工硬质合金，金属陶瓷、陶瓷和立方氮化硼（CBN），以及多晶金刚石（PKD）材料制造的可转位刀片。在当前的软件版本中，触屏操作在原来的基础上得以开发并可轻松地操作，无需额外的鼠标或键盘。操作界面采用（依据上下文的）关联式设计，依据操作

者的等级和操作前后文的关联度，系统只提供给操作员那些真正需要的输入元素。通过专门开发的操作理念，还可以在触屏上实现标准规定的、和安全相关的功能如图 2-112所示。

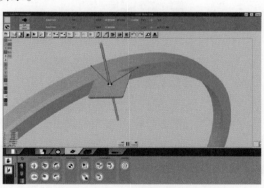

图 2-112 Agathon AG 的动态磨削模拟
为了检查夹持的几何情况，可以使用手指手势旋转和缩放 3D 显示屏。具备情境感知功能的软机床控制件面板位于下部（来源：Agathon）

触摸控制板也可与传统技术相结合，如除了作为实际的 CNC 操作面板外，还可作为操作和监视机床的附加解决方案（见图 2-113）。这些触控设备还提供直观且易于学会的操作选项，这些操作选项是用户在

消费领域使用触摸设备中已经熟知的操作体验。机床数据的检索在移动设备上也变得容易了，因为智能设备有可能通过 WLAN 和各种无线通信标准可以访问这些数据。因此，可以简化不必要的步骤并获取即时和最新的数据信息。在该层面上，必须考虑通信的安全性。当使用触控面板操作数控机床时，除了 CNC 系统和触控设备的安全通信之外，还要保证人和机器的安全，如紧急停机信号或使启用开关信号。在消费领域建立的触摸操作和手势，不得导致机器轴的失控运动。

终端用户在现有系统上编写自己的应用程序，并在其系统上制定用宏程序、循环或操作界面以实现可视化、控制并简化设备

之间的复杂关系如图 2-114 所示。

图 2-113　Mill IT 公司的 NC Touch® 提供了一个基于网络的触摸应用程序，用于显示和准备来自 SINUMERIK 840D sl 的移动设备数据（来源：Mill IT）

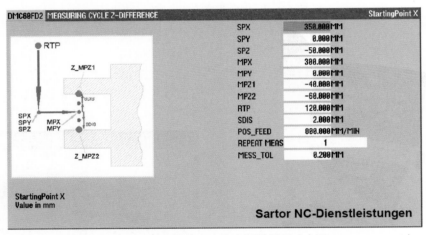

图 2-114　用 T 形探头测量凹槽的客户特定测量循环（来源：Sartor NC-DL）

控制系统制造商为此提供不同的支持工具。在市面上有通用循环编辑器或各自的编程语言，这些都可以使用 ASCII 编辑器来编写。

2.3.10 安全运行模式选择的电子钥匙系统

几乎所有的机床上都有一个工作模式选择开关，通常以开关的形式出现。工作模式的选择必须始终从安全角度进行评估，因为

当从一种工作模式切换到另一种工作模式时，机床上的各种安全装置会被打开和关闭。

以一台只有两种操作模式（自动模式和设置模式）的机床为例，说明为什么会这样：在自动模式下，机床上有一个安全门作为安全技术性的装置。安全门由安全开关锁定，如果安全门被打开，机床就会关闭并进入安全状态。然而为了在设置模式下进行调试时，即使在安全门打开的情况下，机床也有必要保持开机状态，但不是自动模式下的

所有功能。为此，机床的工作模式被切换到设置模式，在这种操作模式下安全门上的安全开关是短接的，在这个条件下就可以对机器进行操作了（如测量部件、更换刀具、服务和维护任务）。将一个使能开关用作安全相关的装置，控制系统会切换到安全降低的速度。另外，并非所有的轴和功能都在此状态下可运行。

也可以使用电子钥匙电子钥匙系统（EKS），如图 2-115 所示，实施访问限制。EKS 是一个基于应答器技术的系统，由一个读/写站和一个或多个带有可编程存储器的钥匙组成。它用于电子访问管理或访问控制，并在此基础上提供了在钥匙上存储更多信息和数据的可能性，如存储工艺参数或功能，然后将其传输到控制系统中。

图 2-115 电子钥匙系统（EKS）
（来源：欧希纳公司）

越来越多的时候触摸屏构建了操作员

与机器和设备之间的接口。因此很明显，我们可以完全通过触摸屏来选择机器的操作模式。

若不能从安全方面对触摸屏进行评估，就必须采用其他机制。为此，我们开发了一个程序，可以通过触摸屏选择操作模式如图 2-116 所示。该程序经 IFA（德国社会事故保险职业安全和健康研究所）测试和确认。

在 FSA（For Safety Application）版本中，系统还可以用触摸屏来实现安全操作模式的选择。

当一把钥匙被插入时，EKS FSA 在 LA 输出端发出一个脉冲，从而在安全控制中启动一个预定义的行动流程。其结果是在触摸面板和 PLC（也是一个非全单元）上建立了一个期望值。如果系统在规定的短时间内反应正确，两个系统都能正常工作。同时通过总线发出一个已经选定的数据控制字，这样操作模式的选择最终成为对机床控制参数的选择。

通过使用电子钥匙，可以实现非常高质量的访问限制。在发生事故时，这对机器操作者来说非常重要，因为它可以用来证明钥匙的授权使用。不过，这对机器制造商来说也是一大利好，因为可以很容易地满足机床技术指导规则中关于限制用户范围的要求。

一个"服务"操作模式是专门为机床制造商设计的。在这种操作模式下，机床的保护装置被关闭，但仍可自由地移动机床轴。从机床制造商的角度来看，这是必要的，以便在调试时能够对机床进行相应的操作。

"服务"操作模式特别危险，只有机器制造商的授权人员才能进入。因此，最终用户绝不能选择这种操作模式。密码保护在这里已经不够用了。因此，具有防复制保护功能的电子钥匙可以采用防修改的方式使用。

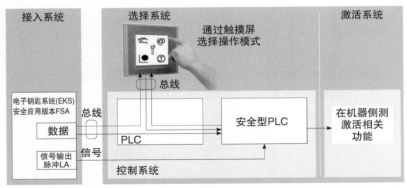

图 2-116 使用 EKS FSA 和触摸面板选择安全模式（来源：欧希纳公司）

2.3.11 开放式数控系统

业内很早就有人讨论过开放式数控系统的定义，最后一致认为，CNC 系统的"开放性"有很多的标准，它们都具有同等重要性。

从本质上看，人们必须区分数控系统的开放性，至少有个不同的特点：

1）针对使用者的开放性。例如图形支持，以简化编程并更好地操作。

2）针对机床制造商的开放性。允许创建自定义的用户显示界面。

3）硬件选择方面的开放性。允许使用不同制造商的组件。

4）数控操作系统的开放性。允许移植现有的标准软件。

5）I/O 接口的开放性。例如数据接口和驱动接口。

6）数控内核的开放性。允许设备制造商直接集成工艺知识到 CNC 系统中。

总的想法是通过使用现成的计算机及其标准，至少在输入环节，使数控系统的适应性更灵活，成本更低，如图 2-117 所示。

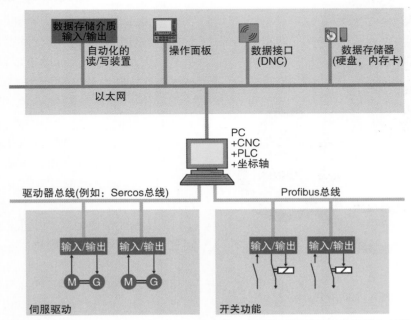

图 2-117 开放式紧凑型采用"标准化接口"（如以太网、串行实时通信系统和总线）的数控系统原理

与此相反，现代数控系统几乎都采用封闭系统，只有在特定硬件上运行专门开发的软件及其专门的应用程序，基本上没有或很少采用标准。每个功能必须重新开发，即使它在别的领域或在前几代已有的数控系统中早已存在。其后果便是开发成本高、开发时间长、功能定义固化及没有个性化方案的开发空间。这样的解决方案是非常昂贵的！

如果从计算机技术中借用"开放"一词，那么开放的 CNC 系统将是一种数控系统，其所有的软件接口都是公开和描述的。这类似于具有开放式操作系统的计算机。但是这个定义对于数控系统来说还不够充分。

经多次讨论后一致确定，根据数控系统的开放式原则应在 CNC 核心控制器前连接一台 PC，如图 2-118 所示。它具有如下显著优点：

1）更简单、更便宜的标准 CNC 系统。

2）基本上自由设计的用户界面。

3）相关的易于执行的面向车间的编程系统（WOP 系统）的自由性。

4）更简便的计算机连接。

5）CAD 数据无缝传输。

① 使用外围设备现有的标准接口，这里应该是编号"圈 1"，如硬盘驱动器。

② 软盘驱动器。

③ 存储卡。

④ 标准显示器。

⑤ RS 232C 或 RS 242 串行通信。

⑥ SCSI 连接器。

⑦ 以太网。

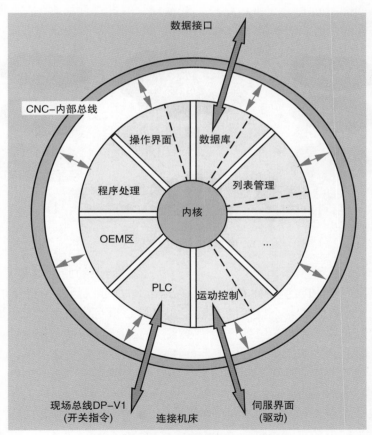

图 2-118 紧凑型开放式数控系统原理

但是，即使是开放式系统也有其局限性！

必须明确的是数控系统功能的开放性部分不能超过特定功能的 20%，即 80% 的数控系统特定功能不受自定义更改的影响，这对用户而言是优点。因为太宽松的更改许可可能会造成非常不利的影响。在所有机床上力求达到一致且标准化的控制系统并不理想，而对操作和显示的多样性几乎没有限制。

2.3.12　OPC UA 在数控机床中的应用

在生产中，各种设备的垂直网络化程度越来越高，这就要求它们的联网通信与平台相关且与设备制造商无关。在通往智能工厂的道路上，是以"整个价值生成链的数字化"为目标，与管理层及操作层的连接变得不可缺少。

OPC UA（Open Platform Communications Unified Architecture，开放平台通信统一架构）是一种通信标准，由于它的综合优势，在很多行业都非常流行（见图 2-119）。

优点是：

■ 平台独立性

通信是基于 IT 标准的，因此刻意独立于操作系统。

■ 独立于供应商

OPC UA 是由独立于供应商的 OPC UA 基金会推动的。

■ 集成的信息技术安全

OPC UA 意识到 IT 安全对于一个行业标准的成功的重要性，并在标准中直接描述了认证和连接加密的要求。

■ 模块化

该标准提供了许多功能，这些功能可以根据 OPC UA 服务器 / 客户端的需要，以模块化的方式有意地存在或不存在。这也使得功能的逐步实现成为可能。

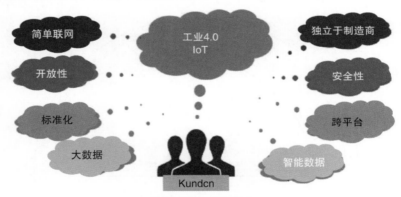

图 2-119　网络平台

■ 对象模型的灵活性

与亚洲和美国广泛使用的"MT Connect"接口不同，OPC UA 提供了一个通用的对象模型，任何制造商都可以根据自己的愿望进行扩展。MT Connect 是一个独立的接口定义，专门针对机床，但几乎没有提供任何选项来集成额外的组件，如机器人、操纵设备等。有了 OPC UA 的通用对象模型，所有可能的变量，及所有可以想象的机器类型（也包括"非机床类设备"）都可以被连接起来。

通过所谓的配套规范 Companion Specification，可以为各个行业定义标准对象模型。这样就可以将机器简单地连接到上层系统，因为可以用完全相同的方式访问不同制造商的数据。以机床为例，这可以是"进给率""程序结束"或"安全门"等变量或类似变量。

■ 语义可以在运行时读出

OPC UA 提供了定义任意对象的可能性。为了确保能够使用这种灵活性，在

OPC UA 服务器中，不仅对象的内容，而且它们的类型定义和元数据都可以随时使用。因此，对象的类型可以在运行时被识别。每个 OPC UA 客户端都能在运行时确定对象的类型和元数据，因此即使不咨询设备制造商，也能理解和解释其所有的用户数据，而无需咨询设备的制造商。用户数据的结构是由 OPC UA 规范明确规定的，而不是由各厂家自行决定。

有了这个标准，数控系统制造商就可以为机器制造商提供 OPC UA 基础架构。然而，命名空间的建模以及机床之间的映射关系则完全由机器制造商负责。命名空间的定义是通过 XML 完成的，它可以被导入 OPC UA 服务器。在 OPC UA 标准中定义了描述命名空间的 XML 格式。

OPC UA 在通信中遵循客户端 - 服务器模式。其中，服务器通常是信息的来源，而客户端是信息的汇总。客户端是主动的通信参与者，是可以连接到服务器并向服务器发送请求的通信参与者。服务器通常是被动的通信参与者，用来回应客户端的请求。

OPC UA 的主要功能集中在数据访问、报警和条件以及历史访问三个模块中，其中数据访问模块（对变量的读、写或观察以及调用方法）、报警和条件模块（基于事件的报警）是与机床行业最相关的功能。

■ 数据访问

该模块包含对变量的读和写以及开通变量的订阅（Subscription）。在订阅中，客户端通知服务器，若服务器中在"订阅"里特别定义的数据发生变化时，服务器可以主动告知给客户端。此外，该模块还包含"方法"。"方法"是一些由服务器提供的个性化的编程功能，它可以向服务器提出请求，然后通过客户端进行调用。（关于数据访问的案例如 OEE 关键数据，进给速度，程序结束，停机状态等）。

■ 报警和条件

该模块是关于基于事件的信息的提供。来自机床的一个典型例子是基于事件的报警提供。

■ 历史访问

OPC UA 提供各种功能来访问记录的数据。但是，这种情况在机床行业并不普遍，因为数控系统内存有限，存储历史日志的相关信息是没有意义的。

2.3.13 成本评估

20 年内同等规格的数控设备价格下降了 90% 以上。与此形成鲜明对比的是，当今数控系统提供的功能范围大大增加。无论是机床制造商还是用户，都能从全新的机床概念中获益，从而提高机械加工行业的生产率。彩色显示器，屏幕对角线可高达 21in，可同时插补的轴，多种变换，集成的用户界面和编程系统，工具管理程序，通过开放的总线系统实现自动化灵活性，用于联网的数据接口和几乎无限制的可扩展数据存储，这些都是当今的标准配置。

复杂的适配柜被小型的、可自由编程的 PLC 所取代，整个控制逻辑用软件实现。于是这些可以快速、低成本、无差错的复制，省时、省力和省成本。随着 SMD（Surface Mounted Devices，表面贴装器件）技术的应用越来越多，数控技术正在经历进一步的创新推动，如图 2-120 所示。

虽然很多用户抱怨控制系统的更新换代速度过快，但另一方面，更新换代显而易见地提高了控制系统的性价比。但是，他们也在不断提出新的要求。例如，对于高速铣削（HSC）来说，在加工时间不变甚至更短的情况下，工件表面的质量有望不断提高。为了提高生产率，人们更加关注完整的加工过程。因此，将各种技术结合在一台机器上（多任务处理）的新机器概念应运而生。一台数控系统自然要满足车间和批量生产的要求。

伺服驱动器必须采用数字技术的方式来控制，因为模拟技术太慢，太不准确。为了在高速下也能达到动态精度，驱动器的跟踪误差必须接近零。这些和其他许多要求只有通过功能强大的硬件才能满足，即使硬件成本在下降，数控加工的真正的技术秘密在于系统软件，即继续使用消费领域的廉价标准 PC 也仍然无法满足数控行业的所有要求。

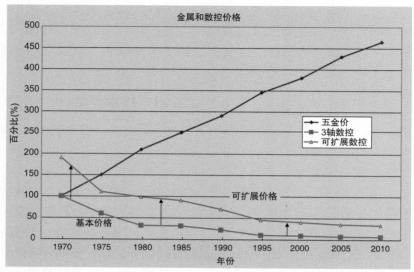

图 2-120　与金属工业的标准工资的发展相比，数控系统的价格发展，性能范围不断增加

现今的数控机床通常只能通过提示信息，手动完成设置。

因此，可根据这些因素判断一个数控系统技术性能水平的高低。

下面将概括介绍通过更高的集成度发展处理器的性能。

摩尔定律：英特尔（Intel）公司的联合创始人戈登·摩尔（Gordon Moore）在芯片开发之初就预测，大约每过 18 个月每个芯片上晶体管的数目会增加一倍。然而，现在无论是在经济层面上还是在物理层面上，这种趋势将要告一段落，但在 2020 年之前可能仍是适用的（见图 2-121）。而以后的芯片结构可能达到每个晶体管只有几个原子厚度。

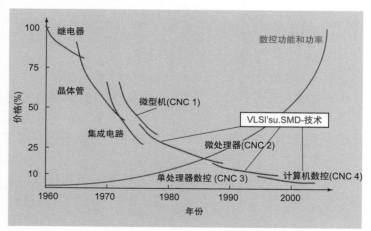

图 2-121　使用集成度越来越高的电子元器件的数控系统成本演变

年份	发展水平
1947	发明晶体管
1971	每个芯片上 2300 个晶体管
1982	每个芯片上 100000 个晶体管
1993	每个芯片上有 300 万个晶体管
2000	每个芯片上 4200 万个晶体管
2010	每个芯片上约 30 亿个晶体管
2020	每个芯片上约 2000 亿个晶体管（理论上）

2.3.14 现代数控系统的优点

1）所有必要的硬件和软件功能都集成在控制柜中的一个中心模块组。

2）效率强大的处理器确保实现最短的 CNC 和 PLC 处理周期。

3）虽然采用紧凑型的设计，但借助基于 SERCOS Ⅲ 的轴总线，始终保证其扩展功能。

4）新技术实现更高的可靠性和加工精度，达到纳米级。

5）人机界面软件给用户提供直观的、可操作的界面，不需要额外的计算机。

6）便捷的编辑器功能简化了数控编程和测试。人机界面软件支持多语言环境，无须重启就可切换。

7）集成的用户管理可防止由于不正确的操作引起的停工损失。

8）纯文本显示报警和消息，并记录进集成日志。

9）程序和参数可以一键保存在 US 闪存中或网络驱动器中。

10）随着功能的增加，硬件的压缩仍在继续如图 2-122 所示。

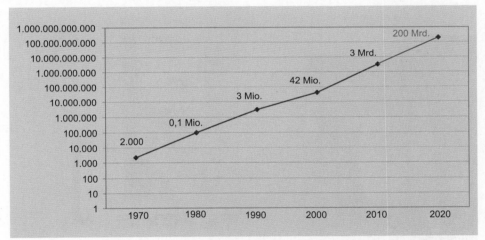

图 2-122　每个芯片上晶体管数量的发展（来源：维基百科 Mio= 百万 Mrd=10 亿）

11）随着生产车间的联网，数控系统的使用将出现新的机遇。数据接口和软件包支持将数控机床集成到全球生产网络中。

2.3.15 小结

CNC 系统是通过集成的工艺计算功能实现的电子控制，功能强大。通过集成的工艺计算可以几乎满足用户对数控机床功能范围、可靠性、精度、速度和安全性的所有要求。因此，在短短几年内数控机床就从简单的"可理解数据的机床"发展到可以处理数据、可以任意适应配置自动化程度的加工系统。另外，开放式数控系统应该以可接受的价格为用户开辟更多的可能性。但是这里必须要谨慎行事，用户要使用越来越多的通用标准！

由于 CNC 技术使得机床的智能化趋势成为可能，而且还将进一步发展。今天的几代 CNC 技术的性能可以与个人计算机相媲美或比个人计算机技术更高，特别是在数据输入、管理和存储方面。此外，由于电子元件在不断改善，CNC 系统的加工速度也越来越快，在定制方面更加柔性化，在应用可能性方面更加普适。机床制造商也可以自己开发附加软件。

对 CNC 系统不断有新的要求的一个新任务就是数控系统的信息技术连接，CAD 数据记录形式的图样、测试计划、质量保证数据以及 MDE/BDE 数据。这些都是通过具有数据评估、服务、维护和诊断等功能的远程服务 / 互联网来实现的。

通过互联网，数据库中的生产准备期、生产过程以及生产完善期的所有信息都可以在 CNC 系统中传递和使用，而这具有重要的意义。就像操作计算机一样，新的数控功能模块或实时更新的软件包都可以直接通过数据网络在数控机床上安装。由于商用 PC 卡和专用 PC/CNC 插卡被越来多地使用，必要的程序可以由受过 PLC 培训的人轻松完成。在此基础上，一代 CNC 系统（见图 2-123）的使用寿命相较于前几代 CNC 系统更长了。

始终面向用户的软件架构在所有功能领域里提供了广泛的开放性。用户可以基于 Windows 操作系统的功能库和软件组件为"他的"数控机床设计自己的定制操作和编程界面。因此，通过增加或调整现有功能模块，可以生成最适合各自工艺的制造系统。

图 2-123　现代 CNC 系统使得在车间编程方便可行并且实现零件程序的快速动态处理

2.3.16　本节要点

1）数控装置是一种数字控制系统，它所有的控制功能都是通过一个或多个集成的微型计算机和相应软件来实现的。

2）现代 CNC 系统有如下显著特点：

① 配有几乎可以无限扩展的程序存储器。

② 可存储并自动管理刀具数据（刀具寿命、磨损）。

③ 特别适应和可扩展的功能范围。

④ 配备有评估程序的探头测量循环，以及记录工件的与安全有关的测量数据。

⑤一个集成的、面向机床的编程系统，被用于在机床上编程。

⑥用于连接到网络（如以太网）的数据接口。

⑦用于客户特定功能和扩展的自由空间。

3）模块化 CNC 系统可选择性地提供许多功能和可能性。买方必须考虑好哪种级别的扩展阶段对自身的应用是重要的和有意义的。

4）车间的可编程数控系统提供的功能非常强大，它支持图形化辅助编程工具。

5）CNC 控制器有多种不同的可扩展数据存储器来存储以下数据：

①操作程序。

②能自动重新加载的零件程序。

③固定或非固定的加工循环。

④综合操作指南。

⑤诊断软件和辅助故障排除功能。

⑥设备数据采集（MDE）和生产数据采集（BDE）。

⑦纯文本形式的注意事项和错误提示。

⑧刀具管理和托盘管理。

⑨零点偏移、偏移校正和刀具数据。

⑩机床参数和更多。

6）通过可用数据接口把所有可能的外围设备连接起来是非常有意义的。

7）评价数控机床快速性的重要标准是数据传输速度、计算速度、程序段处理周期、伺服采样频率和 PLC 处理周期。

8）现代数控机床集合了数控功能、PLC 功能和驱动功能（控制回路输出）。

2.4 可编程序控制器

可编程序控制器的重要性稳步提升。它们不仅取代了过去使用的继电器控制，而且还承担了许多额外的控制功能、监测和诊断任务。其中尤为重要的是如今的数控集成 PLC 的数据接口，可以灵活地改变和扩展软件中存储的控制任务，PLC 在电气设备和机器自动化方面具有显著优势。

2.4.1 定义

可编程序控制器（PLC）是一种用于工业环境的类似计算机结构的控制器。PLC 实现的任务和功能，如顺序控制、逻辑运算、时间和计数功能、算术运算、表格管理和数据操作、其他控制器（PLC）或 IT 系统之间通过标准化或专有的通信协议进行数据交换。根据功能的不同其外观也各有不同，但在结构上总是保持接线的"中立性"。与计算机一样，它们由中央单元（微处理器）、程序存储器（RAM、EPROM 或FEPROM）、输入 / 输出模块以及与其他系统进行信号和数据交换的接口组成。

PLC 通过计算机（PC）和特定的编程软件完成逻辑控制，可输入梯形图、指令表、功能块图、图形化支持语言或者高级编程语言，如结构化文本语言。开关功能的编程和模拟都使用图形化支持的语言。

价格合适的 CNC 系统包含数控轴的移动控制和 PLC 功能（集成的 PLC 软件），并且由一个公共的处理器控制。早期使用的方法是将处理器或协处理器分配给需要更高要求的速度和功能模块，但这种方法现在已不再适用。

IEC 1131 标准中记录了 PLC 编程语言的国际标准形式。

2.4.2 PLC 的发展历史

1970 年，一种新型的电子控制器首次出现在芝加哥机床展览会，并引起了极大的关注。与之前的电子继电器比较，这种新型的控制系统是由计算机技术发展而来的并具有完全的新特性。重要的是，逻辑控制不再是硬连线，而是基于计算机的可自由编程，因此人们可用类似于计算机的编程器和一种专门设计的编程语言。在调试期间，控制程序使 RAM 不断变化，调试结束后便转移到 EPROM，后续的修正无需成本高昂的布线变化。由此带来的优点包括体积减小、启动时间缩短、调试也更加容易，以及最大的优点即降低了价格。

人们对自动化程度的要求日益增长，但是控制技术成本高且复杂，因此 PLC 尤其是和复杂数控机床有关的 PLC 快速被投入使用。

在未来几年内，市场上会有许多新的PLC 产品，其中一部分将用于特定的使用目的。

可惜人们没有从控制技术积极的经验中采取及时的规范化措施，导致今天各个PLC 产品程序语言不统一。创建的程序只能在特定的 PLC 上执行，而不能在别的 PLC 上运行。广泛应用且可靠的和客观事物相关的"中性的"NC 编程，以及紧随其后的和数控系统密切相关的通过后置处理器实现的适配性原理在 PLC 上没有实现，厂商都在开发一种新型的可体现电气技术部门员工通用的，更具有普遍性且不具有优先排他性的

PLC 编程方式。这种程序语言的混乱和昂贵的编程设备阻碍了 PLC 市场的快速发展，IEC 1131 标准是实现通用 PLC 编程的第一步。

2.4.3　PLC 的组成和工作原理

PLC 的基本结构如图 2-124 所示。采用安全型 SIMATIC.S7-1512SP PLC 的典型控制柜如图 2-125 所示，除了多个集成的 PROFINET 接口用于连接分散的外围设备或更高级别的 IT 系统外，还可以根据机器的要求，将不同类型的输入输出或其他功能的模块灵活地直接连接到 PLC 上，根据图 2-124，PLC 由功能模块、电源单元、中央处理单元、程序存储器组成，通常有几个输入 / 输出模块和各种附加功能，如标志位、定时器、计数器或轴模块，以及容纳这些模块的子机架。适当的接口或耦合模块，目前主要设计为以太网接口，用于连接编程设备，并作为数据接口与外围设备连接。为了控制执行器和传感器，可提供直接的 I/O 模块或合适的现场总线或网络接口。所有的 PLC 硬件模块在插入模块外壳时，均与电源和内部系统总线相连。各个模块之间的数据传输由中央处理器（CPU）组织和监控。

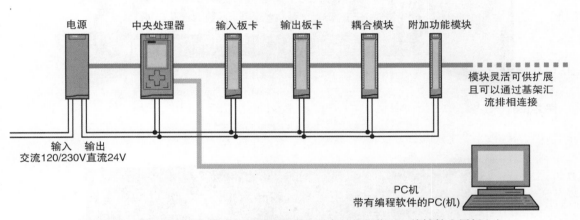

图 2-124　PLC 单个功能模块的原理（整个电子产品往往位于一块镀锌金属板上）

（来源：西门子公司）

在数控上集成的 PLC 硬件配置随着电子元件的发展而发生显著的改变。中央处理器用于处理输入 / 输出数据。此外，数据处理的可插拔模块管理以及定时、计数也是由中央处理器负责的。这样就形成了高度集成的单板控制器，数控、PLC 和轴设定值的输出都放在一个共同的印制电路板上（见图 2-126）。这些印制电路板理论上可以在任何一台装有 Windows 系统的计算机上使用。现场总线或网络接口可用于连接分散的外围设备；伺服驱动器通过专用接口（如 SERCOS 或 Profinet 接口）连接。轴控制电路（位置、速度和电流控制器）位于分散的驱动放大器中。屏幕和键盘的连接端口遵循 IPC（工业计算机）标准。工业计算机是用于工业的、有坚实的金属外壳和连接方便的计算机。基本上，PLC 同样具有继电器和电子功能组件的控制功能，如下：

1）接收输入指令并反馈信息。

2）按照程序化的方式对它们进行链接、分支和锁定，从而实现相应的处理逻辑。

3）以及由此生成相应的控制命令并将其输出给执行器。

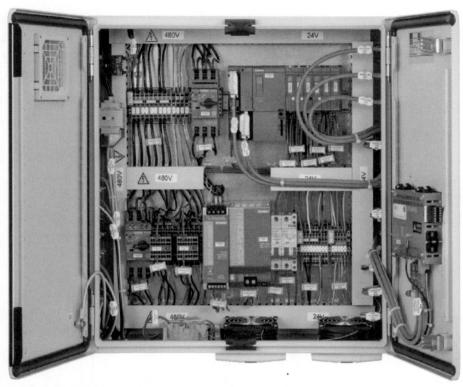

图 2-125　采用安全型 SIMATIC S7-1512SP PLC 的典型控制柜布局（图中右上方）（来源：西门子公司）

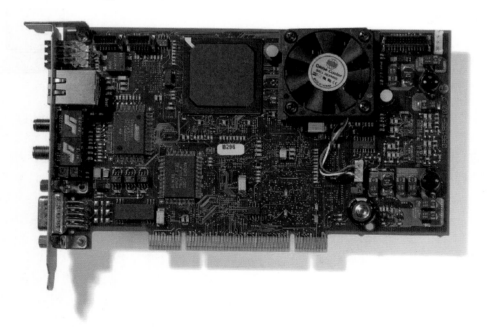

图 2-126　单卡解决方案：PCI 总线插卡，具有 MC、CNC 和 PLC 功能，
以及 TCP/IP、Profibus DP 和 Sercos 接口

1. 过程监测

在现代机床中，PLC 也被用来监控过程本身。在高优先级的程序部分，对数控系统的各种数据进行监控，例如，可以在几分之一秒内检测到刀具的破损，并在进一步的损坏发生之前，及时以正确的方向远离工件。额外的传感器监测：温度、润滑和液压的油压等重要功能。根据偏差的类型和大小，将激活错误信息或关闭机器。

2. 通信

与邻近的机器、集合体（机器人、棒材送料器）或控制系统进行通信。

现代 PLC 还可以实现与上级控制系统的垂直数据交换，也可以实现与邻近 PLC 的水平数据交换，从而实现与其他机器的数据交换。于是 PLC 就可以向上级控制系统等发送状态或质量数据，或通过信号交换实时协调与邻近机床的互动，如工件传送。可以使用专有的或标准的实时数据交换协议，如 PROFINET；也可以使用对时间性要求不高的数据，如广泛使用的 TCP/IP，作为通信协议。此外，OPC UA 已经确立了自己作为跨制造商数据交换的标准。除了其描述语句允许将变量置于关联图表中的通信协议，OPC UA 还提供了可扩展的安全机制。例如：允许将信息加密传输到 MES/ERP 系统或云端。

根据 PLC 在机床上的两种不同的任务，可将过程控制分为两类，即

1) 在没有 CNC 系统的支持下的程序控制，PLC 根据预设的特定程序控制机床恒定的重复加工过程，如回转工作台多工位自动化机床的工件转速和进给变化的控制，直到所有的加工工位都返回其初始位置时，才会给出下一步工作的信号。

2) 微调控制 PLC 可连接 CNC 系统和机床，并将 CNC 系统的开关命令传送到执行器。在预定的条件下进行操作，这样所有的操作对人、机床和工件都不会产生危害。这种监督控制包括自动换刀、交换工作台和其他过程设置。整个操作过程是预先设定好的，并且仅由 CNC 系统的一个输出信号触发。所有功能运行无误后，由 PLC 发送信号给 CNC 系统以进行下一步加工程序。

类似的操作过程也可以手动设置，即在手动模式下由操作人员对机床发出命令。

对于大型设备，控制任务可以被分配给多个 PLC。也被称为多处理器的 PLC，其优点是可以独立测试系统的各个部分。数据通信方式取决于其结构是直接连接（机架内部）还是网络连接（现场总线或以太网）。

2.4.4 数据总线和现场总线

未来 PLC 的发展必须考虑不断增长的数据流量。如今的控制器因为使用总线连接而具有技术和价格的优势。

总线连接包括一个或多个并联连接线，它们用于多个系统"参与者"之间进行数据双向传输。人们很早就意识到，单一总线系统在加工过程中不能满足多种任务的要求，现在已经采用多个不同的总线系统来完成特定的任务，如图 2-127 所示。

按照行业标准现在的数据总线最好使用以太网。现在使用的以太网（快速以太网）数据传输速度为 10Mbit/s 或 100Mbit/s，它可以根据不同的配置，直接传输给 256 个或更多个连接设备（用户）。带有 8 针标准插头的特殊 2 或 4 对双绞线电缆用作物理传输介质。对于当今的工业装置，不再使用单电缆原理，而是使用经过实践验证的网络技术，通过该技术，每个参与者都可以连接到"交换机"或本身具有集成的交换机，为的是可以实现线性串联结构。这意味着可以根据机器需求最佳定制网络拓扑。

这样做的优点是：在全带宽利用率下，每个交换机可以在设备间传输更多的数据；另一方面，总系统的功能不会因为个别设备

的中断而受到影响，故障诊断也更容易。

特殊的安全程序使得网络中的数据传输是完全可靠的。

现场总线系统特别适用于信号传输，也就是执行器控制信号和传感器反馈信号的传输，如 PROFIBUS，Interbus 或 CANbus。

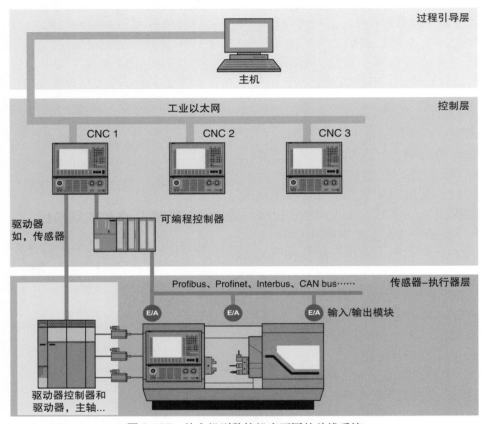

图 2-127 从主机到数控机床不同的总线系统

专门用来控制伺服驱动器的 SERCOS 总线最好使用光纤，从而避免在数控电路和驱动控制电路之间因使用铜线而带来的静电干扰或电磁干扰。

使用总线代替昂贵的布线不仅减少了电缆和节点的数量，而且也缩小了相关故障的原因范围。

总线的各个任务主要取决于其处于自动化金字塔（见图 2-128）的哪个级别，并据此进行分类。金字塔上层处理少量的非实时的数据任务。金字塔下层则相反，其处理实时的数据包，连续发送信号进行过程控制和调节。

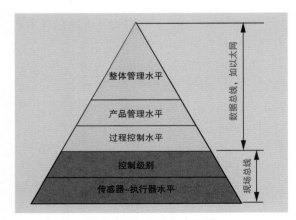

图 2-128 自动化金字塔

1.总线的典型要求标准

■ 参与者（执行器和传感器）的最大数量；

■ 所需的最长响应时间（响应时间短）；

■ 要传输的数据量，以及基于以太网的实时通信；

■ 最大传输距离。

以太网接口小，价格低廉，并且具有系列标准可供使用，因此成为广泛使用的世界标准。

现场总线系统的优势主要在于传感器和执行器领域。与之相反，Profibus/FMS多用于高层次，即适用于较大的数据包，但是也逐渐被以太网所替代。

为了实现远距离连接和避免中断，最好用光纤实现大设备之间的连接。

许多企业使用多种网络，这些网络不能相互通信或者需要昂贵的成本才能相互通信。毫无疑问，如果一台机器不仅能够报错给现场工作人员，而且还能够将错误发送到生产计划系统、材料管理部门以及控制器制造商，这将是非常有意义的。另外，开发计算机和生产线控制器直接通信可以更快、更低成本地完成软件的更新。

因此，企业越来越多地在部门之间使用统一的协议传输信息，多数使用以太网和 TCP/IP，构成了互联网和办公室通信的基础。

由于工业自动化对信息网络的鲁棒性、可靠性和安全性要求非常高，因此生产车间的以太网网卡和办公室以太网网卡有所不同。

工业以太网必须满足如下 3 个主要要求：

1）最重要的是能够实时通信，以确保重要信息被立即或在规定的时间间隔发送，这样才能完成复杂过程的协调。

2）其次是可靠性。高温、多尘、振动和强磁场会引起非屏蔽电缆的电流而导致传输错误。所有这些的影响不应损害无差错数据传输的可靠性。

3）最后是外部访问的安全性。简单的通信固然很好，但在任何情况下都要禁止未经生产系统授权的访问。为了保证设备和人员的安全，一个安全的数据传输要通过安全认证（如 SIL3 符合 IEC 61508）。

在实践中，工业以太网一词指的是各种不同的解决方案，它们之间有很大的不同。有些系统提供实时功能，但同步性有限，即不能保证几个连接的模块在同一系统时钟下工作。还有一些是基于控制和网络功能之间的紧密联系，限制了用户对自动化系统的选择。还有一些系统是开放的，但需要与许多控制单元进行严格的网络规划，使后续的变更变得困难，有时甚至使简单的标准通信变得非常缓慢。通过 TSN（Time Sensitive Networks），首次建立了描述实时以太网的 IEEE 标准，今后还将用该标准为网络中实时数据交换的设备互操作创造前提条件。如今，现场总线和工业以太网系统提供了可用于解决典型控制任务的基本功能。实时应用，例如，需要多个伺服电动机的精确互动或必须快速处理传感器数据，这就要求网络具有高数据吞吐量和保证同步性。

快速以太网（= 快速以太网）的数据吞吐量为每秒 100Mbit，或千兆以太网的数据吞吐量为每秒 1000Mbit，保证了信息的快速传输。由于全双工特性，还可以在连接的设备之间直接通信，以保持尽可能短的响应时间。

2.信息一致

在现场层面，即在单个驱动器、传感器或控制器之间的通信中，现场总线及机制保证了必要的精度。

现场总线通常依靠硬件同步作为机制，而硬件同步是通过集成逻辑元件（ASIC）实现的。除此之外，还包括优先的实时数据交换，它们还可以实现标准的以太网数据交换。

这种并行的非实时数据交换，使用户在实时数据之外，还可以使用如 TCP/IP 的全部功能。如 TCP/IP 的功能可用，由用户支配。例如，用于生产监控的网络摄像头可以通过这样的现场总线进行生产监控，或者在不影响实时性的情况下传输更多的数据。这使得系统规划无需额外的布线工作和成本。

因此，这种基于以太网类型的现场总线也可以很容易地集成到更高层次的网络中，以实现简单而连续的数据交换，透明地与更高层次的系统（如控制系统）进行数据交换。

灵活性是生产中的基本要求，而工业以太网是实现这一要求的基石，它使计划和生产协调起来，而不需要很长的周期。但在实际操作中，对现代网络的要求更高。智能控制器提供了根据需要重新组合机器的可能性，以便以成本效益高的方式组合单个单元，创造新的解决方案。这种要求对网络的灵活性提出了很高的要求。通常，单个组件（如分散的外设、驱动器）由一个控制器控制。这些都可以根据树状或线状结构的参与者的简单和成本优化联网的要求，形成生产部分。各个控制器之间又可以通过一个公共网段进行通信。

除了这些功能外，现场总线系统通常还提供了在电缆断裂时，实现冗余信号路径的机制，例如通过环形结构。现场总线自行协调并提供灵活的策略。经典的线型结构以节省材料，或冗余的环形结构以增加安全性。工程师和规划人员可以根据需求选择合适的布线，而不必考虑网络基础设施的额外要素。

这同样适用于数据传输的安全性。现场总线通常还提供经过认证的安全协议，以便信息能够安全地传输。这方面的要求在 IEC 61508 安全标准中有所描述。这包括由系统故障引起的风险，并可能导致人身和物质损失。在过去，往往需要单独的线路来实现这一目的。这意味着，与安全相关的信息也可以通过现有的数据线进行传输。例如，当按下急停开关出现故障时，可以保证立即中断供电。省去了额外的硬件，在不损失安全性的前提下降低了成本。

2.4.5 PLC 的优点

早期的 PLC 相对昂贵，编程复杂并且性能有限。因此，PLC 的主要领域最初只集中在特殊机床、专用机床和原型机；在调试阶段和测试阶段很大程度上需要根据经验进行大量的电路调整。经验并非直觉，而是人们已经意识到节省时间和成本所带来的效益。随着性能的提高、价格的降低和体积的减小，PLC 被越来越多地使用。对于简单的应用，使用有限个输入 / 输出点的紧凑型 PLC 设备；对于大功率等级的应用，则使用带有多个输入 / 输出点和强大指令库的分级化的 PLC 规格。

相比于早期的继电器或电子数字控制器，PLC 具有如下显著的优势：

1）所需安装空间更小和机箱更小。

2）通过使用总线和现场总线而无需大量的布线。

3）低功耗，发热小。

4）更高的可靠性。无开关触点，较少的导线连接 / 垫，电子设备的使用寿命更长，不会磨损的软件。

5）PLC 程序可在线修正且无须中断。

6）对于标准机型，PLC 程序可无变化地进行复制。

7）开关和响应时间较短。

8）通过互联网 / 以太网连接远程诊断和排除故障。

9）可在移动设备上编程。

10）自动归档取代需要单独创建的电

路图。

11）功能测试软件带有错误指示并集成了自动化。

12）时间短和资金成本低。

如今，对于几乎所有的机床和设备来说，PLC都是不可缺少的。一些职业技术学校提供了有关这些设备的基础知识和操作，设备制造商也提供了相应课程，其编程、使用、连接和后续的故障排除都需要经过培训的专业人员。

2.4.6 PLC的编程和文档语言

与数控机床一样，PLC的经济投入很大程度上依赖于编程系统，如编程语言。所以编程就一定要人性化，所有功能都能被编程，生成的程序必须完美无错，并且必须可没有任何问题地进行必要的变更。

PLC的编程和文档语言如图2-129所示。

虽然开始编写DIN 19239标准和后来的IEC 1131标准时都尝试编写编程标准，但是直到今天PLC程序仍然具有排他性，不能和其他PLC程序互换！

带有符号和功能键的编程设备对于低成本使用是足够的，当用户精通继电控制器时，通常不会遇到什么大的问题。编程时，在屏幕上编辑与原理图非常相似的梯形图是最普遍的形式。但是，这种功能有限的方法不适用于复杂机器的控制。

在机床上进行PLC编程时，与笔记本计算机上使用Windows界面一样，由生产商提供PLC编程软件。在早期，使用PLC的工厂都不可避免地经历过要使用特定PLC厂家的编程器，长期以来这对客户而言造成了严重的阻碍，对系统的快速普及也造成了影响。

笔记本计算机作为PLC编程装置还有如下优势：

1）普及、便携和可移动。

2）实现了无纸化，可不断地更新且文

档和设备密切相关。

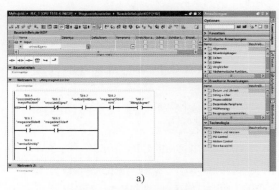

a)

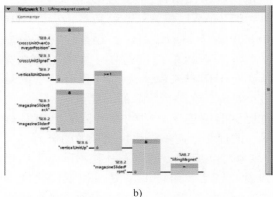

b)

c)

图2-129 在TIA博途V15.1中用梯形图（LD）、功能块图（FBD）和指令表（IL）的图形和文本程序编辑器进行PLC编程。图a是任务卡"指令"，它分门别类地提供了PLC系统可供编程的指令
（来源：西门子公司）

a）KOP-梯形图 b）FUP-功能块图 c）IL-指令表

3）内置辅助软件可在现场使用。

4）对每一个改动都自动进行归档，通过以太网在中央计算机进行无错的数据管理。

5）代替说明书、图样、说明和手写笔记。

在 Windows 操作系统中包括 PLC 编程的几个可选择项如下：

1）遵循 IEC 1131 标准（在欧洲是 IEC 61131）。

2）主要对应于数学任务的高级语言 C 语言或结构化文本（ST）。

3）根据旧标准 DIN 19239 有：AWL 为指令表语言；AS 为顺序功能流程图语言；KOP 为梯形图语言；FUP 为功能块图语言。

ST、AWL 和 AS 属于文本语言，KOP 和 FUP 属于图形语言。一起都包含在当今 PLC 编程系统的标准范围内如图 2-130 所示。对于用户来说，选择一个 PLC 系统是很重要的，它包括所需的功能范围，并为人员提供能够将现有的电路图转移到 PLC 程序中的优势，而不需要付出很大的努力。

图 2-130 中，两张图片显示的是采用指令表（AWL）语言（左侧）和结构化文本（ST）语言（右侧）对同一个程序进行编写的实例。过去，由于 PLC 的程序存储器容量较小，复杂任务往往需要转写成 AWL 方式实现。而对于现代化的 PLC 控制器则建议使用高级编程语言，如 ST。因为这些编程代码除了可读性更强外，由于新的 PLC 控制器架构的性能，可以更有效地进行处理。

在创建程序时，用户期望得到编程系统的支持功能如下：

1）指令表包括建议和设备标识。

2）分配表包括连接的分配。

3）交叉引用列表，以确定哪些输入或输出在哪个服务器访问。

4）梯形图显示配置和标识，并包括额外的写入信息。

5）故障排除技术支持单步、断点、显示内存的内容等。

6）PLC 程序的存档。

助记符语言的一个重要优势是它对 PLC 的功率没有影响。现在已经不再使用源于布尔方程的编程语言了。

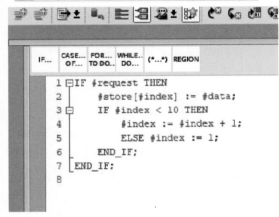

图 2-130　PLC 编程系统的标准范围
（来源：西门子公司）

2.4.7　PLC 程序

可变输入信号和生成电路输出信号之间的逻辑连接用传统的电气电路图显示。

利用成熟的布尔运算规律可以将梯形图和电路图与逻辑图互相转换，这是编程系统的真正任务。

PLC程序由"与""或""非"这些基本功能组成。还可以组合使用这三个基本功能，如"与非"和"或非"。此外还有定时器、计数器、移位寄存器、单稳态时钟和双稳态时钟等。

将程序用这种方式输入到PLC的中央存储器，并且生成所需要的程序。正确的程序指令顺序可使程序正确运行，人们通过程序指令能够知道PLC程序的目标。

PLC程序的特点是顺序，即其指令是根据顺序来处理的。虽然高速串行处理时每1024步程序平均使用大约0.1ms，但程序处理时间还受程序长度和指令数量影响。因此对于较长的程序，整个程序可能需要几毫秒才能运行完。这个总的时间称为处理周期，它是识别PLC响应时间的指标。

20ms为一个处理周期，该程序每秒循环50次。输入信号状态查询后立即更改，则直到下一个查询最多需要20ms。这个时间只能通过更快的PLC或特殊跳转指令来减少。

除了逻辑连接，PLC程序还具有许多其他功能，如数据处理管理和表的更新，检测和解码条形码并将其分配到正确的表中，信息网络的通信等。

在现代PLC系统中，还可以将程序的一部分定义在不同的处理周期或者定义为事件触发型。相比对时间要求不高的功能（如因发热而进行的数值补偿）而言，这种机制可以以明确的高优先级处理那些时间紧迫型的任务（如刀具破损监控）。

为了保证生成的PLC程序具有较高的可复用性，这些程序尽可能地按照各个机器的功能以子程序或程序模块、程序功能的方式进行安排。这样一来，就可以通过一个合适的PLC软件结构相应的机床模块建立映射关系，而且PLC软件是成一种"积木的系统结构"并对机床功能做进一步的扩展。

现代化的工程工具如TIA博途软件，支持用户创建和进一步开发这样的程序模块，或所谓的库功能接口。用于可视化的软件模块、数据接口或相关的元素均可以处于可追溯的要求并对变更进行归档。现有的PLC程序可以依据系统支持新的库元素做更新。

除了高度的可复用性用以实现程序的快速创建外，通过测试过的软件组件还能实现更高的质量。此外，这也为借助开放性接口，通过脚本按要求自动生成PLC软件程序创造了前提条件。

2.4.8　程序存储器

现在使用具有不同特性的半导体存储器作为PLC的程序存储器，见表2-4。

表2-4　程序存储器

存储方式	描述	删除	编程	断电后存储内容
RAM（SRAM）（DRAM）（SDRAM）	随机存取存储器	电	电	暂时的
ROM	只读存储器	不可以	编程在生产时完成	永久
PROM	可编程只读存储器		电	永久
EPROM	可擦可编程只读寄存器	UV光	电	永久
FEPROM	闪速可擦可编程只读存储器	电	电	永久

为了最好地测试新方案，首选带有备用电池的 RAM，便于快速输入和检查变化。这些内存模块随电源故障产生波动，因此它们必须通过备用电池供电。这样做具有高可靠性，后续操作也可以在 RAM 下平稳地运行。

完成测试操作的程序优先选择发送给 FEPROM 并永久存储。此数据存储器也可作为一种"记忆棒"，由一个电脉冲激活，并立即重写、删除。因此，它们不能从设备或从插口上拔下来，删除和写入要在插接状态下进行，存储器无须手动更换。

不再使用紫外线擦除 EPROM 的方法，因为它们在擦除后还需要大约一个小时的等待时间才能重新写入。

基于 IPC 的 PLC 数据备份也可以在计算机的硬盘上执行。在切换时须将 PLC 程序传送到 RAM，此时便产生一个较短的等待时间。

程序存储器的存储容量足够大，因此程序的大小不是很重要。对于程序的创建与优化，其主要工作量不是集中在程序长度的最小化，而在于程序的一目了然、易于诊断以及子程序的特色。这些对用户来说是最为重要的，因为用户可以在最短的停机时间内排除系统故障。此外，可以提供诊断程序，获取控制过程和节拍时间，记录下中断并触发一个精确记录错误的纯文本文件。另外，还可以使用特殊的自我诊断功能，即首先记录一次标准的过程，并与之后的过程相比较，当程序过程中断时显示程序是在哪个步骤产生了问题。

2.4.9　PLC、CNC 和 PC 集成

早在 20 世纪 70 年代末，微处理器的使用就为 PLC 技术奠定了最重要的基础。利用微处理器，可以在一个很小的空间内处理信息。性价比的改善使得价格成为使用 PLC 技术的一个重要因素。当时所关注的重点是能否快速无差错地复制已有的操作程序，以及能否在后续的修改中不花费昂贵的资金。

相应设计的 PLC 甚至已用在与安全相关的领域和对可用性有高要求的系统中。因此，PLC 已经在自动化系统中出类拔萃，特别是在制造技术领域。它能够在停电时保存当前开关状态，并且在电压恢复后，快速、安全、无故障地重新启动。

PLC 未来的发展重点不在于减小体积和增强性能，而是在分布式智能的原则上优化与其他自动化组件的交互，将功能模块转移到几个分散位置，如智能驱动器。

现在，当 PLC、CNC 系统和 PC 集成使用时，就能将它们的优点结合在一起，很多任务就都能够实现低成本的自动化。

PLC 程序修改非常简单，并且可自动生成文档。面向用户的图形工具的发展，如支持图形化的编程和数控程序仿真，使 PLC 编程发生了变革。以数控系统为例，可以使用 PC 完成图形辅助的 PLC 编程和功能测试，之后与 CNC 系统结合。通过显示器和键盘对程序做出改动和修正。CNC 系统和 PLC 集成（见图 2-131）甚至可以访问公共数据库。只有这样，才能将计算机集成制造（CIM）系统中的数据及时使用、自动更新和传输，可以用这种方式将机器数据和生产数据方便、快速地传送到技术部门，在那里进行薄弱环节的诊断和管理信息的评价。如今，数控系统已经可以在单一集成的硬件模块或 PC 插卡上实现齐全的数控功能 + 集成的 PLC 功能 + 坐标轴轴控制功能。

2.4.10　PLC 的选择标准

许多国家和国际制造商都提供 PLC 产品，但是用户在选择定制功能的产品时仍会受到限制。通常由于替换 PLC 的费用很高，制造商通常会让大型用户在 3～5 年的时间内试用自己感兴趣且有意向的产品，以迎合

用户的新需求。与此相反，特别是大公司，由于相信自身的市场领导优势而坚持自己产

品的特点，由此也节省了人员培训成本和库存成本。

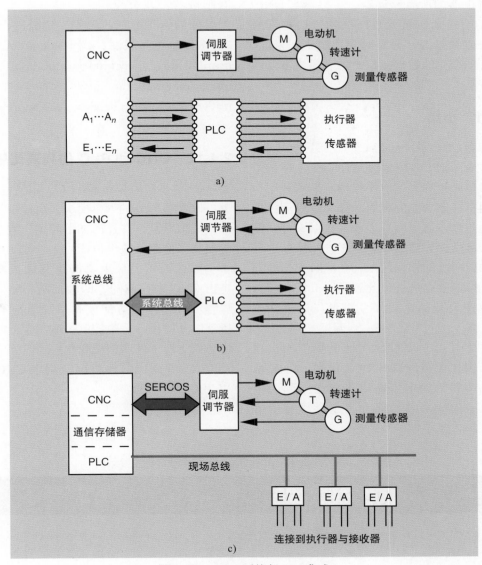

图 2-131 CNC 系统与 PLC 集成

a）带有分布式 PLC 的 CNC 系统，通过输入 / 输出模块完成信息交换　b）CNC 系统与 PLC 通过系统总线相连，
直接通过总线完成信息交换，没有输入 / 输出模块　c）带有软件集成 PLC 的 CNC 系统，
在 CNC/PLC 操作软件中完成信息交换

与数控机床的连接（见图 2-129）常常会导致完全不同的方案选定。图 2-129a 所示的 CNC 系统和 PLC 的单独连接是成本最高，它不是当今解决问题的最优方法。

现在，不同的制造商根据标准化的数据接口（如以太网），很容易就能将 CNC 系统和 PLC 连接起来。在这些解决方案中，高成本的开销将由 PLC 集成的优点来确定，

如图 2-129b 所示的集成方式。

在一些数控系统中，PLC 功能已经作为一个 PLC 软件集成到 CNC 系统中，现场总线将机器的所有驱动器、传感器与 CNC/PLC 连接起来如图 2-131c 所示。这种理想的解决方案是经过很长时间才确定下来的，因为有标准化的数据接口，才有了成本低的解决方案。

2.4.11 小结

如今 CNC 系统和 PLC 的连接已标准化。不断发展的 PLC 技术使 CNC 系统对 PLC 的要求越来越高，这也使机器制造商和用户能够拥有特定功能的机器，如刀具管理、换刀或换托盘、通过图形表示和数据管理，能够根据自己的想法编程和修正。厂家以这种方式保护自己的知识产权，并同时根据新的条件进行调整以进一步开发机器。复杂的自动化生产设备的连接如今也可以通过 PLC 来解决。

由于其可复制性，在批量生产的机器上可以快速无错地打开 PLC 程序。CNC 系统、PLC 和轴给定值输出集成在一起的控制系统，对于数控机床而言是种理想的解决方案，用户可以对程序进行针对特定机床的改动更少。与此相反，对于专用机床和复杂设备，使用独立的 PLC 的优点在于，机器制造商可在数控程序的调试之前对各个子组件的所有的工艺流程、功能进行测试。（更多信息见互联网：www.sercos.de，www.profibus.de，www.interbusclub.com，www.ubf.de/ethernet.htm，https：//support.industry，www.tecchanel.de.siemens.com/cs/ww/en/view/106656707）

2.4.12 CNC 和 PLC 的列表比较

CNC 系统可以带有 PLC，相反地，PLC 也可以配备额外的 NC 模块，由此也会偶尔导致概念混乱，并提出如下问题：到底是哪些控制器控制了数控机床？

数控机床上最重要的控制任务基本上是由 CNC 来完成的，即轴控制和整个加工过程。PLC 作为适配控制系统承担了 CNC 指令的开关任务，也控制一些指定的功能过程，如更换工件和档位变化。

表 2-5 列出数控机床应用中 CNC 系统和 PLC 的主要区别。

表 2-5　在数控机床应用中 CNC 系统和 PLC 的主要区别

项目	计算机数字控制系统 （CNC 系统）	可编程序控制器 （PLC）
1. 英文名称	Computerized Numerical Control	Programmable Logic Controller
2. 技术规格	高度标准化，但可根据机床需求改变硬件和软件来控制特定的机床类型	标准化的、可扩展的、通用的控制硬件，用于机床和外围设备或机器总成的所有开关功能
3. 任务	主要任务是控制机床轴，也就是通过直接输入尺寸，以及其他技术数据（进给量、切削速度、刀具、辅助功能）来控制刀具和工件的相对运动	主要任务是控制、锁定和连接机床和设备的固定的并总是循环往复的工作过程。PLC 负责协调这些过程

（续）

项目	计算机数字控制系统 （CNC 系统）	可编程序控制器 （PLC）
4. 功能特征	用于工件加工的数控程序由使用者编写，并且可以根据需要进行任意更换或修改	PLC 程序由机床制造商编写并永久保存。它必须只在特殊情况下进行修改或替换
5. 编程	根据图样对工件的规定尺寸和数控轴所需的运动或进行与工件相关的、按比例的编程 作为可选项，数控编程也可以由机床（WOP）通用的数控编程系统生成源程序，再由编译器（后处理器）生成可适用于每台机床/CNC 产品的数控程序	根据指令表语言（AWL）、功能模块图语言（FUP）或功能块语言（FBS）、顺序功能流程图语言（根据 IEC 61131）或梯形图语言（KOP）以及结构化文本（ST），通过一次性编程和保存来处理需要被控制的过程数据。通过个人计算机（PC）和公司/设备特定的编程软件进行编程。程序运行期间不可以编程
6. 程序	数控程序包含几何元素的加工序列和所需的开关功能，如进给量、主轴转速、刀具和辅助功能以及控制现有自动化设备的辅助功能（见第 3.1 节）根据 DIN 66025、ISO 标准和 STEP-NC 国际标准进行程序结构的编写	程序必须是 PLC 特定的，并且其他 PLC 制造商是无法编译的 （国际标准 IEC 61131 已公布，但对许多现有的程序不具有约束力）
7. 程序数量	每台机床有几千个数控程序也不稀奇。零件程序由机床用户编制而成，固定循环和子程序由制造商提供	通常只有一个固定的与设备相关的程序。该程序由机床制造商创建，通常使用可用的功能块
8. 应用领域	机床的柔性控制。CNC 系统必须根据要控制机床类型对相关的数控轴、循环和子程序进行特别的匹配，如车削、铣削、钻削、冲压、磨削、切割、激光加工等的机床	机床功能的控制、锁定和连接。模块化的硬件不必专门适用于机床，而只需满足关于输入、输出、计时、计数、功能指令和放大器数量的最大要求。和机床相关的设计通过程序实现
9. 技术应用环境的要求	要求很高！技术指标很广泛，和应用以及机床有关，在销售沟通时必须解释清楚	根据设备的性能从中到高，在销售沟通中只有几个标准化的功能需要声明
10. 购置/购买	客户购买完整的、功能齐备的系统	客户购买硬件模块
11. 创建项目	客户和制造商需要有丰富的机床知识才能够将 CNC 系统和机床配合好。（3D 铣削，车削，补偿值的输入和处理，HSC（高速切削）功能，处理周期，伺服采样频率，加工循环，坐标变换，DNC，测量系统等）	卖方必须具备对特定机械的基本知识，并熟悉控制结构，熟知控制技术 咨询的第一步主要包括对所要求时间、功能、顺序等是否可以编程（硬件组件的选型）
12. 发展历史	替代了仿形机、控制曲线、带限位开关的程序控制和通过机械实现的自动化。数控程序控制机床轴和完整的加工过程。 满足以下要求： ① 快速修改程序，准备时间缩短，有更高的生产灵活性和更高的加工精度 ② 直接利用 CAD 设计数据进行机床运动的编程，即 CAD/CAM ③ 在闭环回路实现数据更新的、自始至终的连续性	替换继电器控制和硬（有线的）编码的电子控制器。由于控制程序在 PLC 存储器中，术语"可编程序控制器"满足了以下要求： ① 降低结构体积，有更高的可靠性、更大的功能范围、更少的布线工作、更少的错误、更灵活的更改、改进的归档、更短的安装时间 ② 适配各种 I/O 系统的总线（数据总线和现场总线）

（续）

项目	计算机数字控制系统 （CNC 系统）	可编程序控制器 （PLC）
13. 创新	从自动化单机到复杂机床的开发，这些机床没有 CNC 系统就不能工作，如激光加工机床、立体光刻机床、高速铣削机床、快速成形机床、六脚机构、机器人等	从最简单功能的控制到具有非常多的数字和模拟功能的基于计算机的 32 位控制器，扩展到具有复杂计算功能的计算机集成系统。可使用各种 I/O 总线系统
14. 联网	在一个设备区域中，有多个系统的联网。过程总线：通过以太网进行中距离和对实时性要求不高的数据集的（如数控程序）的管理，分散式系统采用以太网协议 TCP / IP。现场总线：驱动器采用 SERCOS 和 CAN 协议，传感器和执行器采用 RS 485 协议。CAN 总线（ISO / DIS 11898）成本低、反应时间短，在机动车领域应用广泛	将不同的 PLC 产品联网，从中央控制器到分散的输入 / 输出。 工厂总线： 工业以太网，如 Profinet。 Profibus FMS Profibus：（DIN 19 245） Profibus/DP（分散式外围设备） Interbus-S：（DIN 19 258） CAN 总线： ASI = 执行器 - 传感器 - 接口
15. 服务	需要有关机床的综合知识（机电一体化工程师）；机械零件、液压、气动、电气、电子、距离测量、物流、伺服驱动器、控制电路、PLC 和其相关的测量技术。前提是掌握 PC 技术	在大多数情况下，掌握控制技术和编程的知识就足够了 只有在特殊情况下才需要 CNC 相关的知识。掌握和熟悉 PC 是基本要求
16. 发展趋势	对于位置测量系统而言，数控轴的测量精度越来越高（0.0001 mm 和 0.00001°），是个趋势。纳米级和皮米级的插补范围实现更精确的 3D 工件表面。使用标准 PC 硬件和实时操作系统。 使用数字式的轴驱动器和特殊功能块在高速铣削时获得最高的轮廓精度。使用高动态特性的直线驱动器	明显的趋势是通过总线连接到分布式 I/O 模块的中央控制器。使用不同品牌的中央控制器和分布式 I/O 模块 依据 国际标准化的、有图形支持功能的编程语言（符合标准 IEC 61131）

2.4.13　本节要点

1）早期的数控需要单独的适配控制系统，CNC 系统具有集成的或通过总线相连接的 PLC。

2）PLC 不仅具有继电器功能，还能进行监控和显示。

3）基本功能。

① 与、或、非、存储、延时。

② 记数、计算、比较、跳转、子程序。

③ 高级功能：表格管理，模拟 / 数字转换和数字 / 模拟转换，控制回路，数控轴模块，通过非实时网络进行数据通信。

4）PLC 的重要特征。

① 功能范围。

② 输入 / 输出最大值。

③ 处理周期。

④ 标志数。

⑤ 程序存储器的大小。

5）PLC 通过程序或者指令取代了原来硬接线的方式。用户使用与 PC 或 PLC 系统，相关的软件创建程序。

6）程序存储于电子设备，在 RAM 中测试，在 EPROM 和 FEROM 中运行。

7）PLC 的五种编程语言。

① 梯形图语言。

② 指令表语言。

③ 功能模块图语言。

④ 结构化文本。

⑤ 图形化支持语言。

8）PLC 的优点：

① 硬件的安装和布线独立于软件。

② 较短的调试时间。

③ 运行期间修正简单、快速。

④ 自动建立文档，软件程序具有多样性。

⑤ 提示和数据的自动生成。

⑥ 无损耗，高可靠性。

⑦ 安装简单，体积小，功耗低。

⑧ 程序经过测试无错后，可以大大地缩短启动时间。

2.5 CNC 系统对机床组件的影响

数控系统持续地改变着机床基本组件的研发，也因此有了新的机器配置和自动化设备。

2.5.1 机床配置

数字化控制技术对机床配置产生重要影响的原因是：它无需人工操作的介入，不再需要对工作过程进行持续的必要观察和监控；同时，人们还可以更好地利用切削工具的进一步发展，这使得有可能充分利用切削速度、进给量和切削深度，使刀具性能达到刀具的性能极限，反过来又最大程度地改善机床的切削性能。

而切削性能的提高则要求机床的刚度和驱动性能有相应的提升。

对于加工大型零件的大型机床来说，需要根据工件质量和它的大小对自动交换零件和刀具加以严格限制。因此，必须根据机床的尺寸，开发针对特定应用的解决方案。对于小型工件加工机床来说，可以从几个出发点来进一步改进整个机床。例如，在小型和中型机床上，就已经采用了复制车床的解决方案，即机床床身位于后部—倾斜或垂直。这样，切屑就不会落到机床床身上，而且切屑的处理也不会受到阻碍，因为在工件的正下方有空间可以安装一个切屑输送机。

操作人员可以轻松地接触刀具和工件。

此外，通过安装紧凑的、转数可控的交流电动机，人们生产出一种带有悬挂式垂直主轴的新型车床，主轴可以进行横向运动和纵向运动，而不用通过刀具实现，如图 2-132 所示。根据拾取原则，实现简单的工件更换，在具有两个主轴的机床从上、下两个方向对工件进行两面加工，而且提供了更好的加工工件内部结构时的排屑解决方案。同时，也为刀具和工件提供了很好的安装入口通道，并且在工作空间的下方为排屑装置留出了安装空间。

大型车床会保留传统的车床结构形式。例如，加工长工件的车床则会保留卧式车床的结构，加工短工件的车床会保留立式车床结构。

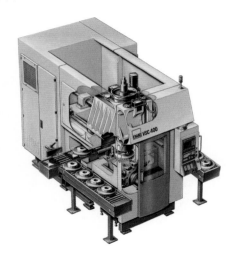

图 2-132 基于 Pick-up 原则实现工件自动
上下料的立式车床

在纵向或轴类车床上，床身的内部还会安装排屑装置。立式车床内的水平夹紧平面会阻碍排屑过程，因此在加工内孔结构时无法实现排屑自动化。

在数控车床上，自由编程和几乎不受限制的数据输入可以实现两、三个刀架运动，刀架在工作过程中是相互独立但相互协调的。因此，减少了工时，提升了可使用刀具的数量。

即便是专门为自动生产而开发的自动车床，其刀具运动传统上是通过凸轮运动而产生（如多主轴自动车床），现在通过数字量进行控制。然而，在加工过程中，基本的机器配置被保留下来。

目前在钻孔机床方面，具有非笛卡儿运动方向的径向钻孔机床已经完全没有被采用了，现代钻床的标准结构是垂直主轴和水平工作台组合的一种结构。依据其工作区域，工作台和立柱上的轴分布遵循传统的钻床布置。自动化实现了刀具的自动更换，它对机床配置产生了相应的、几乎是强制性的影响。

铣床保留了传统机床中配置。然而，数字自动化引发了通过自由编程实现完整加工的趋势，因此还产生了一种新的机床形式，即加工中心。它可以通过旋转刀具实现所有的加工要求，当然，这需要一个尺寸合适的换刀装置，以及实现三个直线轴之外的和一个甚至两个旋转轴的运动。就设计而言，这类机床的结构主要对应于传统的机床的结构，尤其是人们熟悉的钻床这类机床。为了扩展自动化加工流程，这类机床配置了自动工件更换装置。同样，这类辅助装置也影响了机床的基本结构。

具有夹持面的机床中存在着排屑受阻和排屑器安装的问题，在少数情况下，在加工小工件的机床上，工件在夹持站中被夹持在水平放置的表面上后，在夹持面垂直的情况下进行加工。

由于磨削工艺过程的要求是最重要的，不同形式的磨床一般都会保留基础的、传统的机床结构。仅就小型外圆磨床而言，传统性地将纵向运动分配给工件，在某些情况下，采用了带有后置倾斜床身的车床设计形式，这样磨削支架就实现了纵向运动。

根据齿轮加工机床的特性，它属于具有全自动化加工过程的单一功能机床。因此，在向数控化过渡时，它们的设计被完全保留。

并联机床具有诸多理论优势，如移动质量低、动态性能好、位置可重复性高等。然而，在实践中，缺点超过了优点，如工作空间相对较小，有时旋转角度比较小，必要的坐标转换需要非常复杂的控制运算。笛卡儿坐标系中指定的位置点必须作为给定值快速的转换到并联机构的每一个分支链上，这也会导致动态精度过低。与具有线性轴的机器相比，电子的位置校正也非常复杂。在校正中必须对每个位置的不同角位置进行多次测量，根据角度的不同进行存储和指定。只要不能消除这些现有的缺陷，这种精密机床的设计就不会流行。

2.5.2　床身

对数控机床床身的要求与传统的、普通机床床身的要求基本相同，然而更高的精度要求需要在静态和动态方面进行优化，为了防止在加工过程受到干扰，尽可能高的热稳定性或低热漂移也很重要，这样才能保证即使环境温度或者机床热源的变化也不会导致机床蠕动位置偏差而偏移原来的位置。机床中的热源会产生负面影响，特别是由于转换的功率较大，无论是局部加热机床床身的热切屑，还是高负载的主驱动电机，或是快速运转的工作主轴的轴承所产生的热量。人造花岗岩材质的床身（见图 2-133）拥有较大的质量和材料热导率，是有优势的。

图 2-133　人造花岗岩材质的床身

在功能上重要的机床床身需要有一定的外形设计自由度，这是因为数控机床，尤其是对中小型的 CNC 机床，它们现在通常都有一个全方位的机床外罩，因此，床身设计过程中可以忽略外形设计。

对于在位置控制回路中移动的机床部件，对其重点是有特殊要求的，特别是当它们用线性驱动进行定位时。在有限元分析的帮助下优化刚度，以及通过拓扑优化减轻重量，机器滑轨在铸造设计，以及特别是在焊接设计中都可以取得相当大的优势。

出于成本的考虑，目前没有使用纤维复合材料批量制造机床。

2.5.3 导轨

通常情况下，导轨，特别是运动的导轨（见图 2-134），即它们在机床工作时需要移动的，应满足下列要求：

1）较小的摩擦，没有粘滑现象，能实现精确的定位。

2）较强的刚度，能避免在吸收较大加工负载的情况下发生不可靠的错位。

3）较高的阻尼，能控制振动。

4）较小的磨损，可长时间保持精度。

5）较低的成本。

在传统机床中，这些要求通过滑动导轨的各种构形设计来得充分满足。它们具有较好的负载能力、运行可靠性和较好的阻尼，通过敷有塑胶滑动涂料的内衬可以实现较低的摩擦系数和无粘滑现象。

然而，位置控制回路对低摩擦和粘滑自由度有特别高的要求，以实现高定位精度。因此越来越多的数控机床使用各种设计的滚动导轨，这些导轨均由专门的供应商提供，而且价格低廉。这一种趋势得到了支持，因为今天为节省时间而引入的高快速急回移动速度，其中低摩擦系数使得进给驱动更轻松。此外，使用静压导轨（见图 2-135 和图 2-136）还能带来性能改善，尤其是阻尼性能得到改善。一些滚动轴承商批量提供静压导轨。

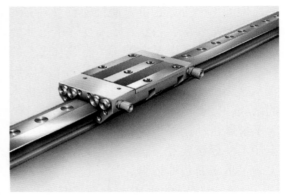

图 2-135　具有相同尺寸的静压导轨，如线性滚子导轨，目的是保证互换性（来源：INA 公司）

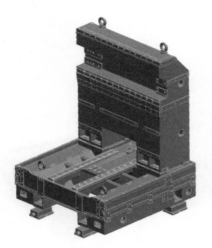

图 2-134　导轨

图 2-136　阻尼测试：左边是滚子导轨，右边是静压导轨（来源：INA 公司）

2.5.4 机床外罩

在讲述主轴驱动的内容中已经指出，自动化工作流程充分利用了现今切削刀具的高性能。但也产生了一种后果，即切屑被高速抛出，将对周围的人员造成危害。因此，必须考虑到这一点，对工作区域进行适当的封闭保护。

在中小型机器的情况下，这种外罩通常是一种金属板结构，四面都与机器主体相连，通常与控制柜相结合，甚至在顶部封闭。这些结构和机床形成一个被称为吊装设备的运输单元。机床外罩不仅可以防止切屑，还可以收集雾化的切削液，并形成一个良好的保护、同时防止噪声传播。机床外罩是预防事故的主要工具，设计制造时需遵守相关法律法规。机床外罩应该便于机床的操作、保养和维修。因此，机床外罩必须满足各种需求，而这些需求往往又相互矛盾。

机床外罩必须使工作区容易进入，以便进行设置和工件更换。为了在罩内进行操作，大部分机床都有一个门。因此，在机床工作时，需要关闭机床门，或者至少在打开机床门时一定要先中断机床的运行。机床门或其他固定外罩上安装有视窗，以便人们观测机床内部工作过程，防止不必要的危险发生。机床门视窗应能够承载切屑的冲击，以防止误伤操作人员的眼睛导致失明，视窗还必须能够承受工件的冲击，如飞出的工件、夹紧装置或刀具，在这种情况下，弹性塑料垫圈更为有利。这就是为什么机床门视窗常使用复合玻璃。同样重要的是，垫圈要牢固地固定在框架中，这样它就不容易被推出去。

封闭整个机器的顶棚通常会阻碍操作人员从各个方向进入其内部，而内部区域必须进行维修和清洁，因此要求机床外罩在需要时可以方便地拆除或打开。

通常情况下，带键盘的控制面板和数控系统的控制面板，以及其他用手动操作机床动作的控制装置等，用于设置和维护工作，也被集成在机床外罩中。

设计好了机床外罩，也就设计好了机床的外观。因此机床外罩的设计也是机床造型设计的重要内容。

2.5.5 冷却系统

由于 CNC 机床上的刀具能够在数控机床的工作空间内自由运动，因此需要对刀具供给冷却剂。数控车床上的切削液通过转塔刀架内部预设的管路供应到处于工作状态的刀位上，最终喷洒在刀具的切削刃上。对于旋转的刀具，切削液则是通过主轴向刀具供给。然而，由于切削液的雾化严重，现在越来越多的人转向干式加工。

2.5.6 排屑系统

由于数控机床具有高效率，单位时间内产生的切屑很多，因此为了避免切屑干扰加工过程，需要及时排出切屑。由于切屑随机飞溅而带来各种问题和在机床中容纳必要的切屑输送机的问题，本书已经在与机床配置相关部分进行了讨论。

可以根据切屑的形状选用不同类型的排屑装置。目前，应用最广和普遍的排屑装置是束带式铰链排屑器。小而易碎的切屑常使用刮屑排屑器，而钢屑则使用磁性排屑器。

2.5.7 小结

通过数字量控制实现自动化加工对于机床设计产生巨大的影响，因为它消除了熟练工不断操作和观察的需要。这使得设计机床以达到最佳的加工效果成为可能，并能充分利用刀具的更高性能。这就要求主传动装置具有相应的高功率，并且工作空间完全密闭。但是，机床生产效率提高的同时也带来了更多的切屑，这些切屑必须被自动清除。

在机床主体和导轨的设计过程中，设计结果必须满足加工过程自动化提出的加工精度要求。

CNC 系统的位置控制环对机床的构形设计也提出了要求，例如，尤其是要求在线性马达驱动下的运动件需要具有轻质结构，而导轨则需要有较小的摩擦力并且无黏滑性。

对设计的进一步要求来自于刀具和工件的自动更换，这种常需要相当大的空间。

2.5.8 本节要点

1）CNC 机床是自动化工作机床，它不依赖于熟练工人的操作。因此在结构上，它区别于传统的机床。特别是由于数控机床的加工过程是高速切削的过程，因此工作空间需要全封闭。

2）机床床身需要较高的静态和动态刚度、热稳定性，从而实现不受干扰自动化的加工。

3）对导轨的高要求导致越来越多地使用滚柱导轨。

4）机器外罩应有以下各种不同的功能：
① 防止飞屑。
② 收集冷却剂的雾气。
③ 可观察工作流程。
④ 使机器能够被设置，工件能够被夹紧。
⑤ 在发生碰撞时保留飞走的零件。

5）切削液的供应需要结合刀具情况而定，旋转刀具的切削液则需要通过主轴供应。

6）切屑应尽可能的排出，防止其干扰加工过程和造成机床床身局部温度的升高。

7）紧凑和速度可调的三相电机，具有稳定的保持扭矩，从而产生悬挂式垂直主轴的车床新设计。在这里，纵向和轴向运动是由主轴执行，而不是由刀具执行。这也实现了根据拾取原理轻松地更换工件，对具有两个主轴的机器进行上方和下方的双面加工。

第 3 章
计算机数控（CNC）机床的
电气驱动系统

简要内容：

3.1 CNC 机床的驱动调节

对数控系统运算的刀具轨迹和主轴转速完成精确的引导是数控系统保证工件尺寸稳定的最重要功能。因此，即使有 2、3 或更多个数控轴联动的情况下，编程的切削速度也能精确地在工件上得以保持。然而，在加工过程中经常变化的切削力则是需要快速调整的干扰因素。准确、稳定地保持编程位置和速度值则是精确、动态地驱动系统的调节任务。

3.1.1 定义

术语"控制"和"调节"经常被错误地作为同义词使用。"控制"仅给定数值而不检查实际状态。在干扰的作用下，这些干扰不能被识别，并且产生与期望给定值间的偏差。由此在数控加工过程中，将导致工件产生误差。由于必须保持给定数值的精确，在 CNC 机床中，进给速度和主轴速度的调节是必不可少的。

"调节"则明确地表示闭合的信息回路，在所述闭合的信息回路中，调节变量的实际值得到反馈并且与给定值进行比较。根据调节差和调节器增益，得到设定量，借助于该设定量（例如转速或位置）最终达到或者保持调节变量。

调节技术是一门对许多工程的工艺过程所需要的工程科学。这意味着这个主题与数学和公式相关。然而，本章只讨论调节技术在功能层面的相互关系。在数控技术中，首先涉及主轴转速和数控轴运动的调节。

标准控制回路的基本结构如图 3-1 所示，图 3-2 则表示了阶跃响应，即：主轴速度对于一个阶跃型的给定值的反应，左图是未优化的调节器设置，右图是优化后的调节器设置。可以清楚地看到，优化后的调节器设置的曲线比未优化的曲线更快、更准确地跟随给定数值（蓝色）。在调节器设置时通常会出现两个相互矛盾的需求，即在最短的时间内达到额定转速，且没有超调振荡。这在切削加工中，会导致不期望的过切和工件表面上的损坏。

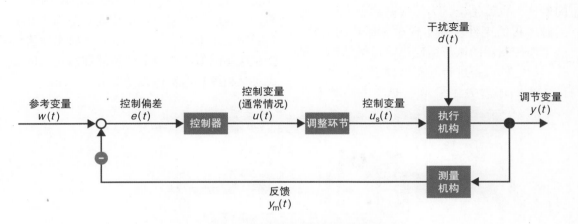

图 3-1 标准控制回路的基本结构

在速度控制回路中，这些参数的含义如下：

参考变量=转速设定值，控制偏差=设定值与实际值差值，控制变量=调整环节（放大器）控制回路的设定值，执行机构=伺服电机+机械装置，干扰变量=例如负载变化，调节变量=转速，测量机构=转速测量装置，反馈=转速实际值。

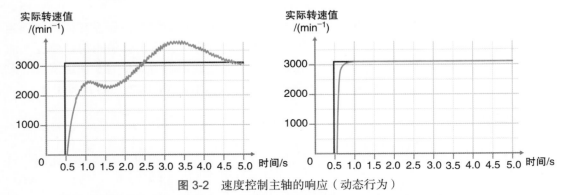

图 3-2 速度控制主轴的响应（动态行为）

在图 3-2 中，左侧显示控制器默认值，右侧显示优化的控制器设置。蓝色为设定值，黄色为实际值。

3.1.2 数控坐标轴的机械结构

为了解释数控坐标轴驱动控制的工作原理，首先关注它的机械结构。简化后的机床轴的机械结构如图 3-3 所示。每个轴由不同的部件件组成，例如：电机、联轴器、变速箱、滚珠丝杠。

不同的机床具备不同的机械特性，而这些需要和轴的动态特性加以综合，进行再度验证（转动惯量、共振、摩擦）。

为了实现对运动轨迹的引导达到可能的最佳，也就是说，为了在高动态下精确地沿着编程的工件轮廓实现对坐标轴的引导，必须使控制器的调节适应当前机械结构，并针对特定的设备进行控制器设定的优化。

我们还需关注给定值的产生，即来自于 CNC 端给定的位置值。这些是由 NC 程序确定的，因为在那里定义了插补路径的进给速度和工件的轮廓。在此基础上，CNC连续计算每个参与运动的坐标轴位置、速度和加速度值。另外，承受一定负载的机械结构在最大允许的载荷或扭矩下工作，保证界限阈值处于安全范围内则是毫无疑问的。执行器以及电机会根据一定范围内的电流强度进行设置。这个阈值限定了所能够承受的加速度，为了使得机械结构产生较小的振动以及冲击，也就是说较小的加速度的变化率，加速度数值需要设定在安全范围内并加以限制。由 CNC 计算出的位置和速度值将会在这些阈值的监控下以持续性给定值的形式向驱动控制器发送指令数值。

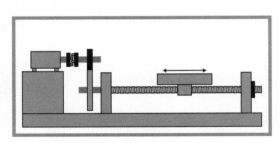

图 3-3 简化的机床轴的机械结构

3.1.3 模拟控制

为了在 CNC 机床上实现高动态特性、高精度的运动调节，需要一个相对复杂的控制器结构。下面将该控制结构以简化的方式进行说明，如图 3-4 所示。

位置调节最重要的任务是，依据对应的电机转速或一段计算过的轨迹曲线尽可能快地到达编程位置并保持稳定或精确跟随。到达的位置实际值将持续地通过测量系统进行检查。在 CNC 中，将实际位置（实际值）与计算位置（给定值）进行比较，由该差值得出转速的给定值。速度环控制器不断地"调节"此过程，以精确地保持全部的转速给定值。为了同时调节所有伺服电动机的位置和速度，我们使用了嵌套控制回路的概念，也称为级联控制回路，如图 3-4 所示。因此，更容易的对单个控制回路的给定值和控制器分别进行优化调整。

在数控机床中，位置环控制回路是最重要的外层结构。速度环控制回路，它由位置环控制器的输出（即位置环的调节量偏差）作为信号的输入。这意味着电流环控制器给定值的输入来自于速度环控制器。因此，不必先计算出电流值，转速就可以得到设定。所需的电流强度随后由级联的调节控制回路算出。电流环实际值的反馈在这种情况下还承担了限制电机电流的重要任务，以防止电机的转矩和温升超过事先规定的门限值。

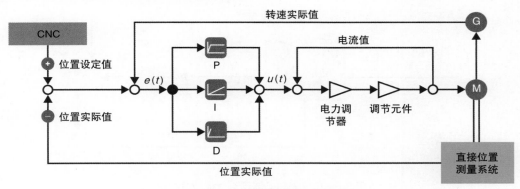

图 3-4 级联控制回路

图 3-4 是对电机的电流、转速和位置进行模拟位置控制的级联伺服驱动器的控制回路。对于同步电动机，还增加了另一个用于"电子逆变"的控制回路。

上述级联控制回路的结构清晰可见：位置环控制器、速度环控制器，电流环控制器。

3.1.4 模拟量调节与数字量调节的比较

图 3-5 显示了数字量调节回路的简化结构。在控制链的开始依然是 CNC，其中的插补器将依据需要被加工工件的几何尺寸按每根轴分解为单个的由数学定义的线段或进而言之——线性的多边形线段，并将给定值依据需要遵守的界限值进行运算。在数控系统中，插补器以恒定的、短的时间间隔循环地计算每根机床轴的位置给定值，用于保证公差、最大速度、加速度和轴振颤度的滤波器和作为其他一些如轨迹中相关坐标轴的最小爬行距离的位置给定值的滤波器。

由此产生连续的位置给定值被不断地发送到调节回路中。

近年来，数控和驱动技术达到了很高的性能标准。长期以来，只有一个国际标准化的 ±10V 模拟量驱动接口用于控制驱动器。因此直到几年前，驱动控制主要还是通过模拟量接口实现。如今，相关的控制主要是以数字量控制的方式进行的。在这种情况下，微型控制器负责数字控制器的任务。由此带来的优点是，控制器可以更灵活地配置并且不易受到干扰。由此，各个调节回路可以自动地相互协调。现在，实际值也是由数字量反馈并直接处理的，因此不需要 D/A 转换器。

数字控制电路的理论缺点是不再有连续的信号流，而是必须同时对所有的测量值进行"采样"。采样的频繁度，即采样频率决定了控制器的动态特性。采样频率越高，控制质量也越精确。得益于处理器的高性能，可以实现比模拟驱动器更好的控制回路

性能。

在图 3-5 中，控制器的数字量控制部分位于虚线区域内。所有其他部件仍然以模拟方式工作，或者在较新的控制电路中也以数字方式工作。

典型数字调节回路的工作原理图，如图 3-5 表明，功率执行器和控制回路（交流伺服电机）可以继续使用模拟信号工作。只是微控制器通过执行编程控制算法来承担数字控制器的任务。还包括对测量值读取控制以及计算后调节值再次输出的相关指令。所有这些运算只能周期性地综合采样频率和同时获取的全部测量值不断往复地进行。

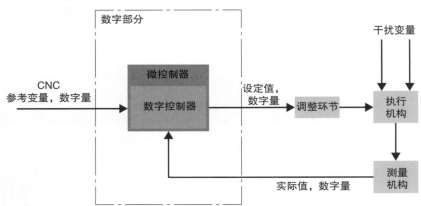

图 3-5 数字轴驱动器的简化控制器结构

3.1.5 数字量的智能驱动技术

在当今的数字量伺服驱动器中，测量值的采集和处理都是数字化的。

1）CNC 将位置和速度设置为十进制数字，直接发送到位置控制器。

2）使用增量式脉冲编码器通过频率测定进行转速实际值的测量。并以电子的方式将频率值转换为相应的数值量并输出。

3）或者使用角度测量系统或脉冲旋转编码器测量转速实际值，并通过每单位时间内的两个角度实际值的差来确定。不过旋转变压器目前已不再常用。

4）对于直线驱动系统，进给轴速度的

测量通过单位时间内直接测量系统的两个位置实际值的差来确定，或者通过测量进给电机的转速并考虑丝杠螺距来计算。

5）测量旋转轴的转速（例如，旋转工作台）对于转矩驱动系统而言，通过对每单位时间内直接旋转测量系统的两个角度实际值的差来确定。或通过测量进给电机的转速并考虑传动比来完成计算。

6）轴位置（位置实际值）的测量，模拟量的位置编码器（Synchros，旋转变压器，Inductosyn）以模拟量的方式周期性地获取位置值。测量值在编码器侧完成数字编码并以数字值的形式在控制环路中得到处理。

或：增量式测量系统（脉冲式旋转编码器或长度测量尺）仍然主要是具有 1Vpp sin/cos 测量信号的测量系统，即模拟量信号。然后通过安装在机床附近或电气柜中单独的电子电路适配盒完成数字量转换。

或：位置值的获取以数字量的绝对数值方式（绝对值编码的旋转编码器或长度测量尺），并以电子的方式转换为相应的数字值。

7）目标值与实际值之差的计算（位置偏差）在微控制器中确定为数字值，并以数字量的方式输出到放大器 / 变频器的信号输入端。

8）通过给定值和实际值的偏差而产生的数字量用于伺服驱动器的激励，其三相交流电压得以控制驱动器。不过到电机端的电压输出是模拟量形式直到电机到达额定转速。

若需要达到更高的转速，则在电压降低或保持恒定的情况下仅提高其电压输出的频率。

9）同步伺服电机转子位置的角度测量是通过模拟量旋转编码器进行的，但目前通常已经在转子位置的角度测量系统中使用数字量的方式并将结果给到速度环控制器，在此将激活电机同步的磁场控制。

如今，数字量智能驱动器的所有信号处理都可以通过微控制器完成，如图 3-6 所示。这不仅可以接管传统的转矩和速度控制，而且在数字控制器中，可以以极短的周期和较高的精度进行精细插补和位置控制且无需额外成本。与传统的 CNC 模拟量位置调节相比，特别在高速下可实现更高的精度。另一方面精细插补确保在低进给速率下的平稳均匀的运动。利用这些可能性还可以通过简化 CNC 硬件和节省接线从而降低成本。

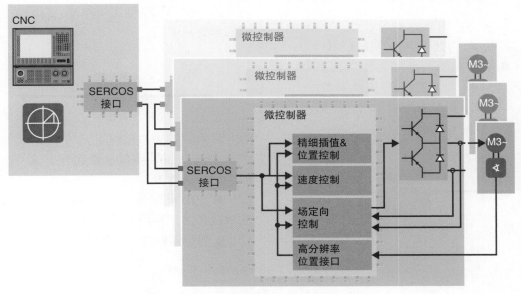

图 3-6 微控制器处理数字量智能驱动器信号

图 3-6 中，通过 SERCOS 接口将多个数字控制回路连接到 CNC、驱动调节器（驱动微控制器）承担低速精细插补的速度调节，定子在场弱区域（异步电机）的控制以及精细插补过程中高精度位置测量的功能（来源：Sercos）

然而，这些优点只能通过用于合适的数字量接口的控制来实现。由于 CNC 机床具有 NC 轴和主轴的多个控制回路，因此通过高性能总线系统连接所有控制器是必不可少的（见图 3-6）。作为示例，在此提及 Sercos 接口或 PROFINET，第三代 SERCOS III 和 PROFINET 可以将任何数量的驱动器连接到控制器。数字量驱动器依据给定值和实际值的传递周期性的工作。这些数据必须在控制器的每个插补周期内与所有驱动器同时更新，以便能够对多个NC轴进行精确、协调的速度控制。而这又是必要的，例如在铣削加工复杂的路径或表面，为满足规定的公差。获取位置实际值的时间点和在驱动器侧给定值生效的时间点对于坐标轴之间的精确协调是非常重要的，例如位置给定值的插补精度和测量精度。

优点：对来自输入端的给定值和实际值的调节偏差可以非常快的做出响应。

缺点：对于非常小的调节偏差几乎没有影响，即必须始终存在纯物理上的调节误差，因为若调节偏差为"零"的情况下无法给出输出信号。

3.1.6 控制器类型和控制特性（见图3-7 和见3-8）

基本上，伺服驱动器使用三种不同类型的控制器，它们具有不同的控制行为：

■ P控制器，也称为比例控制器。该控制器的输入与恒定的控制器比例增益（K_P）相乘，并在输出端输出，即输出数值y与输入变量u成正比。

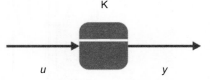

优点：没有持续性的调节误差，即积分型控制器可以保证稳态精度。

缺点：能够触发控制变量的超调。由于其相对较慢的响应，积分调节器从不单独使用。

■ I-调节器，也称为积分调节器。输入随时间进行插值运算，并在调整时间（T_N）加权后输出。调节量的偏差越大，输出值的超调也越大。因此，该调节器还可以检测调节偏差在之前的变化过程。

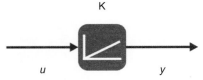

■ D调节器，微分调节器。此控制器仅与P和I调节器配合使用。它对控制偏差的大小不做出响应，而只对其变化速度做出响应，因此不能单独进行控制。微分调节器对于给定值的跳跃输出短脉冲，以缩短响应时间和整定时间。

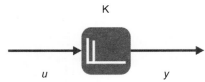

优点：缩短整定时间。

缺点：如果参数设置错误，会导致控制器的振荡行为。

■ PID调节器由P、I和D型调节器并联组成作为"通用型的调节器"，具备了P、I和D调节器的功能。P部分"负责"大偏

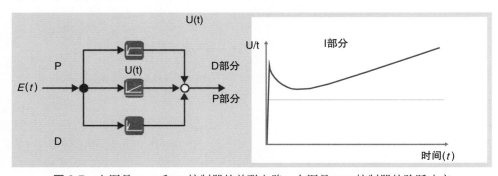

图3-7 左图是P、I和D控制器的并联电路，右图是PID控制器的阶跃响应

差的调整过程，I 部分"负责"小的偏差，仍然存在的偏差进行调整，并保证不存在持续性的控制误差。D 控制器主要应对更短的响应时间。从原理图中可以看出每个控制器的特性响应。

依据原理图我们无法得知，每种控制

器的特性曲线不仅在给定值阶跃为正的时候，而且在制动或在运动方向相反时，即给定值阶跃为负时也一定以同样的方式运作。

对于某受控系统而言，为平衡三类调节器，需要对以下参数进行优化（见图 3-8）。

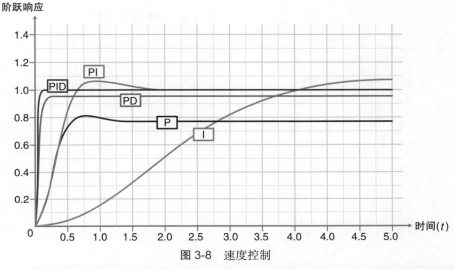

图 3-8　速度控制

在图 3-8 中，与不同类型控制器的时间行为比较。在输入电压的突变（给定值突变）的情况下，不同的调节器分别产生所显示的速度环特性（= 调节范围的突变响应）。正确进行参数设定的 PID 控制器显示了理想的结果：最短的时间没有超调。没有 I 控制器部分则具有持久的控制偏差。（来源：控制技术 -RN-Wissen.de）

P 调节器：增益系数 P，即调整 U_a 和 U_e 间的比值直到 U_a 的极限（±10V）。该调节器的参数设定在很大程度上决定了控制回路的 K_v 系数以及控制回路的稳定性。

I- 调节器：调整时间或积分时间。即，该时间越长，输出量 U_a 到达到极限值的过程也越慢。

D- 调节器：与控制偏差的变化速率相关的脉冲幅值或持续时间（= 保持时间）。也就是意味着，从 U_e 开始的缓慢的阶跃生成一个幅值较小，响应时间很短的输出脉冲 U_a，而一个快速的阶跃输入则产生一个幅值较高或可能是较长持续时间的 D 脉冲。

3.1.7　控制环路增益和 K_v 因数（位置环增益）

在标准控制回路中，控制环路的增益被定义为放大系数。例如：在速度控制中，放大系数是无量纲的，对于开环的控制系统而言，由实际转速和给定转速之间的比例关系确定。而相对而言 K_v 系数在数控机床领域是以单位进给速度（m/min）定义的，在此基础上刀具产生 1mm 的滞后量。这是原则上衡量 NC 轴动态精度的特征量，并通过控制环路比例放大系数加以确定。

K_v 系数因此作为位置控制回路的增益量度。因此，它也是驱动系统刚度和机床动态精度的量度。轮廓运动越精确，在相同 K_v 数值的情况下必须放慢运动速度。如果在相同的精度下要求更快的走完轮廓，

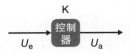

必须增加 K_v 系数。为此，必须知道机器的机械负载能力，因为过高的 K_v 系数会导致控制回路的振荡和驱动系统的不稳定性，反过来对机床和加工结果会产生负面的影响。作为控制环路比例系数，K_v 系数作为增益系数对 NC 轴的特性具有直接且明显的影响。

K_v 的单位为 m/（min·mm），来源于：

K_v = 轴的移动速度（单位 m/min）/ 滞后量（单位 mm）。

借助于确定的 K_v 系数可以计算在某个确定的速度下位置偏差有多大。

例如，以不超过确定的滞后量为前提，为了在加工工件时遵守预设的公差，则可以根据已知的 K_v 系数计算出程序最大允许运行的速度。

K_v 系数越大，CNC 机床在保证所需精度的前提下，零件加工的速度也越快。这可以通过直线驱动系统最可靠地实现。

CNC 机床的 K_v 系数平均值为 1~5m/（min·mm）。与直线驱动系统相结合，根据机器的不同，最大值可增加到 10m/（min·mm）。利用圆度测试可以检测机床的轨迹精度，测定机床的 K_v 系数，识别错误设置 K_v 系数的单个 NC 轴并给与校正。

3.1.8 前馈控制

通过 CNC 的轨迹插补器的计算，已经知道应该以哪个转速值和转矩值使坐标轴移动到某个位置。因此对于这些控制量，每个控制器避开对应的超调是可行的。被计算出的数值会被叠加到之前控制器的输出端并据此作为下一环节控制器的给定值，这被称为前馈控制。

通过对超调的控制器的避开，节省了计算所需要的时间。因此，给定值可以更早地传递到轴端上，滞后量得以快速地缩减，如图 3-9 所示。

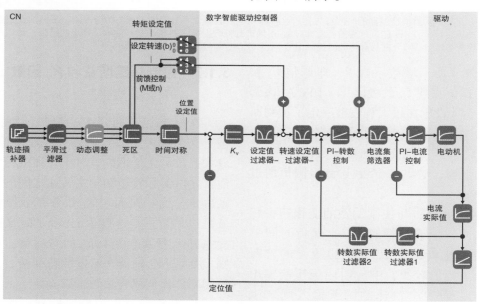

图 3-9 数字智能驱动控制器

图 3-9 中采用 PROFINET 的数字量的智能交流驱动控制器，以具有转矩（M）和转速（n）前馈控制功能的 Sinumerik 和 Sinamics 驱动系统为例。（来源：西门子公司）

此外，通过前馈控制为控制器减轻了负担，因为它们只需要对扰动进行控制（即

不可避免的影响因素包括：摩擦、工件重量的差异、不同的工装夹具等），因此，可以

优化控制器以消除可能的干扰，由此可以更快地对这些干扰进行控制。这使得定位特性更加精确。

在现代机床中，转速和转矩都是采用前馈控制的。

3.1.9 伺服驱动器

如今的数控机床最好配备可调的三相交流电动机，与其他类型伺服电机相比有诸多优点（见下一章）。

在正常的三相交流电的电网上，交流同步电动机和交流异步电动机的运行只能以其额定转速运行，即在 50Hz 市电频率下，根据定子绕组，电机转速转速为 3000r/min，1500r/min 或 1000r/min。

伺服驱动器是纯电子设备，它具有非常复杂的电路结构，其中使用了现代化的高压电力电子器件。它的任务是基于400/230V 的市电电压和 50Hz 的市电频率产生一个频率和幅度可调的交流电压。在数控机床中，伺服驱动器的输出电压主要用于控制进给轴或主轴的三相交流伺服驱动系统的转速。

为此，必须根据转速和负载精确地控制或调节该电压的频率和幅值。对于同步伺服电机的运行，还需要借助旋转编码器获取转子的瞬时角度位置这一额外的反馈信息作为输入。

通过这种反馈，电子电路的"逆变"开始受控并起作用了。即旋转磁场的持续转换。同时也防止由于过高的加速度或负载使速度"倾斜"，并造成电动机"失速"，即电机停止。

用于三相同步电动机或异步电动机速度控制的伺服驱动器的原理示意如图 3-10 所示。

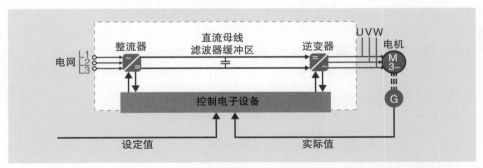

图 3-10 用于三相同步电动机或异步电动机速度控制的伺服驱动器的原理示意图

伺服驱动器由 4 个部件组成：

1）整流器：通过整流桥为"直流母线"提供直流电流。为此，使用二极管，晶闸管或晶体管电子元器件，由于其高频的关断能力，可以很好地满足电能反馈的要求。

2）滤波器：由耐高压的电容器组成，其电容量必须与逆变器的输出功率相匹配。它的作用是平滑整流器产生的直流电压。通过晶体管还可以产生变化的直流母线电压。

3）逆变器：逆变器依据直流母线电压输出所需幅值和频率的三相电压以控制所连接的电动机转速。这是电气工程中最具挑战性的部分，因为它必须为待调节的电机提供尽可能正弦波形的三相电流，并且对于同步电机而言还需要准确地识别转子的瞬时角位置，并依据控制节拍进行调节。

4）计算机辅助的电子调节技术，用于精确地控制整个伺服驱动器的电子设备，以产生伺服电动机转速控制所需的电压和频率，从而精确地执行 CNC 指定的速度或位置值。

伺服驱动器会在电动机动力电缆侧产

生较强的电流扰动频率，这就需要采取相应的对策。因此，需要安装额外的平滑扼流圈，虽然这些或其他的技术细节有助于产生好的结果，但在这里就不再详细说明。

1. 接口

为了完成数据交换，伺服驱动器具有数字量以及（或者）模拟量的输入带有按钮和显示器的控制面板用于参数设定。大多数情况下，CNC 显示器上也可显示相关的参数。现在，主要对于速度和位置控制命令信号给定的高要求，需要通过现场总线或工业以太网的方式进行信号给定。例如，Prof-iNet 或三个 SERCOS 版本之一（参见标准 IEC 61800-7）。在这种情况下，出现了另一种所谓的"智能接口"，有时是带有集成微处理器的单独组件。

2. 参数设定

伺服驱动器通过参数设定可适配相连接的电动机，既可以通过带有数码显示的屏幕配合按键完成，也可以在调试时通过参数的自动设定完成。确定下来的参数值或者存储在设备的电子存储器中或存储在特定的、可更换的存储介质中。对于具有多个 NC 轴的 CNC 机床，需要对所有 NC 轴进行相匹配的参数设置，以便在所有速度下保持最佳的轨迹精度。

3. 四象限运行模式

如果伺服驱动器可以在两个旋转方向使电动机运行，并且在制动时也将能量传递回直流母线，则被之为四象限运行模式。为此，需要一个受控的整流器和一个额外的电子设备，以便使回馈的电流与电网频率同步。这种投入只对较大的能量负载是合适的。由于直流母线中的电容器只能可靠地存储有限的电能，因此对应配置附加的制动电阻。在与特殊的紧急停止电路相结合或者对于停电时的制动情况，由同步电动机产生的电压可通过与其短接的电阻作为热量消耗掉并散出。

4. 转速控制

在图 3-11 中，电压从零上升到额定电压 U_N，电动机的额定转速。从额定频率 f_N 在恒定电压下，仅频率进一步增加。因此，电动机以减小的转矩自动进入弱磁模式。

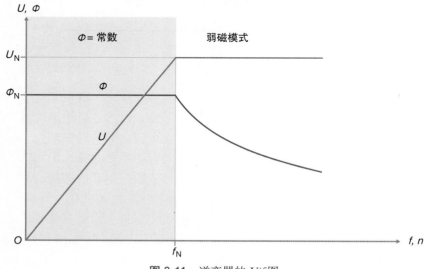

图 3-11　逆变器的 U/f 图

为了控制连接的三相伺服电动机的转速和位置，伺服驱动器按比例调节电压和频率直到额定速度。此时，转矩在很大程度上是恒定的。在转速接近零的情况下，为防止转矩的下降，电压在低频范围内会自动地升高。

在异步电动机转速控制且超过额定频率的情况下，只是频率会升高，而电压则保持恒定。因此，电动机则自动地进入弱磁范围而转矩则随着转速的升高而降低（参见3.3 节 CNC 机床的主轴驱动系统）。

5. 控制范围

由于其稳定的笼型转子，异步电动机比同步电动机适合较高的转速。对于同步电动机，在转速过高的情况下存在永磁体与转子分离的危险，这需要与安全相关的转速限制。

同步电动机即使在零转速下也具有接近额定转矩的静止转矩。

在调节器进行了正确的参数设置时，即使在电动机轴受到冲击式外部转矩负载的情况下，其位置偏差也几乎非常小。

在连续负载的情况下，例如：为达到在配重平衡状态所需的电流要考虑防止电动机过热，则在该工况下需考虑辅助风扇、水冷却或机械式的抱闸等措施。电动机绕组的感抗和附加的扼流圈可以同时平滑在可变化持续性周期内来自短脉冲组成的电流，从而产生正弦波形的交流电压。脉冲的频率越高，输出交变电流的正弦曲线也就越好，而且也越"平滑"。

6. 工作原理

伺服驱动器中的最后一个环节是逆变器，它为伺服电动机产生变化的频率和电压幅值。在整个控制范围内，由直流母线的直流电压产生供同步伺服电动机平稳运行所需的正弦三相电流，这在电气工程技术上是非常复杂的。

功率晶体管已被证明最适合这项任务，它们的高达 10000Hz 的开关频率可以产生电压幅值交替变化以及近乎正弦波形的电流

曲线。为此，每相成对放置六个晶体管（见图 3-12）。一个特殊的控制回路根据预定的控制原理对晶体管进行时钟控制，从而确定三相电流的电压和频率。逆变器决定性的功能是脉宽调制，即脉冲宽度调制。即通过电子控制技术对前后相继的连续脉冲持续时间进行控制（图 3-13）。由于对速度调节范围和驱动系统的往复运行有较高的要求，切换时间点的控制将不再由微处理器进行，而是通过一个额外的数字控制电路。对于这个组件，制造商都有其专有技术。脉冲宽度可通过调节电压的幅值进行。窄脉宽产生低的电压，该电压随着脉冲宽度的增加而增加。从 1000Hz 的开关频率开始，产生的电流几乎变成正弦。通过将微处理器技术与开关晶体管相结合，可以精确地确定逆变器的时钟频率，以便在每个频率下产生几乎完美的正弦电压。例如：以 1000Hz 的开关频率可以产生 50Hz 的电压，即对于 3000r/min 的 2 极电动机，每个正弦波形产生 20 个脉冲是可能的。如今，人们可以根据晶体管以及电动机功率产生 10~40kHz 的脉冲频率。

在图 3-12 中，通过由不受控的整流桥产生的直流电压，在直流母线中被平滑并存储在电容器内并向逆变器提供能量。它由 6 个电子开关元件组成，优选开关晶体管，并分为 3 组（A、B、C）。其中，每个开关都会受到两个切换中的开关组的开关控制，这在输出端会产生不同频率和按比例匹配幅值的交变电流。

7. 转子位置编码器

为了调节同步伺服电动机，还需要转子的实际位置值来同步逆变器开关频率。与直流电动机相比，被称为"电子的转换装置"。转子位置的测定值由数字量的绝对旋转编码器，或者由两个绕组成 90 度放置的输出模拟电压的旋转变压器，或者由带有计数器的脉冲编码器提供保护功能。

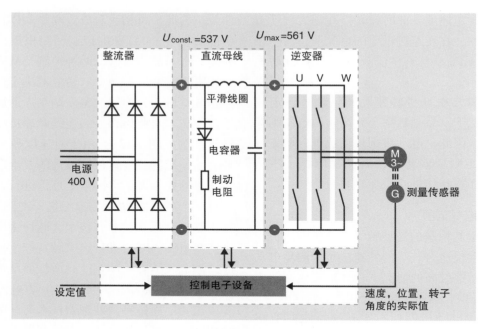

图 3-12 伺服驱动器的工作原理图

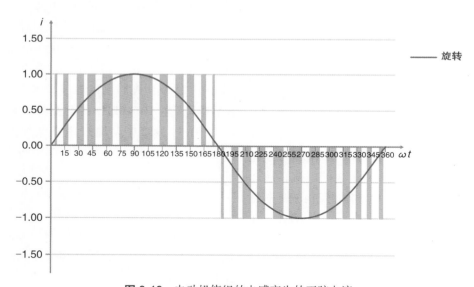

图 3-13 电动机绕组的电感产生的正弦电流

图 3-13 中，通过具有不同持续时间（脉宽调制）的高频电压脉冲，电机绕组的电感产生正弦电流，其周期运行频率决定了电动机的转速。

从简要描述的整个电子设备的复杂性来看，对某个特定的使用过程或在紧急关停期间，设备或电动机中出现非常高的电压、温度可能导致伺服驱动器损坏和故障的电压、温度并不明显。因此往往是根据经验，采用某些电子类的保护功能和保护装置即可。

3.1.10 小结

计算出的刀具轨迹和主轴转速的精确控制对于在工件上实现的精度至关重要。

直到几年前，位置环控制是以模拟量的方式进行的。可控的交流伺服驱动系统尚不可用。因此，标配的 ±10V 接口在过去的几十年作为国际标准得到了充分的应用。

然而，数控机床制造商和用户对其可获得的结果越来越不满意。与目标轨迹的偏差对于精密机械而言太大了，而且与运动方向和其他干扰量的关系也太大。

因此，整个驱动技术的进一步发展主要集中在以下四个方面：

1）三相交流伺服电动机（包括同步电动机和异步电动机）以及功能强大的伺服驱动器。

2）数字量的、智能的交流驱动控制器，即所谓具有速度调节、位置调节、精细插补、定子电流控制和用于控制伺服驱动器的高精度位置量接口的附加功能的微处理器。

3）用于在 CNC 和所有驱动器之间传输测量和控制信号的智能数据接口。

4）可达到 0.1μm 或更精细的高分辨率且绝对可靠的数字量位移测量系统。

总的来说，对每一家制造商而言这都是一个非常苛刻的要求，只有经过很大的努力才能满足需求。

随着更快速处理器的推出，每个控制回路的数字量、智能控制器可以处理对应驱动器的全部信号。对于低速情况下，除了速度控制外，它还可以高精度地进行位置控制和精细插补。这不仅可以实现更高的精度，还可以显著减轻 CNC 的工作量。

得以使用这些优点的前提是合适的数字量接口，即所谓的 CNC 和驱动控制器之间的"运动控制总线"。例如：经过多年的国际标准化引入的 SERCO 或 PROFINET 接口。该总线可实现从加速到制动到静止的多个伺服电动机角度同步的速度控制。因此，也可以在整个进给范围内以最高精度保持 CNC 给出的位置量给定值。

今天，整个驱动控制组件的配置方式使得 CNC 机床上的所有伺服驱动器的参数调整可以快速且基本上自动地进行，不需要很大的工作量。只有三相同步伺服电机或直线电机才能实现高动态且精确的控制。这类驱动器系统的特性和优点将在下面的章节进行讨论。

3.1.11　本节要点

1）控制技术的任务通常是对某个系统给定距离的精确保证为目标的，并对此过程进行引导和监控的过程。

2）调节是指测量要调节的变量并将其反馈到控制器的输入端，通过与期望的目标值进行比较来确定调节偏差。

3）为了理解控制技术，熟悉控制技术的标准化术语、功能和控制流程是必不可少的。这些均在 DIN EN 60027-6 中有规定。

4）需要被调节的、实时的状态量大小，可由数值测量的编码器通过模拟量或数字量的测量值输出持续获取。

5）三种最重要的控制器类型是 P 型（比例）控制器，I 型（积分）控制器和 D 型（微分）控制器。

6）控制回路的各个控制流程间是无反馈机制的。即信号或信息流只从某个流程块的输入端开始到此流程块的输出端结束。

7）数字量控制器的好处在于其紧凑的结构设计，可设定的参数和可直接使用的数字量过程信号。

8）数字量和模拟量控制回路的区别在于内部的信号处理。对于模拟量控制器，是通过运算放大器完成的；数字量控制器则使用可处理数字量运算的微处理器。

9）数字量控制器以周期方式工作。所有给定值和实际值必须在控制系统的每个插补周期内与所有驱动系统同步的时间内更新。

10）数字量驱动接口必须可提供周期工作的控制系统以及以同样周期工作的数字

量驱动器之间的同步。这种同步必须精确到微秒，因为只有当所有数字量驱动器中的实际值可同时得到精确的测量并且所有给定值同时生效时，才能保证驱动器的精确协调。

11）与数字量的"运动控制总线"（例如：SERCOS 或 PROFINET）的连接可将调节任务从 CNC 转移到单独的数字量系统。这不仅减轻了 CNC 的负担，而且保证了更复杂、更精确的调节。

12）控制对象可使用数字量的驱动器，通过参数设定实现与控制系统的适配。为此，数字量驱动器具有显示和输入选项，这是非常必要的，因为对于模拟量驱动而言就是使用这种简单的工具进行参数的检查和设置。

13）作为 CNC 机床的伺服驱动系统，目前主要使用受控的同步电动机和异步电动机。

3.2 CNC 机床的进给驱动系统

位置可控的进给驱动系统是 CNC 机床的重要组成部分，它很大程度上决定了机床的生产效率和加工工件的质量。综上所述，在工业领域对几乎标准化应用的可控交流同步电动机的使用存在比较高的需求。即由此出发，出于同样的原因，开发出了应对更高需求的同步直线电动机。

进给驱动系统为 CNC 机床的运动轴提供了必要的机械能，所以它是位置控制环的一个组成部分。除此之外，数控机床的进给驱动系统还完成多种多样的传送和辅助功能，如刀具更换、托盘更换。数控机床进给驱动系统的重要的组成部分如下：

1）伺服电动机。

2）驱动控制器，它由控制部件和功率部分组成。

3）带有位置测量系统的轴机构。

电动机作为能量转换装置提供必要的转速和扭矩（通过旋转驱动装置），速度和推力（通过直线驱动装置），以使驱动对象按规定的运动到达预定位置。对于电动机而言，除了与电相关的零部件外，还有抱闸和用来测量转角位置及转速（即测量位置和速度）的装置，通过信号多次累加来获取实际位置值的电动机编码器的附加零部件，都属于电动机的组成部分。除此之外，某些旋转驱动装置在轴端安装齿轮和联轴器，部分还集成有过载保护装置。

通过驱动控制器可以实现对电动机的控制如图 3-14 所示。驱动控制器由控制部件和功率部件组成。驱动控制器通过微处理器控制电流、转速和位置，因此与同类控制器相比，它可以达到更高的精度和速度。

驱动控制器还有多种其他应用功能，如监控、诊断以及各类通信接口。

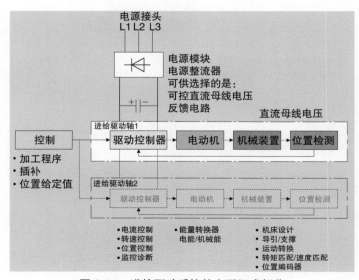

图 3-14　进给驱动系统的主要组成部分

一般情况下，数控机床的进给运动是由驱动控制模块实现的。其中，电源模块将三相交流电整流为直流电，并通过随后连接的直流母线向单个驱动系统的驱动控制器供电。

现在的驱动控制器中，应用广泛的控制转子位置的功率控制器件是逆变器，它从直流母线获取电压，通过所谓电子式的转换方式逆变产生多相的交流电。现今使用最多的是三相交流电。轴系本质上是由滑板以及带有滑块系统和机械传动零部件的轴部件组成的。

3.2.1　进给驱动系统的要求

根据机床类型和加工任务选择单轴或者多轴参与到运动过程的生成中。CNC 系统通过对每根轴预先给定定位参数来控制轴的运动。

进给驱动系统要求执行元件运动尽可能地准确并及时到达指定位置，同时应尽可能地减小干扰因素的影响。

因此，进给驱动系统应满足以下主要要求：

1）较大的功率密度，具有紧凑结构尺寸的设备需要较大的扭矩和较大的推力。

2）较大的转速和速度调节范围（≥1∶30 000）。

3）较小的转动惯量和较小的直线运动质量。

4）较大的过载能力。

5）较高的定位精度和重复精度。

现今，机床制造商和使用者还提出如下要求：

1）针对特定应用的功能。

2）简单的测试和诊断功能。

3）监控和安全功能。

4）开放的标准化接口。

5）免维修和较高的保护机制。

6）较小的发热和较高的效率。

7）较小的工作噪声。

8）较小的占地面积。

9）较低的成本。

3.2.2　进给驱动的类型

进给驱动系统针对加工过程提供所有类型轴的运动。图 3-15 展示了各种关于实现直线进给运动的进给驱动类型。

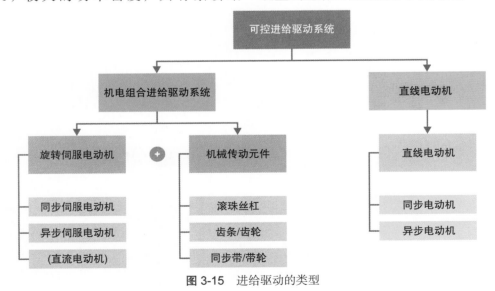

图 3-15　进给驱动的类型

1. 机电组合的进给驱动

现今，机床的进给驱动大多数是由带有机械传动装置的旋转伺服电动机组成，如滚珠丝杠传动。它将电动机的旋转运动转换成刀架的直线运动如图 3-16 所示。通过电动机和滚珠丝杠之间的机构可以优化驱动设计，配合丝杠螺距以满足进给力、进给速度、快速移动速度以及在直线方向上拖动负载的理想加速度要求。

电动机编码器通过采集转子的转角控制逆变器并获取电动机的实际转速。由于对滑板定位精度的要求降低，滑板的位置通过电动机编码器信号确定（间接测量系统）。滑板精确的实际位置值是通过另外的直线长度测量系统（直接测量系统）确定的。

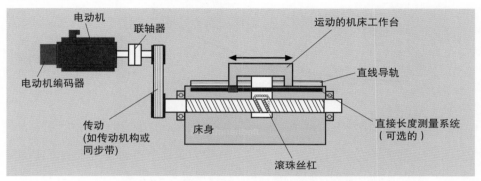

图 3-16　带有滚珠丝杠的机电组合进给驱动系统结构

为了使滚珠丝杠更好地满足进给驱动的要求，可以选择合适的传动比和螺距。使用同步带可以节约成本。目前，滚珠丝杠可能的极限特征值（特征值在某些情况下是不能组合的）如下：进给力 200kN，加速度 10m/s^2，速度 90m/min。

使用这些极限特征值的前提必须获得丝杠生产厂商的同意。滚珠丝杠传动的加速性能几乎不受直线运动质量的影响，它主要由电动机、丝杠螺距和转动惯量决定。带有滚珠丝杠驱动的进给驱动系统的控制带宽是通过机械系统的固有频率确定的。传动链的弹性结合运动质量会产生机械的固有频率。实际上，固有频率允许因子 K_v 的实际最大值为 5m/min·mm（控制进给驱动）。增大轴的直径可以提高机械的固有频率。因此，滚珠丝杠的转动惯量与其直径的 4 次方成正比，如图 3-17 所示，并受限于所能达到的动态特性。

在高动态机床滚珠丝杠传动（进给轴）的设计中，最大速度、加速度、精度和寿命

的优化是通过不同参数确定的。螺距、电动机和滚珠丝杠之间的传动比以及不同电动机的应用范围也由此确定。除此之外，临界转速、转动惯量，以及和滚珠丝杠传动位置相关的刚度作为限定参数都属于影响因素。

机床设计者已经实现将滚珠丝杠传动集成到机床上，这样的进给驱动系统已经实现了有很多年了。

在滚珠丝杠传动中，传动链上的机械传动零部件通常易磨损，因而，在轴发生撞车时会产生损坏事故。所以在实践中，需要安排相应的设备维修和维护相关的停机时间。在高动态的滚珠丝杠传动过程或者长时间的工作之后应进行相应的冷却，目的是防止部件的热膨胀。

2. 电动机驱动

在机械制造领域（特别是关于 CNC 机床的进给驱动表述中），一般会使用"伺服电动机"这个术语。

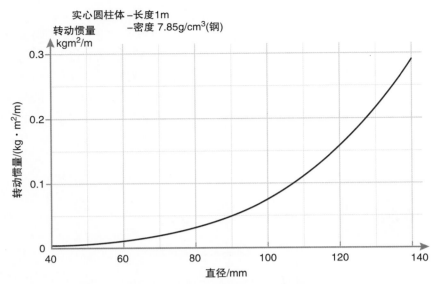

图 3-17　滚珠丝杠的转动惯量（单位长度）同直径的关系

电机：

术语"伺服电动机"已成为数控机床进给驱动或机械工程中通用的术语。

根据功能原理，旋转式伺服电动机可分为：

1）直流伺服电动机；

2）同步伺服电动机和异步电动机；

3）带有位置控制（开环）的步进电动机。

在过去，直流伺服电动机一直处于领先地位，因为它比其他当时可用的电机有着许多优势，这些优势也包括电机及电能的成本相对较低。

然而，多年来类似的可控同步伺服驱动系统的成本已大幅降低。与此同时，同步伺服电动机还具有许多决定性的优点，如更大的转矩、免于维护、更强的加速能力和更好的冷却可能性。由于这些优点，同步伺服电动机已成为机床配置中的标准驱动电机。

步进电动机在机床中几乎很少，因此下面将不再讨论这种类型的驱动。

同步伺服电动机：

在数控机床的机电进给驱动中，多年来几乎只使用具有三相绕组的同步伺服电动机作为驱动电机。这种永磁同步伺服电动机（通常也称为电子换向或无刷直流电机）能最好地满足伺服电动机的需求。在伺服电动机的工作原理方面，异步电机的功率密度、转换效率比同步电机更低，而同步电机的控制算法也更简单，且磁性材料的成本也在下降，所以异步电机很快被同步电机所取代。

永磁同步伺服电动机的定子带有一个三相绕组，转子为永磁体（见图 3-18），现代磁性材料能够实现高功率密度，从而实现高加速能力。

同步伺服电动机的主要特点是转子和定子磁场具有相同的旋转角速度，这种同步性对于产生一个恒定的转矩是必不可少的。为此，转子的位置由电机编码器检测，控制器根据转子位置计算并预先给定定子电流的电场角，电流的大小是由转矩需求来决定的，转数的变化则是通过改变所应用的电机电压及其频率来实现的。

永磁交流伺服电动机的转数 - 转矩 - 特性曲线的许用范围取决于驱动控制的电流和电压的限值，特性曲线的变化过程是由电机的热极限值决定的（见图 3-19）。

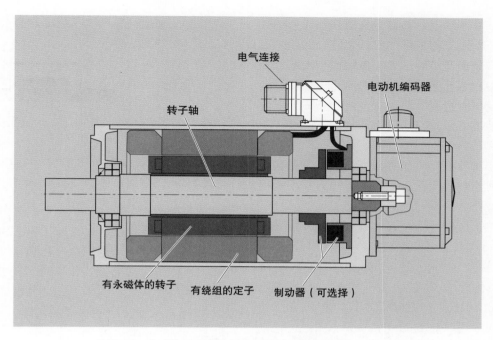

图 3-18 永磁交流伺服电动机（同步伺服电动机）的结构

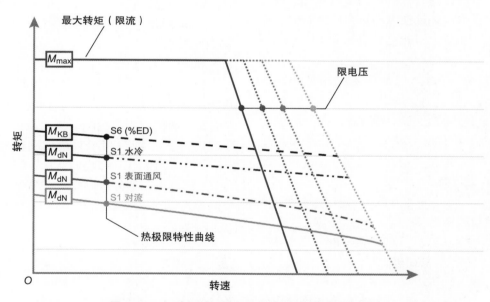

图 3-19 永磁交流伺服电动机的转速 - 转矩特性曲线

基于电压的极限特性曲线是通过直流母线电压和电动机特性参数（如电感、电阻和电动机常数等）确定的。对于不同的结构，电源模块的开关和输入电压的高低可以不同程度地改变直流母线的电压。因此，对于确定的电动机绕组来说，它的电压的极限值会发生偏移而后最大转速值将会改变。电动机在电压极限值附近运行时，绕组中基于转速的反电动势的大小接近控制器的最高输出电压。这两种电压的差值会在电动机绕组中产生电流。因此，在提高负载和转速的过程中，电流和转矩可以取较小值。如图 3-19 所示，最大转矩的第二个极限位置由驱动控制器中功率半导体的短时电流极限值确定。根据设备制造商的要求，电流的极限值应确保电动机极短时间的加速和制动。

热极限特性的特性曲线轮廓可以通过基于转速的损耗（如磁心损耗）和设备冷却方式来绘制。因此，不同的冷却方式下所得到的特性曲线不同。

热极限特性曲线显示了额定转矩值 M_{dN}（S1 工作制，连续工作模式）和短时转矩值 M_{KB}（S6 工作制，连续周期工作模式）。现代同步伺服电动机的额定转矩一般可以达到 200N·m，最大可以达到 400N·m，转速极限值可以达到 10000r/min。通过优化电动机的结构尺寸，可以满足不同应用领域的需求。现代伺服电动机的参数存储于电动机编码器中，并且在电动机初次运行时向驱动控制器加载，因此电动机的起动运行相当方便。

可选项和可拓展伺服电动机的应用领域如下：

1）不同的电动机编码器，如旋转变压器、高分辨率光学增量编码器和绝对值编码器。

2）制动器。

3）不同的冷却方式，如自然对流、表面通风和液体冷却。

4）强的防护等级（达到 IP67 或 68）。

5）防爆型电动机。

直线电动机驱动：

由于电动机动态特性和精度的提高，利用直线电动机直接进行驱动可以大大提高生产力。大部分直线电动机不再使用机械传动零部件（这类传动零部件可以线性直接驱动）。另外，直线电动机不再需要使用滚珠丝杠传动中所需的电动机编码器，如图 3-20 所示。

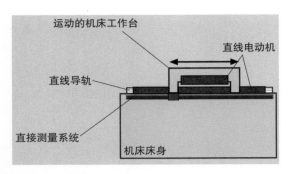

图 3-20　带有直线电动机的直线驱动结构

结构组件式的直线电动机的一次侧和二次侧组件由零件供应商单独提供，由机床制造商在此基础上加入直线导轨和长度测量系统完成在机床端的完善和集成。直线电动机驱动轴的结构通常由以下几部分组成：

1）带有交流绕组的一次侧元件。

2）一个或者多个二次侧元件。

3）测量系统。

4）直线导轨。

5）能源供给。

6）冷却循环。

7）滑板和机床结构件。

直线电动机的进给力受到传动能力的影响，因传动能力不足会限制直线电动机的进给力。现代同步直线电动机的最大进给力为 22kN。两个或者多个直线电动机机械耦合于一根轴上才能实现进给力的倍增。不同于滚珠丝杠，直线电动机的加速能力与直线拖动负载（如滑块）的质量成反比，如图 3-21 所示。

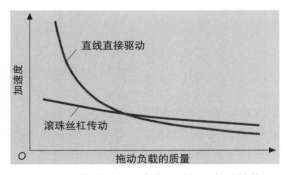

图 3-21　滚珠丝杠和直线电动机的加速性能

图 3-21 描述了在进给轴上，被拖动负载质量与滚珠丝杠进给驱动系统和直线电动机进给驱动系统线性加速度的关系。显而易见，线性直驱电动机应用于较大运动质量物体时以损失其动态特性优势为代价。在机床上，线性直接驱动应该实现较高的加速度，因此必须减小拖动负载的质量并提高机械的固有频率。床身和滑板之间的标准质量比应满足 ≥ 10，这样可以减小安装基座对位置测量环和速度测量环测量结果的干扰。除此之外，应该确保线性测量系统读数头的刚性安装。

滑板导轨的设计需要充分考虑一次侧元件和二次侧元件之间的引力，直线导轨的侧向刚度直接影响它的应用，当滑板受到的作用力偏离重心时会造成滑板的倾覆。

在测量系统中，这会造成所谓的指针效应，即在加速过程中，控制回路会产生一个错误的位置，而且速度环也不稳定。其次应注意二次侧元件吸引强磁性碎屑，密封盖的设计正是为了防止以上情况的发生。

注意上述几点可以确保位置控制回路和速度控制回路的稳定性。如果机械轴的固有频率没有限制控制回路的增益效果，提高

数字控制回路的频宽就可以保证机床的动态特性和精确性。因此，有必要尽可能提高机构的固有频率，通过直接对机床进行线性驱动可以获得较高的 K_v 系数（20~30m/min·mm），并且提高加速性能。进行线性直接驱动时，可通过较少机构传动元件实现进给轴的低磨损和低维修率，并且在较长的运行时间内仍有较高的精度。

若要在最小的结构空间实现最大的进给力，避免电动机组件的热耦合，需要对二次侧元件采取必要的冷却措施。

3.2.3 直线电动机的种类

原则上，直线电动机可以实现的功能原理，旋转电动机同样也可以全部实现。但是，在现如今的机床行业中，人们通常选用类似于旋转电动机的交流同步伺服电动机。下面主要介绍同步直线电动机。同步直线电动机产生力的方式和旋转电动机产生转矩的方式相同。一次侧元件是三相交流绕组，二次侧元件是永磁体，如图 3-22 所示。

同步直线电动机的一次侧元件和二次侧元件都可以运动，通过多段二次侧元件的排序可以实现任意长度的行程。

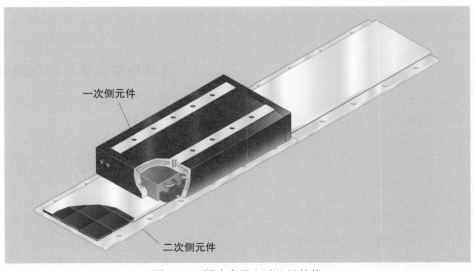

一次侧元件

二次侧元件

图 3-22　同步直线电动机的结构

由于永磁体价格昂贵，因此与进给驱动电动机相比，可驱动长行程的直线电动机造价更高。直线行程在 1m 以内（加工中心上大部分情况都是如此）时，直线驱动传动和带有旋转伺服电动机的滚珠丝杠传动之间的成本差异还比较小。

短行程情况下，如车床的 X 轴上，电动机的一次侧元件保持静止，二次侧元件则安装在滑枕上，这样可以节约能源并且无须对运动部件进行冷却。

旋转电动机使用的是转速 - 转矩特性曲线，与此相应，直线电动机根据其线性值采用力 - 速度特性曲线（见图 3-23）。在旋转同步伺服电动机上，其运行过程和极限特性曲线上的主要参数可以通过直流母线电压的高低以及电动机的特有参数确定，如电感、电阻和电动机参数。通过改变直流母线电压和电动机绕组可以实现速度调节。

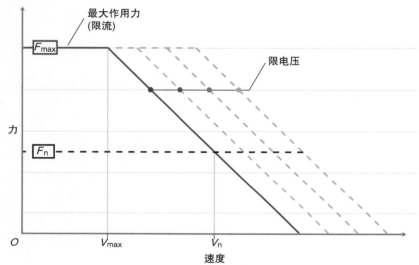

图 3-23 直线电动机的力 - 速度特性曲线

当速度取最大值 V_{max} 时，作用力取最大值 F_{max}。随着速度的增加，驱动控制器的输出电压和反向电压（与速度相关）之间的差值逐渐减小，最大进给力减小。额定输出作用力 F_n 不随着速度相关的情况而变小，直到电动机的速度达到额定速度 v_n 时，作用力则达到额定值 F_n。

现代同步伺服电动机组合系统为一次侧元件以及二次侧元件的选型提供了巨大的设计自由度。

机床在直线电动机驱动下进给速度可以达到 120m/min，加速度达到 10~20m/s²，可实现的动态特性受限于机械零部件。使用直线电动机进行搬运操作，其速度已经超过 300m/min，加速度超过 100m/s²。

对电动机采取合适的冷却和密封措施，可以保证电动机的热平衡和较高的防护等级，保证其正常运行和适应恶劣的环境。

3.2.4 直线电动机驱动的优缺点

不使用额外的传动零部件时具有以下优点：

1）低磨损和较长的使用寿命。

2）传动链没有弹性环节，有较大的动态和静态刚度。

3）较小的整体质量和较少的零部件数量。

4）较大的加速性能。

使用数字控制器时，往往产生较大的 K_v 系数（质量控制较好），因此在高速运行时可以获得较小的滞后距离和较高的位置精度。

这种结构的电动机的缺点是低效和高损耗。另外，由于直线电动机发热明显，需要额外的冷却费用。

3.2.5 驱动控制器和 CNC 系统的连接

位置控制回路可以实现机床运动轴的数字量控制，在 CNC 系统的一个位置环控制周期内，插补器在 CNC 系统的运行周期内（相同的，较短的时间间隔）计算机床每根轴的给定位置值。

通过这种方式，既可以实现单轴的精确控制，也可以实现对多轴的二维或三维路径的精确控制。对于轴与轴之间的精确协调，插补位置给定值的精度、测量精度和采集并处理位置实际值的时间节点同样重要。

在早期的模拟驱动中，由 CNC 系统发出速度的模拟信号的给定值，位置调整是通过控制来完成。这种转数给定值的模拟信号接口，限制了可以达到的精度以及可能插补的轴数。

在数字驱动中，附属有速度控制回路和电流控制回路的整个位置控制、许多基本功能，以及在极短周期内的精细插值，都可直接在驱动中进行。与在 CNC 系统中进行位置控制相比，在驱动侧的控制可以很明显地达到在更快速度下的更高精度，同时，CNC 系统的工作负担也能得到缓解，因为只有位置的实际值被传输到所有的驱动器中。为了计算下一个插补步长，CNC 需要从驱动器的实际位置信号的采集中获得实际位置值。这种在 CNC 数控系统的插补循环中所进行的周期性数据交换，可以实现任意数量的驱动器的同步运行（见图 3-24）。

这些优势的自如使用，只有在 CNC 系统和驱动控制器之间建立合适的开放式数字接口才有可能，但也有针对企业的解决方案投入使用，所需要的是在微秒范围内的实时性和数据传输节拍的同步性。相关的标准化工作给出了适合工业的解决方案，以至于不同制造商生产的数控系统和驱动器也可以实现相互通信。目前的开放标准是基于以太网（EtherNet）的基础架构，借助于目前高达 100Mbit/s 的快速以太网的物理层和数据链接层，可以满足向数控机床的驱动器传输数据的各种要求。此外，还可以进行 TCP/IP 通信，比如向 CNC 以外的主导和监测设备发送状态信息。例如标准化的实施方式举例有 PROFINET、SERCOS Ⅲ、EtherCAT。

因此，几乎任意多的驱动器的同步都是可能实现的，使用这些优势的前提条件是在 CNC 系统和驱动控制器之间有合适的数字接口（如 SERCOS 接口）。市场上有开放的、标准化的和企业内部的数字接口可提供使用。数据传输可以通过光缆或电缆连接实现串行和 / 或并行传输。在任何情况下，信号的实时传输都是必要的，因为除了要向驱动控制器发送位置或转数的给定值信号外，例如用于安全功能，还要将实际值传回到 CNC 系统。在当前开放的、标准化的数字接口中，CNC 和驱动控制器之间的数据传输是在基于以太网的基础设施中实现的。通过使用目前高达 100Mbit/s 的快速以太网的物理层和数据链路层，可以完成机器中数据传输的各种任务。

数字驱动过程是周期性地运行的，即所有给定值和实际值都必须在数控系统的每一个插值循环中与所有驱动装置一起更新（见图 3-24）。

使用以太网连接可以实现开放标准的 IT 通信，例如用于向外部连接的主导设备和控制设备发送状态信息。

数字驱动装置的调试以及对不同机器和控制的参数适配，是借助于 CNC 控制面板或外部调试计算机通过输入参数值来完成的。今天，现代数字驱动器提供了更多的功能来减轻 CNC 系统的工作负荷。比如标准程序（如参考模型），作为执行命令只从 CNC 系统发给驱动器。驱动装置自动执行该功能，并将其状态反馈给 CNC 系统。此外，大量的各种诊断功能（如所谓的示波器功能），也都是作为一种标准功能，用于显示多个通道中任意实际值和给定值的变化过程，借此还可以节省外部测量设备的成本。

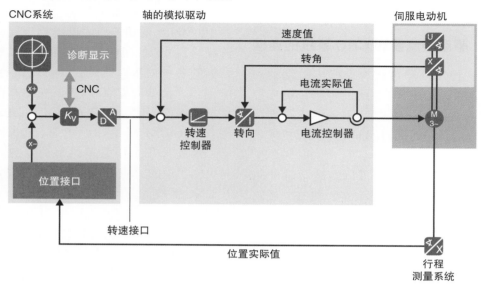

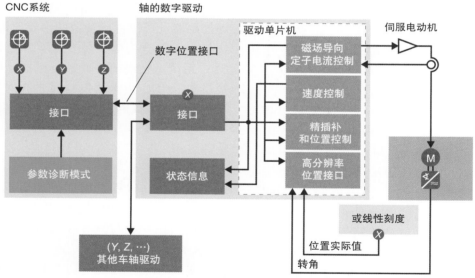

图 3-24 CNC 主轴模拟量、数字量驱动器的原理

3.2.6 测量传感器

和许多其他运动控制领域的运动任务一样，数控机床上必须采用高精度的数字指令变量控制轴的运动（在电动机运动控制方面也需如此）。控制过程发生在位置控制回路中（位置控制回路具有位置测量装置和可控驱动控制器）。位置控制装置需要持续测量运动部件的位置，将结果实时与给定位置值比较，最终通过高精度补偿使进给轴做正确的运动。

但是，实际位置测量传感器和数字量控制器技术还有待提高。这是因为位置和速度控制器必须补偿因加工阻力和机械传动零部件所带来的误差。实际位置测量传感器不能受到外界影响，并且需要精确测量运动轴的实际位置。位置控制回路的线性位置值精度最好为 1μm 到几 nm，转动角度值精度也需控制在 0.001° 到几角秒，速度精度则应控制在 200m/min。即使在每分钟几千转的条件下也要保证测量的精度，同时还要承受数倍的重力加速度。

直接测量系统应尽可能地放置在被加工轮廓附近，以防止进给轴上运动部件的倾斜导致误差。还有一种比较测量装置，一般用于对精度要求很高的零件加工中。对于无反向间隙的线性直接驱动，线性尺常常是直接测量系统的一部分，正常情况下可以很容易地实现较高的 K_v 系数和稳定的位置控制。由于来自测量系统的速度和转换信号也被传递给绕组，所以测量信号的周期、分辨率和固有频率必须满足一定的要求。当直接测量系统用在滚珠丝杠传动时，由于机械传动零部件的反向间隙和弹性将极大地影响反向死区和机械的固有频率，使零件的加工精度受到影响。因此在这种数控机床上加工的零件的精度在某些情况下不如在配置间接测量系统机床上加工的零件精度高。在间接测量系统中，移动部件的实际位移可以通过滚珠丝杠、齿轮或者伺服电动机的转角确定。由于位于测量点后面的部件会出现反向间隙和螺距误差，因此工件会发生明显的永久位置偏移。通过 CNC 系统位置给定量具有的补偿功能（如丝杠螺距误差补偿），可以在一定程度上克服这种偏移带来的不准确性。即便如此，在间接测量系统中，机械传动零部件位于位置和速度控制回路的外部，它们的振动依然影响控制回路的稳定性，削弱控制回路的控制效果。显然这种情况下，K_v 系数和零件的精度也会减小。

3.2.7 小结

数控机床的进给驱动主要通过数字量控制器和永磁同步伺服电动机实现。现代小型数控机床多采用的线性直驱电动机越来越受欢迎，不过机电组合的滚珠丝杠传动应用更加普遍。通常情况下，机床的固有频率会限制位置控制回路、速度控制回路的频宽，以及机床的动态特性和精度范围。

线性直驱电动机的驱动力直接影响进给滑板的驱动力，因此具有以下优点：

1）简单，需要较少维护，具有高强度的机构。

2）高精度和无反向间隙。

3）通过较高的速度和加速度，实现较高的动态特性。

4）行程上无技术方面的限制。

但也存在以下缺点：

1）因为无法通过传动机构进行相应的调节，进给力大小有限。

2）无法减轻对机构的负载冲击，机构的理想刚度必须通过控制器实现。

3）大多数情况下必须通过水液方式将热量从机床上散出。

4）由于二次侧元件是永磁体，因而行程越长，成本越高。

在符合设计的情况下，与机电组合的进给驱动相比，线性直驱电动机可以实现进给轴更高的动态特性和准确性。在未考虑上述前提的情况下，在现有机床上使用线性直驱电动机直接替代滚珠丝杠传动的方法是不合理的。除此之外，导轨上的一次侧元件和二次侧元件之间较大的引力必须安全传递至床身上。二次侧元件上安装有密封盖，在磁化的铁屑产生的过程中，用于保护永磁体。

一般情况下，带有滚珠丝杠传动的进给驱动过程，其控制频宽由机械系统的多个固有频率确定。但是，设计者是对已有缺陷进行改善的主要实施者，通过以下参数的确定可以优化驱动力、速度和加速度。

1）丝杠的螺距。

2）减速机构的传动比。

3）负载的转动惯量。

4）其他具备合适电动机常数，且规格较大的同步伺服电动机的选择。

控制回路频宽的决定性参数是可以被优化的，如滚珠丝杠的抗拉强度、抗压强度、抗扭强度和滚珠丝杠轴承的刚度。因此，通过正确的驱动方式，K_v 系数可以达到 5m/min·mm。

K_v 系数是一个变量，它决定进给轴的加工精度。若速度以单位 m/min 标定，在位置控制器输入端，位置指令和实际位置值之间的调差（也称位置偏差）达到 1mm。K_v 系数也可用来标明速度增益效果。控制器的比例系数在技术层面上是可控的。这些参数的可控范围由进给运动轴的特性所决定。本质上可归纳为：

1）下游的速度环控制回路和电流环控制回路的动态特性取决于采样周期、可能的触发时间和调整时间，以及其控制回路的频宽。

2）机械传动零部件的固有频率由其质量和刚度确定。

3.2.8 本节要点

1）轴的每次运动都会产生一次迟滞，而它与速度成正比。

2）跟随误差的大小由 K_v 系数决定。若轴运动速度以 m/min 为单位时，位置指令和实际位置值之间的偏差（也称位置偏差）达到 1mm。

3）若控制回路增益过高，在位置环产生振荡，其结果是影响零件的加工质量。

4）通过数字量控制，即通过微处理器

可以达到预期电流（转矩或力）、转速（速度）和位置。因此，与同类型的控制器相比，此类控制器具有更高的精度和更快的反应速度。

5）控制驱动器的刚度：

① 静态：当驱动器处于静止状态时：施加到电机轴上的转矩与由此获得的轴的角度偏差的比值。（$S = \text{mkg/}$ 扭曲度）

② 动态：施加的负载转矩与电动机速度偏差之比（$S = $ 转矩差 / 转速差）。

6）一级控制驱动的动态响应被定义为力、转速、速度或者加速度对时间的响应。调整时间越短，控制电路的动态响应性能越好。

7）机床上的进给驱动应该满足以下要求：转速或者速度的可调节区域 $\geqslant 1:30000$，速度环控制回路具有较好的动态响应性能，即频宽满足 $\geqslant 100\text{Hz}$。

① 较小的力和转矩波动，波动应该 $\leqslant 0.25\text{mm}$。

② 给定值和实际值之间应具有线性，对方向变化不敏感。

③ 较大的 K_v 系数。对于线性直驱电动机，满足 20~30m/min·mm；对于机电驱动，满足 5~6m/min·mm。

④ 测量系统具有较高精度。对于线性直驱电动机应为 10nm；对于机电驱动精度应为 1nm。

⑤ 较小的热量的损失，结构尺寸紧凑，免维护。

8）液冷对于线性直驱电动机是很必要的，这样有利于散热。

9）带有同步伺服电动机的直线驱动和机电驱动过程常常出现在机床的进给驱动中和具有运动控制要求的进给驱动中。

3.3 CNC 机床的主轴驱动系统

三相笼型异步电动机一直以来与手动换档减速器结合，作为机床主轴的主要驱动电动机。现如今，这类电动机可通过伺服驱动器进行速度调节。但是，如果机床主轴作为 C 轴，那么应该使用三相同步电动机。这种驱动系统由于具有额外的技术优点，尽管价格稍贵，但仍逐渐得到广泛的应用。下文将会阐述其原因。

原则上，在对可控的主轴驱动设备进行选型时需要明确，使用同步电动机还是异步电动机驱动。决定性的因素是电动机是否只在速度控制回路下运行（如用于钻孔和铣削的刀具主轴驱动系统），或者在位置控制回路下运行（如具有额外 C 轴驱动系统的车床）。如今，速度可调的电动机作为机床主轴驱动系统的组成部分投入生产，具有以下两个主要功能：

1）提供转矩和转速。

2）在车削和加工中心中，主轴需要在 C 轴方式下运行，主轴驱动系统可以实现主轴的旋转和进给驱动设备的插补。

同步电动机和异步电机的速度调节一般通过调节交流电的电压和频率来实现，为此必须前置安装特定的变频器（伺服驱动控制器）。电动机编码器持续测量转速和转子的位置，并将信号传递给伺服驱动器。因此，控制电子设备的功能是确定所需的"电子逆变"以实现旋转磁场的切换，采集实际转速值。

3.3.1 主轴驱动系统的要求

为了满足数控机床自动运行的要求，主轴驱动系统除了满足传统机床的驱动要求外，还必须满足额外的要求，特别是如下要求：

1）自动变速。自动运行工作过程中需要可编程且自动的转速切换。

2）精细调速。尽可能地无级调速。数控机床是高时薪、资本密集型的生产工具，因此充分使用现代化刀具的性能显得尤为重要。出于技术原因，在平面或锥面车削中应保持切削速度的恒定，因而需要进行无级调速。

3）更大的转速范围。数控机床是通用机床，用不同的刀具加工不同的零件。因此，机床主轴必须有一个大的转速范围而不必使用手动变速器进行中间换档，即整个速度调节过程只需通过电动机来完成。

4）转速变化快。每次变速意味着时间损失。这种时间损失在刀具频繁切换的数控机床上显得尤为明显。例如在加工中心上配备有一个自动换刀装置，每次换刀过程中主轴必须停转及再次起动。因此，应尽可能地缩短主轴电动机的加速和减速时间。

5）高驱动功率。数控机床的自动运行加工过程与人的手工操作和反应速度相比不可同日而语，这也使得机床具有一个完全封闭的工作空间。因此，数控机床可以达到合适的工作速度，并充分利用现有刀具的性能。数控机床的驱动功率高于传统机床数倍。

6）恒定功率范围大。较大的驱动功率应当有一个尽可能大的转速范围。

7）低转速高转矩。在较低转速范围内应当有一个尽可能高的可用转矩。

8）结构空间小、重量轻。在很多数控

机床中，主轴驱动电动机是较大的机械部件，并且处于持续运行中。因此，电动机应保持较小的尺寸和整体重量，以便不削弱整体部件的加速性能。

9）发热量低。机床的局部热量对加工精度的不利影响已经在 2.1.6 节，补偿 - 温度误差补偿中进行了描述。

3.3.2　主轴驱动的类型

图 3-25 所示为三种不同类型的主轴驱动系统。

主轴驱动和进给驱动都可以使用同种类型的电动机。由于可实现速度调节的异步电动机价格较低，结构简单且牢固，维修成本低廉，因此它成为标准的主轴驱动电动机。通过变频器可以控制电动机的转速，所以速度可调的异步电动机可以取代长期占据市场主导地位的直流电动机。同时，不同结构形式的电动机都可以采用变频器。根据主轴驱动形式的不同（见图 3-25），电动机的外壳或者电动机的结构可以适配相应的空心轴（见图 3-26）。

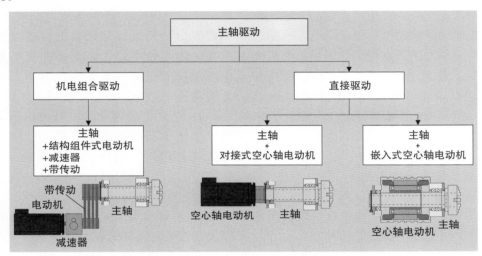

图 3-25　三种不同类型的主轴驱动

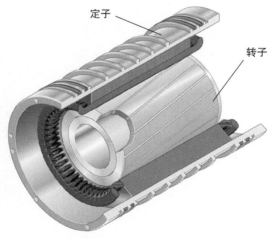

图 3-26　三相异步电动机

为了保证主轴驱动的封装式电机即使在低速到零速的运行情况下也能获得全转矩，电机始终都要通过外部通风或液体来冷却。直接安装在主轴上的套装式电机通常都采用液体冷却，因为必须保证电机在合理的结构体积下仍然具有高功率密度和热平衡。

3.3.3　主轴驱动系统的结构形式

常见的主轴驱动的结构形式是通过一个齿轮机构（有时是多级齿轮啮合传动）或同步齿形带的传动，将带有外壳的电机与刀具主轴相连，这种布置的优点是电机在热传递上与加工区域和主轴是分离的，电机可以安装在加工区域以外的某个位置，这样就可以使用具有标准安装尺寸的主轴电机。然而，同步齿形带传动限制了传动的转数、刚度和驱动的动力学特性，因而限制了整个机床的工作效率。

这些缺点导致了直接驱动主轴的技术出现，同步齿形带或齿轮传动取消了，转矩通过驱动电机的转子直接传输到主轴轴端上，这使得该系统的转速非常稳定，电机的增益系数得到提升，并具有较短的加速和制动时间。为了能够夹紧工件，电机还配备了一个空心轴。由于通过电机输入的热量不直接传入主轴，所以电机可以通过外部通风冷却。作为一种选择，也可以采用液体冷却，这可以进一步提高电机的利用率，这种布置对加工中心特别有利。

将驱动电机直接集成到主轴中，就形成了所谓的电动主轴。这种直接安装通常要求液体冷却。主轴驱动的结构形式正日益成为现代机床结构的标准。

对于上述两种直接驱动的结构形式，由于缺乏机械上的转速适配，以下要求就显得尤为突出。

- 较高的功率密度。
- 较大的转速调节范围。
- 较大范围的恒定功率。
- 低速时有较大的转矩。
- 较高的最大转数。

1. 三相异步电动机

由于转速可调的异步电动机具有诸多优良性能，如较低的价格、简易且坚固的结构以及较低的维修成本，因此它已逐渐成为标准主轴驱动电动机。通过改变变频器的输出频率和输出电压，可以大幅度地调整交流异步电动机的转速。图 3-27 表示了同步电动机和变频器调速的交流异步电动机在相同功率和相同转矩下不同的特性曲线。

单纯从数学角度来看，转速的调整范围是不受限制的。

边界曲线是通过直流母线的电压和电动机的特性参数，如电感、电阻、电动机常数和极限转矩确定的。

在基本转速调整范围内，转速随电压和频率的增大而增大，直至速度达到额定值。通过降温冷却可以保证电动机以恒定转矩运行。在额定转速时，电动机电压达到最大值，而频率还可以继续增大，并从此处开始，电动机进入弱磁区。弱磁区从恒功率范围开始，转矩与频率、转速成反比（$1/n$）。随着转速和电源频率的提高，电动机达到倾覆转矩和极限。异步电动机的极限转矩随着频率和转速的增大以平方的速度下降（$1/n^2$）。因为电动机的倾覆会受到阻碍（转矩会迅速减小为零），所以对比电网下的运行过程，现代化伺服驱动器及相应的控制电路对电动机的最大转速没有实质上的限制，因而电动机的极限转矩并无实际的边界（转矩剧烈地衰减直到电动机静止）。电动机的最大转速只受限于机械部件，如轴承、转子、转子的紧固等。

极限特性曲线通常表征持续时间内连续工作模式（S1 工作制）和间歇工作模式（S6 工作制）的比例，通常为 25%、40% 或 60%。

另外，主轴电动机驱动器的控制回路结构与现代化的进给驱动控制器的结构一致。目前市面上的主轴驱动控制器仅仅增加了部分功能，如个性化的励磁控制。现在，数控车床上已经实现 C 轴驱动（主轴驱动与进给驱动一起进行插补）。

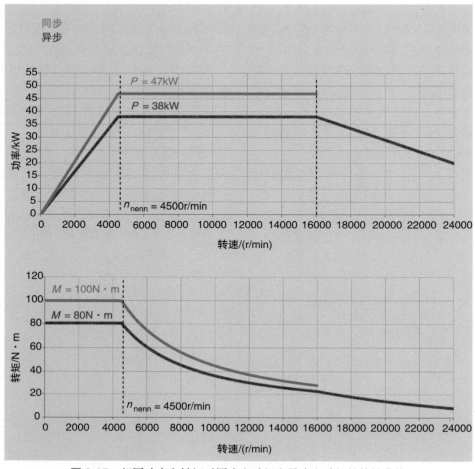

图 3-27　相同功率和转矩时同步电动机和异步电动机的特性曲线

2. 交流同步电动机

交流同步电动机在机床上主要用于进给驱动。由于需要较高的功率密度和温度稳定性，因此在特定的情况下主轴驱动系统也需要使用永磁交流同步电动机。现代化的电动机技术和控制方法可以保证该类电动机投入到机床中使用。转速可调的同步电动机目前已经作为主轴驱动系统组成部分投入生产制造领域。同时，这类电动机应满足以下要求：

1）较好的加工质量、精度和表面粗糙度。

2）最短的起动和变速时间。

3）具有静态扭矩。

4）较小的安装空间。

在高速数控车床、数控钻床和车铣加工中心加工工件时，工件的端面和侧面铣削及钻孔要求保证较高的精度。

3.3.4　交流同步电动机的驱动模式

交流同步电动机两种驱动模式的特点如下：

1. 高速电动机驱动

数控铣削加工时主要使用的是四极同步电动机。这类电动机最高转速可以达到40000r/min，并且具有较大的转速调整空间。在转速控制回路中，这类电动机主要通过伺服驱动器进行速度调整。在弱磁区内，转速调整比例达到 1:3，速度调整区间则是从零开始的，从数学的角度来看，速度可以趋于无限大。

2. 高转矩电动机驱动

六极同步电动机和八极同步电动机主要应用于数控车床、数控磨床和高速旋转的转台。这类电动机的特点在于转矩较大。

由于高转矩电动机的价格昂贵、数量有限，因此，高速同步电动机相比高转矩同步电动机具有更好的实用价值。

3.3.5　永磁同步电动机驱动的优缺点

相比于价格便宜的异步电动机，永磁同步电动机用于主轴驱动时具有如下优点：

1）高效率。

2）低负载惯性，即较高的动态特性。

3）免维护（转子没有集电环）。

4）转速不受负载影响。

5）没有励磁所需的电功率。

6）高达 60% 以上的转矩转化效率，并且机床设计紧凑。

7）基于转矩特点，具有最短的加速和制动时间（50%）。

8）在停转和变换旋转方向时也能保持高转矩。

9）通过减少机械部件，如电动机摇座、传动带、齿轮箱和主轴编码器，使结构紧凑（如车床、立式铣床结构）。

10）水冷情况下更高的功率密度。

11）最高转速可达 40000r/min，转矩可达 800N·m。

12）由于永磁体的转子发热较低，因此在低转速范围下电动机功耗大大降低，进而轴承和主轴产生较少的热量。

13）因为没有横向驱动力影响，即使在最低转速下也能保持主轴均匀、平稳地运行，以达到零件的最高精度。

14）实现可以和进给轴一起工作的 C 轴插补，如在数控车床应用中。

15）在相同外径下，转子内孔更大。其优势在于：自动车床具有杆件通道，并且在铣削中采用更大的轴径以获得更高的主轴刚度。

16）通过在轴承之间安装电动机部件而提高主轴的刚度。

17）在相同功率下需要较少的冷却能力，即具有较高的有效系数。

18）仅需一个编码器（空轴测量系统）用于测量电动机转速和确定主轴位置。

19）通过更换完整的电主轴来简化维护。

相对地，永磁同步电动机用于主轴驱动时也具有如下缺点：

1）磁性材料昂贵，即永磁电动机的购置成本较高。

2）较高的控制成本（伺服驱动器）。

3）电动机易产生噪声。

4）最大转速比异步电动机更低，以避免磁体从转子上脱落。

5）没有像异步电动机那样有弱磁区，从而允许稳定的笼型转子具有更高的转速。

3.3.6　本节要点

主轴驱动系统：应该记住以下要点：

1）转速可调的异步电动机由于具备良好的特性，如价格便宜、结构简单坚固以及维修费用低，可优先作为标准主驱动来采用。

2）为了保证即使在低速到零速时也能获得全转矩，用于主轴驱动的封闭式电机总是强制通风冷却或液体冷却。

3）直接安装电动主轴一般都要求有液体冷却，这种主轴驱动的结构形式正日益成为现代机床结构的标准结构形式。

4）异步电动机的控制在很大程度上与现代化的进给轴驱动的控制一致。例如，当今的主轴驱动控制器就被用在专门的场控制中作为补充。

5）主轴同步驱动由于没有横向驱动力的作用，即使在最低的转速下也能实现平稳和匀速的主轴运动，从而可以提供最高的工件精度。

6）作为位置控制的 C 轴驱动装置，可以首选同步主轴电机。

7）在各种机床中，同步电机在大多数情况下都可以用于机床进给驱动。

8）同步电机有两种主要类型可供选用：高速电机和大转矩电机。

9）高速同步电机比力矩电机更重要且应用更广泛，力矩电机由于绕组更多、产量有限，因而价格非常昂贵。

10）可供选用的同步电机，其最高转速可达 40000r/min，最大转矩可超过 820N·m。

3.4 CNC 机床的驱动系统选型

电气驱动系统的选型对机床的驱动组件的一体化解决方案，从功能和成本两方面都有决定性的影响。

保留合理的功率裕量是必要的，应避免昂贵且过大的选型。尽管今天，项目的规划人员可以使用面向实际的、计算器辅助的计算程序，但此处仍然使用手工计算示例来说明相关的基础原理。

3.4.1 方法与步骤

在进行电气进给驱动的详细设计时，应遵循以下主要选择依据：

1）工况中的最大转矩不能超过电动机转矩。

2）最大转速不能超过电动机的最大转速。

3）有效转矩不超过电动机的额定转矩。

4）电机选型应根据应用条件（例如：防护等级）进行。

应在各个轴上根据实际条件分别进行评估。如图 3-28 展示了确定机床的进给驱动机电系统选型的基本步骤。线性直接驱动系统的选型和硬件选择相对容易。与工艺过程相关的进给力、速度和加速度无需进行转换计算即可直接应用于驱动系统选型。

相反，确定旋转驱动系统的选型则需要进行一些比较多的计算。由计算器辅助的选型程序具备如下优点：

1）快速、安全的驱动系统的选型设计。

2）面向实践的用户指引。

3）简单、快速变化调整的可能性。

4）以图表的方式显示（运动过程曲线，电动机的特性等）。

5）清晰的设计选型文件。

6）预定义的输入框和选型示例。

7）支持电动机和驱动控制器的组合选型。

8）具备与报价准备系统的编程接口。

9）可通过互联网进行数据更新。

例如：对于机床，通常不知道或不可能精确地提供有关运动过程曲线的详细信息。因为使用加工中心或车床不同的用户可以生产不同种类的零件。驱动系统的选型可依据不同加工阶段的工作制进行确定，这可以基于机床制造商或机床用户的经验得出。以下示例说明了相关的方法和步骤。

根据图 3-29，对于加工中心的进给轴可基于下列的轴线安排进行选型：

1）旋转伺服电动机。

2）滚珠丝杠驱动、从动轴。

3）电动机和丝杠之间的齿形带。

对于制造商目录提供的、详细的轴驱动系统中的电动机，必须检查其可用性，并选择合适的齿形带传动比来进行转速适配。

1. 给定数据

包含转子的滑动负载质量：$m_{ges} = 500\text{kg}$

快速移动速度：$v_e = 40\text{m/min}$

加工进给速度：$v_b = 10\text{m/min}$

加速度：$a = 3\text{m/s}^2$

轴排列：水平方式

总行程：$S_{ges} = 600\text{mm}$

基本受力：$F_0 = 500\text{N}$（恒定）

加工受力：$F_b = 2000\text{N}$

丝杠螺距：$h_s = 20\text{mm}$

丝杠外径：$d_s = 63\text{mm}$

丝杠长度：$I_s = 700\text{mm}$

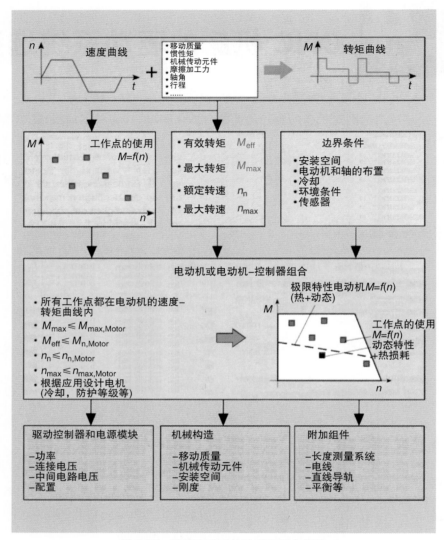

图 3-28 进给驱动系统选型的基本步骤

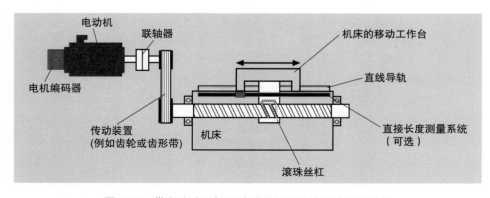

图 3-29 带有滚珠丝杠驱动器的机电进给驱动器的结构

丝杠材质的密度：　$\rho_s = 7850 \text{kg/m}^3$（钢）
丝杠传动效率：　$\eta_s = 0.92$
齿形带传动效率：$\eta_z = 0.95$

2. 可用电动机

电机额定转矩：	8N·m
冷却方式：	自然对流风冷
电动机额定转速：	3200r/min

电动机转子转动惯量：0.0043kgm²
单个工艺过程占全部行程过程的百分比：

加速：	15%
停车：	15%
快速移动：	20%
加工：	30%
加工中的停顿：	10%
非加工中的停顿：	10%
总计：	100%

3. 齿形带传动的选型

必要的进给电机转速 n_s 可由必需的最大进给速度 v_e 和丝杠螺距 h_s 得出

$$n_s = \frac{v_e}{h_s} = \frac{40\text{m/min}}{0.02\text{m}} = 2000\text{r/min}$$

在电动机的额定转速为 n_n 的情况下，得出必要的传动比为

$$i = \frac{n_n}{n_s} = \frac{3200(\text{r/min})}{2000(\text{r/min})} = 1.6$$

4. 转动惯性的确定

轴的总转动惯量由电动机、丝杠和平移运动负载惯量的各个转动惯量组成（本例中为简化起见，忽略了联轴器、齿形带传动等的惯性矩）。

为了实现简单的驱动选型，即满足驱动的要求，这些单独的转动惯量被合并成一个替代变量，即所谓的"等效的惯量"，并统一折算到电机的轴端。

1）丝杠的转动惯量：

$$J_s = \frac{\pi}{32} \times l_s \times \rho_s \times d^4$$
$$= \frac{\pi}{32} \times 0.7\text{m} \times 7850\text{kg/m}^3 \times 0.063^4\text{m}^4$$
$$= 0.0085\text{kg·m}^2$$

2）直线运动负载的转动惯量：

$$J_L = \left(\frac{h_s}{2\pi}\right)^2 m_{ges} = \left(\frac{0.02\text{m}}{2\pi}\right)^2 500\text{kg}$$
$$= 0.0051\text{kg·m}^2$$

3）负载惯量（折算到电机轴端的等效的负载惯量）：

$$J_{Red} = \frac{J_s}{i^2} + \frac{J_L}{i^2} = \frac{0.0085\text{kg·m}^2}{1.6^2} + \frac{0.0051\text{kg·m}^2}{1.6^2}$$
$$= 0.0053\text{kg·m}^2$$

对于旋转伺服驱动系统的电动机和负载转动惯量比近似为 1 的控制要求（很少达到 1，因此实际目标是 1~2 间的数值）。电机参数（在现代伺服电动机中存储在电机编码器的数据存储器中）针对此关系在工厂进行了优化设定。

在当前情况下，电动机与负载转动惯量之比为 0.72。

4）总转动惯量（折算到电机轴端的等效负载惯量）：

$$J_{ges} = J_{red} + J_m = 0.0053\text{kg·m}^2 + 0.0043\text{kg·m}^2$$
$$= 0.0096\text{kg·m}^2$$

5）电动机转矩的确定：

各个运行阶段中转矩的确定如下所示。目的是确定最大转矩和有效转矩。数据的核算都是折算到电机轴端，即考虑到了齿形带的传动比和传动的效率。

6）加速过程转矩：

$$M_a = \frac{am_{ges}h_s}{2\pi i \eta_s \eta_z} = \frac{3\frac{\text{m}}{\text{s}^2} \times 500\text{kg} \times 0.02\text{m}}{2\pi \times 1.6 \times 0.92 \times 0.95} = 3.41\text{N·m}$$

7）加工过程转矩：

$$M_b = \frac{F_b h_s}{2\pi i \eta_s \eta_z} = \frac{2000\text{N} \times 0.02\text{m}}{2\pi \times 1.6 \times 0.92 \times 0.95} = 4.55\text{N·m}$$

8）静态基础转矩：

$$M_0 = \frac{F_0 \times h_s}{2\pi i \eta_s \eta_G} = \frac{500\text{N} \times 0.02\text{m}}{2\pi \times 1.6 \times 0.92 \times 0.95} = 1.14\text{N} \cdot \text{m}$$

在表3-1中列出了各个运行阶段的转矩合成数值以及对应的平均速度。

表3-1 在6种运行模式下，计算得出的转矩确定值（有关BA的各个期限，请参见图3-30）

	占空比 ED_i	产生的转矩 $M_i/\text{N} \cdot \text{m}$	平均速度 $n_i/(\text{r/min})$
加速	15%	$M_i = M_a + M_0 = 4.55$	1600
制动	15%	$M_i = M_a - M_0 = 2.27$	1600
快速移动	20%	$M_i = M_0 = 1.14$	3200
加工	30%	$M_i = M_b + M_0 = 5.69$	800
加工过中的静止状态停顿处理	10%	$M_i = M_b = 4.55$	0
非加工过程中的静止状态停顿不处理	10%	$M_i = 0$	0

5. 最大转矩

在该示例中，假设在加速和制动阶段没有机械力，因此只有静态力起作用。因此，最大转矩由加工过程中的转矩确定，为 5.69N·m。

6. 有效转矩

有效转矩决定了驱动电动机的热负荷，并且不得超过电动机的额定转矩，否则电动机将发生热过载。各个运行阶段的合成转矩如图3-30所示。

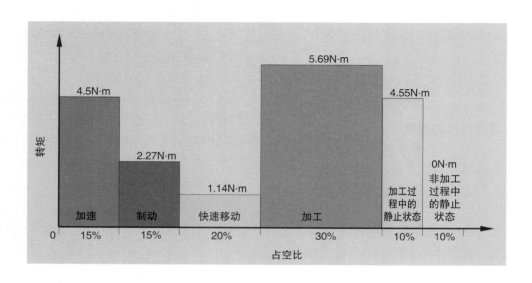

图3-30 各个运行阶段的转矩和占空比

通过各个运行阶段的合成转矩，现在 可以用来确定有效转矩为

$$M_{eff} = \sqrt{\frac{\sum\left(M_i^2 \cdot ED_i\right)}{100\%}}$$

$$= \sqrt{\frac{(4.55\text{N}\cdot\text{m})^2 \cdot 15\% + (2.27\text{N}\cdot\text{m})^2 \cdot 15\% + (1.14\text{N}\cdot\text{m})^2 \cdot 20\% + (5.69\text{N}\cdot\text{m})^2 \cdot 30\% + 4.55^2 \times 10\%\text{N}\cdot\text{m}}{100\%}}$$

$$= 4\text{N}\cdot\text{m}$$

有效转矩是各个运行阶段中所得转矩数值的均方根值。

在以后连续运行时需要确定平均速度，该平均速度是各个运行阶段中平均速度的算术平均值

$$n_{mitt} = \frac{\sum\left(v_i \cdot ED_i\right)}{100\%} = 1360\text{r/min}$$

7. 驱动器功率

有效转矩和平均转速决定了电动机的连续运行的功率。需要保证电机的工作点处于电机的热极限特性范围内。电机轴端联系工作的机械功率为

$$P_{md} = M_{eff} \times 2\pi \cdot n_{mitt} = 4\text{N}\cdot\text{m} \times 2\pi\frac{1360\text{r}}{60\text{s}} = 570\text{W}$$

伺服驱动器的功率一般规定为驱动器直流母线的功率。

对于模块式驱动器的情况下，所有驱动器直流母线功率的和代表了电源模块的总功率。

必要的直流母线功率来自于电动机和驱动系统中电动机和逆变部分的机械功率和电损耗。

所需的直流母线功率可以通过下式进行准确的估算为

$$P_{DC} = P_{md} \times 1.2 = 570\text{W} \times 1.2 = 684\text{W}$$

8. 电机选型的校核

如图 3-31 所示，现有电动机的转速-转矩曲线以及各运行阶段的最重要的工作点。所有工作点都应在电动机 S1 的特性曲线内。电动机在此时是可以使用并同时满足足够的功率裕量。

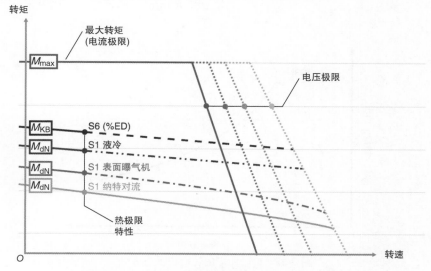

图 3-31 与运行阶段主要操作点相关的速度-转矩图

3.4.2　主轴驱动系统的选型

主轴驱动系统与进给驱动系统原则上由相同的主要部件组成如图 3-29 所示。只是所需的驱动器功率更大且转速更高（请参见主轴驱动系统章节，见图 3-14）。电动机的设计形式也不同于进给电动机。主轴驱动系统的选型过程和进给驱动系统的过程一致。特别是根据负载工作周期确定驱动系统选型时尤其如此。

但在大多数情况下根据必需的切削功率会给出不同的转速-转矩曲线，这些曲线通常与电动机特性曲线相同。如图 3-16 所示，或者至少和指定的相应关键数据匹配。因此，可以通过比较这些关键数据进行简化的驱动系统选型。

实例：

三相交流异步电动机用于车床主轴（C 轴）的直接驱动系统（一体式电动机）。直径 $d = 35 \sim 95\text{mm}$ 的工件将在该车床上以 $v_s = 300\text{r/min}$ 的切削速度进行加工。切削力 F_s 为 2800N。必须选择一个合适的电机包括对应的伺服驱动器。

必要的转速范围可通过不同直径的工件直径来确定：

$$n = \frac{v_s}{\pi d}$$

由此最大转速（最小的工件直径）为 2728r/min；最大工件直径对应最低转速为 1005r/min。

所需转矩还取决于工件直径

$$M = \frac{F_s d}{2}$$

最大的工件直径需要最大的转矩，工件直径为 95mm 时，所需转矩为 133N·m，工件直径为 35mm 时，仅需 49N·m 如图 3-32 所示。

所需的驱动功率由转矩和速度确定，如下所示：

$$P = 2\pi n M$$

因此在 1005~2728r/min 的整个速度范围内需要 14kW 的恒定驱动功率。

图 3-32 显示了整个速度上的转矩和功率曲线。

选定的电机：　主轴电机套件，异步电动机。

选择伺服驱动器：　18kW 连续功率输出。

额定转矩：　169N·m。

额定转速：　1000r/min。

额定功率：　18kW。

2800r/min 下的转矩：　62N·m。

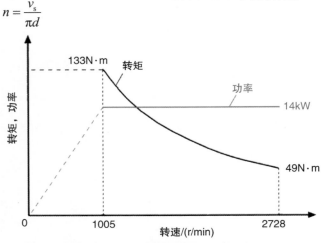

图 3-32　C 轴所需的转矩和驱动功率

3.4.3 小结

当今主要使用的进给驱动系统包括带有滚珠丝杠驱动的永磁三相交流电动机。最大速度、加速度、精度和使用寿命的最佳值取决于以下参数：

1）丝杠螺距。

2）电机 / 丝杠的齿轮比。

3）临界转速。

4）负载惯量。

5）滚珠丝杠传动系统的和位置相关的刚度和挠曲强度。

带滚珠丝杠传动的进给驱动系统的控制范围取决于机械系统的固有频率。可达到的 K_v 系数最大约为 5m/min·mm。

K_v 系数是对进给驱动系统可实现的加工精度和进给系统的动态特性的度量，它表示 NC 轴可以以一定的速度（以 m/min 为单位）移动直到达到 1mm 的滞后量（也称为跟踪误差）。

K_v 因子由不同的影响变量和系统特性确定，例如：

1）机械零件的刚度（如轴承、传动系统）。

2）控制动态特性的数据（电动机数据、负载惯量质量、转动惯量）。

3）系统的非线性特性（摩擦、反向间隙）。

4）直接或间接的位置测量系统。

直线驱动系统可实现更高的动力学性能和精度。使用这些驱动系统时，机床设计必须满足以下要求：

1）拖动的负载质量最小化。

2）机械结构的高刚性和高固有频率。

3）考虑一次侧和二次侧部件之间的吸引力，以及多被磁化的金属切屑的吸引力。

线性直接驱动系统的控制范围仅由数字量的调节确定。可达到的 K_v 系数最高为 30m/min·mm。

直接驱动的电主轴在很大程度上已经构建在主轴驱动系统中。如果需要其他定位任务（C 轴），则首选三相同步交流电动机。

机床驱动系统的选型：

应重点牢记以下几点：

1）受控的进给轴和主轴驱动系统是决定切削机床性能的核心组件之一。

2）电动机功率数据的计算与后面要确定的电机类型，如同步电动机或异步电动机无关。前两章已经介绍了这些系统的优点。

3）为了避免严重的碰撞，旋转驱动系统（电动机）带有集成的过载保护的联轴器必不可少。

4）足够的加速度和工艺切削力可以提高机床上生产工件的精度。

5）在计算所需转矩时，还必须考虑任何相关的、需要施加的保持力，例如，垂直于 NC 轴的配重。

6）CNC 机床的制造成本和运行成本在很大程度上取决于驱动器的类型和选型。另一方面，选型过小的驱动系统会降低机床的后续生产率。

7）在 CNC 机床中，通常需要多个轴相互配合来合成运动过程。因此，在计算驱动器时还必须协调所有 NC 轴的动态特性（速度）。因此，并非一定要对 CNC 机床所有轴的驱动系统均进行标准化。

8）越来越多的主轴驱动系统通过位置控制进行驱动。如果使用车床，除了车削外还要对工件进行铣削和钻孔，则需要进行 C 轴操作。为此必须使用同步电动机。

9）对于简单的机床，用笼型转子的转速调节电动机就足够了。

10）原则上，高质量的主驱动系统包含与进给驱动系统相同的主要组件。

11）直线驱动器最适合高的进给速度。由于没有机械传动，因此需要直接线性测量系统进行位置测量。

3.5 基于工艺参数的主轴机械设计

主轴的设计是基于主轴的应用或用途来进行的，主轴的每一个可变参数都是根据切削速度、切削力等工艺参数来确定的。例如，如果切削加工的重点是大切削力的剪切应力且伴随着低的切削速度，那么这种主轴的设计必然与高速加工的主轴设计有所不同。

3.5.1 电机的选择

电机的选择对主轴能否执行正常的功能有着很大影响。现在的主轴都集成了驱动电机，电机转子已成为主轴的一个组成部分，由主轴的轴承支撑，这样就不再需要电机轴和主轴之间的机械联接。取消这一附加的传动元件为用户带来了各种好处，诸如运行平稳、在机床内所占空间更小、更高的精度或由于更小的质量惯性而改善的控制动力学特性。转矩的传递是非接触式的，没有机械磨损，电能只需通过固定的外壳输入，转子不需要专门的供电电源。

一般来说，同步或异步内置电机是可以应用在电动主轴上，并提供不同的转速等级。这两种电机形式都对驱动单元的功率模块提出了一定的要求，这在机床设计时必须予以考虑。此外，必须根据所期望的用途来权衡不同的优缺点。

异步电机的控制并不很复杂，并且提供了一个较大的弱磁范围，因而与相应的同步电机相比，可以在较低的功耗下实现最高的转速，同时还能缩短起动时间。

同步一体式电机由于永磁激励而具有高的功率密度，使结构组成紧凑，亦即允许相对较粗的轴径。功率损失在低速范围内很小，对于高速旋转的电机，可能需要使用一个额外的电感（扼流圈），这在电机结构上是有道理的。此外，有了扼流圈还可以通过对信号的高频部分进行过滤，以降低电压峰值和减少电机绕组的负载。

电机主轴通常都配置有用于电机定子液体冷却的集成通道，接收驱动电能的电机定子是主轴单元的主要热量损失源，因此冷却通道系统与之密切相连。当然，其他热力传导距离较远的热损失源也可由该集成的冷却系统提供冷却，仍然有适当有效的热量减少。主轴单元本身可通过一个进流管和回流管来提供冷却介质。将冷却介质冷却到开始的进流温度是通过一个主轴外的外部冷热交换系统来完成的。进流管中冷却介质所需的压力由外部泵提供，这两个系统都是机器制造商的责任。

电机温度的监测可使用温度传感器来进行，其作用是防止在旋转运行中的过载。同步电机在特殊运行条件下（如电机静止时的负载）的过载保护，需要对电机的相位角进行额外的监测，这是通过一个 PTC（正温度系数）三联体热敏电阻来实现的，作为一个选项，也可以使用 NTC（负温度系数）热敏电阻，如果系统配置的主轴驱动器不允许对 KTV 传感器的数据进行读取和判断时，就会使用 NTC 的选项。

3.5.2 轴承

主轴的轴承具有实现高精度运转和承受加工载荷的任务，轴承的选择和排列布置都是依据所要求的工艺参数而不同，大部分所使用的轴承都是滚动轴承。

在机床主轴中使用滚动轴承时，几乎都毫无例外地会提高轴承的精度等级。轴承的主要结构形式有角接触球轴承、向心角接触球轴承、主轴轴承（压力角为15°和25°）、双向推力角接触球轴承、向心和推力圆柱滚子轴承，有时也会使用圆锥滚子轴承。用球轴承或滚子轴承拟定和设计轴承布置取决于所要求的机床性能参数，需要遵循关于刚度、摩擦特性、精度、转速适用性、润滑和密封等技术准则。根据转速范围的不同，滚动轴承可以使用诸如钢和陶瓷等的不同材料，对运行精度和阻尼有非常特殊要求时，可以使用由动压轴承或静压轴承构成的主轴单元。从众多可能的机床轴承布置中，出现了一些有代表性的轴承布置，它们在机床制造业中得到了验证。

如果重点是大切削力和低转速，那么轴承必须具有强的刚性，使得载荷可以沿着主轴的径向和轴向精确地传递，这可以通过采用粗的轴径和大的轴承直径来实现，对所期待的精度则可以通过对刚性轴承调整时所设置的适合的预紧力来获得。与之相反，当要求非常高的转速时，轴承布置必须特别能够适应热力学和动力学运行条件，带有陶瓷球体的混合主轴轴承就特别适合。通过具有确定预紧力的弹簧，可以在配对轴承的驱动侧和从动侧对轴承进行相互调整，这样就使得因热变形和动态变化而引起轴的轴向膨胀得到无约束的补偿，此外，可选的滚珠轴承衬套还额外地支持着径向刚度。如果能按规定进行主轴冷却，保持不超过允许的轴承载荷，顾及在工作状态下允许的最大环境温度，就可以确保轴承不超过允许的轴承温度。

3.5.3 润滑

为了确保主轴在加工过程中具有足够的使用寿命和无磨损运行，摩擦接触中的润滑膜是必不可少的。为了确保这一点，必须选择具有必要特性的润滑材料，并保证其在运行的任意时刻都一直存在。一般来说，润

滑可以区分为油脂润滑和油气润滑。油脂润滑在转速要求很低的情况下优先使用，它的优势在于摩擦小、主轴设计简化和系统成本相对较低。如果保持不超出主轴的各种负载能力限制，润滑脂的工作寿命决定了轴承的使用寿命。润滑脂的工作寿命被定义为在该润滑剂的作用下能维持轴承功能的时长。润滑脂的工作寿命不取决于轴承的负荷，而是随着速度的增加而减少，对润滑脂的工作寿命影响很大的因素是润滑脂数量、润滑脂类型、轴承设计以及转速、温度和安装条件。

第二种润滑方式是油气润滑，只需要很少的油就足以润滑主轴轴承。如果能确保所有的滚动和滑动表面都被油所润湿，那么大约 $100mm^3/h$ 的油量就已经足够了（一滴油大约为 $30mm^3$），这种最小油量润滑使得摩擦损失很小。如果因主轴转速过高而不适合使用油脂润滑时，可以采用最小油量润滑的方式。目前，标准的做法就是油气润滑，以 ISO VG 68 + EP 标识的润滑油品，即在 40℃ 下有极压添加剂时油的标称黏度为 $68mm^2/s$，已经证明可用。这里最好是使用内径为 2～4 毫米的透明软管，以便可以监视润滑剂的传输。细小液滴的形成是由 1～5bar 压力下的溢出空气引起的，只要软管长度保证在 400mm 以上，轴承中的特定的流动特性会显著影响油量。

3.5.4 加工过程

1. 铣削

铣削主轴的一个特点（见图 3-33）就是使用标准化的刀柄，标准化的前提则是符合需求。标准化为机床或主轴单元的制造商提供了这样的可能性，即可以通过简单地交换带有夹紧装置的夹头，将各种不同的短锥度刀具（标准化的锥销/紧固销）或空心锥柄的刀具安装夹紧。在同一个机床主轴上可以安装不同结构形式的刀具夹持器，其上装

有液动或气动的松刀装置，以及带或不带冷却润滑剂供应。旋转夹紧接头和松刀装置都是相互之间兼容的，可以互换。

从本质上讲，短锥刀柄的夹持器（SK，BT）和空心锥柄的夹持器（HSK）之间是有区别的，两者都有各自特定类型的属性及优缺点。在主轴转速高达 10000r/min 的刀具系统中，通常使用符合标准 DIN 69871 第 1 部分所规定的短锥刀具，（根据对相关供应商的询问，也可能适配更高转速的刀具）。

五轴机床的主轴单元支持类似于工件位于刀具上方的加工方式，可以实现任意角度的安全切削。其缺点是转速能力有限。在高速切削时，主轴受离心力扩张，锥度刀柄可以深入主轴并自动夹紧。

刀具和模具加工中的加速过程和高速切削的机加工行业也在为快速换刀寻找解决方案。HSK 刀柄夹紧套满足了日益增长的要求。相对 SK 刀柄，该刀柄的主要特点是在轴的前端有额外的支承面，相比其他锥度刀具，通过边缘处的支承显著提高其抗弯强度。此外，这种面接触能实现微米范围内的

轴向定位精度。闭锁的、紧密的锥公差防止产生径向跳动误差。

刀具夹紧系统的最大转速从 HSK-A63 刀柄的 40000r/min 到 HSK-A32 刀柄的 60000r/min。由于离心力造成的主轴不期望的扩张和由此合力引起的主轴上方刀具的缩回将由平面轴承的反作用力而抵消。另外拉刀机构具有如下的布置，虽然在较大的离心力作用下夹紧力向外压，但由此会导致夹紧力的增大。转矩通过圆锥体的摩擦以及附加的传动键传递到柄端。

对主轴加速日益增长的要求由换刀中的辅助时间决定。对于尽可能小的换刀时间需要强大的释放机构。释放机构的任务是卸下主轴上的刀具，为此必须在主轴后部装备一个活塞压向拉刀机构，以使拉刀机构的弹簧组件弹卸下刀具。通常释放机构由液压驱动或气动驱动，也有非液压的电驱动释放机构。在现代数控机床中，这三种设计具有相同的换刀时间。数控铣床电主轴的结构如图 3-33 所示。用于自动换刀的主轴如图 3-34 所示。

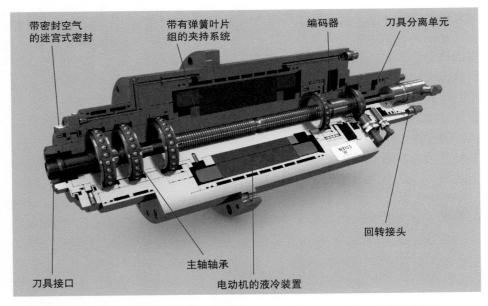

图 3-33 数控铣床电主轴的结构（资料来源：Weiss 电主轴，施韦因富特）

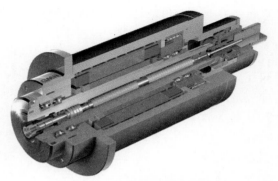

图 3-34 用于自动换刀的主轴

（资料来源：CMN 电主轴，纽伦堡）

教学短片中展示了：

■ 轴承和电动机的液冷。

■ 通过轴和壳体向铣刀供应冷却液。

■ 自动换刀和拉杆监控。

■ 通过空气清洁刀柄锥孔。

■ 前后轴承的油/空气润滑。

■ 用于测量轴向轴偏移的传感器。

■ 密封、防止灰尘从外部进入。

■ 用于主轴定位的旋转编码器。

■ 在前轴承处进行温度测量以补偿轴的轴向运动。

2. 磨削

磨削时，刀具（砂轮）的夹紧通常采用由内锥度、外锥柄以及圆柱形的夹紧装置组成的砂轮夹紧盘进行手动夹紧。据此得出，要实现砂轮的自动更换，砂轮夹紧盘需要具有空心轴锥柄的设计。

磨削电主轴一般分为内圆磨削电主轴和外圆磨削电主轴。外圆磨削电主轴也适用于平面磨削。根据工艺需要，采用不同的砂轮夹紧盘和不同直径的砂轮。砂轮磨料颗粒的大小决定的主轴运行速度。同样地，砂轮的材质也对运行速度至关重要。砂轮的这种显著特征在于不同的磨料（刚玉、碳化硅、立方氮化硼等）和不同的结合剂（陶瓷、树脂等）。由于磨削往往是制造加工过程的最后一步，表面均匀性至关重要，因此滚动轴承必须非常小心的安置。优选的是刚性排列（见图 3-35），所以会极大地限制转速。同时加工结果表明，由于具有较低的波动，提高了表面质量。而在内圆磨削中往往使用高速主轴，此时的轴承分布方案必须适应运动条件，所以必须在主轴的刚度上进行妥协，以使加工件的表面质量达到可以接受的程度。

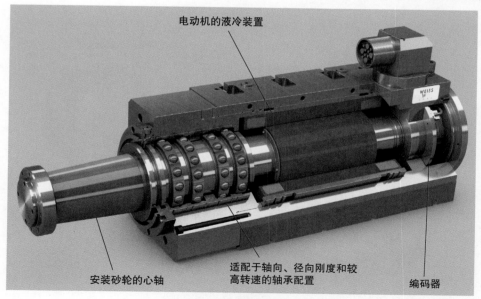

电动机的液冷装置

安装砂轮的心轴

适配于轴向、径向刚度和较高转速的轴承配置

编码器

图 3-35 磨床电主轴的结构

磨削过程通常要求主轴连续转动（S1），特别是对于高速且连续转动的主轴，轴承润滑优选油气润滑方式。油脂润滑轴承不用于连续转动且转速接近最大允许转速的工况，因为润滑介质此时会出现过大的损耗，并且轴承由于不充足的润滑会造成轴承过早的磨损。

对于较大直径的大砂轮应用采用动平衡系统，即在运转时补偿砂轮运转的残余不平衡。在一些不同制造商的专利系统中，许多动平衡系统都布置在主轴中心。

磨削用电主轴的一体式电动机的结构组件可采用同步技术或异步技术。在异步技术中，主轴一般无编码器运转，这意味着不需要编码器，但这样做就需要评估机器的安全性。

3. 车削

数控车床电主轴与其他电主轴主要区别是由标准化接口的夹头来夹持工件。在欧洲，根据 DIN55026 标准使用短锥 A3-A20 夹持。根据 DIN55026（1S0702/Ⅰ）标准，旋转夹头由内六角螺钉从前面固定安装，螺纹孔直接开在主轴前端。根据 DIN 55027（ISO 702/Ⅲ）标准，旋转卡盘由紧固螺栓固定，与 DIN 55021 标准和 DIN 55022 标准中的规定类似。根据 DIN 55029（ISO 702/Ⅱ）标准，在亚洲机床中也有使用一种被称为"凸轮锁"的接口。除了手动装夹卡盘外，也有工件自动装夹的卡盘。对此，需要在主轴末端安装液压缸，由拉杆穿过轴孔来夹紧卡盘。

由加工工艺可以得出，对于车削电主轴通常要有高刚度的要求。加工侧的支承必须精确地引入轴向载荷和径向载荷，且只允许有很小的挠曲变形。对于低转速或中转速加工，要求优先选择刚性支承轴承组件。这里通常使用高精度的轴承（见图 3-36）。为提高切削力，也采用具有径向支承作用的圆柱滚子轴承组件与推力轴承组件结合使用，但很少使用彼此相对拉紧的圆锥滚子轴承作为轴承系统。对于较高的转速要求，也可使用带有弹簧的可调轴承系统，当然由此带来的缺点是刚度的降低，即主要是所允许

根据 DIN 55026A 标准选择的主轴头   适配较高刚度的轴承布置   用于C轴运行的编码器

图 3-36   车床电主轴的结构

的拉伸力受限。车削主轴的轴承单元大多使用油脂润滑，所以轴承的寿命由润滑脂的使用寿命决定。C 轴模式下需要在主轴中增加编码器的分辨率，这里可用采用具有高线数的光学编码器或磁环编码器。

车削电主轴偶尔需要带开放式冷却套的外壳。所谓的插装式设计是使用主轴箱作为外壳，O 形环安装在主轴上作为冷却水的密封腔。

3.5.5　工业 4.0 对主轴的要求

工业 4.0 主要用来指代任意形式的网络化协作，例如产品开发、生产、物流，其次是指工厂内的网络化。第四次工业革命的基本思想是使用现代信息和通信技术来提高产品质量，同时提高生产率和生产的灵活性。

对主轴的需求源自产品制造中涉及的所有工艺的整体方法。本质上，对主轴质量的要求，例如精度、使用寿命、热稳定性和可用性将会提高。为了实现机器与上游和下游工艺过程的智能联网，仅向主轴添加再多数量的传感器来监视加工过程也是不够的。只有在工艺过程中的所有参数都受到控制的情况下，智能的且能自我控制的机床才可运行。为了保证一周 7 天 ×24 小时内机床的可用性，所有单个组件必须相互配合。例如，刀具必须平衡良好，主轴必须具有良好的同心度和轴向跳动精度，并且工件的尺寸波动必须通过夹紧或预制的方式保持在公差范围内。否则，依据预定义的中断门限通常会导致机器意外地退出生产过程并导致停机时间。

在单件生产以及小批量计件生产中，该工艺过程的智能模拟也是值得的，因此无需人工干预即可验证生产过程。机器故障的主要原因之一是主轴碰撞。如果在仿真中可识别出干涉轮廓，则程序将防止出现不必要的碰撞。如果通过模拟发现可以省略的工艺步骤，则生产率仍有可提高的空间。

到目前为止，除了转速和温度可以通过一些模拟量或数字量的接近传感器进行监控外，偶尔也可以通过加速度传感器监控主轴的振动情况。将数据与控制系统中先前输入的警告和中断门限值进行比较，如果超过这些门限值，则会导致警告。或者在最坏的情况下，导致机器退出加工程序。然后，机器操作员必须根据控制器中或多或少的提示性错误消息来确定原因。虽然故障原因需要由其他部门或公司去寻找，仍然需要机床用户一次又一次地拆下主轴送检。如果主轴中独立的传感器可以通过例如 CAN 总线系统和控制器进行联网，则可以明显改善设备的诊断。

机器中的信号受到大量电子元件的干扰并不罕见。电机的动力通常经过长达数米的强电动力电缆到达控制系统，这会导致 EMC（电磁兼容性）干扰并给用户带来困扰。这种影响会导致 CNC 中的信息出现错误，进而导致出现插补错误。出于这些原因，现代主轴具有集成的传感器模块，该模块可处理主轴中的模拟传感器信号，将其转换为数字信号，然后通过网线将其传递至控制器如图 3-37 所示。数字信号传输不会受到干扰，因此可以避免信息丢失。

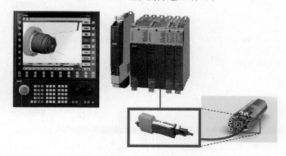

图 3-37　带传感器模块的主轴
（来源：Weiss 主轴技术有限责任公司）

这些集成传感器模块的另一个优点是主轴中采集的数据可以保存在模块中，从而可以由主轴供应商、机床制造商的服务部门以及最终用户的维护部门读取。这样就可以根据速度、功率或扭矩检查主轴的实际使用情况，并可以进行相应的优化。此外，主轴状态的变化可以尽早地得到识别，并且可以更好地计划维护或更换。

现代 CNC 还提供了自己的集成用户界面以进行主轴诊断。以上信息，例如转速、功率和转矩组，铣削主轴的刀具夹紧状态或实际主轴运行时间（主轴旋转状态下）都可以非常用户友好的方式得到读取（如图 3-38 所示）。

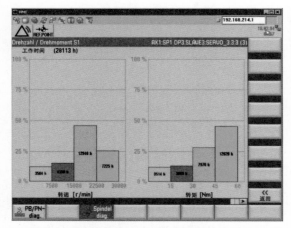

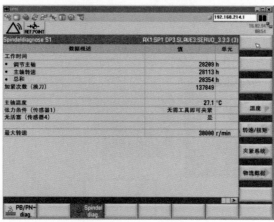

图 3-38　ISM（集成的主轴监控器）用户界面：主轴状态可以通过 CNC 用户界面显示和评估（来源：西门子公司）

3.5.6　本节要点

基于工艺参数的主轴机械设计应该记

住以下几点：

1）与相应的同步电机相比较，异步电动机更容易控制，并可提供一个大的弱磁区，从而能在电能消耗更低的同时达到最高的转数。

2）同步一体式电机由于采用了永磁体励磁，具有很高的功率密度，可以实现结构紧凑，或可采用相对较粗的轴径。

3）电机主轴一般都配备了用于定子液体冷却的集成通道。

4）主轴轴承的任务是实现高精度运动和承载切削力，轴承的选择和排列方式因所需的工艺参数而异，大部分使用的轴承都是滚动轴承。

5）对于较低的转数需求，优先使用油脂润滑。其优点是摩擦力小，主轴设计简化，系统成本相对较低。

6）当主轴转数过高而无法使用油脂润滑时，可使用最小油量润滑（油滴润滑）。

7）短锥刀柄（SK，BT）和空心锥柄（HSK）之间有本质上的区别，两者都有各自的类型属性和优缺点。在刀具系统中，当主轴转数在 10000r/min 以内时，通常使用符合标准 DIN 69871 第 1 部分所规定的短锥刀具。

8）刀具夹紧系统在使用 HSK-A63 刀柄时的最大转速度约为 40000r/min，使用 HSK-A32 刀柄时约为 60000r/min。

9）通过在端面放置平面轴承可以获得相比于锥柄刀具明显更高的抗弯曲强度。此外，刀具与主轴端面接触面的轴向定位精度可以在微米级内。

10）通常，车削用电主轴在加工过程中要求具备较高的刚度。工作端的轴承必须使它能承受较高的轴向和径向负载，且挠曲变形小。

11）通过对电主轴配置了传感器可以对其实施监控，并且在 CNC 显示屏上以表格的方式显示其中的测量值或故障原因。传感器将模拟信号转换为数字信号，然后通过网络连接将其发送到控制器。

12）集成的传感器模块可对现有的来自电主轴的数据进行存储，并可以由例如维护部门进行读取。

13）现代的 CNC 还额外提供自己制作的、集成的用户界面用于主轴诊断。

SIEMENS

数字化主轴

第 4 章
数控机床和制造系统

简要内容：

4.1 数控机床

数控系统的引入为机床设备的发展带来巨大的变革，由此出现了一部分全新的设备和附加的自动化设备。如今，数控机床已是现代化生产设备的基础。

下面按照数控机床的市场排名顺序对其进行介绍。此排名是根据德国机床制造商协会的销售数量统计确定的。

4.1.1 加工中心和数控铣床

加工中心是最早引入数控技术的。通过在机床（如钻床、铣床或镗床）上增加旋转刀具，实现一次装夹后完成尽可能多的自动加工任务。加工中心的定义如下：

加工中心至少含有三个数控进给轴，并包含一个自动换刀装置和一个刀具存储装置的数控机床。

现在很少见到不具备自动换刀功能的铣床，但由于价格便宜、结构紧凑且具备一定的教学价值，一些简单的小型铣床仍然用于常规生产。

1. 按主轴的位置进行分类

最为常见的分类方法是根据主轴的位置进行划分。按照这种分类方法，可将加工中心分为卧式加工中心和立式加工中心，如图 4-1 和图 4-2 所示。立式加工中心多用于加工扁平状、板状或较长的条状零件；卧式加工中心则更多地应用在箱体类零件的加工过程中。这两种机床的一个重要区别是：立式加工中心的 y 轴位于水平方向上，而卧式加工中心的 y 轴位于竖直方向上。因此，如图 4-4 所示，带有立柱结构的卧式加工中心多具有立方体的工作空间。而立式加工中心通常配有十字滑台，或者为了获得更大的工作空间而采用门形支架或龙门台架如图 4-6 所示。卧式数控铣床更多地应用在高产能的生产线上，通过工件位于刀具顶端的加工方式，可以有效地清除切屑。

下面根据草图概述具有垂直工作主轴的设计，如图 4-1a~h 所示。

立柱固定式结构如图 4-1a 所示。由于工作台在竖直方向上运动，在加工中工作台的驱动需要考虑工件的重力，因此这种结构通常用于工模具和工装夹具行业的小型万能机床。

十字滑台结构如图 4-1b 所示。使用此种结构形式的机床，工件被夹紧于工作台上，工作台可沿 x 轴和 y 轴方向运动，主轴箱引导刀具做（z 方向）垂直运动。

工作台结构模式如图 4-1c 所示。将工件夹紧在工作台上，控制刀具的有两根直线轴和一根控制工件的直线轴。

床身固定式结构如图 4-1d 所示。此类机床由两个直线轴控制刀具的移动，在工作台上配置一个直线轴。工件一般放在一个回转工作台上，相对于机床床身做垂直移动。

动立柱结构形式如图 4-1e 所示。对于该种结构的机床，三个进给轴（横向进给轴、纵向进给轴和刀具轴）均在刀具侧进行。立柱的下滑板固定在工作台后面，并驱动位于机床床身的 x 轴。在这个十字滑台上是沿 y 轴方向移动的刀具立柱。在十字滑台前端固定的是刀具主轴箱及可使得 z 轴完成做横向进给的导轨。若机床配置数控回转摆动工作台，则可一次装夹后完成 5 个面的加工工作。

门式工作台结构如图 4-1f 所示。此类结构的机床适合加工重型及加工面积较大的工件。这种机床的工作台可沿 x 轴方向移动，因而机床长度须达到最长工件长度的 2 倍，其他所有的加工运动均由刀具执行。

具有龙门结构的门式铣床如图 4-1g 所示。与工作台式的机床相比，这种机床具有在加工中被支承的、可移动的横梁结构，工件紧固台的长度只需与被加工零件的最长长度相同即可。

当机床尺寸达到一定程度后，需要两个进给驱动装置在 x 轴上移动龙门，即龙门两侧各一个驱动装置。两侧的数控系统和测量系统的偏斜位置监控也能防止龙门架的偏斜。对于这些规格的机床，一个可移动的控制单元是机床设置的必要条件。三维路径控制与所有的扩展控制功能，如平行轴、斜面位置监控和温度补偿均用于这些类型的机床。

高龙门结构如图 4-1h 所示：横梁在高刚度的 U 形底架上沿 y 方向移动。在横梁上，横滑板在 x 方向上移动，带着主轴头垂直移动。这种设计经常出现在小型机器上。两张图片都是摆动工作台配合回转工作台，因此可以在一次设置中同时进行 5 面加工。

带卧式刀具主轴的机床如图 4-2a~g 所示。

落地式结构设计如图 4-2a 所示，与立

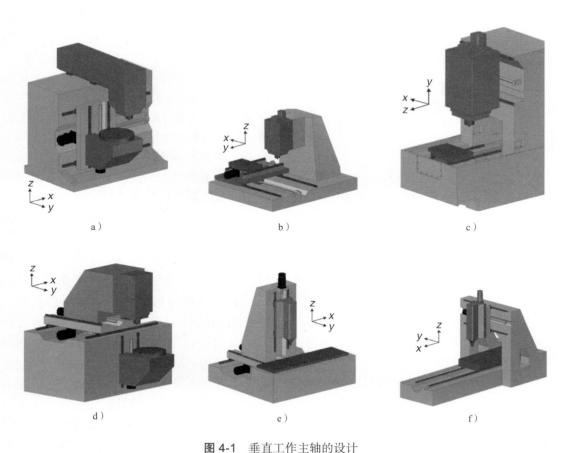

a)　　　　　　　　b)　　　　　　　　c)

d)　　　　　　　　e)　　　　　　　　f)

图 4-1　垂直工作主轴的设计

a）立柱固定式结构　b）十字滑台结构　c）工作台结构模式　d）床身固定式结构
e）动立柱结构形式　f）门式工作台结构

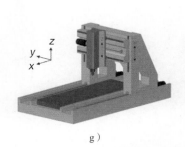

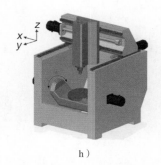

g) h)

图 4-1　垂直工作主轴的设计（续）

g）龙门结构的门式铣床　h）高龙门结构

式机床类似，这种设计也存在于带有水平刀具主轴的机床。工件夹在控制台上，在复合滑块上做水平即 x 运动。复合滑块本身垂直移动，即在 y 轴上。刀架是在 z 方向进行加工的水平轴套。在这里，这种设计也比较常用于尺寸较小的机床。

十字滑台结构设计如图 4-2b 所示。工件夹在十字滑台上。然后再进行 x 和 z 运动。立柱通常被设计成框架式结构，在框架内，刀具主轴箱沿 y 方向运动。

十字床身结构设计如图 4-2c 所示。夹持工件的机床工作台 z 方向运动是在机床床身上进行的。机床立柱在 x 方向上沿工件台横向移动。

动柱结构设计如图 4-2d 所示。在这种设计中，三个横向进给和纵向进给的轴线都布置在刀具一侧。在机床床身，十字滑块在 x 轴上移动，并将执行 z 向进给运动的立柱沿着工件所在的方向。主轴头在机床立柱上进行垂直运动。本设计适用于加工重型长形工件。另外，若工作台长度扩展一倍则可以进行往复加工。

立柱框架结构设计的加工中心如图 4-2e 所示。这种立柱不同于传统的动立柱式结构中的立柱，它是刚性连接到床身上的。这种结构的加工中心上，十字滑台安装在一个定位板上并沿着立柱移动。z 向滑板如同伸缩套筒一样，承载着刀具主轴。

卧式镗床结构设计如图 4-2f 所示。这

种设计类似于动柱结构形式。有一点不同的是：主轴头有一个长轴套作为叠加的 z 轴，用于进行深孔的镗铣加工。重型铣削操作可直接把主轴头的轴套收起进行。

还有一种双主轴加工中心，它是在卧式加工中心上采用双主轴毗邻布置的方式提高生产效率的一种数控机床。两个主轴单元可作为相互独立的单元，分别有各自的进给驱动 z_1 和 z_2，从而可以分别对两个主轴的刀具长度进行修正，如图 4-2g 所示。

2. 按进给轴的数量进行分类

根据加工中心进给轴的数量，分类如下：

1）三轴加工中心。它包括三个直线运动轴、一个旋转刀具以及与机床相关的基础组件。

2）四轴加工中心。它包括三个直线运动轴和一个旋转轴，该旋转轴可用于完成零件圆柱面的加工任务。在四轴卧式加工中心中，回转工作台的轴线即为旋转轴。在四轴立式加工中心中，旋转轴上附加回转式夹具，用以加工圆柱表面如图 4-3a 所示，或者从三个方向加工小尺寸工件如图 4-3b 所示。

3）五轴加工中心。它包括三个直线运动轴和两个旋转轴，如图 4-3c 所示。此时，刀具可以与工件可在任意方向做相对运动，以完成任何表面的空间铣削或任意角度的钻孔。两个旋转轴可以任意分配，一个轴作为工件支承，另一个轴作为刀具主轴，极大地

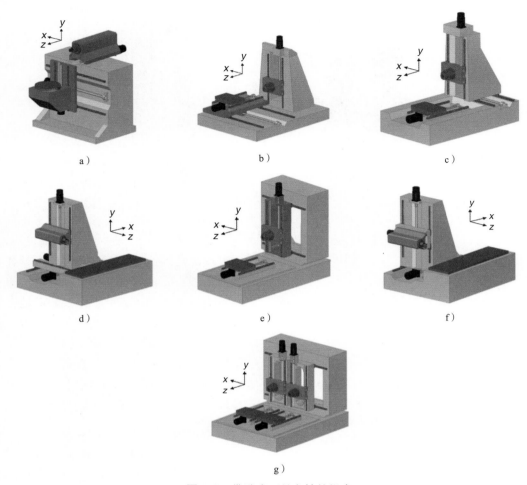

图 4-2　带卧式刀具主轴的机床

a）落地式结构设计　b）十字滑台结构设计　c）十字床身结构设计　d）动柱结构设计　e）立柱框架结构设计
f）卧式镗床结构设计　g）双主轴毗邻

丰富了机床类型。

现今，加工中心均可实现至少三～五轴联动的连续轨迹控制，使用编程的方法同时对轴所在的空间位置进行插补计算。因此，加工中心必须具备相应的计算机编程系统和特定的计算机后处理器。在加工简单零件时，由于面向车间的编程（WOP）具有更好的灵活性，因此它更容易被有经验的用户采用。可编程的以图形方式输入轮廓的铣削和钻孔循环以及按加工顺序进行图形仿真和技术性的编程辅助功能，几乎都属于标准配置。

刀具长度补偿和刀具直径补偿、自动或可编程的刀具监测功能以及在大数情况下的温度误差补偿，都是不可或缺的功能。此外，数控系统有友好的可操作性，在重启、中断后可重新进行数据输入，整个加工过程的操作和数据录入不再是一个既费时又昂贵的问题。

五轴加工中心可完成各类机械加工任务，如端面铣削、钻、切断、精整、攻螺纹。通过采取一定的改造措施，其加工任务可进一步扩大为轮廓铣削、倾斜钻孔或螺纹车削。刀具的切削速度和进给运动都可通过数控程序进行有效的控制。

刀具被安置在与机床相连的刀库中，可通过数控程序进行自动搜索并被更换到工作主轴上。刀库的容量和驱动形式根据具体生产区别较大。常见的刀库有链式刀库、盘式刀库和格子箱刀库。

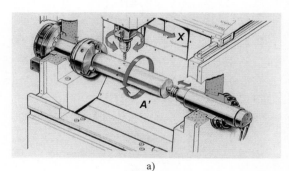

a)

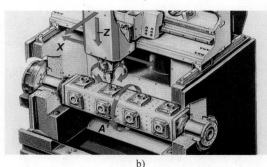

b)

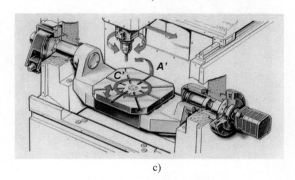

c)

图 4-3　按进给轴的数量

a）用于圆柱体零件加工的四轴机床，配有回转式夹具
b）用于小型零件三面加工的四轴机床，配有多重夹紧桥架
c）用于五面体加工的五轴机床，配有摆动式回转工作台

附加的工件转换设备往往采用旋转托盘设备，这样可在更换工件时缩短停机时间。工件的夹紧和放松通常在机床工作区域外进行。

更复杂的加工中心还具有其他零部件，如第二旋转工作台、可摆动的工件夹具及水平或垂直的摆动式铣头。

在摆动式铣头的应用中，须选取三个坐标轴完成直线插补，当加工斜孔时以此进行走刀路径的定位。在控制端面车削的平面运动时同样也需要一个或两个坐标轴。同时，所有刀具的剩余使用寿命、刀具长度、铣刀直径、切削参数都需要使用支持多组补偿值的列表。CNC 系统还应为新机床提供刀具重量、刀具识别、刀具结构及其他附加的刀具特性识别参数，以保证刀具管理花费的合理性。

五轴加工中心（见图 4-4）的市场占有率相比于其他数控机床大幅度增加，主要应用在批量生产以及作为自动化的生产线应用在汽车行业中。五轴加工中心可以对工件的任意点位进行定位，并沿工件表面移动和相对工件表面保持任何所需的角度。这些机床上，通用刀具与工件之间的相对运动原则上有三种类型：

图 4-4　在 x 轴、y 轴和 z 轴配有直线电动机的现代化加工中心（来源：MAGIAS GmbH 公司）

1）工件固定，刀具有两个旋转轴，如图 4-5a、图 4-5b 所示。

2）刀具轴固定，工件有两个摇摆运动，如通过可倾斜的回转工作台（见图 4-5c）实现。

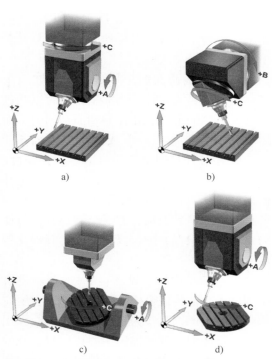

a) b)

c) d)

图 4-5 用于三维加工的五轴加工中心的运动方式

3）刀具轴和工件旋转，刀具轴和工件回转中心线成 90°，如图 4-5d 所示。

用这些机床可以生产几何形状复杂的零件，也可以用高切削性能的铣刀头代替通常的指形铣刀或球头铣刀来加工曲面。五轴联动编程要求使用功能强大的编程系统。机床特定的后置处理器必须要顾及受控机床的运动机构。使得刀具完全按照程序设定的要求运动。在编程时，刀具的实际长度与直径必须和应用值完全匹配。

4）多轴加工中心：多轴加工中心是指具有两个主轴、三个主轴、四个主轴的加工中心，它们可以在同一时间加工多个相同的零件。在大批量生产中特别需要使用此类机床。多轴加工中心需要配有相应数目的夹紧装置。

对多轴加工中心来说，所有的刀具都需要统一尺寸，可以通过预先调整刀具尺寸或单独调整某个主轴上刀具尺寸的方式进行修正。机床启动自动模式后，存有修正值的数据存储单元即可对多个主轴分别进行刀具

长度补偿。一些实际工况中，在 z 轴方向进行刀具长度补偿的效果尤为突出。

3. 现代加工技术的发展趋势

1）高速切削：高速切削（HSC）时，切削速度通常是常规切削速度的 5~10 倍。当然，高速切削的切削速度也受刀具材料及被切削材料的影响。高速铣削加工时，刀具的有效直径较小，因此主轴转速比常规切削加工的主轴转速要高。因此，在高速加工中心（见图 4-6）上需要考虑刀具的高旋转速度和高进给速度。

图 4-6 高速加工中心（来源：Hermle 公司）

2）干切削：由于环保要求，干切削在工业生产中越来越受到人们的重视。因此，干切削应用的可行性、环保材料（如微量润滑）的科学使用以及刀具设计等相关研究具有重要的工程意义。特别是在汽车制造业中，干切削加工的质量和成本甚至直接关系到汽车零部件供应商的利益。

3）硬切削：硬切削即硬质材料切削。

目前，硬质材料的加工工艺也越来越为工业界所重视，通常选用切削刃几何尺寸适宜的刀具，实现硬质材料的高精密加工。随着刀具材料和加工工艺的发展，车削和铣削所能加工的工件硬度已高达 62HRC。

4）碳纤维材料加工：碳纤维材料的加工对机床设计提出了新的要求。为防止灰尘，用于加工碳纤维材料的机床除了需要常见的盖板外，还需要配置抽吸装置，而且机床的导轨和测量系统也需要配置护板。操作机床时，还需要安排相应的保护措施保护操作人员的安全。

高性能切削加工（High Performecnce Cutting，HPC）的目标是：通过减少加工时间降低成本，高性能加工相比之前的技术手段可以往提高 50% 的相关效率。通过优化新刀具和机床组件，提高了金属去除率，也提高了机床的可用性。

对机床的要求如下：

1）高刚度和最大阻尼值可避免振动和共振，这对于短悬梁和高刚度的滑台部件尤为必要。

2）由于存在极高的旋转频率，主轴驱动系统要求几乎无振动。

3）加速负载小，加速度达到 3g，且 K_v 系数达到 2~4。

4）吸尘装置，特别是用 HSC 机床加工铝质材料时应配备此装置。

对控制系统的要求如下：

1）程序段处理周期短（1ms 内），即每秒大约处理 100 个 CNC 语句。由于需要在高进给速度下快速连续地处理 CNC 语句，所以读取和准备时间必须特别短。

2）具有"预读"功能，及时检测工件的边缘和拐角。为了避免损伤轮廓，使用此功能可以保证进给量在短时间内自动降低，且对主轴转速做出适当调整。

3）具有高 K_v 值的进给驱动电动机刚度较高，可以达到所需的加速度和精度。

4）跟随误差为 0，即运动轴无跟随误差。如此，在高进给量的情况下可以获得良好的轮廓精度。

由于 CAD 系统在数控加工中的广泛使用，现代加工技术对 CAD 系统也提出了更高的要求，即直接处理由 CAD 系统生成的几何数据。这些数据本质上是 DXF 数据，或者是 NURBS（非均匀有理 B 样条）或贝塞尔（B 样条）曲面曲线数据，如果它们可以被控制系统直接接受并处理，就无须再通过后处理器转换成线性向量元素。虽然这样做将产生很大的加速度和速度且对机床的动态性能要求更高，但可以加工出表面质量更高的零件。

4.1.2 数控车床

车床是用于生产对称的回转类零件的机床。车削加工中，通过工件相对于刀具旋转产生切削运动。

车床有多种类型，区分如下：

1）平床身车床（见图 4-7）：平床身车床在一般情况下作为通用车床在车间使用。CNC 车床通常配备操纵控制杆和自动加工循环，由数控系统保证螺纹切削过程中工件的转速和进给量保持同步。数控车床主要用于单件或小批量生产。

图 4-7　由加工循环控制的精密车床（来源：WEILER Werkzeugmaschinen GmbH）

2）斜导轨车床（见图 4-8）。斜导轨车床综合了平床身车床的高刚度以及更好的无障碍式设计，即更好的排屑功能和自动上料功能。也正是这些功能促使了斜导轨车床的产生，并使其在车间作坊和批量生产中获得广泛应用。

3）立式车床。大型立式车床易于夹紧不稳定的大直径工件。

4）自动上下料的车床：自动上下料的车床具有尺寸小、自动化程度高的特点。它通过拾取已加工完成的工件和再次传递，实现了工件的自动更换，降低了加工成本。

自动上下料的车床实例如图 4-12~图 4-15 所示，机床是为生产大中型系列的高质量工件而设计的，如：齿轮轴、转子轴、泵轴、电机轴或万向轴。

机床床身采用高抗热矿物铸件，保证了刀具的使用寿命和较高的表面质量。竖直结构设计保证了切屑的自由掉落。这一点对于软质金属材料的加工尤为重要，因为这里经常进行高切屑量的加工操作。竖直结构概念在空间要求方面也有优势。卧式主轴和尾架位置的机床比较宽，这就需要花费地面空间。自动化是通过刀塔进行的。刀塔中的夹持器将坯料从坯料库中取出，并将其运送到夹持位置。加工结束后，以同样的方式将工件从机床上卸下。为了将因更换刀具而造成

的停机时间降到最低，车削时使用姊妹刀具功能。

5）纵切车床。纵切机床用于长度与直径比例较大的细长零件的加工，如螺纹、螺母、齿销等。用纵切机床加工时，通常用主轴卡盘夹住工件并将其移动到导向套（挡板）位置。与其他机床加工时的旋转方式不同，此时主轴相对于刀具运动。根据机床功能的扩展程度，在工作区域内可安装一个或多个刀具滑板。纵切机床的价格一般都相对较高，因此适用于中小型工件的大批量生产。

6）多轴车床（见图 4-9）。多轴车床的结构类似于纵切车床，有多个装夹工件的主轴安置在直径最大为 1000mm 的主轴鼓上（通常为 2、6、8 个或更多个），可实现多个零件的同时加工。工作区域中的各种刀具滑板和辅助设备的安装。多轴车床需要较高的安装成本，因此仅适用于大批量生产。

回转工作台多工位数控车床特别适合加工大批量的小型、高精密、复杂零件。在这种类型的数控机床上，通过换挡装置将中空管材或棒料一个接一个地移到 14 个加工工位并在同一时间加工。

在所有工位上同时对工件进行加工，

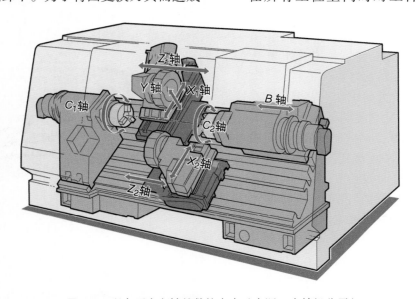

图 4-8 配有两个主轴的数控车床（来源：森精机公司）

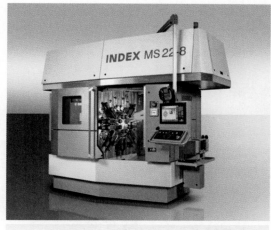

图 4-9 多主轴自动车床和该机床的加工实例
（来源：INDEX）

减少了一个加工节拍内的整体加工时间。其中，使用旋转夹盘可实现工件 5 个表面或更多表面的加工。在多工位加工中，除了切去余量产生切屑的切削操作，还可以在工艺过程中安排包装、上螺钉、给垫片卷边或压入销钉的操作。

之前，所有这些操作主要采用曲线控制方式进行控制。使用专用机床或通用机床，是极具经济性的解决方案。但是，曲线控制方式的问题主要集中在小批量的生产工艺中，因为要频繁地更换工件，停机时间较长，因而降低了这种高效机床的效率。通过将数控系统安装到这种加工单元上，操作员将不再依赖于曲线控制，进给路径、进给速度和主轴转速均可自由编程。CNC 系统控

制的另一优势在于可在一个工位完成不同直径、圆弧、倒角以及锥形零件的加工。

在几分钟之内输入一个程序后，多达 20 个数控轴用于生产一个全新的零件。在各自工位上快速地更换加工单元，还满足了最短转换时间的要求。

1. 有两个或多个刀架的数控车床（见图 4-10、图 4-11）

在大型数控车床上常常有两个或三个刀具同时加工工件，其优点是可以大大减少制造时间，但也有缺点，即并不是所有的刀具都工作在最佳的切削速度。

由于具有两个数控进给轴的车床并不适合同时使用两个刀具，因此应配备两个独立刀架和四个进给轴，使两个刀具能够相互独立地进行工件加工。现代数控车床上的两个刀架都是这样设计和安装的，在很大程度上避免了碰撞且可以同时联动工作，从而可以分别对轴类零件和盘盖类零件使用两把刀具同时进行加工。为防止两个刀架碰撞，还需要通过软件监控提供适当的安全措施。

控制这些机床需要专用的数控系统，使 2×2 进给轴可以彼此独立地进行插补。

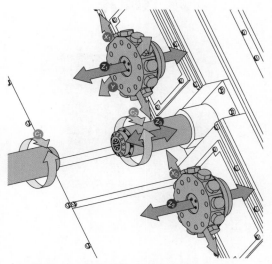

图 4-10 车床主轴、副主轴与两个六角
转塔刀架

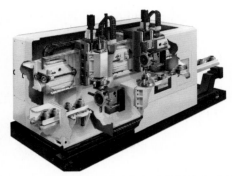

图 4-11 有两个加工单元和自动送料的立式车床

（来源：MAGHessapp 公司）

在某些位置上，一个滑板必须等待另一个滑板的过来。这种可以通过特殊的 G 功能指令实现。编程由此变得很方便，这是因为这两个刀具的编程彼此是独立的而仅在关键位置需要进行交互校验。

总之，多轴数控车床主要应用于中批量和大批量生产中。面向车间编程是否有用，由编程系统的性能决定。

2. 自动化车床

数控车床（见图 4-12）自动化程度各异，与配备的自动化组件密切相关。数控车床的自动化组件包括：

图 4-12 立式数控车床（来源：埃马克公司）

1）可以自动地更换工件的工件料仓。

2）介于刀塔和刀库之间可自动地换刀（见图 4-13）。

3）动力刀具，通常与附加数控轴（y 轴）和受控的主轴（c 轴）组合使用。

4）刀具的自动监控。

5）在卡盘上可以自动地更换卡爪。

6）数控的跟刀架和尾座。

7）可以把多个相似的或不同的机床串联起来的设备。

刀塔从原材料区夹取材料并运入装夹位置如图 4-13 所示。

图 4-13 机床工作区的视图

（来源：EMAG 公司）

在数控立式车床上加工的典型零件如图 4-14 所示。

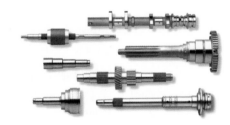

图 4-14 可在数控立式车床上加工的典型零件

在数控立式车床上加工的曲轴如图 4-15 所示。

图 4-15 在数控立式车床上加工曲轴

（来源：埃马克公司）

3. 数控车床的 CNC 系统

数控车床类型的多样性还体现在数控系统上。时至今日，工业生产对 CNC 系统提出了越来越高的要求。

1）2~7 个数控轴，甚至还有多达 30 个数控轴的案例。

2）为多滑板数控机床提供 2×2 或 3×2 个相互独立的插补轴。

3）c 轴作为主轴并可对其进行自由控制。

4）为装载机器人提供附加数控轴。

5）加工圆弧时自动调节主轴转速，以保证恒线速度切削。

6）对所有车削刀具的刀具偏移量和刀尖圆弧半径进行补偿操作。

7）对铣削刀具的直径和长度进行补偿操作。

8）自由调整刀具的修正值，如有必要须对同一刀具分配不同的修正值。

9）可同时对多个刀具的修正值，如刀具磨损量、刀具偏移量和刀尖圆弧半径进行补偿。

10）切削刃监控和刀具破损监控。

11）监控刀具使用时间并在刀具使用寿命终止时自动调用姊妹刀具。

12）将测量数据反馈给修正值存储器并进行自动调整。

数控车床的另一重要功能在于螺纹的数控切削功能。这种切削情况下，首先主轴需要一个测量系统，通常使用增量编码器来反馈主轴转速和确切的角度。其次，给定刀具每转的基准脉冲，使得螺纹切削的进给总是在主轴的一个确定位置开始进刀并保持螺纹的螺距和之前几次切削的螺距一致。采用上述方式，锥螺纹、多线螺纹以及变螺距（增大螺距或减小螺距）螺纹都可以通过数控加工来完成，同时消除了机械式螺纹切削设备的费用和调整的时间。因为 CNC 系统可以与主轴的脉冲相匹配，所以可保证主轴的旋转运动和进给运动，如图 4-16 所示为绝对同步。

4. 车床编程

据不完整统计，在短时间内可将简单的车床迅速改造为非常复杂的 CNC 机床。

因此，开发简单、易懂易学的编程程序也是发展数控机床的重要环节。同时，数

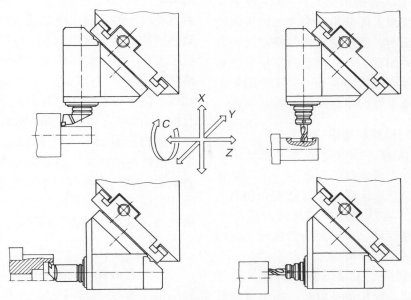

图 4-16 在数控车床上的 90° 摆头配置固定式和动力刀具进行径向和轴向加工

控程序的开发需要与高性能台式计算机的进步同步。彩色的图形显示器也有助于用户使用数控机床。目前的编程过程中，程序编译人员无须再学习人工编程语言，而应注重提升系统的交互性，使系统问题的输入结果及时以图形方式显示在屏幕上，同时避免任何数学函数或 G/M/F/S/X/Z 功能指令。输入原始资料并进行处理，生成几何图形并以图形方式显示，在加工过程中也以动态的图形在屏幕上显示。然后，系统生成数控加工程序，并分配相应的数据载体和适当的机床。数控系统中的计算单元自动生成所有的计算值、起始运动、修正值的调用和其他特征，这样在很大程度上避免了错误。当今，面向车间的编程（WOP）功能可以实现直接在机床上进行数控编程。

4.1.3 数控磨床

当数控系统已被引入机械加工操作时，磨削仍被认为不适合进行数控。只有引进了特殊的结构声传感器和相应的判读单元，模拟操作者的灵敏度以及用于加工过程中测量的测量探头，才能保证数控机床在自动运行中的质量要求。分辨率为 0.1μm 的数字量位置测量系统对工件的精度和表面质量判读也有积极的影响。磨削的重要数控功能还有前馈控制（零超程）和高动态数字量伺服驱动，例如在倾斜或弯曲表面的摆动磨削工艺过程中，避免工件的轮廓误差。

1. 机床的形式和要求

磨削被认为是经典的精加工和硬切削过程，很多加工对象都需要磨削。以工具和模具制造为例，磨床满足了对精度和表面质量的高要求，可制造和磨锐最硬材质的工具，制造出精度高、齿形复杂的齿轮，应用于自动化批量生产中可缩短生产周期。

现在已制造了大量的数控磨床。与传统的磨床相比，操作员在数控磨床上可进行

校正操作。由于使用数控机床在自动模式下进行零件加工，可保证质量要求，因此人们期望其在很大程度上对干涉和变化的工艺参数的输入不敏感。例如，由于磨削力的变化或机械零件的受热、冷却剂和环境的影响所产生的变形对于高精度的加工要求都会产生密切的影响。

在实际应用中，可根据要创建的曲面形状选择磨削方法，然后安排相应的机床。最常见的是平面成形磨床（见图 4-17）、内/外圆万能磨床 S40（见图 4-18）及万能工具磨床（见图 4-19）。另外，数控磨床上还常配备特殊用途的组件，如用于磨制丝杠、蜗杆、齿轮、曲线和偏心曲线的组件。

高精密加工和特殊磨具对床身和滑动工作台组件的刚度有特别要求。数控磨床的最大特点是它有非常精确的工作主轴、导轨和测量系统，它们保证了准确的定位和精确的进给路径。根据机床的应用领域和所需的轴速度，可以选用不同的导轨形式，常用的有无间隙、低摩擦的滚动导轨。除此之外还有阻尼特性良好、黏滑性低的塑料涂层滑动导轨或无摩擦静压导轨。进给驱动主要依靠伺服电动机和滚珠丝杠实现，现在越来越多的数控机床使用直线电动机或力矩电动机驱动旋转轴，由于这些没有间隙的传动机构满足了需要，因此能够快速、准确地定位和跟踪路径。至于测量系统，至少在确定尺寸的轴线方向上必须使用直线测量系统，如平面磨床上的 y 轴方向和外圆磨削上的 x 轴方向。

所有运动部件的低振动运行和具有良好阻尼特性的机床结构是无痕表面磨削的重要前提条件。通常在磨削中会使用磨削液，因此要保证主轴、导轨和测量系统避免浸入水和油，以及防止被磨屑污染，影响整个工作空间。

2. 使用砂轮时的控制任务

根据磨削工具和磨削过程的特点提出

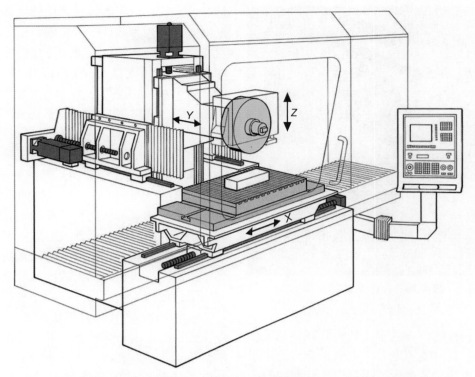

图 4-17 平面成形磨床 Planomat（来源：保宁 - 史莱福公司）

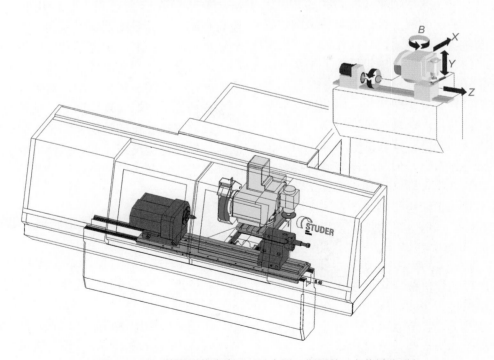

图 4-18 内 / 外圆万能磨床 S40（来源：斯图特 - 史莱福公司）

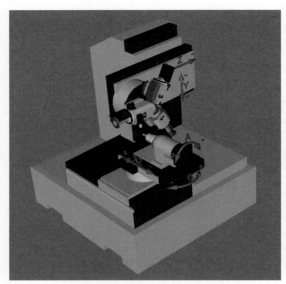

图 4-19　万能工具磨床
（来源：瓦尔特 - 史莱福公司）

对控制装置的特殊要求。砂轮和砂条都可用作磨削工具。线速度是一个有影响力的用于工艺优化的设置参数，因此大部分数控磨床都配备速度可调的主轴驱动器。在其高速运转时，需要平衡磨削工具以避免在磨削过程中产生振动。这可以通过自动化设备并把此设备集成到磨削主轴或砂轮接头上来实现。

除了单层砂轮外，都需要将砂轮调整到工作状态并做好磨削准备，因此要获取必需的、确切的径向跳动和轴向跳动，相应的轮廓和所需的锐度。锋利的磨料甚至可以磨削最硬的工程材料，但与此同时砂轮也会磨损变钝。当砂轮轮廓磨损和锐度发生变化使得加工出来的工件不再满足公差要求时，就要修整砂轮，然后再继续加工。

修整和磨削在磨床上是两种不同的加工工艺。控制系统不仅要控制这两个工艺，还要考虑砂轮锐度和直径的变化。当砂轮的直径在修整过程中发生变化时，在可调节的主轴驱动器下，控制系统可以追踪控制转速从而使砂轮的圆周线速度保持恒定。

为了保护操作人员，要限制磨削砂轮的线速度。控制系统需要识别砂轮的当前直径。该直径也可在磨床设置或转换砂轮时由操作人员输入并确认。砂轮修整后控制系统从修整工具所在的位置自动计算砂轮直径。

通常是用安装有金刚石的工具（如金刚石笔）对砂轮进行修整，因此要用到固定的或旋转的修整工具。修整工具被两个轴同时控制并移动到砂轮上，通过轨迹控制产生轮廓。为了灵活地对两个相对的侧面进行修整，通常选择能进行旋转运动的修整工具。对此图 4-20 中给出了一个合适的设备，其修整工具是圆弧形状的，并准确地安装在摆动轴上。如有必要，操作人员应测量不可避免的残余校正误差，并通过控制器的技术来补偿此误差，以优化已生成的轮廓精度，提高加工精度。

砂轮的修整也可以用仿形金刚石滚轮器，成形的金刚石滚轮修整器（见图 4-22a）价格昂贵，通常为特定工件量身定制。仿形金刚石滚轮修整因为能节省时间而用于批量生产中。在磨削过程中，砂轮通过不断地与金刚石滚轮摩擦而变得锋利。在加工高强度材料时，会造成很大的砂轮磨损。但另一方面，尤其是在要求锋利的切削刃时，连续的砂轮修整需要较长时间。这可以通过缩短系统的处理周期实现。因此，数控系统可以通过对直径变化的补偿和调整砂轮的转速以保持切削速度恒定。此外，性能要求高的磨削过程还需要跟踪切削液喷嘴的位置，如图 4-22b 所示。

3. 在设置、编程和优化研磨过程中的控制任务

面向操作人员的控制系统支持机床的操作、设置和加工过程的优化。对控制的要求还包括自动运行过程中的人工干预，例如，在摆动运动中偏移换向位置，加工余量变化时叠加进给量，或在砂轮变钝的情况下插入修整循环。

在机床设置过程中，要对被加工工件、

图 4-20 带工件的自动交换装置和砂轮自动交换装置的工具磨床

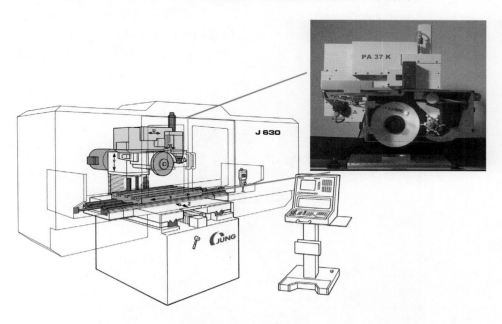

图 4-21 成型磨床

在图 4-21 中，所示的成型磨床，在磨头上有数控修整设备的支撑结构，带有三个数控轴。（来源：保宁一联合磨削集团）

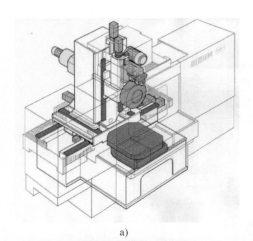

a)

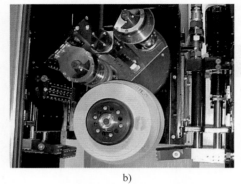

b)

图 4-22 数控磨床上的仿形金刚石砂轮修整器

a）成型磨床上的金刚石滚轮修整器
b）仿形金刚石滚轮修整器及切削液喷嘴

修整工具和磨削砂轮在工作区内进行精确定位。数控系统可以通过管理源于测量探头和其他传感器的信号来支持测量过程，如采用结构声波接收器，能够检测砂轮与修整工具或工件之间的接触情况。此外，这些信号在机床坐标系中被自动转换是非常有帮助的，特别是当机床有可倾斜轴和多个磨削工具时，可以减少出错的风险，如图 4-23 所示。

对修整循环和磨削循环的编程可由软件支持。对砂轮进行轮廓加工时，必须从图样文件中采集几何数据，并计算出修整路径。编程系统管理砂轮、选择合适的修整工具，并在与编程人员的交互中优化所设置的修整参数。此外，编程系统还可以对碰撞监测和误差影响的补偿进行计算。

在磨削非圆形工件时，会出现变化的磨削切入状况，从而引起磨削力的波动，造成工件的形状误差。这些影响和其他系统误差的成分可以通过调整速度曲线和提供路径校正来使其最小化。

种类繁多的钻孔、沉孔和铣削工具有很高的几何复杂性，对磨床的编程提出了最高要求。编程系统承担了进给路径的复杂计

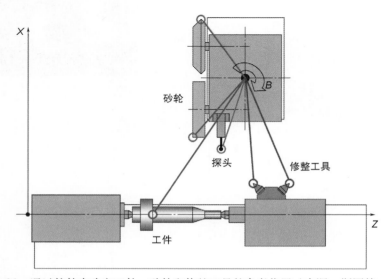

图 4-23 通过软件来确定工件、砂轮和修整工具的参考位置（来源：斯图特 - 史莱福）

算工作，其中还检查刀具切入的几何状况，分析所生成的工件轮廓。在显示屏上对程序的检查可以获知优化的潜在可能性，并提醒注意有可能出现的错误。通过这种方式，就可以在机器还没有启动调试程序之前检测到工作区的碰撞，从而减少风险（见图4-24），另可参见第6章NC程序和编程中的第4部分虚拟调试。

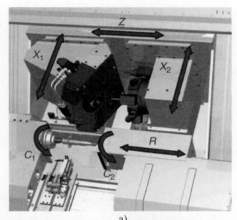

a)

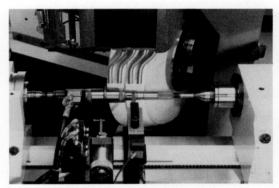

图 4-24 带测量仪的轴磨削
（来源：斯图特 - 史莱福公司）

不同的测量方式、磨损和热变形是产生尺寸和形状误差的可能原因。内外圆磨削时可通过使用测量仪来消除这些影响，在预设加工余量后，进给速度从粗加工到精加工进行转换，达到编程尺寸时结束程序。相对于车削和铣削，磨削有可能使误差降低到零。磨削力和变形在很大程度上可以消除，同时由于更大的切削覆盖面，工件的表面粗糙度会得到改善，如图4-25所示的多工序完整加工中典型的磨削工艺包括几个阶段：与工件接触前，具有高进给速度的砂轮开始运动，目的是缩短非生产时间。可通过测定力、功率或固体波检测来识别这种接触，在几分之一秒内切换到粗加工进给速度。粗加工时，利用机床和磨削工具的潜力，尽可能快地磨掉大部分加工余量。然后在精加工时降低进给速度，以此来提高工件质量并在加工结束时保证加工的公差范围。

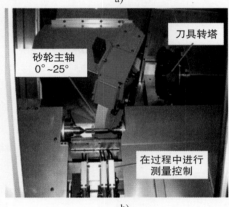

b)

图 4-25 通过车削和磨削完成多工序完整加工
（来源：肖特 - 史莱福公司）
a）车削 b）磨削

4. 工件和刀具的自动切换

在批量生产中，大多需要自动更换工件。对于不规则的或者棱柱形零件，只能通过压板来实现工件的自动更换；对于圆柱形工件，大多采取直接抓取并夹紧的方式；对于轴类零件，经常通过门形上下料机或机器人来实现零件更换。另外，使用规定的工件抓取方式，盘盖类零件可以直接由工件主轴通过上下料的方式完成从准备位置到加工位置的拾取。

在内、外圆磨削时，根据机床和工件形状选择夹紧方式，使工件在顶尖和卡盘间夹紧；对于无心磨床而言，则通过支承托板和导轮进行夹紧。对细长工件，需要一个附加的支承，因此可以使用跟刀架。如果在某个位置需要支承，则需要考虑磨削过度的问题，因此需要设计可控的、对过度磨削进行补偿的结构。

数控刀具磨床 HelitronicPower 可通过调用工件库和自动上下料系统实现无人生产。为了完整地加工一个刀具，需要几个砂轮，它们可以并排夹紧到磨削主轴上。另外，它还能自动地更换砂轮，主轴直接使用从零件库中调用并带有 HSK 刀柄夹紧装置的心轴，同时使用相应的切削液喷嘴并连接到磨床上。

4.1.4　数控齿轮加工机床

1. 基本原理和任务

齿轮加工装备通常为成套机床，目的是加工非常精确的齿面。根据齿轮类型（如锥齿轮、标准直齿圆柱齿轮、斜齿圆柱齿轮）和工艺流程（如非切削 / 切削、软 / 硬材料加工），可以选择不同的齿轮加工机床。因此，首先要理解基本要求，即待加工齿轮的形状和选用齿轮加工机床的特征。例如，加工圆柱齿轮最常用的齿轮加工机床是滚齿机，使用频率很高。在后续章节中将讲解硬齿面齿轮精加工机床的特性和锥齿轮加工机床的特性。

渐开线圆柱齿轮的齿面为曲面，齿廓为渐开线，齿向为直齿或斜齿。渐开线是直线绕基圆展开形成的曲线，它是一直线沿基圆做纯滚动时，直线上任意点的轨迹。

加工齿面偏离理想齿面可能只有几微米，但在大多情况下必须要校正渐开线和齿向（锥度、凸度）。除了齿面精度，另一个齿轮质量至关重要的参数是齿距，即齿轮的轮齿同侧齿廓的间距。

基本上可以通过两种方法生成齿面：成形法：如无切屑切削法、拉削、成形铣削、成形磨削；展成法或包络线切削法：如滚齿、插齿、刮齿、磨齿和刨齿。

根据机床运动机构加以简单变形即可使用成形法。几乎所有非切削加工方法都属于成形法，利用这种方法加工时需要使用齿状的成形刀具，将轮齿逐个加工出来。以拉削为例，加工所用刀具和整个齿轮的形状吻合，在一个工序上可完成整个齿轮的加工。

使用展成法加工齿轮时，基本齿廓是生成渐开线的基础。这个基本齿廓是齿条状的，在一些加工方法（如滚齿、刨齿、磨齿）中是齿轮刀具的一部分。在另一些加工方法（如插齿、刮齿）中，基本齿廓可以认为是齿条，既可以认为是产形工件又可以认为是产形刀具。在所有这些情况下，通过多次的包络切削加工出渐开线，包络切削轨迹通常是渐开线的切线。

用齿条状刀具加工渐开线齿面的理论成形原理和实际成形原理如图 4-26 所示。

图 4-26a 中显示了一个直齿面刀具的三次切削过程，在切削加工中刀具和渐开线相切并生成图示齿廓形状。在齿轮加工机床上刀具与工件之间的相对运动如图 4-26b 所示，两个单一运动的复合实现了二者之间确切的相对运动。运动包括工件的旋转运动和齿条状刀具的直线进给运动。

由于这种运动特性，刀具在连续切削过程中生成渐开线。在齿形生成过程中还有其他的进给运动。通过刀具的径向运动，轮齿从齿顶到齿根部分逐渐被切削。此外通过轴向进给，刀具根据滚齿刀的宽度滚出相同的齿厚。在斜齿轮的加工中，轴向运动必须和工件的旋转运动相结合，刀具总是沿齿向进行切削。滚刀的旋转运动是一个附加的旋转运动，与螺旋角和刀具的轴向位置有关。

当有四个及以上的轴同时运动时，对零件的高质量要求总是促使齿轮加工机床的设计师寻找特殊的解决方案。起初通过机械式的齿轮耦合器实现几个轴的同步运动，电动机借助传动机构同时驱动多个运动机构。

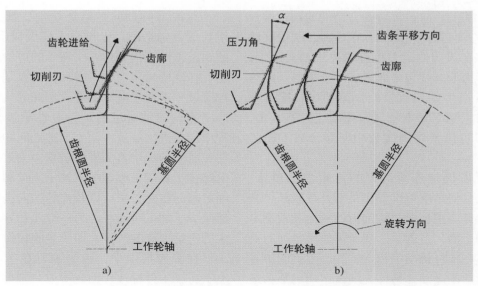

图 4-26 渐开线齿面的成形原理（来源：贝克教授所著的《机床》）

a）理论成形原理 b）实际成形原理

通过使用可拔插的变速轮来改变传动比，其目的是加工不同齿数的齿轮。借助机械式的耦合器，可以实现齿轮加工机床的自动化。

2. 标准直齿、圆柱齿轮的软预加工和滚齿加工

如图 4-27 所示，利用最常用的展成法对常见的齿条基本齿廓进行软加工。为了更好地理解，可以想象只在左侧第一次用刨刀加工，第二次用滚齿刀，第三次用插齿刀，第四次用刮齿刀。滚齿、插齿和刮齿由于在滚动方向几乎不受刀具长度的限制，因此可以连续使用展成法，不间断地滚制工件。由于刀具长度的限制，刨削加工只能一步步地进行。

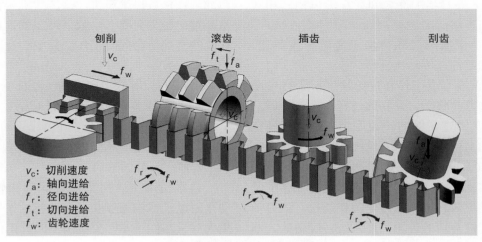

图 4-27 齿轮软加工的原理

可以观察到在沿齿向的齿槽形成过程，滚齿过程和刮齿过程、插齿过程和滚刨齿过程之间有显著差异。刨刀和插齿刀的主运动是直线切削运动，这导致排屑沿齿向进行。

在滚齿和刮齿时，旋转的刀具借助轴向滑板在轮齿方向做纵向运动。滚齿时，缓慢旋转的工件在齿向的走刀痕迹取决于轴向进给，通过齿面渐开线包络面形成一个平面。滚齿和刮齿产生的切屑较短，而插齿、滚齿和刨齿时，切下切屑，使齿厚减小。基本上，滚齿刀可用于切削模数相同而齿数不同的齿轮。

滚齿机是连续运行的齿轮加工机床。滚刀从几何角度可以看作是渐开线蜗杆，其螺距由排屑槽切断。切削齿的侧面和顶端是后来加工的，目的是形成所需的后角。刀具和齿坯在蜗杆传动中相互辗轧，刀具的旋转运动为切削运动。另外，滚齿运动的平移运动分量是通过工件与滚刀齿面的切向螺旋咬合产生的。

在滚齿机上用滚刀加工圆柱齿轮的条件如下：

1）滚刀轴和工件轴相互垂直，滚刀和工件相互滚压，类似蜗杆和蜗轮之间的运动。

2）滚刀轴相对工件端面是倾斜的，其倾斜角为滚齿刀的螺旋角。

3）滚刀与工件之间存在沿齿槽的相对的横向进给运动。

4）根据滚刀和待加工齿轮的齿数比，滚刀和工件按传动比旋转。

5）滚刀或工件在进给速度下平行地向工件轴方向移动，并在此过程中进行排屑。

6）经过足够的转数后，在整个工件宽度方向上就可完成所有轮齿的加工。

加工斜齿圆柱齿轮时滚齿机滑板平行于工件轴运动。因此，在这种情况下，由于滚刀导程角和待加工齿轮的螺旋角，滚刀轴相对于被滚切的齿轮工件轴线是倾斜的，轴向进给运动时滚刀沿轮齿方向进行切削。工件除了滚动运动外，还有通过差动减速机构产生附加的旋转运动，这种运动以电子齿轮的方式在现代机床上实现。

在滚刀的轴向进给运动中，滚刀始终沿齿的方向切削。工件除了作展成运动外，还通过差动机构获得一个额外的进给旋转运动，在现代机床中这一差动机构也是在整个加工过程中通过电子的方式实现的。

刀具的轴向进给运动会在滚齿加工过程中产生进给痕迹，两个痕迹之间的距离表明在工件的一个整周旋转过程中滚刀所经过的路径，在这里也显示了加工质量和加工时间之间的相互关系，即较高的轴向进给量虽然减少了加工时间，但另一方面却导致了较大的进给痕迹的产生，即质量的损失。

在滚齿加工中，因为滚刀在啮合宽度上平行于工件轴线，因此滚刀只有少数几个刀齿参加了齿轮的切削生产。为了获得均匀的滚刀负荷、减少磨损，滚刀可以沿其纵向，即与工件相切的方向上连续地或间隔地移动，这种运动被称之为变位。一把指定的滚刀，其模数和压力角都有明确的规定。采用同一把滚刀，仅需要改变机床的设置，就可以用来生产不同齿数、不同变位和不同螺旋角的齿轮。

图 4-28 显示了一台用于大规模批量生产的现代化数控滚齿机。这样的机床在其基本配置中至少需要五个数字控制轴，这些轴在某些情况下会同时工作，其中涉及以下轴的运动：

A- 轴：刀具的切向运动（变位）。

B- 轴：刀具的展成运动（切削运动）。

C- 轴：工作台或工件的展成运动。

X- 轴：刀具的径向移动。

Z 轴：刀具的轴向运动。

通常情况下，两个展成运动和轴向运动是由电子机构相互联接在一起。如果需要更大的灵活性，亦即要铣削不同的工件或要修正螺旋角，可将旋转刀头作为第六个数控轴加入。

工作台的无间隙驱动是生产高质量齿轮啮合的一个重要的基本前提，为了确保驱床的所有滚齿机驱动轴都已经采用了直接驱动方式。

因为干式切削加工的趋势,引发了改变机床轴线布局且全新的机床设计概念。这些方案设计所要达到的共同目标是要使切屑自动脱落,为此,工件主轴被设置为水平安装或垂直悬挂式安装。

这些设计的优点与缺点形成鲜明对比,即这些转轴的布置不适合通用平台的设计。在通用加工平台中,对不同类型的工件、或者甚至不同的加工工艺,如滚齿和插齿工艺都要在同一基础上实现。在这方面,这些机床产品应被视为单一用途的机床,在完成不同的加工任务方面,它们的应用是受限的。

图 4-29 展示了用于滚齿铣削、滚齿插削和滚齿磨削的模块化产品系统,在这些机床上还可执行相关的成型加工工艺,所有的滚齿驱动都是数字化的直接驱动。得益于统一的机床底座,无论齿轮切削的加工工艺如何,工件进给和自动操纵、以及去毛刺和旋压等辅助功能都可以统一设计拟定。

图 4-28　适合大批量生产的现代数控滚齿机
（来源：利勃海尔公司）

动的零间隙,滚齿机床的制造商采取了不同的方法,为此采用了双重蜗轮蜗杆传动装置、双联蜗轮蜗杆传动装置、预紧式圆柱齿轮传动装置和准双曲面齿轮传动装置。然而,未来技术一定属于直接驱动,它允许有更高的转速,进而可以应用于如齿面磨削等其他工艺过程。除了超大机床外,现在新机

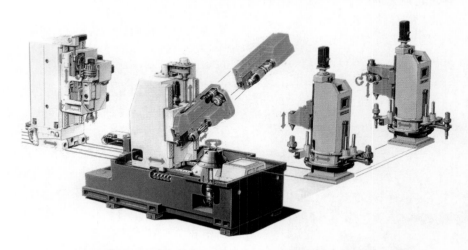

图 4-29　用于锥齿轮加工机床的模块化构件（来源：利勃海尔公司）

3. 直齿圆柱齿轮硬齿面的精加工

淬硬齿面齿轮和软齿面齿轮的加工原理基本相同,齿轮硬齿面精加工的目的是消除通过热处理产生的尺寸失真并修整齿面,适合采用展成法磨削、成形法磨削、珩磨,以及滚刀刮削、剃齿、冷刮削和冷拉削。对于硬态切削机床来说,控制方面的附加功能是必要的,这对齿面的质量极为重要。

硬齿面精加工机床所用的毛坯是完成齿面加工的。为加工出所有的齿面，必须通过传感器检测工件的位置，对工件进行高精度定位。在大批量加工中，传感器记录第一个工件的目标位置，通过工作台的角位置校正装置把后面的所有工件定位到相同的位置。由于每个齿槽的几何形状不同，通常计算取平均值，因此要考虑使用定中心的夹具。

当使用修整工具例如刚玉磨削螺杆加工时，修整装置集成到齿轮加工机床上，修整装置可以是多轴装置，根据具体策略（例如加工预定数量的工件或磨损达到一定程度）再次根据刀具的原始形状安装刀具，修整工具都有金刚石涂层。

4. 锥齿轮加工

渐开线圆柱齿轮的加工是通过工件之间基本轮廓的啮合来完成的，弧齿锥齿轮的制造则是通过工件和平顶产形齿轮相互滚压完成的。

加工锥齿轮副的两个齿轮时，相同的端面齿轮是加工的基础。由于两个锥齿轮有公共的顶点，因此端面齿轮的中心是完全重合的如图 4-30 所示。在制造过程中，用相应的齿轮刀具逐齿，或逐个齿槽加工出这种端面齿轮。

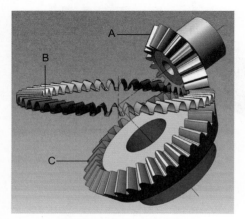

图 4-30　相交轴齿轮副

A—主动齿轮　B—顶产形齿轮　C—从动齿轮

原则上锥齿轮的加工方法和圆柱齿轮的加工方法可以划分到同一系统中。锥齿轮加工有软加工和硬加工之分。软加工又分为无屑加工和切削加工方法，切削加工方法又分为成形法和展成法。在硬切削过程中，又可根据切削刃几何形状的确定与否来区分不同的加工方法。除了根据制造方法外，还可根据齿高和齿宽的比值是否为常数，或者随直径的增加比值从小到大变化，即呈锥形变化，来区分锥齿轮。生成渐开线或摆线作为纵向曲线，轮齿具有恒定的齿高。

常规的锥齿轮加工机床有 10~12 个轴，这些轴和机械式的传动链相连。锥齿轮齿面加工有三个基本要素，即齿轮滚筒、刀盘和齿轮毛坯，它们通过相互关联的运动参与到加工中。

锥齿轮制造过程中的运动学原理是：平顶产形齿轮滚离工件，滚筒运动的轴线与平顶产形齿轮的轴线是一致的，从而实现虚拟的平顶产形齿轮的运动轨迹。

刀头没有实际的切削运动，在工件和刀头之间的啮合区域可描述为产形齿轮运动轨迹的一个轮齿，刀头的旋转轴并不总是平行于滚筒轴。在加工过程中，铣刀轴也可作为产形齿轮的轴线一起做旋转运动。插齿刀的旋转由插齿刀和产形齿轮的传动比以及它们之间的相对运动决定，但同时也要考虑到滚筒的旋转。

数控技术的普及使机床的结构变得简单，应用更灵活。这些机床没有滚筒并且把刀头作为刀具使用，只有六个轴，刀具与工件之间复杂的相对运动只能通过复杂的控制技术和驱动技术来实现。如果使用适当的刀具，这种现代化数控机床适用于所有已知的加工方法（成型加工法、连续加工法）和齿形（弧线和摆线）。图 4-31 给出了一种机床的例子。在生产过程中包括下列轴：

A 轴：刀头主轴旋转。

B 轴：工件主轴旋转。

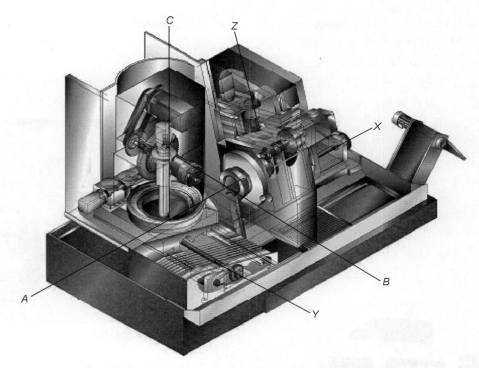

图 4-31 生产锥齿轮的滚齿机床（来源：克林堡根机床公司）

C 轴：工件旋转轴。

X 轴：铣削深度进给。

Y 轴：工件定位。

Z 轴：刀具定位。

锥齿轮的制造不仅涉及机床和刀具，通常还需要一个闭环的生产组织。因此，为了达到所要求的质量，齿轮测量机床、刀具磨床和齿轮加工机床一样重要。

5. 数控齿轮加工机床的编程

现代齿轮加工机床的编程自动化程度高，并支持图形方式。程序员或操作人员通常在屏幕界面上输入工件的目标参数和刀具的实际尺寸。利用标准的应用程序，控制系统从数据库中提取切削数据，对创建的程序给出预期的加工时间，还可以模拟切削过程以及基于刀具的磨损，生成磨损报告。因此，程序员可以在任何时刻手动介入，以优化切削工艺或因一些特别因素需要的手动输入。

4.1.5 数控钻床和镗床

钻孔时通过刀具的旋转切削运动产生切屑，进给运动由刀具或在刀具轴方向上工件的运动产生。除了用麻花钻钻孔外，也可采用如攻螺纹孔、铰孔、锪沉孔或用镗刀杆镗孔的加工方式加工孔。

不同类型的数控钻床和镗床有不同的结构。

1. 立式钻床

立式钻床是在金工车间经常使用的具有立式主轴的钻床。立式钻床用于加工任务时，由于维护成本低廉和易用性好，获得了广泛应用。

2. 摇臂钻床

摇臂钻床（也称为车间钻孔机床）可用于大工件的钻孔，钻头固定在一个可旋转、可径向移动的悬臂上。为适应工件的高度，悬臂在垂直方向上可沿立柱移动并可被夹紧。

3. 深孔钻床

钻孔时，当钻孔深度和孔直径的比值大于 10（最大 150）时使用深孔钻床。使用深孔钻床钻深孔时，通过给冷却润滑剂加压使切屑沿着刀具孔被排出来。

立式钻床、摇臂钻床、深孔钻床是根据设备的完备性给予的命名。对于配备有 CNC 系统的机床需要特别强调钻攻中心和数控镗床。

4. 钻攻中心

客户希望在保留钻床优点情况下实现自动化，于是促进了钻攻中心的发展，如图 4-32 所示。

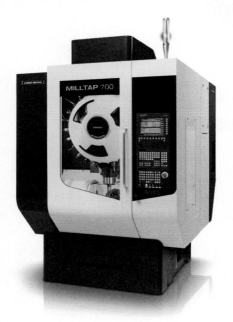

图 4-32　钻攻中心（来源：德马吉森精机公司）

在钻攻中心，一个附加的回转工作台配合水平移动轴，可加工立方工件的四个表面，特别是在大批量生产时能减少停机时间。这些机床有时还配备两个多面夹紧装置和一个回转工作台，从而在基本工艺时间内且在不占用加工空间的情况下，实现工件的手动或自动加载和卸载。

5. 镗床

通常镗床是具有卧式主轴的大型机床，如图 4-33 所示。

典型的镗床上，其 Z 轴方向的顶尖套筒被当作 W 轴使用，也就是说顶尖套筒在

图 4-33　卧式主轴镗床（来源：UNION 公司）

Z 轴上。此外，顶尖套筒还被用在配合动立柱的运动。因此，在 Z 向进给时，因为动立柱的负载惯性，机床具有更高的动态特性。

通过集成全自动换刀装置，镗床可以发展为加工中心。目前，镗床可对 7 个轴进行轨迹控制。镗床必须具有如下功能：

1）具有全套钻孔模式的示教功能，例如教如何在箱体上镗孔，进而加工出与箱体完全匹配的箱盖。

2）倾斜校正，以弥补夹紧偏差。

3）孔的外形轮廓的铣削加工。

4）螺纹铣削。

5）支持开关式测头的测量循环。

6）带有加工过程仿真，支持图形编程方式。

在进行特殊加工时，可以调用专门的加工循环，操作人员可以在数控系统的显示屏上随时调用该循环，并设置所需要的工艺参数，必要时还可对加工循环进行修改。数控镗床的典型应用例子是腰形圆弧槽、阵列孔、外形铣削或腔体铣削。特点是机床控制器方面的操作非常简单，如很容易终止正在

进行的加工程序，之后可以在任意指定的时间点继续加工或替换旧刀具，对相应的工艺值进行修正。用户也可以利用数控功能自己创建专门的子程序，包括辅助图形的绘制和工艺过程的参数化。

测试系统主要使用线性测量系统，可在数控系统中运用附加的测量误差补偿功能来提高精度。

为了更好地提高卧镗和卧铣的加工柔性，可以通过下列功能部件对机床进行扩展：

1）可替换的附加工具头，可进行钻孔、铣削、攻螺纹和平面车削。

2）针对特制刀头的专用更换站。

3）便携式的控制操作单元。

4）旋转和移动的夹紧工作台。

5）与其他大型的机床的结合，如配置在镗床上的第二立柱式操作站、立式车床或有大型压板的动柱结构机床。

4.1.6 数控锯床

锯床是用于切断如棒料、板材、金属薄板之类的原材料的机床。其加工过程是：用切割刀具（见 DIN8580/8589 标准）把原材料锯成预制件，并在此过程中产生某种几何形状的切屑。

相比于其他生产工艺，用户认为锯割工艺发挥的作用相对较小，因此加工出的成品不能归为产品，而是被定义为半成品。但由于生产过程的合理化以及刀具和机床的进一步发展，这一特性发生了根本的变化。

1. 圆锯床

圆锯床的运动机构设计和其他类型的锯床都略有不同，其中包括由高速钢以及装有硬质合金的刀头组成的锯片，基于此某些圆锯床可倾斜角度进行锯割。这是因为，通常只有三分之一直径的锯片可以参与锯割任务，所以锯割大横截面的材料时，相应地需要一个大刀具。目前，圆锯床主要用在锯割直径小于 150mm 的原材料上。可以锯割斜角的圆锯床可作为万能锯床使用，自动化程度比较高，可快速完成大批量的锯割任务。

2. 带锯

生产应用中更偏向宽的带锯。水平的带锯机床有两个锯用于锯割组件，滑枕用铸件制造，改善了机床的性能。

对带锯机床来说，由金属材料或硬质合金制成的带锯条有很高的刚度。如果用硬质合金带锯条加工一种适合的材料，其效率可提高 2~3 倍。

3. 外形和结构设计

每台锯床的核心部分是锯割单元，用来引导和驱动锯割刀具。锯割单元通常是一个刚性结构。

在圆锯床上有一个紧凑的机构装置，配有淬硬并精磨的齿轮传动单元，锯割刀头装在一个摆动支架上，或者装在一个直线导轨上，实现精确和无振动的移动。根据加工需求可以从下方、侧面、斜上方或竖直上方进行锯割。

在高效的带锯机床上，直线切割进给运动很常见。在小的工作区域以及在切割长材料时，带锯沿垂直方向运动，在其他区域则带锯沿水平方向进行锯割操作。

根据执行结构的不同可以把锯床分为很多种。根据自动化程度则分为如下三类：

1）手工锯。人工控制锯割。

2）半自动化锯。单次锯割自动进行，切割完成后锯床停机。

3）自动化锯。无人时执行预定的锯割次数。

根据不同的任务，使用合适的上下料外围设备和周边散热设备，可使锯床的自动化程度进一步提高。通过倾斜式或普通式的物料输送仓为锯切割加工中心全自动地操作，或使用机械手来输送物料，这些操作都能延长无人时机床的运行时间，实现经济增长。

4. 控制器和工艺设置

不仅在机械方面，现代锯床（见图 4-34）在控制、驱动和工艺层面都有明显的进展。传统的接触器控制被现代高性能的 CNC 控制所替代。简单的锯床通常具有液晶显示屏、功能键、手动控制功能和纯文本的诊断，另外其编程与西门子公司的 PLC 兼容。对控制器记录的大量订单（长度和号码的组合）可以通过键盘设置和检索，同时直接通过中央控制显示来调整锯割的进给工艺。

图 4-34　现代锯床（来源：卡斯托公司）

使用计算机辅助的屏幕控制功能，可以组成一个包含仓储和分拣设备的高度自动化的控制系统，通过触摸屏和众多控制功能实现高度自动化，其中充分运用了 Windows 操作系统技术、上层计算机系统接口技术、多种可视化技术和交互对话技术等。这种高度自动化的控制系统能够对工艺过程进行控制，用户通过简单的操作就可以设置和调整所需要的切削量和进给量。

4.1.7　激光加工设备

1. 定义和物理基础知识

"激光"这个词的意思是"受激发射的辐射光放大"。激光具有基于电子的特性，即激光活性物质发射光子从一个高能级跃迁到较低的能级。在实际情况中，激光活性物质是放在两面反射镜之间的谐振器里并被能量源激发的，如图 4-35 所示。

激光束属于可触摸加工的刀具，几乎可以加工任何材料。激光加工系统的基本功能组件有激光束源、包含激光头的放电管路、激光束与工件之间的相对运动轴、工件支座、提取和过滤系统、防护舱。

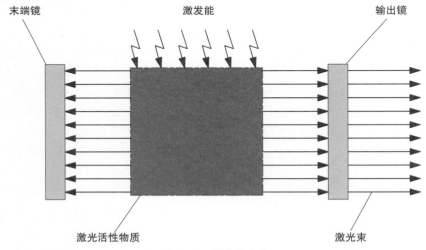

图 4-35　激光的产生

2. 激光束源

根据材料加工的要求，需要较高的激光输出功率时，可以使用 CO_2 和 Nd：YAG（钇铝石榴石晶体）作为激光束的发生源。

表面处理，如硬化、涂层、合金化以及焊接和钎焊，则更多的是使用半导体激光器。

3. CO₂激光器

CO₂激光器（见图4-36）是一种气体激光器，其中主要的工作物质成分是二氧化碳、氮气和氢气。由于电极的作用，氮气分子被激发，把能量传递给二氧化碳分子，二氧化碳作为激光活性物质，受激励后能够发射激光。剩下的二氧化碳能量以热的形式释放出来。因此，在操作过程中，必须持续地通入冷却气体。CO₂激光器的输出功率范围可从100W扩展到20kW，其应用领域通常是焊接和金属切割。

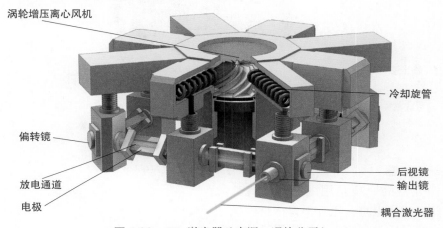

涡轮增压离心风机
冷却旋管
偏转镜
放电通道
电极
后视镜
输出镜
耦合激光器

图4-36　CO₂激光器（来源：通快公司）

4. ND：YAG激光器

ND：YAG激光器（见图4-37）是一种固态激光器。激光敏感物质是人造的钇铝石榴石晶体（YAG），其中一部分的钇（Y）原子被钕（Nd）原子置换，通过闪光灯或二极管激发晶棒来发射激光。

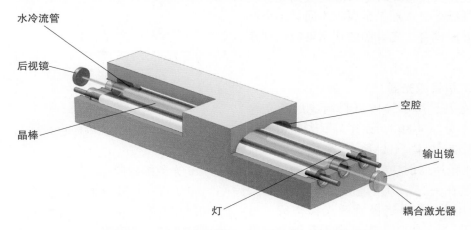

水冷流管
后视镜
空腔
晶棒
输出镜
灯
耦合激光器

图4-37　ND：YAG激光器（来源：通快公司）

5. 盘形激光器

盘形激光器（见图4-38）是一种固态激光器，它在金属加工中的作用越来越大，优点是效率高和光束质量好。激光活性物质

（Nd：YAG）的形式是一个薄薄的盘。盘的优点是可以进行有效的冷却。盘形激光器和下面提到的光纤激光器都是 Nd：YAG 激光器。只是在盘形激光器中，晶体棒被制成一个薄盘，而在光纤激光器中则晶体棒被拉长。

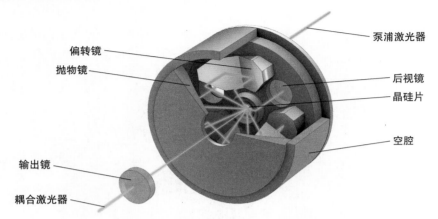

图 4-38 盘形激光器（来源：通快公司）

6. 光纤激光器

光纤激光器的原理是用细的光纤代替棒材。这样做的优点是，光纤不像棒材一样要花费一定的费用进行冷却。因为光纤的表面积和体积比非常大，可使热量散播到周围的空气中去。理想情况下，光纤激光器的谐振腔是又细又长的石英光纤。光束源可以直接连接到传输光纤上，如连接到光纤缆的玻璃纤维上。在加工金属时，通过多个单光纤的并联耦合，光束源的功率可以达到几千瓦。

7. 二极管激光器

激光束是由半导体材料制成的激光棒产生的（见图 4-39），该半导体材料由镓 - 铝 - 砷酸盐晶体（GaAlAs）组成。为了获得生产工艺所需的功率，多个单一的二极管将被封装在一起，即所谓的二极管激光棒，它通常由 10~20 个二极管激光器构成（见图 4-40）。为了将功率提高到千瓦级，可将多个二极管激光棒并联起来，形成二极管激光堆。激光束通过光纤来传输，经过去耦光学元件处理之后，激光束就可供使用了。

二极管激光器的优点是尺寸小、重量轻、免于维护。

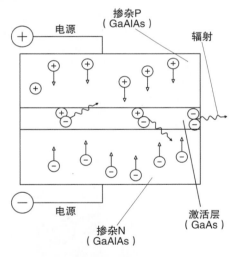

图 4-39 半导体激光器的原理

8. 光束的导向

（1）通过偏转反射镜传输的光束导向

CO_2 激光器的光束传输系统由几个偏转反射镜组成。光束路径被充满气体的管子和波纹管状的管路系统封装。

（2）通过光纤传输的光束导向

Nd：YAG 激光束和二极管激光束的传输可以通过光纤实现。耦合光学元件确保激

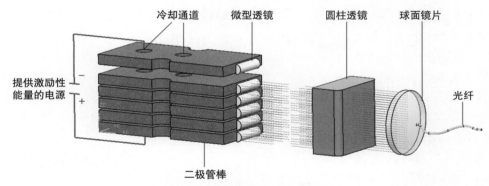

图 4-40 半导体激光器的结构

光光源在很薄（如 100μm）的纤维上被存储。在光纤末端的耦合光学元件按所要求的方式产生光束。

9. 激光加工头

在光束传输路线的端部，使用激光加工头将激光束聚焦在工件上，需要用到球形或抛物线形的反射镜或透镜。另外，工艺气体和保护气体也需要被送到加工头上，结合先进传感器技术的加工头在过程控制（如远程控制）中是重要组件之一。

10. 运动轴

通过配置下面的运动机构，可实现激光加工机床上从激光加工头到工件的定位，见表 4-1。

1）工件固定而光学装置移动。

2）工件移动而光学装置固定。

3）工件移动，光学装置也移动。

表 4-1　二维和三维激光加工机床的移动轴配置（来源：通快公司）

项目	2 维激光机床		3 维激光机床				
类型	光路：移动横梁	在 C 形框架上的固定切割头	具有旋转轴的悬臂机床	悬臂机床	具有旋转轴的悬臂机床	龙门式机床	多关节型机器人在空间内可自由移动
应用	加工金属板的典型平板机床。适用于重型工件	激光机床或冲压激光机床，由于工件运动，因此工件的重量和厚度都受到限制	加工二维管材的激光机床，激光束仅垂直于工件进行切割	加工三维工件，如深冲件的激光机床	加工三维管材的激光机床。激光束也可以相对于工件倾斜切割	加工大型三维工件的激光机床	在自动化生产线上加工三维工件
运动轴	光学，三轴	工件：两轴 光学：一轴	工件：两轴 光学：两轴	光学：五轴	工件：一轴 光学：五轴	工件：一轴 光学：四轴	机器人：六轴 光学：一个独立轴
图形							

11. 激光切割机床

激光束的热切割可划分为如下三个过程：

1）升华切割时材料在切缝处汽化。由于材料没有大规模地融化，会产生光滑的切割边缘，工件几乎不用后续加工处理就可以被转到下一个工序。

2）熔化切割时，在熔融状态下物料在切口处被转移，气体（如氮气）在高压下（达 30bar）被喷射出来。相比升华，熔化切割的切削速度显然更高。

3）氧气作为工艺气体用在燃烧切割中。在整个的切割过程中需要氧气的支持，因此有高的切削速度。然而切口的边缘易被氧化，需要后续加工处理，否则随后的工序如上漆将变得困难。

12. 激光切割设备简介

因为机床类型及激光装置不同，激光切割机床的组成也不同，但它们基本上都有相同的组件。

在钣金加工中，最常遇到的情况是在平板激光切割机（见图 4-41）上用 CO_2 激光器进行加工，其内容是：

1）机床本体和驱动器系统负责运载所有的组件和工件。

2）激光发生设备为激光束提供合适的波长和足够的能量。

3）光束的导向装置使光束偏转和屏蔽。

4）加工头聚焦激光束并使切割气体送入加工头中。

5）工件支座或工件夹具用来承载工件。

6）提取和过滤系统吸收切割烟尘和渣粒。

7）保护外壳：使操作人员免受辐射和飞溅的金属的伤害。

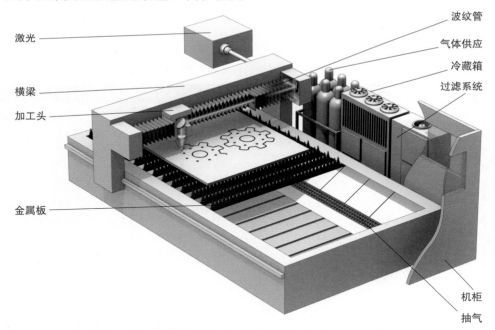

图 4-41 平板激光切割机的主要组成部分（来源：通快公司）

13. 应用实例

（1）平板激光切割机

激光切割机一般指的是可以加工金属板材的平板激光切割机。加工时，二维金属板材在平面和高度方向的运动足以使零件上所有的点被覆盖，因此可固定加工头而使工件移动。但通常激光切割机带光学系统，加工头在工件的上方移动。

（2）三维激光束设备

如果激光束切割三维工件，光学系统必须非常灵活，此三维激光束设备（见图4-42）至少配有五个运动轴的光学系统，一个旋转轴和一个摆动轴，配合三个空间轴。在特殊情况下，除了使光学系统运动，还可以使工件运动。

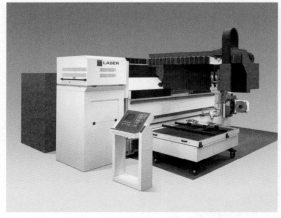

图4-42 五轴的三维激光束设备（来源：通快公司）

（3）管和型材激光加工设备

管和型材达6m或9m长时，需要用特殊的管加工设备或三维设备进行加工，光学加工设备应有2~5个轴，此外工件总是运动的。

（4）机器人

在汽车行业中同时使用机器人和固体激光器。机器人在流水线上自动工作，加工三维的车身部件。它们适用于焊接任务和切割任务。机器人被认为是3维激光加工设备的实惠替代品，因此越来越多地被使用。机器人与CO_2激光器的结合很复杂。由于CO_2激光束不能通过光纤传输，而是通过管子和偏转反射镜传输到加工头上的，使用结构紧凑，能自行冷却的光束源能使激光束通过光纤传输。这些光束源结构紧凑而轻便，可以直接安装在机器人手臂上。图4-43所示为用固态激光器加工集成的远程控制机器人。

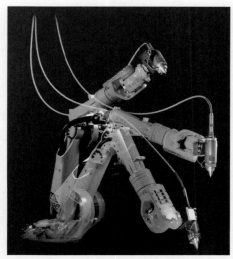

图4-43 带有固态激光器并配备远程操控功能的机器人（来源：通快公司和库卡公司）

4.1.8 冲压机床和冲剪机床

冲压是一种无屑加工工艺。冲压是在一个冲程中板材（或一种其他的材料）被切断而分离的过程。冲压工具分为两个部分，板材位于上部工具（阳模）和下部工具（阴模）之间，如图4-44所示。

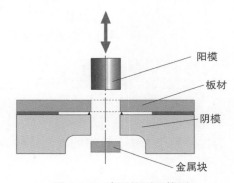

图4-44 冲压的原理简图

冲头下移，进入冲模中。冲头和冲模的边缘做相对平行运动，因此能冲开板材，此时冲压为剪切过程。

（1）冲剪原理

冲剪时冲孔被依次加工出来。用这种

方式可以获得任意形状的开口和轮廓。取钣金件的进给量为阴模尺寸的一部分，则钣金件可冲成阴模的形状。冲头按照 1200 次 /min 的冲速在钣金件上留下冲剪的印记。

例如，可使用小的圆形冲头作为刀具。使用圆形刀具、长孔刀具还是具有四边形横截面的刀具，取决于使用什么样的冲头能产生最好的几何形状。

（2）冲压机床和冲剪机床的应用

冲压机床和冲剪机床可加工的钣金件最大厚度为 12mm，最大面积为 1.5m ×

3m，因此需用多个夹钳将板材夹紧并定位刀具。

对于冲压加工，冲孔后的孔径约可达 100mm。如果要将板材冲断，且需要冲的孔数量多、直径小，则使用型孔冲压模具比一般冲压加工更为合理。

（3）冲床的构造

如果比较各厂家的冲压机床，发现其有不同的机床概念，但其典型结构都是框架式床身结构、冲头和刀库。图 4-45 所示为 C 形床身框架冲压机床的主要部件。

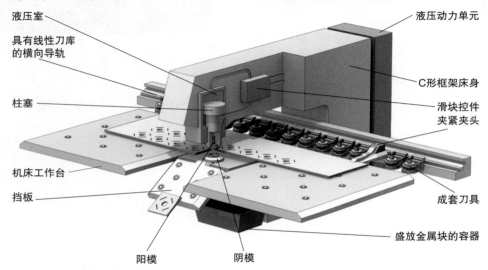

图 4-45　C 形床身框架冲压机床的主要部件（来源：通快公司）

（4）框架式床身

通常框架式床身是由数厘米厚的钢板制成的，因为它必须承受由加速度和振动产生的十几万牛顿的动态力。

为方便操作人员，床身的框架结构为 C 形或 O 形。

（5）冲头

冲头是冲压机床的"心脏"。

柱塞以及驱动柱塞的驱动器都属于冲头。现在高端机床上可实现 1200 次 /min 的冲速，柱塞以液压或机械电子的方式驱动，就像其他机床一样，就像其他机床一样（全）电力驱动成为一种趋势。

（6）工具

冲压工具包括阴模、阳模和顶料器。

为使冲裁加工中心在短时间内能自动进行复杂的加工，需要设计如下复杂的刀具和换刀装置：

1）旋转的刀架，允许高速运转的刀具在任意角度旋转。

2）在刀架上有多达 10 个冲压刀具组合的多功能刀具，通过旋转可将刀具放在任意位置。因此，当零件上需要打不同的小孔时可节约零件加工时间。图 4-46 所示为线性刀库。

图 4-46 线性刀库（来源：通快公司）

3）使用复合刀具如图 4-47 所示，换刀后无需调整时间。

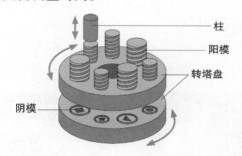

图 4-47 复合刀具示意图

（7）柔性加工单元

制造商为实现加工自动化提供了附加的组件，即由一系列机床组成的柔性加工性加工单元（见图 4-48）有如下功能：

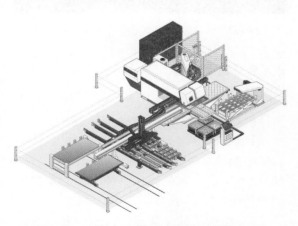

图 4-48 柔性加工单元（来源：通快公司）

1）有排序功能的上下料单元，能装载

板材，卸下零件和对零件进行排序。

2）多个容器，在滑槽里将小的零件和废物分开并排序。

3）用夹持器剔除残次品。

4）可换刀的外部刀库，可以在刀库上进行换刀。

5）紧凑的高架仓库，从高架仓库中取材料和将成品储存在仓库中。

6）监控生产过程的传感器。

7）编程系统，为所有的自动化组件生成 NC 程序。

（8）组合激光冲孔机床

基于与普通冲压机床同样的原理，组合激光冲孔机床的构造也和普通冲孔机基本相同。如图 4-49 所示，C 形或 O 形床身框架被加宽，在工作台上有两个加工站，即冲压加工站和激光加工站。

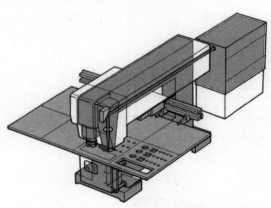

图 4-49 组合激光冲孔机床（来源：通快公司）

不同于激光平板切割机床，在激光冲孔机床上激光束不动，而是钢板运动。激光加工站正下方有一个孔，通过这个孔，抽吸装置可以把残渣、切削烟尘抽走。

组合激光冲孔机床的优势在于能用激光切割复杂的内部和外部轮廓、标准轮廓，如圆孔。

表 4-2 给出激光冲压冲剪和激光切割在加工不同材料时的最大板厚需要满足用户要求的情形。

表 4-2　激光冲压冲剪和激光切割在加工不同
材料时的最大板厚

材质	冲压冲剪	激光切割
结构钢	达 8mm	达 30mm（根据激光功率）
不锈钢	达 8mm	达 50mm（根据激光功率）
铝	达 8mm	达 20mm（根据激光功率）
塑料	如果材料不是太脆，应视条件而定	原则上可以，但是会生成有毒气体

（9）激光焊接机床

激光焊接的先决条件是组件紧凑且质轻，因此适合节能型的车辆。激光束的高精度和能量高密集度的特点可实现较高的焊接速度，焊接组件的失真达到最小，因此比较经济。

程序的灵活性促使激光焊接机床产生新的结构以及新几何形状的工作，所以对添加了渗碳钢的铸造材料来说，很容易加工坡口和进行激光焊接。当生产汽车动力总成和底盘中的精密零件时，高速加工的特点使激光焊接成为理想的加工工艺。图 4-50~图 4-52 所示为三个激光焊接机床在生产中的应用示例。

图 4-50　紧凑型激光焊接机床用来加工差速器壳体
（来源：埃马克公司）

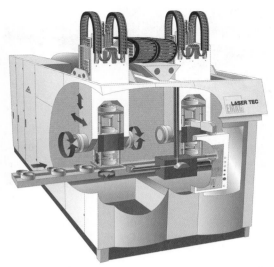

图 4-51　两个旋转主轴自动加载运输零件到工作区中，将其压在一起并定位、焊接，最后将加工好的工件放置到运输系统上（来源：埃马克公司）

图 4-52　差速器壳体上盘形齿轮的激光焊接

4.1.9　弯管机床

弯管零件常常作为特殊的结构元件或流体引导装置应用于下面不同领域：

1）航空领域的飞机机翼、发动机、方向舵和制动系统。

2）机械领域的液压系统、压缩空气系统和热交换器。

3）船舶领域（淡水、污水、海水、燃油、液压油、润滑油或喷淋设备）的各类管道。

4）汽车上的排气系统、加油管、座椅骨架、稳定器、前保护杠、自行车及摩托车把手。

5）制冷或制热设备。

6）运动器材、玩具或花园家具。

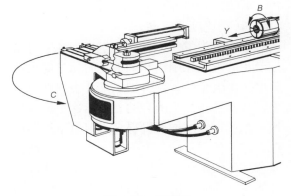

图 4-53 弯管机

图 4-54 三维弯管机（来源：Tracto-Technik 股份有限公司）

弯管零件的折弯和扭转角度精度一般要求为 ±0.1°，各个弯曲弧线的距离精度一般为 ±0.1mm。加工过程中，在满足管道最大公差和回弹等要求的同时，每一步的程序编译还需考虑管道长度条件、折弯角度和扭转角的校正值。由于各运动间不存在相互制约关系，因此通常只需要对 3~6 根轴进行简单的数字控制即可。现代的数控弯管机（见图 4-53、图 4-54）具备多个刀具辅助平面及 12~15 根转轴，转轴通常采用液压缸、液压回转电动机制动或进一步优选电控伺服驱动器制动。

利用数控弯管机加工前，可通过键盘输入或直连通过 DNC 接口的方式向 CNC 存储器输入弯管加工程序。这类弯管加工程序的编写步骤如下：

第一步将管道第一处待折弯部分置于机床特定工作位置（纵向定位，即 Y 轴方向）。

第二步设定或编写弯管的折弯角度（C 轴）。

第三步将管子不断向前推进，以保证单次折弯（Y 轴）之间衔接部分的尺寸。

第四步将管道弯折到另一折弯平面（W 轴）。由于在弯管折弯到另一个平面前，通常须将待折弯管道移出折弯刀具的凹槽，因此第四步可与第三步同时进行。

第五步进行管道的第二处、第三处等的折弯操作，直到程序结束。

弯管程序的设定可通过如下方式进行：

1）借助折弯件的零件图来掌握折弯信息。

2）参考折弯图案或折弯样品调整弯管。

3）通过管道等距映射程序进行图样绘制与尺寸标注，自动生成相应的折弯数据。

4）通过管道测量机测量已折弯的样品或线材样品，得到最终的管道折弯程序。

在大多数情况下，三维弯管测量机由以下部分组成：

1）一台连接显示屏和打印机的计算机。

2）一个固定在可移动测量臂上的测量探头，或具备自动激光扫描功能的测量探头。

3）一个用于固定待测管道或金属线材样本的支承台。

为了通过一个样品部件进行程序设计，需使用测量探头对样品进行手动扫描，并由计算机自动记录必需的管道折弯的相关信息。其中，该弯管信息以纯文本形式显示或以数据形式显示。一旦弯管机和弯管测量机直接连接在一起，则可直接将已生成的程序传输到折弯机的数控系统中。

当测量探头经过弯管的第一道折弯时，弯管测量机即对折弯进行测量，同时，计算机将实际数据与样品数据进行比较并得到偏差，然后将校正值输入弯管机的数控系统。

数控弯管机需满足相关的精度要求，具备快速纠错能力以及快速换装能力。为了实现全自动生产，数控弯管机还需附带储料库、送料装置、焊缝定位装置、出料装置，以此实现多机操作。

弗劳恩霍夫研究所与 Tracto-Technik 股份有限公司合作开发了一套弯管机床设备，用于确定折弯角度并在设备上集成了测量系统。通过该测量系统，弯管机可根据弯管形状立刻得到相应的折弯角度。值得一提的是，整个测试及判定过程仅耗时几分之一秒。管道折弯的回弹数值主要取决于管道材料、加工机床、工艺条件等相关参数，现在回弹数值可在默认情况下得到适当的校正。

4.1.10　数控电火花加工机床

如今，无论是在冲压模具、注塑模具和压铸模具的制造中，还是在压模成型及吹塑成型中，亦或是挤出模具和锻模的制造中，电火花侵蚀加工正逐渐成为最重要的制造工艺之一。电火花侵蚀加工工艺可分为切割侵蚀工艺和下降侵蚀工艺。电火花侵蚀加工优越的加工工艺性体现在以下方面：

1）复杂的成型制造。

2）高强度材料。

3）手动加工困难。

4）没有其他自动加工方法。

5）精确度要求高。

电火花侵蚀加工的工艺原理是采用物理变化的方法在阳极和阴极之间通过电火花放电产生大量热。使待加工工件表面颗粒蒸发，从而达到加工的目的。虽然这个过程比用刀具进行切削加工慢得多，但由于机器可在无需任何监督的工况下自动实现不间断的复杂零件加工任务，因而这种加工方法极具经济性。同时，出于对保护电极和工件的需要，在侵蚀过程中应避免电弧的产生。

电火花加工机床的调整和运行往往对操作者的职业素养有较高的要求。这就意味着：为了能让金属加工人员掌握电火花侵蚀加工的工艺特点，必须额外花费数周的时间来对其进行作业前的培训。而在这一过程中，操作者往往无法在加工车间了解电火花侵蚀加工的过程。在实际加工过程中，操作者必须根据陌生且抽象的电参数进行相应的校准，并借助相关的仪器对整个过程进行有效的了解。

1. 切割侵蚀工艺

在进行电火花切割侵蚀加工时，通常采用直径为 $\phi 0.1 \sim \phi 0.3$mm 的电极丝在无接触、无机械力的情况下对工件材料进行侵蚀加工。在具体的工艺过程中，电极丝所释放出来的电荷使基体材料迅速融化或蒸发，随后，这些被液化或汽化的材料在电介质液体中冷凝为固态颗粒，完成下料。在选择电介质液体时，人们往往选用去离子水，原因在于它能够提供加工所需的放电电阻，并且能有效地带走加工区域内被侵蚀下料的材料颗粒，同时还能有效地冷却加工过程中机床的过热部件，以及提升电源和电极丝的滑移性能。

放电所需要的电子脉冲由脉冲电源产生。在相对运动过程中，进给调节器提供电极丝和工件之间所需要的放电间隙。而在短路时，即当电极丝与工件接触时，电极丝必须按原路径收回，直到短路故障被排除，整个切割过程才可继续进行下去。模具精度和切割面的表面光洁度取决于相应的进给速度和工艺稳定性，如图 4-55 所示。

图 4-55 带有 5 根数控轴的线切割机床
（来源：GF 加工方案）

由于在放电过程中电极丝有损耗，因此需要不断地使用新的电极丝以固定的速度在切割区域运转。一捆 6kg 的电极丝可用 100 多个小时。电极丝的传动和导向装置对于加工的精确度来说至关重要。

数控系统通过对沿 x、y 轴的运动控制来维持电极丝运动轨迹的准确性。当斜切或针对有变化倾角的零件进行切割时，上方 UV 平面的移动会与下方的 xy 导向面重叠。与此同时，利用本工艺方法，也可进行锥形结构的切割以及连续变化斜面的加工。

所有的导电材料和半导体材料都可作为工件材料进行电火花切割侵蚀。这种加工

方式的好处是可在淬火热处理之后继续加工并且使工件的表面质量达到最高的准确度。

由此可大致了解五轴数控电火花线切割机床的结构和电极丝的放置。

2. 下降侵蚀工艺

在这种加工过程中，一个固定的模具电极从上到下在工件上移动，并且通过火花侵蚀加工在工件上产生一个"凹陷"的印痕。和切削加工一样，电火花侵蚀粗加工时大量物料被侵蚀，而精加工时则物料侵蚀相对较少。现在有一种电火花表面加工工艺，利用这种工艺可获得极好的表面光洁度且加工过程中只需要很小的放电量。例如图 4-56 所示的四轴数控下沉式电火花机床上，CNC 系统控制电极在平面上做圆形的行星运动，并且缓慢地在 Z 轴方向进行进给运动。

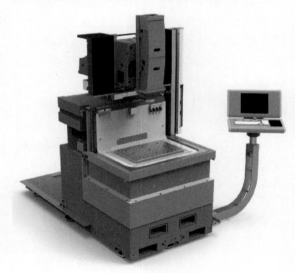

图 4-56 四轴数控下沉式电火花机床
（来源：GF 加工方案）

与电火花线切割机床不同，电火花下降侵蚀机床不仅在小尺寸范围内可作为升降台式机床和架式机床使用，而且在大尺寸范围内可作为龙门式机床使用。这种龙门式设计机床主要针对极端的工件和电动机重量，如车身制造和大型模具。

在制造模具和加工轮廓时，CNC 系统控制电极沿着直线和圆圈轨迹在 xy 平面上运动并且兼顾 z 轴方向上的横向进给。在短路时，CNC 系统把电极收回并且立刻进行横向进给。这个过程会持续进行并且为此将特殊的调节信号与发生器进行交换。小型机床配备有自动的工件 -（电极）转换触头和工件品种转换触头。CNC 程序通常在机床侧手工编辑，并通常允许操作者直接访问已经存储的加工循环并且根据辅助图形来录入程序，控制机床工作。

4.1.11　电子束机床

电子束机床早在 50 年前即应用于焊接、钻孔及某些情况下对零件进行硬化或重熔精炼工艺中。电子束机床中，充当刀具的是一束高能量且细长锋利的快速电子束。该电子束产生的原理与电视机显像管电子束产生的原理一致，但前一种电子束功率被提高了多个数量级，达到 1~100kW。如此高能量的电子束全都集中在一个 $\phi 0.1~\phi 0.2$mm 的小焦点上，其功率密度往往能达到 $10^6~10^9$W/cm^2。当采用这种电子束对工件表面进行冲击加工时，位于工件表面原子晶格上的电子运动受到极其严重的束缚，从而较大程度地将原有的电子动能转化为热能。通过调节功率密度和控制电子束（连续电子束、脉冲运行、绕射）能对工件进行淬火、焊接或者钻孔加工。这种加工工艺的关键优势是在实际加工中对电子束的控制没有延迟。图 4-57 所示为电子束机床加工原理及电子射线发生器。

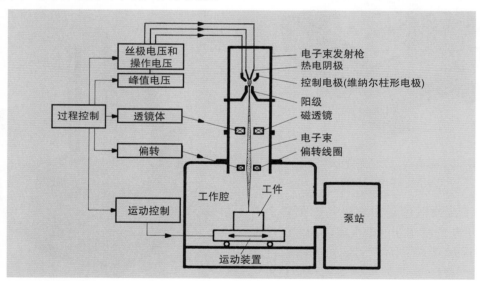

图 4-57　电子束机床加工原理和电子射线发生器（来源：斯太格瓦尔德公司）

由于电子束（ElectronBeam，EB）在通过空气时，其运动受到限制和约束，功率密度大大减少，因此电子束发生过程只能在高真空环境（10^{-5}mbar）下进行，而加工环境也应满足一定的真空度要求（$< 10^{-2}$mbar）。在工业生产中，为减少抽真空时长，往往采用闸斗仓。

当工件弯曲或者工件的热传导性能很差时，通常会运用电子束加工工艺。电子束加工的另一个优点是它能达到 100~200m 的焊接深度。（参见 www.pro-beam.de）

在大气压下进行电子束焊接时，一般用气压分级系统来代替真空室，并且焊接过程须在一间具有辐射（强烈的 X 射线辐射！）保护的小房间里进行。当电子束发生装置能在真空中维持电子束的发射时，就会停止抽气。电子束的工作距离根据气压等级保持在 10~20mm。

电子束焊接工艺主要运用于焊接铝板和钢板，图 4-58 所示为配备 c 轴和摆动头的电子束焊接机床垂直移动机构。

图 4-58 配备 c 轴和摆动头的电子束焊接机床垂直移动机构（来源：斯太格瓦尔德公司）

电子束焊接机床的 CNC 系统必须能够承担以下的特殊任务：

1）控制 2~8 个数控轴使工件移动，还能控制 3~4 个数控轴的送丝。

2）控制电子束电流。

3）控制透镜光流（聚焦）。

4）x、y 轴电子束的偏移。

5）电子束的脉冲运行、连续电子束和开关控制。

6）监控整个加工过程。

7）焊接时在线查找焊缝。

8）工件定位的图像自动处理。

9）灵活的可编程轴（如为了矢量化）。

4.1.12 水切割机床

在切割诸如橡胶、皮革、纸张、泡沫材料、聚苯乙烯、CFRP，GFRP 或 PVC 等柔软且不稳定材料时，很少使用传统的切割刀具，而是采用水切割机床进行切割。该机床的工作原理是：通过内径 ϕ0.1mm、ϕ0.2mm 的特殊喷嘴将水压增至 4000~9000Pa。这样，射流的出口速度可超过两倍声速，即高达 800~900m/s。在切割金属时，水射线即作为一把无形的薄片刀具刺进被加工材料，完成各个方向上的型面加工。采用水切割加工工艺时，切口宽度保持在 0.1~0.3mm，根据被加工材料特性和厚度的差异，平均切削速度保持在 l~500m/min，耗水量大约为 1.5L/min。对用过的水，可经微过滤净化后继续进行切割过程。

如果仅凭水射流还不足以完成所有加工，则需再配置粒度更细的加沙切割装置。通过这样的方式，可完成厚约 80mm 钢材、钛、大理石、玻璃的切割。

图 4-59 所示为水切割机床的喷射原理和压力产生原理。图 4-60 所示为水射流加沙切割的应用。水射流加沙切割与铣削工艺结合可得到更为经济的制造工艺，可对工件进行嵌套预加工而且只有配合精度需要进一

步的后续处理。

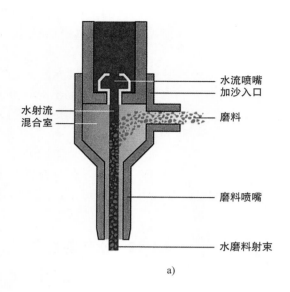

a)

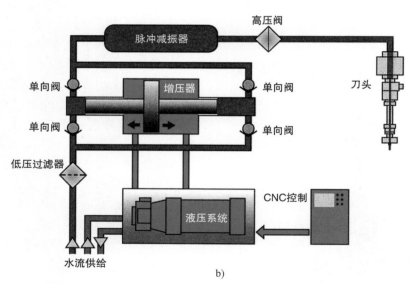

b)

图 4-59 水切割机床的喷射原理和压力产生原理

水切割的优点如下：

1）可加工平面及立体工件。

2）相比于氧乙炔割切具有更好的切口。

3）切边整齐，无毛刺。

4）切边的材料损耗小。

5）在保持良好切削性能的同时，还有

无切屑、无灰尘、无灰尘沉积（切削用的夹砂微粒只产生极细的粉末沉积）的特点。

6）高进给率。

7）无高切削温度。

8）无进给力或切削力，软质材料不会在切割过程中变形。

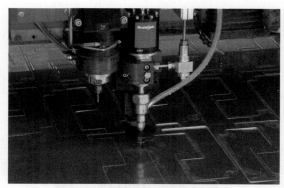

图 4-60　水射流加沙切割的应用
（来源：瑞士百超公司）

9）工件不会出现电荷的释放，因此在组合印制电路板中无需与敏感元件保持相对分离。

水切割机床通常基于三轴龙门机床的原理进行构建，同时为水射线喷嘴增加两个附加转动轴。除此之外，切割喷嘴也可以与机械手结合并进行操纵，如此即可获得高度的柔性及适应性。

4.1.13　复合机床

复合机床通常用于含有复合加工任务的生产工艺中，即在同一台机床上完成诸如车铣复合加工、铣车复合加工或者磨削、激光加工、铣削加工、车削加工等切削工艺过程。为避免刀具在多台机床上使用所造成的定位误差，使用复合机床或混联机床可以大幅提高生产效率和加工质量。此外，复合机床也适用于加工高度复杂的零件。

1. 铣车复合加工中心

与起源于一种特定的机床类型的车铣中心（见图 4-63）不同，铣车复合加工中心（见图 4-61）的起源是应用于铣削工艺的加工中心。这类机床的发展主要基于零件谱与零件族的概念，需满足两个加工要求：一方面可加工的零件数量大，另一方面需要具备不同的加工工艺。一个突出的例子是 CNC 机床刀具（见图 5-1）系统的制造过程。

铣车复合加工中心的加工重点是进行铣削加工。在加工过程中，需要完成工件精密的六面加工。加工小批量零件或重复加工几个零件时，通常需要借助于这类高柔性的 CNC 机床。在铣车复合加工中心的加工过程中，工件的移动范围通常保持在直径如 60mm 以内以及长度为 100mm 内。由于多数复杂工件都直接通过棒料加工获得，因此铣车复合加工中心通常也被称为棒料加工中心。铣车复合加工中心，因为车削摆动单元都配备了集成的车削主轴，因此在前工作台进行铣削加工的同时，车削加工也能有效地进行。

图 4-61　具有棒料进给装置的铣车复合加工中心（来源：斯塔玛公司）

棒料由位于主车削摆动单元的棒料存储单元供给。工件加工过程中的前五个表面可采用五轴加工方式同时进行加工。在加工第六个表面前，将工件夹持到第二车削摆动单元，然后完成第六个面的加工。随着现代铣车复合加工中心的发展，促进了旋转刀具和固定刀具的加工技术实现。图 4-62 所示为现代铣车复合加工中心的应用。

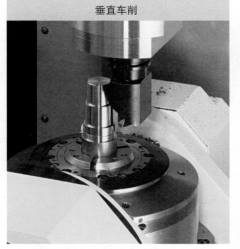
垂直车削

水平车削

钻

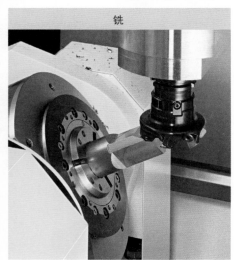
铣

图 4-62　现代铣车复合加工中心的应用

2. 车铣中心

根据现代 CNC 设备的生产能力，可利用相应配备的车床实现工件夹紧后的车削、铣削、钻削等加工，如图 4-63 所示。同时，磨削主轴可依据上述原则进一步完成车削件的后续加工。

对此，须在刀架上配备动力刀具主轴，以实现铣刀、钻头、丝锥或者砂轮的配置与调用，如图 4-64 所示配备动力铣刀加工端面的车铣中心。主轴根据需求自动与编码器连接，且以轴为定位转盘实现持续控制，使动力刀具可以精确到达工件上的各个点位，完成各个结构要素的铣削和磨削加工。而实现上述加工工艺的前提是具备一套可执行坐标变换的 CNC 功能控制器。此功能可实现在直角坐标系中对铣削、钻孔加工进行编程并通过 CNC 系统将运动转换到极坐标系中 （c 轴转动）。

图 4-63 集成车削、铣削、钻削等工艺过程的车铣中心（来源：EMCO 公司）

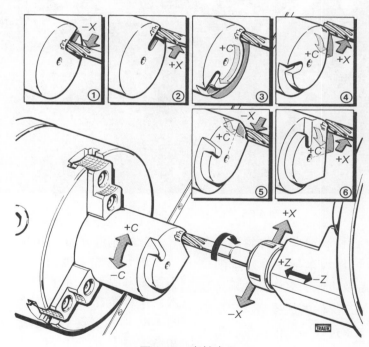

图 4-64 车铣中心

车铣中心适用于实心材料复杂的小零件（见图 4-65）加工，且主要的车床供应商都可供货。

对于大型零件，也可使用不同配置的车铣中心进行加工，而且同样可以体现本机床的优势，即在无须换装的条件下，以较大夹紧力夹持工件并完成所有的车、铣加工。

图 4-65　采用车铣中心加工的零件

依据加工中心和制造单元的概念，高自动化的车床也可作为车削中心或车削单元。此类加工中心及机床的多样性几乎是没有限制的。它为用户提供的优势是：相比于其他多任务机床加工过程，工件在单一机床上安装完成后仅需要较短的加工时间，避免二次装夹的尺寸偏差。换言之，该机床具备完整的加工工艺，提升了产品质量并减少了单件加工时间。与此同时，使用该机床也能有效地降低生产成本。

3. 铣削激光加工中心

在五轴铣削机床上，通过整合粉末喷嘴系统和铣削技术实现了增材激光堆焊技术，这种机床称为铣削激光加工中心，如图 4-66 所示。这一技术组合通过铣削加工和激光加工的全自动切换产生了新用途，实现了特殊几何形状的加工，如图 4-67 所示。因此，可以单独、准确、快速地制造或修理金属零部件，如包含咬边工艺的复杂零件的完整加工、模具和机器部件的涂层工艺。

图 4-66 铣削激光加工中心
（来源：德马吉森精机公司）

图 4-67 激光堆焊用于制造连接管的法兰结构
（来源：德马吉森精机公司）

金属粉末通过二极管激光器逐层熔融合并，这要求金属粉末和表层之间必须具有高强度的焊接连接。所得到的金属层可在冷却后进行机械加工如图 4-68 所示。对于成品零件中无法通过铣削加工得到的几何形状，可在堆焊层间进行铣削处理，以完成最后阶段的精加工。此方法的优势是零件各层可由不同的材料单独构成。

在进行铣削加工时，静电粉末喷头停留在各个焊接站工作空间以外的区域；在进行激光焊接时，可完成铣床主轴上 HSK 刀柄的自动切换。

4. 车磨加工中心

通常小型盘类零件在工业领域中需求量极大，尤其是应用于汽车领域的齿轮、行星齿轮、链轮、凸轮环、泵环和轮毂等零件需求更是数以百万计。

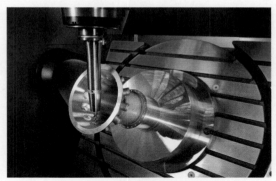

图 4-68 激光堆焊后的铣削加工

车磨加工中心（见图 4-69~ 图 4-71）正是针对此类组件的高效、高精度生产而特别设计研发的。它可通过自动上下料系统进行零件的自动装卸（见图 4-70），并且在部件加工的同时，由操作人员或系统自动控制程序将下一块待加工坯料运送到相应的输送带上。由此可以大幅减少机床的停机时间。

图 4-69 用于加工直径小于 ϕ 100mm 卡盘部件的车磨加工中心（来源：埃马克公司）

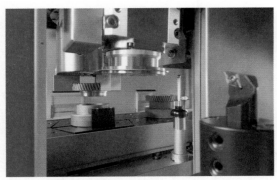

图 4-70　车磨加工中心自动上、下料
（来源：埃马克公司）

图 4-71 所示为在车磨加工中心上进行车削和磨削复合加工的例子。

图 4-71　车削和磨削复合加工（来源：埃马克公司）

5. 车削滚齿加工中心

图 4-72 所示的高速上下料车削滚齿加工中心是针对直径 ϕ230mm 以内及模数为 4mm 的齿轮类零件设计的。它将车削工艺和滚齿工艺集成于一台加工设备，因此可在一次装夹中，完成两个表面的车削及齿轮加工如图 4-73 所示。这意味着，用户相当于同时拥有了两台可加工变化零件系列的机床设备。如果还需要第三种附加加工工艺，如针对车削和滚齿加工外还需要必要的铣削、钻孔和去毛刺加工诸如此类的工艺过程，可在转塔车床上借助辅助刀具完成。仅需一次装夹意味着节约时间的同时也避免了装夹误差。

图 4-74 所示为采用车削滚齿加工中心制造的零部件。

图 4-72　车削滚齿加工中心
（来源：埃马克公司的 Koepfer 系列卧式滚齿机）

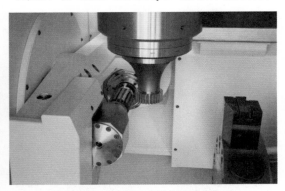

图 4-73　车削加工后进行滚齿加工
（来源：埃马克公司的 Koepfer 系列卧式滚齿机）

图 4-74　采用车削滚齿加工中心制造的零部件

6. 混合切削加工和淬硬处理机床

现今，强载荷部件通常采用热处理方式进行抗磨损保护，制造过程需在不同的机床上经多步完成。但是，中断加工过程和更替特定机床会耗费大量的单件产品加工周期及高额的物流成本。采用混合式机床进行全过程的生产，可以有效地缩短产品的单件加工周期和物流成本。

Monforts 公司的 RNC400 激光车削机

床（见图4-75）即为混合式机床的成熟案例。该机床通过激光技术对切削加工和表面热处理进行整合，如将软车削与激光淬硬及硬车削进行组合。这种工艺在RNC400激光车削机床中已得到应用。内置静压导轨确保高稳定性和机械精度。切削刀具与激光刀具的结合（见图4-76）使用是工艺成功整合的关键。在RNC400激光车削机床中，在一个特殊的刀具转塔上实现了其与激光刀具的整合。在全部12把刀具中，最多有6把激光刀具与相邻切削刀具一同固定在VDI标准的刀架上。在刀具系统中，光源的导向贯穿刀具转塔内部，使光学部件避免受切屑和冷却润滑剂的影响。换刀时间与刀具转塔转动时间保持一致。采用二极管作为光源，激光射线通过机床上光源周边竖立的光纤电缆进行引导。

图4-75　混合式机床——RNC 400激光车削机床

图4-76　混合式刀具系统（刀具转塔）

激光淬硬可实现部件局部组织的马氏体淬硬，同时也可以实现整体材料的淬硬，即火焰淬火和感应淬火。材料的碳质量分数需高于0.3%。调质钢、冷作工具钢、热作模具钢、高速工具钢、铸铁、防锈及耐酸钢

都可采用该机床进行加工。淬硬处理后的工件能达到材料本身的最大硬度。相比于其他表面强化工艺，激光淬硬的优点在于能量输入较少并能有效地避免热变形，并且可以相应地省略零件的后期加工。由于淬硬处理可在工件的局部区间有效实施，因此避免了工件上一些不必要的淬硬加工。再者，由于激光淬硬本身是自淬火工艺（温度扩散到工件内部），所以同样不需要冷却剂。在激光淬硬中，可实现的淬硬深度为0.1~1.5mm。表面加工速度为0.15~2m/min，具体数值取决于所需的轨距宽度、淬硬深度及所配置激光功率。例如，借助激光淬硬，对直径为ϕ40mm心轴的轴承座可在6s内完成35mm轨距宽度的淬硬加工。

例如，在生产用于油气增压设备的蜗轮轴（见图4-77）时，混合式机床可展现出如下良好的经济优势：对于日均使用时间为16h且使用寿命为7年的产品，在2年半后即达到盈亏平衡，同时工件价格下降20%，厂家的生产周期成本下降35%。因此，可缩短生产周期并降低物流成本。同时，通过消除零件的翘曲及在同一装夹中长时间的滞留，以此来提高生产质量，消除了由于更换机床所造成的几何误差。通过使用混合式机床，可有效地缩短交货时间并灵活应对客户的个性化需求，如在很短的时间内就要供货的备库及样件。然而，在批量生产中，由于工序过程连接紧密及运行速度极快，因此组合技术仍然具有很好的应用前景。切削加工与激光淬硬组合技术在小件淬硬工件时显得极为适用。

图4-77　蜗轮轴软切削、激光淬硬、硬切削的混合式加工案例

4.1.14　测量和检验设备

1. CNC 测量机和测量循环

工厂引进数控机床后，在质量控制方面同样产生了很大的变化。在持续的订单变化中，无论是简单零件或是复杂零件都需要进行高品质的检测。因此，还需要配置测量机如图 4-78~ 图 4-80 所示。对合格品及废品进行区分。在特定情况下，该测量机还需为制造过程提供必要的校正数据。为了尽快地获得必要的校正数据，且尽量避免昂贵机床的加工等待时间，必须根据特定的零件几何形状，在加工时间中分配 30%~100% 的时间进行测量工作。

最初，用于特定测量任务的 CNC 测量机在自动测量过程中需满足以下 11 项最重要的要求：

1）多轴向通用探头。

2）测量程序在重新加载后可以不间断的运行。

3）高测量速度，这意味着调整速度可达 3m/s，精确区分尺寸梯度，并且探测后能快速地检测出坐标值。

图 4-78　CNC 龙门式测量机（来源：卡尔蔡司公司）

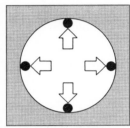
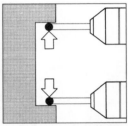
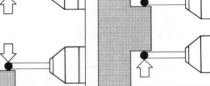

内孔中心的测量循环　　　　轴中心测量循环

凹槽宽度均值的测量循环　　凸台宽度均值的测量循环

图 4-79　不同的测量循环示例（一）

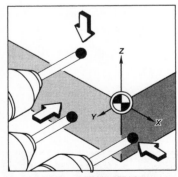
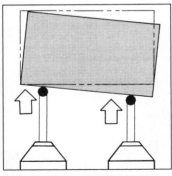
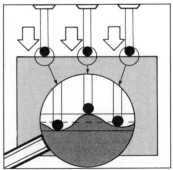

确定单一位置的测量循环　　确定单一角度的测量循环　　确定多个轴向平行点的测量循环

图 4-80　不同的测量循环示例（二）

4）小的测量不准度和高测量精度。

5）为提高测量精度，不可过多地或重复地拾取探测点。

6）可快速地切换到不同的工件类型。

7）输出测量数据且输出前无须转换。可快速、准确地评判生产质量并做出适当校正。

8）在测量新类型的零件时，可快速地创建相应的测量程序。

9）避免系统性测量误差。

10）面向未来的概念机应具备以下装置及功能：高精度的通用测量探头系统；应对特定测量任务的可扩展功能，如可轻松地满足一切控制和数据分析要求的可适配软件；客户专属、特定的运算程序。

11）可自动地创建并打印测试、测量记录，该方式相比于手工记录具有更高的准确性，因此可省略后续相应的数据分析工作。

目前，测量顺控程序的编程主要通过测量机和样品工件实现。在一个相应的操作程序（处理器）中读取数据后，测量机在不借助特定编译程序的情况下，通过手动关闭初始程序，暂时充当编程站，并创建具体的工件测量顺控程序。然而，这一过程需要预先提供相应的几何关系和计量技术。因此，需要陆续保存所有的定位及测量操作，并根据需要录制磁盘以备今后反复使用。

图 4-79 和图 4-80 所示为不同的测量循环示例。

测量探头是所有三维测量机中最重要的工作单元，它决定测量机的准确度和普遍适用性。

在与工件接触的情况下，探头可作为坐标轴零点位置控制的触发点，或者可以提供其本身在 x 轴、y 轴和 z 轴上的位置测量值，而且该数值须与测量机的定位值进行相应叠加。

所用计算机需与特定程序相连，并执行除机床坐标处理和测量探头坐标处理以外的其他相关任务，如下：

1）通过空间坐标转换识别测量平面或测量轴（三维校准）。

2）区分圆形和柱形的内外轮廓。

3）故障识别，如无意的按键触碰、孔的误差、相关工件点未到达、轴的末端极限位置识别、测量数据采集前的静态监控等。

4）数据存储。

5）测量数据处理，并以所需的格式实施分析和输出。

6）测量子程序，测量对象有：

① 空间元素，如锥体、球体、圆柱体和表面。

② 平面与空间相交的元素，如椭圆、圆形、直线和切点。

③ 坐标点及其关联，如距离、角度和对称性等。

然而，CNC 测量机和 CNC 机床在一些微小但极其重要的细节方面有所不同。数控程序是 CNC 机床得以正常进行生产的前提，刀具和机床的几何形式需与预设值匹配。CNC 测量机则需要明确以下内容：

1）工件实际值和目标值间的偏差有多大。

2）所加工的孔、面是否相互垂直。

3）孔、斜面、表面是否可用。

4）是否、如何、何时在加工过程中调整校正值，以使之符合公差要求。

5）是否需要立即停止加工过程，以防止机床的偏差过大从而导致误差的产生。

若要改变 CNC 测量机测量过程及进行编程，则相应的操作程序应具有互换性，控制程序应具有足够大容量的数据存储功能，并且计算设备的运行速度应足够迅速以使大量运算在短时间内完成。

2. 扫描

扫描可以理解为对工件外表面的连续采样。在 CNC 测量机中，通过 CNC 系统对探头进行连续且有目的性的控制，完成对工件待测表面的采样。同时，计算设备存储所有的预定时间及测量距离的测量值。探头总布置在测量范围以内，通过 CNC 系统持续控制伺服驱动。因此，可用一个扫描型测量探头（见图 4-81）代替开关式测量探头（见图 4-82），对测量值进行连续测量并纠正。测量探头的测量精度为 $0.1\mu m \sim \pm 1\mu m$。

图 4-81　扫描型测量探头

图 4-82　开关式测量探头

　　测量值可根据先前的测量记录进行评估，或者根据特定 CNC 设备的要求直接应用于相应工件表面的铣削加工中。

　　今后，测量机及测量探头将向非接触式、光学探头方向发展，尤其重点考虑激光技术的优势。测量机自身的发展将更靠近加工机床，以此快速获取校正值。

4.1.15　小结

　　CNC 机床在加入现代控制技术后能够自动的在无手工操作的情况下制造精度更高、形状更复杂的零件。它在灵活性、精确度、重复精度和速度方面相比于手动或由机械操

控的机床都要更好。这种机床的主要特点是能够在 NC 程序或者子程序中预先给定工件的应有尺寸参数并且与此同时控制 NC 轴。

　　如今，这些进行加工所需的 NC 控制程序能够借助于 CAM 系统或者直接在机床上（通过面向车间的编程）获得。大多数 CNC 机床配有为实现自动质量管理以及监控刀具磨损和破损的传感器。

　　CNC 系统和机床之间还需配置了 PLC 用于适配控制系统，并由机床制造商编写 PLC 控制程序。该控制程序承担全部辅助功能的程序控制任务，如换刀操作、工件换装操作、防护门控制、切削液控制、润滑控制以及其他联动装置的控制。

　　为了测量轴的位置以及运动轨迹，使用配有电子化数字式的位置测量系统，分辨率可达（1/1000）mm。另外，此系统还能全方位地监视运行时的测量信号以及测量误差的故障信号。

　　如今，人们喜欢用特制的三相交流电动机或者具有高动态响应电子调节回路的直线驱动装置作为 NC 轴的进给驱动装置。这些装置甚至在转速为零时都能输出较高的转矩，并且替代了附加的机械锁紧装置。

　　加工中心或者特种 CNC 机床具有六个或者更多的 NC 轴，其中包括用 x、y 和 z 表示的主要线性轴，用 AB 和 c 表示主要旋转轴（或者旋转轴和摆动轴）。附加的辅助轴用于多主轴机床、带有平行移动轴的机床或者需要对刀库进行定位和控制的情况。

　　通过附加的自动化部件如工件料仓或具有自动更换装置的工件托盘库，CNC 机床成为高度自动化的柔性制造单元（FFZ）。

　　通过自动的工件传送系统互相连接的一系列柔性制造单元称为柔性制造系统，这些系统需要一台额外的主机来集成整个系统。

　　能够铣削的数控车床或者能够车削的数控铣床称为 CNC 复合多功能机床或是

CNC 复合机床。一次装夹下完整的加工可提高工件的精度，并且这种提高是可以测量的；还可缩减非生产时间，并且提高经济性。最后，具有最多五种加工方式的混合机床或复合加工机床已经在设计之中。

4.1.16 本节要点

1）加工中心至少有三个轴的数控机床加上自动更换刀具和工件的刀具库。人们根据工作主轴的位置把数控机床分为卧式数控加工中心和立式数控加工中心。

2）通过一个额外的旋转摆动的工作台或可摆动的刀具可以加工棱形工件的五个表面和空间中的任何其他位置。

3）从零件数量上来说，数控车床是产能最高的数控机床。数控车床有许多不同的结构，并能配合不同的换刀装置。

4）具有两个加工主轴且能自动输送和转移工件的立式数控车床是零件整体加工中的一个制造单元。

5）车铣中心也设计成适合对卡盘上的工件进行钻孔和铣削加工的机床。

6）磨床根据待加工的表面分为平面磨床和成形磨床、内外圆磨床及工具磨床。

7）如果砂轮在加工过程中其形状发生了变化，则通常用金刚石工具来修整。CNC系统根据砂轮变化的程度设定修正值。

8）数控齿轮加工机床并没有可换挡的齿轮组，而是通过适当的数控编程获得所要求的数控轴耦合的传动比。

9）激光加工机床有不同的应用和不同性能的激光功率范围。

① CO_2 激光器。

② Nd：YAG 固态激光器。

10）激光器的主要部件 Nd：YAG 是源自钇铝石榴石的单晶体。

11）激光加工机床还可用于立体光刻成形、激光束熔融技术和激光烧结等增材加工过程。

12）冲剪机可配备额外的激光切割设备，更高效、更灵活。

13）对于冲压加工其冲压形成的孔是首尾相接并且彼此略有覆盖的。压力机以高达 1200 次 /min 的冲速在金属板上冲出痕迹，可以加工出落料模孔和具备任意形状的结构。

14）电火花机床通过物理反应，即通过阳极和阴极放电使工件表面颗粒升华。

15）在线切割中，使用具有 0.1~0.3mm 的直径的连续电极线，以非接触式且无机械外力的方式去除工件材料。

16）电子束机床主要用于高品质的金属如钛在真空中的焊接，在真空室中进行加工。其高能量、细长、尖锐的聚焦光束提供的快速电子束作为切削刀具。

17）在电子束加工中，1~100kW 的光束功率集中在 $\phi 0.1 \sim \phi 2mm$ 的焦点上。

18）在水切割过程中，水在 4000 ~ 9000bar 的压力下被挤压通过 $\phi 0.1 \sim \phi 0.3mm$ 的喷嘴。水流的出射速度达到 800 ~ 900m/s。

19）水切割特别适用于切割橡胶、皮革、纸、泡沫、聚苯乙烯泡沫塑料和电子线路板的"软"材料，因为它不会放电。

20）加沙水切割可完成对厚度达 80mm 的钢、钛、大理石和玻璃的切割加工。

21）复合加工机床技术被定义为不同的加工技术在一台机床上的集成。这种加工技术的组合明显提高了机床的生产效率和质量。此外可加工复杂的工件。

22）CNC 测量机对于质量保证是重要的，它可以用于任何工件轮廓的三维测量，具有高精度工件的过程监控。

23）如今，测量过程中的编程主要依靠测量机和样品工件。

24）为了测量 3D 表面，CNC 测量机使用测量探头连续地或一行一行地在工件表面上进行测量，并存储测量数据或差值。

4.2 增材制造

增材制造是基于零件制造过程中的片层结构理念，通过逐层累加的方式进行个体零件的制造工艺。在该制造方法中，根据零件 CAD 模型的结构信息，利用化学或物理手段在 CAD-CAM 工艺耦合链的作用下将无定形原材料（液体、粉末）或中性原材料（带材、线材、纸张状、薄膜）直接转化为零件实体。

4.2.1 引言

美国于 1987 年第一次提出增材制造概念，于 1989~1990 年间，欧洲和德国最先做出了相关的生产设备。最初，增材制造的主要设备是立体打印（Stereolithography，SLA）设备。在随后的几年里陆续出现了一些其他的工艺变型，如选择性激光烧结（Selective Laser Sintering，SLS）技术、束熔炼技术、叠层实体制造（Laminated Object Manufacturing，LOM）工艺等。由于增材制造的潜力（如在多种材料加工领域）仍有待发掘，因此在已知工艺方法（参见 4.2.4 节）的基础上，还将会有新的或改进的增材制造工艺被开发和利用。

增材制造工艺流程（参见 4.2.3 节）可定义为：在零件的叠层制造中，通过能量的介入不断地将无定形的或中性原材料逐层固化。所有叠层制造方法需满足如下三个数据处理层面（CAD-CAM 工艺耦合链）的条件：

1）零件增材制造的起点是三维 CAD 模型，并且该数字模型可显示完整的零件结构信息。

2）在制造过程中，三维几何体通过切片工艺分解成单个的片层。如此，零件形状信息就降低到两个维度上。同时，相应的片层数据预先确定后续与特定工艺有关的 CNC 程序。

3）在接下来的制造过程中，引入数控设备，将上述片层结构逐步制造完成并得到最终零件。

与传统生产工艺相比，增材制造显示出更为优越的经济潜力和技术潜力：尽管大批量简单工件可以通过经典制造工艺（如车、铣、铸）进行加工，并且能够保持良好的经济性，但是面对单件小批量零件或高度复杂组件的加工要求时，叠层制造的经济适用性逐渐凸显。此外，对于单个高度复杂的零件（如内部几何结构极其特殊的零件），只能采取增材制造法进行制造。由增材制造加工获得的零件可满足各个领域不同任务的需求。

1）模型。

① 概念模型：概念模型用于尽早实现产品研发过程中工件尺寸和整体外观的可视化。

② 设计模型：设计模型用于 CAD 模型的形状和尺寸确定，主要包括表面质量和各个结构元素的位置。

2）样件。

① 功能样件。功能样件基本与样本系列相符，用于检测后续批量零件的一个或几个相关功能。

② 与后期批量生产的组件相比仅存在加工工艺的不同。该技术样品用以校验之前提出的技术需求是否得到了满足。

③ 变体的使用：将一个已经在使用的样品作为基础模型并作为一个独立的部件完

成参数化。由此完成的增材制造无需更多的费用。

④ 数字量的资源：通过数字量的数据使得打印所使用的原材料，制成工件数量减少从而带来库存量的降低。

3）零件。

① 使用（有型的）刀具或模具在后续的加工过程（如注射成型）中得到最终产品。

② 设计完成的个性化单一零件或批量零件使其具有完备的产品功能。

因此，增材制造可应用于产品研发的所有阶段。

4.2.2 定义

通过体积元素逐层叠加的方式进行三维模型、样件和零件制造的方法统称为增材制造。由于早先这一概念在相关文献和生产实际中的名称存在差异，为此，2010年VDI 3404标准中对其进行了总结并实现了名称的标准化。

由于历史原因，增材制造在生产过程中往往被贴上"快速"的标签，（在处理小批量制造任务时）其生产效率通常高于传统的制造工艺。由于避免了传统工艺中必需的模具制造，因此增材制造在保持高生产效率的同时，绝大多数情况下也能实现生产成本的节约。为此，增材制造也被冠以"快速制造"的称号。

如前文所述，增材制造的经济性体现在产品研发的全周期中，如图4-83所示。因此，快速技术相应地划分为快速样件技术、快速制模技术和快速制造技术。

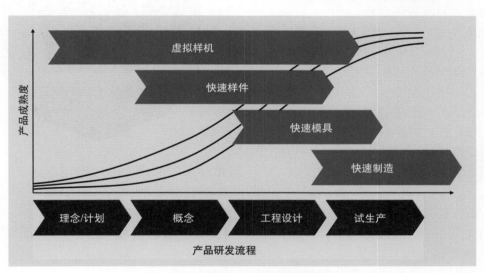

图4-83 产品研发流程中的快速技术

快速样件技术作为快速技术的一个应用领域，可以实现测试件和样件的快速且经济的制造。这些零件通常具有某些特定的功能结构特点，并且该结构特点往往无法通过批量生产加工获得。同时，快速样件工艺也避免使用昂贵的材料。由于快速样件技术的概念仅仅覆盖了增材制造应用的小部分，因此不可与整个增材制造方法一概而论。

当采用增材制造加工样件，试制批量零件、批量零件的刀具以及进行模具制造（如铸造、注塑和压力成形）时，人们往往引入快速制模技术。在大多数制造工艺中，人们使用选择性激光烧结工艺，可有效地实现工艺过程的灵活性和快速性。为确保必要的加工精度和表面质量，还需要附带运用一些传统的工艺方法，如高速铣削技术，进行增材制造刀具和成形工具的后续加工。上述工艺过程往往被人们称为直接快速制模技术。而间接快速制模技术则被定义为：利用增材制造对原始模型进行成形的工具制造方法。在该工艺过程中，通过 CNC 程序和高速铣削工艺在短时间内完成从原材料到成品工具的制备，因此与增材制造一样，可归于快速技术。然而，因为切削的特点，它也不能与整个增材制造的概念相混淆。

用于单件产品或批量产品制造的成品增材制造过程称为快速制造技术。在掌握完备的产品 CAD 模型信息后，成品零件的所有结构特征都由原材料直接加工获得。除了进行零件的快速制造，也可采用增材制造方法完成常规工艺不易实现的产品表层设计特征（如近表面冷却通道或弯曲孔）的加工。

利用快速技术也能实现产品设计元素的扩展，这意味着该工艺可以很好地把握单件或批量产品的成品加工而无需冗杂的中间步骤。除了运用样件组件和加工工具组件来缩短产品研发和产品创新时间，基于订单信息的逻辑化连接同样也大大简化了成品零件的直接制造周期，不仅生产时间本身相比传统工艺大大削减，同时由于采用直接 CAD/CAM 工艺耦合链技术，也简化和加快了生产和制造数据的转换过程。

未来快速技术在金属加工领域的发展集中在激光熔炼技术如图 4-84 所示，或者称之为激光成形技术、选择性激光熔炼技术（Selective Laser Melting，SLM）、激光快速制造技术、电子束熔炼技术（Electron Beam Melting，EBM）、直接金属激光烧结技术（Direct Metal Laser Sintering，DMLS）和表面硬化技术，如直接金属沉积技术（Direct Metal Deponsition，DMD）。以上加工技术都既适用于原型样件制造，又适用于修复或改变生产工具和模具。DMD 技术通过激光

束使金属粉末逐层熔化从而实现对自由曲面的加工，并且仅有小部分热量传导至工件内部。上述成形方法的特点是：

1）以金属粉末为原料。

2）通过激光实现金属粉末的完全融化。

3）将不同类型的金属混合材料熔融到基体材料上。

4）全自动加工，无人工参与。

5）零件生产直接来自于三维 CAD 数据。

6）在功能表面进行贴近于成品形状的较少的再加工处理。

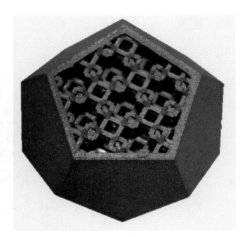

图 4-84　无需后续加工步骤，仅通过激光熔炼技术进行内部结构极其复杂的金属 12 面体加工

4.2.3　工艺流程

在增材制造工艺中，针对所有的工艺原理存在类似的模型成形及工艺流程准则，下文所述的工艺过程将对该准则（见图 4-85）进行相应的描述。增材组件的生产过程可分为以下几个步骤。

1. 叠加制造过程的准备

一切增材制造过程的基础和前提是结构完整、尺寸稳定的三维 CAD 数字模型。首先应选择需要使用的 CAD 模型并导出数

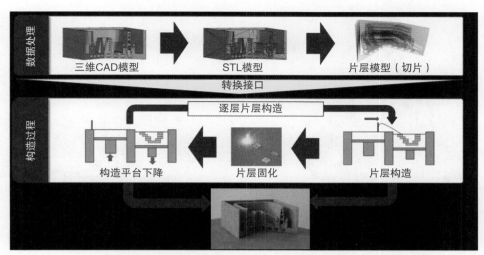

图 4-85 从数据处理到三维实体模型的制造

据,其中,适合导入快速成型设备的数据格式有 STL、IGES 或 STEP。主要使用的 STL 格式即通过三角形片(三角测量法)进行模型上的几何逼近。所有常见的 CAD 程序均支持这种格式。三角测量法的操作过程即通过三角形片进行几何结构外表面的精确逼近。这些三角形片通过三个顶点的位置及与之相关联的法向向量进行定义,其中相关的法向向量方向与远离组件形体的方向保持一致。然后,通过三角形片的总数和法向量构建相应的外表面信息。同时,可利用三角测量法则对组件的几何形状进行校验,而三角误差的修复功能通常依赖于各个软件的数据处理能力。零件的 STL 数据文件是整个切片过程的初始信息。据此,可将组件分解成单独的片层结构,相应的片层厚度取决于所用工艺和预期的表面质量。对片层进行分片化处理的时候可获取各个片层的相应几何信息。而在处理曲线、自由曲面和钝角结构时,片层结构引发阶梯效应,因此使表面质量下降,并且片层越厚,阶梯效应越为明显。相反,较厚的片层结构也能有效地降低组装时间和组装成本。因此,对于各个组装过程都需要寻找相应的最优方案。

在组装过程准备的最后阶段,须利用相关的应用软件将组件虚拟地放置在机床的组装空间内。同时,将单一的片层数据传输到应用设备的控制数据中。最后,用户设置特定的系统参数,如加工速度或空间温度。

拓扑优化如图 4-86 所示。

图 4-86 通过铣削和钻孔制造的支撑柱结构
(来源:EOS)

为了实现更高效的设计,增材制造借助有限元法计算提供了重量优化。如有必要,可以加固高应力区域。在低应力区域,从给定体积中逐渐去除了不必要的材料,从而确定了最佳的零件整体结构,如图 4-87、图 4-88 所示。

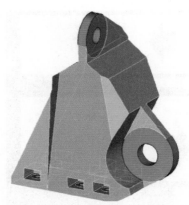

图 4-87 用有限元计算的支撑柱结构
红色载荷 = 高应力 灰色 = 有多余材料的区域
（来源：EOS）

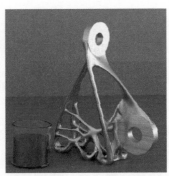

图 4-88 支撑柱结构的拓扑优化（来源：EOS）

控制按钮的网格化如图 4-89 所示。

为了实现更高效的设计，除了拓扑优化之外，增材制造还提供了另一个革命性的步骤：网格优化。拓扑优化是从给定的体积中逐渐去除不需要的材料，从而确定最佳的全身结构。与拓扑优化正好相反，网格优化是在具有给定外部几何形状的主体中填充精细结构（类似于桁架结构或网格结构），零件外观保持不变，而只有内部结构在其密度分布中发生变化。该密度分布规律遵循的依据是零件的功能对应其中的载荷密度曲线。在较高载荷的位置，材料密度相应较大，而在低应力的位置，材料密度相应减小。只有通过增材制造才能在不增加费用的情况下实现这样的结构。通过这个方法，零件可以在不改变外部轮廓的情况下进行重量优化。例如，这种方法适用于半导体行业，当功能部

件既要易于清洁和表面光滑，总重量又必须保持极轻时。由此，由于只改变了内部结构，零件的重量得到了优化，而由根据实际外部环境定义要求定义的工件外部轮廓又必须保持不变。

图 4-89 控制按钮的网格优化（来源：EOS）

2. 叠加过程（见图 4-90、图 4-91）

原则上叠加过程分为三个步骤：添加材料，固化片层结构，以及降低已成片层高度以适应下一片层的固化制造。在此期间，应根据具体的应用设备和制造技术对所用材料和连接过程进行调整。此外，还需基于不同原材料的初始状态（粉末、液态和固态）对其加工工艺进行区别处理。原材料通过电源装置或化学活化剂完成固化处理。在组合过程中，前一层片层结构固化后，叠加平面下降一个片层的高度，并且注入后续片层结构的原始材料。通常还配置一个表面平铺机构，如滚子或刷子，使所输出的片层结构尽可能均匀、平整。此外，利用叠加准备中的默认数据进行新片层的叠加黏结以及新片层结构与其下方片层的黏结。在叠加工艺中，由于原材料在 xy 平面上的连接强度大于 z 方向上的连接强度，因此所生成的实体结构具各向异性的特点。

3D 扫描：3D 建模更好的替代方案是 3D 扫描。目标物体扫描图像在大多数情况下可以直接使用。当然，也可以从扫描模型中参数化地导出单个部件作为变体。如果扫描图像的精度不够，则需要重新处理。

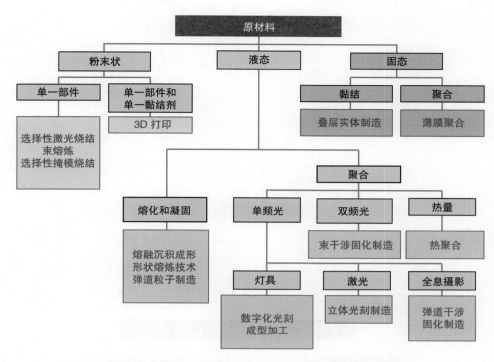

图 4-90 目前已知的增材制造工艺依据原材料的分类情况

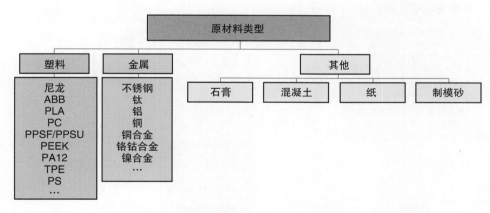

图 4-91 根据现有技术对增材制造工艺进行分类（最常见的打印材料类型）

3. 后续处理

由于存在阶梯效应，大多数增材制造工艺加工所得的成品表面质量较差。在大多数情况下，对叠加过程生成的组件都要进行后续加工处理，这主要因为工艺过程中的阶梯效应以及增材制造技术的尺寸稳定性有限。在后续加工处理中，要预先拟订用作设计基准点的固定点。同时，构建合适的辅助坐标系，借助加工中心进行后续加工处理。设计者在选取固定参考点时，须首先确保该点可通过增材工艺精确加工获得。此外，再通过后续的热处理工艺降低或消除成品材料内部金相组织的各向异性。

4.2.4 增材制造工艺的分类

目前，已知的增材制造工艺可根据原

材料和成型特点进行分类。

1. 根据原材料分类

如图 4-91 所示，按照所用原材料，增材制造可分为三类：粉状颗粒增材制造、液态树脂增材制造、固体原料增材制造。

在使用粉末状或固态颗粒原材料的加工工艺中，通常采用烧结或黏结的方式进行材料成型。在此工艺方法中，将激光射线投射在薄层上，使所添加材料相互熔融并固化。在三维打印过程中，利用特定的黏结剂，如石膏水，实现材料的整合和固结。

在选用液态材料时，通常采用激光（紫外线）照射或加热的方式实现合成树脂的选择性固化（聚合）并黏结在基础片层

上。在使用固体原材料（如塑料）时，通过将原材料熔化并迅速冷却的方式，在现有模型上逐层构建单一片层。这里通常采用黏性塑料逐层注入的方式相互黏结成型。

如果使用固态、中性材料，则通常选取薄膜材料或纸张状材料相互胶合并，用激光或刀具切割。这里也可以使用常规的黏结工艺及部分聚合处理工艺（如加热粘接）进行加工。

2. 根据成型特点进行分类

如图 4-92 所示，按照成型特点，增材制造可分为两类：直接进行三维模型制造，通过二维单一片层的相互叠加获得最终造型。

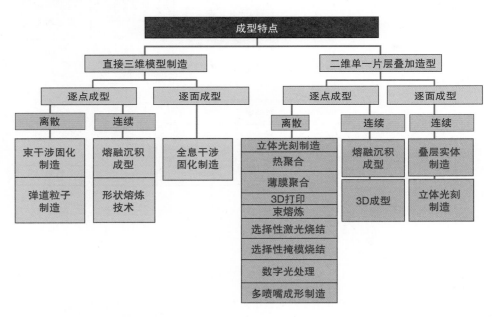

图 4-92　目前已知的增材制造工艺依据成型特点的分类

目前，所有的工艺都在二维条件下展开，这意味着单一片层叠加制造是增材工艺的主流。通过逐层叠加的方式构建最终的三维造型，其工艺原理等同于三维条件下的加工原理，如熔融沉积制造。而造成三维模型直接制造工艺应用较少的原因在于：与之相对应的三维软件相对较为复杂，以致目前还鲜有使用。

4.2.5　几种重要的叠层制造工艺

1. 束熔炼技术

（1）工艺描述

在遵循激光熔炼技术原理的增材制造工艺中，通常以粉末层为结构基础进行组件叠层制造。在工艺过程的初始阶段，通过机构（如一个刮板）将粉末材料均匀地工作

台上。

继而，根据相应的工艺原理，利用电子束或激光束使粉末材料熔融并固化在工作台上。此后，接下来的片层结构将逐层叠加在上一片层上。在这一过程中，工作台需不断下降，以保证当前粉末层结构的熔融、固化在合理的工艺位置上进行，使叠层工序顺利的进行如图4-93所示。

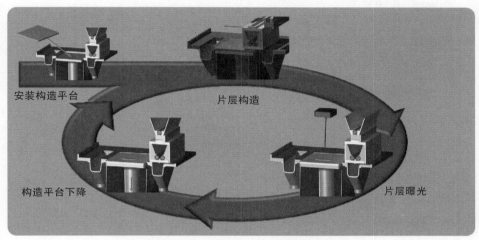

图 4-93 直接熔炼与间接束熔炼技术的工艺过程

在单一片层的熔融工艺过程中，粉末烧结工艺还是有区别的。材料持续地转变为熔融状态，因此该工艺和在工业背景下，往往采用单级束熔炼工艺代替两级烧结工艺（如激光烧结）。在实际应用中，对于上述束熔炼工艺，不同的使用机构赋予工艺不同的名称。EOS公司将该工艺命名为直接金属激光烧结，而其他公司称之为激光快速制造工艺（概念激光）或选择性激光熔化技术（MTT技术）。虽命名不同，但工艺过程大同小异：所用原材料始终是单一成分的金属粉末并在构造过程中被完全熔化。通过束熔炼工艺，可构造出组织致密的成品零件，其材料特性与利用传统工艺（如铸造）加工获得的零件特性类似。同时，整个加工工艺中也无须再安排后续的热处理工艺，如间接金属激光烧结工艺（参见激光烧结小节）。目前，原材料可选用不同的粉末材料，如钢和不锈钢、铝合金和镍合金、金属钛及其合金、黄金等材料。而且，可选用材料的范围还在研究和研发过程中不断扩大。

在样件制造和小批量生产领域中，单级增材制造广泛应用于不同功能组件的制造上。尤其是医疗器械及工具、模具制造领域，单级增材制造工艺在处理几何结构复杂的零件和功能单元（如结构复杂的冷却管道）时是极具经济性的制造方案。同时，单级增材制造对其他领域（如航空航天及汽车行业）也有重要意义。

由于激光射线发生装置的行进速度有限，因此，基于激光的束熔炼工艺都具有一定的缺点。主要成因基于以下两点：

1）用于改变激光方向的机械光学反射镜，其功率受到反射镜组件热量承载能力的限制。

2）由于加快激光扫描速度会降低行进路径的精度，因此光学反射镜的转动惯量对于激光射线的行进速度有严格限制。

基于上述原因，人们往往采用电子束熔炼工艺代替激光束熔炼工艺，以避免上述缺点并提升处理速度。电子束熔炼设备的结构如图4-94所示。

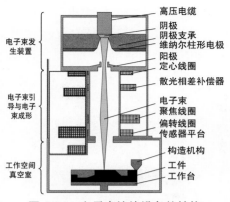

电子束发生装置　高压电缆
阴极
阴极支承
维纳尔柱形电极
阳极
定心线圈
散光相差补偿器

电子束引导与电子束成形　电子束
聚焦线圈
偏转线圈
传感器平台

构造机构

工作空间真空室　工件
工作台

图 4-94　电子束熔炼设备的结构

通常人们采用所谓的电子束枪激发电子束，该电子束枪还能对束电流即电子束的功率进行有效控制。在电子束的引导和成形上，通过电磁透镜使之形成截面为圆形的射束，并聚焦在焦点上，且在特定平面上发生偏转。相应的工作区间则布置在一个真空室内，以防止电子束发生散射。同时，粉末存储器、平铺机构及工作台也位于该区域内。

通过引入过电子束，组件的制备过程具备更快的扫描速度、更高的能量密度以及更高的加工速度。同时，较高的扫描速度也为过程控制的改进提供了有力的支持，如准平行射线和可配置射线成形用于改善和优化零件内部的热量分布。基于上述优点，目前 EBM 工艺得到深入研究和进一步发展，从而在未来进一步渗透到工业生产中。

（2）束熔炼技术的优点

1）有较高的几何设计自由度。

2）可实现薄壁类组件的构建。

3）可实现功能组件的构建。

4）可实现位于零件内部且贴近零件轮廓的冷却通道的构建。

5）加工所得的组件成品，其材料的热学特性和机械特性通常是传统工艺不能或很难达到的。

6）可实现多材料的加工，即实现材料

性质的分层体现。

（3）束熔炼技术的缺点

1）必须为组件中的突伸结构配置必要的支承结构。

2）必须为后续加工处理配置必要的工作台。

3）必须通过层状结构减少阶梯效应。

4）当组件加工过程耗时较长时，制造成本较高。

5）在熔融粉末的冷却过程中，由于温度梯度较大，因此易产生残余应力。

6）部分加工表面粗糙，需要进行后续加工处理。

7）安装空间有限，成品尺寸有限，目前可实现的最大加工尺寸为 300mm×350mm×300mm。

8）加工系统中须充填保护气体或保持真空状态，如电子束熔炼工艺。

2. 激光烧结

（1）工艺描述

晶状、颗粒或粉末材料在一定的温度作用下，微粒逐渐增大并最终实现整体固化的工艺过程称为烧结工艺。在该工艺过程中，粉末材料被分为多个层级分别加热到几百摄氏度。在工业生产中，该工艺主要用于金属及塑料的加工处理。

在处理金属材料加工问题时，一般采用间接金属激光烧结技术（IMLS），分两步工序将金属粉末周围的塑料黏结剂加热到熔融状态。而在最初阶段，必须构建一个强度较低的"生坯"。同时，为保证金属零件的材料密度，后续的热处理工艺也不可或缺，利用该工艺可除去塑料黏结剂并在金属粉末间形成烧结颈结构。与此同时，可进一步利用渗铜工艺使零件结构更加稳定，其中钢与铜的质量比为 6∶4。

激光烧结（LS）也被称为选择性激光

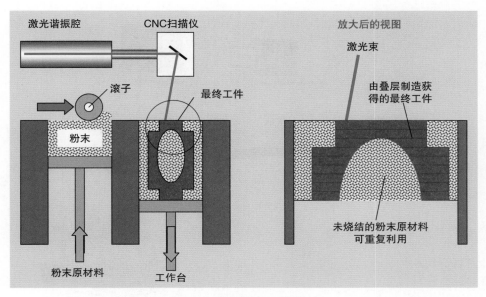

图 4-95 激光烧结和功能原理

烧结（SLS），其原理如图 4-95 所示。该工艺以粉末烧结为基础，在短短的几小时内即可完成塑料样件和塑料功能零件的制造。这里所选用的塑料主要为聚酰胺和聚苯乙烯。如前文所述，激光熔炼工艺只需使用激光对原材料进行处理，而在激光烧结工艺中，首先对待加工材料进行大面积的热辐射处理，以使材料整体达到略低于熔点的温度，继而利用低功率（大约 30W）激光射线使材料局部熔化。在执行过程中，利用一个光学扫描仪实现激光射线的自由偏转，并最终通过单一片层的叠层制造形成完整零件。然后，静置一段时间以使零件冷却至室温。整个冷却过程所需的时间须视具体工艺进程而定，冷却速度过快易导致工件温度梯度较大，从而使工件产生较大变形。待工件冷却后，再进行相应的清洗、整理、包装操作。在整个过程中，烧结零件先被嵌入非固化的粉末中，最后再取出。可利用压缩空气去除成形零件表面的残余粉末，这样未发生固化的原料可被重新利用。最好的工艺结果是将新、旧粉末的质量比保持在 1:10。

图 4-96 所示为利用激光烧结工艺制造的手爪。

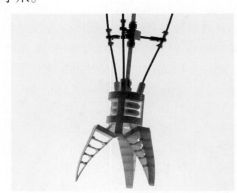

图 4-96 手爪（来源：费斯托公司）

（2）激光烧结的优点

1）相对于束熔炼工艺，激光烧结工艺的加工时间更短。

2）适用于加工生产复杂的、功能集成的零件（见图 4-97）。

3）适用于几何结构复杂的功能部件。

4）适用多种生产原材料。

5）无须使用支架。

（3）激光烧结的缺点

1）大型工件热处理过程中易产生材料收缩和弯曲。

图 4-97 用于工业生产中制造高品质金属零件的数字化增材加工机床

2）零件表面质量较差。

3）紫外线照射会使材料老化。

3. 3D 打印

（1）工艺描述

工艺描述 3 维打印是增材制造的一种，该工艺利用打印头或喷嘴将液体黏结剂注入到粉末层中。在加工过程中，工作台配合构造片层的累加过程而逐步降低，以保证新片层成形的位置要求，逐层累加形成最终零件。通过合理选择粉末黏结剂可进行多种材料的加工，如塑料、陶瓷、砂（铸模）和金属。由于三维打印工艺采用打印头替代激光发射系统，因此比激光烧结技术具备更可观的经济性。对于塑料零件，在成形后需进一步安排渗入（如用环氧树脂或蜡）工艺以提高其结构的力学性能。对于金属零件，材料是由黏结剂黏结并固化成生坯，随后必须安排类似于 IMLS 的热处理及渗铜工艺。必须要考虑的是由热处理导致的尺寸收缩，因此要留有余量。但可以通过计算精确地确定尺寸余量。

（2）三维打印的优点

1）较快的造型速度。

2）可加工多种材料。

3）支持较大造型空间的零件。

4）设备（见图 4-98）制造商众多。

5）可生产多种组件，如图 4-98、图 4-99 所示。

6）经济性好。

图 4-98 功能完备的变速箱模型，变速箱的运动状态可扫二维码观看。（来源：Roschiwal+Partner）

图 4-99 带有可移动组件的机器模型。1:50
（来源：Hüller）

（3）三维打印的缺点

1）由于密度低，机械性能一般。

2）体积和尺寸的缺失。

4. 熔融沉积成型

（1）工艺描述

挤出工艺的特征在于通过一个或多个喷嘴将液体或软质材料喷射到工作台上，并在冷却过程中，使组件得到固化。熔融沉积成型（FDM）也被称为熔敷层成形（FLM），且只能用于单一材料的加工处理。

该成形工艺的子工艺有多重喷射成形或聚合喷气成形，相应的组件依据叠层特点进行制造。喷嘴通常有两个自由度（X轴方向和Y轴方向），而整个工作台可沿Z轴自由移动，以这样的方式进行三维组件制造。喷射材料冷却后在挤压焊道间形成材料连接。由于本制造工艺采用带状材料单元增材叠加获得，因此成形零件表面质量较差，如图4-100所示。

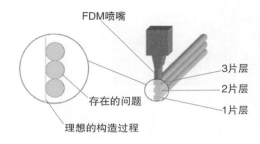

图 4-100　FDM 工艺获得的零件质量

（2）熔融沉积成形工艺的优点

1）零件力学性能良好。

2）投资规模小。

3）可用于办公系统。

4）可加工 ABS 塑料。

5）可利用多喷嘴系统轻松地实现多材料组件的制造。

6）设备制造商众多。

7）支持组件的自设计系统。

（3）熔融沉积成形工艺的缺点

1）表面质量差。

2）由于没有合适的支承材料，因此很难构造突起结构。

3）必须配置昂贵的支架。

4）在许多情况下，在材料烧熔或烧结过程中会发生体积尺寸的损失。

利用 FDM 工艺制造的不同零件如图4-101所示。

图 4-101　利用 FDM 工艺制造的不同零件

5. 光固化

（1）工艺描述

光固化是一种历史较长的叠层制造技术。在此工艺过程中，对光敏树脂采用选择性三维聚合的方式生产制造塑料零件。在材料聚合过程中，将待加工材料置于紫外线激光焦点处并使激光达到临界能量，以完成零件的固化工艺。然后降低工作台，在成形层上添加新的液态树脂，进行新一轮的固化处理，如此，可通过工作台不断沿Z轴下降且片层不断固化的方式进行零件的三维制造，如图4-102所示。

整个聚合过程的工艺原理可以理解为一种链式反应，即将不饱和分子与大分子相连。具体过程可分为以下四个步骤：

1）链式反应触发或链式反应初始化。

2）聚合物生长。

3）链式反应中断（终止）。

4）链式反应转移（转移分子链）。

在光固化中，由于所用材料可对紫外线激光迅速做出响应并完成链式反应，因此只有暴露在外部的树脂可以顺利固化。为确保最终的零件强度，在实际加工过程中，须将零件放到紫外线柜里进行后续的硬化处理。

光固化主要应用于概念模型和功能模型的制造，同时也可用于真空模制造和熔模制造。

光固化作为三维成形的先驱技术不断发展，并在快速样件制造领域发挥主要作用。但在处理高级终端样件及标准模具的真空熔铸时，STL 工艺则表现出明显的技术能力不足而无法实现熔铸。

由于光固化时只有 3%~5% 的零件重量作用在支承架上，因此在加工其他许多几何形状时还要使用其他工艺。而三维打印技

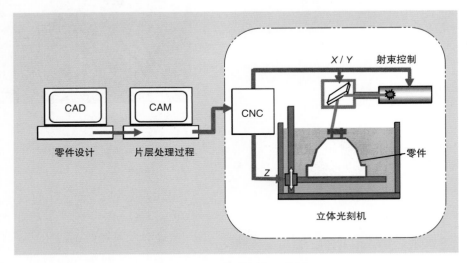

图 4-102　立体光刻的工艺原理

术（如 Objet 公司的三维打印技术）中，支承架须完全支承所有竖直向下的组件，因此支承架重量是零件重量的 10 倍或 20 倍。同时，在光固化工艺中无配置类似三维打印技术中的废液容器（用于盛装工艺初期清洗打印机喷嘴的清洗液，且通常清洗液质量达到 200g 以上），这也是光固化的经济性优于三维打印技术的原因之一。三维打印技术的材料费通常高达 220 欧元 /kg。

目前，光固化设备的激光焦点直径仅为 ϕ0.017mm，单层厚度仅为 0.01mm。因此，该工艺也适用于微制造领域的零件制造。相比于三维打印技术，光固化所能加工的材料更为多样。

光固化的衍生发展是显微光固化，可利用该技术加工制造出几何结构极为复杂、精确的零件。加工时不再使用激光逐点加工，而是借助数字光处理芯片（如 DLP 芯片）直接制造完整片层。

（2）光固化的优点

1）可轻松地完成复杂薄壁件的制造。

2）由于激光功率较低（通常低于 1W），因此组件结构中几乎没有热应力。

3）加工所得零件精度高。

（3）光固化具有争议性的缺点

1）当零件的产量太少且停机时间过长时，材料老化现象问题较为明显。此时，由于没有新材料的"翻新"，因此材料老化问题较为棘手。当产量保持稳定时，基本填充材料总是留在设备中并且不断增加。对于一些较大设备，其储料可达到 480kg 之多，但是如若倾覆，则后果严重。

2）由于设备托盘上配备有紫外线薄膜，因此日光中的紫外线部分不会干扰工艺实施。但同时，材料也无法获取直射光线。

3）对大型设备而言，树脂材料的交换是严重的问题，甚至会导致无法正常操作。一次材料填充大约花费 85000 欧元，同时，换料容器也要额外花费约 50000 欧元。由于材料老化问题，在材料通过量较小的生产制造中往往存在材料需定期完全替换的风险。在小型设备中，原材料往往每周都需要替

换，时间成本为 30~45min。

4）STL 技术的衍生发展产生了全新的设备，可适应 20 种不同材料的精密结构加工，材料交换过程仅耗时 60s。该新型设备的优点是：不仅没有物料工作台，也没有真正意义上的物料存储器，并且仅需少量的树脂。因此，也不存在前文所说的老化风险。

5）支承架是光固化工艺得以正常进行的必不可少的前提，如图 4-103 所示。该工艺本身没有真正意义上的缺点。通过相关软件，如 Materialise E-Stage 支撑架生成器软件，可自动根据零件手动拜访的位置自动生成支承架。

图 4-103 光固化中必须有支承架

（4）光固化的真正缺点

1）维护成本昂贵。

2）由于设备购置成本太高，因此和 3 维打印技术的竞争中鲜有优势。

3）在 3 维打印设备中，后续填料的维持须依赖于相应的编码芯片。在市面上可以购买到的且可以使用的第三方物料只可以在之前的老设备上使用。

4）须严格确保设备空间内符合标准的加工环境，以保证设备的功能（空气湿度的调节控制和整个加工环境的调节）。

6. 其他工艺

（1）掩模烧结

掩模烧结（MS）和选择性激光烧结具有很强的相似性。在掩模烧结工艺中，同样通过能量供给使粉末材料达到熔融状态。相比于激光烧结工艺，掩模烧结制造中没有采用可偏转的单一激光，而是将掩模进行大面积曝光以完成片层制造。这一过程中，掩模被逐层打印，紫外线发射出的能量被反射到粉末层上实现片层固化，如图 4-104 所示。其中，掩模本身还能发挥反射镜的作用，其反射效果主要取决于陶瓷粉末的材料特性。由于采用彻底的大面积曝光进行片层成型，因此单片层加工工序时间大为减少。

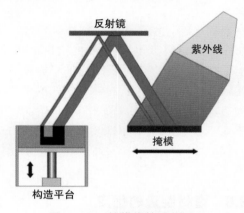

图 4-104 掩模烧结工艺原理

（2）数字光处理

数字光处理（DLP）与光固化具有类似的工艺过程，但特殊之处在于此工艺借助一个特殊芯片将整个材料层暴露在光射线下并使片层整体固化成形。为控制 DLP 投影机的制造效果，零件信息通常以点阵图形式存在并以镜面单元为掩模投射到构建平面上。和经典的光固化类似，由于特殊的组件结构，制造系统中须配置相应的流体支承结构。具体来说，本工艺主要用于微小零件的制造。

（3）叠层实体制造

叠层实体制造又称为叠合层制造（Laminated Layer Manufacturing，LLM），在工艺过程中，主要选用塑料膜和纸张状材料作为原材料进行片层制造。随后，将片层互相黏结在一起并在停机后进行零件轮廓的切削。

本工艺方法既可采用激光系统，也可采用如滚切工艺传统的有刃切削刀具。在工艺过程的最后，加工剩余物料被移除。分层实体制造也可以用于金属材料的加工处理。由于片层较薄，零件的表面质量通常较高。

（4）激光堆焊

在激光堆焊工艺中，通过激光射线将金属表面层局部转化为熔融状态，进行逐步叠层制造。通过一个进料设备将待加工材料（大多数情况下选用粉末或丝线形式的材料）不断推送至熔融状态区。同时，通过熔融区在物料层上的移动产生履带式线性焊层。为了防止熔融材料氧化，须在加工过程中配置相应的保护气。多个片层的叠加形成最终的三维零件。这里所构建的叠层零件的密度与常规方法制造的零件密度相当。然而，利用本工艺所造零件的内部组织结构较为粗糙，类似于铸件。此外，迄今为止，激光堆焊工艺的零件表面质量仍然较差。

4.2.6   增材制造的优点

在 1980 年中期开始进行 3D 打印时，目标是创建可以"触摸"并在必要时进行组装的类似于产品的零件。今天，它被称为"快速成型"。

后来，人们开发出了更好的机器和各种新材料，因此经过精心计划和制造的 3D 打印部件也可以在工业上使用。

增材制造（AM = 增材制造）的重要性也随着金属材料的发展而越来越多地向工业生产"打印"发展。与铣削和钻孔相比，使用增材制造的最重要原因如下：

（1）更快，更"按需求"

经过长时间的使用部分零件需要更换 - 增材制造使这种生产成为可能，可以这么说，"一夜之间"消除了存储成本。

（2）更便宜

如果需要的数量较少，则可以节省昂贵的模具和工具使用费用 - 从而节省时间和成本。例如原型机，生产设备，假肢等。

（3）更轻（见图 4-105）

重量是航空航天领域的一个重要成本因素 - 特别是在飞机制造中，可以在其使用寿命期间节省大量的煤油。但即使在机械工程中 - 随着单件加工时间的缩短和加速度的增加，减轻重量变得越来越重要。

增材制造没有传统轮廓条件的限制（最小壁厚、脱模斜率等）。

图 4-105   空客门悬架：顶部采用传统设计，底部采用增材制造设计 - 重量减轻 50%

新功能或功能改进：

结构设计不需要迁就传统地制造方法，可以完全地以功能需求来设计。

以下是两个例子：

例 1（见图 4-106）：

图 4-106   燃气轮机的燃烧器喷嘴（来源：西门子公司）

燃烧器喷嘴在燃烧气体和冷却液之间具有极薄壁结构 - 可以通过内部加强筋实现 - 只能用增材制造完成。由于这种薄壁，燃烧器几乎不储存热量 - 这导致寿命延长了三倍！

例2（见图4-107）：

图 4-107　注塑模具

以注塑模具为例，通过增材制造实现了以下优点：

- 单件加工时间缩短 30%；
- 重量减轻 50%；
- 设计和制造时间显着缩短；
- 所有零件都具有相同的成本。

（来源：MBFZ toolcraft 公司）

出于成本原因，传统的液压块是由具有尽可能少的孔的长方体制造的：

1. 单件加工时间

注塑和压铸工具通常只生产一次。如果需要增加其他功能，例如轮廓形状的冷却通道可确保更快、更均匀（变形更少）的冷却（在加工中无法实现）更轻的结构。

更轻便的零件，更经济的运输和物流。人们可在更短的时间内获得更有效的工具。

2. 零件少

传统的金属切削加工制造方法，部件不能具有任何轮廓，并且通常仅由一种材料制成。增材加工工艺可以打印多个部件，也可以组合使用多种材料，例如具有固定法兰的可移动软管。

优点：节省焊接和安装。

3. 生产速度

此外，不应低估这样一个事实，即短的生产周期（有时是"一夜之间"）大大缩短了产品的开发时间。

这是布加迪的一个例子：从开发到成品零件（正面）不到 10 周！

同时，还实现了更好的空气阻力和超过 50% 的重量节省（见图 4-107~图 4-109）。

- 维修

另一个重要的应用是产品维修，即所谓的"涂层"。特别是对于由高质量材料（例如涡轮叶片）制成的复杂产品，更值得维修而不是制造新零件。在此过程中，扫描缺陷产品后，与理想的几何形状相比会产生差异，然后根据精度要求进行机械加工。

图 4-108　传统铣削和钻削方式制造的零件

与左侧的增材加工零件相比，右侧的是采用传统的铣削以及钻削的方式制造的零件。

在图 4-109 中，左侧是传统制造的液压块阀，出于成本原因，采用尽可能少的孔的长方体。右边是用增材加工制造。

结果：更重要的是重量减轻了 80%，由于"孔"不再需要笔直，而是可以接近最佳流量，因此操作压力损失降低了 50%。

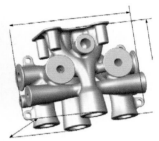

图 4-109　加工的零件

常见的汽车零件如图 4-110 所示。

图 4-110　常见的汽车零件

以汽车行业中的常见零件为例，增材加工可以缩短产品研发时间并优化产品性能（来源：Bugatti 公司）

4.2.7　应用

增材制造作为在批量生产中应用的一种生产方式，在许多方面与工艺初期盛行的快速成型不同。表 4-3 概述了主要差异。

表 4-3　增材制造方法在快速成型制造和工业增材制造中的应用差异

快速成型制造	工业增材制造
单个零件（少量）	可重复生产
适合的材料很少	很多工业材料都适合
功能有限	功能齐全
制造过程没有限制	确保制造的安全性
没有自动化	自动化提高了效率
生产和准备：通过 STL 连接单个系统	智能接口 - 集成系统
单个机器	增材加工机床是一个组成部分

与此同时，在机械行业之外还有许多其他应用，例如医疗技术，房屋建设等。

4.2.8　新的方法

今天，几乎所有类型的材料都可以以增材制造的形式生产，例如牙齿、骨骼、任何类型的塑料、金属和房屋等。

金属材料在工业应用上的 3D 打印，目前有以下方法：

- PBF-L：激光粉末床熔融。
- PBF-EB：粉末床电子束熔融。
- DED 粉末：金属粉末定向能量沉积。
- DED- 线材：金属线材定向能量沉积。
- EXT：材料挤出。
- BJ：黏合剂喷射。
- MJ：材料喷射。

Roland Berger 在质量、成本和可能的数量方面对这些方法进行了分类：

主要金属增材加工技术的现状如图 4-111 所示。

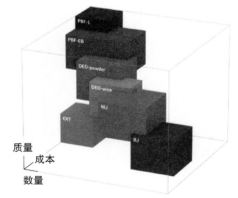

图 4-111　主要金属增材加工技术的现状。（Roland Berger "金属 3D 打印的发展"，2018 年 10 月）

简述目前使用的增材加工工艺方法：

■ 激光粉末床熔融

3D 模型是逐级构建的。料桶中的金属粉末被移动的激光束局部加热。由此液化的金属与下面的金属层结合。当该层完全"暴露"后，料桶会略微向下沉，使用滑片涂抹新的一层粉末，然后该过程再次开始。这将逐层创建三维零件。

粉末床工艺的优点是更高的精度和几乎完全的设计自由度，这使得所谓的"仿生"结构（例如精细的蜂窝状和晶格结构）成为可能。

■ 粉末床电子束熔融

金属不是由反射镜定位的激光器熔化的，而是由真空中的磁控电子束（类似于电视的电子管）融化的。这样可以提高使用率和使用特殊材料，但是会导致损失一小部分的精度。

■ 直接金属粉末激光烧结

这是一个多轴的任务程序。金属粉末被喷射到现有零件上，并在喷射点被激光加热，使其熔化并与现有金属结合。

粉末床应用的技术原理如图 4-112 所示。

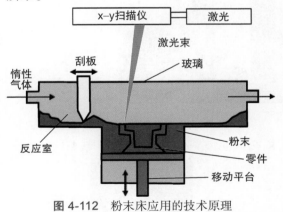

图 4-112　粉末床应用的技术原理

最大的优势是相对较高的生产速度和良好的材料性能。

使用多个喷嘴，甚至可以混合不同的材料，具有固定或渐变的过渡层。机器人也可以在这里很好地应用。

■ 金属丝激光烧结

与前一个的过程一样，也是多轴的任务程序，但使用了液化了的（焊接）金属丝来代替金属粉末。适用于廉价的材料，这导致更高的应用率，但也导致更粗糙的外部结构。因此，主要应用在生产需要后期加工处理的原材料。

以下方法尚未广泛使用，但在成本控制和材料选择方面具有良好的应用前景：

■ 材料喷射：

使用熔融金属液滴。

■ 黏合剂喷射：

黏附金属粉末，然后烧结。

■ 材料挤出：

通过喷嘴提供材料，类似于传统的塑料应用 FDM（Fused Depositing Modeling，熔融沉积成型）。

在此创建生坯，然后在烧结炉中对其进行精加工。

直接激光烧结和材料挤出工艺也非常适合机器人的应用。这为客户提供了更大的工作空间并且可以以合理的价格生产大型零件。可达到的加工质量取决于机器人的精度。

激光粉末床应用的技术原理如图 4-113 所示。

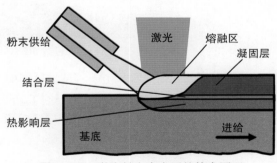

图 4-113　激光粉末床应用的技术原理

使用各种钢和青铜材料制造的部件如图 4-114 所示。

图 4-114　使用各种钢和青铜材料制造的部件
（来源：DMG Mori）

4.2.9　准备工作

在生产准备中，我们不再谈论夹具、刀具等，而是根据生产过程向用户提出全新的任务：多轴加工任务（DED，EXT）

（1）尺寸

当今的增材加工方法提供了高精度，足以满足许多表面和应用的要求。然而，对于具有高要求的连接点和区域，加工后处理（精加工）通常是不可避免的。必须在数控编程中为此提供测量值。

（2）定义工具路径

行程距离的定义与铣削策略大致相同。因此，培训时间相对较短。然而，根据制造方法的不同，策略也是不同的并且与机器类型有关。

（3）后置处理和模拟

创建刀具路径后，根据铣床要求进行后置处理。对于超过 3 轴的情况，建议使用数字化双胞胎技术模拟 G 代码程序。

平面加工任务（PBF，MJ，BJ）：

1）尺寸：对应前一节。

2）位置对齐：与多轴加工任务程序不同，位置对齐是生产的重要组成部分。在层内和层与层之间，组件的强度特性略有不同。

3）工件的重叠放置。为了经济高效地制造，通常需要同时制造多个零件。"工件的重叠放置"描述了这些零件在 3D 打印机中是如何布置的。在今天，自动的 3D 嵌套已经可以用来于打印塑料，如图 4-115 所示。

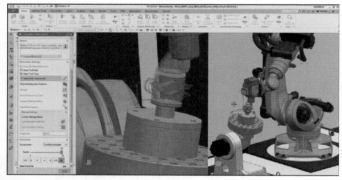

图 4-115　使用机器人进行 3D 打印过程（来源：西门子 NXSimulation）

4）支撑的几何形状。由于零件是逐层构造的，因此可能会产生悬垂，必须通过构造的支撑件将其固定在适当的位置。这些与基板连接的结构对于散发由激光器产生的热量也是必不可少的。最著名的编程工具是 Magics。

5）集成的处理器。"集成的处理器"实际上是粉末床打印设备进行增材制造的后置处理器。在这里，几何图形被自动"切割"成图层，每个图层都按照一个模板进行

填充。金属零件的 2D 嵌套如图 4-116 所示。

图 4-116　金属零件的 2D 嵌套

根据零件的几何形状，材料和打印机的类型，应用的算法可能也不同。

金属材料的典型支撑几何形状如图 4-117 所示。

图 4-117 金属材料的典型支撑几何形状
（来源：Materialise 公司的 MAGICS 软件）

4.2.10 与生产的结合

1）后期处理：为工业用途而打印的零件必须始终在功能和连接区域进行后期处理。

在此之前，材料应力通常在炉中显著降低，在某些情况下必须烧结或以其他方式进行后期处理。

此外，还必须去除由金属打印成的支撑结构，部分通过铣削，但主要是用锤子和凿子去除。未加工的金属粉末必须从内部区域（例如钻孔）"倒出来"。

按照目前的情况，这种后期处理大部分尚未集成到程序中，大多都由手动完成的。由于后期处理占有很高的成本份额（30%~50%），因此在未来有一种高度自动化的发展趋势。

2）混合加工：一些经典的机床制造商采用了一种有趣的方法。他们开发的机器通过一次夹紧即可执行材料涂覆（激光）和材料去除（铣削）操作。

按专业领域和应用领域推广增材制造如图 4-118 所示。

3D 模型如图 4-119 所示。

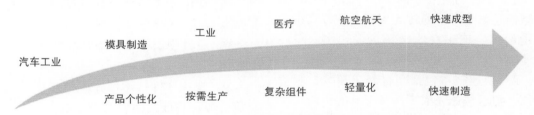

图 4-118 按专业领域和应用领域推广增材制造

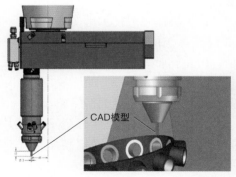

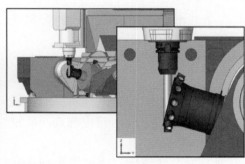

图 4-119 三维模型
在一台机器上执行材料涂覆和去除（铣削）（来源：DMG-MORI，西门子公司）

4.2.11 小结

增材制造可用于原型样件、模具、最终产品的制造，所有待生产组件需具备相应的三维 CAD 模型，根据产品不同的用途，采取不同的叠层制造工艺。除了所述工艺方法外，还有其他增材制造工艺，但与前述工艺相比均不是主流。

在当前工业领域和研究领域中，增材制造的发展已相对完善，因此也加快了加工过程的速度，如通过更高的激光功率获得高的加工效率。另外，须安排相应的后续处理工序，以保证增材制造的成品组件有足够好的表面质量。因此，工艺的鲁棒性和组件质量的保证是研究和开发的重点。随着可加工组合材料的逐步丰富，增材制造可在更多领域中得到应用。

4.2.12 本节要点

1）增材制造方法是以零件的三维 CAD 模型信息为基础，通过逐层累加的方式将无定形原材料或中性原材料直接转化为零件实体。

2）快速技术包括增材制造和减材制造工艺，力求快速完成零件和工具的生产。

3）增材制造方法的数据处理须满足以下三个条件：

① 具有成品零件的三维 CAD 数据模型。

② 在工艺准备阶段，将零件的体积或表面模型分解成一个个的片层。

③ 根据特定工艺创建一个数控加工程序。

4）基于不同的增材制造方法，加工所得的零件在材料密度、加工精度和表面质量等方面有很大不同。

5）现今，增材制造方法被越来越多地应用到工业生产中；同时在产品开发过程中，增材制造方法也起着越来越重要的作用。

6）目前已知的增材制造方法可根据两个标准进行分类。

① 根据原材料分为粉末材料增材制造、液态材料增材制造和固体材料增材制造。

② 根据成形特点分为直接三维模型制造或二维单一片层叠加制造。

7）现今，所有应用到实际生产中的增材制造方法，其加工模式都是基于两个维度进行叠层生产的。

8）目前最重要的五种叠层制造方法是：

① 用于加工金属零件和样件的束熔炼技术。

② 对粉末塑料或单 / 双组分金属进行加工的激光烧结技术。

③ 在粉末原材料中添加黏结剂进行零件成形制造的 3D 打印技术。

④ 利用喷嘴加热热塑性塑料并使材料形成珠状熔体的熔融沉积成型技术。

⑤ 通过逐层聚合液态树脂层的立体光刻技术。

9）快速样件技术可完成概念产品或仅含部分零件功能的模型的快速生产。

10）快速制模技术可利用相应的原材料完成相关成品模具的加工制造，如铸造模具。

11）快速制造技术可实现功能零件成品（最终产品）的直接加工生产。

12）拓扑结构优化：使用有限元方法进行重量优化。高应力的区域得到加强，低应力的区域材料则给予移除。

13）网格优化：具有给定外部几何形状的零件体，内部填充以精细的结构（例如：桁架结构或网格结构）。

4.3 柔性制造系统

柔性制造系统（FFS）与其计划和设计的制造任务一样多种多样。机器、工件运输和控制系统组合的可能性是无限的。虽然这些系统不断发展，但基本原则保持不变。

4.3.1 定义

一个柔性制造系统通常包括一系列数控加工设备，它们通过一个公共的工件传输系统以及中央控制系统彼此相连。几个不同的（互补）或类似的（互替）CNC 机床完成特定零件族中相应零件的所有必要的加工任务。全生产周期均为自动过程，这意味着整个加工序列不会因为人工干预、更换工装、更换装夹而中断。因此，通过这类系统可有效地节省加工过程中的间歇时间，并且在非工作时间的运行阶段，仅用较少的人员投入或无人参与的情况下即可使加工系统运行。

在高度自动化的链式系统中，生产主系统实时指导、引导、控制和监控加工过程。原材料和成品零件的材料仓库，夹紧装置以及更高级别的工具管理都包括在加工过程中。随后装配部分的集成也是可能的。

通过使用相互链接的数控机床，可以持续地适应对产品设计的变化以及加工工艺的变化进行持续的且不会带来问题的优化。柔性制造系统不仅适用于需要最小加工量产品的加工，在数控加工程序、刀具以及工装夹具都准备好并调整好的情况下，无须停机和工装调整，也适用于下完成单件、小批量工件的加工。

对零星产量的集中以达到较大的工件产量是没有必要的，由此可以降低库存成本以及由货物库存带来的资本负担。

柔性制造系统不仅可用于加工棱柱体类工件，还可用于车削类零件，钣金类零件（图 4-120 和图 4-121）或其他工艺。根据加工工艺过程和材料种类的不同，开创了全新的生产和加工的可能性，例如：增材制造，又称 3D 打印。

柔性制造系统不仅可用于加工棱柱形零件，也可在加工车削件、钣金件的过程中应用其他加工工艺。这需要不同的机床以及不同的运输系统。棱柱形零件主要由夹具一次或多次夹紧并放在托盘上运输，而较大数量的车削件存放在合适的容器中。与托盘交换装置不同，在车削件的加工过程中，通常采用自动上下料机（如从料仓或送料器拾取单件毛坯并放置到卡盘上的机器人或门型上下料机）将所有部件从特定容器或送料机中一次性运送到卡盘上。此时，用双头夹具将已加工件与待加工件进行交换并将已加工件放置在一个成品容器中。

在图 4-120 中，显示了柔性制造系统的一个变体，该变体具有工具存储库。在 FFS 的完全扩展阶段，刀具和工件的流动都可以自动化。机器人可以在几台机器的盘仓中更换工具。对于工件流转，可实现用于托盘处理的堆垛机：它具备三个设置位置，具有 90 个托盘存储位置的高架仓库和加工机器连接到该堆垛机上。

在图 4-121 中，柔性钣金加工系统，包括：两台 TRUMATIC 6000 L 冲压 / 激光机床，每台都配有外部工具存储单元 TRUMATOOLAutom. 工件上下料设备 TRUMA-LIFT SheetMaster，制成品分拣设备 TRUMASORT，去毛刺设备 TRUMAGRIP，中央存储系统以及连接到运输小车的 TrumaBend 折弯机。

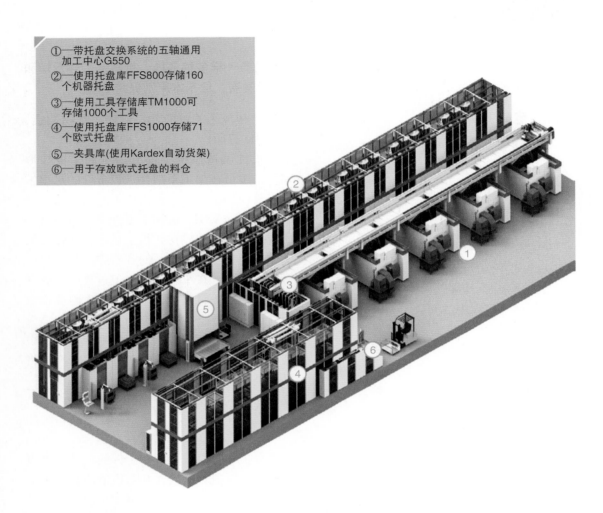

①—带托盘交换系统的五轴通用
加工中心G550

②—使用托盘库FFS800存储160
个机器托盘

③—使用工具存储库TM1000可
存储1000个工具

④—使用托盘库FFS1000存储71
个欧式托盘

⑤—夹具库(使用Kardex自动货架)

⑥—用于存放欧式托盘的料仓

图 4-120　柔性制造系统（资料来源：Grob 公司）

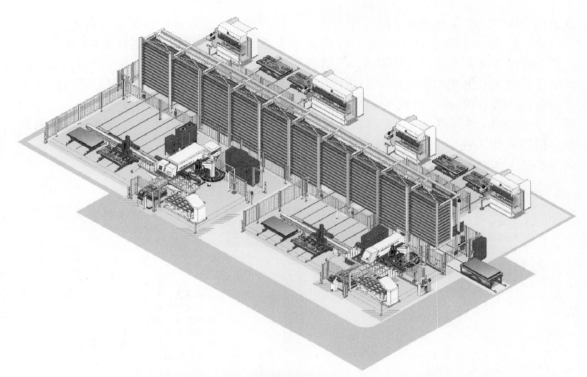

图 4-121 柔性钣金加工系统（来源：Trumpf，www.trumpf.com）

柔性制造的目标通常为：

1）加工不同的零件。

2）采取不同的加工过程。

3）采用任意的加工顺序。

4）应对不同的产品批量。

5）高度自动化、无须人工干预。

6）保证生产的经济性。

持续的增长对生产效率的需求以及特别是在大批量生产中高昂的成本压力（如汽车、消费类产品），产生了将 CNC 机床彼此链接并对任意工件自动化地完成所需的加工且无需人工干预的生产要求。

4.3.2 柔性制造单元

一个灵活的制造单元由一个配备了额外自动化设备独立的 CNC 机床组成，该机床可用于临时的、无人化的操作。除了常见的加工中心外，还使用车床或其他数控机床，但这些机床必须满足各自应用领域的要求。为此，需要具备以下扩展层级：

1）零件存储模块：零件存储模块以零件托盘或单一零件库形式存在，为单班制作业提供充足的储备零件。（棒材自动送料机，可更换的工件托盘）

2）自动上料模块和自动卸料模块：自动上料模块可以完成本机的自动装料任务，待零件加工完成后，自动卸料模块可将成品零件运送到成品零件库中。

3）扩展刀库：在应对工件变更的加工任务时，使用该刀库可有效地避免换刀的工装时间。

4）自动换刀模块：自动换刀模块配备监测装置，可有效地控制刀具破损及磨损，并能自动调用姐妹刀具。

5）成品件的尺寸监测模块：例如通过探头和相应的评估软件自动地调整修正值，并在超差时停止检测（中断检测）。

6）自动停机模块：在零件加工结束后

或出现错误时，机床会自动停机。

在工厂的三班制生产中，第一班和第二班通常以手动方式进行托盘装卸，而第三班往往采用无人化方式完成托盘装卸。

灵活的生产单元可以根据需要相互连接。通过自动工件运输设备（桁架式上下料机、机器人和送料小车等），可以相应地提高机器的生产率和灵活性。前提条件是对工件或工件托盘以及所使用的刀具进行编码。上级的生产主计算机监控整个工厂的全部设备并协调整个生产流程（MES="制造执行系统"）。这样一来，加工中心可以扩展为柔性制造单元甚至到柔性制造系统。

从 CNC 机床到柔性制造系统的发展过程如图 4-122 所示。

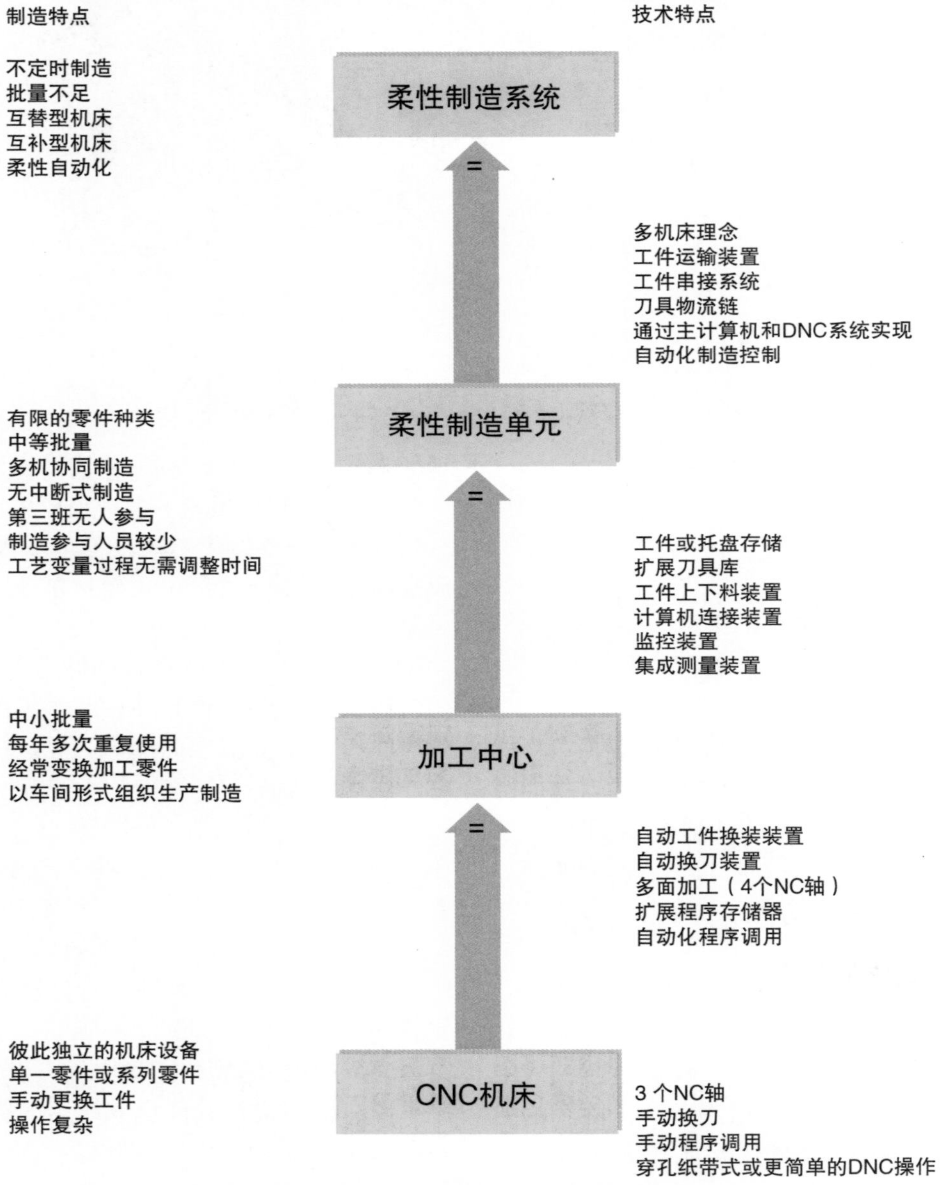

制造特点

不定时制造
批量不足
互替型机床
互补型机床
柔性自动化

柔性制造系统

技术特点

多机床理念
工件运输装置
工件串接系统
刀具物流链
通过主计算机和DNC系统实现
自动化制造控制

有限的零件种类
中等批量
多机协同制造
无中断式制造
第三班无人参与
制造参与人员较少
工艺变量过程无需调整时间

柔性制造单元

工件或托盘存储
扩展刀具库
工件上下料装置
计算机连接装置
监控装置
集成测量装置

中小批量
每年多次重复使用
经常变换加工零件
以车间形式组织生产制造

加工中心

自动工件换装装置
自动换刀装置
多面加工（4个NC轴）
扩展程序存储器
自动化程序调用

彼此独立的机床设备
单一零件或系列零件
手动更换工件
操作复杂

CNC机床

3 个NC轴
手动换刀
手动程序调用
穿孔纸带式或更简单的DNC操作

图 4-122　从 CNC 机床到柔性制造系统的发展过程

4.3.3 柔性制造系统

机床的彼此链接基本上分为两类：
- 流水线；
- 柔性制造线。

无论采用哪种系统，其目标始终是不因休息、设备调整时间、换班等原因，能够在减少甚至不需要人员的情况下中断大批量生产。

1. 流水线

从20世纪50年代开始到20世纪90年代，对批量生产而言几乎只采用流水线的方式。根据所要生产的工件的加工范围，在整个加工过程中采用几台一前一后排列的传送机。不仅用来执行对这些需要进行切削加工的工步，还可以进行清洗、密封检测、装配等其他非切削加工的工序。

例如，一条发动机气缸曲轴箱体（发动机缸体）的生产线，根据生产量的大小，由多达15台或更多的传送机组成，传送机一前一后地排列。在每台传送机上，只对工件进行了整个加工内容的一部分，然后将其传送到下一台机器上。

由传送机组成的生产线总是针对特定的工件而设计的，然后这个工件在产品的整个使用寿命内通常也在生产线上生产。从夹具装置，使用的特殊工具到流水线的各个工位，整个系统都是基于产品微小的设计变更或在生产顺序中的优先次序微小的变更而详细规划的。如果在生产线的使用寿命期间要在生产线上生产另一个工件，那么这将涉及全面的重新构建和长达几个月的长停机时间和高昂的投资成本。传送线具有较高的生产效率，但生产的灵活变化只能在有限的范围内实现。一个系统性的不足是：由于生产线中的刚性链接，一个子系统因故障而导致的停机通常会导致整个系统的停滞，由此综合传送线的各个站点之间只能在非常有限的范围内相互替代或补足。

2. 柔性制造线

20世纪90年代初，全球化和随之而来的消费者行为的变化也增加了对生产灵活性的要求。

由于流水线的灵活性有限，因此越来越多地使用由彼此链接的由柔性加工单元构成的柔性加工生产线，这些柔性加工单元具备一根或多根主轴。比如汽车供应行业等大批量生产的情况下，流水线仍然有其存在的理由。然而，由于产品周期越来越短，对广泛应用高柔性生产线的趋势也越来越有利。在动力总成部件的制造中，如气缸盖、曲轴箱和变速器壳体，使用柔性生产线的趋势仍然没有被打破。在生产线内使用门式机器人完成物料流转的协调工作如图4-123所示。

在图4-123中，发动机制造的柔性生产线由数控机床组成，通过上料口连接，也称门架式机器手。上料门架确保了从生产线开始的原材料取货，从上面的机器上料，到生产线结束时成品部件的堆放和搬运物料的自动化。

门式机器人是利用机器人技术实现生产过程自动化的有效变体。通过从上方装载（例如通过装载舱口），保持对机器的可进入性。这对工序调整和加工过程的监控尤为重要。

对于大规模生产，灵活的柔性生产线在起初的场地规划阶段是使用占位模型来进行的，于是最初只能生产一种特定的工件。通过添加更少的机器，可以在第二阶段扩展产品范围。这样一来，本土化的和全球性的企业可以根据个性化需求灵活地调整生产。如今在汽车工业中，例如3缸和4缸发动机可以在同一条生产线上生产制造。

对高柔性生产的需求不断提高，要求在生产中可以用尽可能少的花费进行必要的产线优化或修改。为了有效地实现对互相链接的机器进行调整，现代柔性生产线应采用少布线的方式进行规划。机器和工作站点之间的高度联网具有以下优点：网络中的所有控制系统都可以集中访问。因此，无需在机器上建立直接连接就可以更容易地进行修改。一个重要的前提条件是这种柔性生产线的可诊断度，这是通过额外的智能化和网络化的组件提高这种诊断水平的。

图 4-123 发动机制造的柔性生产线（来源：Heller）

此类的的网络排布意味着在工厂规划阶段就必须明确定义联网的概念规划如图 4-124 所示。

在图 4-124 中，所描绘的现代网络架

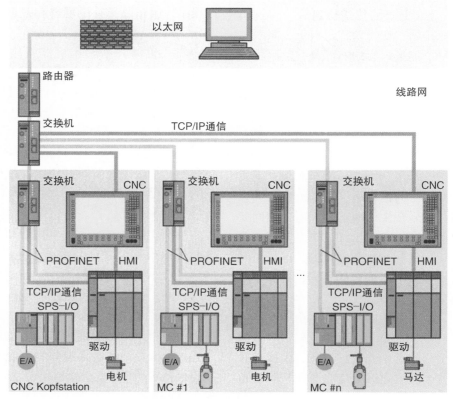

图 4-124 柔性生产线的网络架构

构，显示了一个数控的门架式机器人和两个数控加工中心（MC #1 和 MC #n），它们分别位于柔性生产线的首尾。门架式机器人的数控化控制不仅协调了工件的物料流，也是制造层与制造控制层联网的节点。

由于新技术的可行性，柔性生产线的生产效率越来越高，而且生产批量的增大，同样可以保持生产成本的经济性。

一个实现了设备现代化联网的工厂其控制架构（见图 4-124）根据不同的要求，包含了自动化组件不同的改建阶段。例如，低成本的改建阶段包含一个基于 LINUX 的控制系统而无需工业 PC。如果需要额外的软件监控 / 应用，基于 Windows 的 "人机界面（HMI）" 是必不可少的。从数控操作工位的人机界面来看，出于数据量以及质量管理可视化的机制，基于 PC 的设计是合理的。

实践经验表明，互相链接的设备中可以只通过 PLC 即可控制门架式的机器手。但如果需要更多的可变的设置选项，则基于数控系统的主控制站则是有优势的，其优点在于：操作和诊断中使用的控制器与整条生产线内或整个加工中的切削机床的数控系统是没有差别的。

彼此链接设备的高度柔性化给机床制造商和终端用户带来了如下的挑战：

1）严格分离了生产网络和 IT 网络。

2）在生产中，全部设备 IP 地址的给定规则。

3）具有明确定义的信息技术安全访问规则。

4）发生危险的情况下机器之间的安全交互信号。

5）在通信中断的情况下系统的操控。

生产网络（也称为设备网络）和工厂网络（IT 网）必须在物理上分开。这不仅因为这两个网络是由不同的组织单位运营的，而且还因为连接网络组件的目的和可用性有很大的不同。生产和自动化组件联网的有效性是根据之前确定的产量来衡量的。出于对安全等方面的考虑，IT 网络组件则应始终保持更新。如果将相同的 IT 规则应用于生产，则持续生产流程的更新可能会干扰生产过程，并影响每日或每周产值的实现。

这并不意味着生产是一个安全漏洞。在这种情况下需要确保通过其他机制，如明确的访问规则，防火墙，具有适当限制的路由器，实现无故障的生产过程。专家建议，在规划阶段就应确定关于 IP 地址定义 / 访问控制的明确规则，并及时地与供应商协调这些规则。

所有要在工厂网络中可见的机器，必须直接纳入工厂网络。如果要根据运行数据检测机器或检测相互连接设备的生产效率，这一点是必要的。只有将所有相关生产力的数据记录下来，管理者才能据此评价并作出相应的反馈。

然而，现代化的工厂不仅生产数据可以从 "下层 "交换到 "上层" 或是反过来交互数据。还可以进行水平层级的通信，即 CPU 控制器之间交换标准信号和安全信号。准确地规划并进一步减少布线的工作量，通过参数的设置可以更容易地引入后续的变化。不过，在这种高度联网的情况下应提前演练某些场景，比如通信故障，以便在紧急情况下能够迅速地将故障系统修复后并投入到生产运营中。

4.3.4 柔性制造系统的技术特征

为了满足高自动化水平的需要，用于棱柱类零件加工的柔性制造系统必须满足以下技术特征：

1）很多适合柔性制造系统的机床，大多数情况下是柔性制造单元，其大小和数量与待加工工件的技术要求以及所需加工的件数相匹配。

2）足够的原材料或半成品库存，以保

证在有限的时间内自动、少人或无人操作的时间越长越好。

3）自动工件运输装置和工件换装系统，确保工件从毛坯装夹到成品卸料全过程的管理和运输。

4）DNC 作为 MES 系统的一部分，用于集中管理和提供数控程序以及刀具和夹具的修正值。

5）一个集成的刀具管理系统，用于管理所有相关刀具数据及其修正值，直至刀具用完后的物料采购预定。

在图 4-125 中，MES 金字塔显示了 MES 的基本概念（来源：VDI 德国工程师协会）定义了 10 个 MES 任务，这些任务之间的相互作用使得所述的制造 / 生产过程得到全面支持。但是，一个 MES 的具体设计并不一定包括所有八项任务的实现，而是根据用户的要求，对每项任务的性能范围进行调整。

6）集成于加工设备或单独的清洗机上的自动清洗装置，用于工件、夹具和托盘的自动清洗和烘干。

7）主计算机、测量站、中央监控、机器数据和生产数据采集（BDE/MDE）以及故障和诊断系统均需根据需求和要求进行安装，如图 4-125 所示。

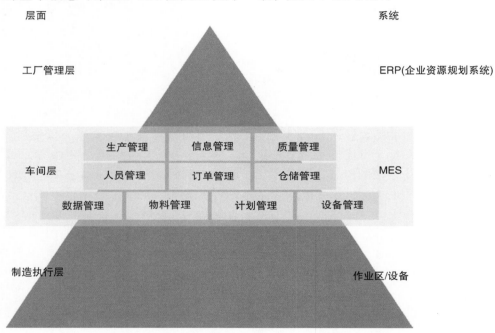

图 4-125　MES 金字塔中包括 MES 的基本概念

8）保证工艺过程安全的零件加工工艺。

尽管配置柔性制造系统需要较高的技术花费，但是系统本身也有如下局限性：

1）对工件的尺寸、重量、形状和材料都有限制。

2）可完成的加工种类有限（3、4 或 5 面的加工、斜面加工或钻孔加工）。

3）系统加工能力有限（单位时长内的加工工件有限）。

4）专用刀具的数量和种类有限。

5）零件的精度有限。

4.3.5 柔性制造系统的应用准则

在实际生产中，柔性制造系统已被证实在一些特别的场合，尤其在中、小批量生产及工件生产的初始阶段或后期备件的生产阶段是具有可实施性的。

这里给出两个典型案例。

一个企业生产有4种不同直径的气缸，客户可在最小长度和最大长度之间的毫米量度内自由选择具体尺寸。由于提前生产并仓储所有型号的产品需要花费巨额成本，因此必须开发出一种系统，使其能在24小时内即可完成特定型号的产品加工，以便在次日顺利交货。根据上述加工要求，可采用一种理想的生产方式予以解决，即把缸筒、活塞杆和夹紧螺钉整合在一起，实现统一的订购、制造及测试，而将柱塞、端盖和螺母作为统一的批量零件安排到装配线上。

这一原则已经被成功地应用到了其他产品上。

另一家企业正在为研发中的某件新产品准备批量化的生产方法，期待进入市场后，能立即大批量地生产出类型不同的衍生系列产品。另据了解，在约18个月的机器交付时间内，所呈现的样品仍然会有很大的变化，而正因如此，生产人员必须不断地调整机床类型和组织形式以适应不同的加工需求。因此，单一用途的机床或传输线在生产伊始即不太适用，而相应的解决方法就是引入柔性制造系统。该柔性制造系统由多台加工中心组合而成，因此可以适应产品在结构和系列上的变更。当产品推入市场后，须配置相应的传输线和带回转工作台的多工位机床，以满足快速增长的零件批量要求。但是对于柔性制造系统而言，在满负荷条件下实现小批量产品的加工任务仍需数年后才能达到。

从图4-126可以清楚地看出单台机床和柔性制造系统的应用准则区别。同时，经过多年的经验积累，柔性制造系统本身也有很大的提升。

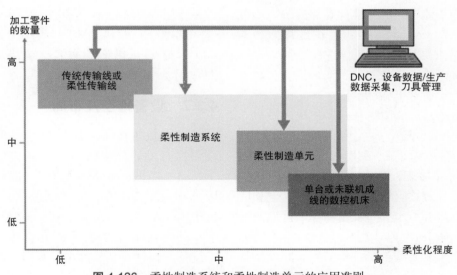

图 4-126 柔性制造系统和柔性制造单元的应用准则

柔性制造系统的规划始于对待加工工件的分析，主要的考虑因素为零件的尺寸、重量、材料、件数、批量和系列种类。通过以上分析得出必要的加工安排、刀具数量和加工时间，通过进一步地分析可确定设备的种类、数量和尺寸参数，最终可确定相应的夹具、机加工顺序和NC轴数量。

对每个柔性制造系统的构建都应秉持尽量使用标准组件的原则为用户量身定制，在制造系统的构造过程中不仅要考虑系统本身可能发生的故障，同时还要考虑用户未来的生产计划和生产策略。

柔性制造系统虽然可以融合现有的 CNC 机床，但还不能实现一致的不被中断的加工要求。与此相对的，常规的手动操作机床或通过机械式进行编程的机床不能被集成到柔性制造系统中，其主要原因是这类机床没有托盘更换装置，控制程序也是固化的，程序无法自动变更。

与此相反，在某些柔性制造系统中采用数控专用机床对生产过程将极其有利，如采用钻头转换装置、平面铣床或专用加工单元。

柔性制造系统不是新的机床，而是对已有的生产要素（机械加工系统、自动化系统和信息系统）的组合。

4.3.6　加工策略

原则上讲，用 CNC 机床加工批量零件有多种方法，具体如下：

1）经多次装拆，利用多台机床完成互补加工，如图 4-127a 所示。在这种加工策略中，往往要求机床之间预留相应的区域，用于暂时存放半成品工件。而多次装夹和拆卸不可避免地对工件精度产生一定的负面影响，甚至还有可能因为某一台机床的故障导致整个生产线停产。

2）经一次装夹，利用多台 CNC 机床完成批量互补加工，如图 4-127b 所示。这种加工策略对刀具质量有较高的要求，但相应地省略了托盘工作空间及工件存储区域。可以被互补加工 [A）+B）+ C）+ D）] 将 CNC 程序划分为多个可在统一的加工时间内执行的独立的加工程序，避免个别机床处于空闲状态。

但是和图 4-127a 所示的加工策略一样，一旦某台机床出现问题，整条生产线都将受到影响。

3）经过一次装夹，采用一台或两台机床完成加工制造，如图 4-127c 所示。通过互补加工 AB+CD 或完整的加工 ABCD，可以实现更高的精度和降低非生产时间。如果工件没有自动输送装置，则需为每台机床安排必要的工件存储空间。对于单一 CNC 机床（如加工中心、双工位加工中心或车削单元）而言，上述加工策略是典型的应用方式。每台机床均可自动地更换工件，因此有效地避免了不必要的停机时间。

4）含有自动输送装置的柔性制造加工，如图 4-127d 所示。这种柔性制造系统的原理适用于同时生产多个不同的工件，也适用于任何大小批量的工件。值得一提的是，当加工工件发生改变时，对应的 CNC 程序、刀具和夹具也会发生相应的改变。待加工工件的存储托盘都安放在多个集中的托盘存放位置。本加工策略既适用于两台或多台机床的互补加工（A+BCD），也适用于完整加工（ABCD）。现代主流柔性制造系统的工作原理如图 4-127d 所示。

在图 4-127 中，ABCD 表示对工件的各类加工操作，例如：研磨、钻孔、铰、攻丝等。

4.3.7　设备选型及布局

在加工生产中，通常根据零件的尺寸及需执行的操作来选定相应的机床。当加工策略（见图 4-127）确定后，既可选用通用机床（加工中心、柔性制造单元），也可选用单一功能机床（多轴钻头更换机床、铣削单元）或柔性制造系统中的其他专用加工设备。在针对某些加工任务时，也可能需要联合使用多家供应商所提供的不同机床设备，因此所有的机床应配备统一的刀具夹持结构、统一的托盘交换装置和统一的工作台高度。

此外，所有的机床须配置适合柔性制

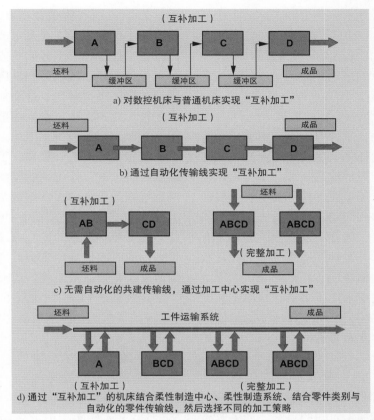

a) 对数控机床与普通机床实现"互补加工"

b) 通过自动化传输线实现"互补加工"

c) 无需自动化的共建传输线，通过加工中心实现"互补加工"

d) 通过"互补加工"的机床结合柔性制造中心、柔性制造系统、结合零件类别与自动化的零件传输线，然后选择不同的加工策略

图 4-127 含有互联机床的加工策略和不含有互联机床的加工策略的比较

造系统的数控系统。

　　整个系统的规划和实施应由经验丰富的制造商负责，而下游供应商也会为制造系统配置统一的接口，凭借制造商丰富的经验保证整个系统的后续功能。

　　清洗装置、测量机、引导装置的整合规划以及物料托盘、装载平台和夹具的运输系统也由总承包商负责。公司内部购买柔性制造系统的工作组应与各生产商密切合作，及时发现设计错误并尽可能地采取强大的模拟系统对随后的运转过程进行非常仔细地检查。购买合适的 CNC 编程系统并开始对要加工的部件进行编程，安装完 CNC 系统后就可以用柔性制造系统进行加工了。

　　根据现有经验，应该应用标准的设备和控制器而不是要求制造商扩展特殊的额外功能，因为机床类型越多，设备出现故障时就越难修复。从根本上讲，功能完善的设备在其他设备故障时也能无误地完成它的工作，从而使生产继续。这个原则最适合那些可进行自我替代的机床。

　　根据所需的灵活性来看，没有哪个机床的设计只为加工特定零件。柔性制造系统的每台机床在更换刀具后能与其他 CNC 程序兼容（灵活性）。只有这样，才能满足变化的市场需求或准确地适应结构变化。当现有的特殊设备能够克服现有的瓶颈时，今后对系统进行扩展时可以获得相对方便且经济的解决方案。

4.3.8 工件运输系统

　　以工程为导向的柔性制造系统设计通常从最适合的工件运输系统的基本设置开始。首先确定柔性制造系统的数量和类型，

然后再详细地规划机床装置和与运输系统的连接方式。通常情况下安装面积已经给定，但安装面积往往比较小，所以在设计上并没有太多发挥创意的余地。然后，工件运输系统也以此为基础。

从夹紧装置到机床再从机床返回到夹紧装置的过程中，工件自动运输对柔性制造系统起着重要的作用。主要使用标准化的托盘，使其既承担工件输送任务又承担机床上未加工毛坯和已加工完的成品的上、下料任务。工件的接取和固定需要借助固定在工作台上的夹紧装置，为此要求工件的装夹要有很高的定位精度。柔性制造系统上的托盘数量受限于托盘运输速度、托盘停靠区面积及工作台数量。由于采用了多层和双面工装以及相应的操作终端，所有生产所需的部件都可以存放在一个非常紧凑的空间内，以便随时调用。

夹具中工件的夹紧和拆卸主要靠手动实现。一些小部件可以用多夹紧装置固定，以达到缩短整体加工时间的目的。如果效果明显，也可以把设备中的第一夹紧装置和第二夹紧装置以这种方式组合起来。现在更多的是使用液压夹紧装置来实现统一和持续夹紧。用于检测和识别已夹紧工件的编码设备一般安装在托盘或设备上，这些编码在加工前被"读取"并与机床已有的 CNC 程序相比较，因此启动性能依赖于加工过程。大多数情况下，利用这些设备实现的检测是值得信赖的，因为负责工件运输的控制器可以可靠地实现无差错的运输以及对机床身份进行管控。

上料站和卸料站是柔性制造系统的基本组成部分。制订符合人体工学的解决方案需要考虑操作人员的需求并方便他们的工作。因此，货盘、设备、工件还必须有较好的可接近性，如自动降低、倾斜和旋转，这样就避免了使用平台和梯子去接触工件所带来的危险。

为了识别和辨认放置托盘上的已加工完成的工件，需要在托盘上或夹具上配置编码设备。这应在加工开始阶段，在机床上进行电子化的数据读取并和机床上准备好的代运行的程序进行对比。这和加工任务的开始指令密切相关，不过在大多数情况下可以不用这套识别辨认设备，因为工件的流转控制可以承担相应的工件管理，工件的无误传输以及在机床侧工件识别的控制功能。工件传输系统成为了全部柔性制造系统中不仅是技术性而且是经济性、核心的组成部分。因此，需要特别注意的是，对该系统功能流程规划的同时应提高注意力以避免不必要的后续改进、花费以及工件的运输路径。

运输系统必须满足如下的高要求：

1）高速度，轨道系统速度达 240m/min 或更高。

2）能控制多个运输车。

3）对接和更换托盘。

4）对障碍的手动干预（如手动操作）。

5）更高性能、更可靠和更安全的托盘运输功能。

6）符合安全要求，如故障方面的电源故障、意外故障和碰撞。

7）以最小的硬件、软件、安装、维护、控制和功能安全成本执行工件的运输任务。

8）长时间保证工件的加工精度，即在托盘的运输和查找中不允许由于工件的运输和工件的交换设备给工件带来任何磨损。

9）机床不允许因为错误托盘的出现而产生等待时间，这就需要在生产制造之前建立仿真系统来确定。

10）安装和装夹区需要设计规划，以便快速地切换夹具和工件。

11）运输系统应易于扩展，以便整合更多的机器。

12）保养和维修在尽可能短的停机时间内完成。

13）尽可能地把交换刀具直接运送到机床或直接从机床处运送走，以节省额外的刀具运输系统。

在图 4-128 中，如果需要，可以增加一个带两个位置的小车或第二个小车，并配以相应的修改运输控制。

设置好的托盘存放在储存处，需要时从运输小车上取走。

1~3 号机配备有托盘交换器。4 号机有固定的输入 / 输出场所各一个。5 号机只设一个交换站。这就导致了不同的交换策略。

在图 4-129 中，带托盘的双带运输系统

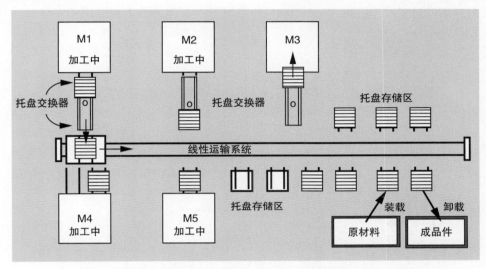

图 4-128　在输送路径两侧平行排列有输送装置的直线型轨道运输系统

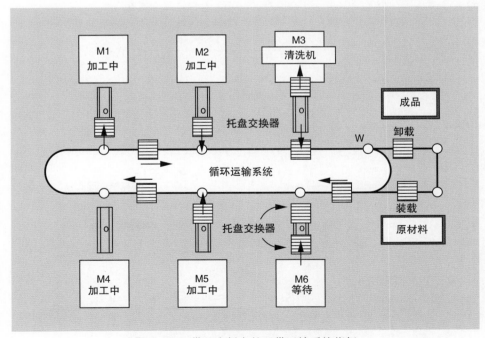

图 4-129　带几个托盘的双带运输系统指标

的指标，没有额外的托盘存放地点。未加工的工件在运输系统上循环，直到托盘交换器的一个输入位置空闲为止。

　　机器前面的托盘交换器同时是输入和输出缓冲器，分别用于一个成品和一个加工托盘。离开机器后，零件加工完成的托盘会自动被引导到清洗机，然后在 W 处被引导到装卸工位。

　　在图 4-130 中，有多个自动导引车的地面运输系统，这些车通过地板上一根导航磁条无线射频控制。

　　特点：机器可以根据需要分布在可用的区域内。小车以"单向交通"的方式从材料库到机器，然后再返回。在那里，它们被卸下并装上新的工件。出于安全考虑，行驶速度受到限制。

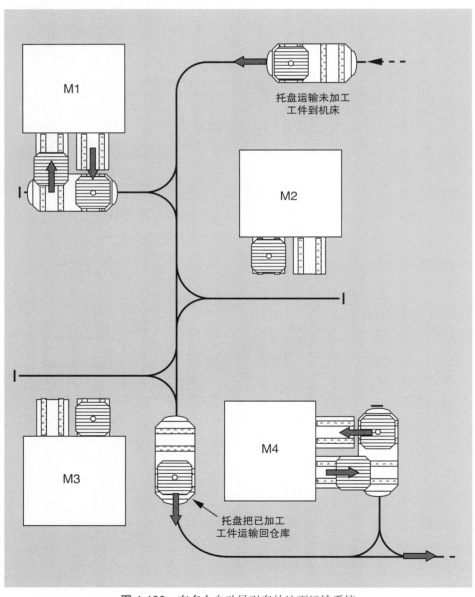

图 4-130　有多个自动导引车的地面运输系统

1. 运输系统的选择

目前，有几种不同的运输系统可供选择。运输系统的选择取决于工件的尺寸、重量和机床的排布。

最常见的是直线型轨道运输系统，如图 4-128 和图 4-129 所示。这种运输系统占地面积小，行驶速度高，运输车可以配备一个或两个托盘。此外，还可安排机床分布在行驶路线的一侧或两侧，为今后系统扩展行驶路线打下基础。这样，物流控制才能简单并且无故障运行。

双带式运输自动装配技术的托盘运输系统（见图 4-130）只适用于规模较小且重量轻的工件。运输托盘承载夹紧装置上的工件，并将它们传递给机床。然后托盘等候在机床外，接过已加工好工件并传递给下一个运输系统。在多机床加工中，当下一个工作站的目标编码锁定在托盘上时，工件需要返回到之前的托盘。当托盘较大时，需要机床配有更复杂的运输系统。

此外，也经常用到滚筒运输机，其上的托盘通过摩擦运输传递工件，运输总路径由多个路段拼接而成。运输高度和宽度可以自定义，负载能力最高可达 750kg/m，运输速度范围为 1~12m/min。这种机床由电动齿轮减速器驱动，但一般很少使用这种驱动方式。

滚子链滚筒运输机与此相似，通过滚子链条来运输托盘，在拐角处通过控制开关和摆动执行单元实现传输方向的改变。

与此相反，由于地面拖链运输机高昂的安装维修费用和对周围的工作环境造成干扰而不再适用于现有的工作。

实践证明，自动导引车可以运输各种尺寸的大托盘或重型工件（如图 4-130）所示。地面上埋设的导航磁条发射无线信号，自动导引车通过拐点并停在等待区。如今的 AGV 采用基于 GPS 的系统或固定在小车上的光学识别体。它们通过现有的行驶道路到达车间内几乎所有站点。现有机床可以停留在原地和那些昂贵的基础设施上，远程材料库和工具库也可以整合到物料流中。出于安全的考虑，自动导引车的行驶速度一般要低于线性轨道运输系统的行驶速度。因此，同一时间内需要有多个自动导引车同时运行，以提高生产效率。

对于车削单元，上下料过程主要使用搬运装置、门架式机器手或平面机器人。作为替代方式，不需要使用额外搬运装置的、竖直结构的机床也能满足要求。

2. 运输系统的控制

柔性制造系统的核心部件是智能运输系统及其运输控制。相对于带旋转托盘的系统来说，基于直线型轨道运输并具有运输车的柔性制造系统需要的是中央控制系统。因此，系统的各个运输策略必须互相适配，即控制逻辑需要根据系统处于启动、正常运行、转换过程或空行（停止操作）状态来随时更改任务。

接下来考虑柔性制造系统正常运行时的功能流程，柔性制造系统的典型系统布局如图 4-131 所示。

在托盘停放区停放几个不同的待取材料，其运输车停在等待区等待下一个运输任务。在两个装夹区内机床操作人员随时待命，准备把工件从夹具上取下来并把新工件装夹上去。

所有的机床都配备两个托盘运转站，位于左边的用于接收未加工来件，右边的用于运走已加工完成的工件，或者也可以使用旋转托盘。柔性制造系统的每台机床可以通过系统内部的数控程序为所有类型的加工方法编写程序，而且机床通常配备相应的加工刀具。此外，系统内部也集成了一台清洗机 M4 和一台测量机 M5。

自动程序执行以下操作：

1）机床 M2 完成加工，并在转换区右

侧停放托盘。系统从左侧传递已准备好的托盘给加工区。

2）运输控制处有两个控制信号：

① 引进新托盘。

② 运走已加工工件托盘。

3）运输控制系统识别。

① 哪个工件必须运到 M2 处（在加工之前就已经放进来并保存好）。

② 哪个停放区有这样一个工件（运输控制系统在那里停放托盘并储存位置编号）。

4）运输车首先驶入相应的停车区，对接并取过托盘。

5）运输车驶向 M2 并把托盘传递到左侧空闲转换区。

6）然后，运输车从右侧交换区接过已加工托盘并把它们带到清洗机处。在清洗机处清洗并干燥所有工件。然后在 M4 的入口处，运输车将托盘停放在空闲存储区。

7）在 M4 处，如果有干净托盘，运输车就会从右侧转换区接过它们，再把它们传送给测量机。在测量机出口处取走已测量工件，运输车把它运到空闲装夹区。如果测量机传递出"良好"的信息，则手动放开工件的装夹并放置在成品件区域。原材料装夹后，操作人员按下"抬起"信号按钮。

8）运输车一旦空闲下来就会拾取托盘并把它们放到空闲存储区。

这些操作在嘈杂的次序中不断重复。每一步都记录在内部控制数据库中，甚至断电时也能记录数据，以确保无故障地恢复工作流程。之后一旦目标入口敞开，运输车就会自动拾取搁置的托盘。

正常无干扰的流程也差不多是这种情况。在实践中运输控制系统不断地从各自站点接收"工件输出"和"工件输入"的新信号，根据给定的策略和程序的优先级，按照优先顺序来保存这些工作。优先级别第一的是给空闲的机床输入任务，即输入新工件并使出口位置空闲出来。

出口区的已加工工件一旦被拿走，运输车就会空闲下来。随后，如果没有工件停在输入入口区的话，该单次任务即完成。一旦触发新的刀具交换和托盘转移任务，就会产生后续物流任务：卸下需要更换的托盘，将带有需要更换工具的托盘送到指定的更换位置，并从那里领取托盘等。

机床或整个系统空载时，也会改变物流任务。没有新工件输入给机床时，只有清洗机和测量机继续工作。

机床入口区在特定等待时间内没有接收到托盘，系统就停止运行，且不再放入未加工工件，关掉相应机床。当所有的工件都已经完成加工、清洗和测量等工序，整个系统关闭。

为了避免后续发生意外和产生高昂的修改成本，往往需要在较大的系统中对这些进程提前进行仿真测试，然后优化策略，提升运输速度到极限值并寻找其他补救措施。两侧区域的运输车能减少非加工时间，因为它能在停靠和锁定的同时交换两个托盘。或者为避免碰撞也可以手动替换第二个托盘和确定两辆车各自的行驶指令。

在图 4-131a 中，机床安放在运输系统的一侧，方便维护和修复工作路径。

在图 4-131b 中，托盘存储空间位于轨道路线的另一侧，因此需要较短的行程距离以达到最佳的占用率。灵活的双工位加工单元提供了刀具自动交换装置。一台龙门机械手接管两台机床（M1 和 M2）间的刀具传递。

4.3.9　柔性制造系统对 CNC 控制器的要求

高性能的 CNC 是柔性制造系统顺利运行的重要前提。为了满足自动和间歇式无人操作的要求，适合于柔性制造系统的数控系统必须具备几种特殊功能和各种接口信号。它们包括，例如：

1）一个足够大的数据存储器，以便在

有限的时间内独立于 DNC 计算机完成数据存储。也用来存储刀具补偿值、零点偏置值、夹紧偏差修正值以及刀具数据管理也需要大量的存储空间。

2）高效管理存储数据，在任何时间都能更新、查看、验证和更正数据。不仅要求数控系统具有上述功能，中央控制器或主计算机也需要有。

3）数控系统中需要存储多个数控程序，每个程序必须可以通过已经定义完成的外部命令调用并可在系统运行状态下自动

启动。

4）不间断操作要求数控系统内部对备用刀具和姐妹刀具进行刀具管理，并对刀具的可用时间进行监控，自动分配每把刀具的修正值。

5）刀具需要依赖程序分配几个不同的校正值，确保系统可以在各个加工过程中使用给定的公差范围。

6）机加工零件的加工质量必须可以通过测头和特别存储的 CNC 测量程序实现调控，根据测量结果发出"好 / 不好"的指示信号。

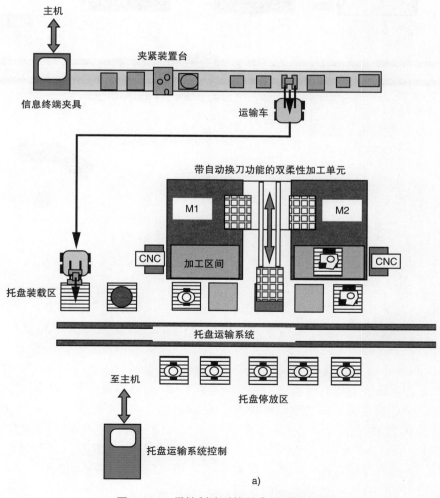

a)

图 4-131　柔性制造系统的典型系统布局

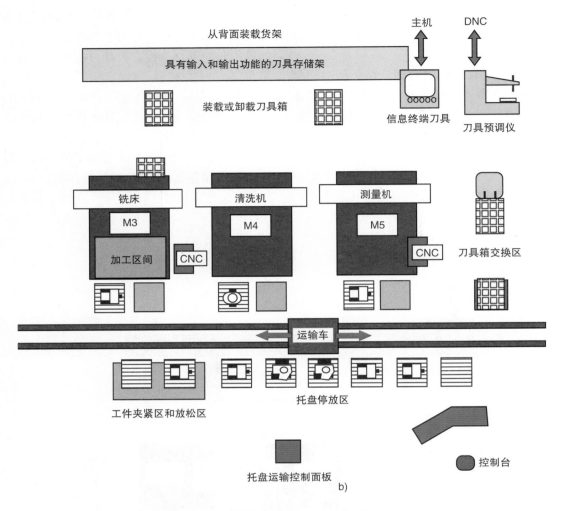

图 4-131 柔性制造系统的典型系统布局（续）

7）对于 DNC 系统的连接，首先要有一个功能强大的用以显示 DNC 主机和 CNC 系统之间双向数据流通的数据接口（如以太网）。

8）为实现预定义的优先顺序（范围调用顺序）加工，运输控制过程中需要对托盘或工件进行管理；状态指示器必须能够快速指示所有工件的整体情况（加工/未加工/取消加工等）。

9）CNC 系统内部的自动机床数据采集和生产数据采集系统在无人值守期间收集所有故障信息，标识已停止的加工工序，并持续报告机床的统计学使用等级。

10）对切削效率要求略低的夜间运行来说，通常选用较低的切削速度。

11）柔性制造系统内部单个组件出现故障时，需要提供有效的应急策略，以确保工件在紧急状态下顺利并无损地停止加工。

12）发生干扰时，手机短信服务（SMS）模块自动发送信息到指定的手机并发送电子邮件给企业管理者。

13）如今，在柔性制造系统中，以太

网接口不仅是机器之间信号交换所必须的，也是机器之间生产数据和工艺数据采集的接口。这些丰富的数据，也就是大数据，越来越多地在提供到云系统中。然后，对所获得的数据进行分析，目的是为了促进生产效率和能源效率的提高以及生产的进一步优化。

4.3.10　柔性制造系统的主机

主机的主要任务是对柔性制造系统内部单个组件实行高级控制和监督。如今，一台带有标准操作系统的工业 PC 或便携式计算机以及针对特定主机功能的附加软件就足以作为一台主机。对于大批量的物料，柔性制造系统中的物料流是通过一台与各个生产单元联网的中央主机来控制的。

柔性制造系统功能应能完成如下任务：系统可视化、背景流程控制、数据库更新、错误消息修正和 DNC。

此外，刀具管理需要分别与刀具预调系统、生产计划系统相连接，数据网络由现场总线与计算机网络在 I/O 层面通过以太网和 TCP/IP 传输协议得以实现。

本质上讲，柔性制造系统在缺少主机的情况下是无法完成加工任务的。这是由于柔性制造系统涉及自动化的加工顺序，也就是托盘的输入、加工和再输出，而柔性制造系统内部所有其他预安排的工作需要手动来终止、检测和及时实施，所以不会因为工件、刀具、夹具、数控程序或其他干扰因素而产生等待时间。

这就从本质上定义了哪种主要的协调功能需要传递给柔性制造系统的上位主机。根据柔性制造系统的整体布局（见图 4-132）和系统的自动化程度，包含以下功能：

1）从柔性制造系统接收带工件数量和日期的生产订单，以及基于信息反馈的日期监测。

2）在正常工作情况下，应考虑当前刀具装配条件下的机床利用率，即交换工件时在哪台机床上的刀具更换时间最短。

3）处理紧急任务时的机床利用率，不能完全停止生产过程中正在进行的加工任务。

4）提供转换到其他夹紧装置上的托盘（包括数量、日期）。

5）提供半成品（生产计划与控制系统已经确认有足够多的半成品）。

6）提供必要的刀具（特别的或一系列的刀具），包括在机床上该刀具的数据和其他信息。

7）给出刀具的预调节差异表，根据刀具差异表对每台机床需要被更换的刀具进行调节。

8）用以保存相应可检索的 CNC 程序信息的 DNC 计算机。

9）通过将工件分配给的对应的机床、工件身份识别码、工件的优先级等信息对工件的运输进行控制。

10）为系统中集成的测量机或在机床内控制的测量功能准备好相应的测量程序。

11）记录生产车间人员的相关信息，如产品更改、相应必备的准备工作、状态登记、机床故障、时间和数量方面的替换策略。

12）在主机上实现生产过程的可视化，并能提供问题预警。

这样，工件的全自动化生产就可以正常进行了。

当机床发生故障时，主机按照事先准备好的故障策略把工件分配给其他机床。当然，最后的决定权在于操作人员。

柔性制造系统主机的另一项任务是根据机床数据和生产数据对设备及其运行状态进行集中监控，所以以下反馈信息很重要：

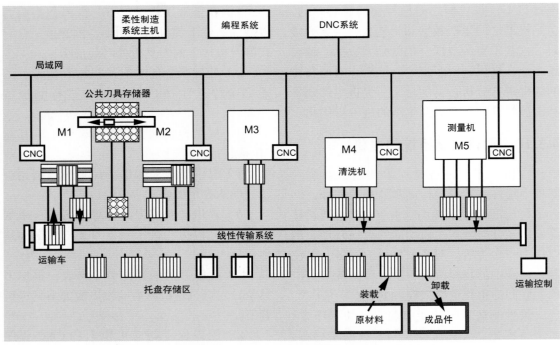

图 4-132 带运输系统、主机和 DNC 系统的柔性制造系统的布局

1）机床在准备状态 / 运行状态 / 等待状态 / 还是受到干扰。

2）机床在维修状态 / 可用的日期 / 以及原因。

3）加工启用 / 禁用。

4）托盘缺失 / 在途中 / 准备 / 在加工中。

5）每批次的生产量。

6）废品产生的原因 / 以及出现的时间。

7）运输系统就绪 / 受干扰。

从这些信息和其他数据可以获得一份状态报告和统计数据，从中可以很容易地看出趋势和漏洞，见表 4-4。

表 4-4 柔性自动化加工能增加加工时间（理论值）（在星期六使用还能增加 14% 的额外时间）

除去停机时间后的程序运行时间	计算	小时 / 年	剩余天数	（%）
理论使用时间	365 天 × 24 小时	8.760	365	100%
- 周六和周日	52 星期 × 2 天 × 24 小时	−2.496	261	−28%
- 节假日	8 天 × 24 小时	−192	253	−3%
-253 天中的三班时间	253 天 × 8 小时	−2.024	253	−23%
- 个人损失时间（平均）	52 星期 × 1.5 小时	−78	253	−1%
- 组织故障	253 天 × 1.5 小时	−380	253	−4%
- 工件和订单变化	253 天 × 4 天 × 0.5 小时	−506	253	−6%
- 损耗置换 -Wz	20 Wz/ 天 × 2.5 min/Wz × 253 天	−211		
总故障时间		−5.886		−67%
可用的程序运行时间	8.760 − 5.886	2.874	253	33%
柔性制造系统的盈余				
+6 小时 三班停止操作时间	253 天 × 6 小时	1.518	253	17%
+ 连续运行过程的休息时间	1 小时 / 班 × 2 × 253	506	253	6%

（续）

除去停机时间后的程序运行时间	计算	小时 / 年	剩余天数	（%）
+50% 的个人损失	4	0	253	0
+60% 的组织故障	380 小时 × 60%	228	253	3%
+ 无订单变化		506	253	6%
+ 无工件变化		211	253	2%
盈余		+3.009		+0.34
每年程序运行时间		5.883	253	67%

4.3.11 柔性制造系统的经济优势

在单件和小批量生产零件时，使用多系统的柔性制造系统较旧式生产方法具有很好的经济优势，如下：

1）通过更高的自动化程度，在第二班或第三班，少人的班次或无人的班次以及周末的班次采用间歇式的或惯性式的运行方式，实现对生产资料在时间上和技术上的更高的利用率。

2）通过快速、不间断地交换生产任务提高生产效率。

3）通过取消机床的中间存储装置及相关设备的占地面积减少生产区域，如通过使用高位仓库减少机床的工作空间。

4）通过改变 CNC 程序适应工件的数量。

5）通过灵活的生产优先顺序快速响应市场变化。

6）对新任务或更大加工数量的后续扩张性和适应性。

非链接的单台数控机床和柔性制造单元主要用于中小批量的生产，而多台数控机床的彼此链接则可以实现对各种批量规模的产品生产，获得更高的经济效益。这主要是通过避免机器停机，以及更好的、有预见性的组织，以及对时间预留的有效利用来实现的。

目前，没有普遍适用的标准用来评定柔性制造系统的灵活性，即没有绝对标准来评价其灵活性。评价方式是通过相对比较而得出的。

现在常用的一些评价项目是：

1）缩短单个零件生产的全程运行时间。

2）降低半成品库存量。

3）根据订单减少成品存储量。

4）掌握转换其他生产任务过程中所需的时间，进而节省设备调整过程中的时间损耗。

5）在机床持续运行的情况下，实现每小时尽可能多的零件种类的转换数量。

6）加工主时间与调整时间的比例。

7）用柔性制造系统完成零件加工。

8）通过自动化实现更高的机床加工能力。

对于新的柔性制造系统，只有完成首次加工并获得经验后，工作人员才能提出改善建议，不断优化系统！这也包括针对最大限度地减少等待时间或刀具更换为目的 NC 加工程序的工艺顺序的优化。

4.3.12 柔性制造系统规划中的问题与风险

柔性制造系统可实现的多种可能性和所面临的问题，毫无疑问，要比目前所能描述的多得多。柔性制造系统整体规划的重要性是：柔性制造系统要求零件不仅成本低廉而且满足市场需求。因此，要严格设定设备的自动化程度，因为过高的自动化程度会增加投资成本，如图 4-133 中数控车床所展示的那样。在这种情况下检查，是否不需两台机床？或者少配置些自动化的附件也可以够　　用并且更加经济实惠呢？

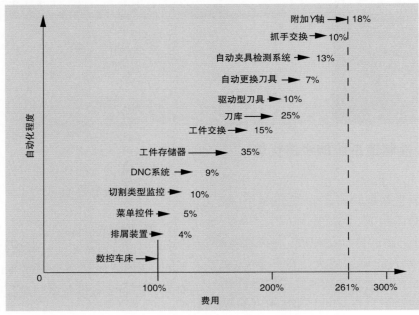

图 4-133　从数控机床发展到柔性制造单元的额外费用

此外，经验表明，机床上可存储刀具的最大数量仍然是一个问题。为了不给所有机床都配备过大和昂贵的刀具存储器，首先要校准正在使用的标准刀具的部件结构。如果刀具数量过多，中央刀具存储器系统可以为自动换刀提供合适的解决方案。另外，持续加工会导致刀具寿命降低，因此应保证连续自动换刀。

柔性制造系统的临时应急操作有时非常难以实施。如果系统用在主机上，则这些广泛的协调任务不能很容易地从其他系统转移过来。工作人员也不能完全手动控制这些特殊功能。

在柔性制造系统规划中，风险包括柔性制造系统高昂的总投资成本。固定成本和折旧导致高负荷，低产能利用率对加工结果产生负面影响。为了避免这种情况，必须在规划阶段开始前就做好预先规划。柔性制造系统的生产效率应通过增加机床单位时间内的工作效率来降低工件成本并进行计算。

从商务人员的角度核算，柔性制造系统的优势目前尚不明显，如在减少循环库存和降低库存量或者满足市场需求方面。它的优势凸显于处理那些并不在原计划中的加工任务。完全由于其他系统的需求导致的末端任务规划变动是经常发生的。例如，使用柔性的回转工作台多工位加工中心如图 4-134 所示，当小工件的生产任务量从中等批量增加到大批量就具有很好的经济性。

在图 4-134 所示机床内部，可以在旋转夹具上同时装夹 4 个工件，且无须重新装夹就可以依次加工工件的 5 个表面。应用 2~7 个主轴便可以同时加工 2~4 个工件。每个六角头上都有 6 个或 8 个机床主轴。六角头上所有运行的主轴在更换刀具的时候不会停止运行，所允许换刀时间大约为 1 秒。在加工时间内完成（手动）更换工件。滚动导轨、电动机、驱动设备、滚珠丝杠和定位系统等安装在工作区域外。由于其转换和编程上的花费较大，这样的机床并不适合小批量或单个零件加工。

图 4-134 柔性的回转工作台多工位加工中心

4.3.13 柔性和复杂性

柔性制造是一种功能，即毫无困难地适应情况变化的功能。柔性制造系统指整个系统尽可能地准确实现，根据生产产品的范围进行调整，并在没有较大花费和发生故障的情况下实现对产品的调整。

原则上所有部件都可以在柔性制造系统上制造完成，但是需要在规划阶段前根据零件加工的可行性进行划分。所以，需要检查以下 4 个主要条件是否满足：

1）需要具有充足数量的刀具，进行多批量的零件加工，充分利用机床。

2）尽可能地选择标准机床，即可以彼此替换全部所要求的加工任务且无须人工介入或返工。

3）配备合适的工件运输系统及自动化的托盘更换装置，实现零件的自动更换及运输。

4）配有适当的夹紧装置，例如使用多重夹具来夹紧小零件，如图 4-135 和图 4-136 所示。

这就出现了新的问题，在有效应用多轴机床并同时加工 2~4 个同种零件时，需要系统配备有更大、更复杂和更昂贵的夹紧装

置，甚至有时需要配备五轴加工机床。

在这种情况下，需要加工的零件族会不断地扩张，导致投资很快超出预期目标，而且后续的加工成本很高，即使加工很简单的零件也会因此造成影响。

图 4-135 带有托盘箱管理系统的柔性制造系统（FMS）

此处所示的 FMS 由一个或多个与托盘容器系统相连的机床组成。用户友好型柔性制造系统的特点是可以快速适应生命周期短的产品的生产。因此，可以及时引入变化。柔性制造系统的调度和监控可以由托盘容器系统来完成。这将停机时间减少到到最低限度。（资料来源：Heller）

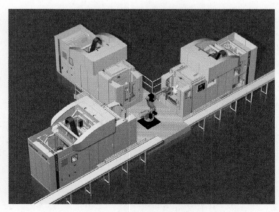

图 4-136 带有集中的上下料机器人的柔性制造系统

这里显示的柔性制造系统由三台机床组成，由一个机器人负责上下料操作。当要加工的零件太大而不能手动装载时，或者在上下料过程中需要对工件进行特别定位时，可以使用这种组合。（来源：Heller）

1. 产品的复杂性

产品的复杂性直接影响设备成本和制造成本。现在，越来越多的生产设备采用现代化、自动化和计算机控制，从而降低了人员成本和成品存储成本。尽管生产产品的效率更高，但过大的制造设备和装配设备需要更大的生产场地，使得那些原本成本低廉的产品价格变得昂贵。在许多情况下，技术规划阶段之后增加的设备复杂性是不必要的。这是由于从经济性角度出发，简单即意味着节约。从某些解决方案的出发点来看，若生产计划目标过大，可能远远超过了实际所需。另外，若考虑加工难度，也有可能选用配置了刀具存储装置的复杂加工机床。而在实际加工生产中，应该根据每小时成本，将刀具划分为标准刀具、系列刀具和定制刀具。

产品生产制造越顺利，后续加工过程中可预测到的干扰因素便越清晰，加工中的柔性也更容易实现。所以，必须考虑到所有产品管理者的利益——从经理到设计师再到技术服务人员——整体系统应尽可能地简单，变得更容易，更迅速地实现经济、柔性的制造加工。

2. 制造的灵活性

为了能够对任何形式的变化做出快速反应，制造的灵活性非常重要。然而其正确的应用也必须可以降低总体成本。柔性制造可以通过多种措施实现，从而降低整体成本，如下：

1）采用适当的组织结构。
2）减少制造时间和运输时间。
3）遵守交货时间。
4）减少或避免库存。
5）同时加工不同零件。
6）同时生产不同批次。
7）根据流程任务改变加工优先顺序。
8）避免废品和返工。

9）提高制造精度。
10）提高产品品质。
11）在系统的可能性和界限内培训和指导工作人员。

在柔性制造系统中，任意批次的加工订单都可以考虑采取上述措施以降低成本。正是柔性制造系统的对其他零件快速、不间断的调整，才使得该项对整体的影响系数非常可观且降低了成本。

4.3.14　柔性制造系统的仿真

通常在柔性制造系统的规划和使用阶段引入仿真功能，并且其他所有任务和优先级处理也可用数控程序仿真。柔性制造系统以整体设备不断变化的需求为中心进行仿真，基本实现其经济性。然而，满足柔性制造系统经济性的前提并不取决于单个机床，而是所有柔性制造系统组成部分的共同协作如图 4-137 所示。

图 4-137 发动机缸体加工的模拟一个柔性制造系统或一系列柔性制造系统的整个生产过程的模拟可以预先显示错误和瓶颈，以便在设计中进行必要的修正。通常，通过改进 NC 程序可以大大降低生产成本，特别是在大批量生产的情况下。

由于工件的连续变化、部件组合和批量大小需要不断地调整，产生相应的、不可预测的变化，所以如果没有对整体生产情况做出逼真的模拟，那么几乎不可能对后续系统的行为做出可靠说明和对参数变化的影响做出预测。

这些难以估量的风险随着投资金额的增加而增加，并使买方混淆。因此，柔性制造系统供应商在规划阶段开始前就应引入计算机辅助仿真，它们是和系统布局以及录入的系统数据有关的计算机程序。然后，可以通过细节变化来测试制造流程上的各种影响因素，通过这种方式快速检测出瓶颈或过度

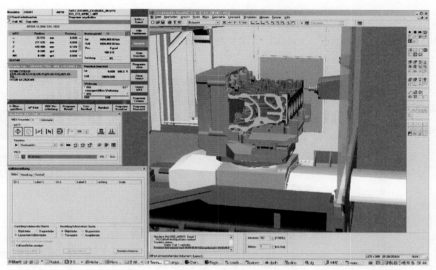

图 4-137 发动机缸体加工的模拟一个柔性制造系统或一系列柔性制造系统

的设计。

设备计划员以统计计算为基础，根据客户提供的数据对所需加工站点的数量做出初步的判断，然后安排合适的运输工具、夹具和托盘数量、回转区和存储区数量。

由于系统的复杂性，所以只有这些统计学上的计算是不够的，这些统计学上的计算仅仅是为最终的动态仿真奠定基础。现在的动态仿真比以前采用的仿真方法更灵活、更便宜和更快速，当规模较小时，对整个系统可以使用有技术价值的"积木式玩具"搭建并在此基础上做出相应的测试。

在仿真模拟上投入的资金在大多情况下都是值得的，因此建议柔性制造系统买家都做仿真。也许直接通过仿真会使一个完全不同的系统概念在实际应用更具优势并能保证其经济性，即盈利能力。

在规划阶段，大多数情况下模拟的主要目标是优化投资成本，把不同模拟实验结果展示在彩色显示屏上。

之后，系统操作人员可以使用类似的模拟技术检查设备在新情况下是如何运作的，从而做出可靠的说明、识别瓶颈并及时制订计划。零件的变化范围或新订单同样会因为技术或组织的误差而产生影响。

1. 模拟的优点

操作人员可以从仿真结果识别出如下内容：

1) 不同产品组合下的机床负载。

2) 最佳批量。

3) 清洗机和测量机的负载。

4) 运输系统的负载和短缺。

5) 所需的工件托盘和夹具数量。

6) 刀库里所需的刀具数量。

7) 短时或长时干扰的影响。

8) 每个工件从订货至交货所需的时间。

9) 遵守时间期限。

10) 激活设备传送装置。

与规划模拟（带有预设值和不同系统配置）不同，生产模拟的前提条件是线上与生产主机相连接，因此仿真系统可以在过程中直接采集相关数据和兼容工作流程，模拟结果也可以反过来直接影响生产规划，如图 4-138 所示。

类似的仿真程序同样适用于机床和装配系统，另一方面也适用于不同的任务和优先级处理。

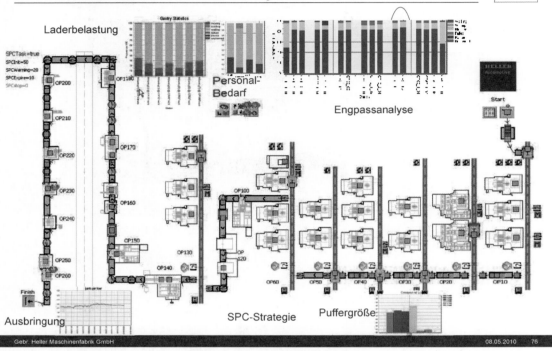

图 4-138　生产过程的物料流模拟

2. 和系统相关的参数值

对不同柔性制造系统配置的计算机模型进行研究，得到与系统相关的参数如下：

1）机床数量和布置。

2）刀库中或刀具存储架中的刀位数量。

3）刀具的换刀时间（装夹到装夹）。

4）刀具交换所需的时间。

5）工件运输系统和刀具运输系统。

6）工件传输车的运输能力。

7）运输系统的中值速度。

8）运输路线。

9）运输系统的运输时间。

10）系统中的运输托盘数量。

11）夹具的数量和种类。

12）生产变更时的转换时间。

与生产相关的参数如下：

1）加工零件的数量和批量大小。

2）不同零件的数量。

3）加工每个零件所需的刀具数量。

4）所需的系统刀具、特殊刀具和专用刀具。

5）必需的加工工艺和加工时间（依据 CNC 程序）。

6）所需的工装夹具（加工 3、4、5 或 6 面）。

7）转换时间。根据这些参数，仿真系统可以计算出产品程序或产品组合的变化结果，如下：

1）柔性制造系统组件的加工时间和空闲时间。

2）产能过剩、低产能和剩余产能。

3）系统瓶颈。

4）订货至交货的时间和期限。

5）紧急订单的影响和改变生产优先顺

序的影响。

6）应对突发状况的策略。

7）刀具和可替代刀具的需求。

8）成本、使用时间、更换和停机时间。

9）人员需求。

一个或多个 FFS 的物料流模拟也可以预先显示错误和瓶颈，以便在设计阶段进行必要的纠正。即使在运行期间，模拟也可以帮助识别和优化瓶颈，停机时间或可能的能耗节约。

4.3.15 生产计划系统

生产计划系统（Production Planning System，PPS）仿真的首要任务是确保安全性。在生产过程中，虽然有许多不同的生产任务，但要尽可能地找到成本最优的生产流程。为此，要满足几个以纯生产为导向的模拟系统所不关注的条件，而满足这几个条件正是 PPS 的任务之一。

PPS 的战略目标是控制并优化从接受订单到交付订单的时间，遵循订单上的预期交货时间和费用要求。

由于大多数情况下，生产任务和柔性制造系统之间存在复杂的关系，PPS 是使得后续工作得以顺利运行的必要条件。

PPS 本质上有以下 3 个不同的功能：

1）规划功能。目的是规划、管理订单，准时开始生产。

2）控制功能。目的是配合现有生产能力和材料库存来协调生产订单和监控调度过程。

3）通过可预测的产能检查、供货时间检查和原材料检查辅助销售部门。目的是保证兑现和供货相关的承诺，并且不会扰乱或影响已有的营销规划。

可以认为，柔性制造系统主要是考虑在不同批量和不同客户的特定要求下生产标准产品。

现在 PPS 的任务是控制订单从订货至交货的时间，在不改变正在执行的生产任务的情况下尽可能地缩短交货时间。在材料和效率规划上，许多企业必须许诺缩短交货时间并因此对紧急任务做好规划，这就会对现有生产计划产生影响。没有强大的 PPS 就无法满足这一要求。PPS 要针对不同的工作重心处理相关任务并且必须具有相应的柔性，因此系统需要大量的不断更新的数据。利用这些数据可以详细地获取关于库存、交货时间、原材料需求、生产负荷和成本等的信息并且结合到生产计划中，从而使得销售部门永远可以随时掌握真实的生产成本以及应对客户特殊需求的额外成本。价格、折扣和佣金的计算比手工计算更准确和更快速。

假设所有必需的参数均可用，如每个零件的物料清单和加工时间，PPS 则提供如下数据：

1）材料和时间要求。

2）材料和效率规划。

3）生产成本。

4）采购控制。

5）车间控制。

6）安装时间。

7）错误消息和维修时间。

8）成本核算。

为此，还要为如下后续附加功能添加数据接口：

1）质量控制的统计。

2）返工。

3）预测。

4）订单管理。

5）账户管理。

6）工资和薪资核算。

7）其他。

根据这些数据，PPS 可以计算出后续供应的生产成本和交货时间。除此之外，PPS 的另一个功能是在给定交货时间后确定最新的生产开始时间并确定材料和供应件的交货时间。所有这一切都应在尽可能短的时间内完成。

根据生产规划阶段得出的机床利用率还需要在最终模拟中检验机床的产能是否足够，其他订单是否会妨碍现有工作或者如何才能在短期内重新规划、消除或绕过某些缺陷。

在此效率范围内，如果总能获得实时数据并正确插入数据，PPS 是一个真正有价值的规划工具。

4.3.16   柔性制造系统的弹性规划

柔性制造系统的复杂性要求在开始实施之前即进行全面规划。首先要解决的问题是：安装柔性制造系统可以达到什么目的？

投资构建柔性制造系统而不是使用离散的 CNC 机床的原因，通常如下：

- 持续消除生产瓶颈。
- 越来越多的自有产品类型和变型。
- 仅按订单生产，无库存，无仓储成本。
- 更灵活地接受产品的修改。
- 更短的交货时间。
- 使用三班制减少人员成本。
- 总费用的降低。

如果柔性制造系统的潜在用户，在使用柔性制造系统方面尚未有充足的经验，则优先考虑与提供整个系统完整报价的供应商签订合同。为了保证柔性制造系统的成功使用，使潜在的用户参与到计划阶段。柔性制造系统用户和供应商之间进行沟通的最重要任务是，不断检查必要的物料流，以确保以下可行性：

- 工件如何到达数控机床？
- 工件与机床之间是什么关系？是依据工件选定数控机床还是依据已有的机床确定工件的加工工艺？
- 是否应在单一机床上完成全部加工还是在多台数控机床的相互配合中进行全部加工任务？
- 如何将 NC 程序传送到数控系统中？
- 是否可以 / 也应该在数控机床上对数控程序进行编程和优化？
- 用户希望在主计算机上显示哪些功能？
- 如果 CNC 机床出现故障，需要采取哪些应急措施？

解决方案越简单、越直接，就可以更快地找出并消除发生故障的原因。供应商需要明确的设计需求，例如：

- 每天要加工的工件数量。
- 每个工件的平均加工时间。
- 工件的尺寸。
- 工件装夹的类型。
- 是否需要旋转或摆动工作台？
- 具有 3 或 5 个可编程轴的 CNC 机床。
- 每台机器所需的刀具数量。
- 刀具分为标准刀具、系列刀具和特殊刀具。
- 如何手动或自动的方式完成工件的上下料？
- 要执行的加工工艺。
- 是否可以将来自不同制造商的 CNC 机床集成到柔性制造系统中？
- 更换工件时是否必须考虑不同的机器高度？如何解决这个问题？
- 所有 CNC 机床的刀具装夹方式是否都相同？
- 如何进行质量的控制和保证？自动测量机是否要集成在柔性制造系统中？应该测量、控制和处理哪些信息和数据？
- 是否需要完成工件的清洁和干燥？
- 考虑可能的或后续的扩展中很快会产生哪些可观的额外费用？因此，需要仔细思考。
- 可预见的柔性制造系统对应的车间规划？如码放面积、障碍物和路径。
- 是否需要对工件进行预加工或后期

加工？

■ 哪个是最适合的工件/工装夹具的传输系统？

■ 应该如何实施工件可追溯性？RFID、编码的工件托架、接近开关？

■ 工件如何在机器上更换：托盘更换器？机器人？等等。

根据获得的数据，首先计算所需的 CNC 机床的数量和类型。

然后，可以澄清是否应提供可替换或需要补充的 CNC 机床。并且正确的运输系统的选择也取决于此。考虑除工件外，是否需要运输夹紧装置或刀具？为了避免等待时间，这需要复杂的物流。

不应忘记对操作和维护人员进行必要的培训。不应低估诸如柔性制造系统之类的复杂系统对技术人员的要求。每个负责任的员工都必须及时接受培训。他必须准确地了解系统及其功能，以便能够独立执行可能需要的任何手动干预。

据此有如下建议：

■ 谁在哪里受训？最好的方法是在规划阶段就让未来的操作员和维护技术人员参与进来，并尽可能全面地回答以下问题：

■ 在交付之前是否需要创建新的 NC 程序，以便尽快重新启动系统？

■ 如何完成编程？用户首选哪种编程系统？

■ 是否必须使用现有的 NC 程序？

■ 如何实施与柔性制造系统相关联的刀具管理？刀具数据必须在封闭的数据环路中可用。

■ 刀具数据如何存储，直接存储在刀具上或仅在主计算机中？有无射频识别硬件（RFID）？

■ 建议使用生产计划系统（PPS）进行计划。它可以及时检测弱点或可用的备份资源。

■ 应对整个工厂（基于数字化双胞胎）进行图形模拟，以便为将来的规划进行最佳准备。

柔性制造系统的运行需要遵守安全法规。在操作过程中未经授权的干预可能会导致碰撞或人身伤害，因此必须可靠地加以预防。在柔性制造系统中，质量保证尤为重要。集成的测量机将是最安全的解决方案。为了能够描述工件的质量，必须定量记录并评估零件与机器上的加工次序间的直接关系。

最后且同样重要的是，公司管理层还应坚持对生产成本进行控制和统计评估。这意味着必须事先检查更高级别的生产管理系统中，应将哪些数据作为设备综合效率（Overall Equipment Effectiveness，OEE）关键数据进行处理。

结论：规划阶段结束后，最重要的问题不是一个复杂的系统是否可以运行。如今，诸如读取错误、数据丢失或机床动态特性之类的技术问题已不是非常重要。最终，买方必须确信该投资物有所值，并且可以满足上述要求。最重要的是，运营成本（即系统的小时费率）必须显示出有利可图的趋势，这意味着风险可以在可接受的限度内。

4.3.17 小结

使用功能强大的 CAD 系统，并将该系统生成的数据直接应用到制造过程中，可以大大缩减新产品的研发周期。同时，产品类别的多样性在逐步提高，并且客户也希望制造商能够完成上述要求。针对多年固定的批量生产的设备无法保证现今产品寿命周期缩短的技术要求。同时，产品种类快速的变更同样会带来风险，过高的库存很快就会因无法销售而造成高额的报废成本。

中小批量订单的生产方案已日益成为人们生产规划的重点。由于不存在适用于所有情况的制造系统，因此需为每个需求设计与之相适应的解决方案以达到经济最优化。

为此，现阶段须配置足够数量和各种类型的机床及自动化设备，同时将它们的衍生变体进行有效组合。大多数系统的概念都遵循分阶段开发的原则，以此可以逐年分担高额的投资费用。通过已有的经营经验可以较为容易地实现公司盈利。

应用柔性制造系统需要对加工任务、实现主要目标的障碍、增长率的考量、未来的变化因素进行全面的分析。现在已有的一些制造商具有足够的生产经验并可提供相应的支持和建议。因此，风险能被限制在可接受的范围内。

若理论上的系统特点得以实现，则中小批量订单的经济性可通过柔性生产得以完成。即通过以下几点，合理地利用设备的可用工时：

1）跳过中断的加工设备。

2）在第 2 或第 3 班次进入惯性运行状态。

3）减少系统的相关停机时间。

4）实施无中断的订单变更。

5）自动生产、减少人员数量。

在所有的技术规划思路中，必须从一开始就对如下主要预期目标进行不间断地监测：

1）是否符合柔性制造系统的书面技术要求？

2）是否保证自动地、连续地使用多种与制造相关的数据（如 CAD/CAM 数据、刀具数据）？

3）保障经济性投资的限制是什么？关键的成本/设备工时是什么？

4）在满负荷时可否满足生产的经济性？

5）在计划阶段的结尾，折中所有要素后能否保证柔性、生产力和盈利能力？

6）备选制造方案是否更佳且经济性更好？

从柔性制造系统的虚拟化或仿真到物料流的仿真，可以提高生产或整个工厂的生产率。

经验表明，在计划设计过程中，可得到新理念的最佳方案。在多数情况下，可以很明显地满足技术指标，否则柔性制造系统也无法呈现稳定的增加趋势。

4.3.18　本节要点

1）柔性生产单元，即 CNC 机床（通常是加工中心）能对一定的工件存量进行有序的加工。通常来说，即使没有 DNC 或者主计算机，CNC 系统的内部程序存储器也能存储必要的程序。

2）柔性的工件传输线，即多个 CNC 机床依据线性原理从工件的角度连接起来，所有工件通过各个单独的加工站点进行连续的流转且由相互衔接但加工的程序各不相同。

3）柔性制造系统一般由 6~10 台 CNC 机床组成，它们由共同的工件运输系统和中心控制系统相互连接在一起。这些机床对有限的零件批量进行所有必要的加工，其自动运行程序能通过手动干预执行或中断。

4）在柔性制造系统内部，各种生产设施是通过相同的控制系统和运输系统相互连接在一起的，包括：

① 以不同的工件。

② 以不同的加工过程。

③ 以任意的加工顺序。

④ 以变化的加工批量。

⑤ 以完全无人工干预的全自动化。

⑥ 以具有经济效益的方式制造完成。

5）柔性制造系统并不包含新的机床概念，而是对现有机床或设施的组合。

① 多个可以相互替代或可以相互补充的 CNC 机床。

② 工件的运输设备。

③ 托盘和工件的上下料装置。

④ 整个系统的监控装置。

⑤ 废料（切屑、切削液）处理设施。

⑥ 主计算机。

6）流水线比柔性制造系统的效率更高，但是流水线并不能替代柔性制造系统。

7）流水线的刚性互连已不能满足生产中灵活性的要求。柔性生产线变得越来越重要，并且正在大规模生产中替代刚性的流水线。

8）事实证明，灵活的传输路线对柔性制造系统是一个很好的折中。

9）与 NC 程序仿真不同，柔性制造系统的仿真任务和重点不同，它包括对整个设备和在不断变化的输入条件下，经济性的相关特性的仿真。

10）在规划过程中，动态仿真的主要目标是除了对柔性制造系统的详细设计外，还包括对可实现的投资成本的优化。

4.4 工业机器人及搬运装置

工业机器人具有与数控机床类似的特性和功能，但其运动机构有很多不同之处，并且工业机器人的控制器更具灵活性和特殊性。工业机器人的工作任务范畴、特定需求以及编程也很不一样。在近四十年里，工业机器人显著地改变了整个工业界。

4.4.1 引言

由于先进的数控加工技术和数控编程，机械加工时间在很大程度上得以缩短，由此促成机器人新理念的产生。数控机床发展到今天已经取得了一定的进步。由于切削加工时间的缩减程度有限，因此企业往往将工作重点集中在减少空闲时间和辅助生产操作时间上，而这些可通过使用工业机器人能够合理化实现。在制造过程中，工业机器人需要与其他设备和机器相配合。即使是人在制造单元中也要相互合作。因此，一个机器人不是孤立地工作，而是作为生产单元组件交互的一部分。例如，在机器人的控制器与传感器、转运工具、机床或其他工业机器人相互交换信号或数据时，这种合作的作用就会变得更显著。如今的汽车工业和许多其他制造业一样，工业机器人是不可缺少的生产工具。20世纪70年代初期工业机器人由于具有易于使用的特点，广泛应用于点缝焊接工艺，使加工生产进一步优化，如缩短加工时间、提高产品质量、节约生产成本。

即使是在技术上难以实现的工艺过程（如电机零件装配、齿轮的自动装配或车体零件的装配）以及一些天然材料（如木材、皮革、纺织品或一般弹性的柔性材料）的加工处理，都可以使用机器人实现工艺过程的自动化。传感器的发展促进了工业机器人在质量保证和检验领域的新应用。

20世纪70年代中期微电子技术和控制驱动技术的发展，为工业机器人技术奠定了新的基础。相比于液压机器人，人们往往将发展的重点集中在电力驱动机器人领域。工业机器人最初仅用于管理工作，随着其性能的提高和与其适配的接合任务，加工任务中所适配工具的发展，人们开始在和加工工艺的相关领域中广泛使用工业机器人。机器人动力学和精度控制的不断进步是促使机器人控制等级满足加工任务所需特殊功能的前提。这意味着，工业机器人正越来越多地具备"综合智能"的新特点。

4.4.2 工业机器人的定义

到现在为止，在不同的国家还没有关于工业机器人统一的定义。目前，工业机器人的定义可依据ISO/TR 8373规范术语来标准化。

可操作的工业机器人是具备多个自由度，能够自动控制，可重复编程，实现多用途并可手动操作的机器。在工业应用中，可放置在一个地方，也可移动到其他地方。

工业机器人的定义还可以从以下概念来解释：

1）可重复编程，其编程动作或辅助功能可以在不改变其物理结构的情况下改变。

2）多用途，可以通过物理结构的改变来适应不同的应用。

3）物理结构的改变，物理结构是指机械结构或控制系统，但不包括连续变化的编程磁带、光盘等。

根据欧洲标准EN775，工业机器人的定义是：机器人是一个带多个自由度的自动控制、可重复编程并具有多种用途的工业中使用的搬运装置，它在自动化制造系统中或固定或自由移动。

总之，工业机器人的特点如下：

1）可以自由编程。

2）具有机动性。

3）最少有3个数控轴。

4）配备加工刀具和相应的夹具。

5）主要针对搬运任务和加工任务而设计的。

4.4.3　工业机器人的组成

工业机器人的任务是抓取、夹持和传递工件和／或刀具。而工业机器人生成并执行所需的动作需要许多不同的组件。子系统组件是通过总系统机器人控制来执行运动和抓取任务的。工业机器人子系统组件见表4-5。

表4-5　工业机器人子系统组件

子系统	特点和子功能
机械结构	1）构建运动子系统结构 2）确定自由度和工作区域 3）确定区域安全和搬运对象的方位
运动系统	1）机器人手臂和末端执行器上单个铰链的空间状态 2）运动轴和末端执行器运动之间的时间状态
轴调节和驱动器	1）驱动过程的动态控制 2）将点位能传递到运动子系统轴的驱动端 3）产生单个轴的运动
执行器	1）抓取和搬运产品部件，或者装配、拧紧、检查等 2）使用刀具加工工件，如焊接、去毛刺、打磨、喷漆等
传感器和传感系统	1）读取机械手和执行器的内部状态，如位置、速度、力、扭矩等 2）读取搬运对象和环境的状态 3）测量物理量值 4）对工件和工件的交换效果进行识别和状态确认 5）分析环境下的状态和情景因素
控制系统	1）控制和检测运动顺序（即加工顺序）和加工任务 2）在搬运过程中对机械手进行同步并调 3）避免或解决故障
编程系统	1）用软件系统创建控制程序，如编译器、转码器和模拟器等 2）通过交互式／自动式的规划生成机器人的任务
计算系统	1）执行计算过程，如程序开发、传感器数据处理、数据转换 2）实现人机交互 3）全局控制，检测柔性制造系统和机床（包括工业机器人）

总之，机器人最重要的组成部分是：机器人的基座且包含传动机构、机械臂的运动范围、轴位置和监测周边环境的传感器、机器人的控制器。

4.4.4　工业机器人的机械学／运动学结构

从运动学的角度对机器人的机械结构进行描述，主要包括以下内容：

1）轴的运动形式，如平移或旋转。

2）轴的数量和结构，如顺序和位置。

3）平移轴的长度。

4）工作空间的形式。

图4-139所示为工业机器人的机械结构。

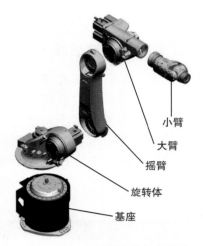

图 4-139 工业机器人的机械结构

小臂
大臂
摇臂
旋转体
基座

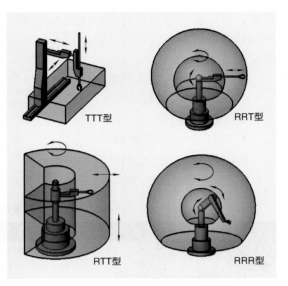

图 4-140 工业机器人的工作空间

TTT型 RRT型
RTT型 RRR型

工业机器人的结构上通常有一个无分叉的开放式运动链，其连杆通过接头彼此成对连接。每个关节都有旋转自由度或平移自由度。运动链末端与机器人基座保持可动连接，而固定空间基准坐标系原点则设在基座上；末端执行器（如夹持器或刀具）固定在末端。

每个机器人都有其可覆盖的运动空间，可采用相应的可到达的位置量进行描述。机器人结构设计完毕后，通过其各个运动关节的不同排列可得到不同的工作空间形式。例如图 4-140 中，关节形式为 RRT 的机械臂，由第一个关节得到旋转运动，该旋转运动通过第二个关节得到圆环面运动。整体结构通过线性连接方式进行组合或扩展，从而得到完整的机器人工作空间。常见的工作空间基本形式有长方体（如 TTT 型机器人）、圆柱体（如 RTT 型机器人）、球体（如 RRR 型、RRT 型机器人）。

大多数常用机器人并不采用圆环形工作空间，而是用近似球体的工作区间。机器人的运动关节通常具有这样的功能，即可在一个理想位置上的任何方向进行设置。它的躯干往往比机械臂短，且不具有线性关节。典型的机械手关节类型是 TRT 型和 TRR 型。手的末端关节与法兰连接来安装末端执行器。

按照机械结构的不同，装配机器人的分类如图 4-141 所示。

4.4.5　夹持器或末端执行器

执行器是机器人的一部分，执行搬运任务，其安装在机器人的手关节上，用电缆连接到电源上，以便抓取、夹持、输送工件或刀具并把它们放置到所需位置上。根据不同的搬运任务，还可配置传感器、嵌入式单元、附加电线（焊接）或喷漆机器人上用于涂料制备的软管。

因此，需要三个轴才能覆盖三坐标空间中的每一点，同时抓手还需要三个附加的"方向轴"，以实现工件的转动、倾斜和平移运动，使其到达预定的空间位置。

为实现工业机器人的各类应用需求，对夹持器的大小、设计、功能以及用途都要进行严格界定。因此，必须根据不同的标准对夹持器进行区分，分类如下：

1）机械夹持器，例如并行抓手、钳抓手和三点抓手。

2）气动夹持器，例如屈取手指、起钉钳和销钩抓手。

3）吸取夹持器，适用于表面光滑的工件。

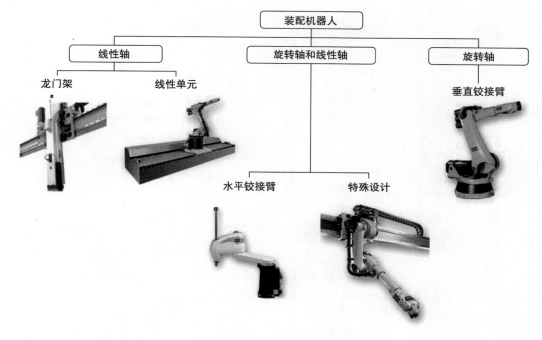

图 4-141 装配机器人的分类

4）磁性夹持器，只适用于顺磁材料。

5）粘钩夹持器，适用于黏胶效果。

6）针钩夹持器，用于纺织品、皮革等。

专用的夹持器交换系统大大提高了工业机器人的应用柔性。在小批量装配中，由机器人依次执行多个操作工序，因此夹持器和连接工具需要经常更换。在这种情况下，若刀具更换能自动完成，将获得更高灵活性的工艺加工过程。

实现这些功能不仅需要安全的机械耦合，还需要能量流和物料流的结合。因此，需要在交换法兰上嵌入电动和气动的连接器。与此同时，点焊枪需要与附加冷却液相连。

4.4.6 控制器

工业机器人的智能性和随之产生的灵活性主要体现在机器人的控制阶段。所有必要的输入数据，如传输路径、运动速度或人工干预都在控制系统中进行处理，如图 4-142 所示根据预定义的逻辑程序相应地作用在机器人驱动器或机器人的执行器（如刀具、夹持器）上。

如今大多数机器人的控制系统都配备有编程系统作为人机接口，它可在标准计算机上运行。此外，自定义的控制单元还可用在生产运行或通用手持编程设备上。

（1）机器人的控制任务

机器人的控制包括对所有运行、操作、编程和所需监测的组件和功能的控制。不同类型的机器人控制任务如下：

1）控制机器人的运动轨迹。

2）影响系统中的过程组件。

3）对供料机构和排屑机构产生的影响。

4）夹持器功能的控制。

5）记录和评价传感器信号。

6）记录和处理影响进程的信息。

7）诊断进程中的错误信息。

8）支持人工操作。

9）支持程序员设置自动化单元。

要执行所有这些任务，机器人控制系统需要一个功能强大的计算机单元接口，将机器人、外部设备、工作进度以及操作人员联系起来。

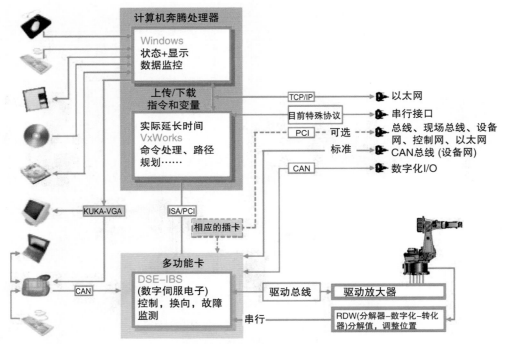

图 4-142 机器人控制系统

（2）操作与编程单元

可用于机器人操作和编程的组件有许多。在正常情况下，机器人需要借助手持编程设备来完成操作和编程。利用手持编程设备，如图 4-143 所示的控制面板，可以输入所有指令并激活机器人控制系统的所有功能。

图 4-143 控制面板

（3）计算单元

计算单元是一个协调机器人内部控制系统的主计算机。主计算机的本质是一台轴控制计算机，它的功能是机器人的轴运动位置控制和检测。机器人控制系统的主机一般都配备高性能的多核处理器，这样能提高控制性能和执行除了机器人控制以外的自动化任务。

（4）功率部件

机器人控制系统的功率部件为整个电子设备和伺服驱动器提供所需的能源。由于伺服电动机负载变化会导致电源负载的大幅度波动，因此对电源电压的稳定性和故障安全性具有较高的技术要求。

当前，大多数使用电源转换器为伺服驱动系统提供电源。它包括功率半导体器件（由可控制半导体器件的接通和断开并进行电压滤波，从而使供电电网电压保持在电磁兼容性极限值的半导体器件组成。）

通过调节上游变压器对供电网络进行适配，从而过滤掉机器人控制过程中的高频干扰，并对电网中的伺服控制器进行回馈制动。

如今，伺服放大器和机器人控制之间的连接技术主要通过总线实现。利用总线不仅能连接控制命令和伺服单元，还能把反馈信息及错误状态传达给机器人控制系统。因此，中央诊断单元也成为系统组件不可或缺的组成部分。

同理，用于优化调控行为的参数通过总线传递给伺服驱动器，可完成对机器人的单一轴位设置和调整的伺服控制。这意味着在运行过程中不能对伺服控制器进行设置。

机器人控制系统的全部功率部件及整流部分会产生热，所以控制柜大多数情况下都配备冷却系统。

（5）轴的调节

使用轴驱动器闭环控制回路的目的使得每根轴根据来自控制器给定的指令变量以被编程的速度实现运行并保持稳定。因为整个运动系统表现为一个可出现振荡的物体，所以必须使轴控制达到平衡，从而使系统整体达到一个稳定且没有振动和共振的状态。现在的控制系统已可以自动地完成这种调节。

（6）驱动系统

伺服驱动系统用于驱动各个 NC 轴并实现精确的定位。现在的机器人在位置闭环上主要使用能控制速度且后期免维护的异步或同步电动机。由于夹持或搬运的工件重量不同时，机器人的动态行为会有剧烈变化，工作范围内的运动过程曲线也存在或多或少的变化，因此对机器人驱动系统的要求很高。

（7）测量系统

测量系统的任务是测量所有轴的位置和运动部件的速度、加速度的大小和方向。在特定情况下，绝对测量系统不可缺少，但大多数情况下使用的还是增量测量系统。基于焊接机器人工作的特殊性，测量系统在加工过程中的作用尤为重要，即在电源发生故障后应能立即确定各转轴的位置。

（8）安全功能

机器人控制的安全功能如下：

1）所有轴的硬件和软件限位开关。

2）人 - 光电传感器可触发紧急状况下的立即停止功能。

3）作为钥匙开关的操作模式选择器。

4）对确认开关、急停开关的开关系统实施监控。

5）监测在归零模式下的速度。

6）对所有涉及安全功能（如驱动器安全功能等）的接触开关的操作进行开机诊断。

7）电压和温度的监测。

以上这些功能都是为了首先保证人员的安全，反映出当前工业生产中的本质要求。基于这一点，可通过发展"安全机器人"，适应当前这种趋势，体现目前能达到的技术水平。

4.4.7 机器人的安全技术

（1）机器人与工人一起工作—安全操作

依据当前技术标准，出于安全因素的考虑，只允许工业机器人在安全工作范围内运行。用防护栏或其他保护装置防止工作人员太靠近机器人。在控制和监控生产过程中，机器人通过高一级 PLC 系统经传感器与外部设备协同工作。在任何情况下，如果没有工人在机器人工作范围内停留，则机器人在生产加工过程中可自由改变运动状态。通过使用安全机器人技术，使得许多人机分离的应用成为可能。"归根结底就是要将人和机器的互补特性优化结合起来。机器人可以支持或减轻人类的负担，例如，接管不符合人体工学、不健康或重复性的任务。"

安全机器人技术（运行双通道冗余监控技术，直接对机器人进行监控）根据位置来确定机器人是否在禁止区域内工作。系统将不断地检测所有轴的当前位置，并在几毫秒的周期内与所设置的极限值进行比较。此解决方案要求系统中不存在机械的限位开关，若有限位开关参与加工工作，则保护区域的数量会明显增多。当发生区域冲突时，要求机器人能够自动地立即停止运行。于是在故障情况下超程长度会明显减少，而且也减少了对空间的需求。

（2）人类引导型机器人—安全加工

如上文所述，以前的机器人只允许在"铁窗"内操作。很难想象一个工人靠近甚至和机器人一起工作的场景。这些安全理念解释了汽车行业的终端装配线上自动化水平较低的原因，以及移动机器人和服务类机器人领域进展缓慢的原因。人类引导型机器人没有程序也没有额外 PLC 控制器，人们可以根据直接固定在机器人或机器人工具上的导向手柄（操纵杆或者示教器）操作机器人，同时可以在没有文本编程的条件下掌握运动点位和路径。

人类与机器人交互的前提是有效的安全监测手段和机器人系统较低的运行速度（笛卡儿坐标系），它能安全监测单个机器人轴（特定轴）的速度并在操纵杆上有一个三段式确认键。

（3）半自主系统—机器人技术的新领域

为了完善装备工艺的多样性，一些结构简单的机械臂也在该领域逐步推广。对较大组件和高要求的定位精度，需要两个工人来操作机械臂。机械臂虽然补偿了运动部件的重量，但是它只是在一定条件下才可以得到接合力来辅助操作者。此类机械臂最大的缺点是工人必须完全与设备绑定在一起。不像人类引导型机器人、半自主系统机器人在自动化领域以自动和程序设定方式抓取用于装配的零件（如托盘）并把它放到安装位置附近，这些都在安全工作区域内进行。操作人员对机器人控制并只执行关键的附加操作，机器人的力量和人类的感官相互弥补组成了一个高效的系统。操作人员最终使机器人重新返回到安全工作位置之后，这些机器人就能在自动模式下抓取下一个零件。通过这些工人和机器人的"分工"，一个工人有可能同时负责两个装配站点。

工业生产正面临一场新的革命。根据关键词"工业 4.0"可以知道，这场新的革命代表了未来工业的新框架，如变化的市场、品种多样性和更短的产品生命周期。未来的产品要快速适应新的框架条件，还应具有多功能性。在许多情况下，这意味着朝着完全自动化发展的开始和人与机器人之间的灵活分工。把机器人当作生产助理不但构建了产品的多样性，而且创造了制造业全新的概念也因此开辟了机器人自动化的新道路，并产生了"经典"的工业机器人。

机器人是这种新的制造理念的重要基础，因此要实现机器人作为生产助理安全地与人类一起工作，就需要开发全新一代的机器人设备。此类机器就像库卡公司的轻量级机器人 LBRiiwa 一样敏感和微妙。LBRiiwa 机器人仿照人类手臂配备了 7 个转轴，能够实现位置控制和柔性控制。它与集成传感器相结合，使轻型机器人拥有对程序变化的感知性。其高性能的防碰撞检测和所有轴的关节上都集成的力矩传感器预示着 LBRiiwa 可以从事精细感知的接合工艺，并且使得更简单的工具成为可能。由于其敏感性，LBRIIwa 标志着 MRK 的新篇章。机器人作为工人的"第三只手"，能够在没有保护围栏的情况下直接与人类一起工作。"LBRiisy"是库卡推出的第二款灵敏机器人。它补充了低有效载荷范围内的人机协作（HRC）领域的产品组合。顾名思义，LBRiisy 操作简单，适用于工艺流程中需要快速反应的、频繁变化的自动化任务。

（4）移动的自动化程度

在机器人的发展史上第一次实现了对生产任务的移动自动化。生产有两个极端状态，即生产任务的完全自动化（主要使用"铁窗"隔离式机器人）或者 100% 手工操作（不使用机器人）。现在的机器人独立而且自动化成本更优化。在人类主导的运行模式下，人与机器之间的高墙壁垒已经不存在了。

协作机器人作为装配助手如图 4-144 所示。

图 4-144　协作机器人作为装配助手（来源：KUKA）

4.4.8　编程

就机器人设备的经济性而言，其对满足需要且无误的应用程序的编写所需花费的时间特别重要。编程即创建一个程序并输入机器人控制器中，该程序本身集成了所有信息，用于执行一个运动或工作循环。根据对工作任务的分析，可以得到相应的使用条件和满足机器人灵活性的同时还满足对编程的不同要求，同时还要拟订合适的编程技术。每个机器人控制器至少可以运行用一种编程语言编写的程序。

1. 编程内容

一个工作程序必须包含技术过程中保证工业机器人充分运作所需的全部内容动作和功能。表 4-6 对其基本组成部分进行了说明。

表 4-6　搬运程序的基本组成部分

组成部分	可能的内容	特征
编程过程	动作指令 夹持器夹持指令 过程通信和主机连接指令 指令序列	搬运程序的必要组成部分
路径条件	位置的给定值 方向的给定值 特殊点模式 工作定位或中间定位	搬运程序的设计和可逆性
运动条件	运动速度 启动 定位 轴的运动依赖性 插补条件	确保稳定 运动行为 运动优化 保证特定轨迹
逻辑判断	变量结构编程 程序运行依赖于过程信号和传感器信号	需要完成复杂的操作任务和装配任务 方案选择
监测 / 诊断	功能监测 过程监测 错误响应 响应远程操作	遵循可靠性要求和安全要求 先进的帮助服务

2. 编程方式

根据机器人程序生成方式可以分为运动编程和过程编程。运动编程是指确定路径节点和运动点。过程编程包括运动的过程片段，有过程参数的定义、时间、等待位置、速度、加速度和与外围设备之间通信的相互衔接。此外，工业机器人的编程方式还可以分为以下几类：

（1）在线编程法：在线编程是与工艺过程耦合的直接编程，是面向加工的编程。

1）示教编程（点驱动）。

2）录返方法（轨迹停止、直接运行机械臂）。

3）手动编程。

（2）离线编程法　离线编程过程耦合的间接编程，是非面向加工的编程。

1）基于文本的机器人编程语言。

2）显式编程语言。在初始阶段即给出工作任务，每个运动元素都需要编写相关的指令。编程是以机器人为导向的。

3）隐式编程语言。可以从全局设定工作任务，机器人需要有一定的"智能"去自己产生独立的行动，编程是以任务为导向的。

4）带有类似于人类手臂模型的示教编程。

5）在支持图形显示的屏幕上交互式编程。

6）声控编程（自然语音和语音识别输入）。

（3）混合编程法

混合编程是一种联合方法，结合了在线编程和离线编程的优点。

几何（路径和位置）指令根据视教编程，过程、控制、监测和通信指令则按代码或语言的形式输入进行编程。自动生成程序。

在对一个目标状态进行描述之后，系统据此独立生成所需的程序。这需要一个程序解析器，它将任务分割成多个子任务并以此规划相应的编程动作，最后生成程序。这种方法如今已经用于自动生成路径和过程数据，如切割或胶合。在这里可以根据 CAD模型和 CAM 模型直接生成机器人程序。

4.4.9　传感器

传感器（见表 4-7）能够检测并反馈位置的变化、与模板的差异或其他外部干扰。在制造业中提高机器人的使用率主要依赖于传感器的发展。机器人的内部状态、执行器与环境的实时交互作用及机器人在使用时的外部状态都是通过传感器获得的。传感器的功能即基于前后输入物理量（如压力、力、接触、运动）的变化并把它转换成定量的电量值。电量值的大小由传感器计算或机器人控制器进行数字化后进行判读。为了监测正确的行动指令（如夹持器开口度的测量）或者直接从环境变量中提取对后续操作有影响的参数（如部件标识、距离），离散的时间点包含机器人的当前状态和环境因素。当执行操作和测量同时进行时，可以实现传感器监测或传感器引导的动作。传感器监测的动作一直执行直到测量值超出预定值为止。在操作的执行过程中，会基于传感器所触发的动作对给定量进行修正，以便测量值不超出预定值界限。

传感器在技术上也是探测器（测量值的接收器），即机器人在一定程度上拥有了感官。传感器获得属性、状态或过程等方面的信息，并把它们转换为电信号。本质上接收非电量的测量值并把它当作电信号进行传递的初级的转换元件也被称为元传感器。工程技术上应用的传感器见表 4-7。

表 4-7　工程技术上应用的传感器

类型		接触式传感器				非接触式传感器						
原理		接触式				电学		光学 / 视觉				声学	
传感器类型		机械按钮	应变计	压力（电）传感器	压敏胶塑料结构	电感式接触开关	电容式接触开关	光栅	反射传感器	激光扫描仪	红外传感器	视频系统	超声波障碍声纳	声纳	超声波阵列
信号类型	数字量	×	×		×	×	×	×	×	×	×	×			
	模拟量	×		×									×	×	×

4.4.10 工业机器人的应用案例

KUKA CNC 系统是新一代的控制系统，主要应用于库卡机器人的直接数控加工工序，如图 4-145 所示。

图 4-147 加工中心的自动换刀机器手

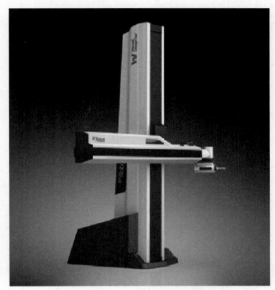

图 4-145 汽车工业设计领域建模的铣削机器人

汽车工程中的驾驶舱装配如图 4-146 所示。

图 4-148 植入物的研磨和抛光

图 4-146 汽车工程中的驾驶舱装配

加工中心的自动换刀机器手如图 4-147 所示。

植入物的研磨和抛光如图 4-148 所示。

石制浴盆的铣削如图 4-149 所示。

桁架式激光切割机如图 4-150 所示。

图 4-149 石制浴盆的铣削

图 4-150 桁架式激光切割机

1）采用这个系统，数控程序可以根据 DIN 66025 标准直接与机器人控制器相连。机器人控制器对完整的标准代码进行解析并最终由机器人执行。利用 G 代码、M/H/T 功能代码、局部和全局子程序、控制指令集的结构、循环等生产辅助工具可实现在一些领域中工业机器人的扩展应用，如对软质成形件到中等强度成形件的铣削，包括木材、塑料、铝和复合材料等。

2）成形件的抛光和研磨。

3）复杂组件表面的涂层和表面加工。

4）复杂组件和组件轮廓的加工和处理。

5）复杂组件的激光切割、等离子切割和水切割。

通过在机器人控制器上直接使用数控内核，使机器人成为具有开放式运动机构的加工机器，并具有如下优势：

1）更大的工作空间。

2）更高的灵活性。

3）更低的投资成本。

4）六轴加工等。

再结合数控控制器的如下优点：

1）G 代码编程。

2）使用 CNC 系统的用户界面。

3）刀具半径补偿。

4）更多的点预读。

5）扩展的样条路径规划。

6）便捷的刀具管理等。

得益于数控内核集成技术，机器人控制器可直接使用数控程序进行生产加工。因此，不再需要把机器人程序转换成复杂的数控程序，在典型加工过程中使用工业机器人就变得更加容易。而 CAD/CAM 编程人员和 CNC 操作人员也能根据现有的知识对工业机器人进行编程和操作。

4.4.11　机器人与机床的连接

现有的机床往往由机器人或现有的机械手来扩展机床功能。因此，必须在现场将完全应用的、独立运行的机床和执行搬运工作的机器人系统相互连接。但是，数控系统和机器人控制这两种控制系统，都已经由各厂家配置好了。因此，无论是机器还是机器人的控制系统都必须提供接口，以便能够同步生产。这些接口的设计必须能让第三方系统集成商将执行搬运工作的机器人与机床连接起来，而不影响现有的设备运行。

该接口基于 PLC 握手信号，该信号符合 VDW / VDMA 定义的标准，用于将机器人或执行搬运工作的机器人连接到机床如图 4-151 所示。预定义的 NC / PLC 接口区域、警报和诊断屏幕可实现快速、轻松的系统集成。

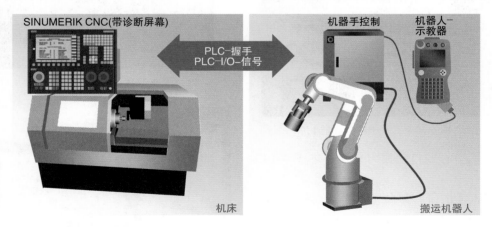

图 4-151　以 SINUMERIK 集成的 RunMyRobot/EasyConnect 接口为例的机器人连接示意图（来源：西门子股份公司）

人力资源优化：

通常机器人和机床是来自不同制造商的系统，具有不同的体系结构和操作理念。上下料类机器人的调整、编程和维护需要增加机床操作人员和维护人员，或者增加机床现有人员的资格证书。这两种情况都与费用有关，这就是CNC和机器人制造商合作以在机床的CNC用户界面上显示执行搬运工作的机器人的操作，编程和诊断的原因。拾取和放置命令通过特殊接口在CNC和机器人控制器之间交换。顺控程序在另一个CNC加工通道中运行。机器人编程在CNC中进行。CNC中的特殊循环表示机器人控制器的命令范围。机器人轴的点动模式也映射在CNC控制中，即通过机床的控制面板进行。错误和操作消息也会显示在CNC用户界面上。因此，搬运机器人的操作、编程和维护是CNC应用程序的组成部分如图4-152所示。

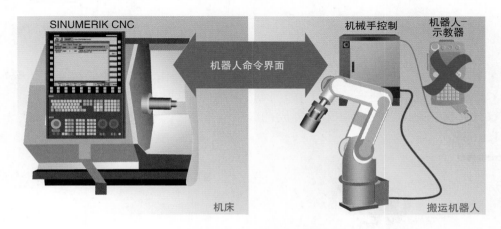

图4-152 CNC应用程序机床的组成

在图4-151中，以SINUMERIK集成的Run MyRobot / Handling为例，显示CNC集成机器人接口的示意图。

4.4.12 具有CNC功能需求的机器人

除了纯粹的拾取和放置任务工作外，越来越多的机器人应用需要CNC控制的基本属性，例如恒定路径速度，刀具管理或典型的CNC编程，机器人可以在路径控制的操作中用作加工机床的补充，用于上胶、去毛刺或抛光。但是，借助机械手执行机构也可以对由软或中强度材料制成的成型零件进行铣削操作如图4-153所示。CNC和机器人控制器通过实时位置接口进行通信。机器人机械机构运动学的相关位置转换会在CNC中进行计算。可以使用熟悉的CNC命令集来移动机器人-从平面选择（G17）到路径命令（G0，G1，G2 ...）再到加工循环。动态前馈控制，加速度限制，前馈或动态的程序压缩器等控制算法可用于加工自由曲面。为了优化准备工作，可以通过CAD / CAM工艺链补充这些机器人应用程序。借助对真实的机器人在虚拟环境下可对运动机构进行仿真的环境以及与各个数控系统最佳匹配且确认过的后处理器，可以在加工之前对工作流程进行仿真和优化如图4-154所示。

在图4-153中，以SINUMERIK集成的RunMyRobot/Machining为例，通过CNC控制机器人的加工操作示意图。

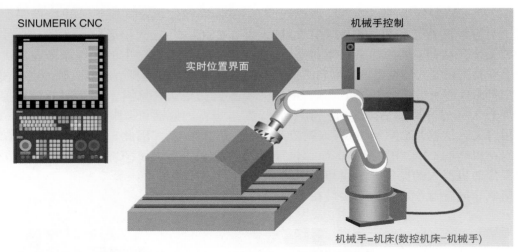

图 4-153　通过 CNC 控制机器人加工操作示意图

在图 4-154 中，用机器人加工的 CNC-CAD/CAM 工艺链，方便了准备工作，例如 NXCAM 机床仿真 SINUMERIK 集成的 RunMyRobot。

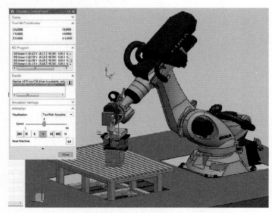

图 4-154　对工作流程进行仿真和优化

4.4.13　工业机器人的应用标准

使用灵活、自动化的机器人的重要原因是由于市场需求、产品类型变化越来越多，频繁地更改产品模型并要求生产时间的缩短，转换时间和利用率较低的产品数量的减少，传统操作资源的增加。对产品质量的高要求，交货时间过长，库存太大，资金投入太高，对工人造成的压力和单调、有害健康的生产操作，产品的成本压力以及产品差异化的加剧。

工业机器人的使用一方面取决于外部框架条件，另一方面也取决于经济方面，如：

■ 环境条件：洁净室、冰柜、有毒烟雾和热量等。

■ 职业安全：有害物质、重量、噪声等。

■ 生产中的质量要求：精确、零缺陷生产。

■ 人工成本：工资成本上涨在工业国家中，带来的竞争力下降得非常明显。

■ 灵活性：机器人的使用增加了生产的灵活性。

选择机器人时，各种条件很重要：

■ 现场的一般任务。

■ 负载、作用点和固有惯性。

■ 机器人应在其中移动的工作区域。

■ 加工速度或加工过程中的节拍。

■ 与路径行为或位置有关的所需精度。

■ 控制类型，包括特殊的用户的要求。机器人系统集成到系统环境中的能力。

工业机器人的可能用途具有以下优点：

■ 高可用性。始终不受限制的生产。

■ 加工节拍的优化使生产过程中，使用非生产时间来执行其他任务，例如零件的后期的修整。

■ 增加产量：机器人可以始终如一地以高速度工作，质量始终如一，从而降低了废品率，提高了生产量。

■ 节省时间：机器人在机器上的最佳定位可缩短加工时间节拍。

■ 节省成本：高可用性以及最佳的生产质量和较短的加工节拍可带来快速的投资回报（ROI）和有竞争力的生产。

■ 快速：与手动加工相比，机器人的加工速度更高，同时始终保持高质量。

■ 灵活：简单的可编程性可灵活地调整以适应不断变化的生产过程和季节性的波动。

■ 精确：较高的定位精度，即使连续运行也可以提高产品质量并减少废品率。

■ 投资安全：工业机器人的特点是使用寿命长（平均 15 年）。

4.4.14 总结与展望

日益增长的全球经济网络以及工业产品和系统的相关应用要求接口标准化，包括机器人和装配设备之间的通信。这些应在全球范围内要求标准化，并尽可能地易于使用。这为最终用户以及制造商在后续的产品开发中提供了投资安全以及稳定性的保障。

如果没有设备之间各个系统的互相的通信，现代化的自动化技术几乎起不了任何作用。尤其是在使用开放式总线系统（如以太网和 TCP / IP）时，还可以跨越不同地理位置实现全部生产设备的实时控制和调节。机器人制造业的发展趋势显然是提供机器人控制器的相关技术并实现和机器人本体的连接，而这些技术其实早已在计算机行业中长期使用了。

越来越多的软件资源重新分配给机器人自身，为设备维护带来了新的展望。如果以前是因为系统停止，或是作为周期性预防措施而启动维护过程；那么将来，单个机器人将自行解释计数器读数，测量点或类似的统计数据，并在达到某种状态或事件后自动登录以进行维护。在使用中，也可以考虑以下场景：机器人可以通过操作员所在地的网络门户站点直接连接到制造商的系统并进行远程诊断，还可以自动订购备件。在状态评估期间，使用机器人中的各种数据库，其中存储了相关维护的历史记录，动力传动系统元件的负载曲线以及基于案例的解决方案用于在系统帮助功能中给予辅助。通过连接服务平台，可以汲取广泛的经验。如果符合条件，维护将在最佳的时间自动启动，同时实现了与生产计划和生产控制，备件管理以及其他相关领域的联系。机器可用性因此可以达到前所未有的水平。

工业 4.0：公司期望通过与生产相关的所有组件智能联网，可以显著提高生产力、灵活性和效率。使用机器人不仅在处理或加工工件方面具有优势，而且可以通过机器人的 CNC 接口收集数据并将其提供给更高级别的生产控制系统。通常，机器人是不同工作流程之间的连接，因此它们是收集数据（智能数据）的重要工具，并且在生产过程的自我优化中起着至关重要的作用。

人机协作：过去，由于安全问题，人与机器人之间的协作受到限制。现在，灵敏的技术可以实现流畅的人机协作。通过使用安全机器人技术（SRT），可以在许多应用中消除操作员与机器人之间的距离。除了放弃复杂的安全技术之外，还可以实施新的设备概念，尤其是在装配技术中。机器人只能执行某些活动，而不能从事某些职业。在可预见的将来，机器人将不会提供诸如人类的智能、创造力和情感之类的属性。两者的优势以理想的方式结合在一起。结果，可以通过更具成本效益的部分自动地来解决以前在经济上不可行的自动化任务。

针对"智能工厂"的可移动性：通过移动机器人可以实现生产的可持续的灵活性。例如，在移动平台上，它们可以独立地移动运输货物。在工厂大厅中，移动机器人可以沿着固定的轨道或借助导航软件在完全没有地板标记、感应环路或磁铁的厂房内移动。移动平台可创建周围环境的地图，并可将其提供给其他单位。这将创建一个通用的导航和路线计划并协调厂内其他的机器人的动作与该规划相协调。

4.4.15 本节要点

1. 工业机器人的定义

机器人是一种自动控制的、可重复编程的、具有多个自由度且广泛适用的搬运装置，在自动化生产系统中可以是固定的或可移动的。

工业机器人的特点如下：

1）可自由编程。

2）具备伺服控制功能。

3）至少有三个数控轴。

4）配备有夹持工具和加工刀具。

5）为搬运任务和加工任务而设计。

2. 机器人的机械学／运动学结构

工业机器人具有一个开放的运动链结构，没有分支，其构件或杆通过接头相互成对的连接。每个关节都有旋转自由度或平移自由度。

3. 夹持器／执行器

根据作用力的作用方式，夹持器可以分为机械夹持器、气动夹持器、吸取夹持器、磁性夹持器、粘钩夹持器和针钩夹持器。

4. 控制器

机器人控制器负责执行机器人单元中的多项任务，如下：

1）编程的支持。

2）控制机器人的运动。

3）影响系统中的工艺过程部件。

4）影响输送和进料部件。

5）夹持器功能的控制。

6）采集与评估传感器信号。

7）采集与处理加工过程中的信息并影响加工过程。

8）对机器人或加工过程中的错误进行检测和诊断的功能。

9）对操作人员的协助。

10）对自动化生产单元调整的协助。

5. 判定使用工业机器人的依据

是否使用工业机器人不仅取决于外部条件，而且还要从经济角度考虑，如环境、职业安全、生产质量要求、劳动力成本和灵活性等。

4.5 高能效经济型生产

由于全球竞争和能源成本的不断增加，节约成本是业界非常关注的问题。因此，有必要从几个方面来对企业节能减排严格审查，这样或多或少地能取得积极的效果。在任何情况下，人员安全、机器生产效率或可靠性，即生产力都是极其重要的因素。

4.5.1 引言

生产的首要目标仍然是盈利能力和生产效率，即单位时间内能生产多少零件并获取多少利润，因此在很多情况下，生产的灵活性起着决定性作用；而能源效率和生产力往往相反。因此，对使用正确的"调节螺栓"来节约能源的探索是很重要的！

达姆施塔特工业大学生产管理、技术和机床研究所（PTW）的报告提出：近10年里，切削机床的成本占运营成本的80%。其中，仅能源消耗占比高达约20%。其中，整个加工过程的能源消耗大约占据20%，剩下的80%为运行辅助设备（基本负载）的能源消耗占比。

4.5.2 能效的定义

能源等于所需功率乘以时间，对于电能 E 用 kW·h（千瓦时）表示。

能效所度量的是为达到规定功耗所需的能量消耗。当以最低的能源消耗获得特定的功耗时，则该过程就是具有能源效率的。

提高数控机床的能效是指将所有负载操作过程的能源消耗降低到最低水平，同时，在无负载和空闲状态下减少每一工件所需的加工时间或提高单位时间内所生产的工件数。

4.5.3 车间

在高能效经济型生产的背景下，即使机器停止运行，也对光线、空气净化、通风、空调、热水供应和能源供应以及后续连续生产中的操作系统有很高的要求。明亮的光线是确保工人安全的前提并在相关标准的条款中予以保证。同时，整个供电系统几乎总是一直处于运行的状态，即便在轮班工作中也需等待机器关闭一段时间后才停止运行。有些设施则是要一直处在运行状态中，如大厅的照明和空调。

室内照明的基本消耗相对较高，每 $1000m^2$ 大厅内的灯具能耗约为 350kW·h，那么一年的能耗为 350kW·h × 250 工作日 = 87500kW·h。

现在的 LED 照明系统能减少约 1/3 的能耗，相比之下支付成本的差距较难以察觉。因此，为了节约能源，应短时间内暂停使用数控机床上的辅助设备。

是否值得在数控机床上寻找节约能源的方法主要取决于已安装的机床类型和加工工艺的类型。

4.5.4 机加工车间

首先可以预期的是一般大型数控机床比小型数控机床具备更高的能源输出效率，但还需考虑如何使用这些数控机床。同时，工件的类型和大小、待加工材料、刀具的切削刃和特性在能源需求中也发挥着至关重要的作用。

因此也就不难看到，迄今为止对数控机床能源效率的研究中，大型数控车床、数控铣床或数控磨床的能源效率并不处于中间水平。这些类型的数控机床主要用于长时间连续运行，即加工时间和辅助时间的比值很高。有一个或多个主轴的平面数控铣床在加工材料去除率达到 90％ 的大型铝制工件时加工时间相对较长，中断时间很短，可利用此时间关断辅助设备。

因此，不太可能找到额外有效的节能方法。

上述分析同样用于大型数控镗床、大型数控车床和其他工作时间与空闲时间比值很高的机床。

对于较小的数控机床是什么情况呢？小型数控机床主要使用小型刀具加工高精度零件，这类工艺过程中几乎没有什么有价值

的节能方法。切屑或粉尘（如石墨）的吸取设备与主轴保持开启和关闭的同步运动，且换刀时间非常短。由于设备的功效通常不是很大，关掉辅助设备几乎不能降低功耗。

4.5.5 加工中心的节能特征

之前对提高数控机床能源效率的研究几乎都是针对加工中心而言，如图 4-155 所示加工中心的电能消耗。研究内容主要是配备额外自动化组件的中型到大型机械，如大型刀库、换刀机械手、托盘更换器、液压泵、排屑装置等。所以为了寻找节能的方法，大多数机器还提供还原初始状态的功能。

计算例题 一台机器的能耗（可选单位：kW 和欧元 /kW·h）：	
包括电力税在内的行业供电价格	20 欧分 /kW·h
操作时间（两班制 5 天 / 周）	4000 h/ 年
加工时间 / 空闲时间	70%/30%
切削时间的功耗	中间值为 25kW
空闲时间的功耗	中间值为 10kW
加工时间的电费	4000 h/ 年 × 0.7 × 25 kW × 0.20 欧元 /kW·h = 14 000 欧元 / 年
空闲时间的电费	4000 h/ 年 × 0.3 × 10 kW × 0.20 欧元 /kW·h = 2400 欧元 / 年
该机床的电费	每年 16400 欧元

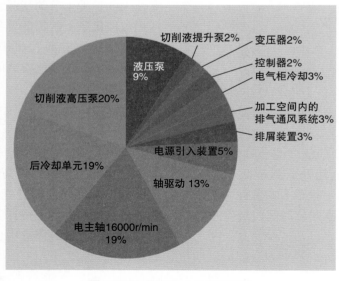

图 4-155　加工中心的电能消耗

4.5.6 数控程序的节能措施

以前人们很少考虑加工过程的节能编程,尤其是在加工中心上的节能编程。例如,在批量生产中减少换刀次数能减少一定的能耗。做到这一点的最佳途径是使用认可的标准化的刀具,而不是使用那些结构随意性较大的刀具。

主轴返回安全平面也是如此,通常由编程系统给定不必要的安全余量,而这些编程余量可用标准化的尺寸替代,显著节约时间。数量值较大的时候,时间也会相应增加。此外,实行这些措施不需要广泛调查、投资,甚至不需要对机器进行高成本的改进。

这些措施对设备及其运行结果的经济性具有决定性影响。如果相关措施能提高能源效率,则可视其为积极的辅助手段而被接受。

4.5.7 机床制造商的节能潜力

对于当前机床的能效改进方面没有丰富经验,因此数控机床制造商在此方面的提升潜力很大。而上述提升潜力不仅只针对大能耗的机床而言,对中小型能耗的机床亦是如此。例如,一个连续工作的泵在满负荷运行 5h 的情况下,每天要消耗 2kW 的电能。

现在,客户可以指定机床一些简单的节能措施。尽管这样仍需要对还原初始状态再做相应的简单说明。

机床制造商提供如下几种机床的节能方案:

1)液压驱动。液压驱动需要转换三次能量:电动机 - 泵 - 液压驱动。目前,最好的液压系统能实现的转化效率为 50%,所以有必要使用节能泵。但是,用电动机驱动比用液压驱动更有优势。

2)电动机驱动是首选方案。电动机驱动的能量转化效率为 50%~90%。还需要再

次区分电动机是用于开启和关闭辅助单元,还是用于数控轴和主轴上对控制要求较高的伺服驱动装置。

3)轴驱动系统。在不考虑冷却系统温度控制的情况下,由于线性直驱电动机不会在机械传动零部件上造成摩擦损失,因此其效率可达 98%。尽管会造成少量的能量消耗,但进给轴的伺服驱动系统还需对加工过程中的轴位置进行有效的控制。

4)伺服驱动控制器。具有多个进给轴和主轴驱动控制器的机床能产生能量回馈,但不应高估它所能达到的节能效果。

5)气动。气动属于节能效果最差的一种。它会经过三次的能量转换:从泵到压缩机,最后到执行器,整个过程中有压缩过程中的气体产生的热以及冷凝物。所以气动系统的效率很少能超过 5%。

6)摩擦。空载功率较高的机器往往有较高的摩擦损失。可采用滚子轴承替代滑动轴承和使用流线型外观的高速运动机械部件的方式来减少摩擦。

7)减轻运动件负载。可尽量减轻机床立柱、工作台或主轴箱等需要经常加减速的部件的重量,但这一般不容易实现。

8)更好的能量平衡。机器一般不会经常关闭,因为一旦关机之后需要较长时间才能重新回到准备工作的状态。但由于新型机床是根据最新的科技成果设计和构建的,因此上述经验不再适用于新型数控机床。

9)选择高效节能的自动换刀装置。从堆叠的沉重的刀库链条上找刀的过程所消耗的能量要高于轻便的、线性的、可直接抓取的、带有固定刀位的刀具更换系统所消耗的能量。这样,准备和归还刀具会快很多。

4.5.8 用户的节能潜力

对于用户而言,在不过分浪费的情况下也有多种途径来获得高能量转化效率。

1)正确选择机床的型号。如果后续工艺

要求不是非常高，那么购买能满足当前需求的机床就比购买太大型的机床更合理。大型机床的驱动装置功率要比小型机床的大得多。同时，大型机床的基本负载和无功功率比率都很高，如果这些机床主要用于加工小型零件，那么就与相应的能量转化效率相矛盾。

2）数控机床的自动化程度不应高于当前可预见的实际需求。若由于瓶颈造成了等待时间，那么用高度自动化的数控机床来替代有缺陷的机床有什么好处呢？在这种情况下应该考虑整个生产过程的现代化。

3）柔性制造系统。串联机床上用于运输托盘、夹具和工件的运输系统是很重要的。不过尤其应明确的是：对于集成于整个系统的带有自动化的归还和存放装置（如多个主轴头）的大型刀库，其自动化是不具备经济性的、过度的自动化。在设计柔性系统时，特殊的制造要求和经济性要求要比自动化的高效能生产更为重要。人们注意到，要充分利用整个系统就不能因为过长的等待时间而造成时间和能源上的浪费。选择给定任务的最佳工艺，如钢的磨削加工能源消耗比铣削加工多30倍，电火花加工的能源消耗比铣削加工多100倍。现代控制系统支持用户优化加工过程的能量消耗。因此，需要为用户提供测量方法和对比原则，及其空闲时间如何进行使用的配置文件。由于只有机床制造商知道辅助设备的工作条件，因此制造商的介入可有效地优化生产过程，而配置文件是机床制造商参与加工过程的前提条件。与此同时，高效加工的另一个前提条件是使用合适的设备和刀具。

图4-156所示为现代数控机床在生产中的能量消耗及转化效率。

4）2.5D和3D加工。多轴数控机床可胜任2.5D加工。三轴数控机床的基本负载较低，相比之下使用五轴机床的成本要高得多。

5）零件。根据零件的结构设计可以预知其后续加工的效率。设计师可以根据相关

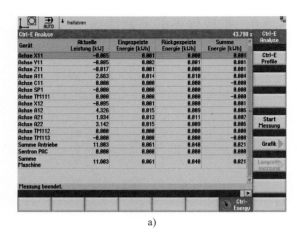

a）

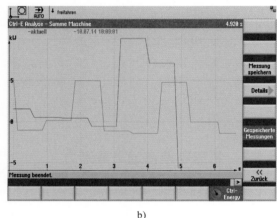

b）

图4-156　现代数控机床在生产中能量消耗及转化效率（来源：西门子股份有限公司）

a）当前功率消耗和能量消耗　b）机床（西门子840D sl）能量消耗定性评价的两次测量比较图

设计准则在设计中只选用允许使用的标准刀具（钻头、铣刀、螺纹刀具）。这样不仅能减少刀库中刀具的数量，而且还能减少换刀的次数，从而显著节约能源，并且缩短加工时间。此外，还可以大大减少整个刀具的库存。

6）缩短机床运行的"热身"时间。这就需要用户（包括机床直销商在内）确定一个可以接受的方案，即：使首个零件可以实现精确的生产，或者最好在首件零件开始加工时安排粗加工阶段。一般的数控功能都为自动伸长补偿功能，以达到很好的温度稳定性。

7）直接测量系统。证据表明，采用线性比长仪（长度比例尺寸）的数控机床在长

期使用后其可用精度与丝杠／旋转编码系统相比不仅更精确，而且热稳定性更强。由于轴运动不断变化，因此丝杠温度的升高会影响尺寸的精度。

8）满负荷加速或温和的加速。在加工过程中，通常有两种加工方式：一种是加工时间尽可能地短且保持较高切削功率的加工；另一种是进给轴和主轴在"温和的过程中"具有较低快移速度和较小加速度、加工时间较长的加工。哪种加工方式更具经济性？更长的加工时间带来的更高的基本负载比例，而较低的进给速度和较高的基本负载会抵消掉节能的效果。当数控机床以所设计的最大功率运行时，可减少加工时间并提前关闭机床。研究人员对机床不断地进行改进，以使它们能承载高负载而不损坏。因此，为了节能而降低加工时的功率是没有任何意义的，也是不经济而且是错误的。

所以，有必要对不同情况分开考虑，这样能在最后为最终客户设计应对措施，如减少机床和刀具的磨损。

4.5.9 无功电流补偿

尤其是对那些需要大量电能来运行和

配备大功率驱动系统、变压器的大型公司，还有另一种显著降低能源成本的方法，即在每个电感负载上并联一个大小适当的电容器，或安装一个中央无功电流补偿装置按需求控制电容器的开启与关闭。理论上可以在输电系统中完全避免无功电流，但在实际中并不能完全避免。实际中的补偿值大约为 $\cos\phi = 0.95 - 0.98$，这能明显降低客户和电力公司的能源成本。用小型变压器把电压从千伏电网转换成400V工作电网的方法也可达到节省能源成本的效果。

什么是无功电流？（见图4-159和图4-158）根据图4-157所示的无功功率三角形可知，无功电流就是 $I_{eff}\sin\varphi$，它是作用在电缆和供电变压器上且不会增加最终用电器有效功率的电流。

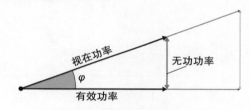

有效功率＝视在功率 × $\cos\varphi$

无功功率＝视在功率 × $\sin\varphi$

图4-157 无功功率三角形

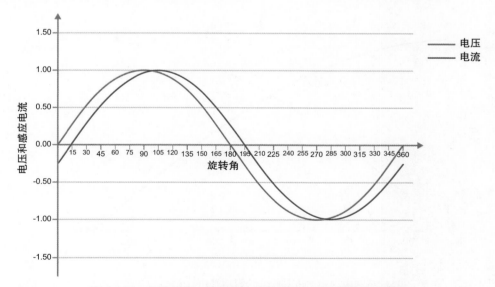

图4-158 相位差为15°的带电感负载的电压和电流特性曲线

根据图 4-157 可得出如下计算公式：

电能的视在功率

$$S = U_{\text{eff}}\, I_{\text{eff}}（单位为 VA）$$

电能的有效功率

$$P = U_{\text{eff}}I_{\text{eff}}\, \cos\varphi （单位为 W）$$

三相交流电的有效功率

$$\sqrt{3}\, U_{\text{eff}}I_{\text{eff}}\, \cos\varphi$$

电能的无功功率

$$Q = U_{\text{eff}}I_{\text{eff}}\sin\varphi （单位为 VAr）$$

图 4-158 所示为相位差为 15° 的带电感负载的电压和电流特性曲线。

无功功率的比例往往被低估。$\cos\varphi = 0.90$，不表示无功功率比例约为 10%，而应该是 44%，见表 4-8。

计算例题：一台设备的视在功率 $S = 6000\text{VA}$，电缆输出电压为 230V，功率因数为 $\cos\varphi = 0.80$（相应的相位差为 36°，即 $\sin\varphi = 0.588$）。

$\cos\varphi = 0.80$，无功电流占总电流的 59%。

有效功率为 $P = 6000\text{VA} \times 0.8 = 4800\text{W}$。

表 4-8 $\cos\varphi$ 和 $\sin\varphi$ 值

相位差	$\cos\varphi$	$\sin\varphi$	无功功率比例
0°	1.0	0	0
6°	0.995	0.104	10 %
15°	0.966	0.269	27 %
18°	0.950	0.309	31 %
26°	0.90	0.438	44 %
32°	0.85	0.530	53 %
36°	0.80	0.588	59 %

无功功率 Q 不是约为 1200W（视在功率和有效功率的差），而是根据公式得到 $Q = S\sin\varphi = 6000\text{VA} \times 0.588 = 3528\text{VAr}$（无功伏安）。

图 4-159 所示为与相位角 φ 有关的影响有功电流（cos）和有功电流（sin）的因素。

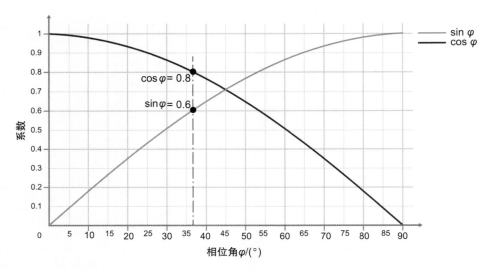

图 4-159 在 0～90° 的范围内与相位角 φ 有关的影响有功电流（cos）和无功电流（sin）的关系

综上所述，在计算电流时，如果无功电流的损耗超过了额定限制，根据规定，超过限定值后无功电流比例上升会带来电费单价的上涨。如此，投资无功电流补偿措施及提高能源效率都是工业发展的正确方向。

4.5.10 小结

目前，机床类型大约有 400 种，但对制造商或企业来说，没有哪一种类型是"最节能"的，必须从结构发展到用户本身的各个方面来考虑能量转化效率的问题。

数控机床的高基本负荷消耗的原因之一在于生产厂家大多会将他们的机床作为通用机床来设计，因此，新机床往往配备所有可获利的先进组件且加工功率较大，许多部件最终都以超常功率运行。例如以下功能：

1）高速移动。
2）高加速度。
3）高主轴转速。
4）高主轴转矩。
5）在自动更换工件时更短的"屑对屑"时间。
6）尽可能快地换刀速度。

4.5.11 展望

应该说明的是提高产能降低能耗的措施是非常多样的，不仅仅局限于 CNC 机床。而能量转化效率和生产效率之间的平衡同样不易把握，这类"平衡"在多功能机床上往往更难实现！

4.5.12 本节要点

1）定义：机床的能效被定义为
① 每批量零件生产消耗的能量。
② 在机床的操作寿命内所消耗的能量。
③ 包括没有切屑的辅助操作时间内消耗的能量。
④ 包括空闲时间内（待机模式）机床所消耗的能量。

2）节能。当某个过程是用最小的能量消耗来实现的，就可以认为该过程是一个节能的过程。

3）CNC 机床的节能优化可理解成为在操作期间内包括在所有附加时间内使用最少的能量。

4）保证运行所需的能量类型主要用于产生轴运动、主轴转速、换刀、气动、液压、冷却、润滑和切屑排除过程中的电功率消耗。

5）为降低运行能耗，几种可用的措施是：

① 适当的装备选择。包括型号、功率、自动化程度。
② 所有驱动系统功耗的优化参数。
③ 在设计 NC 加工程序时，需要尽可能地考虑尽量少的换刀次数，并在加工和换刀过程中尽量优化主轴的返回平面。
④ 使用具有能量回馈效果的能源优化组件，如主轴和进给轴的伺服驱动系统。
⑤ 如果在非生产的空闲时间，机床尽可能地完全关闭。

6）开关状态或机床状态适应当前的需求，如进料到达位置之后夹紧、关闭，而不是通过电动机调节保持转矩。

7）不要使用液压装置，这需要专门调节泵的输出或完全放弃液压系统。

8）无功功率补偿。电感负载产生的无功电流由电力的供应商来计算。这种节能的可能性往往被低估，并没有得到充分利用。

9）能量转化效率和生产效率之间的妥协是不容易找到的。这种"两极化的发展"很可能在多功能机床上有更大的发展空间！

10）能量转化效率已经成为数控机床设计和购买的一个重要目标。现在，通常对数控机床通过集成传感器和尽可能降低能量的需求来进行能耗测算和优化。

第5章
数控加工刀具

简要内容：

5.1 刀具的结构

手工加工方式可以立即应对加工过程中出现的异常情况或问题，但采用数控机床加工，人们必须事先考虑在加工过程中可能发生的所有问题。因此，数控机床的相关人员能够熟悉刀具的特点和使用方法并能准确地表达，对于使用数控机床进行加工非常重要。

5.1.1 引言

数控机床运行独立、准确和可靠，其前提是该数控程序没有错误，毛坯夹紧正确，并且使用合适的刀具。在进行机床准备工作，并将使用在工作指导书中列出的刀具时，应按照刀具清单里的记录进行，在创建 NC 程序时，使用列入清单的刀具。如果所有准备工作都已做好，相应的加工工作就会比较简单。当一个加工任务还没有定义刀具时，一方面相关人员必须了解任务文件中的说明，另一方面需要对要解决的加工任务所需的新刀具进行归档。如果必须为新购入的机床选择刀具，那么就应考虑上述问题。以上工作也适用于需要重新考虑现有刀具可用性的场合，以便尽可能地完善刀具的选型。因此，了解刀具各方面的知识是十分必要的。

5.1.2 技术要求

1. 可靠性

刀具的可靠性包括几何层面的可靠性和技术层面的可靠性。对数控加工的经济性而言，两者都是先决条件。几何可靠性是指在加工过程中刀具的形状不会改变，并且具有相同几何形状的替代刀具也不会出现类似的问题。从表面上看似乎简单易行，但仔细研究就会发现相当具有挑战性。刀具对工件施加作用力的同时也会改变刀具自身的几何形状。对于结构合理的刀具，这种形变将保持在一个可接受的范围内，而且因刀具形变

造成的工件加工误差也应在公差范围内。刀具的几何可靠性如图 5-1 所示。

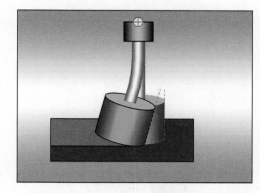

图 5-1 加工过程中刀具的几何可靠性

同一个刀具在更换可转位刀片后，仍然可能存在一定的公差。更换切削刃后的几何精度，取决于刀具的质量和结构。新购买刀具的公差取决于供应商产品的生产质量。

更换切削刃后产生的误差，可以通过重新测量数控机床的刀具，并将修正值传送到 CNC 机床的方法来消除。为了简化加工流程，若加工精度合格，在更换可转位刀片后可不必再次测量刀具。

技术可靠性是指在切削过程中保持相同切削性能的能力。相关人员必须预先确定刀具可以使用的时间，以及何时需要更换。对于给定切削参数的刀具，也应具有相同的使用寿命，这样使用者才可以提前安排替换刀具。这里的使用寿命是指刀具从开始加工直到不能再使用必须更换新刀具的时间，以分钟为单位。

2. 切削参数

切削参数是指刀具在使用时的约束条件如图5-2和图5-3所示。

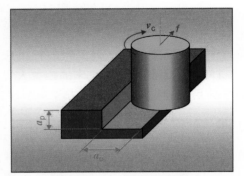

图5-2　与铣削进给速度（f）和切削速度（v_c）相关的侧吃刀量（a_e）和背吃刀量（a_p）

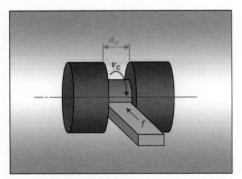

图5-3　车削切槽时进给速度（f）和切削速度（v_c）的侧吃刀量（a_e）

切削参数包括以下几项：

1）切削速度 v_c（m/min）。切削速度是指刀具切削刃相对于工件表面的运动速度。

2）进给速度 f（mm/min 或 mm/r）。进给速度是指刀具向前移动的速度。

3）横向进给。横向进给方向与加工方向垂直，铣削包括两个方向的横向进给。

① 背吃刀量（切削深度）a_p（mm）。刀具在材料上进刀的深度。

② 侧吃刀量（切削宽度）a_e（mm）侧吃刀量指一次切削加工多少材料。

4）冷却和润滑根据冷却类型，可分为内冷却和外冷却，根据冷却和润滑介质，可分为空气和乳液；根据冷却和润滑强度，可分为高压和雾状等。

5）工件方面的约束条件。包括材料、装夹质量、导出切屑的方法，以及由于铸件中普遍存在的气孔裂缝或者尺寸不均匀造成切削属性的变化。

注意：在数控编程中，f 和 S 要求被设定。从刀具制造商的切削速度表中可以找到大部分 v_c 和 f_z 的要求。根据工件的进给速度 v_c 和刀具的直径 D（铣削加工）或工件的直径 D（车削加工），能够计算出主轴转速 S 为

$$S=V_c/(\pi D)$$

同样可以根据进给速度 f 和主轴转速 S，计算出每齿进给量 f_z 为

$$f=f_z nS$$

式中　　n——刀具切削刃数量如图5-4所示。

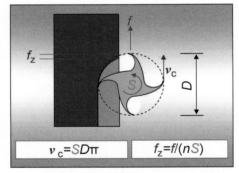

图5-4　每齿进给量（f_z）和每分钟进给速度（f）取决于切削速度（v_c）

3. 灵活性

刀具除了可靠性以外，其灵活性也很重要。例如，对生产加工新工件并要准备好相关刀具的企业而言，这是一项经常性的任务（在分包公司中非常典型）。解决这个问题的关键在于刀具系统的模块化，使用标准元件的刀具系统可以针对不同任务的工件进行组合。

4. 装卸操作

模块化刀具系统的要求很特别，既要求装卸容易，又不能产生错误。一个简单的

操作能够合理利用数控技术的优点，即在变换加工任务时能够快速换刀。例如，一些典型的铣削刀具的装卸操作，可以根据上述原因中的易操作性和可靠性在合适的夹紧系统间进行比较和权衡来选择。立铣刀可以用夹头快速、简单地夹紧，并能满足技术和几何尺寸的预期要求。使用弹簧夹头可以使夹紧质量更高，但这样就必须为每一种刀具直径的规格购买相应的弹簧夹头。使用液压夹头或收缩卡盘也能满足较高质量的夹紧要求，从而实现技术和几何尺寸的性能，但对采购、维护和操作的条件要求都比较高。

5.1.3 刀具的分类

为了统一整理多种刀具的性能和特征，它们被分为若干组。根据不同的观测角度会有不同的分类方法，下面介绍一些常用的分类方法。

1. 固定和旋转

固定刀具用于车床。该刀具在 zx 平面上运动，工件绕 z 轴旋转。切削速度 V_c 由工件的旋转速度和直径来确定如图 5-5 所示。

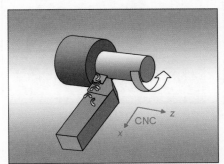

图 5-5 车削 NC 程序中坐标系内轴的位置

为了不计算与每个加工直径和切削速度相对应的旋转速度，CNC 定义了 G96 指令作为恒线速切削速度（v_c 恒线速）。根据不同的加工直径，旋转速度将实现自动调整（直径越小，主轴转速越高）。相应地，进给速度，通过 G95 指令对每转的进给量进行调整，这样可以满足不论主轴转速大小，工件的每转都有相同的进给量。

旋转刀具用于铣床，人们通常使用主轴转速 S，G97 指令（每分钟的转数）以及 G94 指令为恒定的每分钟进给率。

图 5-6 所示的刀具通常绕 z 轴（平面选择 G17）旋转，它可在三个轴的方向上移动。

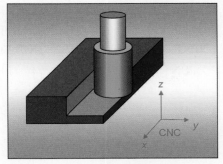

图 5-6 铣削 NC 程序中坐标系内轴的位置（三轴）

不同于固定刀具，旋转刀具通常不止一个切削刃（齿）。在计算进给速度时必须考虑这种情况。更重要的是，在许多切削中对此有严格要求（如槽的铣削），以免太多的切削刃挤占排屑路径。

2. 组件和总成刀具

人们谈到数控机床上的刀具（如 20mm 铣刀）时，想到的是组装好的、随时可用的刀具。但人们在购买刀具时（如 20mm 铣刀），却仅考虑组件如图 5-7 所示。

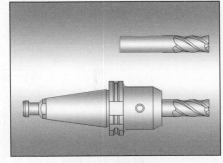

图 5-7 铣刀作为组件和作为一个总成刀具的区别

一个总成刀具由几个组件构成。用于数控机床的刀具必须始终是一个总成刀具。在购买了刀具组件后，应根据刀具的使用说明书将组件组装成一个总成刀具。

3. 刀具类型

与其他事物一样，通过给这些刀具命名以实现对其进行精确的表达。锤子、凿子、钻头和车刀是常见的刀具名称。不同刀具的数量越多越要考虑得更细致，因此就要有越精细的划分和更多的描述以进行区别。DIN 在早期就制定了一个官方的划分标准。

DIN 4000 中划分的主要刀具类型如下：

1）FSJ——带刀柄和可转位刀片的铣刀。

2）FSN——带刀柄不带可转位刀片的铣刀。

3）FBJ——带镗削刀片和可转位刀片的铣刀。

4）FBN——带镗削不带可转位刀片的铣刀。

5）BNJ——可转位刀片的镗刀。

6）BNN——不带可转位刀片的镗刀。

7）BGN——螺纹镗刀。

8）DDJ——车刀。

9）MHX——旋转刀具的刀柄。

10）MFX——固定刀具的刀座。

11）SPJ——可转位刀片。

12）SKJ——切断刀。

DIN 标准包含了每个刀具类型的参数表，其对刀具几何特征的描述是很有必要的。一种刀具类型（如 BNN）将不同形状的刀具综合在一起（如麻花钻和阶梯钻）。因此，标准中通过相应的图例（见图 5-8、图 5-9）来解释其中的参数（如，$A1$ 和 $B4$ 等）。

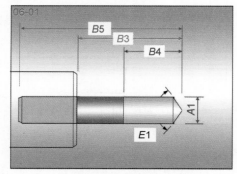

图 5-8　麻花钻的几何参数示意图

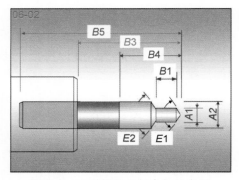

图 5-9　阶梯钻的几何参数示意图

通过设定刀具类型和参数值（如 $A1$ 和 $B4$ 等），可以统一地、系统化地对刀具的几何特征进行定义。

使用这些标准的原因是供应商和客户不会存在误解。如果客户询问供应商关于具有较大前角的刀具，供应商可以快速、完整地回答，因为两者对此都有相同的理解如图 5-10 所示。如果客户依据 DIN 844 标准询问铣刀，很明显可知，该铣刀为直柄并且未配有莫氏锥度。

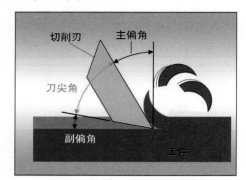

图 5-10　切削刃的重要角度

DIN 标准也是在制造领域使用软件应用程序作为数据交换的基础。如今这些内容都被纳入了更新、更广泛的 ISO 13399。

4. 物品特性表

DIN 标准包含所描述的每种刀具类型的参数列表（特征值）。这些参数列表是物品特性表见表 5-1。对刀具的描述包含了每个特征对应的值。

表 5-1 物品特性

图片	直径 A1	直径 A2	长度 81	长度 84
06-01	10.00			50.00
06-01	12.00			50.00
06-01	14.00			55.00
06-02	10.00	14.00	22.00	60.00

注：图片 06-01 是图 5-8，图片 06-02 是图 5-9。

这些描述适合列出清单。特征可以并排、上下或按其他排列位置显示。这些可以通过电子表格或以索引卡片的形式识别。这里人们更喜欢把使用另一种表现形式来获取相应数据的方式称为"Masken"如图 5-11、图 5-12 所示。

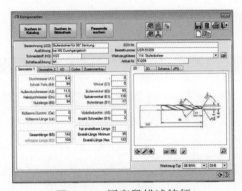

图 5-11 用字段描述特征

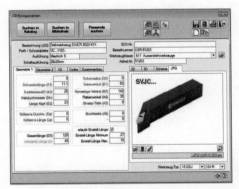

图 5-12 不同刀具类型对应不同的特征说明

其他数据可采用地址管理进行获取，如条目管理，因此不同的刀具类型同样需要不同的字段。这样做的意义在于，在所有刀具类型中都出现的字段，也会在表格中出现

在相同的位置（如直径、价格、订单号）。

很明显，对于一个企业内部的操作应用，除了已经描述的特征外，还需要对企业内部数据字段和组织数据字段进行描述。例如，包括 SAP 编码、库存、存储地点和使用说明等。

5. 刀具分级

刀具类型超越了企业范围，而刀具分级是企业内部的事情。刀具的分级使其在使用中易于辨识。刀具根据它们的样式和形状被分成若干级（如用于不通孔的米制丝锥）。通常将许多级归纳为一个高级级别，几个高级级别归纳为一个主级别，这样就在一个企业中构建了企业特有的三个级别划分，使要找的级别可以很容易地被找到如图 5-13 所示。

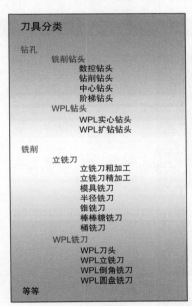

图 5-13 面向用户的刀具分级举例
（WPL，可转位刀片）

分级是一个逐步详细的分类过程，每一级都有相同类型、不同尺寸的刀具。大多数企业对刀具分级相对应的刀具柜也进行了分级。当创建一个新的分类时，最好是在开始阶段有一个粗略的分级，这样会形成一个整体概念。

6. 刀具材料

刀具按切削刃的材料（制造刀具的材料）进行的划分不属于刀具分级。它专门用于在一定的工件材料以及适当的切削参数下去判断切削刃的适应性和效率，并选择适当的切削参数。

为了降低刀具的磨损，刀具一般会进行涂层，不同的制造商有不同的标识，但他们始终服务于同一个目标。

（1）用于实际刀具的切削刃材料

1）HSS 和 HSS-E（高性能高速钢）。

2）VHM（硬质合金）。

（2）用于可转位刀片的刀具材料

1）HSS（高速钢）。

2）HM（硬质合金带 / 不带涂层）。

3）金属陶瓷（陶瓷金属复合材料）。

4）金刚石（PKD 聚晶 / 单晶）。

5）CBN（立方氮化硼）。

6）陶瓷（氧化物及其混合物、氮化物及其混合物）。

刀具材料和切削速度的选择主要取决于工件材料和加工的类型（粗加工 / 精加工等）。根据 DIN/ISO 513 工件材料的标准分类，可以对不同刀具材料的使用范围进行快速和明确的区分。

这里的工件材料可分为 P、H、M、K、N、S，见表 5-2。加工范围分为 01、10、20、30、40 和 50，其中 "01" 是精密加工，"30" 为粗加工，"50" 为不规则尺寸的很粗略的加工（如间断切削）。

表 5-2 根据 DIN/ ISO 513 对工件材料分类

	工件材料	R_m /（N/mm²）
	钢	
P	铁素体钢的强度低，低碳	< 450
	低碳切削钢	400<700
	普通结构钢和低到中等碳含量的钢（w_C<0.5%）	450<550
	一般的低合金钢、铸钢、碳钢（w_C>0.5%）回火钢、铁素体和马氏体不锈钢	550<700
	普通工具钢、硬质回火钢、马氏体不锈钢	700<900
	难加工工具钢、硬质合金钢、铸钢	900<1200
H	高强度钢（难加工）淬硬钢、马氏体不锈钢	>1200
	不锈钢	
M	钙处理的钢（易加工）、淬硬钢	
	奥氏体不锈钢和双相不锈钢、含 Mo 钢（难加工）	
	奥氏体不锈钢和双相不锈钢（很难加工）	
	奥氏体不锈钢和双相不锈钢（极难加工）	
	铸铁	
K	中等硬度铸铁、灰铸铁	
	低合金铸铁、可锻铸铁、球墨铸铁	
	中等硬度的合金铸铁、球墨铸铁（GGG）	
	高合金铸铁、可锻铸铁、球墨铸铁（GGG）	
	其他材料	
N	有色合金（易加工），铝中硅的质量分数小于 10%黄铜、锌、镁合金	
	有色合金（难加工），铝中硅的质量分数大于 10%；青铜、铜镍合金	
S	镍、钴和铁基超级合金硬度 <30%HRC。镍铬铁合金 800；镍铁合金 601、617、625、蒙乃尔 400 合金	
	钛合金 Ti-6Al-4V	

5.1.4 机床端刀具夹头

在组合一个总成刀具时,要特别考虑机床端刀具的夹持装置,这样刀具才可用于机床。下面分别对旋转刀具(加工中心)和固定刀具(车床)的不同要求进行介绍。

1. 旋转刀具

数控机床的刀具中心必须和主轴中心的位置准确一致,这样旋转时才不会产生振动。大型刀具需要传递很大的力,使夹紧装置里的刀具不会滑动,切削功率一直能传递到切屑。在 NC 程序里会涉及很多种刀具的使用,夹紧装置必须做好设计,使自动换刀装置能够尽可能地快且可靠地将刀具更换到主轴上。

加工所需要的刀具在使用前放在链式或卡式刀库中,换刀装置从刀库中取出要更换的刀,通过 NC 程序中的 M06 指令,更换主轴上的刀具。

一台机床的所有刀具必须都有相同的刀柄,因为机床的主轴已经被设计成确定的类型了。换刀时需要在标准位置配有夹钳凹槽,使刀具可以精确地从主轴卸下或重新安装。为防止刀具从主轴脱落,主轴刀柄应满足将刀具拉紧并夹持住的要求。

拉钉在具有锥度的刀柄上旋紧,并与 CNC 机床的拉紧机构相匹配。对于 HSK 刀柄,可通过空心锥柄上的孔进行拉紧。

位于机床端的刀柄已标准化为不同的尺寸,机床主轴可根据客户对数控机床的要求配置成合适的大小。

用于加工中心的刀具,其锥度应符合 DIN 69871(ISO 7388)标准。

标准尺寸为 40、45、50 和 60。在执行 DIN 2080、MAS-BT 和 CAT 标准时,虽然各标准之间不兼容,但其刀柄设计原理相同都是使用锥度,如图 5-14 所示。

HSK 刀柄(DIN 69893 和 ISO 16412)的研发用于高转速 HSC 加工(高速切削),

如图 5-15 所示。

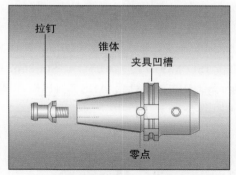

图 5-14　机床主轴夹持总成刀具刀柄的锥度

图 5-15　刀具的刀柄(左:DIN 69893 中的 HSK 刀柄;右:DIN 69871 中的锥度刀柄)

对于功耗相对较低的机床(车铣复合加工中心的铣削用电主轴),主轴经常采用最初用于模块化刀具系统的 CAPTO、ABS 或 UTS 接头作为夹持器,这样就能直接使用模块化刀具系统了。

2. 固定刀具

车床上刀具的夹持不同于旋转刀具的夹持,这里重要的是需要考虑刀具的稳定性和空间占用。由于大多数车床没有配备自动换刀装置,而是配备的刀塔式刀架,所以易操作性是很重要的。在 NC 程序中使用的车刀数量通常比铣削程序少。用刀塔式刀架可以装载足够的刀具，而且加工过程中更换下一个刀具的速度比使用传统刀库和换刀装置换刀的速度更快。

刀塔通常分别配置 VDI 刀座（DIN 69880/ ISO 88910）、CAPTO（ISO 26623）、Prismen（DIN 69881）、ABS 或 HSK 标准的刀柄如图 5-16～图 5-19 所示。

图 5-19　ABS 联轴器原理

刀具通过刀柄以位置编号的形式被夹紧在刀架（刀塔）上。例如，把安装在刀架上"位置 1"的"粗车刀 636101"作为刀具"T5"。在 NC 程序中刀具通过指令"T5 M06"激活。数控机床通过刀架的旋转，把安置刀具"T5"的位置旋转到当前工位。12 个刀位的星形转塔刀架，其中工位 2、5 和 12 没有安装刀具如图 5-20 所示。

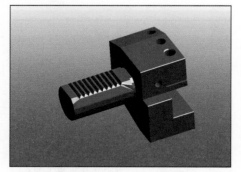

图 5-16　VDI 刀座，方柄车刀的夹紧

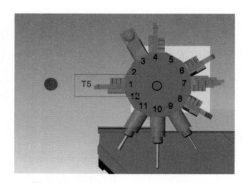

图 5-20　带刀位号的星形转塔刀架

数控车床制造商通过研发刀塔，使其在工作空间内与机床的整体相协调。在此需要考虑稳定性、快速更换刀具和尽可能地减少工作空间内的冲突，几乎所有设计都需要考虑以上原则。

图 5-17　不同尺寸的 CAPTO 刀柄

在星形转塔刀架上，刀具径向往外放置。刀具通过刀架的旋转，可运动到加工位置。星形转塔刀架的原理示意如图 5-21 所示。

对于盘状刀架，刀具侧向安装在刀架上，盘状刀架原理示意如图 5-22 所示。

图 5-18　用于镗杆的棱柱刀具夹（DIN 69881）

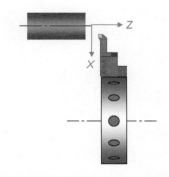

图 5-21 星形转塔刀架的原理示意

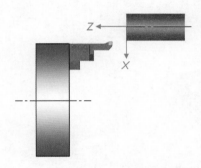

图 5-22 盘状刀架原理示意

3. 动力刀具

与铣床主轴的夹紧装置不同，车刀的夹紧装置是静态不转动的。因为在工件旋转时，麻花钻能够精确地在车床上工件中心钻孔。车床动力刀具扩大了加工范围。如果使用动力刀具，主轴与工件将停止运动，工件静止在预定位置，使用动力钻头能够在任何位置钻孔。动力刀具有径向和轴向两种使用方向。径向切削垂直于主轴轴线和工件外表面如图 5-23 所示。加工工件端面时使用轴向孔加工如图 5-24 所示。

为了能够使用动力刀具，需要刀塔的夹紧装置包含驱动装置，通过机床专用联轴器将动力传递到刀具的刀柄上。此外，主轴必须具有数控（分度）的 C 轴，能使工件停止在一个确定的位置，并可以稳定定位。

除此之外，还有其他轴向和径向加工方式的可能性。例如，车铣复合机床，它附带一个安装在摆头上的动力座，类似于在数控铣床上，工件在两个坐标轴方向上用旋转刀具加工。VDI 型可转向动力刀座如图 5-25 所示。

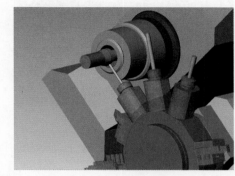

图 5-23 在星形转塔刀架上用于钻径向孔的动力刀具

图 5-24 在星形转塔刀架上用于轴向孔加工的动力刀具

图 5-25 用于动力刀具的 VDI 型可转向动力刀座

这种机床的优点是工件不需要在下一台机床上再次夹紧，所有加工能够在一个工序中完成。因为不需要重新夹紧而节省了转换时间，同时也更容易达到公差要求。带有 B 轴动力刀具的车床如图 5-26 所示。

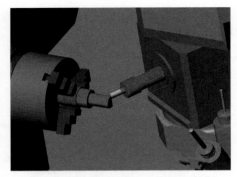

图 5-26　带有 B 轴动力刀具的车床

5.1.5　模块化刀具系统

　　模块化刀具系统的刀具主体是由各部件组成的。这一方面是因为刀具系统必须适应机床的刀具夹紧装置，另一方面也可以安装刀片。同样的部件在不同的情况下可以分别用于钻孔、铣削和车削使用。模块化刀具结构如图 5-27 所示。

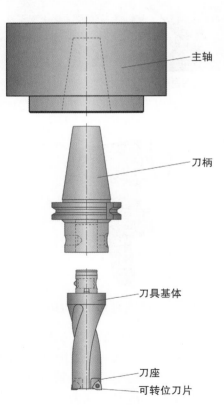

图 5-27　模块化刀具结构

　　制造业的要求在不断变化。与早些年相比，不断地缩短产品生命周期和产品个性化生产的愿望，使制造类型逐渐走向小批量、多品种。这种个性化趋势在与机床和精密刀具相适应的产品结构方面得到了支持。这一原则成功地应用于系列化、组件、平台、模块和套件的生产制造，如图 5-28 所示。KOMET 公司生产的 ABS 联轴器如图 5-29 所示。

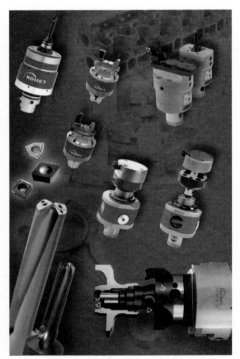

图 5-28　模块化组件的一般组合

　　在精密刀具行业，不同模块可以组合成一个刀具体。这样既可以适应机床的夹紧装置，也可以夹持刀片。通过标准组件的刀具组合，可转位刀片、元件、组件、基体、刀座和调整机构可以实现不同刀具的切削加工。

　　产品的结构化要求刀具使用者和刀具制造商能够迅速地响应不断变化的需求。在一个理性的生产情况下，刀具的种类可在相对较短的时间内进行扩展。刀具的用户可以在低成本和一定时间内实现小批量生产，从而使个性化和标准化之间不冲突。

在图 5-29 中，KOMET 公司生产的 ABS 联轴器，适于所有刀具的模块化接头，不管是旋转刀具还是固定刀具。ABS 系统的刀具夹紧装置，包括刀具、延长器和适配器都能使用。

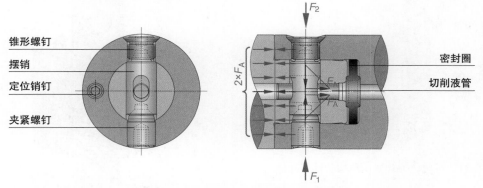

图 5-29　KOMET 公司生产的 ABS 联轴器

5.1.6　可调刀具

1. 孔的精加工

精加工的目的是提高孔的精度，包括尺寸、形状、位置或表面粗糙度方面。背吃刀量 a_p 通常取为 0.1 ~ 0.25mm，一般不允超过 0.5mm。具有一个切削刃的旋转刀具称为精镗单元如图 5-30 所示。

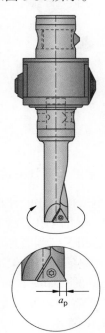

图 5-30　用于精加工的可调刀具

孔的大小本身取决于切削刀具，切削刃既可以固定在刀具直径上，也可以做径向调节。带有固定切削刃的精镗刀具很少使用。可转位刀片进行径向调整有以下几方面的必要性。

1）刀具的灵活性：不同直径的加工应使用相同的刀具。

2）可达到一定的表面质量要求：表面质量主要取决该可转位刀片的圆角半径，因此在刀具上可使用不同圆角半径的可换可转位刀片。由于刀具的中心轴与刀尖距离会改变，为了保证加工直径不变，必须对不同的可转位刀片圆角半径上的尺寸 / 进行修正。

3）磨损补偿：可转位刀片的调节可通过以下五种结构原理来实现。

第一种结构原理：对可转位刀片进行微调整如图 5-31 所示，调节可直接作用于可转位刀片，调整量很小（0.01~0.1mm）。可转位刀片通过一个夹紧螺钉进行固定，通过称为"套"的装置使夹紧螺钉的中心与可转位刀片的螺孔中心偏移，可转位刀片固定到可转位刀片座上。这种调整方式的范围由"套"确定，同时也表示出调整范围的极限。

第二种结构原理：调整刀片座和短夹持器。调整是通过调整螺栓（紧固螺栓）、调整销或楔块完成的。调整量取决于结构形式，对于镗杆的基体为 0.1 ~ 0.3mm。

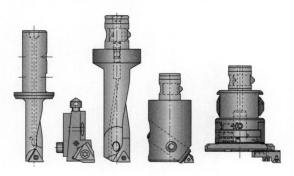

图 5-31　可转位刀片微调结构的调节元件

第三种结构原理：可调节刀头，这里的刀片座是直接固定的。因为调节行程和灵活性是有限的，所以这种结构的应用在减少。

第四种结构原理：带精镗浮动刀片的镗杆（浮动镗刀），这属于常规的主轴刀具。它的模块化运用于浮动精镗刀表明，它能够加工出不同的直径以及应用更多的可转位刀片类型。浮动精镗刀用于镗削不同类型的孔，如不通孔或通孔。可实现镗削直径与长度比较大的孔。刀具的基体大多数是用户定制的专用镗杆，所采用的浮动精镗刀是模块化的标准产品。

第五种结构原理：带有集成调整机构的（镗刀）精调头。该原理是在径向方向上装有可移动的部件，在该移动部件上集成有夹持装配了可转位刀片的镗杆、刀片座或转换桥架。

前三种结构原理的调整通常是在刀具预调仪上进行的调整。其他两种结构原理，通过表盘提供了调整尺寸大小可视化的可能性。

对于精调头，用户可以选择刻度盘显示和数字显示，即数字化显示直径的变化如图 5-32 所示。

2. 精调头的模块化

精调头的模块化表明，在实际应用中，对不同的调节量以及可能使用的镗杆、刀片座和转换桥架等多种组合，而精调头或者精

调头组件是基础，适用于不同直径的精调头如图 5-33 所示。

图 5-32　带显示器的（镗刀）精调头

图 5-33　适用于不同直径的精调头

带有圆柱柄或模块化的镗杆适用于镗削直径为 0.5 ~ 25mm 的小孔，带有锯齿机构和刀片座的镗杆适用于镗削直径为 25 ~ 60mm 的孔，带有刀片座的转换桥架适用于镗削直径为 60 ~ 125mm 的孔如图 5-34 所示。

如果需要更高的转速，尤其是加工小孔或 HSC 加工（高速切削），可使用具有自动平衡补偿的精调头。它们的功能描述

如下：在进行移动调整时，惯性元件（见图 5-35）能够自动地向相反方向调整。

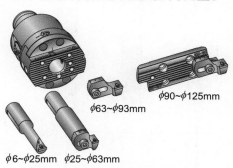

图 5-34　模块化组合的元件

$\phi6\sim\phi25mm$　$\phi25\sim\phi63mm$　$\phi63\sim\phi93mm$　$\phi90\sim\phi125mm$

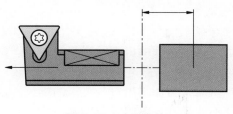

图 5-35　动平衡块

这一原则非常适用于小直径孔的加工，因为相应的镗杆质量较小。具有自动平衡补偿的精调头，可用于转速为 18000～40000r/min 的场合。对于直径为 103～206mm 的较大孔，需要使用轻质结构的转换桥架如图 5-36 所示，以保持较小的调节质量。

图 5-36　轻质结构的转换桥架减少不平衡

旋转刀具的不平衡度是指刀具质量的不完全对称回转中心分布，可分为静态不平衡和动态不平衡。大多数情况下两种形式的不平衡是同时出现，不平衡和旋转所产生的离心力会造成在高转速下产生振动，这对加工结果、刀具的磨损和机床主轴轴承都会产生不利的影响。

5.1.7　螺纹铣削

内螺纹铣削举例见表 5-3。

表 5-3　内螺纹铣削举例

用途	内螺纹铣削					钻铣螺纹加工	
预加工	中心钻孔（下沉，GSF 除外）					没有	
加工方法	硬质合金刀具铣削螺纹			可换刀片刀具铣削螺纹		铣削孔螺纹	铣削圆周形孔螺纹
类型	GF	圆锥形 GF	GSF	EP	WSP	BGF	ZBGF
加工原理							

用 CNC 机床加工内螺纹，除了有或没有补偿夹具的攻螺纹方式外，越来越倾向于铣削螺纹和钻铣螺纹。这些方法的优点是不需要为每个螺纹直径配备一个或多个专用刀具，因此只占用较小的刀具库空间。其前提是机床具有三维路径控制，通常为加工中心，以保证所需的精确轴联动。

图 5-37 所示为带有预钻底孔的内螺纹立式铣削加工流程。

对于传统的内螺纹铣削（GF 和 GSF），必须提前钻削底孔。根据螺纹深度，可采用不同的刀具和加工运动过程。

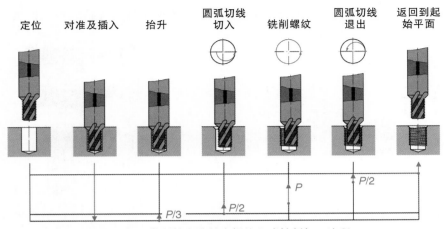

定位　　对准及插入　　抬升　　圆弧切线切入　　铣削螺纹　　圆弧切线退出　　返回到起始平面

图 5-37　带预钻底孔的内螺纹立式铣削加工流程

传统的螺纹铣刀从中央位置深入到孔内，在螺纹轮廓上完成一个圆形的运动作为起始曲线，然后在一个螺距内每 360° 沿螺纹轮廓向上做螺旋线插补。螺纹加工完成后刀具运动至孔的中心，然后移出孔。

在铣削螺纹倒角时，刀具要浸没在孔的边缘下。

采用在一个平面内带有一个或多个切削刃的螺纹铣刀进行螺纹插补铣削（EP 和 WSP）时。加工螺纹最好是从下往上产生多次螺旋运动（在 XY 平面进行圆周运动，同时沿 Z 轴方向进行直线运动）。在用分步方式进行螺纹铣削加工时，应用具有一个或两个可转位刀片的铣刀，根据螺纹深度进行一次或多次向上移动加工，一次就都能加工出螺纹。以上两种方法在螺纹深度和尺寸较大的情况下是首选。多种螺距可以通过同一夹持器更换可转位刀片来完成加工。

一般情况下，螺纹铣刀分为与尺寸相关和与尺寸无关。与尺寸相关的刀具设计为在一个固定的螺纹范围内，它可加工的螺纹尺寸是固定的。采用与尺寸无关的刀具，在给定螺距的情况下，根据一个相应的铣刀直径与螺纹直径比，来加工任何螺纹直径。

在用与尺寸无关的刀具进行螺纹铣削时应注意，铣刀直径和螺纹直径不得超出一定的比值范围，米制粗牙螺纹为 2∶3，公制细牙螺纹为 3∶4，这种关系可解释为由于螺纹铣削过程中出现的形状畸变。螺旋插补生成的直线螺纹轮廓使加工出的螺纹轮廓产生扭曲，为加工出符合要求的螺纹，这种畸变不能超过一定的限度。

与铣削螺纹必须先钻底孔不同，钻铣螺纹（BGF 和 ZBGF）无预加工。刀具完全钻入材料，钻出中心孔后在回退时进行螺旋线插补（XY 为圆弧插补，Z 为直线插补）。这种方法仅用于加工短切屑材料（如灰铸铁）时使用。

在铣削圆周形孔螺纹（ZBGF）时，刀具在设置的螺旋插补线上切入材料，从上到下铣出螺纹，到达设置好的螺纹深度后，刀具从螺旋线移动到中心线后退出。

切入半径在每 90° 和每 180° 之间运动，切入线应使刀具的包角尽量小，以防止刀具破损。刀具越坚固，切入曲线就可越短。

铣削螺纹的优点如下：

1）加工几乎与直径尺寸和公差无关。

2）右旋螺纹和左旋螺纹只用一把刀。

3）无切屑问题，小的切屑很容易排出孔外。

4）主轴的旋转方向没有变化。

5）不会造成轴向的螺纹损坏。

6）切削力小，有利于薄壁件的加工。

7）螺纹深度可达孔的底部。

8）如果刀具折断，刀具容易从孔中移出，不需要昂贵的返工。

铣削螺纹的缺点如下：

1）根据刀具的不同螺纹深度最大为刀具直径的4倍。

2）螺纹铣刀直径允许的上限为螺纹直径的2/3～3/4，或者刀具必须进行轮廓修正。

3）无法生产所有螺纹类型。

5.1.8 专用刀具

如果无法直接购买到所需的刀具，那么就需要专用的刀具，如图5-38所示。例如，有特定直径的预定公差铰刀。

图5-38 用于制动盘完整加工的专用刀具

1. 刀柄和适配器目录

（1）HSK-A 刀柄（ISO 12164-1）（见表5-4）。

（2）锥度刀柄（见表5-5）。

表 5-4 HSK-A 刀柄和适配器

用 ABS 连接 HSK-A 50 ABS 25 ABS 63 HSK-A 63 ABS 32 ABS 80 HSK-A 80 ABS 40 ABS 100 HSK-A100 ABS 50	铣削刀柄 HSK-A 63 HSK-A100
ABS 连接的轻质适配器 HSK-A 63 ABS 63 HSK-A100 ABS 80 ABS 100	插入组合式心轴 HSK-A 50 HSK-A 63 HSK-A100
ABS 连接的偏心调整 HSK-A 63 ABS 50 HSK-A100 ABS 63	莫氏锥度 HSK-A 63 MK 1 MK 2 MK 3 MK 4
ABS 连接的扭振减振器 HSK-A 50 ABS 50 HSK-A 63 ABS 63 HSK-A100 ABS 80	
侧固式夹紧 HSK-A 50 HSK-A 63 $\phi6\sim\phi32$ HSK-A100	夹头 HSK-A 50 HSK-A 63 $\phi0.5\sim\phi16$
Weldon 夹盘 HSK-A 50 HSK-A 63 $\phi6\sim\phi32$ HSK-A100	测量芯棒 HSK-A 50 HSK-A 63 HSK-A100
弹簧夹头 HSK-A 50 HSK-A 63 HSK-A100	采用 KomLoc®HSK 装夹技术的延长器 HSK-A 63 HSK-A 63 HSK-A100 HSK-A100

（续）

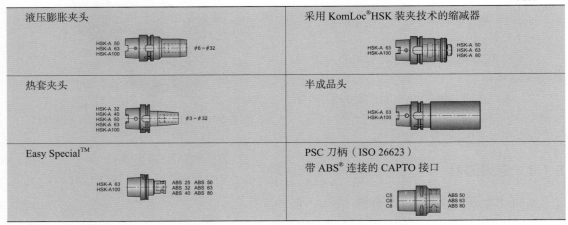

液压膨胀夹头	采用 KomLoc®HSK 装夹技术的缩减器
热套夹头	半成品头
Easy Special™	PSC 刀柄（ISO 26623） 带 ABS® 连接的 CAPTO 接口

表 5-5　锥度刀柄

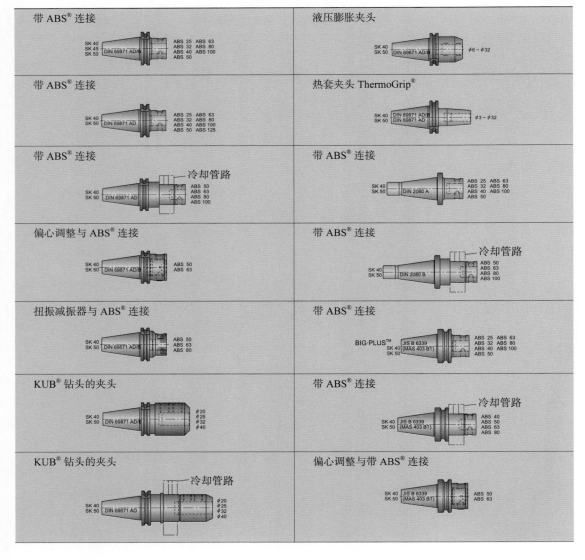

带 ABS® 连接	液压膨胀夹头
带 ABS® 连接	热套夹头 ThermoGrip®
带 ABS® 连接	带 ABS® 连接
偏心调整与 ABS® 连接	带 ABS® 连接
扭振减振器与 ABS® 连接	带 ABS® 连接
KUB® 钻头的夹头	带 ABS® 连接
KUB® 钻头的夹头	偏心调整与带 ABS® 连接

（续）

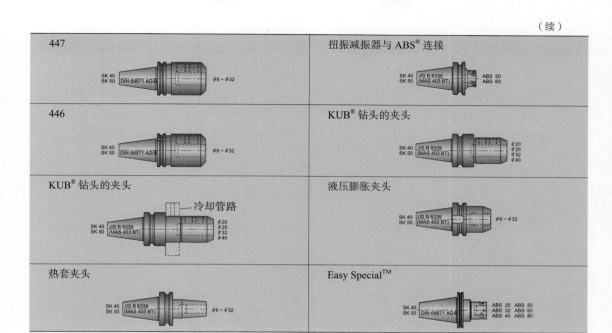

2. 夹紧装置和适配器目录（见表 5-6～ 表 5-8）

表 5-6 法兰刀柄和 ABS 刀柄

法兰刀柄		ABS® 刀柄	
带 ABS® 连接的附加法兰 DIN 2079 ABS 32 / ABS 40 / ABS 50 / ABS 63 / ABS 80 / ABS 100		调整装置 ABS 50 ABS 63 → ABS 50 ABS 63	
KomLoc®HSK 装夹技术的附加法兰 HSK-A 40 / HSK-A 50 / HSK-A 63 / HSK-A 80		偏心调整装置 ABS 50 ABS 63 → ABS 50 ABS 63	
KomLoc®HSK 装夹技术的嵌入法兰 DIN 69002 HSK-A 40 / HSK-A 50 / HSK-A 63 / HSK-A 80 / HSK-A100 / HSK-A125		扭振减振器 ABS 50 / ABS 63 / ABS 80 → ABS 50 / ABS 63 / ABS 80	
带 ABS® 连接的 VDI 夹紧机构 NC 3020 / NC 4020 / NC 5020 / NC 6020 → ABS 40 / ABS 50 / ABS 63 / ABS 80 / ABS 100		伸长 / 缩短 ABS 25 / ABS 32 / ABS 40 / ABS 50 → ABS 63 / ABS 80 / ABS 100 / ABS 125 ABS 32 / ABS 40 / ABS 50 / ABS 63 → ABS 80 / ABS 100 / ABS 125 → ABS 25 / ABS 32 / ABS 40 / ABS 50 → ABS 63 / ABS 80 / ABS 100	
带 ABS® 连接的 VDI 扭振减振器 NC 4020 / NC 5020 → ABS 50 / ABS 63 / ABS 80		伸长 / 缩短（轻量结构） ABS 50 / ABS 63 / ABS 80 → ABS 50 / ABS 63 / ABS 80 ABS 80 / ABS 100 → ABS 63 / ABS 80	

（续）

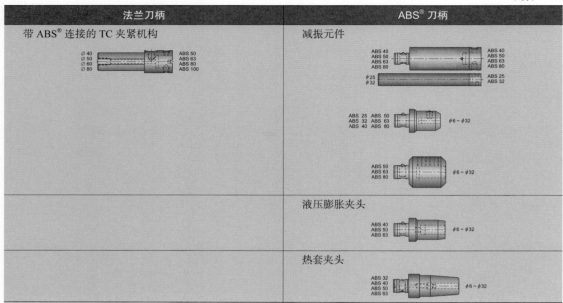

表 5-7　Easy Special™ 刀柄

表 5-8　ABS 刀柄和热缩技术刀柄

ABS® 刀柄	热缩技术刀柄
HTR 刀柄	HSK-A 刀柄
HMK 刀柄	HSK-E 刀柄
螺纹衬套（GWF）	伸长 / 缩短
弹簧夹头（SZV）	锥度刀柄（DIN AD69871-1 AD）

相关符号及其释义见表 5-9。

表 5-9　相关符号及其释义

图标	释　义
DIN 69871 AD/B HSK-A ISO 12164-1	机床端夹紧装置，连接锥度刀柄 DIN69871 AD/B 和 HSK-A ISO12164-1
	振动优化，例如扭转振动和弯曲振动
vorgewuchtet Q6,3 8.000 min⁻¹	平衡说明，交付时为平衡状态
	可调整，例如径向、轴向
	切削液的输送，例如内部切削液输送（ikz）
≤ 5μ	圆跳动精度，例如≤ 5μm
System K	KomLoc®HSK 装夹技术，例如系统 K
	轻质结构
	刀具、旋转、停止
DIN 1835-E Whistle Notch DIN 1835-B Weldon ABS®	机床端夹紧装置，连接刀具端，例如侧固式夹紧，夹头和 Weldon ABS®

如果采用专用刀具只操作一次就能完成加工，则使用专用刀具；否则就需要使用多个刀具进行加工。由于专用刀具比标准刀具要贵，所以只有在加工较大数量的工件（批量生产）时才是值得的。

由于专用刀具主要在调整和加工时间上比传统加工节省很多时间，所以也可以与传统的采用多刀具加工的方式进行成本比较。

5.1.9　刀具的选择

在选择刀具时，必须对各方面因素进行考虑和平衡。在大多数情况下，人们在现有的刀具中进行选择是最适当的，这种情况下，选择刀具主要由技术适用性来决定。但是，当有新机床或需要购买新刀具加工零件族谱内扩展的零件，或对以前的分类进行结构上的评估时，就需要人们做进一步的考虑。当然，成本是主要考虑的内容。此外，需要从以下技术方面进行评估：

1）操作方便。

2）加工效果好。

3）冷却方式好。

4）坚固稳定。

5）尽可能广的适应面，特别是对于给定的机床侧夹紧装置与多种不同的刀柄或扩展部件的组合的模块化系统。特别是直径上可调节的镗刀和精镗刀是以模块化系统为基础时，对于具有可互换可转位刀片，应该考虑可转位刀片的组合和多样性。

5.1.10　本节要点

1）好的刀具的准备工作应该既可满足当下提出的质量要求，又能减少工件在机床上等待的时间。

2）拥有数控机床的企业，需要提前规划好刀具库存量，做好充分的准备。

3）高品质的数控加工的前提条件是刀具在几何结构和技术上的可靠性。

4）刀具分为固定刀具和旋转刀具。

5）一个总成刀具是由多个刀具组件组成的。

6）一个旋转的、模块化的刀具，其刀具组件包括带有锥度和拉钉的适配器（刀柄）、配合机械手交换的卡爪沟槽、刀具基体与刀片座、可互换的可转位刀片。

7）切削刀具是由不同的刀具材料制造而成的，例如：

① HSS——高速工具钢。

② HM——硬质合金。

③ VHM——整体硬质合金。

④ Cermet——金属陶瓷。

⑤ Keramik——陶瓷氧化物、氮化物及其混合物。

⑥ PKD——聚晶金刚石。

⑦ CBN——立方氮化硼。

8）将刀具安装在机床上，需要不同的刀柄。

9）刀柄必须满足承受切削力，确保精确的位置，能够进行自动换刀等严格要求。

10）刀柄根据 DIN 标准规格化。

11）孔的精加工可采用可调刀具。

12）专用刀具应该只在没有标准刀具可用的时候使用。

5.2 刀具的管理

在数控机床完成成品加工之前，要做一系列的准备，刀具与数控编程、采购、安装、测量和监控等方面均起着重要的作用。因此，近年来，大多数企业已尝试结构化的刀具管理或早已开始使用刀具管理。

5.2.1 引言

1. 新技术的使用

由于设计和质量方面越来越高的要求，以及时间和成本的压力，迫使企业不断地投资功能更强的设备和工艺。现代数控机床（如车铣复合机床）生产率高，但它们在准备阶段及使用阶段的要求非常苛刻。因此，成功运用新技术的先决条件是具有适应的组织形式，同时可存储和检索所需的信息，车铣加工现场如图 5-39 所示。这种额外的要求，可以与企业运营流程相结合，为所要完成的任务做好准备。要避免机械设备、刀具和指令不正确或不完整的准备工作导致生产过程中断。

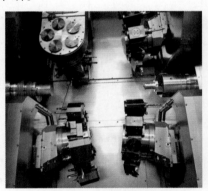

图 5-39 车铣加工现场示例

2. 提供适合的信息

购买新设备时需要提供使用设备所需的信息（如刀具的切削参数），这些信息在供应商的文件里（如精密镗孔刀具的最大预置直径）。在使用新设备之前，这些信息必须放置在与具体操作和任务相关的说明中（如一个精镗刀的具体调整值）。对此还必须将这些信息提供给所有相关工位（例如，具体的刀具预设直径既要在数控编程中使用，又要在刀具室中使用）。为具体操作而准备的信息作为通用或者工件相关的说明（如针对一种材料，选用合适的切削参数），必须对其进行管理，并与任务流程相联系。这些都是必要的，以免由于切削参数选用的不合适而损失性能或缩短刀具寿命。

3. 使信息可用

刀具数据和加工数据以与企业运营相关的形式在数据库中进行管理，对此使用软件程序使这些数据可以被跨部门的不同人员使用，而不需要进行多次采集。使用适当的接口，数据也可以被其他软件应用程序所使用。不同的工作站（如 CAM 系统、预调、车间物流）其数据存取均来自同一数据库，从而保证了无冲突的工作流程。利用中央数据管理可以避免由于忘记技术规格和不完整的指令更新所导致的错误和因此造成的停机时间。

4. 计划和准备

对于机床利用率的规划，夜班的刀具准备，购买耗材或决定购买新设备，足够的信息是必要的。对刀具范围内的所有信息说明进行结构化的管理，可在短期内实现使用这些信息及其关联性。

5. 解决方案的必要性

工作区之间信息交流的重要性根据企业的具体情况而不同。在一般情况下，缺失信息和不明确的信息是错误的来源，会导致生产能力的丧失、废品、延迟和低效的工作流程更加明显。人工接口和口头信息交流是错误的潜在来源，并造成与新来的工人产生交流障碍。

在生产过程中参与的人越多，有约束力的说明和明确的程序越重要。通常情况下，要完成的任务必须经过有效的组织，不能是突发的工作。特别重要的是制定出在复杂的加工情况下避免设备损坏和在有特殊风险的情况下出现产品发货错误的有约束力的规范。文档系统化对无差错过程的重要性如图 5-40 所示。

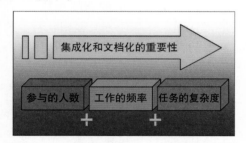

图 5-40　文档系统化对无差错过程的重要性

5.2.2　刀具管理的评估

当工作流程重复出现问题时，例如，不断寻找刀具或由于错误造成设备的损坏，或在正常情况下，为了在引入新技术后企业能够及时地适应日益增加的需求（如引入了集中式预调设备），通常需要引入刀具管理系统。即使只是单一的工作区有迫切的需要（如降低刀具库存和错误），也需要将所有工作区的信息进行有意义的相互连接，这样问题才可持续地解决。出于各种原因，这个问题只能通过专业化的解决方案来获得持久有效的解决。一种较为可能的使用情况是，一个较好的刀具管理系统可以通过很少的特征数据来确定项目成本，并将其与规划的项目成本进行比较。

在采购一个刀具管理系统之前，应确定哪些任务需要它解决，还有哪些不足和其他需要发掘的潜能。在总结了这些任务和目标后，若没有采用适当的方法，问题的解决就会受到限制。根据生产的类型（批量、样件）、企业所在行业（医疗、机械制造、供应商）以及所用的生产设备，不同的任务有不同的优先级。任务描述涉及各有关部门，并应当做好各部门规范的基础工作。

5.2.3　技术规范

设计任务书是针对有计划的、解决方案的系统化要求。它是潜在供应商提供方案和报价的基础，分为以下几点。

1）引言以概括的形式描述任务背景和目标。

2）约束条件说明有关数据的数量、编码系统的要求、不同任务所需的工位数量、EDV 技术条件，包括集成应用以及 组织形式的信息和导入阶段的预期。

3）过程要求是依据工位进行的细分。其中从制造过程中一部分工作进程的角度描述了相关解决方案对员工的要求。例如，打印带条码和存储地点的净需求清单。

4）功能性要求不描述特定任务的约束条件，而是描述执行任务的工人所需的详细知识。例如，需要确定是否必须考虑净装货清单中的刀具尺寸。

5）非功能性要求描述涉及整体解决方案的约束条件和预期期望，而不是关于个别功能的问题。例如，应当确认更新安装无须通过外部服务，只通过客户的 IT 即可。非功能性要求通常分为 IT 要求、质量保证要求和用户一般意愿（如可理解的直观操作）。

不创建规范说明书，也可以与潜在的供应商进行探讨，并据此为该企业提出建议。供应商应该具有类似企业的项目经验，并且这些经验可以用于本项目。根据供应商的能力和技术水平，他们可能会提出一个好于自己创建的规范说明书。

5.2.4 解决方案的评定

用户在评判一个新需求的开发方案时需要特别注意那些引起这个开发过程的方方面面的原因（如因寻找刀具而造成的产能的损失）以及由此产生的相关问题（如由于集中存储管理使得刀具费用减少）。这是从全局出发关注整个任务的项目负责人的工作，并且他会将需求分级处理，而不是在转移问题和缓解困难的情况下采用折中的解决方案。因为需要处理的是 CNC 加工中一个普遍性问题，其解决方案不应是全新的发明创造，而应是切实可行的解决方案，并且具备有意义的实施步骤。和技术不相关的实际情况则可表明制造商背后的一些想法。另外，为解决这一问题还需要一个可持续的目标以及相应的资源配置，而不是简单地引入其他产品并和原方案纠缠在一起，以至于该项目的使用普遍性以及覆盖范围都受到限制。

在部署之前需要构建一个计划，做好责任分工和计划的时间安排。

5.2.5 刀具管理的引入

刀具管理的引入开始于工厂运营部门的信息交换，只有当所有参与者都认识到结构化组织在各方面都具有优势时，预期应用的益处才能得以实现。在时间充足的条件下，组织一个研讨会，通过测试获得员工关注的问题和建议。

引入刀具管理的第一步应集中在原始数据的采集上，同时刀具的种类也减到足够少。这样才能充分挖掘部分刀具的使用潜力，因为对于 NC 编程，刀具库以及工艺规划可以统一使用。

在第二步中引入物流，然后解决其他面向工艺过程的任务，以及与其他系统的集成。供应商的经验使按时间和成本实现的计划成为可能。

5.2.6 组成

在切削加工中，为了使刀具信息在同一企业和应用范围内集成，需要刀具管理系统。刀具数据存储在数据库中，并且由刀具管理软件进行采集和使用。不同于通用生产设备管理的解决方案，刀具管理用于处理专用的工艺数据、图形和需要在制造过程中使用的参数。

在 CNC 加工中，相关的刀具不同于手工工具，通常由多个单独的零件组成。这种由不同零部件正确组装的、完整的刀具是无故障生产的先决条件。CNC 加工零件（工序）往往需要多个总成刀具，这些刀具记录在列表中。每个部件、每个总成刀具和每个刀具列表都有一个识别编号，可根据相关规范找到刀具。

刀具管理系统分为刀具文档编制（主数据）和物流管理（库存管理、物料流转数据）。

文档至少包括顺利地完成整个生产过程中所需的全部信息。此外，对备件、应用的经验值以及所属数据进行管理。还具有数据的维护、加工、打印以及与其他应用程序进行信息交互的功能。

物流涉及刀具的需求规划、库存和存放位置。一方面包括仓储管理以及用户对单件购买及相应需求评估，另一方面能够规划和协调好组装的总成刀具在企业内部的流动。

5.2.7 集成

刀具管理的宗旨是确保在生产制造中高效的、无差错的订单流转。现有的信息一般都可利用，在原始数据中保持的给定信息需要引起注意。为了实现这一目标，信息数据必须可用于不同任务的每个工位上。刀具数据的整合允许其他应用程序使用某一刀具的数据，如刀具管理系统的维护程序。这些应用程序可直接访问刀具数据库，或者通过接口进行数据交换。

尤其是在有多个工人参与的数控加工中，应避免由于集成产生的错误而导致数据采集的延误和重复。

如果没有一个中央刀具管理系统，那么不同工位的刀具信息不会记录在表格及列表里，这意味着将产生成倍的数据维护工作量，可能使用过时的刀具信息或必须由不同节点才能完成所有信息的导入。

5.2.8　刀具的识别

为了使工作流程能够正确地进行，需要创建文档系统，其中所需的刀具必须明确且无歧义地列出。由于刀具数量多，一个明确的文本描述都会非常复杂和冗长，因此应使用尽可能简短且唯一的识别编码，并在刀具管理的数据库中做好详细的记录。该方法类似于电话号码，它用于识别电话的持有者。

一个企业所有的有效刀具都有 ID 编号的优点是，可以很容易地获取所需的信息，无论是订货号、几何尺寸信息，还是存储位置和切削参数，这些信息都是立即可用的。如果 ID 是一个短编码，它可以迅速输入。如果采用该刀具的订货号作为编码，则编号可能较长，也没有统一的结构。当改变供应商时，零件就没有共同的编码了。

可以用刀具 ID 的分配来区分单个部件和由此组装的总成刀具，为了避免对推荐值的错误理解，可以规定各自的编号范围，例如，从 50001 起表示部件，从 60001 起表示总成刀具，如图 5-41 所示。

刀具列表（配置表）的识别，可用数字从 7001001 起表示。刀具列表中包含了所有工序（加工）需要的刀具。加工过程也可标识在刀具列表中，如 1001004-20 如图 5-42 所示。

加工过程的标识可用零件图号或零件编码与加工过程号码的组合来表示（如 1001004-20）。在加工过程的管理中，对所有文档（工作人员的操作指示和机器的操作指导）进行汇总，如果可能的话，用刀具列

表识别的同样原理，对 NC 程序和装夹草图进行标识，例如 ID 为 7001001。

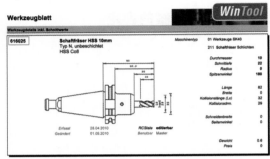

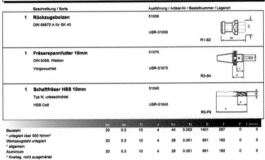

图 5-41　用 6 开头的连续数字标识总成刀具

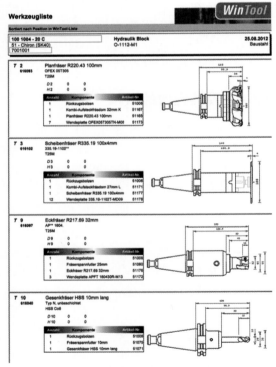

图 5-42　用 1 开头的连续数字标识刀具清单
（包含工序）

5.2.9 刀具的查询

刀具管理的一个重要优点是可以容易地搜索现有的刀具。要了解可转位刀片长度是否足够，不需要用卡尺测量，只需询问刀具管理系统便可知道。

如果知道刀具的编码，就能直接调用与刀具相关的数据。

当寻找用于完成特定工艺任务的刀具时（如螺纹 M8），可用额外的过滤器进行分类，可以根据几何形状、工艺和可用性在刀库中寻找。

包含总成刀具等级和工序的组件使用清单如图 5-43 所示。

图 5-43　包含总成刀具等级和工序的
组件使用清单

5.2.10 刀具的分类

当因加工任务去查找刀具（组件或总成刀具）时，人是不能主动识别出刀具的，因此人们需要通过分类进行查找。每个刀具 都被分配到一个类别中。同一类别中的所有刀具是相似的如高速钢（HSS）粗加工立铣刀。分类是一个层次划分，例如即使事先不知道，人们也能在三个类别中逐步找到所要的类。

选择一条数据的记录，能够显示出所有的细节和相应的识别信息。无论要查询的是一个部件还是整个总成刀具，只要给出相关信息，就能在数据库中找出相应的记录。

5.2.11 刀具部件

刀具部件是指组合成总成刀具的单个零件。部件作为一个单元进行购买并存储在刀具室中。部件可分为切削部件（如可转位刀片）和非切削部件（如夹头）。切削部件在使用中会磨损，需要定期购买和替换。非切削部件在正常使用条件下几乎可以无限期使用，它们通常在购买新机床时一并购买。夹紧装置也属于非切削部件。

所有部件的头文件被统一划分，包括名称、订货号和唯一的条目编号（识别码）。每个部件会被分配一个描述性信息已确定的数量和含义（即物品特性表）的字段。此外，每个部件被分配在一个刀具类别内，因此操作人员能通过分类找到刀具。

描述性的数据（几何值）根据刀具类型不同而有所区别。这些字段及其不同的含义被保存在物品特性表及其附属的表格中，如图 5-44 所示。

除了数据信息，刀具管理系统中还有图像文档，它们直接存储在数据库中，或按文件关联性进行分类。通常分为以下四种类型的图形。

1）二维（2D）图形（DXF），包括尺寸线，并为用户提供几何尺寸信息。它用于建立总成刀具的图形，并根据 BMG 3.0 / DIN 69874 标准，建立适应不同应用的图层、对齐基准和零点。基于所获取的几何尺寸数据，刀具管理系统通常通过一个集成的功能自动生成二维图形，因此在很多情况下当用户构建自己的数据库时就省去了这些工作如图 5-45 所示。

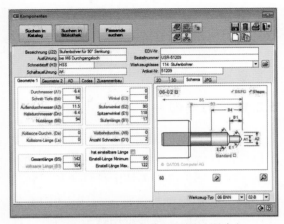

图 5-44   使用标准化原理图（图表）
是无差错数据采集的前提

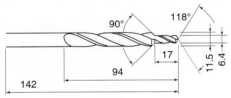

图 5-45   DXF 图形用于表示总成刀具的
几何信息和组装

2）三维（3D）模型，旋转刀具特别需要三维模型，即以三维模型为基础构建总成刀具。零点和对齐基准根据 ISO 标准来选择和确定如图 5-46 所示。

图 5-46   车刀的三维模型（STL 或 Step），用于构建一个完整的车刀

3）为了对刀具形状和使用进行更精确的解释，操作人员可以使用照片或通过互联网找到的图形来描述复杂的部件。

4）来自刀具生产企业目录中的 PDF 文件会与刀具管理系统相连，对正确使用的方法进行说明也是必要的。

为了降低刀具管理系统中初始采集部件数据的成本，刀具供应商会提供以相应格式整理好的数据和图形如图 5-47 所示。如今刀具的技术数据采用 DIN 4000 和 ISO 13399 标准进行格式交换。

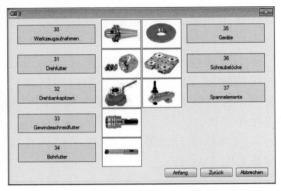

图 5-47   集成的刀具目录简化了数据采集过程

5.2.12   刀具的总成

刀具由多个部件组成，其后端的部件与机床的装夹装置相配合，另一端则是切削部件（如钻头或可转位刀片），在中间部位使用不同的部件（如延长装置、夹头），由此可实现总成刀具所要求的几何形状。总成刀具的文档描述了如何组装部件，以确保在 CAM 系统中使用的几何形状与车间组装的刀具相匹配。

总成刀具的头文件含有唯一的 ID、名称和所属的刀具类别。

在构建总成刀具时，几何数据会根据部件的数据自动完成计算。对于可调节刀具的数据（如可调精镗刀直径），需要存储附加的信息进行说明。

零件列表包含与所有部件相对应的零件数量和安装顺序，组装完整的专用刀具时可能需要获取更多的附加说明的信息（如调整公差为 −0.01 ~ 0.03mm, 或最小的悬伸）。

每个总成刀具都设有一个用于在刀具预调仪上进行测量和调整的给定值。除了给定值，相关的说明也可以包含地点信息和测量方法信息，例如，对一个开槽刀具，需要明确是否已对其左或右切削刃进行了测量。

通过参考刀具部件选择总成刀具的切削参数，必须适应此总成刀具的具体情况，例如加长刀具与较短的刀具相比，它需要不同的切削参数。

使用刀具管理系统创建该文档比手工建立相关文档容易得多。单个部件使用鼠标单击选择并完成添加。总成刀具的图示和物料清单可自动创建。大多数的数据来自软件中相关部件数组的自动计算和自动录入。

5.2.13 刀具列表

工序中所需要的刀具都在刀具列表中列出。它以设备清单的形式打印出来，用于总成刀具的调试和准备。打印格式可在允许的宽度范围内设置，列表中包含所需部件的库存位置以及总成刀具的主要几何参数和公差如图 5-48 所示。

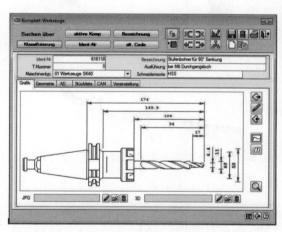

图 5-48 带有头文件、图形和所有条目的总成刀具

头文件包括唯一标识的 ID、分配的工序和名称。刀具列表包括所需的刀具部件、预设在机床上的刀位（T 刀具号，转塔刀库）。该列表中还包含仅此工序对总成刀具的要求（如最小切削刃长度）。总成刀具以其在 NC 程序中的使用顺序列出。

5.2.14 工序

生产一个零件需要多种工序，例如，锯削、数控车削、清洁和包装。在生产计划系统（PPS）中存储对这些工序的描述信息，相关技术信息只提供给生产车间（如 NC 程序或可转位刀片的零件列表）。因此，刀具管理系统可进一步为数控加工组织所需的文档（如来自 CAD 的图形、来自 CAM 系统的 NC 程序）。通常称这些工作为"NC 程序管理"或"NC 文件夹"。

为了防止在生产过程中出现意外，这些未检查的 NC 程序、旧的零件清单或图形的 NC 文件夹，可标记为不同的状态。例如，锁定的文件夹不能被用，用于归档的文件是隐藏的，通过发布文件夹即可开始工作，如图 5-49 所示。

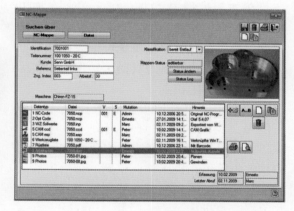

图 5-49 NC 文件夹用于管理工序需要的所有文件

通过 CAM 系统创建的加工指令（NC 程序）可用于数控机床。总成刀具的几何尺寸、名称和切削参数可以直接从刀具管理系统中获得，确保被记录的所有刀具与在车间使用的刀具相匹配。为了保证数据安全地从刀具管理系统传输到 CAM 系统，存储的刀具数据（物品特性表、样式）必须统一、完整。NC 程序编制完成后，CAM 系统使用的刀具以刀具列表的形式移交给刀具管理系统如图 5-50 所示。

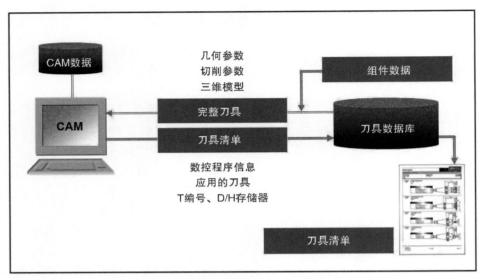

图 5-50　刀具管理系统与 CAM 系统的集成

5.2.15　刀具的预调

在加工过程中，CNC 机床需要在加工中确定刀具的精确尺寸、刀尖点相对于刀具零点的位置，只有这样机床控制器才能根据这些补偿修正值了解刀具的可转位刀片实际上相对于主轴的位置。

理论上，刀具还可以在数控机床上进行测量，得到长度和直径的值，但这时机床不加工。因此，应该这样构建 CNC 机床，刀片的位置可在机床外调整到一个给定值或者能够确定实际尺寸。在使用该刀具时将这些值提交给机床。

更现代化的预调仪从刀具管理系统接收设定值、名称和公差，将刀具的实际测量值直接传送给数控机床控制器。刀具预调仪与刀具管理系统的集成如图 5-51 所示。

为了能在预调仪上进行测量，必须有一个与机床主轴上相同的夹紧器（适配器）。更现代化的预调仪会自动找到刀尖，并自动进行测量得到相关值。对于简单的设备，光学测量系统是通过手动移动到所需位置，并显示测量值、存储、传送或记录的。

图 5-51　方便的刀具参数调整 / 测量仪（DMG）

在中央刀具室更多的是采购更现代化的预调仪，因为有许多刀具要测量并且要尽可能地节省时间，因此高价格是可以接受的。对于去中心化企业的测量过程，因为应用频率较低则使用简单的预调仪。相应设备不需要超过其实际需要的多功能，否则工作会过于复杂。例如，将仓库管理系统和预调仪集成，这种方案复杂而且依赖 IT 系统（如 ERP 系统）的集成，所以是不可取的。

对于给定几何形状的刀具，其切削刃的精确值是确定的。对于可调刀具，必须首先在预调仪的校验下给定刀具的预定值。

刀具的给定数据（长度、直径、刀尖半径）是由可转位刀片确定的，通过测量可确定出实际值。以上数据连同 ID 号、名称等被传输到控制器中，通过数据的录入或者通过硬复制（纸）、自动读写的 RFID 芯片、可替换文件等方式实现，如图 5-52 所示。

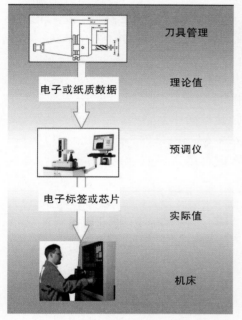

图 5-52　从预调仪到数控机床的刀具管理数据流

5.2.16　刀具的物流

物流涉及库存、存储位置和刀具的采购。在企业内部，物流可分为单个部件和组装后的总成刀具。部件的物流又可分为厂内物流和外部供应商（仓储）的采购物流。

1. 部件的仓储

部件的物流包括库存管理、需求规划和最小库存的监测。当到达刀具管理的最小库存时，触发采购流程，通过 ERP 系统开展采购。刀具管理的物流通过给定条件下的使用领域和合适的接口连入仓储系统，与其他参与制造的设备一起发挥功效。

在提取部件时需要同时进行库存记录，以标明库存的减少、使用目的和使用场合（成本中心）。部件使用完成后需再次记录到库存中，库存便随之增加。磨损的部件记录为废件和需修磨的部件。

库存达到最小保持量时，该货品的订货建议被接受。所有建议货品的订货由被授权的员工根据先前的费用管控要求周期性地完成。

为了简化库存记录（入货和提货），可使用条形码代替键盘录入订货号。同样，为简化记录流程，还可以将零件清单中的订货号通过一键式输入。还有一种简化库存记录的方法是仅将磨损部件（可转位刀片）导入库存记录。

以库存记录作为基础，可定期对消耗变化和成本进行分析和评估。这些分析数据用来对最低库存水平进行优化、与供应商签订订货量以及评判刀具寿命。

2. 部件的使用

企业内部物流特别注重的是：所查找的部件放置在哪里？在哪里被消耗使用。消耗的仅是易损件（可转位刀片），其他部件（主体、夹持装置）能否在仓库、刀具分发处和机床之间轮转。部件的出入库记录同时发生在成本核算地点。刀具和制造资源的准备是由生产订单触发的且与刀具列表中的主数据相关。

3. ERP 解决方案（采购）

ERP 系统（企业资源计划系统）控制和支持公司的所有业务流程（如物料管理、生产、成本核算等），还包括提供原材料、消耗品和刀具。每个刀具的详细计划和库存控制是由刀具管理系统完成的。在需要时，刀具管理系统向 ERP 提交采购申请，由 ERP 系统进行采购。实现上述过程的前提条件是物品在两个系统中具有相同的编号。

4. 总成刀具的物流

总成刀具是由部件组成的，使用后大多可以分解成部件。只要部件数量足够，就可以同时组装出多个总成刀具。总成刀具的物流涉及库存状态和存放位置。

在加工任务的计划中，通过相关的刀具列表，给出工序所需的总成刀具。同样给出总成刀具预计用于哪个数控机床。加工所需要的但还没有送到机床的总成刀具在净装货清单中打印出来。这些刀具要么重新组装，要么从转运库中取出来。通过协调总成刀具的物流，可以减少刀具的准备和在机床上更换的时间。

5. 存储系统

除了常规的刀具柜，在中央刀具库中使用存储系统，如图 5-53 所示，它为使用者准备所需物品的货架，物品编号和存储位置的联系存储于刀具管理系统中。当在刀具管理系统的物流区选取刀具时，存储系统会自助激活。使用这样的多层存储系统，在地面面积相同的情况下可以比传统的存储箱存储更多的物品。此外，在调试准备时不必长距离收集物品。

图 5-53　存储系统（Kardex Remstar Shuttle）

刀具分配系统的目标是：在实际加工中，使替代刀具随时可用。提取刀具时，必须输入和识别想要的物品编号（键盘录入或扫描条形码）。因为这些系统直接与刀具管理系统或供应商相连，每一个物品的可用库

存始终已知，能够及时填充，由此可以避免机床因为刀具缺失而停机的事故。

5.2.17　刀具的电子识别

1. 简介

为了满足金属制造过程的要求，还必须使用现代 CNC 机床自动控制并监控物料流。这既适用于所使用的刀具，也适用于整个生产过程中工件的传递路径。如图 5-54 所示生产中的刀具流转路径。使用 RFID（射频识别设备）可以实时快速地进行数据通信，从而完成此类任务。自给自足的系统持续获取并记录生产数据和质量数据，以便可以随时调用它们。CNC 机床内部和外部的封闭数据循环是完整、一致的刀具数据管理最重要的先决条件。正因此，RFID 系统是如今的首选。

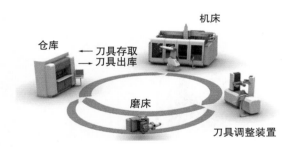

图 5-54　生产中的刀具流转路径

长期以来，RFID 已被确立为生产中的关键技术。1980 年中期，RFID 首次成功地用于与机床的连接。其感应式工作原理确保了对环境的鲁棒性和不敏感性，使系统非常可靠并能够正常运行。同时由于无限的读 / 写周期和实时通信，RFID 已成为制造技术不可或缺的部分。接下来将对 RFID 之于现代制造的意义进行简要说明。

2. 刀具的识别与管理

刀具数据的首次输入是在其数据传送到刀具库之后。现在，所有刀具制造商都以数字化的方式提供此类数据。刀具数据的自

动处理为进一步的刀具管理开辟了新途径。其取代了易于出错的人工管理刀具簿或卡片，每次加载和卸载刀具时都会连续记录数据，并且每个刀具的进一步使用都由 RFID 进行独立管理和记录。

功能性刀具管理系统通常包括以下部分：
- 带有刀具验收和记录的刀具库。
- 带有调整装置的刀具测量。
- 生产刀具的输送。
- 具有内部刀具管理功能的 CNC 机床使用后的刀具返修。

每个刀具相关联的数据载体可将刀具分配到生产流程中的各个位置。总体而言，非接触式数据通信有助于提高处理质量，优化刀具利用率，从而提升系统的价值创造能力。

刀具管理的任务不仅可靠地记录和识别刀具本身，而且还要确保与每个刀具相关联的数据准确性和实时性。例如，根据 CNC 的功能，必须输入以下刀具数据：
- 刀具识别号。
- 刀具类型（铣削、钻削、车削刀具）。
- 特殊刀具代码（取决于客户定制）。
- 刀库空间大小。
- 标准刀具／系列刀具／专用刀具。
- 钻孔／端铣刀具。
- 刀具锁定。
- 错误代码（由于刀具锁定的原因）。
- 可替换的刀具。
- 刀具的折断／失效。
- 刀具重量。
- 最大进给和扭矩。
- 刀具使用寿命／剩余使用寿命。
- 刀具寿命终止前的预警极限。
- 固定刀位／可变换刀位。
- 刀具半径的 1/2。
- 切削刃的半径。
- 碰撞半径的 1/2。
- 刀具长度的 1/2。
- 碰撞长度的 1/2。
- 磨损量补偿 1/2。
- 刀具在机床间的分配。
- 在机床中的上一次使用…

对其他更多标识数据的期望还在不断地增加，不过从该清单中列举的项目还可以看出：
- 数据必须能够自动可读取的，因为由于所需的时间和错误的可能性，手动输入是难以接受的。
- 简单的机械刀具编码不符合要求（例如编码环）。
- 数据必须以明确无误的方式存储。
- 必须能在生产运营中的多个位置对刀具数据进行输入，手工干预和输出。
- 为了节省时间，必须在 CNC 上一次性的输入刀具数据之后并对其进行管理。
- 识别系统必须可用于不同的刀具。

电子化的刀具识别系统是当今所能提供最好的刀具识别的前提条件。它最重要的组件是电子的数据存储器，它与刀具固定联连在一起，并且可以通过特殊的"读取头"或手持设备进行读写。

3. 集中和分散式数据存储

使用了两种不同的原理，即具有集中数据存储只读系统以及具有分散数据存储的读/写系统。

只读系统使用预给定的有 8 位识别码的数据载体，通过刀具室、预调仪和机床上读数工具与全部的刀具数据在一个数据库中存储和使用的中央刀具管理计算机的链接（见图 5-55）。数据载体只向刀具管理计算机提供识别编码，预先输入的与刀具相关的数据都与这个固定的识别码相关。所有数据在计算机显示器上以一个明确的掩码进行分类并显示。如果 ID 号通过读数头并在刀库中识别到刀具，CNC 会自动接收到数据。

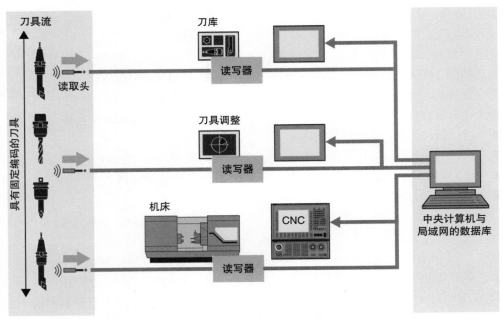

图 5-55 只读系统的集中式管理

在图 5-55 中，只读系统的数据载体上设置固定编码，每把刀具上分配的所有数据都可通过此编码在中央计算机中得到存储并调取。

可读写系统中使用的数据载体具有更高容量并且可保存高达 2000 个字节的刀具数据。这个容量足以用来存储重要的数据如刀具的编码、类型、长度、直径、寿命及重量级别等数据。这个数据随时由读写头更新，修改和读入。可读写系统的刀具管理如图 5-56 所示。

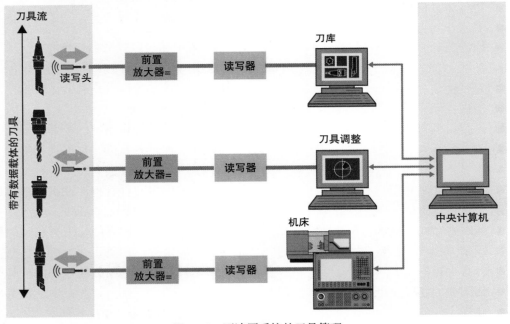

图 5-56 可读写系统的刀具管理

换种方式说：刀具带着自己全部的数据传输到数控机床上时不需要与刀具管理计算机建立连接。刀具离开机床时，数据载体中的数据会自动更新，例如剩余寿命、磨损量补偿以及其他数据。由此带来的好处是和刀具相关的数据永远绑定在刀具上并保持可用性并且刀具的任意使用（甚至跨厂使用）也是可行的。

如果 CNC 连接到 DNC 计算机，那么数据也可在必要时传送给刀具管理计算机，进一步用于外部管理。

4. 刀具的识别以及无误的分配

基于 RFID 进行刀具识别已在机床上成功运用了大约 30 年。先进的感应式传感器技术使数据无需接触即可传输。为此，信号被调制到基频，以便安装在刀具架上的数据载体在无接触的情况下存储刀具相关数据。这样可以确保将数据明确分配给刀具。

借助 RFID 读取装置，现在可以将刀具数据，例如在数控机床上读出或重新写入。CNC 中数据的自动更新可确保所有刀具数据的实时性和准确性。

带有适当软件的 CNC 控制装置使其能够根据磨损量来更新刀具校正值，监控使用寿命，优化必要的换刀间隔并安排理想的刀具修整时间点。由此可以实现刀具的最佳使用和更高的机器可用性。

5. 刀具识别系统的组件

根据前面的描述，电子的刀具识别系统由以下组件组成：

■ 数据载体，也称为"芯片"或"发射应答器"（见图 5-57、图 5-58）具有固定的或可变的编码。

■ 读取或读 / 写头如图 5-59 所示。

■ 判读单元，它与读取头一起工作并完成数据传递，如图 5-60 所示。

■ 刀具管理计算机用来管理和存储刀具数据。

■ 适当的软件进行数据存储、管理、交换以及在特定的人机界面对话框将数据给予一览无余的呈现。

图 5-57 安装在螺母上的数据载体

图 5-58 螺栓中的 RFID 数据载体

图 5-59 数据载体侧向安装在刀柄上，读写头在读写位置

图 5-60 带有多个连接的读写器

可以从制造商处获得有关读取距离、读取时间、编程时间、写入周期和电源等的技术数据。

6. 电子刀具识别系统的技术优势

电子刀具识别系统的技术优势与条形码系统相比，RFID 的优势在于：

■ 非接触式识别（也称无视觉接触）。

■ 可穿透不同的材料，如硬纸板、木材、油料等。

■ 可对存储器进行任意次的读取和写入。

■ 数据可读取和识别。

■ 能够抵抗外部环境的影响。

■ 可以调整存储器的形状和大小，并将其完全集成到产品中。

■ 通过复制保护和加密实现高安全性。

■ 存储器可以实现永久性的数据存储，所有的产品数据都可以被保存下来。不需要冗余的数据库。

■ 从装备了 RFID 的识别物上获取数据的速度很快。

■ 在恶劣污染的工况下也可读取 RFID 标签。

■ 相比条码方式这种方式定位标识物的问题少。识别物只要在读取距离内就足够了。

7. 电子式刀具识别系统对于企业的优势

考虑高度自动化 CNC 机床所需的全面刀具管理的数据量，这种系统具有显著的优点，例如：

■ 刀具预调设备、刀具、刀具与计算机之间的自动化数据流。

■ CNC 与操作者。

■ 通过避免输入错误和针对意外地写入和读取错误的附加监控，提高了在数据交换期间中的数据安全性。

■ 在机床上的调整时间更短。

■ 更好地利用刀具的使用寿命。

■ 刀具存储以及刀具设置的合理化。

■ 取消了车间的刀具数据纸质列表。

■ 更好的、更自动地进行刀具信息统计。

■ 为员工提供组装、测量和管控刀具的辅助。

■ 更好地刀具识别和刀具管理。

8. 标准化

刀具和数据载体的连接有两种类型的紧固方式。数据载体要么固定在刀柄侧面（见图 5-59），要么固定在紧固螺栓上，这种类型在亚洲广泛使用，其特点是其空心

形状使得冷却润滑剂可以流过。车削刀具的刀架也可以配备 RFID 数据存储器载体如图 5-61 所示。

图 5-61　车刀架中的 RFID 数据载体

为了进行横向定位，最早在 1990 年中期根据 DIN 69873 和 DIN 69871 对数据载体的尺寸和刀架上的位置（例如 SK 和 HSK 型）进行了标准化。遵循此标准的是 ISO 标准（例如 DIN ISO 7388-1），这些标准已帮助 RFID 刀具识别在国际上取得了突破。

标准化实现了更具性价比的解决方案。由于采用了标准化的自动化概念，因此可以实现模块化的结构单元。同时，计算机集成的制造技术进一步促进了通过 RFID 的自动刀具识别。

CIM（计算机集成制造）早在几年前就已经瞄准了生产的完全自动化，但是只能通过灵活的制造系统来部分地实现这一目标。

9. 低频（LF）和高频（HF）

自 1980 年以来，成熟的 RFID 系统一直在刀具管理中使用低频（LF）进行数据传输，事实证明，低频在金属环境中特别稳定且可靠。使用低频时，数据以 455kHz 的频率读取，并以 70kHz 的频率写入。

相比之下，高频（HF）已在厂内物流和工件跟踪中确立了自己的地位。因为工作频率为 13.56MHz 的高频系统在高速和较长的读 / 写距离下得分很高。

到目前为止，每个系统都必须基于应用进行设计。然而，在生产和装配系统中需要应用不同频率范围的情况越来越频繁，例如：以便增加灵活性的要求以及处理更复杂任务的要求。近来，新的 RFID 读写器提供了与频率无关的性能，因此可以同时操作具有不同频率的不同数据载体。这意味着在现场环境中应用不同的频率，这样，机器可以最佳地嵌入公司的运营流程，从而简化"网络化解决方案的思考"。

10. 工件的追踪

RFID 也是工件跟踪的关键技术，因为批量生产且生产时间越来越短的现代化生产条件下，需要工艺过程最大程度的透明度，这是满足对柔性和质量高要求并保持成本尽可能低的唯一方法。

为了节省准备时间并提高整个系统的效率，越来越多地将工件自动送入 CNC 机床并自动取出。RFID 提供了整个制造工艺的完整数据文档和过程的自动化。每个工作步骤都记录在存储器上，以便可以快速地定位和分析可能存在的错误。

通过工件追踪，RFID 已成为柔性生产中不可或缺的一部分（见图 5-62）。甚至批量为 1 的生产都能可靠进行。

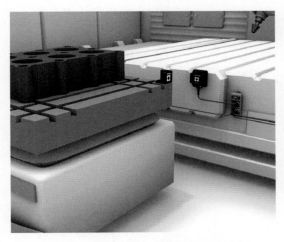

图 5-62 带有 RFID 存储器的托盘系统

与 1990 年时的 CIM 相反，在工业 4.0 的背景下，生产中的机器可以通过互联网技术进行联网，例如使生产订单的优先顺序可变。这样就可以在短时间内调整整个生产过程中的工件流转路径。以便能够更快地考虑单个客户的订单，借助刀具管理可以迅速地确定是否有可用的刀具以及在何处可以使用所需的刀具？

11. 工业 4.0 中 RFID 的关键技术

通过自动刀具识别和使用 RFID 进行工件跟踪的经验，还可运用"生产与最新的信息和通信技术"的互联。所有生产级别的智能交互已经证明了实时的非接触式数据通信经过多年的运用，可确保其可靠的监控和生产过程的透明。因此，使用 RFID 进行刀具识别和零件跟踪是满足工业 4.0 根本挑战的两项关键指标。

5.2.18　小结

由机床、工件、输送及数据系统组成的整个生产过程与刀具紧密相联。刀具制造必须精确，以保证其互换性。为了实现最佳性能，必须提前确定切削参数和使用寿命等，最终可结合所有数据进行可靠、快速的生产过程及更换磨损的刀具。一个好的 CNC 刀具管理系统在开始应对整个刀具系统进行系统化的规划。除了机床、数据采集及刀具目录的预调也是关键，所有组件封闭的数据闭环是无条件的前提，也是从开始就要支持的任务。如果用户有疑问或操作者缺乏经验，应该咨询知名的刀具制造商或有经验的用户。

5.2.19　本节要点

1）良好地管理并保持不断地更新，进而实现自动化的刀具管理是数控加工实现不停机的重要前提。

2）刀具管理的任务是确保无错误和高效的作业流程。

3）刀具管理用组织、更新和管理刀具库中的每把刀具的所有信息。

4）必须保证所有的数据处于随时可调用状态和在数控机床上调用相关刀具时可用。

5）刀具有唯一的标识符。

6）刀具的"分级"表示它是干什么用的？例如钻孔、粗加工和铣削等。

7）刀具应根据企业运行特点进行分级管理以便能迅速找到。

8）在刀具列表中应列出在一个机床加工程序中使用的所有全部总成刀具。

9）刀具识别号是刀具在自己企业中的唯一编号，刀具部件和总成刀具是独立编号的。

10）刀具管理系统分为文档数据（刀具识别号、刀具种类划分等）和物流数据（数量、存储位置和运输）。

11）使用可调刀具（特别是直径方向可调节的刀具），可以仅在仓库中存储较少的刀具种类和数量。

12）企业中的多个部门都有必要了解刀具的相关信息，因此数据的集中和统一管理是十分重要的。

13）现代数控系统具有刀具管理功能的软件，支持数据的更新和输出，包括以下内容：

■ 在刀库中对备用或替换刀具进行管理。

■ 保存刀具长度、直径、磨损值、使用寿命的修正值存储器。

■ 在刀库中，对刀具编码和位置编码进行管理（VPC）。

■ 对于特大刀具应在其左边和右边保持空位。

14）使用以前的机械编码环或条形码标签不符合数字化制造的要求。

15）新刀具将作为带有基础数据（几何形状、切削参数、刀具寿命等）的部件用于交付，这些数据是通过目录或以数字的形式提供的。

16）组装成的总成刀具可用于不同的数控机床。

17）在组装过程中会产生新的规格数据，可用于描述总成刀具。

18）总成刀具的数据存储在刀具管理系统的计算机中，并能够传递到存储器芯片，例如将芯片嵌在刀柄上。

19）存储器芯片与相应的读取器一起构成 RFID 系统。

20）当从数控机床取下刀具时，已改变的修正值和剩余的刀具寿命将自动地发送至存储器芯片，保持数据更新并为下次使用做好准备。

21）闭环数据也可以是"只读系统"，存储器芯片只包含刀具编码，通过 DNC 更新刀具数据，更新的数据可以传输至外部的刀具管理系统的计算机中。

22）使用读/写系统，该刀具始终携带所有数据，因此当将其插入 CNC 机床时，无需连接中央刀具计算机。

23）在机床中，刀具监控并不能取代刀具的机外测量或刀具的预调。

5.3 在线工件测量和过程控制

为了确保生产出合格的零件，对于在加工过程中涉及的不稳定因素（如机床的几何形状、毛坯位置、加工结果等）中的系统性部分，都需要通过合适的纠正措施对其从控制器环节加以补偿。因此，特征几何量必须在加工时间内进行测量。在数控机床中，使用开关式和测量式传感器能够可靠地完成任务，同时还使系统具有最大的柔性。

5.3.1 引言

许多用于加工优化的方法，其目的是通过加工过程设计，尽可能地减少切削时间和辅助时间。进一步的优化目的是用最少的消耗生产出合格的产品。这需要消除环境的负面影响和加工过程生产条件的波动，包括工件或机床的热变形、工作空间中的工件位置的变化、刀具数据的偏差、材料的不均匀性等。当前机床和控制技术的发展，通过减少误差源以及在结构上、组织上的附加消耗来提高加工结果。机床、刀具和工件的几何变化通过测量技术和控制端补偿进一步提高了精度，同时也提高了生产的可靠性。加工结果的反馈称为过程控制，例如在机床主轴上使用测头，获取主轴和工件（或工件夹具）之间在机床坐标系中的几何偏差，给CNC提供即时的修正。

5.3.2 过程控制的切入点

每个附加的操作（如工件的再加工）都会增加生产成本，因此持续寻找并获取几何偏差，在允许的工差范围内对其进行纠正。相关实例如下：

1）通过获取具有复杂运动学结构与温度相关的几何偏差或者位置相关残差，对机床进行几何精度的调整。

2）获取工件的位置和方向，设置NC程序的零点。

3）根据获取的加工余量，通过参数实现自动与NC加工程序匹配。

4）采用精加工参数进行预加工，获取刀具的偏差，通过刀具参数的补偿获得合适的加工尺寸。

过程控制成功的目标是尽可能地在不装卸工件的情况下由机床或工件的测量技术获取工件的实际几何形状。在这种情况下需要阐明：测量必须精确和可靠地实现。因此，优先选择直接应用加工程序和机床参数检验是否能取得相匹配的结果，测量精度只能满足与机床可达到的并且能在工件上进行最小修正增量（作为几何位移变化量）相同。

例如，如果一次装夹五个工件，检测完第一个工件后，得到需要的补偿参数，加工第二个工件后进行测量，以检验补偿参数的效果，如果检测结果在预期的工艺变化范围内就可以继续加工剩余的工件。若要证实整个批量是否大概率符合所要求的质量标准，只需测量最后加工的工件即可。

为了确保所描述的过程控制可以满足大规模批量生产的质量要求，可以用三坐标测量机（KMG）对所选工件的几何尺寸在机床外进行真正的检测，以满足大规模生产的质量要求。该验证受控于生产工艺过程本身，而不是单独的工件。只有这样，才能识别出工件上较大的没有得到补偿的几何偏差。这一步的目的并不是要接受工件的质量确认，而是要验证生产精度是否有效、机床与加工工艺过程的重复精度是否相匹配。由此使成品工件始终保持高品质，并接近加工设备能够实现的最高精度。

5.3.3　工件和刀具测量系统的应用范围

选择测量系统以及在机床和控制中进行集成的一个重要准则是在加工过程中使用它的时间。在实践中，分为以下四个阶段：

1）过程前测量。

2）过程中测量。

3）与过程相关的测量。

4）过程后测量。

为了检测和修正机床的几何误差或检测工件的实际位置，实践中最常见的方法是过程前测量。例如，在多轴机床的运动链中，旋转轴精确的几何参数是高精度加工的必要前提。与所需的制造精度相关，在工件加工前，建议通过工件测头和相应的 CNC 程序对机床轴的实际位置进行检测，在适当情况下补偿实际位置与理论位置的偏差如图 5-63 所示。为此，可在控制器中应用测量和调整循环或利用 NC 程序中的补偿参数来完成，如图 5-64 所示。

图 5-63　通过标准球和测头来确定机床旋转轴的几何精度

执行 CNC 程序之前，工件必须准确位于程序指定的位置。可以应用相应的可重复精确定位的工件夹具或者柔性可靠的测量技术测得实际工件零点相对于编程零点的偏置数值，并存储在控制器中（如作为零点偏置，请参阅本书 6.1.8 小节）。在主轴测头的帮助下，不论是在调整方式下还是在自动方式下都能获得很高的精度如图 5-65、图 5-66 所示。

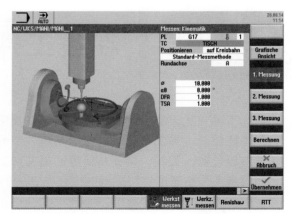

图 5-64　用于获取旋转轴几何参数的控制器的专用测量循环（以 CYCLE996 为例）

图 5-65　通过孔的四点测量得到位于孔中心的工件零点

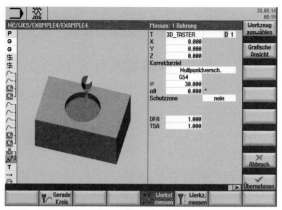

图 5-66　在自动模式下，用于孔测量专用循环的实例

注：偏差可通过设置刀具偏置或零点偏置自动校正（CNC Sinumerik 840D sl）。

实际的刀具数据（如长度、直径和切削刃的几何参数），必须在加工开始之前传给控制器。除了刀具预调参数在外部获取外，其他数据都可以直接在机床中确定。机床的工作空间中有接触式或非接触式刀具测量系统如图 5-67 所示。控制器专用的测量循环支持测量过程，无论是手动设置还是自动模式如图 5-68 所示。

台式对刀仪测量刀具的长度和半径，控制器根据刀具表中的数据计算偏差，检测的结果自动作为刀具补偿值输入刀具表中。当生产有较严格的公差和配合要求的工件时，以上功能可以保证工件达到较高的尺寸精度。同时，刀具磨损或刀具破损也可得到方便、快速的确认。

实际加工过程中的检测，通过与加工时间并行且通过固定位置的和工件相关的尺寸测量数据采集传感器，特别是在磨床加工中得到广泛的使用。砂轮的横向进给根据测量值进行调节。其他的加工方法，经常因为振动、铣削中的不连续切削、不合适的环境条件等限制了这种高精度测量技术的应用。

通过过程相关的测量可以获得在单个

加工操作之间的有关加工质量的波动，并可以在下一个加工步骤中得到校正。安装在刀具主轴上的可自动交换的触发式或扫描型测头，在多种场合的加工生产中可实现更高的柔性，同时也能达到所要求的加工精度。工件的适配和加工任务是通过对 NC 程序中的运动轴进行适当编程实现的，因此需要使用基于特定控制器的测量循环。所得到的几何偏差能够通过 CNC 记录（如刀具表，其中较为典型的如长度、直径），或零点偏移在下一个加工步骤中进行补偿。

图 5-67　在机床中用刀具测头检测刀具长度

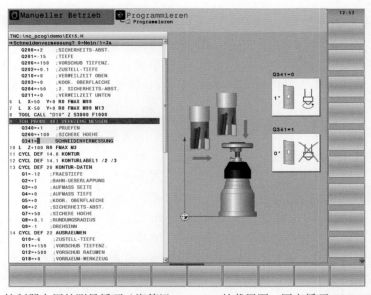

图 5-68　控制器专用的测量循环（海德汉 TNC 640 的截屏图，固定循环 TCH PROBE483）

直接由控制器完成完整的采集和测量结果的计算。如有必要，工件相关的文档记录也可在此提交如图 5-69 所示，由此可以建立一个完整的不依赖于机床操作工人的质量文件。

对于单件加工周期较短或范围较大的测量任务，过程后测量可用于成品工件的检测和文件汇编。工件加工信息的反馈在工件加工完成后才能进行，测量是在外部测量仪上完成的。这种方法的优点是：可以完成复杂几何形状的测量和几何公差的计算，这些在数控机床运行数控程序期间不能或者很难执行。

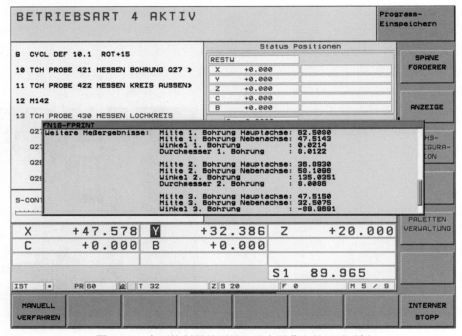

图 5-69 专用控制器的测量记录在屏幕上的显示示例

在图 5-69 中，在铣削加工过程中，一个专用控制器的测量记录在屏幕上显示。编程的测量循环执行时，控制器自动在屏幕上显示测量结果。机床操作人员由此得到加工尺寸精度的信息作为重要决策的依据，以决定程序是否应中止或继续。

5.3.4 机床的工件测量系统

1. 工件测量系统的精度要求

如前所述，加工机床的测量精度只能达到在工件上进行的最小修正增量。如果不考虑每个加工过程的影响，人们可以由此想到在精度等级最好的情况下，测量精度与刀具定位的不精准度相关。当机床的基本精度足够高，且能够可靠地达到所要求的加工精度时，就要求相应的测量系统可足够用于过程控制。如果对于加工机床不适用，需要事先计算废品率，识别坏的零件，当需要 100% 检验时，可由外部的精确测量装置完成。

2. 开关式主轴测头

开关式主轴测头是一种高精度的机电式开关，在与工件接触时发送电信号到 CNC，CNC 接收到信号后立即停止所有轴的进给，并存储它们当前的实际位置如图 5-70 所示。实际测量是由机床的位置测量系统完成的，并未通过测头。由于与工件接触后才停止进给运动，因此测头元件要求具有非常高的运动重复性和支承的柔顺性，以弥补所谓的超程而不损坏测头。

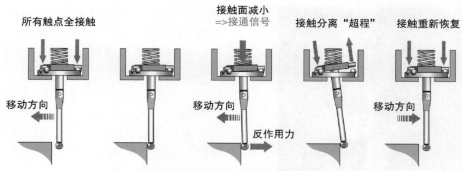

图 5-70 开关式主轴测头的测量过程

在结构设计上，人们在区别运动机构的位置支承系统和开关元件系统的思路是一致的，并且开发出使用独立开关的测头。适用于过程控制的测头，其可重复定位精度可达到小于 1μm。测头实际可达到的精度在很大程度上取决于测头的长度和刚度，探测的不可靠性很难被量化。对此，特别是探测方向、标定方法和对某些静态机械式支承的过定位，测头组件的制造精度对测量的不可靠性有着很大的影响如图 5-71 所示。

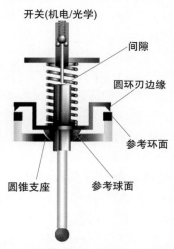

图 5-71 测头组件的举例：机械过定位和
独立的开关元件

对于表面接触点的坐标，数控系统进行内部计算时需要测头的有效半径和球心相对于主轴的位置。在第一次使用前和每次测头更改后，或探测速度变化时，必须对每一

个测头确定以上数据。对于这种校准，有特定的控制循环。在具有直接位置系统的机床上，对具有相同的运动学支承和开关元件的测头进行校准后，在二维情况下通常测头的精度能够好于 ±10μm，在主轴方向可达 ±2μm。

为了提高三维测头的使用精度，雷尼绍公司研发出一种测量测头上使用的对称分布的应变片作为测头的传感器。

这里在没有机械运动的情况下，开关信号通过测量力产生如图 5-72 所示。合理的结构设计、非常低的开关作用力可以应用于最小的测球（如直径为 0.3mm）和更长的测针（如长度为 300mm）如图 5-73 所示。

对于典型的长度为 50mm 的测头，应变片式测头具有良好的三维测量的精确性，即 ±1μm 以及 ±0.25μm 的可重复精度。

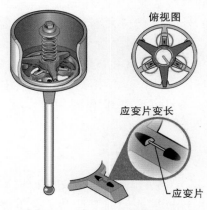

图 5-72 测头的工作原理与应变片技术

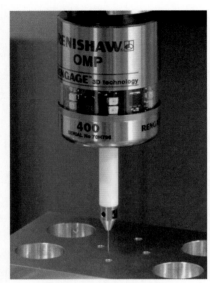

图 5-73　应变片技术能够测量最小的几何尺寸
（测头直径为 0.3mm）

3. 测量型主轴测头

测量型测头的典型应用领域如下：

1）对未知的几何形状工件的数据采集，即数字化。

2）对一个确定的几何参数进行直接测量（如孔或轴的直径）。

3）对形状偏差（二维）或位置偏差（三维）进行柔性的测量。

对于这种接触并扫描式的数字化（第一种应用领域），使用传感器进行三维大范围的测量（通常大于 +/-2mm）。这种测头的位置信号的格式与大部分位置测量系统相匹配，该位置测量系统来自于数控系统，被看作一个附加的且并行的位置测量系统。该系统与机床的位置环相衔接并在其中生效，必须满足安全要求和控制技术要求。这对于此类机床，有以下不同但典型的操作方式：

1）正常加工。

2）测头根据控制器被定义的扫描策略（Z 方向蜿蜒迂回或做回避运动）在工件上移动。

3）操作者通过工件引导操纵杆，系统控制测头和坐标轴做相应的仿形。

实际测量时总是同时获取机床和测头的位置，所得的点云由下游软件进行评估，测量结果的典型系统精度在 1/100mm 内。

第二种应用领域的情况是需要被测量的几何特征量通过测量直接获得。对于此种情况，就需要使用测头对那些在两个或多个位置要同时确定直径、形状及位置的孔或者轴径进行测量。测头缺乏柔性，它们只适用于各自的公称直径，对比测量精度不依赖于机床的精度，往往可小于 1μm，高于机床的精度只在下列情况下才有意义，即加工刀具不依赖于机床也可达到这个精度（如可编程的镗刀）。在测量过程中，除了记录测量值，不需要与数控系统有进一步的通信。

第三种应用领域的情况是测量值没有反馈，测量沿预定路径移动，因此适用于较小的测量范围。这里应使用分辨率较高的传感器。测球真实位置的实际测量值来自于机床与测头位置同步后得到的结果。例如，雷尼绍公司研发的一个测量系统，通过红外信号发送无线信号，测头的 X、Y、Z 坐标的分辨率可达到 0.1|±μm，频率高达 1kHz。为了实现这一数据传输速率，并在 NC 程序运行时间里能够计算出这个值，需要直接连接具有开放式架构的 CNC 控制器（如西门子 840Dsl）。对于各点的测量精度，高频触觉测量系统的质量和开关式测头（±1μm）一样好。高密度的测量点可以得到更高精度的几何形状，例如，在确定一个小圆弧段的半径和圆心时。通过该系统架构，面向过程的测量值可直接用于控制。

由此可进行这种高度精确的自适应加工，不需要拆卸工件，也不用拿到坐标测量机上测量。

4. 主轴测头的信号传输类型

在机床上集成的测头可以测量工作空

间内的刀具和工件,测量信号在 CNC 中进行处理,所以信号必须从 CNC 的工作空间传输到 CNC 中。常用的信号传输方法如下:

1)光学式。

2)无线通信式。

3)感应式。

4)线缆式。

出于安装成本的考虑需要提出的建议是,在订购机床时应委托机床制造商安装测头,各测头生产厂家(雷尼绍、百隆、M&H inprocess 马波斯等)提供安装系统和改造服务。其中信号传输除了与供应商有关系外,也取决于机床自身的条件和使用条件。

光学式传输方法使用红外信号,在发送器(如在主轴上)和接收器之间需要无障碍的视线传播。因此,在大型机床或在应用中有干扰的场合,不能使用光学方案。红外传输价格低廉,非常普遍,除了测头有多种系列外,简单的安装方式也被机床的最终用户乐于接受并使用。

无线传输仅用在:当被应用的系统,如通过跳频传输,以保护并避开陌生系统影响且无干扰的情况下使用。与光学式传输方法不同,这里不需要视线对接。比较可能的情况是发射器和接收器之间已有的干扰结构不影响系统的可靠性,或现有发射器和接收器之间的干扰结构不影响传输系统的可靠性。无线通信方案集成的成本比光学方案要贵些。

同样,通过对放置线圈的感应信号可以提供一个可靠的、抗干扰的数据传播。根据机床特定结构所做的调整,其安装成本会较高,因此不建议用户做这种改造。

线缆传输方法保障了无干扰的信号和电能的传输。一个有线测头只能作为手动工具更换到主轴上且主轴不可旋转。例如,通过一个严格防护带编码的插头。台式测头用于刀具测量的测量座。值得注意的是,工作区间内的电缆应该得到充分保护。

5. 测量的编程

针对几何特征的测量编程,需要使用基于特定控制器的测量循环。这是根据相应参数进行定义的,由加工程序执行所有必需的定位以及测量运动的循环。根据所记录的测量值,由 CNC 计算工件或者刀具的几何尺寸,因此该循环必须能够用测量结果去覆盖受影响的参数,例如,对零点偏移、零点旋转、刀具补偿或程序中参数进行更新。

为了支持融合加工和测量程序的编程,系统提供了不同的辅助工具如图 5-74 所示。

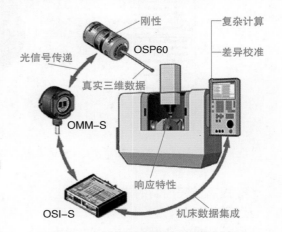

图 5-74 模拟测头的要求和数据流

6. 直接的 NC 编程

1)程序编辑器:调用固定循环时,必须手动输入并录入参数。

2)控制器的图形用户界面(HMI)固定循环参数的定义通过控制器图形界面来完成输入,当出现输入值超过极限值的情况时会进行合理性检验。

7. 基于 CAD 模型的交互式编程

1)CAM 编程系统的结果文件(如在三坐标测量机)首先在机器上逐个测量所有要求测量的点,然后输出一个结果文件。在独立的程序运行完毕后,文件将被传回到 CAM 系统并进行评估。测量结果的回馈是不直接的。

2）面向过程控制的 CAM 编程系统

工艺过程被直接集成到加工程序中，因为测量点已经在程序执行过程中被评估了，可以根据这个结果对刀具数据、参数和

零点进行修正如图 5-75 所示。可以用独立于控制器的方式对必要的逻辑判断和赋值进行定义。通过后置处理，生成基于控制器及机床特定的 NC 程序。

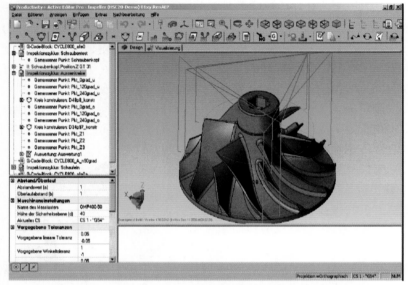

图 5-75　通过 CAM 系统进行测量和参数修正的交互式编程

8. 提高过程控制的应用潜力

过程控制应用产生的积极影响，可以通过采用不同的过程控制方法的能力对比试验来展示效果。下面对公差为 ±0.02mm 的“旋转编码器环”工件用三种不同的方法进行加工。

（1）只有加工工艺设备

1）做法：

① 工件的固定与夹具的重复定位精度有关。

② 刀具参数不在加工过程中进行修正。

2）结果：废品数量和偏心分布的公差带均不可接受如图 5-76a 所示。

（2）有工艺设备和结果检测

1）做法：在外部三坐标测量机上测量成品工件，在下一个工件加工之前，使用与理论几何形状的测量偏差作为刀具补偿。

2）结果：通过下一个工件加工前的修正量，改善了公差带的位置，并且降低了工

件之间的差异如图 5-76b 所示。然而，这个直方图所示的质量指标，对于大多数企业而言仍低于可接受的可靠的工艺能力指数。

（3）有工艺设备和过程监控

1）做法：预粗切后，刀具参数按照 75% 的测量值和理论值的偏差进行修正，然后再进行加工。

2）结果：高水平的过程稳定性允许在没有操作者的情况下进行长时间的加工，如图 5-76c 所示。

通过对刀具磨损进行补偿，从测量结果可以看出基于反馈制造出的成品件质量有所改善。在所有研究中，上游工序存在较大的波动，因此，对前一个工件的外部测量是不足以对下一个工件的偏差进行预测的，这些情况在许多制造过程中是常见的，因此带有过程相关的测量与控制是一种最为有效的解决方案。

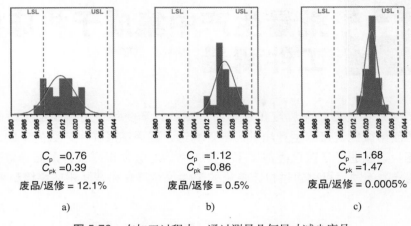

C_p =0.76
C_{pk} =0.39

废品/返修 = 12.1%

a)

C_p =1.12
C_{pk} =0.86

废品/返修 = 0.5%

b)

C_p =1.68
C_{pk} =1.47

废品/返修 = 0.0005%

c)

图 5-76　在加工过程中，通过测量几何尺寸减少废品

a）只有工艺设备　b）有工艺设备和检测结果　c）有工艺设备和过程监控

5.3.5　本节要点

1）根据机床和数控系统研发的发展现状，能够通过结构或组织上的额外投入来进一步改善加工结果。其他的实施手段，如工件的修整将提高生产成本。因此，建议采用合适且稳定的机内、机外测量方法，使加工质量保持在用户期望的水平。

2）测量精度只需与可能的最小补偿增量相同，同时也是工件所能达到的几何尺寸变化量。

3）测量系统的选择与在机床和控制器上集成的重要考核因素是加工过程中时间性的问题。为此测量过程可分为四个阶段：过程前的测量、过程中的测量、过程相关的测量和过程后的测量。

4）过程前的测量用于检查和矫正机床的几何精度或检测工件的实际位置。

5）过程中的测量是与同一工件主切削时间并行进行的检测，通过内置的特定传感器测量工件，特别适用于磨床。

6）通过个别加工操作过程中的测量可以获取与工件质量有关的数据波动，并在下一个加工步骤中考虑纠正。在刀具主轴上自动切换开关式测头或扫描型测头，达到测量的灵活性，同时也达到要求的精度。

7）刀具数据，如长度、直径和切削刃形状，可以用刀具预调仪测定或直接在机床上进行检测。在机床的工作空间中有接触式或非接触式刀具测量系统。

8）开关式测头的实际测量由机床的位移测量系统完成，而不是通过测头完成。

9）用于机床中工件和刀具的测量，大多数数控机床制造商提供相应的测量循环，可在调整模式或在自动模式下工作。将结果（如零点偏移或刀具长度）写入 CNC 参数中。测量结果可以记录在数控系统的内部或外部。

10）若要在 CNC 中处理测量信号，那么测量信号就必须从工作空间传输到 CNC。该信号可以通过光学式、无线通信式、感应式或线缆式方法进行传输。测头可以由机床用户购买后再安装，更好的选择是由机床制造商在调试期间就安装好。

5.4 批量生产中集成于机床的工件测量

机械加工生产中的自动化程度正在不断提高。为了使每个工件的加工时间尽可能的短，许多公司使用彼此链接的生产线进行零件制造，因而造成在生产线的末端才能进行加工、质量检查。这就造成了在已经加工了大量工件后才会发现错误，进而导致付出昂贵的代价。针对这样的问题，可以通过机床集成的工件尺寸测量和表面粗糙度检测来弥补。

5.4.1 简介

查看技术图样可以发现，几乎所有尺寸的参数都可以在加工过程中进行测量。因此，用于工件测量的测量头是当今的标准设备。但是在批量生产中设定了更高的目标：要求在封闭的工艺过程链内并确保100%的质量。这意味着，除了外形尺寸外，还必须能够高精度、快速地获取测量工件的形状和位置公差以及表面粗糙度结果并整合到加工过程中，该解决方案是和机床相集成的测量系统，并可用于连续的和机床的工艺过程相融合的测量。

根据要求，可以将加工过程中不同位置的测量结果整合在一起。在加工前的测量中需要获取工件的实际位置数值。这在零件毛坯是铸件的多工步加工中非常重要，因为通常铸件的最终尺寸是不同的。为了确保工艺过程链的闭合，需要将计算出的位置修正值传输到机床控制系统中，以便NC程序运行时调用。

对于工艺过程相关测量则在各个加工步骤之间进行。这样，必要时可以自动地调整NC程序调用的校正值，并在下一个加工步骤中将其考虑在内。在理想情况下，当然是省去全部的加工步骤，例如加工到规定的余量，随后完成精加工直达最终尺寸。在高生产率的批量生产中，这意味着节省大量的时间和成本，从而使单位工件的成本大大降低。加工后测量在CNC机床加工完成后进行，并确保所有与质量相关的测量数据均能符合标准。通过避免出现报废零件的措施后，整个彼此链接的生产过程可以可靠地运行，同时可以实现夜间无人值守或者在周末也可以保证产线的运行。

5.4.2 孔测量头快速完成测量

在孔加工制造的高效生产领域，加工工艺过程优化到十分之几秒。孔径测量头的测量时间不到0.5秒，速度优于传统的工件测头。测量系统位于刀库中可在主轴上进行更换，以测量较严格公差带要求的孔如图5-77所示。

图5-77 测量圆柱孔直径的孔测量头BG 61在压入气缸套之前的状态（来源：Blum-Novotest）

它们主要用于批量生产直径相同的工件，例如发动机零件、气缸盖、气缸体、连杆、阀和液压组件如图 5-78 所示。它基于浮动测量机构，单纯的直径测量且结果不受主轴定位精度的影响。独立的模拟量测量机构可独立于机床精度工作，因此可提供了真正的客观性和更高的精度。和其他过程相关的测量系统相比，直径值与机床轴的关系位置无关。测量分辨率为每 12 位 /0.15μm。此外，这是一个光电测量系统，在工作中不会磨损，因此该系统有可靠性高的特点。

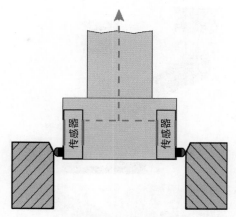

图 5-79　具有两个独立测量元件的测量机构。（来源：Blum-Novotest）

在批量生产领域中，许多公司的目标是实现工艺链的闭环。如果在测量过程中发现了与预期尺寸之间的偏差，则图形界面会自动地将调整值自动修正到公差的中心点，由此可以确定公差界限的上限和下限。如果在连续的测量中可以识别出误差的趋势，例如由机床的温升或刀具的磨损产生的误差，则相应的图形界面会在此过程中进行干预。若调整值超出公差极限，机床则会自动停止。

5.4.3 用于表面自动测试粗糙度的测量设备

直到最近，对于"表面粗糙度"这一特征量还没有在机床中得到检验并且能被测量。由于机床所处的严酷条件，长时间以来，人们一直认为自动的且和机床相集成的表面质量检测在技术上是不可能的，对于夹紧的工件只能手动地对其表面进行质量测试，或者必须在机床外部进行后续的测控工作。这两种方法都不适合批量生产，因为它们既费时又容易出错。现在，使用集成于机床的粗糙度测量设备可以实现工艺过程链的封闭，并在原始的工件装夹状态下自动地识别出不佳的表面质量，如图 5-80 所示。

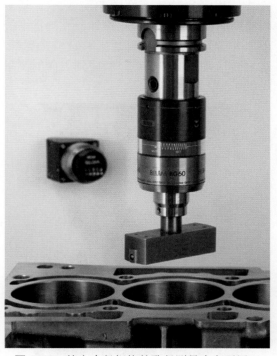

图 5-78　特定直径规格的孔径测量头主要用于批量生产中具有相同孔径的工件的测量（来源：Blum-Novotest）

另一个设备配备了多达 8 个独立的测量元件，因此可以确定直径、形状和位置如图 5-79 所示。特定直径的孔径测量头的最大测量误差为 400μm。模拟量的测量值通过无线电信号发送到接收器，信号传输的接口和接收测量值并进行分析判读的接口是相同的。

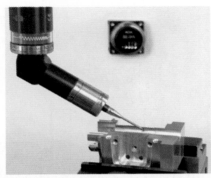

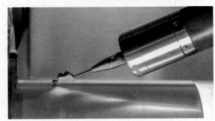

图 5-80 在机床上使用 TC63-RG 粗糙度测量设备
进行高精度、自动化工件表面质量的测量
（数据源：Blum-Novotest）

机床集成的粗糙度测量设备可在几秒内以微米级精度检查出铣削、车削和磨削形成的工件表面质量是否达标以及对它们的粗糙度进行判读。

- 轮廓算术平均偏差 Ra。
- 轮廓平均偏差的均方根 R_q。
- 粗糙度最大高度 R_t。
- 平均粗糙度 R_z。
- 最大粗糙度峰谷值 R_{max}。
- 截面高度 W_t。

由模拟量粗糙度传感器确定的粗糙度值或记录并输出作为状态监控数据供以后使用，或通过图形化人机界面，例如控制器的显示屏上完成可视化。

通过应用测量力非常小，带有小尖端半径的标准圆锥形测头器件可以非常精确地测量最小为 2μm 左右的平均粗糙度（R_z）。特别是高生产率的批量生产的齿轮箱、航空零件或发动机零件，例如：增压器叶轮或连杆，它们的测量时间都很短但零件的高可靠性和精度要求却很关键。除了完美的表面质

量外，例如气缸孔必须达到精确的粗糙度值以成为相对应的"功能性表面"，通过精确定义的表面光洁度，功能性表面承担了存储和释放润滑剂的任务。如果汽缸表面粗糙度太粗糙，则无法承担相应的功能性任务。

在机床上集成的各种粗糙度测量设备可用于表面质量的监控，它们的构造类型因为各自测量任务的需求不同而不同。例如 TC63-RG Single 粗糙度测量设备，测量值是由新开发的单个测量元件来测量的，该测量元件已在 BLUM 的孔测量头中以类似的方式使用了十数年，如图 5-81 所示。基于粗糙度测量设备的模块化设计，此测量系统可以非常轻松地适应测量技术的相关要求，这对测量大型工件或难以触碰到表面的测量提供了很大便利。

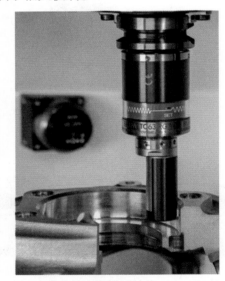

图 5-81 带有单个测量元件的 TC63-RGSingle
粗糙度测量设备，用于在直面上进行高精度的
粗糙度测量。（来源：Blum-Novotest）

5.4.4 使用数字量和模拟量进行数据采集的 DIGILOG 测量探头

顾名思义，数字量测头的功能原理即只要测头接触到工件表面就会产生一个开关量信号，因此可以逐点地获取工件表面的数

据，记录的测量点越多，获取的用于后续判读工件表面的信息也就越多。由于大量测量点的探测需要逐点进行测量，因此需要花费相当长的时间，这在大多数情况下是不可接受的，这就是使用模拟量测头扫描工件表面的原因。通常这些模拟量测头体积非常大，无法在数控机床中使用。

DIGILOG 测量探头可在一个便捷的设备中同时结合了数字量和模拟量数据采集的方式，专为机床在严酷的使用环境中应用而设计的。它们位于刀库中，并可通过自动换刀的方式换到主轴上进行测量如图 5-82 所示。批量生产中的典型应用是检查乘用车汽缸盖中的气门座。气门座的加工刀具是成型刀具，因此刀具的精度和完整性对于工件表面质量至关重要。但这些刀具往往会发生随机地轻微破损，因此定时更换刀具并不能起到帮助作用。解决方案是在对应的铰削加工完成后，立即用 DIGILOG 测量探头扫描每个气门座的轮廓，若加工刀具出现磨损的话，通常工件表面会产生十分之几毫米宽、几微米高的凸起，通过数字量测头对各点逐点进行检测和识别是不可能的（因为测量点的数量过多）。DIGILOG 测量探头通过模拟量的测量可以可靠地"感知"这种偏差，于是可以立即中断加工中心的加工并完成对气门座刀具的更换，如图 5-83 所示。

除了优化批量零件的加工工艺外，生产的柔性也变得越来越重要。通常，产品的个性化程度越高，零件的加工数量则减少。加工中心换装越频繁，则加工准备时间就越来越重要。夹具、工件和刀具的自动换装和标定可以节省大量时间。因此，直接在机床中设置数字模拟量式的测量系统还有以下特点：

- 自动采集工件零点。
- 机床由温度带来的坐标漂移。
- 在加工前对毛坯的检查。
- 对复杂或大型零件装夹误差的识别。

图 5-82 通过对工件表面的扫描进行粗糙度的模拟量测量（来源：Blum-Novotest）

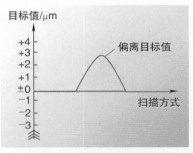

图 5-83 几秒钟内即可识别出实际轮廓与理想轮廓的偏差（来源：Blum-Novotest）

最后再列举一个风力发电设备中齿轮测量的示例，通常在加工后无法在三坐标测量机上对该零件进行 100% 的质量管控，因为测量机无法测量此类巨大的零件。

使用 DIGILOG 测量探头，可以在很短的测量时间内在工件处于原始夹紧状态下获得非常多的测量点，如图 5-84 所示。扫描

图 5-84 在机床运行中，使用 TC64~DIGILOG 工件测头检测加工错误（来源：Blum-Novotest）

时的单个点的不准确性明显高于逐个单点测量，但是大量的测量点却增加了测量的可靠性，这就是为什么模拟量的点位扫描变得越来越重要的原因。

5.4.5 通过同步测量获得最高的生产率

在批量生产中，每十分之几秒就会加工出一个零件。双主轴机床通过同步加工可大大地缩短加工的节拍时间。使用 TWIN 技术也可以在原装夹位置上采用同时的测量方式获得结果，并可以通过无线传输同时完成两个工件测头和两个刀具测头的数据传输，如图 5-85 所示。同时使用该测头可将节拍时间减少多达 50%，并保持同样的测量质量。

该系统的其他功能如下：
- 系统的快速自我检查。
- 机床的温度补偿。
- 机床的快速自检（例如：滚珠螺母损坏）。

图 5-85 在双主轴机床上使用 TWIN 技术最多可将测量节拍时间减少 50%（来源：Blwn- Novotest）

5.4.6 小结

由于成本的压力和对更短加工时间的需求，在当今切削加工零件的批量生产中，过程相关的测量表现出了明显的从半自动化到全自动化的发展趋势。在机床中，通过使用测量系统和相应的测量软件来完成的。为

此，调出存储在 CNC 中的测量循环，通过该循环进行目标值和实际值的比较。测量结果可用于自动检查工件是否符合公差极限以及是否可以进入加工工序，是否必须调整刀具的补偿值，或是否需要发出错误警告的提示。

使用过程相关的测量技术的驱动因素缘于高生产率的批量生产，尤其是在彼此链接的产线中。由于机外测量过程造成的生产流程中断将对所有上游、下游加工时间造成延迟。在生产情况下，出于测量精度和经济性的原因，使用过程后的测量技术并不是很经济，因此在工艺过程中集成的测量技术越来越多地用于质量管控的测量。工业界更偏向于使用和机床集成的生产测量技术与孔径测量头，DIGILOG 测量头或粗糙度测量设备以及相关的测量软件一起使用。

不过，机床中集成的测量技术还是无法取代室内高精度的三坐标测量，这是由于精度和随后每个工件或每个批次（例如，多次装夹）要求制造数据作为质量证据要求决定的。

5.4.7 本节要点

1. 孔测量头可用于批量生产中过程相关的高精度测量
- 快速自动地获取孔径数据。
- 通过确定补偿值进行过程控制。
- 在封闭的工艺链中完成全自动化生产。
- 通过浮动的测量机构，其精度与机床精度无关。
- 单独的测量元件可以快速自动地测量直径、位置、圆柱度、圆度和同心度。

2. DIGILOG 测量头通过非常快速的扫描过程检测加工中的误差
- DIGILOG = 非常快速和高精度的数字量测量和模拟量扫描。
- 数控车床、铣床和磨床中的工件测量。

3. 粗糙度测量装置用于机床集成的表面质量监控

■ 在原始装夹位置对表面粗糙度进行评估。

■ 在数控车床、铣床和磨床中，实现自动地粗糙度测量。

■ 通过消除手动和后续的质检提高生产率和工艺过程的可靠性。

■ 通过立即的返工以减少废品。

4. TWIN 技术可在双主轴机床上同时使用探测头系统

■ 可使用两个同时运行的测头完成工件的自动测量。

■ 数控机床的温度补偿。

■ 生产效率的显著提高，生产节拍时间减少多达 50%。

5.5 基于激光技术的刀具监控

Dipl.-Ing. Alexander Blum

随着刀具和切削刃尺寸的小型化，在加工中，主轴转速的提高以及触敏涂层使刀具的调整面临着持续性的挑战。对于在数控机床工作空间内处于加工过程中的刀具检测是由激光支持的测量系统的主要任务。通过系统的高重复精度可以使系统的测量精度达到几微米的范围。

5.5.1 引言

CNC 加工中心经常在多班制下工作，采用适当的自动化方式，没有固定的操作人员。由于刀具的磨损、破损或刀具测量不正确造成的废品，可能要到很晚的质量管控阶段才能被发现。激光测量系统集成于机床上，用于刀具检测和监控，有助于避免这些或其他误差的来源，实现最大良品率的生产。

简单地说，激光测量对于刀具来说是一个高精度的光栅系统。刀具会遮挡该激光束，在一定比例的遮光程度下，就会生成开关量信号，并传递给机床以获取轴位置数据。一个集成在数控系统内的标准软件会用测量值和参考值计算刀具的尺寸。

为了使光学系统能在这种环境下可靠的工作，必须为它在加工中心比较恶劣的应用环境中进行规划设计，因此需要通过气动操作的快门和空气密封来保护激光发射器和接收器的光学系统免受切削液和切屑的污染。另外，由于采用了集成的电子元件和专用测量工具相结合的、合理的检测方法，自动下落的或由旋转刀具离心甩出的切削液都不会影响测量。

为了避免错误的测量结果，在测量之前刀具都会通过特殊的喷嘴进行清洗。

激光测量系统与 CNC 系统的结合，激光测量系统可以聚焦直径到 0.01mm，对长

度和半径进行测量或者对刀具折断、切削刃损坏以及同轴度误差进行监控。在工作区和额定转速下进行刀具测量，还可以识别装夹的错误，实现有效的长度和半径变化量的动态补偿如图 5-86 所示。

图 5-86　使用冷却液中的 LaserContro/ NT
精确测量钻头（来源：B/um-Novotest）

5.5.2　破损检测

激光测量系统的功能原理是基于光栅，该光栅可安装在机床的工作区域内，以使其位于所有数控轴的范围内。激光测量系统往往使用可见的激光。

监控刀具的几何形状是破损检的一种典型方法。先前定义的刀具长度由激光测量系统检查。因此，刀具破损检测代表一种纯粹的长度监控，既可以用于定向刀具也可以用于旋转刀具进行监控。这样做的优点是考虑了由于高速引起的长度和半径变化。但是，如果刀具长度超出指定的公差，则会给出错误警告消息。

使用激光测量系统，可以测量和检测90%的常用切削刀具：

■ 有回转中心的有一定转速的刀具，例如钻头，丝锥或铰刀。

■ 带有内部冷却装置的刀具，立铣或雕刻机用的高速铣削刀具。

■ 90°角铣头或摆动铣头刀具。

■ 特殊刀具，例如砂轮、成型刀具或锯片。

通过快速的刀具破损检测，可以避免严重错误导致的巨额经济损失。在两个加工步骤之间进行非接触式刀具破损检查，则可以确保不会出现因刀具破损而导致相应的损坏。例如，如果在预钻孔过程中钻头折断了，那么在最坏的情况下，所有后续刀具的加工也会中断。在这种情况下，损失不可忽略，因为在与工件碰撞时产生的力也会危害主轴的精度，这会导致更高的成本。

5.5.3　单切削刃的监控

除了简单的长度检测外，即使是最小的切削刃缺陷（达微米级精度的磨损尺寸），激光系统也都能识别。单个切削刃检测只检测每个切削刃是否在预定的公差值内。由于该系统的高采样频率，检测几乎可以在额定

转速下进行。用这种方法，可以检测以下四种不同的损坏情况：

■ 可转位刀片的破裂。

■ 可转位刀片的磨损。

■ 积屑瘤。

■ 装夹错误。

如图 5-87 所示，每个切削刃能被极快速地检测出破损或磨损状况，检测刀具的转速取决于于刀片的数量。

图 5-87　用激光测量系统在最短的时间内检查铣刀的每个切削刃是否断裂或磨损

（来源：Blum-Novotest）

5.5.4　刀具测量

通过高重复定位精度的激光测量系统，刀具测量可以实现高达 $0.2\mu m$ 的对刀精度。与外部刀具测量相反，刀具是在额定转速及实际工作的情况下被测量的。所需的测量值

（刀具长度、直径）会根据当前刀号，自动提交到数控系统中的刀具补偿存储器，以避免人工输入导致的错误。机床集成的测量系统还用于加工过程中的监测测量。这些包括补偿与温度有关的机床热特征，并自动地获取刀具的磨损量。

5.5.5　高速切削刀具的测量

高速切削（HSC）的主要特点是高主轴转速和高动态响应的驱动器。主轴转速高达60000r/min，不仅要求平衡刀柄还要求主轴能够完成刀具的更换。夹紧导致刀具偏心产生以下后果：

1）最长的切削刃产生的轨迹扩大了加工半径和刀具的有效直径。

2）其他切削刃由于切削厚度较浅，没有或部分切入工件，这样会显著地加剧刀具的磨损。

3）由刀具偏心造成的离心力可能损坏刀具和主轴轴承。

快速的激光测量系统专用测量循环能够在额定转速下检测最长的切削刃，并由此确定有效的刀具长度和半径补偿。另外，可以检测偏心度是否在编程的公差范围内。

激光测量系统提供了更多的选择，例如球形铣刀的半径和中心点的确定，或成型铣刀的半径和倒角的检测。在球形铣刀上存在一个跟角度相关的半径补偿，甚至可达 50 个点。实现所有功能的前提条件是在CNC 系统上配备所需的软件如图 5-88 所示。

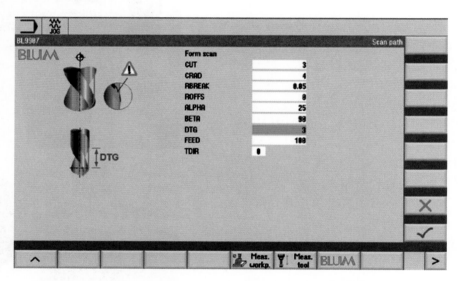

图 5-88　基于西门子 840D 的带有圆角切削刃铣刀的形状检测输入菜单示例

5.5.6　组合式激光测量系统

数控复合加工机床（如车铣复合中心和铣车复合中心）日益用于生产中。激光测量系统对旋转刀具的测量和监控是快速且简单的。相应地，复合机床中的车刀提高了对测量系统的要求。非旋转刀具的激光测量确实要求非常精确，因为需要花费时间去寻找刀具上切削刃的最高点。另外，切削液对固定切削刃刀具的工艺安全性的影响要大于同样情况下的旋转刀具。因此，需要使用混合的测量系统时，其中激光测量系统作为测头的补充如图 5-89 所示。当使用触发式测头时，切削液对车削刀具的检测影响就消失了，测量时间也显著减少；此外，光学系统的所有功能和优点都是可用的。

图 5-89　使用来自 Bium-Novotest 的混合测量系统
LC52-D1GILOG 测量车刀

5.5.7　小结

在机床中，激光测量系统是基于高精度的光栅。当激光束被刀具遮挡时，用于记录测量值的开关信号从轴位置生成并传输到控制器。目前，刀具测量领域的挑战出现的越来越多，通过技术的发展进步，例如：对触碰很敏感的刀具或者持续性的改进机床使用的经济性，都需要对刀具进行安全的监控和设置，才能通过降低人工操作和生产质量的最大化充分发挥现代化机床潜力的要求。

除此之外，为了及时地检测出刀具的磨损和破损，基于激光的测量系统使用到数控机床的工作区域。使用特殊的技术，可以通过算法排除加工过程间的系统性干扰因

素。"拉动"式测量法消除了冷却液的干扰并实现了安全且快速的刀具设定。长度和半径变化的干扰因素也可以通过对激光系统的开关信号长度进行可变的调节来消除。特别是对于高速切削加工类机床的主轴，可以避免由于速度不同而导致刀具长度的不同从而导致测量结果存在的误差。这意味着可以用任意速度检查单个切削刃，并可以进一步提高速切削加工类机床主轴的切削精度。

5.5.8　本节要点

1）提高生产率：将非生产时间减少到最少，并实现了从少人操作到无人操控的全自动设备运行。

2）提高质量：消除了由于无法识别的刀具破损而造成的间接损失，从而减少了报废。

3）激光测量系统用于精确到微米的刀具测量：

- 刀具长度和刀具半径的测量。
- 刀具形状的测量与监控。
- 磨损的监控。
- 刀具破损的监控。
- 单个切削刃的控制。
- 刀具跳动的检查。

4）激光测量系统与接触式测量系统相比具有以下优点：

- 刀具可在真实的夹紧系统中，额定转速下进行测量。
- 补偿了高速下刀具长度和半径的动态变化。
- 可识别出主轴和刀具夹持部件中的误差。
- 快速、精确和自动地测量最小的且对触碰很敏感的刀具。
- 所有与刀具切削加工相关的标志性数据都可以监控。

第 6 章
NC 程序及编程

简要内容：

6.1 NC 程序

了解 NC 程序的组成有利于更好地认识 NC 机床，这对于手动在 NC 机床上进行程序修改也是必要的。

6.1.1 定义

1. 程序

程序由一系列指令组成，其可使计算机或 CNC 机床执行具体的加工任务。程序结构并不统一，它取决于所使用的编程语言、所要处理的任务和需要实现编程任务的计算设备。

2. NC 程序

NC 程序也称为 NC 零件程序。它基于一台 NC 机床并完成对一个特定工件的加工流程以及加工顺序的控制。它包含加工所需的所有数据和交换信息。这些数据必须以正确的语法提供，以便 CNC 可以理解并由机床进行处理。

3. 数据传输和输入

NC 机床本身不执行任何操作，只有 NC 程序才能使它运动。NC 程序必须提前创建、检查并输入 NC 或 CNC 控制器中。最初，使用的是穿孔条形式的机械的数据载体。NC 程序是使用电传打字设备手工编写的，并同时使用带有打孔的穿孔带进行保存。然后用打孔的磁带阅读器逐句地将 NC 程序读入控制器。总体而言，上述过程有以下几个缺点：纸张曾经是适合在车间中使用的，塑料和层压板会随着时间的流逝对打孔器造成损坏，所有这些共同导致频繁的读取错误；读取速度太慢，程序结束时倒带，无法进行更正以及打孔带的复杂存储也是令人不安的。移动电子存储介质的可用性已大大减少了这些问题。但是，只有通过 DNC 经由本地数据网络直接从中央计算机完成到 CNC 的数据传输才有助于今天的无差错的数据传输。为此，例如以太网已在很大程度上确立了自己的地位，成为事实上的工业标准。程序完全保存在 CNC 中，只有超长的加工程序才需要被重复加载。

6.1.2 NC 程序的结构

NC 程序的基本结构如图 6-1 所示。

NC 程序由任意数量的程序段组成，这些程序段逐步描述了整个工作流程。每个程序段对应于 NC 程序中的一行，由带有数值的地址组成。它们是连续编号的，这使得在程序中的搜索更加容易，并且还可以用作跳转标记。

地址可以来确定 CNC 机床要调用哪个功能组。因此，原则上每个地址在一个程序段中只可以出现一次，但 G 指令或 M 指令除外。

一个程序段可能包含不同的指令，可按如下方式进行区分：

1）几何指令。控制刀具和工件之间的相对运动（地址 X、Y、Z、A、B、C、W 等）。

2）工艺指令。确定进给速度（F）、主轴转速（S）和刀具（T）。

3）运行指令。确定运动的类型（G），如快速定位、直线插补、圆弧插补、平面选择。

4）辅助功能指令。选择刀具（T）、回转工作台（M）、切削液开 / 关（M）。

5）补偿指令（H）。例如，刀具长度补偿、铣刀直径补偿、刀尖半径补偿、零点偏置（G）。

程序

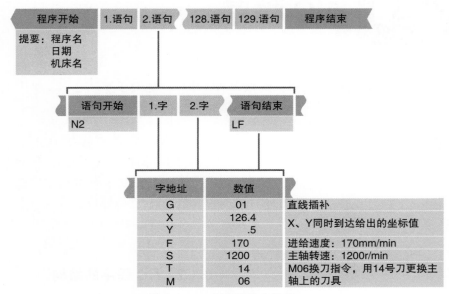

图 6-1　NC 程序的基本结构

6）循环指令和子程序调用。针对频繁出现的程序段（P 和 Q）。

坐标信息的数值定义了运行位置，应该以十进制表示，即前置和后置的零将不被写入。

最后，程序段还区分为主程序段和子程序段。

1）主程序段的特征是所有地址都是以当前的数值表示的，在程序较长时返回中断的程序段会更容易。标记主程序段需要在 N 地址前加上冒号，或者原则上所有程序段直接使用 100 或 1000 倍数的程序段号来标记。

2）子程序段只包含一些针对之前状态而改变数值的语句。

基本指令的含义、语法和程序结构是通过 DIN 66025/ISO 6938 来确立的。此外，几乎所有的控制系统的厂商均以自己的语法要求提供非标准的特殊指令。这些附加功能的范围从程序运行功能（计算、循环、分支）到特殊功能（工作区域限制、提示编程功能、配置指令）（见表 6-1）。一般情况下，这些特定指令的适用范围和可行性明显比 DIN 标准规定的指令更大。CNC 系统的制造商会提供相应编程指令的信息。

6.1.3　程序的组成、语法和语义

语法可以理解为在编程语言中确定指令组成的形式规则，并且不考虑字的含义，这些字的含义是在语义中定义的。

语法和语义共同决定了由符号、字和程序段组成的程序结构，并确定了这些信息存放在数据载体中的排列。

按照 EIURS274B，一个典型的三轴轨迹控制的 NC 程序结构为：

N4,G2,X ± 4.3,Y ± 4.3,Z ± 4.3,I4.3,J4.3,K4.3,F7,S4,T8,M2,H2,L2,LF

这些命令的含义如下：

1）N4。四位数的程序段号，每个程序最多可以有 9999 个程序段。

2）G2。两位数的预处理准备功能。例如，指定插补类型、加工循环、刀具半径补偿方向或输入坐标单位。

3）X ± 4.3、Y ± 4.3、Z ± 4.3。它们是由小数点前四位和小数点后三位组成的坐标

信息，即最大的可编程长度为 99999mm。

4）I4.3、J4.3、K4.3。它们是在圆弧插补中的圆心辅助参数，其中在一个程序段只有与插补平面 XY、YZ 或 XZ 相对应的 IJ、JK 或 IK。

5）F7。

① F6.1G94 表示进给速度，单位为 mm/min。

② F43G95 表示进给速度，单位为 mm/转。

③ F5.2G04 表示暂停时间，单位为秒。

④ F7G104 表示停留时间，单位为转。

6）S4。四位数表示主轴的转速。

7）T8。八位数刀具号，带或不带这个刀具的补偿。

8）M2。两位数（最大 99），用于开关命令的辅助功能，例如切削液的开 / 关、刀具转换或主轴旋转方向。

9）H2 和 L2。调用刀具长度和直径的校正值。校正值存储在表中。

10）Lf。换行符，句子字符的结尾。

6.1.4 辅助功能（M 指令）

机床上没有可以打开或关闭机床功能的开关，必须全部用编程控制。为此，辅助功能指令通过以下地址实现：

1）S 主轴转速（主轴速度）。

2）T 刀具选择（刀具号）。

3）M 所有辅助功能（各类功能）。

4）F 进给速度（进给速率）。

含有以上辅助功能指令的程序段示例：

① N10S1460M13$。表示程序段 10，主轴转速为 1460r/min，顺时针旋转，切削液开。

② N60G95F0.15$。表示程序段 60，进给速度为 0.15mm/ 转。

③ N140T17M06$。表示程序段 140，将刀具号为 17 的刀具换到主轴上。

④ N320M00$。表示程序段 320，程序中断，直到发出重新启动的指令。

⑤ N410M30$。表示程序段 410，程序结束，主轴停止，切削液关，穿孔纸带回到程序起始点。

开关命令就像用一个开关控制着，在程序中可以通过所谓的编程覆盖更改或关闭。只要有意义，也可以在一个程序段中组合多个辅助功能指令。

在 M 指令中需要注意的是：一些 M 指令是立即生效的，即在程序段开始时就有效，另一些则在稍晚的时候生效，也就是说在执行过的程序段的结尾才生效，这些设置在每台机床的编程手册中都有介绍。

请读者仔细参考表 6-1 中列出的 M 指令，并练习使用这些命令。

表 6-1 DIN 66025B1.2 中的辅助功能

代码	功能
M00	程序停止。主轴、切削液、进给运动停止。重新启动按"开始"
M01	可选停止。同 M00，如果开始"选择停止"，设置为 ON
M02	程序结束
M03	主轴正转
M04	主轴反转
M05	主轴停止
M06	执行换刀
M07	切削液 2 开
M08	切削液 1 开
M09	切削液关
M10	夹紧
M11	松开
M13	主轴正转，切削液开
M14	主轴反转，切削液开
M19	主轴定向
M30	程序结束，返回程序开始
M31	取消锁紧
M40～M45	传动换档级别
M50	切削液 3 开
M51	切削液 4 开
M60	更换工件
M68	工件夹紧
M69	工件松开

注：所有没有提及的 M 功能可以自己定义。

编程示例见表 6-2。

表 6-2　通过若干符号和附加信息说明轴地址编程示例

```
N1000 ZOTSEL (GT300-NPV.zot) ;NPV表的路径选择
;------------------------- 用右主轴加工 ---------------------------------
N1010 MainSp(S2)                    ;作用于主轴2的进给速度
N1020 SMX(S2=3000)                  ;主轴2在G96作用下的最大转速
N1030 G8(SHAPE80)
;------------------------ 确定初始的卡盘位置（需要PLC）
N1040 S2CLOSE=66                    ;卡盘S2关闭，66表内外夹紧
;----------------------------------------------------------------------
; 零点偏置G59距离左端面向右1mm
N1060 G0 G90 DIA G18(X,,Z) G53 G48 G90 X=260 Z=300 Z2=1 M205
1070  IF TARTTYPE$ = "GUSSTEIL" THEN
N1070 (MSG T3 右侧粗加工           )
N1080 M6 T3                        ;换刀
N1090 G0 G47 G96 G59 X100 Z-10 Z2=1 S2=200 M204 ED1
N1100 (MSG 在主轴2上端面车削            )
N1110 G0 X45 Z0 M8
N1120 G1 X10 F.17
N1130 X8 Z.2 F.1
N1140 X-.5
N1150 G0 X45 Z-10
N1160 G0 G53 G48 X=260 Z=300 ;向转换位置移动
1180  ENDIF
;----------------------------------------------------------------------
N1170 (MSG T4 右侧精加工)
N1180 M6 T4                        ;换刀
N1190 G0 G47 G59 G96 X=45 Z=-10 Z2=1 S2=220 M204 ED1 M8
N1200 (MSG 在主轴2上对第一面车削)
; 轮廓标准切削循环
N1210 G171 (P DameKontur, CD2, LD1, CR0.5, CA0, CES1, UCV0)
N1220 G0 G53 G48 X=260 Z=300 Z2=1 M9
N1230 M30
```

6.1.5　坐标信息

对机床来说，坐标信息有以下三种含义：

1）它的值决定运行的目标位置。

2）其符号指示方向或定义象限。

3）它的顺序决定程序的运行过程，即运动的次序。

坐标信息包括轴的地址：X，Y，Z，A，B，C，U，V，W，I，J，K，R。

通过若干符号和附加信息说明轴地址编程见清单 6-1。

在最新的 CNC 系统中，轴地址可以用多个符号进行分配。在这种情况下，坐标信息可以在一个 "=" 后进行编程。这样做的优点是，在机床上进行多轴编程时更容易阅读，例如：X1=123.000X2=234.500X3=…

如图 6-2 所示，坐标信息可以指定为绝对坐标或相对坐标。为了直接使用图样尺寸，两种尺寸都允许在 NC 程序中使用。绝对坐标的位置是到编程零点的距离，相对坐标则表示与前一个位置的差值。通过 G90/G91 可以任意切换绝对坐标和相对坐标，并且不会丢失程序零点。

如图 6-3 所示，刀具依次运行到 7 个位置，然后返回零点，那么不同的尺寸类型有不同的输入值（见表 6-3）。

绝对坐标编程的优点是位置的后续改变不会影响其他坐标数值，而使用相对坐标编程时之后的位置坐标必须被修正。此外，如果使用绝对坐标编程的方式，重新进入被中断的程序要相对容易一些。

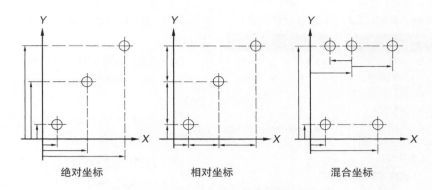

图 6-2 图样绝对坐标和相对坐标标注

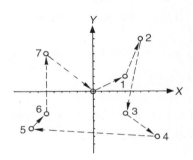

图 6-3 钻孔图

表 6-3 根据图 6-3 所示钻孔图的绝对坐标与
相对坐标编写的坐标值

标号	绝对坐标编程		相对坐标编程	
	X	Y	X	Y
1	4	2	+4	+2
2	6	7	+2	+5
3	4	−3	−2	−10
4	8	−6	+4	−3
5	−8	−5	−16	+1
6	−6	−3	+2	+2
7	−6	+5	0	+8
0	0	0	+6	−5
			$\Sigma = 0$	$\Sigma = 0$

相对坐标编程的优点如下:

1)当再次到达开始位置时,所有 X 尺寸的总和及所有 Y 尺寸的总和必须为零,其中简单的编程错误检查是可能的。但是当混合使用绝对坐标和相对坐标编程时,将不再有检查出错误的可能性。

2)可以使子程序(如钻孔、切槽、退刀槽和铣削循环)的编程更容易复制并转移到其他位置。

6.1.6 准备功能(G 功能指令)

DIN 66025 第 2 页中的 G 功能指令见表 6-4。

两位数的准备功能指令(G 表示 go)和坐标信息(X、Y、Z、R、A⋯)相互关联,G 功能指令确定在控制器中如何处理其之后的坐标信息。坐标信息用来说明准备功能将机床驱动到何处。通常 CNC 系统需要多个 G 功能指令来准备计算轨迹,因此也称为"预处理准备功能"。故需要储存多个 G 功能指令并使其处于激活状态。根据不同的控制器,这些 G 功能指令或者依次出现在多个程序段中,或者全部 G 功能指令都包含在一个程序段中。

为了更好地理解,将所有 G 功能指令分为三种类型,并分成若干组。同一组里的 G 功能指令可以相互覆盖和替换,换句话说,每一组只有唯一一个 G 功能指令是有效的。准备功能分为三种类型,以粗体字印刷的符号表示上电有效并且不需要额外编程(取决于控制器)。

表 6-4　DIN 66025 第 2 页中的 G 功能指令

代　码	功　能
G00	快速定位、点位控制
G01	直线插补
G02	顺时针圆弧插补
G03	逆时针圆弧插补
G04	暂停时间
G06	抛物线插补
G09	准停
G17	选择平面 XY ⎫
G18	选择平面 XZ ⎬ 圆弧编程的插补参数
G19	选择平面 YZ ⎭
G33	等距螺纹切削
G34	递增螺纹切削
G35	递减螺纹切削
G40	取消所有刀补
G41	左刀补
G42	右刀补
G43	正偏置
G44	负偏置
G53	取消所有的零点偏置
G54~G59	零点偏置 1~6
G60*	公差 1
G61*	公差 2，转角运动
G62*	快速定位，只针对 G00
G63	100% 的进给速度，例如攻螺纹
G70	寸制编程
G71	米制编程
G73*	编程的进给速度 = 坐标轴的进给速度
G74*	第一轴和第二轴的回参考点
G75*	第三轴和第四轴的回参考点
G80	取消固定循环
G81~G89	钻孔循环
G90	绝对尺寸编程（绝对尺寸）
G91	相对尺寸编程（相对尺寸）
G92	可编程的参考点偏置 / 可存储
G94	进给速度（mm/min 或 in/min）
G95	进给速度（mm/r 或 in/r）
G96	恒定切削速度
G97	主轴转速（r/min）

注：所有没有提及的 G 功能都可以自定义。

1. 模态功能

1）在几个程序段都有效的 G 功能 G00，G01，G02，G03，G06。

2）平面选择 G17，G18，G19。

3）刀具补偿 G40，G41，G42，G43，G44。

4）零点偏置 G92，G53 ~ G59。

5）轨迹性能 G08，G09，G60，G61，G62。

6）加工循环 G80 ~ G89。

7）坐标说明 G90，G91。

8）进给速度类型 G93，G94，G95。

9）主轴转速类型 G96，G97。

2. 只在一个程序段中起作用的准备功能

1）暂停时间 G04（与时间说明指令 F 有关）。

2）速度的增大或减小 G08，G09。

3）攻螺纹 G63。

4）参考零点偏置 G92。

图 6-4 所示为根据不同的 G 功能从起点 S 到终点 E 的不同路径。

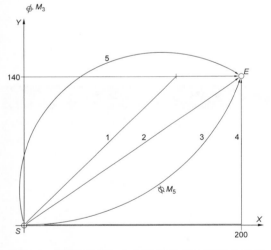

图 6-4　根据不同的 G 功能从起点 S 到终点 E 的不同路径

1）路径 1。

N100G00X200Y140$

以 45° 角从 S 点向 E 点快速移动 140mm，再沿着平行于 X 轴的方向移动剩余坐标。

2）路径 2。

N200G01X200Y140F400$

以 400mm/min 的进给速度在一条直线上移动（直线插补）。

3）路径 3。

N300G03G17X200Y140R205F120$

在 R205mm 圆弧上围绕中心点 M，做逆时针方向的移动。

4）路径 4。

N400G00X200 $

N401Y140$

先沿 X 轴快速移动，再沿 Y 轴快速移动。

5）路径 5。

N500G02X200Y140R-130$

在 R130mm 圆弧上围绕中心点 M，做顺时针方向的移动。

3. 没有明确定义的 G 功能

G 功能指令的含义根据 DIN 66025 第 2 页（见表 6-4）确定，并且对于所有数控厂商统一有效。

具体示例如下：

1）N10G81$：表示从第十段开始，调用钻孔循环指令 G81，即所有 Z 尺寸都是相对坐标，发生在 X 方向与 Y 方向的进给都是快速移动，钻孔的进给速度单位为 mm/min。

2）N40G02G17X460Y125I116J-84$：表示程序段 40，沿顺时针方向做圆弧运动，并到达点 X460Y125。

3）N70G04F10$：表示程序段 70，停留时间为 10s，即主轴仍然继续转动，进给运动保持停止 10s。

4）N100G17G41H11T11$：表示程序段 100，在工作平面 XY 内调用存储在 H11 中的补偿值，并且选择移动方向的左偏置（左刀补）。

5）N160G54$：表示程序段 160，调用第一组零点偏置。

6.1.7　加工循环

对于经常重复出现的工序，大多数 CNC 系统预先设计了一个子程序形式的加工循环。通过一次性调用重复出现的相同过程，再补充参数值，可简化编程，并且缩短程序的长度。

加工循环分为以下几类：

1）钻孔循环（见表 6-5、图 6-5、图 6-6）：根据 DIN 66025（G80～G89）制定钻孔、铰孔、锪平面、攻螺孔等加工程序，如图 6-6 所示。

表 6-5　钻孔循环 G80～G89

循环	从参考平面的 Z 轴运动	深入		回退到参考平面	应用实例
		暂停	主轴		
G81	工进	—	—	快进	中心钻
G82	工进	是	—	快进	钻孔或锪孔
G83	断续工进	—	—	快进	深孔钻，带断屑
G84	工进	—	反转	攻螺纹	螺纹钻
G85	工进	—	—	攻螺纹	镗孔 1
G86	工进	—	停	快进	镗孔 2
G87	工进	—	停	手动工进	镗孔 3
G88	工进	是	停	手动工进	镗孔 4
G89	工进	是	—	攻螺纹	镗孔 5

注：根据 DIN 66025 第 2 页钻孔循环的过程。

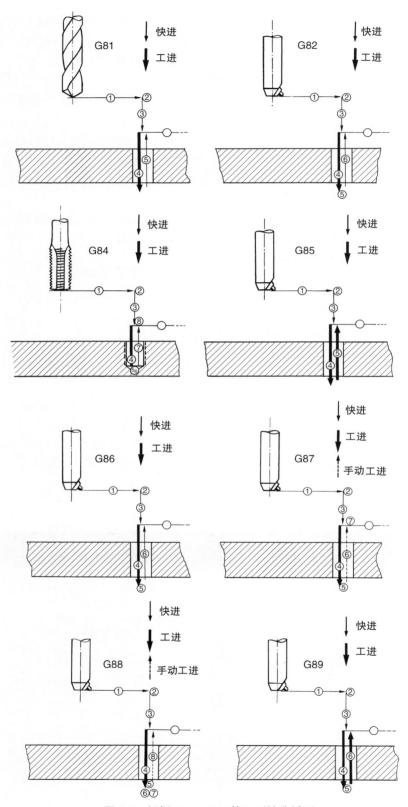

图 6-5　根据 DIN 66025 第 2 页钻孔循环

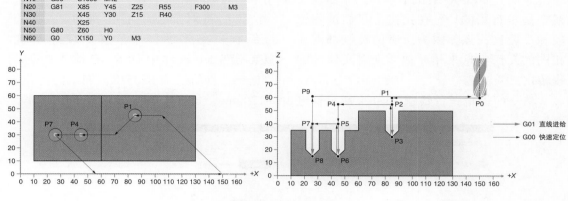

N10	G90	S1000	M42				
N20	G81	X85	Y45	Z25	R55	F300	M3
N30		X45	Y30	Z15	R40		
N40		X25					
N50	G80	Z60	H0				
N60	G0	X150	Y0	M3			

图 6-6　G81 钻孔循环

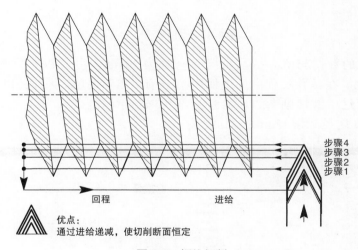

图 6-7　螺纹切削

注：采用横向进给量递减的方法进行螺纹切削，以保持每次的切削中切削的横截面积为恒定或者是递减的。

2）铣削循环：每个控制系统制造商为槽铣、型腔铣、钻铣、铣螺纹、锪孔等其他加工程序提供了一些非标准铣削。

3）车削循环（见图 6-7）：纵向平面切削，平行于轴向或具有自动进给的锥形螺纹车削，以及退刀槽循环和具有切断功能的环槽循环。同时车削循环尚未标准化，它取决于控制系统制造商。

4）自由循环：自由循环也称为子程序，每种机床各不相同，例如刀具更换循环（M06）或用于圆形和线性阵列圆孔、深孔钻、圆弧段铣、腔槽铣的几何形状循环等。

在持续性的钻孔循环加工中，只需对 X 轴、Y 轴的位置进行编程。在每一个位置上，自动重复所调用的（生效的）钻孔循环，直到它被 G80 取消或者被其他的 G 循环覆盖。

（1）金属加工教学培训中的 CNC 技术

在下面将比较不同控制器中关于锪沉孔循环和钻孔循环的工艺过程，如图 6-8、

图 6-9 所示。在教学培训中，人们一次又一次地说："我们在笔试中学到的东西在实践中是没有用的！"在这里，我们试图比较和反驳这一点，因为所有的控制都需要相同的几何信息来相应地实现对实体的编程转化。

唯一前提是一台具备 10~12kW 主轴电

机功率和最大主轴速度 8000 转的带有铣削用主轴的机床。

我们将对加工中心孔和加工沉孔进行编程。在此过程中，我们使用 WALTER-GPS 5.0 软件中 HSS-NC 钻头的切削数据。工件材质为 S235JR，加工的沉孔为 ϕ12.6mm，角度为 90°。

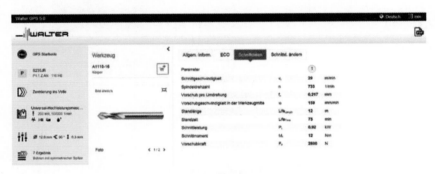

图 6-8　沉孔切削数据

应该将确定的数据与所有结果直接保存到 PDF 文件中。在钻孔过程中，也使用同样的软件确定过了的切削参数。材料为 S235JR，钻孔的直径为 ϕ12mm，可用深

度为 20mm。由于 PAL 只使用高速钢钻头，没有给出顶尖角，因此将以钻头的顶尖高为 0.3 进行计算。

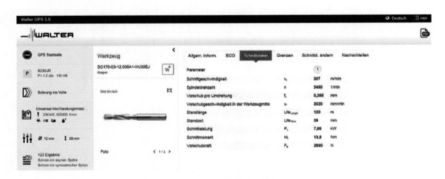

图 6-9　钻孔切削数据

建议使用的硬质合金钻头可与内部冷却装置一起配合使用。以下内容将比较当前 PAL 版本 2012，Siemens 840D sl Operate 控制系统和 Heidenhain 控制系统 iTNC 530 的加工过程。这些仍然是德国最常用的控制系统，使用它们编程都比较简便。

（2）用于加工中心孔和加工沉孔的 PAL 循环 G81

以下采用 DIN 标准编写的加工程序使用的指令集来自 PAL-2009，可以由一个循环来取代。

在 N50 程序段中，换刀之后，刀尖点运动到编程零点。由于采用了 G90 所有坐标值都是绝对坐标值（见表 6-6 PAL-2009 编程）。

表 6-6 PAL-2009 编程

N40	G17				F155	S730	T01	TC1	M06
N50	G00	X-20	Y-20	Z100					M03
N60		X25	Y20	Z2					
N70	G01			Z-6.3					M08
N80	G04				O2	U2			
N90	G00			Z2					M09

在应用 PAL 固定时，应使用简单的钻孔循环（G81）。G81 编程格式见表 6-7。

表 6-7 G81 编程格式

N40	G17				F155	S730	T01	TC1	M06
N50	G00	X-20	Y-20	Z100					M03
N60	G81			ZA-6.3	V2	W5			M08
N70	G79	XA25	YA20	ZA0					

G81 钻孔循环，用于无断屑或排屑的钻孔。G81 编程参数的解释如图 6-10 所示。

ZA	进给轴方向的孔深度（绝对坐标值）	必填参数 推荐为（绝对坐标值）
V	工件上方的安全距离	必填参数 预设数值 2mm
W	相对于 WNP 平面的退刀平面 注：WNP（工件零点）	可选 （如果不指定，采用 V 对应的数值）
M	附加功能，例如开启冷却液	可选

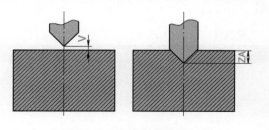

图 6-10 G81 编程参数的解释

钻孔循环决定了如何完成工件的制造。此外，一个完整的加工循环确定了该孔的加工位置。G79 XA25 YA20 ZA0 代表加工循环在某个确定的点进行调用（笛卡儿坐标）。

注意！ ZA 表示在现在的工件的边缘（相对于 G54）进行绝对坐标编程！在腔体中钻孔时，腔体的深度则是钻孔开始的位置。

（3）用于加工中心孔和沉孔的西门子钻孔循环（西门子编程界面如图 6-11 所示）

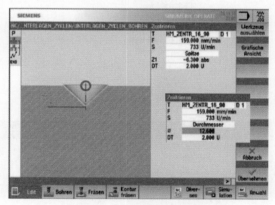

图 6-11 西门子编程界面

为了对比 PAL 循环与西门子循环，我们比较了循环输入列表中的参数，见表 6-8。

表 6-8 G81 编程的对比

PAL G81 的参数数据		西门子对相关循环中参数对话输入框的解释	
ZA	进给轴方向上的钻孔深度	Z1	最终钻孔深度（可选择增量坐标值或绝对坐标值），如果选择峰值 / 选择直径，则适用沉孔直径
V	工件上方的安全距离	SC	工艺路径有效（见图 6-12）
W	与 WNP 相关的退刀平面	RP	已在程序头位置编写了
	在该循环中缺少停留时间，G04 也允许编写时间值或转速，但仅对单句程序语句有效	DT	在最终深度上的停留时间，以时间值或转数定义
M	附加功能，例如开启冷却液		ShopMill 和 ShopTurn 的刀具列表，允许直接分配所有刀具的旋转方向和冷却液

程序头的内容如图 6-12 所示。

图 6-12 G81 编程的对比

为了更好地理解，这里显示了程序头中的条目（见图 6-13）。毛坯描述对应于海德汉控制器中的毛坯形状，以确定用于模拟的工件零点。

Programmkopf	
Maßeinheit	mm
Nullpunktu	G54
Rohteil	Quader
X0	0.000
Y0	0.000
X1	50.000 abs
Y1	40.000 abs
ZA	0.000
Z1	-30.000 abs
PL	G17 (XY)
Rückzugsebene	
RP	25.000
Sicherheitsabstand	
SC	2.000
Bearbeitungsdrehsinn	
	Gleichlauf

图 6-13 程序头的内容

对于所有的程序运行和工艺循环、退刀平面、安全距离和加工方向均在此一次性录入。

（4）用于加工中心孔的海德汉钻孔循环（CYCL DEF 240 中心孔加工循环）

海德汉中心孔编程界面如图 6-14 所示。

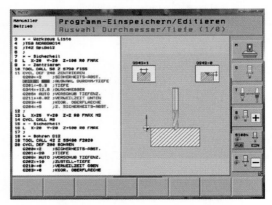

图 6-14 海德汉中心孔编程界面

海德汉循环（CYCL DEF 240 中心孔加工循环）与 PAL 循环 G81 的比较表明，循环中的 Q 参数示意使用相同的术语（见表 6-9）。

表 6-9 海德汉参数对比

PAL G81 的参数数据		海德汉的相关解释	
ZA	进给轴方向上的孔深度 这里 ZA 是绝对深度	Q201	深度： 相对于工件表面的坐标值以增量方式编写（见图 6-14）
V	现有材料上方的安全距离	Q200	安全距离： 应包括在每个循环中
W	相对于 WNP 平面的退刀平面	Q204	第 2 安全距离： 应包括在每个循环中
	在该循环中缺少停留时间，G04 也允许编写时间值或转速，但仅对单句程序语句有效	Q211	底部停留时间： 仅以时间值录入

（续）

PAL G81 的参数数据		海德汉的相关解释	
注意：此处与 PAL 不同！ 在 PAL 中工件表面坐标值在循环调用的一开始进行	Q203	工件表面的坐标值： 在每个海德汉的循环中都需要录入（见下图）	
由于在 PAL 控制器中没有此类特殊的用于加工中心孔的循环，因此不存在此功能	Q343	选择直径/深度： 如上图所示，选择 1 表示深度，选择 2 表示直径	
	Q344	直径：	
M	附加功能， 例如开启冷却液	在刀具贴近工件完成定位并调用循环的过程中，控制器允许调用"附加功能"	

刀具逼近工件的程序语句可以在循环定义之前或之后编写。刀具定位可以采用快进的方式走直线进行定位。只有这样，才能使用如上例所示的 CYCL CALL 进行钻孔。

（5）用于断屑钻孔的 PAL 循环 G82

钻孔程序结构见表 6-10。DIN 标准通过一个程序段编制钻孔程序，使用 G23 可以执行 N260~N290 之间的语句完成其他孔位定位点的重复加工。

表 6-10　钻孔程序结构

N230		X-20	Y-20	Z100					M05
N240	G17				F2020	S5490	T04	TC1	M06
N250	G00	X25	Y20	Z2					M03
N260	G01			Z-10					M08
N270				Z-9					
N280				Z-23.4					
N290	G00			Z2					M09

带有断屑的循环 G82 或具有断屑和排屑的 G83 循环都可用于深孔钻削。使用哪个循环则是由材料和期望的切屑形状决定的。出于以上原因，我们选择 G82 循环保

证切屑的连续性。

（6）G82 带有断屑功能的钻孔循环

G82 钻孔循环的编程见表 6-11。G82 钻孔循环参数的说明见表 6-12。

表 6-11　G82 钻孔循环的编程

N40	G17				F155	S730	T01	TC1	M06
N50	G00	X-20	Y-20	Z100					M03
N60	G82		D10	ZA-23.4	V2	W5	DA10	E75	M08
N70	G79	XA25	YA20	ZA0					

表 6-12　G82 钻孔循环参数的说明

D	进给轴方向的进给深度	必填参数无符号指示
ZA	进给轴方向的钻孔深度	必填参数推荐为绝对坐标值 ZI 允许输入以工件边缘为基准的增量值
V	现有材料上方的安全距离	必填参数预设数值 2mm
W	相对于 WNP 平面的退刀平面	可选（如果不指定，采用 V 对应的数值）
DA	相对于材料的边缘的钻孔深度	可选（如果不指定，采用 DA0 对应的数值）
VB	每次进给后的回退距离（D）增量值	可选（如果不指定，采用 VB1 对应的数值）
E	相对于 DA 的钻孔进给量	可选（如果不指定，采用 F 对应的数值）

G82 钻孔循环参数如图 6-15 所示。

图 6-15　G82 钻孔循环参数图示

此外，一个完整的加工循环确定了该孔的加工位置。

G79 XA25 YA20 ZA0 代表加工循环在某个确定的点（笛卡儿坐标）进行调用。

注意！ZA 表示在现在的工件的边缘（相对于 G54）进行绝对坐标编程。

（7）西门子钻削循环：深孔钻削 1 带断屑

在表 6-13 中我们展示了 PAL 循环中的参数和西门子深孔钻孔 1 循环中可能的参数输入（见图 6-16）。

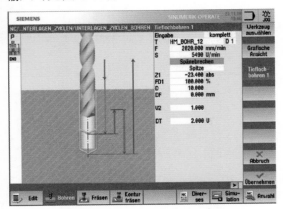

图 6-16　西门子深孔钻循环图示

表 6-13　西门深孔钻编程参数

PAL G82 的参数数据		西门子对相关循环中参数对话输入框的解释	
D	进给轴方向上的进给深度	D	最大加工深度
ZA	进给轴方向上的钻孔深度 这里为绝对值	Z1	最终钻孔深度（可选增量坐标值或绝对坐标值），可根据图纸要求选择编程录入是相对于轴端还是相对于刀尖点
V	现有材料上方的安全距离	SC	已经存在于程序头的位置，并对所有的切削工艺路径有效（见下图）
W	与 WNP 相关的退刀平面	RP	已经存在于程序头的位置
DA	相对于材料的边缘的钻孔深度		钻孔的深度值总是等于 D，而对于所有其他的带递减的进给深度可以按照百分比或者以 mm 为单位并填入 FD1 中
VB	每次进给后的回退距离（D）增量值	V2	每次进给之后的退刀距离
E	相对于 DA 的钻孔进给量		包含在深孔钻孔循环 2 中，用于进给量递减的钻孔循环输入选项

与 PAL 和海德汉不同，在西门子 ShopMill 的工步编程中，钻中心孔和钻深孔的加工仅与孔加工的定位关联一次（见括号）即可，如图 6-17 所示。

图 6-17　西门子 ShopMill 中钻孔编程

（8）海德汉钻孔循环（CYCL DEF 200）（见表 6-14）

在与海德汉循环（CYCL DEF 200）的比较中表明，此循环使用和 PAL 循环完全相同的参数 Q。

海德汉钻孔循环编程界面如图 6-18 所示。

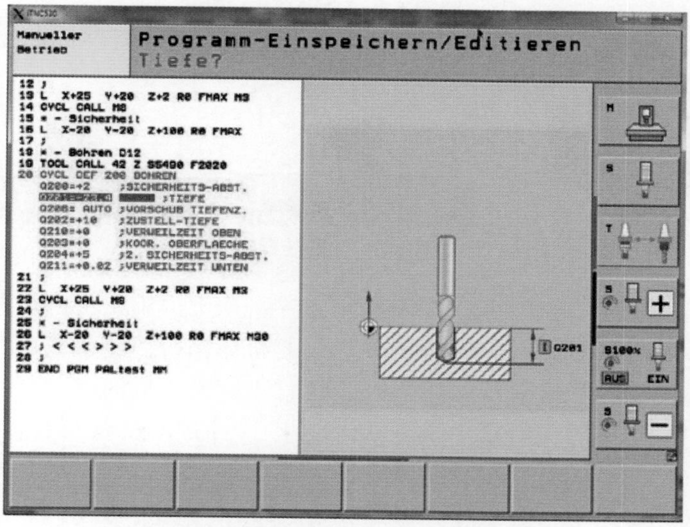

图 6-18 海德汉钻孔循环编程界面

表 6-14 海德汉钻孔循环编程参数说明

	PAL G82 的参数数据	Heidenhain 指令的解释
D	进给轴方向的进给深度	Q202；进给轴方向的进给深度
ZA	进给轴方向的钻孔深度 这里 ZA 是绝对深度	Q201；深度 相对于工件表面的坐标值，以增量方式编写（见图 6-18）
V	现有材料上方的安全距离	Q200 安全距离 应包含在每个循环中
W	相对于 WNP 平面的退刀平面	Q204 安全距离 2 应包含在每个循环中
DA	相对于工件毛坯边缘的钻孔深度	钻孔深度的值和 Q202 相等，其中钻削的进给量采用每次递减（Q212）的方式进行编程。具体定义参照工艺循环 205（通用深孔钻循环）
VB	每次进给后的回退距离（D）增量值	Q256；断屑时这个参数 Rz 只能在 203 和 205 循环中使用
E	钻孔进给量仅适用于 DA	203 通用钻削循环和 205 通用深钻削循环提供了进一步的可能性
	注意：此处与 PAL 不同！ 在 PAL 循环中工件表面的坐标值在循环调用的一开始进行	Q203；工件表面的坐标值 在每个 Heidenhain 的循环中都需要录入（见图 6-18）

这里也必须先对位置进行编程才能执行加工循环。只有这样，才能使用 CYCL CALL 进行钻孔，如上例所示。

（9）结果和结论

无论使用哪种控制器进行编程，都将在此相邻机床侧以及模拟结果显示中获得彼此相符的结果。钻孔示意图如 6-19 所示。

这种工艺的问题是锪孔刀具的直径大于钻头直径。

图 6-19   钻孔示意图

在这种情况下，为了改善工艺的可靠性，锪孔深度（DA）最大应为钻头直径值，进给速度应该降低 1/2，以避免刀具直径上的切削刃断裂。

一旦锪钻越过临界区域并使用切削刃的全部直径进行切削，就可以将进给量设置为切削数据建议中的进给速度（F）。

为了在今天的经济条件下使用较新的刀具和现代化的机床加工这个孔，应该重新考虑相关的应对举措。

如果使用另一种只能与外部冷却一起使用刀具，而非建议的全硬质合金钻头，则会导致较差的切削数据。例如使用涂有 TiN 图层的硬质合金钻头，转速仅为 2560r/min，进给速度仅为 691mm/min。

这样单个孔的加工时间大约为 2.3s 且在这些条件下仅可加工 3330 个孔。

在这种情况下，使用所建议的带内部冷却的全硬质合金钻头是更经济的，该钻头可直接使用且无需任何准备工作。这样单个孔的加工时间大约需要 0.8s，并可加工 5130 个孔。

然后用硬质合金去毛刺机去毛刺。由于切削刃的数量增加，去毛刺机也将获得更长的刀具寿命并缩短加工时间。

当使用 CNC 机床时，我们通常不会只制造一个单独的孔。在件数较多的批量生产中，还记录了生产中除刀具外的其他所有使用数据，以保证最佳的刀具使用寿命。

6.1.8   零点和参考点

工件加工程序的自动化和重复运行要求在机床上准确定义一个参考点。此外，无论是机床制造商还是用户，都需要在机床和工件上定义相应的点。

不同的零点以及它们之间的相互关系都对机床制造商和用户有着重要的意义。

机床设计者必须定义一个适合加工任务的机床零点，对零点关系的理解和有效使用，有利于机床操作人员在机床上进行自动加工。

1. 机床零点 M（见图 6-20 和图 6-24）

机床零点 M 由机床制造商以绝对坐标的形式确定，该零点位于机床坐标系原点且不能移动。所有的机床参考点都参考机床的绝对零点，坐标轴的测量系统通过该点进行校正，其值设置在 CNC 系统中。

在车削中，机床零点通常位于主轴中心线和法兰卡盘面的交点。铣床的机床零点主要在行程范围的边缘或在机床工作台的中间。

2. 机床参考点 R

机床参考点 R 用于同步坐标轴测量系统和 CNC 系统。

在机床轴参考校准的过程中，将机床轴的实际值和机床的几何空间进行同步。在参考校准过程中，机床轴是否移动取决于编码器的类型。

对于所有没有绝对位置测量装置的机床，通过机床坐标轴移动到参考点的方式进行参考校准，即回参考点。

回参考点可以通过手动或零件加工程序来完成。

手动回参考点方式根据参数中设置的回参考点方向由方向按钮（正或负）启动。

增量测量系统中的参考校准划分为三个阶段回参考点的操作：

1）运行到参考点开关。

2）同步到编码器零位标记点。

3）移动至参考点。

这一过程由机床制造商设置，即除了参考点的正确位置之外，回参考点的速度、移动方向、延时时间等均被参数化。

参考点的坐标由机床制造商决定，相对机床零点总是有相同的值，使用者不能改变它们。回参考点操作通常将轴的位置显示设置为零。所有轴的回参考点操作可以同时或者依次进行。机床操作人员必须同时注意到工件与夹具相撞的可能性。不回参考点将无法启动带有增量编码器的 CNC 机床在自动方式下加工。

如果机床轴配有绝对位置测量系统，则 CNC 机床接通电源后，立即识别出轴的正确位置，即不需要进行轴校准。

3. 工件零点、程序零点

当编制 CNC 系统加工程序时，编程是指将加工过程转换成数控语言程序的工作，通常仅是准备工作中的一小部分。

实际编程之前，加工过程的规划和准备是最为重要的。首先必须参考工件图样和使用的机床确定相应的工件零点。工件零点 W 为工件坐标系的原点，它可以由操作人员或编程人员自由选择，最好选择所有尺寸关联的基准点，因为这样计算会相对容易一些（见图 6-20）。同样重要的是，工件在机床上装夹后，可快速获得并使用该工件零点。车床工件零点通常被设置在旋转轴线与长度测量参考的交汇处，在铣床中，工件零点往往设置在棱角处或工件的中心。选择坐标轴名称与方向时应考虑与机床的坐标系配合，而这取决于所使用的机床。

然而机床坐标系并不适合编程，因为在多轴机床上，没有考虑工件相对机床零点的位置，并且按照机床零点编程的工件不能应用于其他的装夹方式或另一台机床。

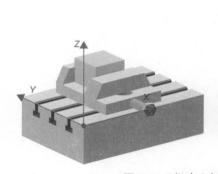

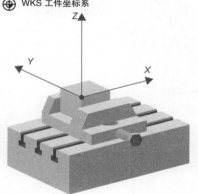

图 6-20　机床坐标系与工件坐标系

（机床坐标系 MKS 是由机床制造商定义的，是不能改变的。工件坐标系 WKS 是由编程人员或机床操作人员定义的。）

然后坐标转换到工件坐标系，即坐标零点从机床零点转移到工件零点。工件零点必须由操作人员通过切痕或接触确定。

在对刀切痕过程中，在已被测量且数据已存储在 CNC 系统中的刀具的帮助下，当在工件零点处出现尽可能小的切屑时确定该点为零点位置。同样也可以通过手工使用寻边器（铣床）或者测量仪表来确定该位置。对此，应尽可能使用低速的增量模式或者使用手轮移动到所需位置，然后将获得的值输入 CNC 系统。

零点位置可以通过自动测头更精确地获得，但是这需要将硬件和软件安装在 CNC 机床上，并且需要额外的费用。许多 CNC 系统通过相应的测量循环来支持应用测头，测头厂商提供支持不同 CNC 系统的相应软件包。工件零点可以以基准偏置或灵活的零点偏置的形式输入，基准偏置和零点偏置的使用选择不仅依赖于所使用的 CNC 系统设备，也与每家企业的编程理念有关。如果在机床上使用零点装夹系统，则将机床

零点与工件零点的固定偏置通过基准偏置给出是合适的。通过灵活的零点偏置，通过装夹系统的参考点可以简单地定义各个工件零点。

4. 零点偏置

机床零点与工件零点的偏差可以灵活地输入零点偏置中，通过赋值并激活，坐标系统可自动地与工件坐标系匹配。使用零点偏置使 CNC 机床的使用更加舒适，NC 程序的编程可以在不考虑机床坐标的情况下进行，工件零点可以通过零点偏置与机床坐标相配合，如图 6-21 所示。

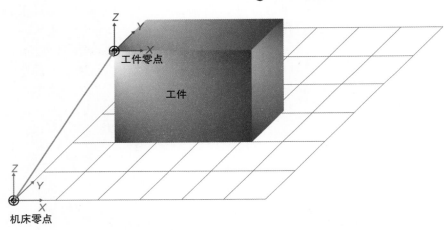

⊕ MKS 机床坐标系
⊕ WKS 工件坐标系

图 6-21　参考点与零点偏置

在机床坐标系中定义参考点，工件坐标系的零点偏置是在机床坐标空间中定义的。

为了执行零点偏置，CNC 机床提供相应的存储区，能够对各轴的偏置量进行存储。如果在加工开始后的程序起始阶段就输入相应的偏置量，那么这些值就会被 CNC 系统使用计算坐标值，这意味着后续的所有坐标值均加上所设置的零点偏置量。

目前 CNC 系统有多达 99 个零点偏置可供使用。

零点偏置可通过 G 功能指令 G54~G57

来调用，见表 6-4。

编程人员需决定使用哪些 G 功能指令来调用零点偏置。

零点偏置功能对编程人员的工作有很大帮助，尤其是程序零点可以以编程的方式沿着轴移动任意值。例如，同一钻孔循环移动到任意位置时，只需计算一次坐标值并可以保持。在使用带有更换托盘、组合立方夹具或组合塔式夹具的机床时，可将零点偏置当作手动可修改的补偿值来确定装夹坐标。特别是单件或小批量生产时，可以使用多个

零点偏置来减少装调时间。例如，可以为现有的每一个夹紧装置指定一个不同的夹头点，并且输入 CNC 系统中的零点偏置表中，或者为每一个不同的工件设置一个特有的工件零点（见图 6-22）。

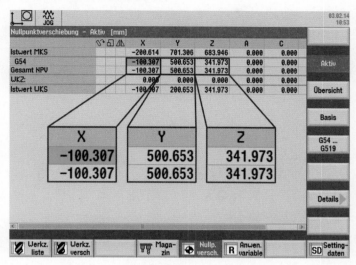

图 6-22　在 CNC 系统中设置 G54 零点偏置（如 Sinumerik 840D sl，来源：西门子公司）

在程序中按照夹紧装置或工件来激活相应的零点偏置量，如果以后需要重新生产同样的工件，在相同的代码中可立即再次使用相关的零点偏置量。只要进行了存储，设置好的零点偏置会一直保存在系统中，只有当与之对应的零点偏置被重新定义时其值才会被更改，如图 6-23 所示。

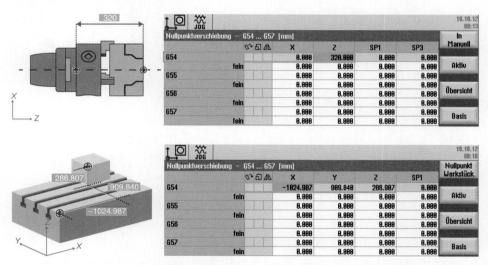

图 6-23　铣床和车床零点偏置的设置（如 Sinumerik 840D sl，来源：西门子公司）

5. 换刀点

换刀点位于工作空间内，且换刀时不会与机床相碰撞。铣床中的这个点是基于机床刀具的使用来编写一个固定退刀点，或通过与生产商确定并且在一般情况下操作人员无法更改。当然操作人员应保证刀具在换刀点不与工件碰撞，例如在更换较大和较长的刀具时。

在车床上换刀通常是通过刀塔的转动来实现的。对此操作人员或编程人员需要根据相应的程序来保证无碰撞换刀。

6. 刀库参考点

刀库参考点 T 对于预制刀具的调整具有重要的意义，刀库参考点位于刀具的夹持固定装置上。根据输入刀具的长度，控制系统可以计算刀库参考点到刀尖的距离。因此可以通过刀具长度补偿来均衡不同长度的刀具。刀库参考点和刀尖的距离可以看作刀具长度，此长度可用刀具预调仪测量，并且可以和预设的磨损值共同输入控制系统的刀具补偿存储器中。由此，控制器可完成进给方向的补偿运动（见图6-24）。

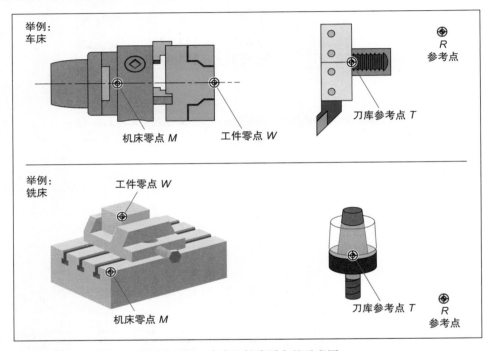

图 6-24　车床和铣床零点的示意图

6.1.9　转换

1. 坐标转换

坐标转换（见图6-25）通常是指从一个坐标系转移到另一个坐标系。这些功能主要简化了从空间坐标到具有摆动或旋转轴的机床或没有线性运动结构的机器人的坐标换算。

坐标转换可以分为以下几种：

1）偏置：通过偏置，可以编程指定轴方向的移位。这样就可以改变零点，在不同工件位置进行重复加工。

2）旋转：工件坐标系可以随空间旋转。如果要在一次夹紧中加工轴向平行且倾斜的工件表面，则需要这样做。

3）镜像：通过镜像，可以在坐标轴上镜像工件形状。然后在子程序中编程的所有运动均被镜像。

4）缩放：可以使用缩放比例编程轴比例系数，以在指定轴的方向上放大或缩小。这样就可以在编程过程中考虑几何形状相似的形状或不同的收缩尺寸。

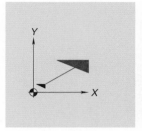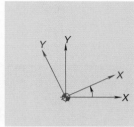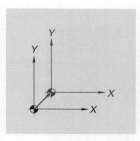

图 6-25 典型坐标转换：偏置、旋转、缩放、镜像

2. 运动学转换

通过运动学转换，可以在笛卡儿坐标系下对位置进行编程。控制器对在笛卡儿坐标系下完成编程的运动过程变换到实际的机床轴线下边转换为相应的运动过程。

典型的运动学转换为：

1）端面转换功能（TRANSMIT）（见图 6-26）：端面转换允许使用轴向加工的刀具，通过 x 轴和旋转轴的插补运动在工件的端面上进行轮廓的钻削和铣削（例如正方形、六边形、偏心圆形凹槽、扳手着力面等）。

端面转换是在虚拟的（笛卡儿）坐标系（x 和 y）中进行编程的。而机床的运动本身是在真实的机床坐标系中执行的。

端面转换主要用于车床。通过端面变换，可以补偿 x 和 y 轴上受限的轴线路径，或者在完全没有 y 轴的情况下给予补偿。

当铣床的机械结构不允许到达完全的 x/y 坐标位置时，也可以在铣床上使用端面转换功能。

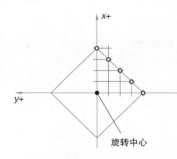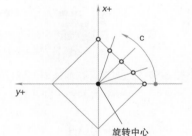

图 6-26　借助端面转换，可以在端面上进行机械加工。在虚拟的坐标系中进行编程，加工本身则在真实的机床坐标系下进行

2）柱面转换功能（TRACYL）（见图 6-27）：柱面转换可以在圆周表面上，通过 z 轴和旋转轴的插补进行铣削加工操作（将圆周展开）。直线和圆形轮廓均可编程。

柱面转换是在虚拟的（笛卡儿）坐标系（z 和 y）中编程的。机床运动本身是在真实的机床坐标系中执行。

编程需要将被铣削的轮廓图形展开。该展开图与圆柱体上的铣刀的直径相关。

3）倾斜角转换（TRAANG）（见图 6-28）：倾斜角转换或"斜轴"变换可在机床轴以斜角布置的机床上以直角工件坐标系（WKS）的方式进行编程。具备此类轴线布局的典型机床是带有 Y 轴的磨床和车床。

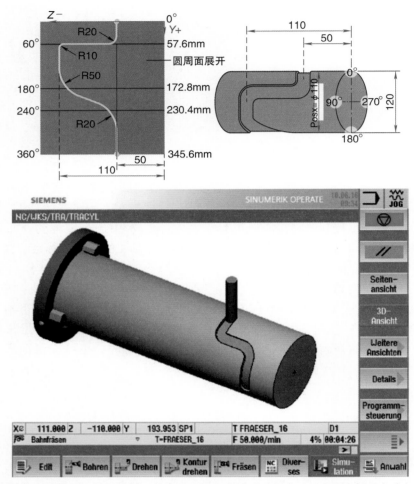

图 6-27 柱面转换在圆柱面上进行铣削：轮廓（凹槽）在展开过程中（以虚拟坐标的方式）进行编程，而本身的加工却在真实的机床坐标系中进行（来源：西门子，Sinumerik 840D sl）

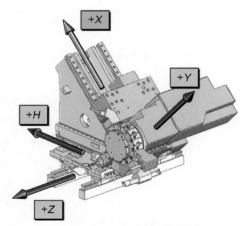

图 6-28 带 y 轴车床的典型结构
（来源：EMCO Maier）

4）定向转换。在定向转换的情况下，编程的位置信息始终指的是刀具的尖端，该尖端垂直于空间内的工作表面并进行跟踪。虚拟的旋转轴描述了刀具在空间中的方向。

典型的定向转换是五轴转换（TRAORI），如图 6-29 所示。

多轴转换用于加工空间的曲面，该曲面除了线性轴外还具有旋转轴。

在五轴转换的情况下，有三个线性轴和两个旋转轴，如图 6-30 所示。

通过多轴转换，旋转对称刀工具（铣刀、激光束）可以在加工区域内自由地使刀具对准工件。

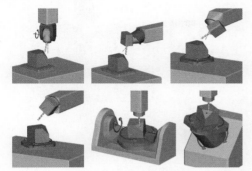

图 6-29 一些可能出现的铣床的运动机构示例，它们都需要不同的坐标系变换

图 6-30 只能通过五轴转换加工的典型的叶片状零件

6.1.10 刀具补偿

人们直接根据工件尺寸编程（如加工图样），而刀具数据：如刀具直径、车刀刀尖位置（左/右车刀）和刀具长度，则在创建程序时可以不考虑。

当加工工件时，根据刀具几何形状控制刀具轨迹，因此使用任何刀具都可以加工出程序设计的轮廓。

为了能够计算刀具轨迹，刀具数据必须输入控制系统的刀具补偿存储器中。在NC程序中只要调用所需的刀具（如T代码或刀具名称），即可调用所需的补偿数据。

在程序处理中，控制系统从刀具补偿存储器中获取偏置数据，并对不同的刀具进行不同的刀具轨迹补偿。

使用刀具长度补偿时要平衡所使用刀具间的长度差异，将刀库参考点与刀尖的距离视为刀具长度。

轮廓和刀具轨迹不同，铣刀的刀具中心点必须在平行于轮廓的轨迹上，即与轮廓等距的轨迹上运动，如图6-31所示。为此，控制器需要从刀具补偿存储器中获得刀具形状（半径）数据，根据不同的半径（刀具半径补偿）和加工方向，对程序的刀具中心点轨迹进行偏置处理，使得切削刃在程序处理期间正好沿着零件轮廓运行。

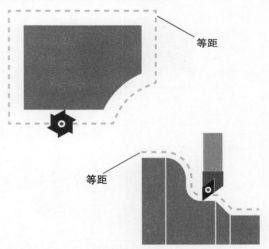

等距

等距

图 6-31 刀具半径补偿将刀具的接触点移至工件的期望轮廓上

为了准备好加工程序，除了夹具和刀具是必需的以外，还需要将刀具补偿数据输入CNC系统。刀具本身或者刀具磨损会产生偏差，这些偏差可以通过测量工件来确定，或者通过集成在机床工作空间的完全自动化的测量装置来确定。刀具磨损补偿依据存储在刀具补偿数据存储器中的数据计算，根据所使用的CNC系统有不同的校正编程指令。

如图6-32所示，刀具长度补偿可平衡

预置的长度（编程时给定）与实际刀具长度，如通过后续的精修补正之间的差别。这个差值或绝对刀具长度输入补偿存储器中存储。在程序中通过地址 H 或加上刀具和补偿编号实现补偿，这同样适用于铣刀偏差补偿。根据控制器的规定，补偿操作是通过 G41/G42（见图 6-33）或 G43/G44（见图 6-34）实现的，不依赖于加工所在的象限。

铣刀半径也就是说铣刀轨迹补偿的目的是针对每一个被编程的工件轮廓计算所需的等距刀具中心点轨迹，这既适用于车削，也适用于铣削，如图 6-35~ 图 6-36 所示。

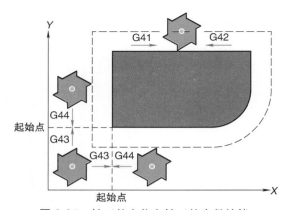

图 6-34　铣刀的定位和铣刀的半径补偿

G41—铣刀位于工件轮廓的左侧进行补偿
G42—铣刀位于工件轮廓的右侧进行补偿
G43—补偿的起始点到轮廓为止
G44—补偿的起始点越过轮廓

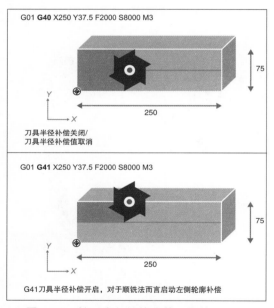

图 6-32　铣刀半径补偿或等距补偿相对于铣削刀具的切入点的影响

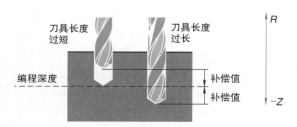

图 6-33　对于钻削刀具而言刀具的长度补偿

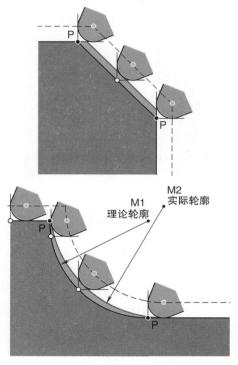

a) 刀尖半径补偿 1

图 6-35a　在车削工艺中刀尖半径补偿所起的作用：若车刀的尖点的圆弧上没有等距的轨迹补偿则在加工后工件上会出现形状误差。若按照点 P 进行轨迹编程的话，形状确定的切削刃切线并不会按照 P 点运动，由此产生了轮廓误差。也就是说：刀具实际运动的曲线和编程的工件轮廓的曲线是不一致的

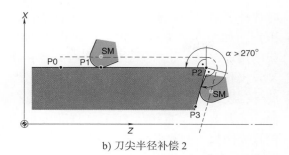

b) 刀尖半径补偿 2

图 6-35b 在车削工艺中刀尖半径补偿所起的作用：对带有 α 角的过渡圆弧轮廓中进行等距的轮廓补偿

具有托盘交换的机床必须考虑到与轴向平行的工件的定位偏置，旋转工作台的摆动存在相对零位的偏差，这些需要修正。如果控制器能够根据测量得到的相对工作台位置，对 x 轴和 y 轴方向的偏差进行考虑和计算则是非常有利的。

6.1.11　DXF 文件转换

目前，CNC 系统可提供直接打开 DXF 文件并提取轮廓或加工位置的功能。因此，操作人员不仅节省了编程和测试的时间，而且加工轮廓也精确地反映了设计者的要求。G41 编程示例如图 6-37 所示。

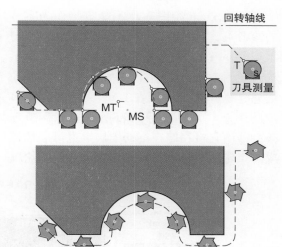

图 6-36 下图和上图的区别：车削工艺中的刀尖半径补偿和下图：铣削工艺中的铣刀半径补偿。编程永远依照工件的轮廓进行编程。过渡小圆弧和等距的补偿由数控系统自动给予考虑。由于车削工艺中的刀具测量的原因，刀具的中心点 S（刀具原点）以及给定刀具圆弧的切点并不重合。然而为了使得 S 沿着所要求等距的刀具轨迹运动，在 CNC 的控制下刀具 T 必须沿着一条和编程轮廓相比非等距的轨迹运动。对于铣削工艺而言，铣刀的中心点和刀具的零点是重合的，铣刀的中心点的运动轨迹相对于工件的轮廓也是等距分布的

N010	G17				
N020	G41	D2			
N030	G1	X125	Y50	F300	→ P1
N040		X105	Y40		→ P2
N050		X90			→ P3
N060	G3	X75	Y25	J–15	→ P4
N070	G1	Y20			→ P5
N080		X25			→ P6
N090		Y60			→ P7
N100		X45	Y80		→ P8
N110		X70			→ P9
N120	G3	X100	I15		→ P10
N130	G1	X125	Y60		→ P11
N140		Y50			→ P1
N150		Y30			→ P12
N160	G40	Y20	M30		→ P13

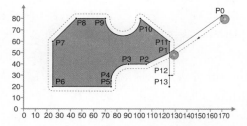

图 6-37　G41 编程示例：铣刀位于工件轮廓的左侧

如果 DXF 绘图零点不能直接作为零件的参考点，那么就可以简单地通过移动绘图零点到一个合适的位置作为参考点。为了选择轮廓时只在显示器上显示真正需要的信息，操作人员可以在 DXF 文件中隐藏多余的图层。人机友好的转换器能够支持选择，即使它被存储在不同图层上也可以选择成一个轮廓特征。一旦操作人员在选择轮廓时选择了第二个元素，然后启动了自动轮廓识别，如图 6-38 所示，那么就可以得到期望的循环次序。如果一个轮廓闭合或者有分叉，操作人员只需要选择后续的轮廓元素。此外，还可以选择加工位置，作为数据点存储，尤其是为了直接从 DXF 文件获得钻孔位置或槽加工的起点。

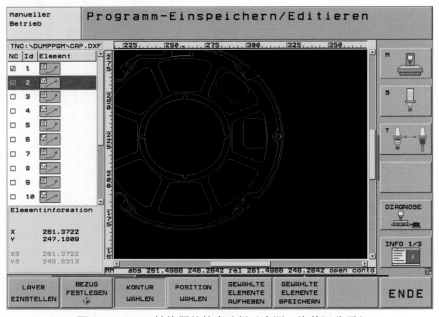

图 6-38　DXF 转换器的轮廓选择（来源：海德汉公司）

三维图形

CNC 系统中真实、详细的三维图形可以帮助操作人员在整个加工过程的仿真中了解缺少的说明和程序中的不一致性，保证工件、刀具和机床没有任何风险，以任何视角明确且详细地展现工件的特征。

对于仿真，编程人员首先应定义毛坯，然后创建三维图形模拟仿真加工程序。它可以精确地显示工件，并提供对于实际加工过程有效的预览，如图 6-39 所示。

由于使用 CNC 系统中的三维仿真，操作人员可以快速、轻松地仿真由机床编写的加工程序。但即使如此，从 CAD/CAM 系统中得到的加工程序也值得在 CNC 系统中进行模拟。因为 CNC 系统中的三维图形模拟考虑了适应于机床的实际几何结构的运动机构模型，因而仿真更接近机床的实际运动。

在模拟过程中，不同的视图选项提供了准确且可自由选择的观察细节。NC 程序或 CAM 系统中选择的加工策略造成了对加工的影响，仿真系统能够可视化不理想的加工效果和不符合要求的表面，如图 6-40 所示。

因此，操作人员可以查看自己感兴趣的结构，系统也可以很容易地显示出操作人员想要的图形。与 CAD/CAM 系统相同，

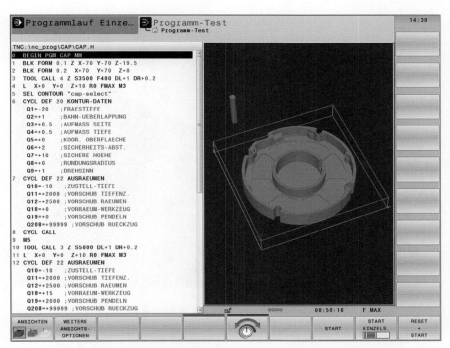

图 6-39　基于导入的 DXF 文件的加工程序（来源：海德汉公司）

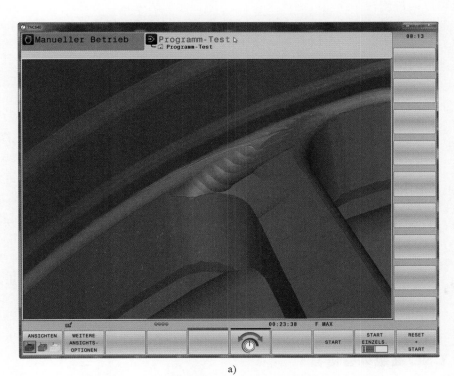

a)

图 6-40　工件表面的简单的预先分析（来源：海德汉公司）

b)

图 6-40　工件表面的简单的预先分析（来源：海德汉公司）（续）

由图 6-28a 可知，在仿真中已详细展示出不期望出现的加工结果，由图 6-28b 可知，
在实际的工件上缺陷也清晰可见

操作人员可以通过旋转、移动或缩放来察看图形详细的截面情况。此外，操作人员也可以选择只看工件或者只看刀具轨迹或者两者兼具。其他的视图显示选项的说明如下：

1）毛坯的原始尺寸作为边界并标示出主要的坐标轴。

2）工件的边缘作为图线。

3）工件透明表示，可以查看内部加工情况。

4）不同的工步用不同的颜色表示，操作人员可以很容易地看到各个步骤，并且可以简化刀具的分配使用。

5）刀具完全显示或透明化。

在三维图形最大分辨率下，可以控制显示对应的记录程序段的端点，这便于分析点的分配，例如，对重要表面的加工质量进行预评估。

6.1.12　CNC 高级编程语言

CNC 编程人员越来越面临特殊的任务，而传统的 DIN 66025 编程或图形化的 CNC 编程无法解决这些特殊任务。这意味着在工作准备和机器上经典的 NC 编程中都需要更灵活的编程支持。

1. CNC 编程中的特殊任务

此类特殊任务的一个示例是用于零件族的可参数化的 CNC 程序，这些程序仅在几个几何尺寸上有所不同。不必经常为某些组件编写一个单独的工艺循环（例如一个用于去毛刺的特殊循环），因为并不是每个特殊的任务都可以用标准的工艺循环来解决的。或者只能通过 DIN 66025 的指令集或图形化的 CNC 编程在有限的范围内实现从正在运行的 CNC 程序生成简单的操作员消息的功能。而使用高级的 CNC 编程语言可能是正确、灵活地对此类要求做出反应的正确方法。

2. 高级语言的定义

为了更好地理解高级语言，可以参照计算机技术。与基于硬件的汇编程序编程相比，可以使用高级计算机语言高效且透明地映射复杂的程序序列，即以一种易于阅读的方式进行映射。从图形上来说，这也适用于 CNC 编程。除了"面向机器"的 DIN 66025 编程（例如，G00，G01，G02…）之外，CNC 高级语言是使 CNC 程序更加灵活的补充，并允许 CNC 程序员实现复杂的 CNC 应用程序。在 CNC 市场上，Sinumerik CNC 高级语言编程提供了 C，C++，Visual Basic，Pascal 或 Java 等第三代高级计算机高级语言的基本属性。这大大增加了 CNC 加工程序的灵活性。

3. 高级编程语言的属性

第三代编程语言的属性是：

（1）可读的语音命令

使用高级语言编程的基本要求是可读的，即所谓的助记语言命令，例如 RE-PEAT，WHILE，CASE 等。

（2）抽象数据类型

程序员确定程序中使用哪些变量，最重要的是确定这些变量的类型。变量类型定义变量是否应包含轴位置，即浮点数（REAL 类型），计数器即整数（INTEGER 类型）还是比较结果（BOOLEAN 类型）。

（3）控制结构

控制结构对于映射程序顺序很重要。示例：条件分支（IF ELSE）或重复循环（WHILE，REPEAT UNTIL）。

4. 运算

除了基本的算术运算外，高级语言还提供了更高价值的数学函数，例如正弦/余弦或对数函数。但是具有运算符（例如 AND，OR，NOT）的布尔代数通常也包含在运算范围内。

5. 流程图（见图 6-41）

每个执行复杂任务的程序员都使用流程图技术。这是程序设计的基础。

首先以流程图的形式，即以简练的、易于理解的表示形式将其构建到"绿色图表"上，直到最后一步，程序员才将流程图转换为具体的语音命令。

高级语言以语音命令为特征，这些命令可使流程图尽可能高效地传输。

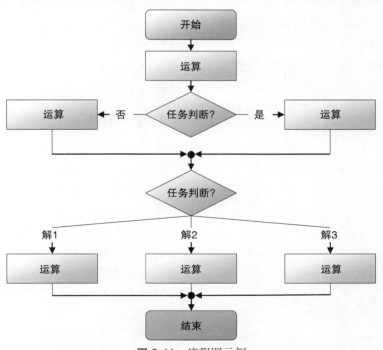

图 6-41　流程图示例

6. CNC 高级语言（见图6-42~图6-44）

CNC 高级语言（例如 Siemens 的 CNC Sinumerik）具有第三代编程语言的基本属性。

这里有些例子：

（1）CNC 高级语言的抽象数据类型

可以在 CNC 程序中定义以下类型的变量：

图 6-42　Sinumerik CNC 编辑器中丰富的抽象数据类型（来源：西门子公司）

（2）CNC 高级语言的控制结构

以下控制结构可以在 CNC 程序中使用：

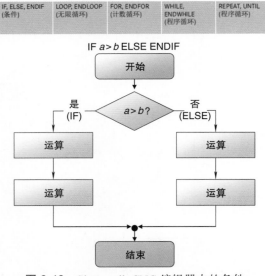

图 6-43　Sinumerik CNC 编辑器中的条件分支流程图（来源：西门子公司）

（3）使用高级 CNC 语言进行操作

以下操作可在 CNC 程序中使用（摘录）：

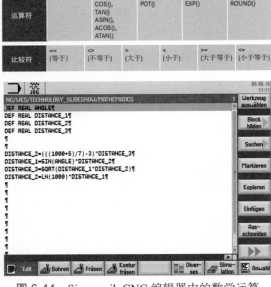

图 6-44　Sinumerik CNC 编辑器中的数学运算（来源：西门子公司）

所示示例还说明了 CNC 高级语言中易读的语言命令的可用性。

CNC 高级语言具有第三代编程语言的基本属性，因此是用于在 CNC 编程中实现特殊任务的工具。CNC 高级语言是"内置工具"，任何 CNC 编程人员都可以直接在 CNC 编辑器中使用它，而无需其他软件工具。

6.1.13　小结

NC 程序是按照一定的规则和特定规章（编程指南）编制的用于在特定机床上控制特定零件加工步骤和加工过程的程序。这个程序通常不适用于其他机床或者控制系统，因为可能不满足它的编程指令规定。然而对于每个机床操作人员及编程人员来说，有必要了解一般的程序结构，这是为了能够应对在机床上进行较小的程序调整或者修改。

在实践中也是有必要了解每个功能是如何运行的，也就是说，要知道是在程序段开始还是在程序段结束时生效，这在各自的编程指南中会给出。

对于程序编写的一般规则，在 DIN 66025 的 1～3 页中有介绍。在地址和值中，单个命令（字符）的细分使复杂的程序得以清晰化。甚至大规模且复杂的程序，有时在车间需要手动校正时，也能更方便一些。

经常重复出现的程序过程，如钻孔循环、车削循环或铣削循环，通过可调用的子程序存储，同时，也需要补充相应的所需的参数值（如深度、退刀平面、刀具号）。这样可以缩短程序的长度，并且简化了后续的更正工作。

所有 NC 程序的一个重要组成部分是被存储的且可自由调用的补偿修正值，如刀具半径、刀具长度、刀尖半径、零点偏置等以及其他与机床相关的数据。

第 6.2 节将会介绍如何创建 NC 程序。

6.1.14　本节要点

1）NC 程序是由一串使 CNC 机床的机械运动和自动化流程均受控的指令序列组成的。

2）坐标信息（尺寸）和准备功能（G 功能）的可编程性是 NC 程序的基本特征。

3）NC 程序的一个重要特点是，它包含了所有的轨迹和开关信息，并可以很容易地进行改变或互换。

4）NC 程序存储在电子可读数据载体中，或使用 DNC 直接从计算机传入 CNC 系统。

5）在 DIN 66025 中定义了程序的结构、地址分配、键入坐标值的度量、准备功能和辅助功能。

6）开关命令用于自动切换机床及自动化功能，如主轴转动、换刀、交换工件等。

7）模态作用功能是指那些直到它们在程序中用相关的命令再次关闭前，一直保持动激活状态的命令。

8）坐标信息用来确定编程轴运动到哪里？而准备功能确定怎样到达。

9）加工循环是被存储的子程序，其基本工艺过程是固定的，其坐标尺寸可自由编程（如钻削、铣削、车削循环）。

10）使用加工循环可使 NC 程序更短、更安全，手工编程更容易。

11）机床零点被定义为唯一确定的不可变动的机床 NC 轴零点，它的物理位置的确定可结合零限位开关测量系统的参考标记完成。

12）机床零点也称为起始位置，是由机床制造商确定的，通过位置测量系统精确地确定。

13）参考位置是一个坐标轴上的固定点，与机床零点相关，用于工件更换、刀具更换或用作起始位置。

14）回参考点是一个控制功能，用于自动返回参考点。它可以由操作人员或者通过程序触发。

6.2 NC 机床的编程

CNC 机床的效率很大程度上取决于所使用的编程方法和所用的编程系统的性能。越快速地编写正确的程序供机床使用，NC 加工就越有效、越灵活。因此，现在主要在计算机上准备工作或在车间中使用计算机辅助编程系统直接在 CNC 机床上进行 NC 编程。

6.2.1 NC 编程的定义

NC 或零件编程应理解为控制程序的生成，用于在 NC 机床上加工工件。无论程序是手动创建还是在计算机的支持下创建，结果始终基于 DIN 66025/ISO 6938 中标准化的语法。但是，为特殊 CNC 机床创建的 NC 程序不能随意转移到其他 CNC 机床上，以下注意事项与加工操作的 NC 编程有关。

6.2.2 编程方法

根据编程的过程和位置，可以区分几种编程方法（见图 6-45 ~ 图 6-48）。

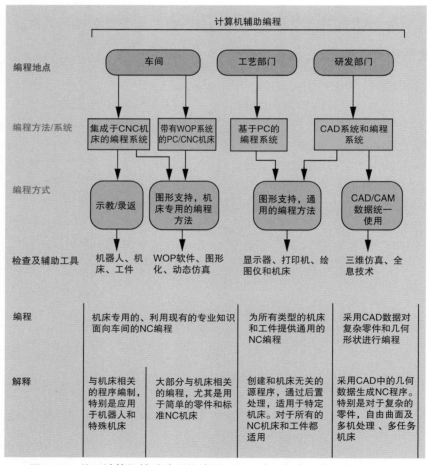

图 6-45 基于计算机辅助编程的编程工具、编程方式和编程方法的汇总

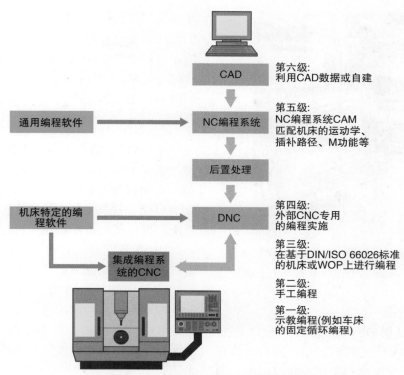

	第六级: 利用CAD数据或自建
	第五级: NC编程系统CAM 匹配机床的运动学、 插补路径、M功能等
	第四级: 外部CNC专用 的编程实施
	第三级: 在基于DIN/ISO 66026标准 的机床或WOP上进行编程
	第二级: 手工编程
	第一级: 示教编程(例如车床 的固定循环编程)

图 6-46 NC 编程的可能性和 6 级编程理念

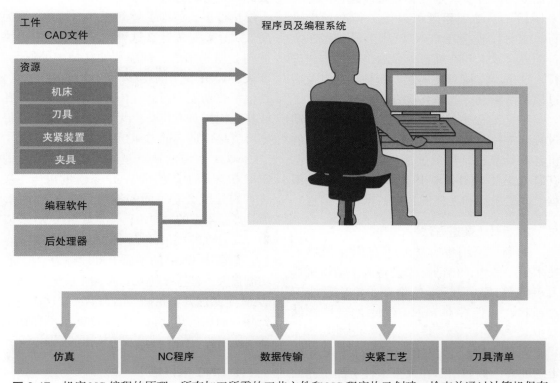

图 6-47 机床 NC 编程的原理。所有加工所需的工艺文件和 NC 程序均已创建，检查并通过计算机保存

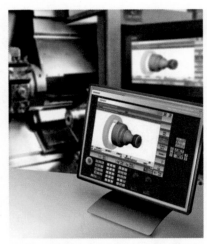

图 6-48　使用编程站进行相同控制的编程有助于工作准备，图：Sinutrain 编程站（来源：西门子公司）

1. 手工编程

程序员根据 DIN 66025/ISO 6938 逐步描述了刀具相对于工件的运动。路径以及开关量信息以及其他辅助功能可同时调用。所存储的刀具补偿和零点偏置也以编程的方式来调用。手动编程既可以在工作准备中进行，也可以直接在 CNC 机床上通过程序字符的逐个录入并在屏幕上显示出来的方式进行。这里不支持刀具规划、夹具规划以及通过模拟结果进行的最终检查的创建工作。

手工编程中计算 CNC 机床的单个运动过程非常耗时。这就是为什么它已被特定的机器或计算机辅助的通用编程系统所取代。其特点是不再针对机床的单一运动进行编程，而是工件和毛坯的几何数据进行编程。

2. 示教 / 录返方法

如今，该编程方法几乎只用在机器人技术中。其中，借助操作设备或手动将机器人手臂移动到要接近的位置。操作员按下按钮将它们保存在 Robot-CNC 的程序存储器中。

在机床中，它仅用于在工件上尺寸确定的地方，例如用于在大型工件上加工孔的镗床中。在维修车间通常使用所谓的"循环车床"，尽管这些是通过 CNC 控制的，但它们仅用于半自动操作。通过一步步地对点位的手动示教并结合加工循环的选择，从而逐步创建完整的 NC 程序。相对于加工所花费的时间，录入程序所花费的时间就不那么重要了。

3. WOP（面向车间的编程）

现代 CNC 的计算能力使集成具有图形和加工模拟的特定于机床的 CNC 编程系统成为可能。这将 CNC 变成功能强大的编程系统，操作员可以在机床上进行编程。

WOP 系统的优势在于：由于其特殊的设计，它们在功能方面可以最佳地适应特定的机床。即使是带有两个刀架、两个 C 轴和两把动力刀具的车床也可以非常实用地进行编程；完备的加工方案，即内部和外部，端面和侧面以及碰撞监控，条件等待以及两个刀架之间的任务分配方面，在 CNC 侧完成此类任务的速度通常要比通用的 NC 编程系统快得多，就加工效率而言，前者要更为高效。这就是为什么这种编程方法可以很快被确立用于车削、铣削和冲孔加工的原因。今天，WOP 适用于所有类型的 CNC 机床。其他重要功能如对套在一起的零件进行冲孔或打孔同样具有优势。无需后置处理器，程序可直接以适当的 CNC 语法规则生成。

WOP 系统的缺点是：每引入一家新的 CNC 机床厂生产的带 WOP 系统的机床，最终客户处就会有不同的编程系统进入车间。但是经验丰富的用户声称，自从引入 WOP 以来，其 CNC 机床的利润率才得到显著改善。

德语中 WOP 的字面上可理解为"精简，功能强大，且特殊的 CAD/CAM 系统"，根据 CAM 定义这并不正确。因为不存在这样一个公共且通用的可访问的数据库，也不存在可继续使用的刀位文件以及可输出的列表。

4. CNC 编程站

可以在 CNC 机床运行期间在机床上进

行 WOP 编程。但是由于机床的负载能力或较短的换型时间使得机床不可能允许进行此类操作。因此越来越多的 CNC 控制器制造商提供了它们的控制软件并用于在 PC 上进行车间侧的 NC 编程（见图 6-49 和图 6-50）。这样做的好处是：在这两个系统上的程序处理都是相同的，并且编程远离嘈杂的车间环境。机器操作员也可以在无需额外培训的情况下即可在编程站上编程。而额外的工作则是可控的，但对于每一台 CNC 机床而言则必须首先安装并激活相关的插件程序。

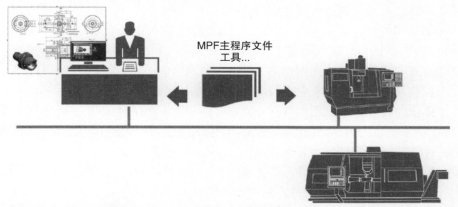

MPF主程序文件
工具...

图 6-49　如果 PC 与机床联网，则可以在几秒钟内将程序传输到 CNC（图：Sinutrain 编程站）

（来源：西门子公司）

图 6-50　外部创建的程序可以在工作准备环节中进行测试，然后再借助 CNC 编程站在机器上使用。

（图：Heidenhain 编程站）

5. CAD/CAM 编程和制造

CAD/CAM 是计算机辅助设计（CAD）和制造（CAM）的通用术语。计算机辅助 NC 编程在规划部门或工作准备中进行。通过标准化，统一的界面将 CAD、CAP 和 CAM 集成在一起，可以进行开发、设计、规划和生产以访问公用的数据库。

如果要编程的工件的几何数据已经在 CAD 计算机中提供，则可以直接将其用于 NC 编程。这样可以节省时间，并且没有任何传输错误。仍然需要在编程系统（CAP）上进行任何几何校正，并添加了诸如主轴速度、进给速度、刀具选择、修正值调用和其他辅助功能之类的工艺数据。这可以手动完成，也可以由编程系统全自动地给出推荐值并最终获得采用。最后，所有生产文件均可以输出，即：刀具清单、零点偏移、质量管控注释、操作员帮助文档等。

此处应注意，高性能 CAD 系统的设计任务可以处理比 NC 编程复杂得多的任务。购买 CAD 系统不能仅通过将其用于计算机辅助零件编程来证明其合理性。因此，CAD 系统中工件的几何数据必须与许多其他数据严格分开存储。

6. 通用的 NC 编程系统

借助基于 PC 或笔记本计算机的这些系统，可以对所有 NC 和 CNC 机床进行通用、可靠且方便的 NC 编程。规划部门和车间所需的设备都不需要太好。空间上的接近也方便了机器操作员和编程人员之间的通信，并提供了许多其他优点，例如快速的生产变更或紧急订单。

根据要求可以选择功能或多或少的系统。在这里，要求买方找到适合其要求的正确系统。

在外部编程站上进行编程通常会缩短机器的停机时间。也可以使用图形仿真来测试程序。可以省去在 CNC 机床中进行错误排查的其他测试。高分辨率的图形有助于可靠地识别 3D 程序轮廓的损伤和隐藏的细节。

通用的计算机辅助编程分为三个步骤：

1）某种 NC 编程语言的使用：这意味着为创建 NC 加工程序需要一种抽象的、面向问题的、符号化的编程语言。它们实际上是为在大型机上使用而开发的，并且具有用于 NC 编程的特定词汇、符号、语义和语法规则。普适的语言有 APT、EXAPT、Mastercam 等。另一方面，单一用途的语言只能用于特定的应用领域，并且是针对特定的 CNC 机床组合量身定制的。

这种在没有操作员指导和图形支持的情况下进行的编程在技术上已经过时，如今已不再适用。

2）刀位文件（CLDATA）：通过计算机辅助的 NC 编程，第一个数据输出采用通用的 CLDATA 格式，符合 ISO 3592/443 和 DIN 66215/ISO 6938 标准，这些数据实质上包含刀具中心点路径的计算坐标和用于后续计算机后置处理器运行的输入。它也称为 CLDATA 文件或源程序。在输入 CNC 机床之前，必须首先对其进行重新处理。在计算机中，CLDATA 文件使用"适配程序"（后处理器）适应了事先确定的 CNC 机床。因此，每个机器／控制组合都需要一个特殊的后处理器，以适当的格式生成 NC 零件程序。

3）后置处理器（PP）：后置处理器是一种计算机软件，可将与机器无关的 CL-DATA 文件适配到特定的 CNC 控制器，并以和 CNC 兼容的格式输出。必须为每台 CNC 机床创建一个单独的后处理器。通常由 5 个部分组成：输入、控制、运行动作、切换功能和输出。只有在计算机上运行后处理器之后，才能使用完成的 NC 程序。如果夹具和工件也可以作为数据文件使用，则还可以打印出更多数据并在屏幕上检查动态的图形仿真。

如果程序员未遵守规定的极限值或发生输入错误，则现在可最终识别这些错误并显示出错误原因。例如，后置处理器考虑到机床的尺寸和运动机构，进给速度，主轴速度和刀具的极限值，发出正确的 M 命令完成分派刀具，修正值和参考点的动作。输出的结果为适合某特定 CNC 机床的可立即执行的 NC 程序。

7. 读取 DXF 文件

DXF 文件，例如 B. 可以事先读取钻孔图案或内外轮廓，并在准备工作领域适应机器的加工。即使大多数 CNC 模型都提供直接读取 DXF 文件的功能，但在办公环境中对数据进行后处理（例如由于未闭合轮廓或使用流体辅助线进行处理而导致的绘图间隙等）都更加方便且比在车间环境中完成的工作要多。

8. 适应实际的机床

CNC 供应商为编程站提供车削或铣削等技术的标准设置。但是，实际机床上的 CNC 通常由机床制造商进行调整，以使这些标准设置不再与实际机床匹配。例如轴标识符、运动机构配置、人机操作界面的对话框等。通常可以通过从机床读取相应的调试文件来使 CNC 编程站适应实际情况。机器制造商有时还会提供这种调整作为服务。

9. 培训（见图 6-51）

由于编程站与控件基于相同的软件，因此它们非常适合培训和继续教育。编程和程序测试完全在计算机上运行。这为学员提供了以后在机器上工作的安全性。编程站也非常适合学校的编程培训，因为编程站支持 DIN/ISO 编程和特定于控制的图形编程系统。

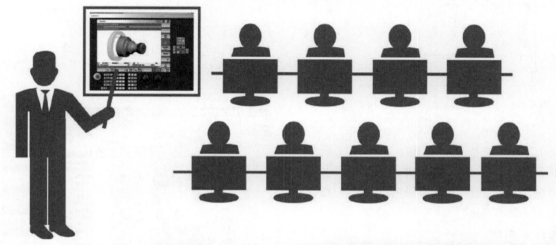

图 6-51 在无需担心机器出现碰撞危险的情况下，理论上仍可以在教室中使用相同的控制器进行培训，图：Sinutrain 编程站（来源：西门子公司）

10. 增材制造程序

这些新的 CNC 技术的编程不同于机加工生产中的编程。它基于 CAD/CAM 原理，即需要完整的、尺寸精确的三维 CAD 模型。该数据序列是后续切片工艺过程的信息输入。工件从下到上分解成单独的虚拟的片层，并按照逐层构造在 CNC 机床中进行准备。

有关更多信息，请参见第 4 部分第 2 章的增材制造过程。

6.2.3 基于 CAM 的数控切削加工策略

数控切削加工长期面临着要不断优化加工流程和单位时间内生产更多工件的挑战。

现今的 CNC 机床在其动力学和刚性上进行了优化，可以使用高功率的切削，在实际中也经常这样使用。刀具制造商推荐的切削数据，在实践中，很少有不断刀或者机床机械负载不能承受的情况。为了解决以上问题，出现了 CAD/CAM 模块和提供给面向机床使用者的针对几乎所有工件材料以及切削刃材料的优化的加工策略且集成于数控系统中的加工循环，它们均面向所要加工的工件和所选用的机床。

1. 优化的数控铣削策略

常规的铣削方法是通过刀具的接触角来确定加工极限的。整个铣刀在槽内做直线加工，这意味着它的接触角达到了 180°（见图 6-52）。每齿进给量 f_z 在进给方向上为恒定值。工件材料越硬，切削深度越小，也就需要向低调整进给速度，否则刀具有破损的危险。刀具的横向进给应该调整到刀具直径的 0.5 倍以内。

因此，优化的加工策略越来越多地被开发和使用。

下面以高速切削（HSC）、插铣加工（插铣）、涡铣（摆线铣削）为例进行介绍。

1）高速切削的主要特征是高主轴转速、小切削深度和大每齿进给量，这样的加工需要具有高动态特性的加工机床。

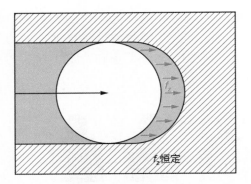

图 6-52 全键槽铣削示例: 180° 接触角 (来源: 霍夫曼集团)

2) 插铣加工 (见图 6-53) 用于硬质材料深腔加工, 传统的多次进给加工方法有明显的缺点, 如由于铣刀径向的切削力在使用长铣刀加工时会产生临界振动。

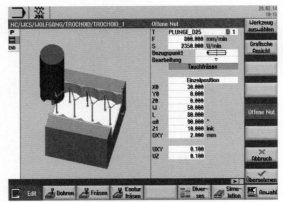

图 6-53 插铣原理 (以加工开放槽为例) Sinumerik 840D sl 数控 (来源: 西门子公司)

插铣方式最终可钻出行腔、凹槽或轮廓, 可达到粗加工的最大切除率。

现代 CNC 系统为这些工艺方法提供了非常方便的加工循环。

由于接触角为 180°, 使得传统铣削方法的铣刀承受了非常高的压力, 过大的进给量导致刀具破损, 铣刀不能达到它的寿命周期, 因而也不能经济地使用刀具。

3) 涡铣可以优化以上问题, 如图 6-54 所示。铣刀的直径小于凹槽尺寸, 在以连续圆周运动通过凹槽时, 接触角保持在 30° ~ 65° (理想的角度取决于材料)。接触角取决于每个圆周运动的切削深度与所述圆周轨迹的直径, 这样作用在铣刀上的力较小, 因此可以大大提高进刀深度。因而铣刀的使用非常经济。从数学的角度可以解释为: 这个圆周中心的坐标点一直沿着槽的方向移动。

图 6-54 所示为静态加工策略, 即基于固定的圆周轨迹。

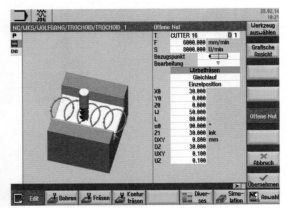

图 6-54 摆线铣削原理 (以加工开放槽为例) Sinumerik 840D sl 数控 (来源: 西门子公司)

在接触角缓慢上升和下降的过程中, 铣刀在这两个阶段的圆周运动中还没有优化。通过所谓的动态或优化摆线工艺, 可以使非最优工艺阶段尽可能得短, 这需要优化铣削轨迹。通过复杂的算法计算, 使接触角尽快、尽可能长地保持在最大值, 如图 6-55 所示。

图 6-55 高动态摆线粗加工
(来源: Solidcam 公司的 iMachining)

因此，铣刀在几乎全部切削时间内都进行了优化，这个过程在空切时也进行了优化，这里的铣刀轨迹可以通过缩短圆周运动提高进给速度进行优化。最佳条件主要依赖于机床的动力学特性。在表面上产生的"铣刀刮痕"，可通过略微抬高铣刀（如0.05mm）来避免。

许多控制器厂商为这种铣削方法提供了不同的加工循环的铣削软件包，这些加工循环功能都建立在所描述的数学算法上。

因此，铣削加工中的切削参数已得到显著的提高。然而 CNC 系统、CNC 机床以

及刀具还允许进一步地提高切削参数。但往往优化的结果无法用到正确的编程中。这个缺陷由 CAD/CAM 供应商提供相应的模块，除了几何元素上的编程，还通过适合不同的材料和所选机床的数据库，提供优化的切削参数。铣削过程本身是以摆线加工原理进行的。

这个 CAD/CAM 模块生成针对棱柱和三维表面成形零件的高速铣削粗加工，如余料粗加工和半精加工 NC 程序（见图 6-56）。

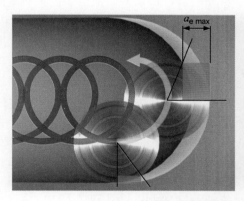

图 6-56　静态和动态摆线铣削的区别（来源：霍夫曼集团）

与基于 CNC 系统的加工循环相区别，通过 CAD/CAM 模块动态生成刀具轨迹，这也意味着所需摆线铣削圆形轨迹不是恒定的，而是适应于由 CAD/CAM 系统的切削体积计算的量。

CAD/CAM 模块从数据库中进行回溯，这样切削参数可通过下面的关系进行计算：

① 材质 / 材料。
② 刀具材料。
③ 目标机床的主轴功率。
④ 目标机床的最大转速。
⑤ 目标机床的最大进给速度。
⑥ 刀具的接触角。
用于特定工件的数据如下：
① 可能的主轴最大转速。

② 可能的最大进给速度。
③ 铣削刀具的最小和最大侧吃刀量。
计算并在其动态摆线刀具轨迹上执行。刀具轨迹进行优化计算时，在较长直线段自动选择小的切削深度和最大可能的进给速度，在较短直线段或者曲线段选择较大的切削深度和较小的进给速度。在刀具（Z）切深方向上可以利用完整的切削刃长度。

由此切削刃得到最大限度的利用，使用刀具寿命增加。因此主轴的负载小于传统铣削，相对于传统的机械加工节省了高达70% 的加工时间。

2. 优化的数控车削策略

与铣削相对应，也有用于车削的优化解决方案，动态力具轨迹使体积切除率保持

恒定，同时充分利用整个切削刃长度。

传统的车削加工切入材料时切削力突然增加，这会导致磨损或在最坏的情况下打断切削刃。

在新的加工方法中，刀具切向进入工件，切削力逐渐增大，除了减少刀具的磨损，机床也不受突然出现的冲击力。同时进给力也慢慢上升，这使加工时间显著地减少（见图 6-57）。

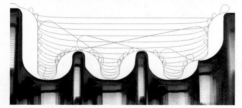

图 6-57 使用 Mastercam 动态编程刀具的
切入和切出（来源：Mastercam/InterCAM 德国，
巴特利普斯普林格）

一旦刀具与工件接触，工件和切削刃之间便会产生动态的接触点。动态地选择接触点，可确保在整个切削刃长度上磨损均匀，由此可以完全避免传统加工方法的点接触问题。

通过这种动态的切削刃接触点，刀具的寿命大大增加了。

在恒定的切削条件下，实现理想的断屑，使切屑将产生的热量从工件上带走。在切削进行中，通过编程出小的环装路径实现

切削方向的变化，从而避免空行程，充分利用机床的动态特性，实现平滑的动态的方向变化。

这种"动态粗加工"是专为加工硬质材料而设计的，动态运动能够有效地切入材料，并使用最合适的切削刃进行加工。

3. 多任务车铣复合加工

多任务车铣复合加工一词定义了金属切削行业中铣削、车削和钻孔的组合加工，这种加工的优点是要制造的零件在一个加工过程之内，无需重新夹紧和重新对齐组件即可完全进行机加工。所提供的配置选项包括具有上、下刀架，刀架和 B 轴组合甚至仅一个 B 轴的各种各样的机床。组合因机器制造商而异。

车铣复合机床还有其他应用领域：在棒料装载机的帮助下加工独立的零件毛坯，然后将成品零件切断，并执行大量重复的程序。可以根据控制模型直接在 CNC 上或通过 CAD/CAM 系统对此类机器进行编程。CAD/CAM 系统的使用具有许多优点：从简单地处理要制造的组件，使用 CAD 功能进行编辑，编程刀具路径到仿真。

车铣床通常具有几个所谓的通道，以便可以同时进行工作；为了确保工艺过程的可靠性，可以使运动彼此同步，通过拖放完成"如果 - 那么"条件的插入并安排工作顺序。例如 B 轴可以与转塔刀架同时在零件上进行加工。

这些可能性使生产时间极短，并最大限度地减少了人工干预。

在数字化时代，支持 CAM 的编程在多任务处理领域提供了巨大的优势：所需的工具可以映射为 3D 工具并集成到机器仿真中，从而实现了真实生产的详细表示。这样，可以在实际的铣削、钻孔或车削过程之前识别出碰撞和其他问题。机器仿真提供了视觉检查，并确定了操作之间的交互和同步是否按计划进行（见图 6-58）。

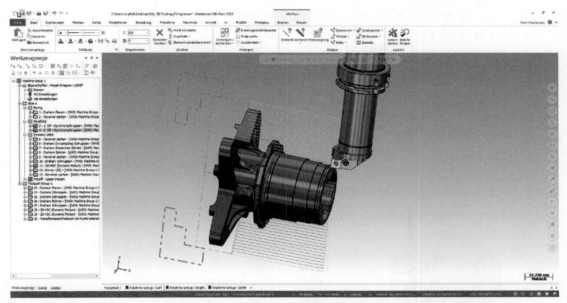

图 6-58 借助 CAD/CAM 工作站对多任务处理进行编程和可视化具有许多优势（来源：Mastercam）

6.2.4 图形辅助编程

计算机辅助编程中的重要部分是显示器中显示的图像。首先集成在编程系统中，然后集成在 CNC 系统中，它们被证明是数控技术更快被接受和传播的关键因素。

图形辅助有几种不同的类型：

1）输入辅助图形，针对几何形状和工艺，使毛坯、成品使用的刀具及加工过程对于编程人员可视化。

2）帮助辅助图形，用以显示钻孔图、铣削和车削加工循环、夹具、刀具几何形状等以及加工专用的功能。

3）仿真图形，结束输入后显示最新动态工作过程的模拟仿真图形，使输入或者加工过程中的错误容易辨认。仿真模拟可以使编程人员不需要对机床再做进一步的检验。

这种全面的图形支持对数控编程人员来说，最好是在到车间进行实验前，有可能对程序结构进行一步一步的可视化的跟踪，如同传统方法在机床上进行的工作，在任何时间还要对工件与图样的一致性进行检查，即使这样会耗费时间。这种方法将编程人员引入专业对话中，在工步渐进式的编程过程中给予持续的安全性，对于复杂的加工程序而言也缩短了加工程序的编程时间。

图形支持的优势，在重新装夹进行加工及输入复杂的轮廓时显而易见。它取代了在轴和运动中的抽象思维。

在输入时也要多次访问帮助辅助图形，如选择刀具、定义安全区、钻孔和铣削循环编程等，如图 6-59 所示。

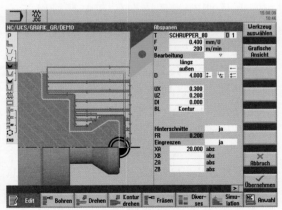

图 6-59 固定切削循环的图形化动画辅助及参数输入窗口（Sinumerik Operate Shopturn，来源：西门子公司）

输入后，图形仿真模拟显示加工过程，大多数情况下通过多个视图显示（见图 6-60）。在一些系统中，编程人员可以在任何时间检查是否出现编程错误，而其他程序只有在完成编程后才可以检测。实时仿真还可以同时估算出加工时间，但是整个过程耗时过长，因此并不总是使用。因为有时也需要快进展示加工过程。

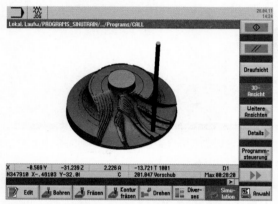

图 6-60　直接在 CNC 系统上进行叶轮的五轴联动加工的三维仿真（Sinumerik Operate，来源：西门子公司）

在并行仿真中，在数控显示器上同时（同步）进行加工，操作人员可以始终跟踪机床中的工件加工，而这是有好处的：因为当有切削液时，是不能直接进行观察的。

几乎所有的系统在仿真中都能以正确的尺寸，甚至在外形加工或内腔加工中单独显示刀具和工件。观看者可以看到工件的形状是如何改变的，识别刀具与尾座或者刀杆与工件的干涉，所有部分的加工是否顺利。实现以上目标的前提是，用户提供刀具的全部数据与图形，并且可以修改。

图形仿真无疑是在安全性方面最重要的一步发展。刀具、工件及夹具之间的碰撞或者几何尺寸错误是可以轻易识别的，并且在事故发生之前被修正。这使得单一工件或者大型工件、昂贵工件的废品率显著降低。

6.2.5　编程系统的选择

正确的加工程序对 CNC 机床的经济运行至关重要，为此，编程速度要快、花费要低。想要灵活地使用 CNC 机床，一个功能强大的编程系统就更重要了。

对现有市场上的 NC 编程系统做出选择并不是很容易，因为每个厂商都有独特的优势，因而需要考虑其他或大或小的因素。

做决策时，首先应该考虑以下几个因素：

1）工件型谱。包括零件族、尺寸、重量、相似度、毛坯的几何尺寸、工件几何形状的复杂性、所需的刀具数量、技术调查的费用。

2）CNC 机床车间。包括 CNC 机床的数量、加工方法、CNC 机床类型多样性（机床尺寸）、CNC 系统类型多样性、自动化的程度、工件和刀具的更换。

3）生产规划的核心数据。包括每周/每月/每年更新的 NC 程序的数量、已归档的程序数量、生产的重复频率、批量。

4）组织问题。包括可使用的计算机、新安装的计算机、现有或计划的数据网络、直接数字控制系统、CAD/CAM 工艺耦合链、人员素质、NC 系统操作以及编程的经验。

虽然 NC 系统的初学者通常对自己选择的 CNC 机床有一定的认识，但是面对众多编程产品时，对它们的优缺点并不一定很清楚，这时必须克制害怕购买错误产品的恐惧。基于 PC 且包含所需的后置处理器的功能强大的编程系统，在目前绝对是经济实惠的选择，必须在 NC 加工融资筹措的开始阶段就纳入规划。

自动编程即计算机辅助编程的影响因素主要有以下几方面：

1）高计算工作量，即使是几何形状简单的工件。

2）宽泛的工件型谱。

3）复杂的工件几何形状和表面。

4）有多种类型的机床和 NC 系统的车间。

5）高自动化的机床。

6）针对多工件型谱的柔性制造系统。

7）每年都会出现很多新的 NC 程序及其低重复率。

8）NC 编程人员缺少经验。

所有的编程系统供应商都相信，他们的系统对于每种应用情况来说都是最好的系统。因此，购买者需要根据一些规则自己验证哪个系统更适合自己。为了比较各个系统的功能与用户自身的需求，运用效用分析方法是最合适的，因为每个用户对各种需求的优先级是不同的。最后，应该对想要购买的系统的一个或多个用户进行访问，根据他们的使用、评价、满意度和服务的调查得到最新的认知。这些因素不能以数字来表达，最多可以在费用上用数字表示。

在任何情况下，都需要对以下特征进行仔细检查：

1）计算机硬件和操作系统。

2）现有的 DNC 和 CAD 系统的数据接口。

3）几何造型方面的功能，简单或复杂工件的几何造型，不同的尺寸关系。

4）对几何形状和工艺进行后续修正的可能性。

5）在刀具选择、切削参数、加工顺序和加工循环调用等方面的工艺能力。

6）带有刀具、机床、夹具和工件碰撞检测的图形动态模拟。

7）通用性：即不同类型的机床编程至少具有 2~5 个数控轴，三维模式，以及带有动力刀头的车床和后置处理模块（如有必要）。

8）易于编程，包括用户的友好性以及辅助显示。

9）提供培训、文档和启动协助。

10）生产导入成本及运营成本。

11）预计的进一步研发成本。

12）在国内外的认可及普及率。

根据这些规则，便可聚焦到正确的系统上。卖家声明条款，对购买起决定性作用，应该无条件地以书面形式确认。最重要的是，一定要在今后使用这个系统的编程人员的协作下做决定。

当然也有这样的可能性，各个加工工艺使用不同的编程软件，但是这会提高成本并附带许多问题。

6.2.6 小结

NC 编程对 NC 生产的经济性起到了决定性的影响。因此，编程系统的选择和人员培训至少必须做到同机床设备采购一样的精心准备。在日后的日常使用中可以看出，仅使 CNC 机床运转是不够的。

除了少数例外：如齿轮铣床或弯管机，能够通过输入少量的参数值进行编程便可以进行几个小时的加工，其他情况应使计算机辅助编程系统成为首选。它们节省了 NC 编程人员大量的计算工作，并尽可能地在显示器上显示动态仿真图形，在短时间内编制出正确的程序。此外，在紧急情况下，还可以快速地将存储的源程序提供给机床使用。

对于复杂的工件形状和表面，大型、昂贵和复杂的机床以及贵重的工件，功能强大的工件编程系统是必不可少的。然而强化编程人员的实践和培训也是不可替代的。根据分布式智能化原则，编程人员、编程系统、CNC 机床都必须具有足够的工作能力。

编程系统的选择基本上取决于满足需求、可用性和通用性高的软件。应该避免特殊的解决方案，因为经验表明，这样会导致无法解决的问题。

使用两个或多个编程系统在一些情况下是完全合理且经济的，这同样也适用于手动输入程序的 CNC 系统与一个集中编程部门的结合，在日常使用中，可以做到相辅相成。

最重要的要求是，通过一个正确的编程系统，能够灵活、高效地使用 CNC 机床。

6.2.7 本节要点

1) NC 编程是指在 CNC 机床上创建加工工件的控制信息。

2) 手工编程是根据 DIN 66025 为特定的机床或控制器，手写和存储工件加工程序，编程人员必须一步一步指定必需的刀具运动。

3) 手工编程需要数学和三角函数知识，并且需要大量的额外计算时间，编程错误要直到在机床上运行时才能被发现。

4) 编程人员除了必须确定几何数据以外，还需要输入工艺参数，如主轴转速、进给量、切削深度、补偿校正值等。

5) 自动编程是在计算机的支持下进行工件加工程序编制。最初的输出使用通用的输出格式（CLDATA 文件），通过后置处理将其转换成适合特定机床或控制器的程序。

6) 在支持图形编程的系统中，通过对将要被加工的工件和毛坯进行编程，所需的刀具序列、工艺参数和需要被执行的运动都由计算机程序自动求出。

7) 目前有一些优化的加工策略，这些策略对机床和刀具是有利的，且仍能满足经济性要求。

8) 优化措施包括铣削的"摆线铣削"和"插铣"，以及车削工艺过程的动态切入切出。

9) 车间编程能够在集成于 CNC 系统中的编程系统上进行，或者在机床附近如在 PC 上进行。

10) NC 编程重要的目标是创建正确的可立刻执行的加工程序，不需要冗长的试运行和程序修正工作。如果是进行大批量生产，时间优化需要排在第二位。

11) 数控生产的经济性在很大程度上都取决于编程，编程系统的功能越强大，就会越快使机床得到正确的程序。

12) "NC 编程"不应被理解为是费力的、烦琐的和容易出错的复杂三角函数的计算任务，而是系统地通过对话的方式简化对工件的描述，通过图形即时查看所建立的程序。

6.3 NC 编程系统

多功能机床和复杂工件都需要强大的 NC 编程系统。根据生产的类型，编程时各种因素的优先级是不同的。通常被加工工件的数据来源不同，所以在决定采用一个特定的编程系统之前，用户必须准确地了解一些准则，如图 6-61 所示。

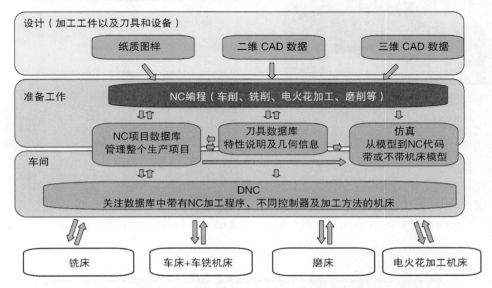

图 6-61　设计和制造之间的接口及软件模块的概述

6.3.1　引言

NC 编程的需求受制造业多方面要求的影响，并且还在不断变化。产品的多样性和不断缩短的生产周期是制造业的特征，同时日益复杂的零部件在更小批量下生产，CNC 机床通过使自身的功能更强和更多来面对所需的柔性。

由此近年来对 CAM 系统的需求大大地增加了，一个 CAM 系统含有一个完整的加工过程并包括局部不同且丰富的适用的加工工艺变得越来越重要。

6.3.2　变化中的加工方法

对于这些不同的加工工艺，如车削、铣削、火焰切割、磨削、电火花加工、钣金加工或石材加工（见图 6-62）以及各种材料（金属、铸铁、塑料、木材、玻璃等），需要专门的加工策略。

与此同时，车床扩展为万用机床，可完成钻削和铣削操作。而铣床中也可以有车削功能（复合加工）。这些万用机床组合了不同的加工工艺，越来越多地被用于高精度及更短加工时间的任务，因而这样的机床对程序的要求也越来越高。

现代 NC 编程系统已经完全能够控制不同加工方法之间的转换。用户要求全部工艺可在编程系统中任意组合，并在一致的用户界面中进行程序编制，如图 6-63 和图 6-64 所示。

图 6-62 锯片直径为 1.5m 的石材 NC 锯床
（来源：罗伯特施拉特公司）

图 6-63 INDEX 车铣加工中心模拟仿真

　　随着三维自由曲面加工和 2.5 维铣钻孔的搭配，这种加工组合依然是发展趋势。在未来，纯三维加工将不再被接受。人们日益需要能够在同一个系统中完成两方面混合编程的要求（见图 6-65 和图 6-66）。

图 6-64 车铣或铣车复合机床（来源:森精机公司）

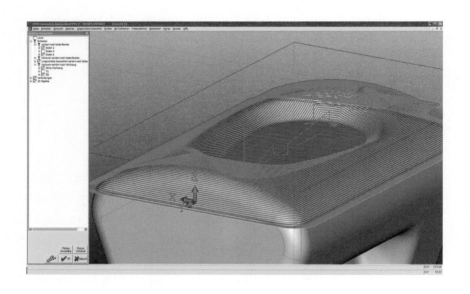

图 6-65 自由曲面（三维加工），通过所有轴同时联动生成几何形状

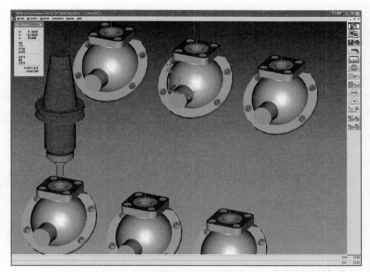

图 6-66 2.5 维加工，通过刀具的 Z 轴进给形成工件几何形状

6.3.3 根据应用范围确定优先级

综观典型的应用领域如单件生产、小批量生产和实际生产的细节，适应性要求非常明显，对编程系统和所编制的程序都有完全不同的要求。

这种典型应用的特点是能够快速、可靠地满足无冲突的加工程序的需求。最大的优先是尽可能短的编程时间和快速应变的能力，其目的是快速地使新程序在机床上进行应用。而程序加工时间的优化在这里是次要的。

在加工单件或少量工件的情况下每天可能会多次编写全新的 NC 程序，并需要快速且无差错地应用到 CNC 机床上。这样的生产方式是不经济的，因为这里有很多避免由于编写新的 NC 程序造成机床停机等待的节约潜力。而这必须通过事先专业的图形模拟检验，完全排除机床、刀具、工件之间的碰撞。

在某种情况下的个别生产，毛坯是非常昂贵的，替换其他材料也很难实现。因此要求新程序的在第一次加工时就要"零错误"（见图 6-67）。

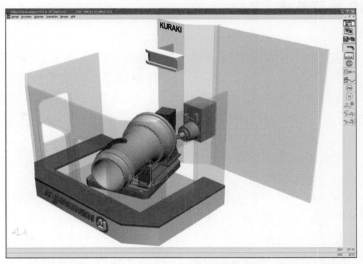

图 6-67 单件昂贵毛坯加工示例（缸套长 1500mm）

对于批量生产采用完全不同的规则策略，实际的加工时间是第一位的问题，规划和编程所花费的时间会被分配到许多工件上，所以是次要的。批量生产的优化可能性甚至要求零点几秒，主要是体现在加工顺序的优化、刀具轨迹的优化，以及多工位夹具的使用上。同样重要的是，机床专用的后置处理的优化，如应用 CNC 机床上所带的加工循环。

此外，可以通过有资质的仿真模拟可靠地避免碰撞，否则，由于非生产性的试车需要大量的人员和时间，整体生产时间也会延长。

6.3.4　不同来源的数据输入

NC 编程系统输入选项型谱的需求在不断扩大。最初只要工件的纯几何数据，现在刀具和夹紧装置的三维数据以及各加工过程的特定工艺数据都要作为附加的输入数据。三维模型（二维模型用于车削）之间的各种接口格式标准是 STEP 或 .jt（二维模型主要是 DXF）格式的。现有的刀具数据、机床数据（用于仿真）、基于知识的工艺数据以及最近个别出现的特征信息可供使用。不过在大多数情况下仍要结合使用纸质（或 PDF）的设计图。

6.3.5　现代 NC 编程系统（CAM）的功能范围

NC 编程系统的功能是有效地支持编程人员，不仅限于创建 NC 程序。它们不仅涉及需要待加工零件的几何形状数据的处理，而且还涉及在数据库中需要做好准备的刀具数据的操作以及获取。通过系统内部的功能创建数据模型，是作为用于自动生成合适的加工策略的唯一基础。这还包括相关的工艺数据准备，如刀具、进给速度、转速、切削速度、切削深度等。通过使用适当的仿真工具，可对加工策略进行验证和优化。

尽管自动化可以为例行任务赢取时间，但值得注意的是系统是否有一个开放的体系结构和 NC 程序编辑器。这样的系统概念不仅对编程人员，而且对生产准备人员以及生产规划人员提供了根据自己需求个性化开发和使用的可能性，这清晰地表明了对功能强大的 CAM 系统的要求有多高。

6.3.6　高级的数据模型

为使系统获得精确的数据模型，CAM 系统必须检查其所导入的几何数据（二维或三维 CAD 数据）的完整性和一致性，并应在同一"级别"上。如果有一个设计画在纸面上，那么就需要在系统中有二维的设计工具，使用户可以将图样上的二维信息传送到系统内的二维模型上。

不同格式（STEP、.jt、IGES 及其 CAD 格式）的二维或三维 CAD 模型数据在自动接收时，首先能够读取这些格式，并将其转换成内部格式，这样就可采用同样的方式对几何数据进行进一步处理。CAD 图中包含大量与编程完全不相干的数据，如图案填充、绘图框架、文本信息、尺寸线等。通过一个集成的数据过滤器，在读入模型数据时就能方便地选择正确的元素了。

6.3.7　面向 CAM 的几何元素处理

为了显示图形，仅需要单独的线、圆或者圆弧段就完全足够了，若要将其转换为 NC 程序，就需要定义连续的轮廓线了。由于一般情况下接收的数据没有标明所要求的质量，CAM 系统必须能够进行正确的排序、修正，进而形成正确的连续轮廓。

这涉及以下内容：
1）延长或修剪轮廓元素。
2）简化轮廓。
3）元素的分割、连接、切除。
4）插入和修改半径、倒角和槽。
5）移动、旋转、伸展、复制及镜像。
6）生成等距的轮廓补偿。

也有必要能够修正连接过渡元素以及带有不位于中间公差带的元素。在任何情况下，系统有必要提供每个几何体的高度或者槽的深度信息。这不是针对几何数据，而是为以后求取刀具的深度信息服务的。

零件设计的位置在很少的情况下也是 NC 程序的位置或是机床上的位置，因此，要能够在空间上简单方便地对齐几何对象。不同的面必须（在机床上）分配不同的零点偏置。

三维工件模型通过现代的系统，可以创建二轴半的加工程序。

系统中精确的三维模型，通过立体化或在平面上投影可形成几何轮廓，结合补充的信息在空间内导出二维几何元素，如平面、圆柱表面、截面。

如果没有可用的 CAD 数据，编程人员必须能够在不使用 CAD 系统的情况下，使用 CAM 系统中的功能生成必要的几何形状，完成加工程序的编制。

复杂工件包括大量的几何数据，有时候编程人员也难以跟踪。因此，必须有适当的工具和管理功能来帮助他。使用颜色、透明度、线宽、线条样式和特殊形式的边缘突出元素、轮廓、实体和表面的显示方式是非常有用的。同样的，推荐对象命名和建立图

层，方便显示和隐藏相关或不相关的对象。例如，自动显示加工面是一个突出的可能用途。

6.3.8 高效加工策略

CAM 系统中的"至上法则"是构建加工策略，工件几何数据、合适的刀具、相关的工艺数据和各个加工工步组合成一个成熟的加工策略。

对于常见的加工，如铣削或车削的标准化，可调用的策略如下：

1）铣削。
2）轮廓或轮廓区域。
3）型腔以及带有岛屿的型腔。
4）螺纹铣削。
5）键槽铣削。
6）雕刻铣削。
7）钻孔循环。
8）车削。
9）预加工。
10）粗加工切削。
11）精加工。
12）切断（见图 6-68）。

这样的加工策略可以通过按键自动生成（见图 6-69）。

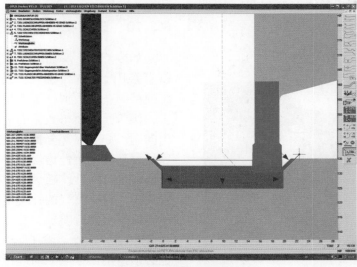

图 6-68　切槽轨迹的计算

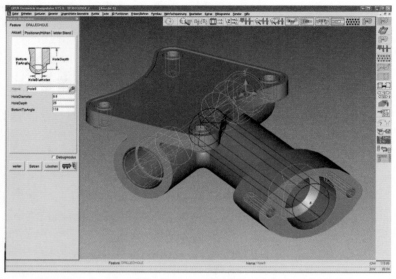

图 6-69 从 CAD 系统到 CAM 系统同时生成加工顺序（自动）

然而，实际加工中 CAM 系统还包括以下要求：

1）向用户提供一个可用的、可配置的、特定的应用标准。

2）方便对特殊的、新的刀具、工艺、参数进行无缝的整合。

3）用户特定问题，例如，刀具目录或特殊的知识数据库与系统的集成。

4）现有的加工策略应用到其他几何形状上。

5）几何形状和加工直接关联，因此，当几何形状变化时，相应的加工也会自动发生改变，如图 6-70 所示。

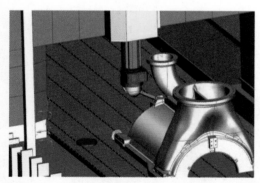

图 6-70 测量结果被下一个加工步骤接收应用

6.3.9 自适应加工

对于大型、复杂且昂贵的工件（大部分毛坯是铸件），通常情况是计算留下的加工余量来进行加工。此后，仍然需要必要的调整检测（"试样"），最后再开始加工。所有的这一切都是由功能强大的 CAM 系统的后置处理器控制的，并存储在 NC 程序中。

这同样适用于复杂工件的维修以及修复工作，如涡轮机的叶片等。

6.3.10 三维模型提供更多信息

如今 CAM 系统应运而生，三维模型可以直接用于 2.5 维编程。从不同的 CAD 系统模型中获取数据已不再是一个问题。在过去，接口通常使得数据的一致性和完整性产生问题。如今在部分情况下，提供这种识别原始模型的完整性错误并在必要的情况下进行修复的可能性。随后生成的三维模型和图样一样，仅有良好的外观是不够的，模型必须在逻辑上符合要求，并且没有可识别出的开放边缘。此外，除了这些自动修正步骤，也必须给用户提供手动进行模型简化的可能性。在最简单的情况下，可以通过对孔、倒角和腔的隐藏，并以此为基础生成一个合适的毛坯模型。

从技术的角度看，对于编程人员来说，在熟悉的环境中（即在 CAM 系统中）进行必要的操作是重要的。直接的结构上的更改必须在将来仅由设计者来进行，必须保持设计者对产品设计的责任和权威性。

集成的 CAD/CAM 系统，提供了在修改模型时更少的时间消耗和更高的安全性。编程系统能够识别设计的变化，编程人员可以在 NC 编程中专注于这些变化，同时也消除了重复的数据传输（包括数据验证）。

以三维模型为基础，可针对运动轨迹（最多五轴轨迹）导出相应的边和面（见图 6-71），因此能够清晰地定义位置和法线。

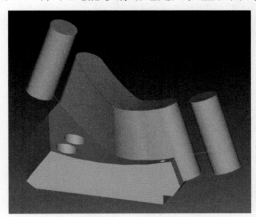

图 6-71　通过五轴轨迹导出相应的边和面

6.3.11　三维数据接口

除了公知的标准"STEP""JT"格式已经发展成为一个非常合适的中立性三维表达格式。在许多行业，尤其是汽车行业，它已经成为一个准实施标准。

JT 原本是为了三维 CAD 数据的快速可视化（非常小的数据模型）而被开发出来的，不过由于其精确的 B-Rep 表达法，它可以用作与所有产品制造信息（产品制造信息：尺寸、公差、表面质量、配合、属性等）

以及 CAD 系统和 CAM 系统之间的数据传递。

公开的 JT 格式在 2012 年 12 月正式成为国际行业标准的第一个版本（JT ISO V1.0）并出版（ISO 14306），从而也满足了长期存储的要求。

以下是 JT 的详细信息：

1）ISO/DIS 14306 可搜索 www.iso.org。

2）jtopen.com。

3）搜索 www.jt2go.com 可免费浏览。

VDAFS 和 IGES 也是常见的三维标准，但它们的使用范围明显不及 STEP 和 JT。

集成的 CAD/CAM 系统不需要接口，因此在变化时节省了大量的时间，并且具有更高的安全性，在 CAD 设计变更时，NC 程序会做自动识别和标记，从而使编程人员可以专注于这些变更。

6.3.12　特征技术的创新

根据 VDI 2218 定义：特征是信息技术元素，表示单个或多个产品的特殊（技术）兴趣的区域。

如果使用三维 CAD 系统能够附加扩展产品制造信息（PMI=Product Manufacturing Information）（见图 6-72），现代 CAM 系统可以由此推导出所有必要的刀具和加工顺序。应当指出的是，在三维模型中只需要与产品相关的信息。

各个系统试图通过在 CAD 对象上附加刀具和工艺信息来自动生成程序。设计人员需要保持在其核心专长即设计上，不应被其他生产问题所困扰。另外在设计阶段，少数情况下工件的加工设备和刀具已经确定。因此，几何元素和工艺之间有明显的区别要求。

很显然，模型生成不仅必须从光学投影的角度来考虑，而且有关公差、螺纹、表面质量等多方面必须是一致的，并与模型保持正确的逻辑关系，如图 6-73 所示。

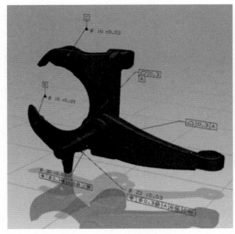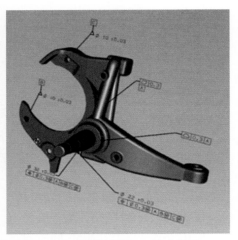

图 6-72 CAD 系统中带有 PMI 的三维模型（NX）和相同数据的 JT 格式模型

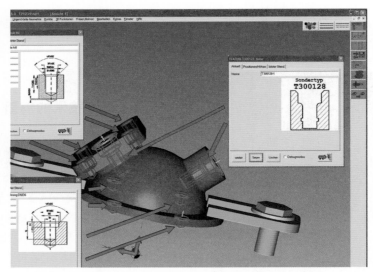

图 6-73 工件的特征识别及专用刀具加工的特殊孔

6.3.13 NC 编程的自动化

三维模型是整个 CAD/CAM 过程的信息载体，因此越来越多地被采用。生产制造环节希望尽可能多地从三维模型中直接提取信息，包括上文已经提到的几何信息，如组件尺寸、尺寸公差、几何公差等，如图 6-74 所示。除几何信息外，过程信息也越来越重要。

在这种情况下，生产制造知识是有关规划设计生产过程的经验知识，可通过

CAM 系统创建工艺规划的知识。随着制造工艺复杂性的增加，这方面的知识具有巨大的价值且差异性体现在了竞争上，这应该进行相应的处理和保护。

人们只能通过主动管理来实现这方面知识的有效重复利用（如采集、组织、发现、再利用）。

因此，可以实现以下目标：

1）全自动化地、更快地创建 NC 程序和所有与制造相关的数据（配置表等），如图 6-75 所示。

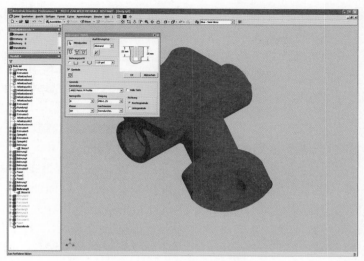

图 6-74　CAD 系统中的特征

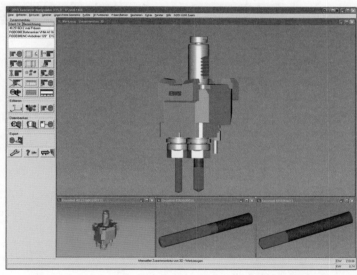

图 6-75　车铣复合加工中心 EWS 刀具、部件和装配展示

2）通过使用已建立的流程使程序更加安全。

3）通过标准化来实现成本效益（如使用较少的刀具）。

4）优化的机床加工时间和更长的刀具使用寿命，因为机床操作者在工作中受到了生产制造知识的浸染并在后期得到了广泛的应用。

1. 知识的重复使用

为了获得有效性的最大化，系统方法是必不可少的，一般步骤如下：

1）检查零部件谱系和 NC 程序。

2）分析加工制造的类型和频率，以及所需要的时间。

3）基于企业专家的知识对重复的形状（特征）建立标准化的程序模块。

4）转化为 CAM 编程系统的规则。

转化为 CAM 编程系统的规则有几种可能的解决方案，通常自动化程度越高，需要用于开发的花费也就越多。

2. 手动进行工件制造顺序的排序

在这种情况下，由 NC 编程人员根据已预定义的形状元素的加工顺序进行排序，为此必须建立一个相应的库，以确保能快速搜索到设置有不同属性（如材料、工艺等）的加工序列。

3. 零件自动分析与基于规则的加工顺序排序

与上面描述的手动生产步骤排序不同，生产顺序也可自动完成。第一步，分析零件上的与加工相关的形状元素，典型元素所有类型的孔、型腔、凸起、退刀槽等。第二步，自动进行生产顺序的排序，这通常使

用可定义的规则，这些规则在数据库中起作用。最后，生成和优化 NC 程序段（如尽可能少的换刀次数、最短的加工轨迹等）。

4. 引入制造信息到设计过程

在这种情况下，工件的设计已经在由几何信息和相关的制造信息组成的形状元素库的帮助下进行。

为此，这些制造的序列已经存放在零件模型中，它可以保证是一个已验证的、被优化过的加工过程。

如图 6-76 所示，其中包含一个几何特征以及相应的加工信息，通过这些就能自动创建预先规划的加工工艺。

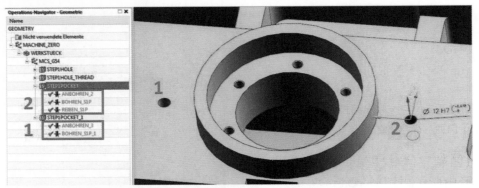

图 6-76 考虑了设计公差的加工策略自动规划（钻孔，一个有配合要求，一个没有配合要求）

6.3.14 刀具

在加工过程中刀具是至关重要的。无论是自动程序编制还是高质量的模拟，没有完整的、一致的刀具模型都是不可想象的。从制造的角度，刀具管理不仅是刀具数据的收集和存储，更进一步来说，无论是符合要求的几何元素信息还是工艺数据信息都可由 CAM 系统尽可能地自动访问，如图 6-77 所示。因而能与特征信息一起，例如自动确定加工阶梯孔的适合的刀具。有配合的孔可与"普通"的钻孔区别对待，按照这种方式可以确保在变化时（如 M8 到 M10 的螺纹孔变化），工艺和刀具可以自动更新。后续新的、工艺性能更好的刀具，自动在优化选择

刀具时起作用。

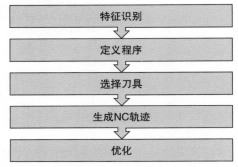

图 6-77 CAM 中全自动 NC 程序编制的内部流程

6.3.15 装夹方案及顺序的确定

在编程结束时，CAM 系统应能自动优化刀具和加工的序列。它必须统一考虑所有

的孔，并对产生的轨迹进行优化，模型上的几何干涉或装夹干涉都需要关注。最终加工序列当然可由用户改变。所有的可视化功能及显示给编程工作带来了极大的舒适和方便，如图 6-78 所示。

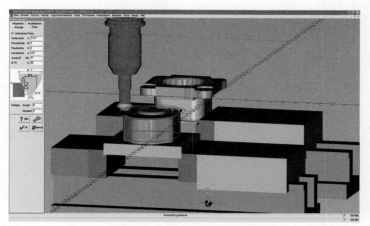

图 6-78　规划加工同一工件的两个面

开始加工规划可以和机床无关，工件不必强制在编程的位置进行加工。装夹的偏移和位置改变能够通过后置处理器自动处理，因此工件装夹更改到另一个夹具或位置会非常简单。在大批量生产中，多工位夹具有助于缩短工件的加工时间，加工可以仅在一个工件上定义，在加工这个工件的多工位夹具位于新的位置时，可以"继承"，于是在加工过程中多工件可以在不同的位置上进行加工（见图 6-79）。这里可根据整个加工的场景对加工顺序、刀具次序及加工轨迹进行优化计算。原则上轨迹优化的目标是轨迹尽可能短而速度尽可能快，这通常是通过短的退刀轨迹来实现的。这里真正的问题是可移动的机床部件、夹持的工件或夹具发生碰撞的危险。在大批量生产中，向同一个始终安全的位置退刀是不被接受的。

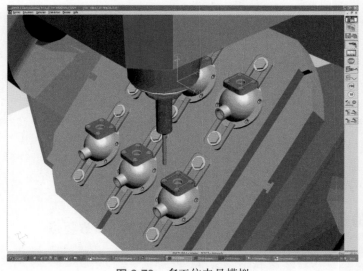

图 6-79　多工位夹具模拟

6.3.16 仿真的重要性

仿真在 NC 编程中起着越来越重要的作用，它已成为重要的编程辅助工具。

它扩展了对制造过程的观察，从刀具和工件到包含机床的整体场景。它应该是涉及在不同机床模型上的来自源头的 NC 程序代码的模拟。尤其重要的是对加工进度的动态跟踪，使得在每个加工工步中材料的去除以及被加工零件的状态是可见的（毛坯的刷新）。所以能够保证复杂的加工序列在编程结束后无碰撞地运行。

在程序送到机床前，应该采用尽可能精确的机床模型来构建整体场景进行模拟（相关内容参见本书 6.4 节）。

6.3.17 后置处理器

无论现在已经产生了和从前相比多么令人舒服的数据，CNC 机床的控制器在任何情况下只需要自己专用的 NC 代码，每种控制器类型的代码都或多或少地偏离了 DIN 66025 规定的语法。属于 CAM 系统的软件模块的后置处理器，它的任务就是将这些产生的数据根据不同控制器或机床控制器的语法规则进行翻译。较好的系统采用模块化构建，所以后置处理器不是隐藏在一般的系统代码中。尽管如此，CAM 系统框架也应该考虑这最后一步，后置处理器会对整个编程工作结果产生决定性的影响。在这里需要确定，加工循环和子程序是否可以使用，同样，刀具半径和刀尖半径补偿是否在全部范围可用。后置处理器还负责刀具列表、装夹方案和辅助程序，例如用于刀具预调仪。它还需要承担为车削中心分配铣削加工或者将全部加工任务分配给多台机床的任务。

6.3.18 生成的数据与机床间的接口

在将 NC 编程系统和机床车间进行连接时，应尽可能地考虑用户维修和保养的期望，通常他们还有附加的与生产相关的要求，例如：

1）将 NC 程序按特定机床或机床组进行分配。

2）个别 NC 程序（或组）的启用和禁用。

3）重新发送优化过的程序。

4）比较原程序和重新发送的程序。

5）数据传输和使用的记录等。

为了能满足这种广泛的需求，通过 DNC 连接的 NC 程序管理是必要的（相关内容参见本书 7.1 节）。

6.3.19 小结

NC 生产的经济性高度依赖于 NC 编程系统的性能。编程不仅包括输入工件尺寸，更需要考虑每台机床的整个生产过程中的所有方面。因此，当务之急是在选定特定的品牌之前，用户需要对系统进行比较，并且充分全面了解。

用户不仅要考虑编程中不同的加工工艺和 CNC 机床，同时也要考虑以下要求：

1）各种各样的工件可用 2.5 维和三维进行加工。

2）合格的 NC 程序模拟仿真。

3）与 CAD 系统数据传输的可能性。

4）节省工作量的基于特征的编程方式。

5）一个简单的刀具数据采集，如完整的刀具目录。

此外，相关工艺数据的自动准备，如进给速度、主轴转速、切削深度等，可以根据不同切削材料。高优先级的要求是：对完成的程序快速进行变更和修改的能力，而不需要从头开始进行修改。最后一个重要的原则：创建一个无差错的加工策略。

6.3.20 本节要点

1）CAM 是 Computer Aided Manufacturing 的缩写，表示计算机辅助制造，也称

为自动编程，代表计算机辅助编程。有与 CAD 集成或独立的 CAM 系统。目前，所有 CAM 系统都在图形辅助下工作。

2）2.5 维和三维编程之间的区别和图形支持的类型无关。2.5 维的程序可以在功能强大的系统中基于三维模型生成。

3）在三维程序中，刀具在加工过程中沿着工件运动，同时 CNC 机床至少三个轴参与加工运动，工件的形状在这里直接通过刀具轨迹创建（典型的模具加工）。

4）2.5 维程序加工方式适用于所有的加工，它最多可以两个轴同时插补运动。典型的加工是钻孔、平面铣、轮廓铣和型腔铣。

5）混合的加工工艺，如车削和钻削或铣削，应该由一个 CAM 系统在不更换模型的情况下来支配。

6）如今的接口可以使不同 CAD 系统的模型在不丢失数据的前提下传输到外部的 CAM 系统中。

7）在 CAD/CAM 工艺链中，刀具数据库是核心。无论是在程序生成时或用于仿真中。除了必须在数值数据以外，在运行过程中实际的模型数据也要能够采集。

8）目前仿真是 NC 编程中必备的辅助工具，为避免碰撞仿真是必不可少的。此外，更好的模型数据可以得到更好的仿真质量。

9）后置处理器（PP）用于各种控制系统 / 机床组合的实际 NC 程序。此外，它可以提供额外的信息，如刀具清单、夹具规划和刀具预调程序。只有后置处理器输出正确的加工程序，CAM 系统才有用处。

10）如果 CAM 系统通过使用"特征"功能对小的几何尺寸修正的编程加工可直接接收的话，那将是有很大好处的。

由于在设计阶段通常还不知道在哪些 CNC 机床上加工，所以 CAM 系统对几何尺寸和工艺的输入进行严格区分。

6.4 加工仿真

仿真系统的技术和过程是计算机辅助产品开发和生产工艺的关键技术之一。制造仿真的目的是达到生产过程的无差错，优化加工时间，改善整体的安全性，以及提高整个生产的经济性。

6.4.1 引言

CNC 机床仿真在过去几年中越来越多地成为检验复杂切削加工过程的标准方法。在现代 NC 仿真系统中，实际的设备在三维图形环境下得以逼真地模拟显示，加工过程可以从任何角度进行观察和跟踪，如图 6-80 所示。

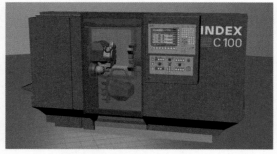

图 6-80 模拟显示器中的 INDEX C100 机床模型

与此相反的是，NC 生产设备中的运动和工艺过程的视觉观察仅在非常有限的范围得以实现。当 CNC 机床的防护外壳阻碍了视线，那么通常只能通过一个不利的视角进行观察。装夹情况和切削液阻碍了对加工过程的观察，使新程序和修改后程序的试车工作变得困难。

6.4.2 系统的定性区分

通常 NC 编程系统提供仿真模拟组件，它基于 NC 源代码（在后置处理器之前）程序演示了刀具与工件之间的运动。这种方法非常适合于执行编程结果的初始检查。为了

对几何运动进行精确地检验并分析加工时间，则需要基于系统中事先引入的最终版本的 NC 程序代码。原因如下：

1）在后置处理器中出现的错误不会被仿真系统识别，而是在输入机床进行试车时才会出现。

2）直到后置处理时，才会定义程序在哪个机床上进行加工，从而工作空间和机床参数才能被确定。

对于在编辑器中手工编写创建的加工程序（即没有 NC 程序编程系统），从一开始就没有进行"在后置处理前"的仿真，在这种情况下对编程结果的检查便特别重要，因为这种编程方法经常发生错误。

真正有意义的仿真检验只有基于实际的 NC 程序，这意味着，对与在真实机床上运行的加工程序完全相同的程序文本进行仿真，不仅包括程序本身，还包括所有被调用的子程序、加工循环和参数表，如零点偏置、刀具偏置表等，如图 6-81 所示。

下面介绍现代 NC 模拟系统的技术状态，所描述的功能和应用可能性涉及最强大的可用系统。不同的供应商提供的系统，会有不同的功能限制。不同模拟方法的比较见表 6-15。

许多年来，所需的计算能力对于三维图形、碰撞检测或加工模拟是一个限制因素。同时，昂贵的系统也在市场上常见的 PC 上运行，如笔记本式计算机。

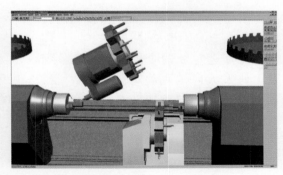

图 6-81 在实际加工和仿真中车床的工作空间

表 6-15 不同模拟方法的比较

模拟方法	"后处理前"仿真	带有模拟控制器的仿真	带有虚拟机床的仿真
优点	1）可能应用在早期阶段 2）不必确定机床	1）针对不同机床的平台解决方案 2）对于没有模拟模型的控制器也能进行仿真	1）控制器的全部功能都可以模拟 2）操作和编程在真实机床和虚拟机床之间是相同的
缺点	1）没有考虑机床运动学的限制 2）没有检测后置处理的错误 3）没有仿真模拟 NC 代码	对于复杂机床来说，模拟控制器经常是不够的	性能通常不如带有模拟控制器的仿真

现代系统使所有运动都可以在一个三维的机床模型上运行，干扰工作空间的元素可以被透明化或完全被隐藏，不过它们仍被处于后台运行的自动碰撞检测工作所考虑，所以可能的碰撞不会被忽视。在仿真系统中，导航视角运行可非常详细地审查所有的加工情况。加工区域组件（线条图）中早期常见的纯二维显示现在已经很少使用了。

功能强大的 NC 仿真系统除了提供纯粹的视觉表现功能外，还具有以下功能：

1）尽可能地对各种不同的 CNC 控制器进行重建。

2）材料去除的展示。

3）自动的防碰撞检测。

4）NC 程序的语法检查。

5）精确的时间分析。

6）系统变量、轴坐标和其他工艺参数的展示。

7）发生错误和碰撞的文档记录功能。

通过模拟加工方法，考虑区分可用的系统是必要的。基本上根据切削制造工艺可分为三维加工和 2.5 维加工。

1）三维加工程序。刀具同时在至少三个轴的进给运动中移动，工件的形状由刀具轨迹直接产生（如五轴铣削）。

2）2.5 维加工程序。两轴同时插补，这种加工方式通常为钻削或车削操作。

现代车削或铣削加工中心可并列地进行 2.5 维和三维加工，通过各种工艺在一台机床上融合，如今已不能严格区分车床和铣床了。因此，一个现代化的仿真系统必须不仅支持各种加工，还必须能够将不同的工艺在一个工件或相同工件的加工程序中顺序或并行执行。

由于 CNC 系统的功能范围和复杂性在最近几年中急剧上升，因此构建包含控制系统所有功能的"模拟器"变得越来越困难。

对于复杂的多通道机床，在控制器的模拟器上编程的成本显著增加，因为完整构建机床的虚拟像变得不再可能。

作为摆脱这种局面的方法，出现了虚拟的 NC 系统，与采用控制系统的"模拟器"仿真相对应，不再效仿控制器的行为特性。控制器制造商不再提供"模拟器"，而是提供包括所述控制的全部特征的软件组件。这个研发方向是有确定优点的，CNC系统的功能不再体现在硬件上，而是软件化了。

这使得控制器厂商能够为仿真提供虚拟的控制器，即与真正的控制器功能相同的模拟仿真器。

虚拟控制器通常是真实 CNC 系统软件，它被封装成可运行在标准 PC 上的并能与仿真系统进行通信。这种虚拟控制器采用真实机床的数据运行，因此它是真实机床控制器的精确复制，即"准数字化双胞胎"。

现在的虚拟 NC 仿真能够在仿真中给出与真实人机界面一样的界面，操控这个界面就像在真实机床上进行操作，如图 6-82所示。

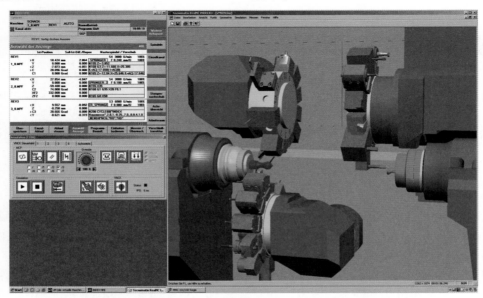

图 6-82　带有刀具的机床三维模型及机床操作面板的虚拟机床

目前市场将其称为虚拟机床。

与带有模拟控制器的 NC 仿真不同，虚拟机床具有以下的特点：

1）材料去除、三维展示和碰撞计算，与带有控制器"模拟器"的模拟仿真相同。

2）虚拟 NC 是全功能的（如语法检查、运行时间分析、设置和参数与真实机床相同）。

3）在虚拟环境中使用机床控制面板。

4）仿真应该在所有可能的领域像真实机床一样的表现。

6.4.3　仿真场景中的组件

1. 机床模型

机床模型是指物理机床在计算机上的

简化副本。机床模型至少应包含以下组件：

1）机床部件的几何模型：如床身、导轨、盖板等。

2）运动学结构。

3）控制器模块或虚拟的 NC 系统。

机床模型的几何元素至少必须要有精确描述的工作空间。进一步的机床部件元素：如壳体零部件的有关碰撞也需要识别出来，它们在仿真中可以切换为透明或者完全隐藏。

运动机构的零部件：即所有的机床轴，都要作为虚拟轴保留，轴的拓扑关系和轴距要与实际情况相对应。这里的轴不仅包括 NC轴，PLC 控制的轴：如转塔轴和液压驱动的夹持元件，也可以是运动机构的一部分。

控制器模块对真实控制系统的主要特征进行模仿，它几乎可以处理原来控制器的完整指令集。对于诸如运动轨迹的规划、插补、铣刀半径补偿等功能不可缺少，同样高级的编程语言元素，如跳转指令、条件跳转、循环指令，变量以及参数化编程也应予支持。

虚拟机床通过虚拟的 CNC 控制器取代了真实的控制器硬件模块；虚拟的 CNC 控制器可使用真实机床的数据完成调试工作，因此在功能上与真实机床完全相同。

这确保了虚拟机床的所有控制功能与真实机床相同。

在虚拟机床中还使用机床控制面板，所有在真实机床上的输入和显示功能都可在虚拟机床上供操作人员使用，这使得虚拟机床不但可用于 AV（工艺规划部门）环境中，而且可应用于车间环境中。

2. 工件的几何形状和夹具

目前，工件通常在三维 CAD 系统中设计为毛坯和成品，在模拟运行时将所需的毛坯几何元素通过 CAD 接口传递到仿真系统中，必要的装夹装置也同样传入仿真系统中。在没有 CAD 数据可用的情况下，一些仿真系统提供了易于操作的 CAD 功能：从标准的几何图形，如立方体、圆柱体开始进行构建，甚至可构建复杂的装夹机构（见图 6-83）。

强大的系统支持批量生产的典型加工方法，如带有多工位夹具的加工中心和具有多主轴的车床和铣床。

3. 刀具

刀具分为以下几类：

1）对称的回转体的刀具（钻头、铣刀）。

2）非对称回转体的刀具（车刀、单切削刃刀具）。

3）复杂的刀具（角钻、复合镗刀）。

对称回转体的刀具一般比较容易构建，因为可以通过简单地旋转二维轮廓来创建。非对称回转体的刀具的建模则相对复杂一些。

创建用于 NC 模拟的刀具有两种不同的方法，创建生成刀具和组装生成刀具。

1）创建生成刀具用户通过定义一些特定的几何特征参数，系统会生成一个完整的三维模型，包括一个夹头和刀头的几何模型（见图 6-84）。

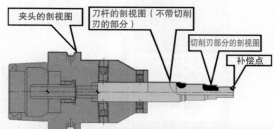

图 6-83　带有夹具和工件的 ELHA
立式机床的工作空间

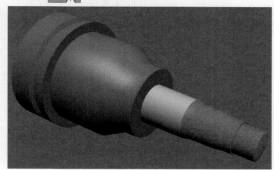

图 6-84　刀具示意，二维外轮廓和在
仿真中的三维刀具

创建生成刀具具有以下优缺点：

① 操作非常简单。

② 无需 CAD 知识。

③ 足以满足许多的仿真应用。

④ 只可调用预定义的刀具。

2）组装生成刀具、刀具零件的三维几何形状存储在数据库中，该几何形状由刀具制造商提供。用户从存储在数据库中的三维零件中进行选择，并组装完成整个刀具，如图 6-85 ~ 图 6-87 所示。

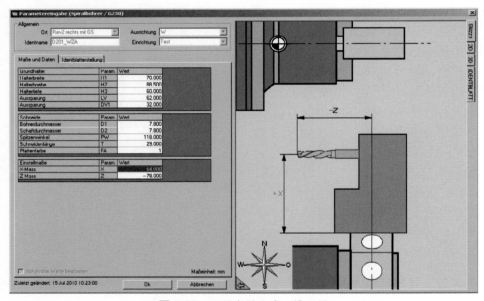

图 6-85　刀具向导生成三维刀具

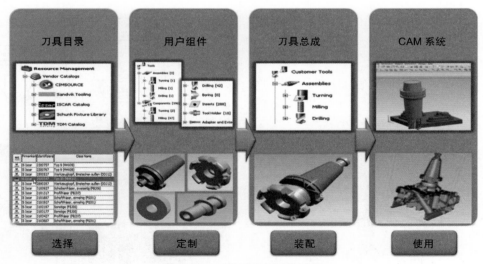

图 6-86　三维刀具的组装过程

组装生成刀具由单个零件组成刀具，具有以下优缺点：

① 任意的三维几何元素。

② 精确的刀具几何元素。

③ 数据库维护及刀具创建的花费大。

一些仿真系统使用这两种方式来建立刀具，用户可以根据情况决定使用何种适合的方法。

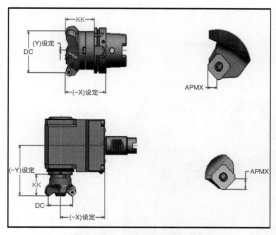

图 6-87 刀具的组装过程

4. 机床的外围设备

外围的自动化部件，如托盘更换设备、输送设备和存储设备，可以根据需要通过上述方法创建并引入仿真系统中。

6.4.4 NC 仿真的流程

1. 图形显示

在仿真中展示工件和刀具是最低的细节显示要求，高级别的要求是能够显示夹具、刀具夹持组件（夹头、转塔、刀具主轴）。完整的图形显示包括整个机床，以及所有构成限定工作空间的钣金罩壳、换刀装置、测量装置等，如图 6-88 所示。启动模拟运行后，NC 程序将像在真实机床中运行一样，NC 程序段被处理并转换成虚拟机床轴的运动，通过对工件材料的切除来虚拟展示加工的进展。工件上新加工出的表面通过加工刀具的颜色来表示。

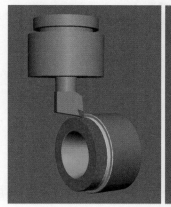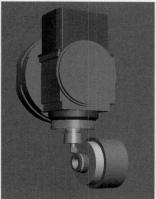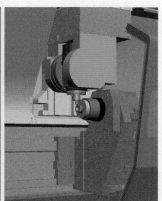

图 6-88 在模拟仿真中查看细节的程度

加工过程中可选择所要显示的刀具轨迹和加工顺序。在钻孔图中，以这种方式可以很容易地进行回溯，如图 6-89 所示。

2. 自动的防碰撞检测

工作空间内的组件在模拟过程中可对非常规的碰撞或接触进行检测。如果上述情况发生，模拟运行就被停止，并会显示一条相应的消息，此外还会通过颜色来显示碰撞的部件，如图 6-90 所示。一些模拟系统也覆盖到工艺方面的错误，例如，停用切削液供应或超过允许的最大主轴转速和进给速度

都会给予适当的警告。

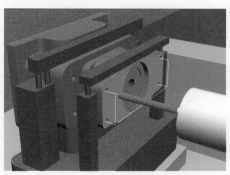

图 6-89 材料切除过程中刀尖的颜色以及
刀具轨迹的展示

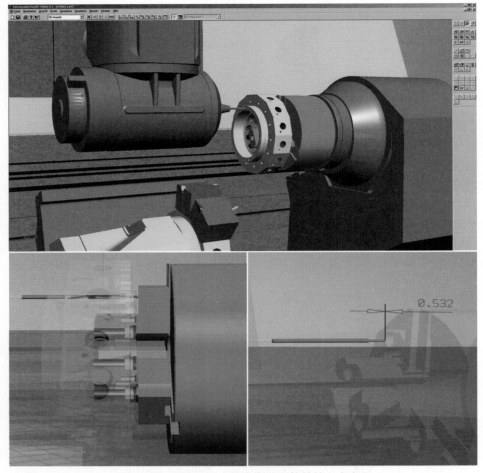

图 6-90　碰撞显示（钻头穿透工件并钻入卡盘）

3. 编辑和分析法

在仿真过程中始终显示 NC 程序当前正在执行的行或显示当前加载的子程序，一些模拟系统在任何时间都可以编辑程序文本，并可立即对修改进行测试。

在用虚拟的控制器进行 NC 程序的仿真时，与在真实机床上一样，程序可以在单段或在自动模式下执行，对每个插补周期的过程进行模拟。用户可以对运动过程进行精确到毫秒的跟踪、分析和优化。

6.4.5　集成的仿真系统

有些 CAM 系统提供与专业仿真软件相同功能的仿真模块。集成解决方案的优势如下：

1）通过同样的操作快速地进行学习。

2）在同样的系统环境下（刀具、夹具）只需创建一次。

3）通过仿真发现的编程问题可在同一系统中迅速给与修正。

4）仿真结果可作为优化解直接用于编程。

5）工件数据只读一次（包括改变的情况）。

6）更新工作不存在适配问题。

6.4.6 应用领域

1. 新程序的试车

启用新程序之前，使用 NC 仿真的主要目的如下：

1）将昂贵的机床程序的试车工作转移到更便利的计算机工作站上。

2）新程序的调试过程和产品的实际加工并行化，即在进行虚拟试车时，真实机床还在进行生产加工。

3）减少在真实机床上的试车时间（高达 80%）。

4）大大减少碰撞的风险。

5）防止加工昂贵工件导致废品的风险

（特别是单件和小批量生产）。

6）减少停机时间和维修成本。

7）由于缩短了试车时间，从而使时间进度得到严格把控。

通过使用仿真已经可以识别出不同的错误并且提前处理。这包括语法错误、不正确的坐标系、错误的刀具补偿、缺失或不正确的零点偏置。除了发现 NC 程序中的错误，还可以分析夹具和刀具的相互作用，自动识别由夹具位置的变化造成的轴的超限。在 NC 程序被传输记录到机床之前，即可校正所述错误的发生（见图 6-91）。因此，试车时间大幅缩短，因为在机床上进行故障排除是一个非常耗时的过程。

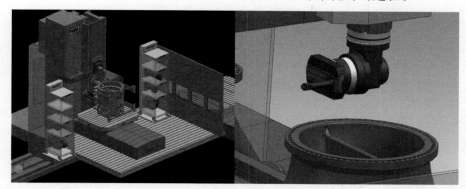

图 6-91 通过集成的模拟进行刀具长度的优化，从而获得在相同质量下更高的切削速度（来源：西门子公司）

当然，实际的节省潜力将在很大程度上取决于各自的运行条件。在决定使用 NC 仿真之前，潜在用户应该提出以下几个问题：

1）在何种程度上可以通过使用 NC 仿真来减少新的 NC 程序的编程时间？这个问题在没有应用 NC 编程系统时变得尤为重要。

2）使用 NC 仿真使机床制造能力有所提升，这将产生何种附加的价值？

2. 在生产运营阶段修改程序

特别是在一个设备进入批量生产的运营阶段还要更改 NC 程序，可能的原因如下：

1）工件在几何尺寸和公差上有变化。

2）工件的型谱有扩张（新的工件类型）。

3）使用了其他的刀具（如组合刀具）。

这种变化主要影响到 NC 程序和刀具的选取，部分情况必须在夹紧的情况下执行。NC 程序的修改和扩展可在工作准备中进行编辑或直接通过控制面板在机床上编辑。

同样，NC 仿真提供了这样的可能性，在机床继续进行制造生产时，在 PC 上进行待定更改的编辑工作，直到必要的修改都通过模拟检测并核准，修改过的 NC 程序传送到机床控制器，机床的停机时间由此减少。

3. 优化生产过程

批量生产的 NC 仿真除了用于检验 NC 程序，也可用于生产节拍的优化和验证。在模拟系统中确切给出的加工工艺过程的几何运动和运行时间可以给用户提供这样的机会：通过各种方法对机床的运动过程以及机床的外围设备进行优化。如果没有 NC 仿真，花费和风险就会比较大。一个使用寿命为几年的生产工艺过程，如果生产节拍能够提高 1% 的潜能，其收益就会远远超过优化该工作投入的花费。

以下方法可在生产的工艺过程的优化中使用：

1）安全间距的最小化。

2）运动过程的并行化（例如刀具定位的同时工作台转动）。

3）通过改变加工顺序减少换刀次数。

4）优化相连设备负载的利用率。

4. 批量生产的规划阶段

在批量生产中，不仅需要制造商提供生产设备的物理部件，即 CNC 机床、组线和转运方式，而且需要提供全部生产过程的实现方案以及所有的 NC 程序。设备制造商的职责尤其是生产设备的成功运转，满足事先定义的接收条件，如单位时间生产的工件数以及工件的加工质量。

NC 仿真已经被很多设备制造商用于产品的开发和规划阶段，应用的重点一方面是研发和验证机床的设计方案，另一方面则是机床投入运转前的对加工过程的优化和安全性的检验。

5. 教育培训

对于制造业来说，CNC 机床在如今和未来的重要性一般都是被低估的，因此尽早给学生和相关从业人员介绍 NC 技术是绝对有意义的。

但是大多数学校和企业没有能力准备适合培训的现代化 CNC 机床，现有的培训机床由于不正确的操作可能会导致停机和高昂的维修费用。

NC 仿真系统使学生能够安全地了解如何使用 CNC 机床，并以简单的方式学习基本知识。使用模拟仿真时出现编程错误和可能的碰撞是不会导致事故的，这让教师和学生都松了一口气，可以更专注于知识的讲授和学习。

同时，每个学生或实习生可以操作自己的"机床"，由于机床和控制器都是仿真的，因此训练也更全面，更接近实际生产。而这些真实设备在一般的培训机构是没有的。

想想看，多少技术已经过时的 CNC 机床由于以上原因在培训车间中未被使用，而且也不能再使用。而模拟是一种更好且更经济的方式，几乎所有类型的 CNC 机床都有相应的仿真系统供使用。

现在大多数厂商都提供可接受的价格和适合 PC 端的培训系统并提供给教师用于培训。

即使在后面的制造过程中，NC 仿真的使用也日益增多。尤其是对于复杂的加工或整个生产设备，操作人员可在最准确的指导下对设备的整个工艺过程进行仿真。

使用虚拟机床还有其他更多的优点。通过附加与原来机床一样的操作面板，不仅可以实践 NC 编程，而且对于机床操作的学习和实践能够获得更真实的体验。因此在使用新机床之前，编程人员和操作人员可以通过模拟仿真进行训练。这样新机床就可在购买后快速地投入生产，因为操作人员已经学会了操作并且已经完成第一个工件的编程。

出于各种原因，通过计算机屏幕的动态仿真显示非常适合中学生、大学生以及技术工人学习 NC 技术。这与在真实的 CNC 机床上进行培训的根本区别在于：机床、刀具、夹具、工件和工艺知识都是不必要的了，取而代之的是图形化的动态三维仿真系统的使用，如今它们在工业中得到广泛的使用。该软件能够提供极具真实感的机床展示，机床和工件的各个方向的视图，使对加工过程的观察更详细，因为在真实机床上重要的加工细节被防护罩和切削液遮住了。刀具、工件、夹具和机床之间的碰撞干涉可通过图形显示，而不会造成任何损害。

在这些条件下，经过适当培训的教师都有能力非常好地理解并全面解释 NC 技术的任务和可能性，效果往往比使用真实机床要好。此外，不同类型的机床可图形化展示，如铣削或车削机床，以及棱柱体工件的复杂的多面加工。

与在教学领域使用真实 CNC 机床进行教学相比，使用模拟仿真教学的优势可以概括为以下方面：

1）安置机床不再需要车间及按规定设置的油品收集装置。

2）没有清洗和维护的费用。

3）非常少的投资成本。

4）不需要工件、夹具、刀具等。

5）没有因意外操作而导致碰撞的危险。

6）无须停机，无须对 CNC 机床进行必要的保养和维修。

7）可在加工过程中更好地表现和显示出编程的错误。

8）修正的 NC 程序的效果是立即可见的。

9）加工的"透视图"可以展示工件的内部视图，例如，多面的钻孔，确定它们是否准确地执行了操作。

10）显示未经加工的表面和余料。

11）加工过程展示可快可慢。

12）可以同时有多个使用者（多台 PC）。

13）软件后续的更新能力。

14）低成本的升级。

15）如果有需要，还可以扩展到其他类型的机床上（车削、铣削、激光加工）。

学生们对于使用模拟系统带来的好处有非常深刻的印象。模拟仿真在工业和手工业上的重要性是无可争议的，并且得到了越来越多的应用。投资者（买方）要求机床供应商提前交付仿真软件，目的是缩短总的设备调试时间，提前验证 NC 程序的正确性并及时地改进错误。

通常，学习使用这样的系统可以使学生理解仿真系统的优点，同时也消除了他们对昂贵的、复杂的 CNC 机床的恐惧。

过早地进入编程阶段对于所谓的目标群体很可能是完全错误的，因为他们需要关于机床、材料、刀具、切削参数、夹具和切削工艺等专业知识，但这些只有经过专门培训的经验丰富的技术工人才会掌握。对于学生来说，这样的要求就过高了。

6.4.7 小结

1. 仿真场景中的组件
仿真场景展示了整个加工设备，其中包括：

1）带有所有几何元素和轴的机床模型。

2）控制器模拟器或者带有控制面板的虚拟控制器。

3）所有工件以及配套的夹具。

4）刀具、钻头、备用铣头。

2. NC 仿真的过程
所有的机床的运动都以逼真的三维显示，材料切削仿真演示了工件在加工过程中是如何变化的。自动碰撞检测报告了工作空间内的组件中所有不允许的接触情况。

NC 加工程序的仿真可以单段或在自动方式下运行，并可以随时方便地进行编辑。

其他的选项包括：

1）显示刀具轨迹。

2）识别工艺过程错误。

3）以插补周期为单位的仿真。

3. 应用范围及潜在的好处
调试新程序的大部分工作都是在廉价的 PC 工作站中进行的，通过这种方法，节省了高达 80% 的试车时间，并且机床的可用性也相应地增加了。通过在试车时的碰撞检查，几乎完全消除对应的维修成本和停机时间。

在生产加工运行期间，程序的修改可在模拟系统中进行和测试，只需要短的机床停机时间，设备就能接收到加工程序的变化。

在大批量生产时进行 NC 模拟仿真，特别是在节拍的优化上得到了大量的应用。在仿真场景中安全距离得以最小化，横向进给运动得以并行化，而且刀具的加工顺序也可以调换。对此的前提是控制器的虚拟系统能够真正体现真实控制器在运动控制和时间上的特性。

在规划阶段应用仿真的重点有两方面：一方面是研发和验证机床方案，另一方面则是机床投入运行前的安全保障和加工过程的优化。

在培训方面，模拟仿真系统以简单的方式操作 CNC 机床，出现编程错误和碰撞事故是不严重的，教师和学生能够减少这方面的压力，专注于知识的讲授和学习。

6.4.8　本节要点

1. 仿真

是在实验模型中对动态过程仿真系统的复建，以获取能迁移到真实系统下的知识。（VDI 指南 3633）。

2. 加工仿真（1）

通过动态图形化构造一个真实系统的模型，其目的如下：

1）部件的设计及其装配。

2）工件的加工规划、搬运、装夹和加工。

3）结构分析和组件之间的相互关系。

4）物体的运动学和动力学特性的研究（FEM= 有限元分析）。

5）柔性制造系统的优化布局（物流、机床的摆放）。

3. 加工仿真（2）

对于工程师而言：

1）特定机床上 NC 程序的图形化的动态工艺过程的仿真。

2）用正确的尺寸比例关系来表示机床、工件和刀具，以此研究加工过程中的运动特性。

3）通过包括实时、慢动作或快速运行，并通过可选择的停顿来识别问题。

4）包括刀具、工件的交换过程。

5）目的是识别和消除空行程、过多的安全裕量、碰撞和程序错误等。

4. NC 程序仿真

NC 程序仿真的目标如下：

1）帮助 NC 程序实现时间优化。

2）检测、避免碰撞。

3）缩短新程序的测试阶段。

4）提高机床寿命。

5）通过确定多机床加工的时间优化柔性制造系统的节拍时间。

6）总而言之：预防性的损害回避和生产效率的提高。

5. 以下仿真存在的区别

1）在工艺过程的仿真模拟：构建复杂的生产设备的虚拟模型，以考虑机床的排布、整个系统的布局，以及工艺过程的顺序能够顺利进行并据此进行优化。

2）三维图形的运动机构仿真：研究系统的运动学特性，如机器人、机床甚至人类。

3）有限元模拟：建模并研究材料和复杂结构的物理学特性。

第 7 章
从企业信息化到工业 4.0

简要内容：

7.1 直接数字控制或分布式数字控制

目前计算机普遍联成网络，同样的联网技术也可用于数控（Numerical Control，NC）机床，这会带来许多优点，所以生产企业不应放弃联网技术。

7.1.1 定义

DNC 是直接数字控制的缩写，最近也表示为"分布式数字控制"。这是指其中多个 NC 或 CNC 机床等的生产设备，如对刀仪、测量机和机器人通过电缆连接到计算机。直接数据传输淘汰了以前所使用的媒介，如穿孔带、磁带或磁盘，包括用于数据传输的写入和读出设备，这带来了许多技术和成本优势。

根据 VDI 3424，DNC 的功能是"管理并及时传递控制信息给多台 NC 机床，同时对应的 NC 功能由计算机承担"。目前 NC 功能不再由 DNC 系统实现，而是由 CNC 完成。

通过数据网络和强大的 DNC 软件可以实现连接到局域网（LAN）中的所有系统之间的互相通信。

7.1.2 DNC 的任务

虽然近些年来技术发生了巨大的变化，但是 DNC 系统的基本功能仍保留着，DNC 系统必须满足下面两项基本功能：

1）保证数据可以安全、及时地从 CNC 传入、传出。

2）管理庞大的 NC 程序。

第一项功能是安全的数据传输，避免机床和工件因受损而付出高昂的代价；第二项功能是程序管理，对大量具有明显价值的程序及文件进行有序的管理和备份。以上两个通过现代先进技术实现的任务，对提高生产率和加工质量做出了很大的贡献。

早在 1972 年发布的 VDE（德国电气工程师协会）标准中，就将 DNC 系统功能分为基本功能和扩展功能，例如，在高度自动化生产系统中刀具和工件的管理，后面的章节将会进行更加详细的论述。

7.1.3 DNC 系统的应用准则

企业实施 DNC 系统有许多的准则和要求。

1. 频繁的程序更换

让合适的机床在正确的时间执行正确的 NC 程序。批量越小，问题就会越多。在 DNC 操作中，NC 程序在调用后要立刻在机床端准备好。在扩展的系统中还需要传递所有的附加数据、修正值以及操作信息。

2. NC 和 CNC 机床的数量

当在一天内需要更换多个加工程序时，在 2~3 台 NC 机床上实施 DNC 就会有收益。每增加一台机床，DNC 就越有用。对于一个固定的加工过程，只要提前通过 DNC 完成数据传输即可。

3. NC 程序的数量

数千行 NC 程序不定期地更新和修改可能会导致管理问题。这很难在没有计算机的帮助下应付自如。DNC 系统简化了相关工作，减少了人为的错误。

4. 程序长度

如果程序代码特别庞大，需要许多移动存储装置存储，这时更换程序就存在巨大的风险。如果程序超过 CNC 存储器的容量，就要保证机床连续不断地进行长时间加工，DNC 就是不可缺少的。

5. 许多新程序

在有许多新程序或频繁更改程序的场合，将程序直接从 CAD/CAM 系统传递到 CNC 中就是必不可少的。特别是对于那些面向车间的编程（WOP），即操作人员在机床侧进行编程，备份所编写的程序就具有重要意义。

6. 高速传输

特别是高速切削（HSC）机床和应用激光技术的设备要求非常高的数据吞吐量。因此要求 NC 程序以特别高的速度传递到 CNC 机床，以便加工不会因缺乏数据而中断，这些只能通过 DNC 系统来实现。

7. 计算机支持的刀具管理

全局的刀具和刀具数据管理可带来巨大的节省，避免不必要的拆卸和组装，可以延长刀具的寿命。通过刀具号将所有的刀具数据合并传输到 CNC，可以节约时间并提高安全性。

8. 柔性制造系统（FMS）

柔性制造系统代表一个单独的类别，其特征在于 DNC 的基本功能，数据采集和存储、托盘管理、修正值、测量数据等由一个特别的主机承担。这通常由整个系统的供应商构建，并且带有专门的可扩展的软件系统。

在这里，DNC 计算机不仅提供 NC 程序、子程序和固定循环的管理，也对当前刀具数据、零点偏移和修正值进行管理。对于具有互补加工功能的柔性制造系统，每一个工件都与许多带有共同加工程序部分的机床相对应。

通过软件的扩展，柔性制造系统软件/DNC 计算机还可作为每一台机床当前状态的数据进行备份。例如，刀库中刀具的位置摆放、加工中的中断点、修正值或其他数据。这使得 CNC 存储器中由于可能出现的数据丢失而导致的机床的重启次数显著减少了。

9. 总结

基本可以这样理解，DNC 是计算机辅助制造的一部分，从开始阶段就包含在整体概念中。从 CAD/CAM 系统越来越多地投入使用，刀具管理系统和预调设备中越来越多的数据需要在较短的时间内准备好并且完成处理来看，DNC 系统是不可缺少的。

7.1.4　与 CNC 控制器的数据通信

以前考虑的是，NC 的轨迹控制通过使用中央计算机以及保留提供预处理数据的机床本机控制器来降低成本。机床本机控制器没有自主运行的能力，这会给机床制造商带来很大的调试问题，也会导致计算机故障。由此可能造成只给少数几台控制器进行数据供应就会出现数据阻塞，而这是人们不愿见到的。由于 CNC 价格的快速下降，这种带有 DNC 机制的机床本机控制器最终取消了。

在标准化的串行接口应用之前，NC 控制系统都配备了纸带阅读机，NC 程序通过纸带送入控制器中。后来，串行接口 RS232（V.24）成为一个标准，通常使用这个接口进行双向的数据传递用于程序的备份或读出。以前的 DNC 系统与今天的 PC 相比非常昂贵，DNC 系统所采用的小型机具备多任务和多串口，可以同时处理多个传输任务，可以通过一个终端进行操作。这些小型计算机也用于存储 NC 程序。所有这些系统采用发送技术工作，也就是说将控制器设为"读"模式，然后通过终端启动数据通信，将数据传输到机床。

串行数据传输对干扰非常敏感，RS232 的通信距离只有 15m，而且只有基本的数据校验。控制系统制造商（如博世、海德汉、菲迪亚等）迅速认识到需要一个协议来保障通信。这些制造商的老式控制器采用分块的方式进行通信，每一个数据块都带有一个验证码，控制器接收报文后进行验证，并通知计算机。如果出现差错，控制器会自动要求重发报文。这个（数据传输）协议虽然造成了通信速度的降低，但保证了无差错的通信。此外还允许传输超过控制器存储容量的程序。

由于 NC 机床的使用年限较长，老式的 NC 机床应用不同的通信方式，如今在车间中还可见到几乎所有的通信方式，例如：

1）BTR 接口（BTR 读卡器，读带机旁路系统）。

2）RS232（V.24）串行数据输入 / 输出接口。

3）以太网接口（基于 PC 的 CNC 系统）。

联网的 CNC 机床通过以太网连接，可能采用不同的操作系统和通信协议，如采用 Unix 或者 Linux、DOS 或 Windows 的控制器。日本的控制器厂商通常采用 FTP 通信协议，而欧洲厂商采用其他协议（Netbios、Netbeui，NFS），在选择 DNC 系统时需要考虑这些多样性。

7.1.5 程序的访问调用技术

过去通过纸带、磁带或磁盘存储加工程序，如今 NC 程序传输不需要大量的数据存储处理，直接通过控制器读入。目前有两种将加工程序通过串口读入机床程序存储器中的技术。

1. 派发方式

这里，程序从计算机（或与该机床相关联的终端）发送。即控制器必须首先被设置为"读"状态，要加载的程序是从机床外部 DNC 计算机发送的。

2. 查询方式

该方法在没有终端的系统中使用，借助于调用程序（或者称为哑程序）来请求所需的加工程序。该 DNC 计算机将请求的程序放在一个标有特殊注释的程序中，等待操作人员将控制器设置成"读入"状态。这种技术已经成为标准被广泛使用。

基于 PC 的联网 NC 系统可直接通过网络对服务器进行访问，控制器通过一些软件可直接进行程序的下载及备份。

7.1.6 DNC 系统

目前，所有 DNC 系统通过标准的网络或串行电缆连接到计算机和 CNC 机床，从原理上分为三种不同的方式，描述如下。

1. 串行接口连接的 DNC 系统（见图 7-1）

这种系统主要用于只连接几台 NC 机床的小型系统，通常是一台 PC 作为中央计算机进行程序的存储和通信。这台计算机常配备多串口卡，通过 RS232 接口连接 CNC 系统。用铜缆进行连接一般要限制通信速度，以提高可靠性，但会使停机时间延长。光纤因其可屏蔽干扰，而取代铜缆并得到应用。

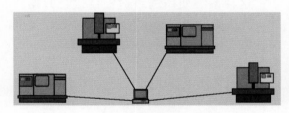

图 7-1 通过串行接口连接的 DNC 系统

如果 DNC 计算机需要放置在其他位置，固定布线的缺点就会显示出来。

这种方式的 DNC 系统适合小型企业使用，几台机床到计算机的距离较短（最佳距离小于 15m），程序的请求可采用派发方式或查询方式。

2. 终端连接的 DNC 系统（见图 7-2）

这种 DNC 系统在 20 世纪 90 年代开始应用，它使用终端（IPC，即工业 PC）进行服务器和机床之间的通信。它给机床带来全部的加工信息，即所谓的"无纸化的生产"。操作人员可读取所有与生产相关的数据和文档，并使用终端加载 NC 程序。通常，这种系统也通过 MDE/BDE（设备数据 / 生产数据采集）扩展补充，来获取 PLC 信号，并将机床停机的原因反馈给上位机。

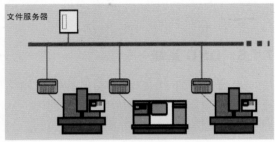

图 7-2　终端连接的 DNC 系统

这种 DNC 系统避免了采用较长的串行电缆的缺点，从开始阶段就基于网络技术构建。这种 DNC 系统提供了很好的用户体验，但需要良好的员工培训和相对昂贵的建设成本。

3. 网络连接的 DNC 系统（见图 7-3）

这种系统使用网络适配器进行数据传输，即机床控制器的串口通过一个网络适配器（也称设备服务器、通信服务器或终端服务器）集成到内部以太网，这样控制器就可以直接请求加工程序而不需要中间装置。这种系统克服了长距离数据传输的问题，因为通过网络技术可保障无障碍的数据通信。这种具有相对价格优势的系统既适合小企业也适合大企业。目前常采用无线局域网（WLAN）替代传统的有线以太网布线。现在计算机操作系统（通常为 Windows，很少用 Linux 或 Unix）可同时与多台机床进行通信。

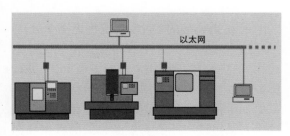

图 7-3　网络连接的 DNC 系统

7.1.7　用于 DNC 的网络技术

协议可以保证网络（现在几乎全是以太网）进行大量数据长距离无差错传输。目前使用的网络层 TCP/IP，确保在工业领域的通信，排除各种环境的干扰进行无差错的传输。

如今的 DNC 系统普遍采用 Windows 计算机和标准网络（LAN，即局域网）。连接只具有串口的 CNC 机床，需要网络适配器（通信服务器、设备服务器）作为一个媒介转换器从串行数据转换到以太网，反之亦然。高度专业化的网络适配器不仅包含原有的 DNC 功能，而且可以像独立的计算机一样具备程序传输和数据过滤功能。构建 DNC 系统的新设备如图 7-4 所示。

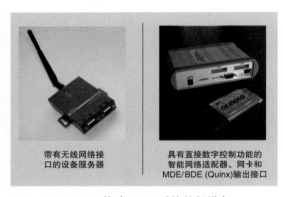

带有无线网络接口的设备服务器

具有直接数字控制功能的智能网络适配器、网卡和 MDE/BDE (Quinx) 输出接口

图 7-4　构建 DNC 系统的新设备

1. 无线局域网（WLAN）

也称无线网 Funk-LAN，它采用 TCP/IP 协议，属于标准的以太网。没有直接的电缆连接，数据传输在 4 兆赫范围。因此要使用一个接入点，从而连接有线网和无线网。接入点具有发送器和接收器的功能，也可用于连接两个有线网络。在接收端，即在 NC 机床侧需要具有配备了内置天线的网络适配器或传统的如上文所述的以太网适配器。与无线以太网桥一起将无线以太网信号转换为有线以太网信号，如图 7-5 所示。

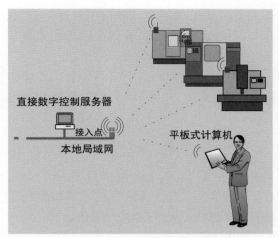

图 7-5 通过无线局域网将无线数据传输到机床

2. 无线局域网的应用及风险

使用无线局域网，即无线网络，可以带来巨大的经济效益。它替代了在制造领域使用昂贵的网络扩展，例如节省了进行布线和购置交换机的花费。大部分情况下，接入点就能满足要求，增加安装接入点，可使接收器的有效距离达到 100m。传统的以太网布线，平均成本为每个连接点 300~600 欧元。与此相比，无线局域网的成本仅为其一半。

但是，无线局域网带来的风险不容小觑。计算机专业杂志发布了最新的"破解方法"，公开了不同的加密方式。从长远来看，加密也不是安全的，这意味着工业间谍活动将泛滥。此外，不同无线局域网密集交叉的区域，信号会互相干扰。这可能会导致生产中断，也可能被恶意利用，至少导致竞争对手的生产在一段时间里瘫痪。

3. 带有以太网控制器的 DNC 系统

关于带有以太网接口的机床，经常有人会问 DNC 系统是否有必要。因为通过计算机完成加工程序的装载和备份都是很容易实现的。这种类型的机床进行快速、无差错的数据通信不再是一个问题，但在实践中往往会遇到以下问题：

1）由于数据存储量非常大，数据备份工作需要不定期进行。硬盘的故障可能导致丢失或损失昂贵程序。

2）本机操作人员有操作程序目录的权利，他可以在控制器的中央计算机上进行程序删除、覆盖或难以追查的程序移动，这可能是一个安全隐患。

3）基于 PC 的 NC 系统面临所有计算机的隐患，即病毒威胁。

4）没有 DNC 系统，传输的可追溯性则是没有保证的。因为无法导出日志记录。

上述的前三个问题可能导致损失巨大，最后一个问题可以在 ISO 9001 中加以考虑。有许多通过 DNC 系统进行管理所有加工程序的企业，为了避免计算机中毒的风险，都要求配置另一个通用的串口连接。

7.1.8 网络应用的优点

用标准网络（以太网）具有诸多优势：

1）通过自动的差错识别和纠错，实现无差错的通信。

2）所有 NC 程序和生产数据实现集中管理。

3）现场设备的连接数量不受限制。

4）在更长的距离下机床和设备仍然可以联网。

5）使用控制器串行接口的最大传输速率。

6）方便地适应企业需求的系统扩展。

7）CAD/CAM 系统、NC 编程器、PPS（生产计划系统）、车间 DNC 计算机与 NC 系统之间可实现直接通信。

8）对企业（计算机、机床等）所有数据和联网设备进行方便和集中的管理。

7.1.9 NC 程序的管理

NC 程序的管理往往很少受到关注。由于老式控制器采用四位数字的 NC 程序号工作，以前的程序数据管理与老式控制器相适应，但却在加工准备阶段给组织工作带来巨大消耗。四位数字量无法满足文档或工件加工程序号的管理，通常需要多位数字来区分，这意味着必须使用比较列表或开发复杂的管理系统，使标识能与工件加工程序相对应。但目前很多地方仍在使用这些老方法。

现代 DNC 管理系统克服了之前的四位数字程序号的问题，在 NC 程序中加入注释行，实现独立于程序号的程序文件唯一标识。采用存在每一个加工任务中的这个信息，操作人员不必知道 NC 程序号，就可请求被加工工件所需的加工程序。

现代基于网络的 DNC 系统高度自动化地对 NC 程序进行管理。新的程序，不管是机床发送的或是由 CAM 系统移交的都被自动放入数据库中，并可立即进行下载工作。修改的程序与原有的程序进行自动比较，并存储在不同的区域，只需单击鼠标，所有的修改便可以显示出来，这是程序管理员所希望的。只要生成副本，源程序就保持锁定。DNC 系统会自动识别不存在的或无效标识的程序，并将其排除。

现代高效的 DNC 系统与传统的工作方式相比，减少了 90% 以上的处理费用（来自 Quinx 公司的调查），因此这种系统可以很快地收回投资。

详细记录所有的传输日志是必要的，特别是在需要保障可追溯性的场合，如在 ISO 9001 标准以及医疗技术领域使用的 DIN EN ISO 13485：2003 都有要求。任何时间都可以确定在哪一台机床上使用哪一个程序加工工件。

一个现代化的 NC 数据管理的要求和任务如图 7-6 所示。

1）根据机床或分组进行工件程序管理。

2）管理生产信息（属于 NC 程序任何类型的文档）。

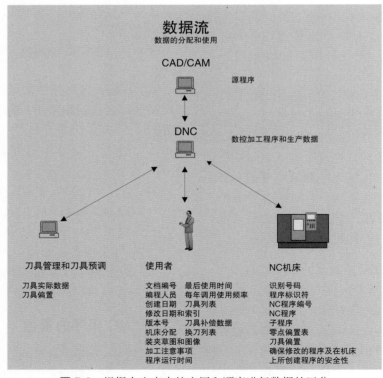

图 7-6　根据在生产中的应用和顺序进行数据的区分

3）与 PPS/ERP 系统的规定相适应，使用逻辑识别符管理 NC 程序。

4）显示正在传输的任务。

5）上锁和自动解锁正在使用的程序（在传输或编辑时开放）。

6）用于多用户操作。

7）允许联入其他编辑器（如 CAM 系统的编辑器）。

8）单击鼠标显示程序修改后的所有变化（程序比较）。

9）提供程序和文件导入、导出功能。

10）提供不同制造商的 CAM 系统、刀具管理系统和预调设备的数据自动导入。

11）提供记录所有传输的日志（PC 的使用、机床程序的上传和下载等）。

12）自动存档过期的程序版本。

13）执行数据传输的统计分析。

相关示例如图 7-7~ 图 7-10 所示（来源 Quinx 公司）。

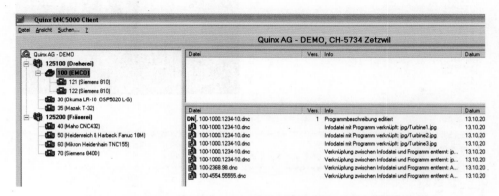

图 7-7 机床概览窗口（左）和正在进行的传输任务的窗口（右）

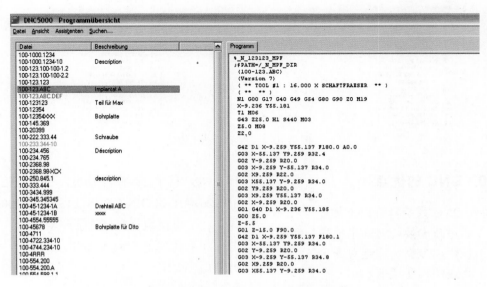

图 7-8 机床目录和文件的详细信息

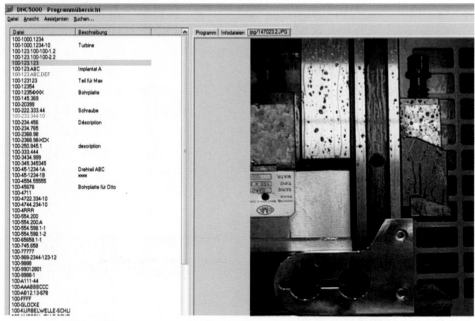

图 7-9　描述 NC 程序的生产数据（如夹紧情况数码照片）

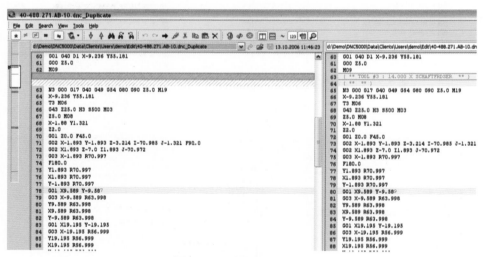

图 7-10　程序的自动比较

7.1.10　DNC 的优点

引入 DNC 系统具有以下优点：

1）通过减少换装时间来提高生产率。

2）长距离数据传输绝对安全。

3）高速的程序读取。

4）简化的数据保存管理。

5）减轻程序管理日常工作的负担。

6）具有详细传输记录的可追溯性（ISO 9001 和 DIN EN ISO 13485：2003）。

7）更换数据存储介质绝对安全。

8）高速通信时无差错的数据传输，例如 HSC 机床。

9）保证使用正确的程序。

10）简单、自动和透明的程序管理。

11）程序和修正数值可快速使用。

12）没有由于缺少程序造成的停机。

13）刀具和修正数据无差错的准备。

14）避免了大量的纸带或磁盘库以及相应的文件柜。

有扩展功能的系统具有以下优点：

1）通过闭环的信息流可以更好地利用刀具寿命。

2）更换程序时减少换刀次数和时间。

3）更好的信息透明度，特别是相互关联的生产系统。

4）更加柔性和自动化的 NC 机床加工系统。

5）提高机床的使用时间。

7.1.11 DNC 的成本和经济性

目前，建立 DNC 系统的成本一般为每台机床 1000~5000 欧元，还取决于 DNC 系统的品牌以及要连接的 NC 系统及其接口。

如果一台机床一小时的报价是 150 欧元，假设生产率只提高 2%，一年工作 2875h，投资总额为 15000 欧元，那么采用两班制只用两年时间便可以收回投资成本。

每个买方必须根据自己的情况进行经济核算。没有经验的用户应注意，先通过入门级 DNC 来积累有效的经验。首先考虑与已购买设备的兼容性以及与后继系统上开发的专门软件间的可传输性。

对于 DNC 系统应采用以下标准进行评估：

1）DNC 硬件方面，并不是所有生产对车间的要求（干扰、温度、振动、连续作业、大气环境）都在增长。计算机最好用一个标准的操作系统，电子设备（网络适配器、终端等）要有 CE 验证。

2）DNC 软件应实现模块化的扩展，测试，以及错误排查。尤其是满足书面上提出的确定的产品要求。

3）传输介质，例如同轴电缆、双绞线、光纤。

4）使用的数据传输协议尽可能标准化，如以太网的 TCP/IP。

5）制造商或供应商具有丰富的经验，拥有自己的开发人员、智能化产品、备件储备和可接受的服务支持。

6）性价比好，投资回收期短。

7）必须考虑在 DNC 计算机、传输线路和连接端子发生故障时的紧急策略。

7.1.12 DNC 的现状和发展趋势

DNC 系统是现代企业信息化的重要组成部分，它们处理 NC 机床和工作人员与生产相关的所有数据。使用强大的工业标准计算机进行所有生产数据的管理和分配，使 DNC 系统的功能范围比以前显著扩大，安全性和速度有所提高。对于柔性制造系统中应用 DNC，就需要访问所有和生产相关的数据库。

未来几年的目标是"数字化制造"。它的概念是：CAD 生成的数据在计算机的支持下转化成 NC 程序，通过 DNC 系统无差错地传送给机床。新技术（如高速切削、快速成形或应用激光技术）需要大量的数据和非常高的通信速度，穿孔带完全无法满足需求。电子存储介质（如磁带或磁盘）在车间内使用不合适、不经济，它们需要相应的读写装置，最好的解决方案是基于网络的 DNC 系统。

因此，未来的 DNC 系统包括最新研发的通信技术（网络技术、因特网、内联网等）。但要满足现有旧机床的要求，几乎所有的 DNC 系统都需连接旧 NC 机床。

新型 NC 机床带有通用的数据通信功能和标准化的 LAN 接口。因此，它们就可以像其他网络设备（CAD、PPS、刀具管理系统、NC 编程等）一样集成到企业信息流中。

DNC 系统仍然是一个增长的市场，还具有长期应用的必要性，如将新的机床添加到网络，在规划中就应提供 DNC 系统和网络系统。

在配有许多机床或计划配有许多机床的车间，需要预先给出实现 DNC 的技术路线。即使只有几台机床，也同样适合通过 DNC 创建新的工艺。在柔性制造系统中 DNC 是不可缺少的，柔性只有在转换加工任务以及 NC 程序、刀具、刀具数据、修正数据、零点偏置表的快速准备时才发挥作用。工件在不同夹具中的装夹图可使操作人员快速熟悉新的加工任务。

7.1.13　小结

DNC 系统有三个主要工作：

1）所有连接 CNC 机床的程序管理。

2）将 NC 程序及时传递到 NC 机床。

3）激活数据传输：

① 在中控室中由人为给出命令。

② 在机床上自动或人工给出命令。

传送 NC 程序到一个特定 CNC 机床的请求由计算机或者某个 CNC 机床发出，DNC 计算机不承担或取代 CNC 机床的任何功能。即使是在柔性制造系统中，所有 CNC 机床通过 DNC 提供数据，控制功能仍然由 CNC 机床承担。每台 CNC 机床通过 DNC 接口进行自动化的数据交换，目前主要是通过以太网接口。如果多台机床同时请求加工程序，DNC 系统就会按照预先设定的优先顺序进行发送。

由于 DNC 计算机性能的提高，它们承担的任务越来越多。因此，除了 NC 程序，还传送工件搬运装置的程序，以及在机床上进行测量的测量程序，还有当前刀具长度、直径、刀具的磨损、零点偏置的修正值、操作人员提示和装夹图示。

为了安全可靠地传输程序，还有如下信息：

1）对某台机床释放相关加工程序号前的检查。

2）请求的发出者、时间和日期。

3）发布新程序并使其生效和加工相应零件。

4）所需的刀具与刀库中存储的刀具进行比较，输出"刀具 ××× 缺失"的消息给操作人员。

另一个非常重要的任务是把 CNC 机床的 BDE/MDE 数据自动传递到控制中心，可以这样理解：

1）机床使用时间和停机时间。

2）成品数量、废品报告。

3）生产中断的原因。

4）机器停机的原因。

5）出错消息的统计分析。

6）维护说明和实施监控。

CNC 机床和 DNC 计算机的通信是由与 CNC 机床集成的操作面板实现的，还需要额外的 DNC 终端，这对操作非常重要。今天利用 CNC 机床操作面板确实是便宜和普遍的选择，这就要求每个 CNC 系统供应商提供合适的适配接口，可能就会有不同的操作。

使用 DNC 终端，通信操作基本相同，这是它的优点。通信的类型和传输速度非常重要，为了不使传输成为瓶颈，需要尽可能高的传输速度。另外，无差错传输也很重要。目前以上两个要求以太网都能满足，此外还有无线传输系统可供选择。

7.1.14　本节要点

1）DNC 功能可以分布到一个局域网上的几台计算机。

2）DNC 系统有着清晰、明确的任务，例如：

① 及时为连接的机床和自动化设备提供 NC 程序和其他加工所需的数据。

② 减少对 NC 程序和其他生产数据的等待时间。

③ 引入具有适合程序标识符的数据组

织模式。

④ 取代移动数据载体的缺点，如存储、管理、损坏、丢失数据和机床端复杂的操作。

⑤ 在 DNC 计算机上管理不受数量限制的 NC 零件程序和加工信息。

⑥ 带有修改标识的修改后的 NC 程序从机床回传到 DNC 系统。

⑦ 在机床侧为操作人员提供更清晰的信息。

3）双向数据传输有三种可能：

① 计算机通过多接口卡以星形连接每个用户。

② 局域网（LAN）具有绝对数据安全和高传输速度的优点。

③ 通过机床发送和接收无线通信是可能的。

4）连接到 DNC 上的 CNC 机床不需要数据读取设备，从而消除了停机维护工作和昂贵的设备更换。

5）传输介质有不同的系统可选择，LAN 接口值得推荐，例如使用 TCP/IP 的以太网。

6）CNC 机床必须有一个数据连接接口。

7）超大的 NC 程序通过自动加载程序段实现不间断的加工运行。

8）服务于 NC 程序的"基本数据或核心数据"：

① 为更好地管理、识别和标记。

② 为安全杜绝不当的使用。

③ 为操作人员提供信息。

9）MDE/BDE 不是 DNC 的扩展，而是不同的功能模块，它利用现有的 DNC 硬件和软件。

10）DNC 系统有明确的功能范围，例如不含有柔性制造系统管理功能。

11）DNC 系统的成本效益是毋庸置疑的。

7.2 局域网

企业的信息变得越来越重要，并且被认为是一个重要的生产要素。因此，有必要使所有有用的信息在正确的时间内传给相关的使用者，这些工作通过企业内部的数据网络来完成。

7.2.1 引言

安装有各种 CA 系列软件（CAD、CAM、CAQ、CAR、CAI、CAE）的计算机和 NC 系统是数据的产生和处理系统。企业安装的这种设备越多，设备间数据相互交换就越重要，这些是企业内部数据网络（见图 7-11）的任务。

有线宽带网络同时将多种信息从不同的"发送者"传向不同的"接收者"。这种宽带网络可以同时传送给多个电视和广播频道的常规电视电缆，同时附加了视频文本的网络。每个接收器从多样的信息中只接收需要的节目，然而这需要一个有线电视调谐器，把节目从电缆频率转换为输入设备的频率。

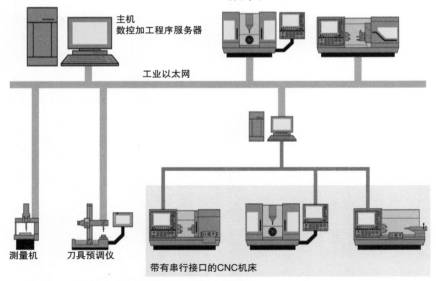

图 7-11　数控机床及周边设备通过局域网或串行接口与上位机的通信

这种传输是单工的，即仅在一个方向从发送器传输到接收器。但是数据回传在技术上也是可实现的，这被称为双工模式，即在发送信息时，电视用户也可将信息发送到中央控制室。

第三种可能性是半双工模式，其中信息只可以有一个方向的传输，如图 7-12 所示。

与局域网相比主要的区别是，电视网

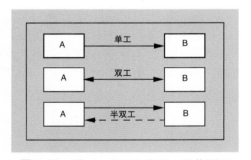

图 7-12　单工、双工和半双工通信原理

络的用户之间不能进行通信。

7.2.2 局域网

局域网是数据网络,其网络覆盖范围有一定的限制。局域网的扩展受限于企业的

占地面积,不受公共机构的管制。

局域网的通信示意图如图 7-13 所示。长距离的连接称为广域网(WAN),需要公共设施,如电话线、ISDN 或 DATEX-P、DSL。

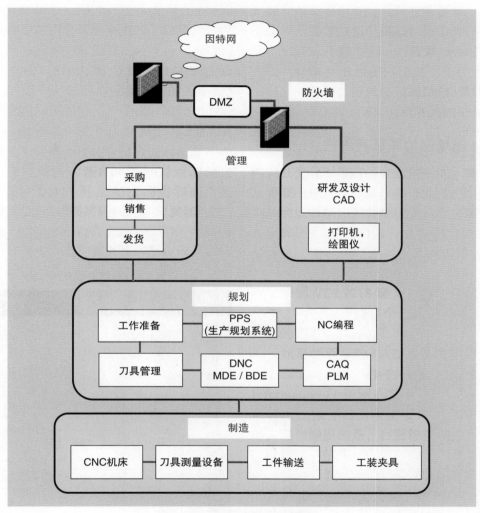

图 7-13 局域网的通信示意图

7.2.3 信息的定义

信息可能是数据、图像、图纸或控制程序。信息处理控制和记录企业在多个领域发生的过程和关系。信息调节仓储和生产(PPS),控制 NC 机床和机器人(DNC、CNC),记录生产数据和故障(MDE/BDE

设备数据 / 生产数据采集),减少了不必要的停机时间(CAQ、诊断、维护),从而提高企业的盈利能力。因此,网络技术的应用受到了越来越多的关注。

信息能够快速收集、分发和用于生产控制,此时企业将面临以下任务:

1）最重要的前提是计算机包括外围设备，数据库和相应的用于生成、存储和分发信息的软件的使用。

2）建立一个信息网络至关重要，所有用户能够访问他们所需要的所有信息。随着自动化生产日益普及，企业中越来越多的部门使用信息、反馈结果。这些数据网络必须具有可靠性、快速性、可扩展性和安全性。

3）为了在数据网络上相互通信，需要一个具有标准数据接口的连接设备，它应在硬件和软件方面都适合整个数据网络。

7.2.4　局域网的特征与属性

目前有几个不同的局域网系统。虽然它们的主要目的始终是相同的，但也存在显著的技术差异，包括以下七个方面的特征：传输技术、传输介质、网络拓扑、访问方式、（数据传输）协议、传输速度、最大站点数量。

1. 传输技术

在局域网中，根据需要采用以下两种不同的传输技术：

1）基带传输方法。

2）宽带传输方法。

基带技术使用单一的传输信道，其提供给通信伙伴的占用时间很短。该方法称为"时分复用"。由于没有复杂的调制和解调设备，因此从这方面来讲它比宽带便宜。

在宽带技术中，每个信道使用有限的、频带的可用范围也是不同的。这就是此方法也称为"频率复用"的原因。这两种方法都有其特定的优点和缺点。

使用以上任一种技术传输的信息，为了通信安全采用电子"打包"。信息快速但不直接传送，而是接收端通过一个所谓的"翻译器"把信息变为可读。

2. 传输介质

在通信技术中传输介质是指有线通信和无线通信。

（1）有线通信（如局域网或广域网）

1）双绞线、非屏蔽双绞线或屏蔽双绞线。

2）同轴电缆。

3）光波导路（LWL），如玻璃光纤、聚合物光纤（POF）或聚合物包层石英光纤（PCS）。

（2）无线通信（如无线局域网）

1）无线电技术。

2）红外技术。

3）蓝牙技术。

根据通信传输的频率，其范围为 500kHz~10GHz，可使用双绞线、屏蔽双绞线、同轴电缆或光纤。光纤对干扰具有最高的安全性，但需要相对昂贵的调制解调器来调制解调需要发送的数据。

传输介质及其性能见表 7-1。

表 7-1　传输介质及其性能

传输介质	容量	说明
对称电缆 双绞线		
-<CAT 3	−500MHz	电话
-CAT 3	10MHz	以太网的 10 Base T
-CAT 5	100MHz	以太网的 100 Base T
-CAT 6	250MHz	以太网的 1G Base T
-CAT 7	600MHz	
同轴电缆 - 以太网 - 收音机技术 　和电视技术	10MHz 2GHz	以太网的 10 Base 2 例如卫星接收机
光纤	>10 GHz	干扰不敏感

在基于以太网的局域网中，电缆的长度不能一概而论，速度高达 1Gbit/s 时也可达 100m 长，当然这也包括转接线缆和插头/插座，如从墙上的连接插座到计算机，包括 90m 的网络电缆和 10m 的转接电缆。

在速度为 10Gbit/s 的网络中，长度高度依赖所使用的电缆。要达到 100m，必须使用确定的级别（6 类屏蔽线，CAT-6A），否则只可能达到 45m 或更短。布线的花费明显较高，不适合普通的工作站联网。

40Gbit/s 或 100Gbit/s 的速度达到了铜缆的极限，现在实际上还不可行。

玻璃纤维在很大程度上取决于使用标准，最大可达到 100Gbit/s 时 40km 或40Gbit/s 时 100km，它的布线安装成本远远高于铜缆。

3. 网络拓扑

目前局域网的标准拓扑结构为总线型、环形、星形或树形结构，如图 7-14 所示。

网络的拓扑结构和优缺点见表 7-2。

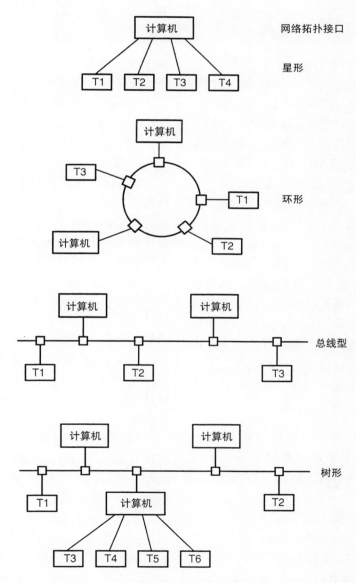

图 7-14 星形、环形、总线型和树形结构局域网（T1~T6 表示用户 1~6）

表 7-2 网络的拓扑结构和优缺点

网络结构	星形	环形	总线型	树形
示意图				
特性	流行结构	每个站既是发送站又是接收站	同轴电缆作为被动介质	从主干到分支
优点	一个单元的故障不会影响网络	方便新设备连接	任何站都可以随时连接、断开	分支网络可扩展
缺点	成本高	当一个站点出现故障时需要双环保证安全性	电缆故障会导致通信瘫痪	网络扩展成本高,比其他网络昂贵

总线型网络的所有用户都连接到一个公共线上。其特点是连线短,整个网络结构简单,发送者和接收者之间的通信直接连接。

环形网络的所有用户都连接到一个环路,每个站和至少两个相邻的站相连。数据通信通过环上一个预先固定的方向,再回到起点。

令牌环使用配对的双绞线双线制,因此环的中断不会导致整个信息传递失败。通过自动或手动将发送方向和回程方向短路,就可使旁路发生故障。

最简单的数据传输,例如从 DNC 计算机到 CNC 机床直接通过电缆连接,这种星形连接中所有从站都连接到中央站,因此从站之间不能直接通信,只有通过中心站来通信。因为每个连接的端口都在计算机上,所以这种结构只适合连接少量用户的情况。

树形结构是上面所列出结构的混合。

4. 访问方式

访问方式决定哪个参与者可以发送数据以及接收者如何识别发送给自己的报文,根据无冲突的访问与有冲突的访问进行区别。

原则上,可以使用以下的访问方式:

1)主从方式(Interbus-S)。

2)令牌环(Token-Ring 原则)。

3)令牌传递(Profibus)。

重要的内容是冲突检测和预防的原理。冲突是两个(或以上)信号同时在一个线路上传输,两个电信号叠加到一起,结果在接收端不能再区分开各个信号(逻辑位)了。

1)载波监听多路访问 / 冲突检测(CSMA/CD)。

2)载波监听多路访问 / 冲突避免(CSMA/CA)。

CSMA/CD 方式在冲突时进行仲裁,即具有较高优先级的成员继续发送信号,而具有较低位地址的成员具有较高的优先级。这意味着具有最低位地址的成员获得最高的优先级并具备了实时的能力。

主从方式是指一个成员是主站,其余都是从站。主站具有唯一的不请求就可访问公共资源的权利。从站不能主动访问总线,从站必须等待主站(轮询)给它发指令。

主从方式的主要优点是,只有主站可以控制访问,从而防止信号冲突。其缺点是从站之间无法通信,此外主站轮询的方式效率低下。

可以通过"加速数据交换"的方法来解决从站之间的通信问题。例如,主站发送指令让从站 1 "接收数据"。然后主站让从站 2 进行"数据传输",由此开始数据传输。

从站 1 正确接收包含"消息结束"的数据,然后把"结束消息"发给主站。这需要从站具有较高的智能,所以价格也会相应提高。

主从方式也可以和令牌总线相结合,但这种情况下,只有主站可以传递令牌。

令牌传递原理如图 7-15 所示,用不断

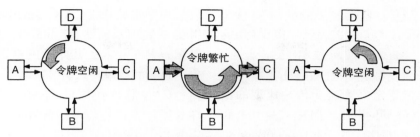

图 7-15 令牌传递原理（从 A 发送到 C）

循环的令牌（特别的位模式）在环上循环传递。这就像一个信使从一个地方到下一个地方，谁拥有令牌就可以发送信号。准备发送站点在运行中的一定时间内保持令牌状态为"繁忙"，并等待"空闲"状态的信号令牌到来。发送站和目标站的地址完成添加后与要发送的数据相关联。目标站通过对自己地址的识别，复制数据到输入缓冲区，然后设置"复制"位。整个数据流最后又回到发送站，并将数据与发送的数据进行比较，实现了数据的安全发送。最后释放"空闲"令牌到环上，从而防止了数据冲突。

令牌传递是令牌环和主从方式混合的通信方式。令牌传递是从令牌所在的由主从站组成的网络向相邻逻辑环结构的主站转发令牌。

载波监听多路访问/冲突检测（CSMA/CD）表示异步媒体的访问方法（协议），规定了在一个公用传输媒介上不同站点的访问方法。如果有更多的站要同时使用总线，可能会发生冲突，这使得所发送的信号无法使用。为了有效地防止发生这种情况，需要使用 CSMA/CD 方法用于出现冲突时的识别、应对和阻止，并不断重复这些工作。

载波监听多路访问/冲突避免（CSMA/CA）是指防止在同一总线上多位参与者的访问产生冲突。经过修改可用于如 ISDN 或者许多用户的数据在一条总线上传递的场合，这种情况不允许出现冲突。在具有中央协调下的通信网络中不会发生此问题。

可引起冲突访问的每个站可以在任何时间发送信号，可能的冲突都会被感知，并立即终止数据传输。随机延迟之后，传输重新开始，第一个开始发送的站点禁止所有其他站点的访问。

以太网使用了 CSMA/CA 技术，以太网是目前使用最广泛的局域网。

5.（数据传输）协议

协议是指保证实现两个或更多系统之间或系统组件之间的信息交换所需的条件、规则和协定。

协议是数据传输系统中进行通信所要遵循的规则，协议定义编码、传输形式、传输方向、传输格式、呼叫建立和呼叫释放。

例如，人类的语言和规则。用同一种语言交流的人可通过嘴和耳朵（即接口）相互交换信息，交流的媒介语言是由单词、语法、词义和发音（即协议）定义的。不同语言之间是无法交流的，即使都具备说（即发送）和听（即接收）的能力。

因此，数据传输并起作用，就要求所有参与者的接口和协议必须是相同的，或通过转换器转化成相同的（也就是说人必须使用相同的语言进行交流或者需要一个翻译），另外重要的是发送和接收速度相匹配。

6. 传输速度

一个数据网络的传输速度应尽可能地高，这样每秒钟能更多地传输数据，从而减少等待时间。

传输速度和数据传输速率描述了同一个概念，在传输的信号是数字信号的情况下，也称为带宽，它通常以 bit/s（位 / 秒）、kbit/s、Mbit/s 或 Gbit/s 来表示，很少用 B/s（字节 / 秒）、kB/s、MB/s 或 GB/s 来表示。用波特率来表示数据传输速率往往是错误的，因为波特率定义为码元传输速度的单位。当用两个不同的电压（如 RS-232 用 0 和 1）时，一个码元传输一个位，9600Baud 也就是 9600bit/s。如果使用了多种不同的电压水平的码元，那么每波特会传输更多的位。

传输速度比较见表 7-3。

表 7-3 传输速度比较

描　　述	理论最大值	实际最大值
USB3.0	5Gbit/s	200MB/s
USB2.0	480Mbit/s	36MB/s
千兆以太网	1Gbit/s	117MB/s
快速以太网	100Mbit/s	11.8MB/s
16Mbit/s 的 DSL（下载）	16Mbit/s	1.9MB/s
6Mbit/s 的 DSL（下载）	6Mbit/s	0.7MB/s
7.2Mbit/s 的 UMTS/HSDPA	7.2Mbit/s	0.8MB/s
3.2Mbit/s 的 UMTS/HSDPA	3.2Mbit/s	0.4MB/s

如果连接到数据网络的 NC 或 CNC 机床的下载速度有限，那么网络与控制器之间必须有"转换器"，转换器将网络上的数据高速下载到数据存储区，再通过合适的速度将数据传给 CNC 机床。

由于 CNC 机床也使用通用 CPU 芯片，因此大部分都具有高速接口。

网上传输的信息通过所有的站点，"转换器"通过"滤波和拆包"将信息传递到正确的地址。

7. 最大站点数量

以太网网络最大可连接 1024 个站点，没有网关或路由器网络长度可达 2500m。标准以太网的传输速度为 10Mbit/s，快速以太网为 100Mbit/s，千兆以太网为 1000Mbit/s。快速以太网和千兆以太网采用双绞线或光缆，而同轴电缆不允许在高频下使用。

由于现场总线 CAN、Interbus-S 和 Profibus 的物理基础是 RS-485 串行接口，性能数据也几乎相同，其差异主要是总线访问、安全机制和传输协议。

CAN 总线使用的 CSMA/CA，最长电缆长度计算较复杂，在 50kbit/s 的传输速度下可以传输约 1km。最大站点数为 64 个，在限制的条件下可达 128 个站点。

Interbus-S 在 500kbit/s 的传输速度下可传输 40m，站点数最多为 256 个。

Profibus 一般最多为 32 个站点，用中继器则可达 127 个站点，它位于两个相互通信的站点之间，最多可使用三个中继器，传输速度为 500kbit/s 时可延伸到 200m，传输速度为 93kbit/s 时可达 1200m。

7.2.5 网桥和网关

数据通信的目的是随时随地可用信息，这个目标与局域网实际上是矛盾的。如上所述，局域网被限制在一个特定的建筑物或部门区域，因此，在一个企业中可能存在多个局域网。所以，需要提供一个设备，将一个网络的信息传输给另一个网络，这样的设备称为网桥或网关，如图 7-16 所示。

网桥被定义为一个设备，是具有相关软件的计算机，允许相同类型局域网之间的连接，使一个网络的站点可以同其他相同类型的网络进行通信。根据定义：要连接的网络是相同的，没有任何协议转换发生。网桥识别和检查发来的数据包，查看接收地址是否是其他网络。仅在这种情况下，网桥转发该数据包到另一个网络，从而避免了不必要的网络拥堵。

网桥也可用作放大器，以增加网络的长度。

网关用来连接不同的网络，显而易见网关具有相对复杂的结构，因为它们具有许多额外的任务，如协议转换、格式化和适应工作。

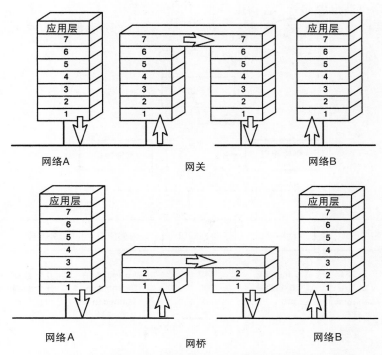

图 7-16　网桥连接相同的数据网络，网关连接不同的数据网络

7.2.6　局域网的选择标准

选择局域网有 12 个重要的基本标准，用户购买时必须注意以下事项：

1）最大的传输速度单位为位 / 秒（bit/s）。

2）要传输数据的最大预期量。

3）能连接可靠站点的最大个数。

4）所有站点在单工、双工或半双工工作方式上的数据传输问题。

5）当一个站点或分支节点发生故障时的安全性，数据传输不允许失败。

6）无中继器时最大允许的电缆长度。

7）电缆类型和电缆芯数（屏蔽、双绞、同轴或光纤电缆）。

8）电缆的最小弯曲半径，要考虑在电缆槽中布线的情况。

9）考虑连同电源线，在电磁污染的环境或非常强的线路干扰下安装布线的条件。

10）价格组成。

① 局域网基本价格。

② 连接每个客户端的价格。

7.2.7　接口

所传送的数据必须能够输入每个相连接的系统，这就是设备接口。

接口是指两个硬件系统（如计算机、打印机、CNC 机床）或计算机中两个软件程序之间的边界。在电信领域中广义上讲，接口定义为责任的交接点，如有线电视网络到用户家中的连接。

接口可以用于连接两个相同或不同的系统。

例如，两个相同的计算机、两个不同的计算机、计算机和打印机、计算机和 CNC 机床、DNC 和 CNC 机床或人类和计算机（即键盘和屏幕）。

这里主要关注与 NC 机床控制器直接相关的接口（计算机辅助制造），这些接口主要用于将数据传输到 NC 机床、机器人、物料流转系统、刀具管理设备、测量设备和类似的设备。

接口的分类如图 7-17 所示。

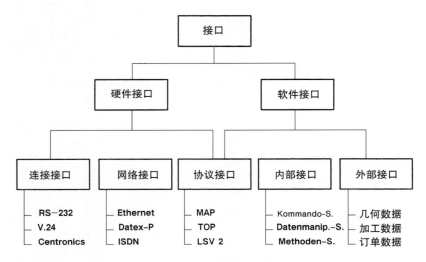

图 7-17　接口的分类

1. 硬件接口

基于硬件设备的接口定义可以这样来理解，例如，在单位节拍内用于发送、接收、控制、注册需要的通信线路的数量，所应用的连接器的型号以及如何应用。

它们也被称为该装置的连接接口，所有流入和流出设备的信息经它流过。接口分为位串行接口和位并行接口。

串行接口被发送的信息在同一线路上以时间序列被发送，因此，它的传输速度比一个字符的各个位同时在多条线路上并行传输要慢。

然而，并行接口（如 Centronics 并口和 IEC-Bus）的缺点是严重的，具体如下：

1）8bit 字符至少需要 9 条线路。

2）技术方面的花费大。

3）电缆长度的限制为 1~3m。

数据传输接口首选为串行接口，下面具体介绍这个最常用的接口。

V.24 接口（见图 7-18）是引脚说明和功能的简单介绍，共 25 路信号，用于发送、接收、控制、注册等，其中只用了 7 个线路。

2. 握手交换方式

握手信号用于控制两个设备之间的数据传递，握手交换方式通过开始 / 停止数据传输来控制传输。如果接收站在有限的时间内无法实现接收，则接收站通过一个预定义的信号使发送停止，直至它准备好再次接收。握手交换方式有两种：软件握手交换方式和硬件握手交换方式，如图 7-19 所示。

它们之间在原理上的差别如下：

1）所必需的线路数量。

2）数据线路和控制线路的分配。

硬件握手交换方式采用数据和控制信号各分配两条线路，而软件握手交换方式采用两条数据线路，其功能随传输方向变化。

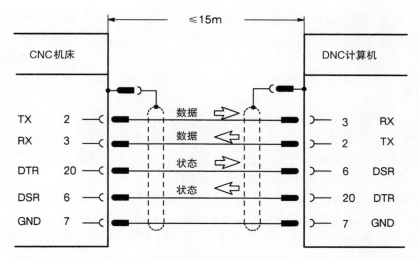

图 7-18 V.24 接口

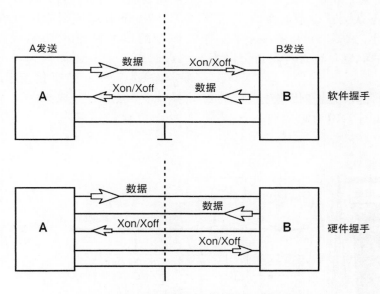

图 7-19 软件和硬件握手交换方式的原理

3. 软件接口

软件接口是一个确定的从一个软件包到另一个软件包进行数据交换的地方, 例如, 在一台计算机里。软件接口描述的内容包括: 所提供的接口是什么? 设计的目标是什么? 什么数据可能被传输。具体示例 (如 IGES、LSV2、MAP、TOP) 如下:

1) 产品定义数据 (CAD)。

2) 工艺过程定义数据 (NC 程序)。

3) 后置处理器中的 CL-DATA (刀位文件)。

4) 订单数据 (PPS)。

4. 同步传输和异步传输

传送数据一定要匹配发送端和接收端的传输节拍。同步传输采用数据帧同步机制, 即发送端和接收端通过独立的节拍信号在整个数据帧传输中相互同步。异步传输也称为"开始 / 停止方法",同步通过起始位和停止位,仅在一个数据字传输中产生(如 V.24)。

7.2.8 小结

局域网、协议和接口涉及的范围很广、很复杂,显然这个领域需要专业人员。因此,企业要在网络信息传递出现问题之前就开始训练自己的专业人员。推荐先向经验丰富的专业人员进行咨询,直到建立了自己的专业知识。买方至少应该具有在技术上提出自己要求的能力,避免以后遇到意想不到的问题和产生额外的费用。局域网的布线安装也应由专业人员来完成。

有一种观点认为,企业必须自上而下统一建立局域网,这样就可以解决未来所有关于信息传输的问题。这种观点是错误的,原因如下:

1)局域网在数据量和传输速度上的要求是不同的,如图 7-20 所示。

2)大多数设备制造商都提供标准以太网接口。

3)除了技术以外,系统的总费用也是一个重要的因素。

4)现在有许多具有推荐价值的数据传输系统,而且应用上也不存在技术方面的问题。这样责任也就从供应商端转移到了采购者的身上,并且供应商需要接受采购方提出的建议。

5)数字化制造的网络采用隔离的局域网是不可能建成的。

6)以后联网的大趋势可能是:众多小而独立可见的网络先建立起来,然后根据实际需要通过网桥或网关联到一起。

7)随着局域网应用领域的不断扩大,如今的以太网已成为最受认可和实用的标准。

特别提示:数字化技术的发展日新月异,没人能保证一成不变。

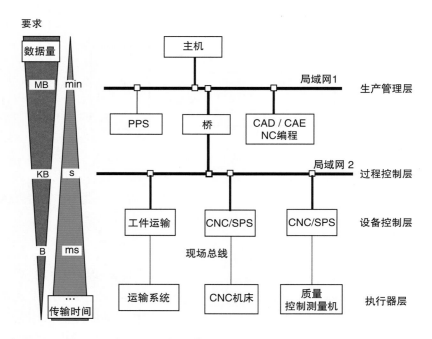

图 7-20 企业四个层次中对传输的数据量、传输等待时间的信息网络系统的要求

7.2.9 本节要点

1）LAN 表示标准的、局域的数据传输网络，允许企业中不同数据处理设备之间的通信。

2）有许多局域网品牌，它们针对传输和应用不同的侧重点，可满足不同用户的需求。

3）虽然局域网的功能目标在原理上是一致的，但它们在以下几方面存在区别：

① 传输技术。
② 传输介质。
③ 网络拓扑。
④ 访问方式。
⑤ 协议。
⑥ 传输速度。
⑦ 最大站点数量。

4）相同类型的局域网之间通过网桥连接，不同类型的局域网之间通过网关连接。

5）连接到局域网上的站点数量是有限的，不同的层级结构适合不同的站点并存在

一个推荐的连接点数，首先选择合适的局域网并根据需求完成站点间的联网工作。

6）应用最广泛的局域网是以太网。

7）在确定局域网时，需要检查需要连接设备的接口。

8）今后企业的计算机集成制造（CIM）如果采用隔离的、不同的局域网，不同的局域网不方便也不现实。

9）从联网管理计算机或安装第一个 DNC 系统开始，就应考虑局域网安装。

10）根据基带传输方式（信号传输不经过调制）和宽带传输方式（调制载波频率的传输）来区分局域网。

11）局域网的访问控制主要采用 CSMA/CD 或令牌传递方式。

12）协议是控制网络中的计算机、参与者进行信息交换的规则。

13）现场总线的任务是传输控制器、传感器、执行器之间的少量高速数据，如 CAN、Interbus-S、Profibus-DP。

7.3 数字化产品的研发和制造：从 CAD、CAM 到 PLM

本节将介绍目前计算机辅助 CAx 在产品设计和制造中的可能性。汽车行业的大批量生产起到了引领作用。在实践中，开发设计和生产之间的最重要的信息依旧是技术图样，通常从三维 CAD 系统的三维模型中导出。

7.3.1 引言

工业，目前主要是金属加工行业，受到全球化压力的影响。这意味着：一方面，在公开市场上许多新的竞争者有不同的限制条件；另一方面，新一代消费者有他们自身的产品偏好和消费习惯让成功的企业去关注。产品系列越来越多，所有技术领域创新速度不断提高，持续提高生产率的措施，都促使企业致力于高效地改善生产过程、生产自动化水平和全球化的互联。

在这些因素的影响下，研发、设计、规划和生产都发生了变化，即对创意、需求、类型变化、可制造性以及市场机会的一体化管理，取代了原先对新生事物必须先研发、设计，然后再进行生产隔离的产品生命周期管理过程。

零部件的设计已经实现了数字化，接下来的测试、分析、生产规划和生产都必须尽早地参与其中，研发和生产通过不断地与企业中所有部门的交流才能获得成功，如图 7-21 所示。

这种交换有赖于当今因特网技术中的电子信息技术，电子邮件、浏览器几乎取代了早期的 CAD/CAM 或 CIM 概念。数字化三维产品模型的核心提供了模拟仿真、可视化、生产规划、测试、生产、物流、备件管理和服务等多方面应用的可能性。产品数据管理（PDM）软件系统可无间隙地对这些信息进行管理、分配和使用，在产品全生命周期管理（PLM）的概念下保存企业的知识财富，并向企业所有部门开放，如图 7-21 所示。

图 7-21 产品全生命周期管理通过企业所有部门的统一概念将研发和生产连接在一起（PLM）

7.3.2 概念和发展史

1. 计算机辅助设计（CAD）

首先正确理解计算机辅助绘制工程图，即计算机绘图可以节省设计人员在画模板、阴影线的费时工作，也节省了填充画笔头墨水的工作，还简化了建立不同视图和修改的工作，后来 CAD 发展为计算机辅助设计。表面模型不再从点、线、角度和规则体生成的二维 CAD 工具进行定义，它们构成了三维 CAD 的基础，这就是三维计算机辅助设计的基础。重要的发展是在三维空间内用实体模型进行零部件定义，它包含所有的几何信息，如结构体的交叉和贯穿，并可用于后续的过程，如可视化、仿真模拟、装配展示、快速成形以及生产制造。进一步发展到参数化建模，通过数值（参数）使模型变化，从而使应用相同的模型进行修改调整、创建改型品种和相似模型的重复使用的工作变得容易。混合建模将建立复杂曲面与实体模型功能结合在一起，目前也出现了这样的面向对象的编程技术可以自动建立零部件模型，建立向导以及其他应用人工智能和基于知识的设计成为可能。记录在计算机辅助设计系统中的零件生成过程（历史），可以带来更进一步的影响，如关联链接，这被定义为改变一个对象（如特征、组件、模型）而影响另一个对象，这种特点在装配工作中得到应用，也在 CAD/CAM 的综合使用中体现。

由于大多数公司没有严格的服从参数化的设计工作规则，因此它们的模型由于可能的相互关联而导致后期的调整很困难。此外，参数化的模型通过标准接口（STEP、JT 等）转换后还失去了"智能"，由此某些计算机辅助设计系统还提供了直接建模的可能性，几何形状是通过移位、放大等简单的操作完成的，因此也非常适用于建立面向制造的模型。信息流中的 CAx 技术、网络化的 CAx 系统之间的相互作用原理如图 7-22 所示。

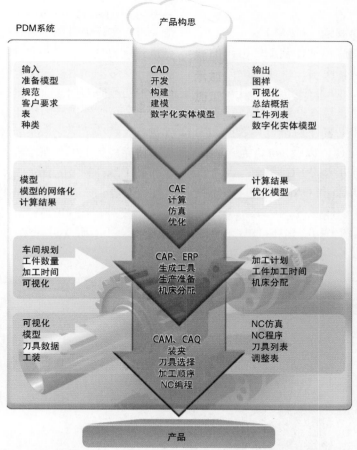

图 7-22　信息流中的 CAx 技术、网络化的 CAx 系统之间的相互作用原理

2. 产品制造信息（PMI）

基于 3D 模型并包含全部的制造相关的数据信息：包括线性尺寸、公差、配合和表面质量。PMI 能够在知识驱动的 CAM 系统中使用，目的是实现必要的相关规则的自动分配，从而达到所需要的质量需求，如图 7-23 所示。

例如：

普通钻孔加工 = 锪孔，钻孔

满足公差配合要求 = 锪孔，小孔径孔的钻削以及使用合适的铰刀进行加工

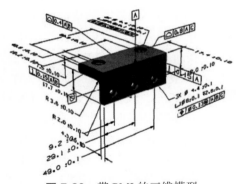

图 7-23　带 PMI 的三维模型
（三维尺寸、配合、公差）

3. 计算机辅助制造（CAM）

计算机辅助制造包括创建 NC 机床的加工程序，不管有没有使用二维或三维的计算机辅助设计数据。如今在屏幕上用图形模拟 NC 程序加工过程起着重要作用。这包括创建加工，夹紧和工装计划，刀具数据和刀具、工装夹具的管理，以及 DNC 通过网络将 NC 程序传递到机床的 NC 系统。

除了独立的 CAD 和 CAM 系统，在市场上还有 CAD/CAM 一体系统，系统内部在同一数据模型下将这两个功能相连，由 CAD 系统生成的数据直接被 NC 程序使用。原来通过接口需要许多工作和数据修复等烦琐过程被取消，使整个过程的无差错进行成为可能。在实践中，这些目标只被一定程度地实现。通常情况下，对功能的不同要求没有得到充分满足。如今，有强大的 CAD/CAM 系统，CAD/CAM 综合使用的不同可能性以及许多不同的三维数据格式可以无阻碍地在 CAM 中应用，PDM（产品数据管理）承担了满足这些不同需求并对流程进行组织管理的工作。

4. 计算机辅助工程软件（CAE）

含有有限元（FEM）的密集计算从开始就一直在实际中得到应用。对零部件的三维模型进行网格化，在求解器中进行力学、声学、热学等众多不同学科的性能检测。在第一个零件制造前或原型创建前，在很短的时间内就可以进行分析，然后反馈给计算机辅助设计模型并进行大量持续优化。原本是由特殊和专门的大型机完成的工作，现在数字化的仿真和验证工作属于设计领域的日常任务。

图 7-24 所示为以集成模板技术知识为基础的设计。已知的公式可以确定整个组件的详细设计，研发过程中已保存的知识可以快速、无误地得到调用。

图 7-24　以集成模板技术知识为基础的设计

从今天的视角看数字化产品的定义，它概括了以前的 CAD、CAM 和 CAE，计算机从辅助工具发展成独立的工作站如图 7-25 和图 7-26 所示。任务领域一起扩大并相互重叠，研发和制造过程不再是线性的，可以理解为它们围绕着一个同心圆并相互影响。

5. 计算机辅助工艺规划（CAPP）

CAPP 概括新的生产任务及与生产相关的规划，在投资准备期间就已制定基于计算机辅助设计模型的工件加工规划，进行 NC 加工程序的模拟，确定最佳的加工顺序、夹具和刀具。柔性制造单元能够迅速调整以适应新的零件制造，生产线的整个制造过程得到精细规划，这是迈向数字化工厂的重要一步。此外，还需进行物流的仿真模拟。制造执行系统（MES）代替以前的 PPS，可进行每日实时的详细生产计划，它规划生产日程、设备利用率、工装和人力资源，并与企业资源规划（ERP）系统交换数据。

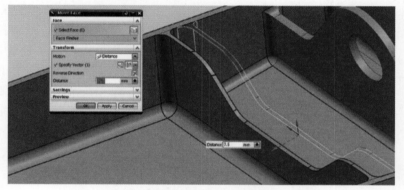

图 7-25　直接建模（选择并移动）简化修改工作

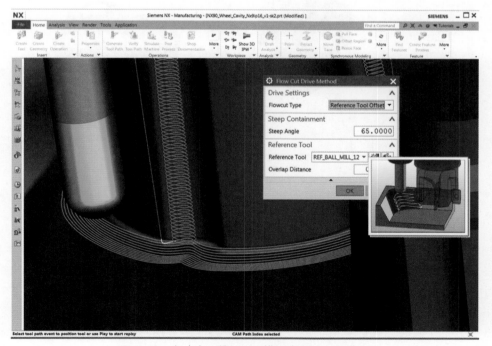

图 7-26　在一个三维 CAM 模型中显示刀具路径

6.产品数据管理（PDM）

如今的图样管理或者产品和工程数据管理（EDM）水平要远远超过以前，可以基于现代化的数据库系统，对与产品相关的不同部门的数据进行存储和管理。

可以每天备份，在很广的范围内授予访问权限，分布在全球的数据库每天通过浏览器以及其他安全保障，使企业和广大用户不仅可以 24h 访问，还可以查阅所有相关的生产数据。它还包含了制造企业基础流程中具有行业典型性的、成熟的工作流程，即变更和发布、共享和重用，从而可以敏捷、快速地组织生产，如并行工程（在不同地点同时进行相关的不同零部件的研发）或同步工程（在不同地点同时处理相同的零件）。

7.产品生命周期管理（PLM）

PLM 并不是描述新的软件，而是最大化地利用所提及的技术，从生产开始阶段，包括研发、制造、安装及客户服务的各个阶段在统一的数据基础下，采用成熟的流程进行无错且高效的工作，这包括企业所有的业务领域、市场和销售，以及培训和服务。制造企业采用产品生命周期管理的理念，来迎接现实世界的经济挑战。

7.3.3 数字化产品的研发

1.设计

虽然二维的计算机辅助设计系统在工业行业中仍在使用，但三维建模方法在不断挤压这种工作方式。二维主要用于出图和建立三维计算机的辅助设计。尤其是在早期设计阶段，二维系统能够快速绘制草图，记录新的想法，同时布局已有的三维对象并进行修改，如图 7-27 所示。

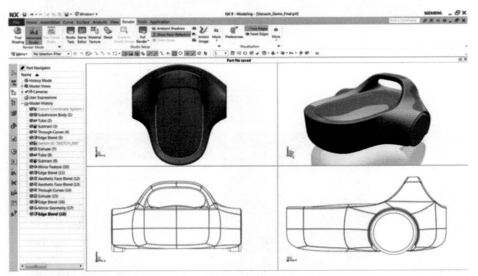

图 7-27 在设计阶段通过功能强大的草图绘制功能及已有的三维模型进行设计

2.零部件设计

以前新零件设计通过选择规则体放置在平面中，给出尺寸，进行镜像、旋转、复制，并与平面、线段交互或连接方式进行设计。如今功能强大的三维计算机辅助设计系统进一步扩展了其可能性，标准件从现有的目录库中选取，已有零件的参数控制修改，参数化自动几何模型建立，技术手段给设计工作提供了许多高效的方法（见图 7-28）。除了零件上纯几何信息的描述，模型还聚集了其他丰富信息，这些信息在专用记录中存储：PMI（表面质量、配合、公差）、材料、

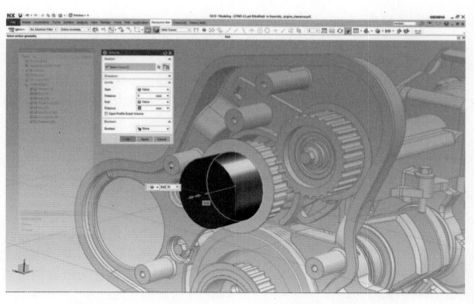

图 7-28　现代设计工具非常丰富（以一个圆柱体受拉变形为例）

重量、安装位置和许多其他功能，这些信息都是后续生产过程所必需的。

3. 装配体

如今的系统已具有在屏幕上进行大型装配体设计工作的能力，至少产品子系统可以和相关装配件一起进行设计，对装配件进行虚拟装配，可以立即检查它的配合精度、公差、可装配性以及几何上的干涉，如图 7-29 所示。

问题仍然是大型复杂装配体的处理时

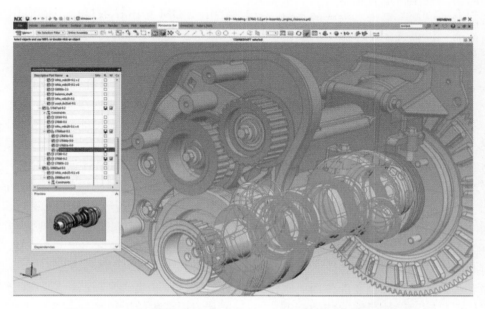

图 7-29　与所有组件相关的现代产品设计（以捷豹汽车变速器为例）

间，例如复杂设备整机（如复杂的机床），尤其是在与数据库连接时，会产生明显的等待时间和重建时间。

4. 仿真

装配件或装配体都可在设计过程中直接应用有限元法（FEM）进行许多性能测试，重量和重心已在计算机辅助设计系统的模型给出，抗拉强度、承载能力、热和振动特性、声学特性等通过 CAE 软件求得。模型自 CAD 系统导出，网格化并进行计算。CAD 和 FEM 模型之间的关联链接可以缩短调整到最佳分析模型的时间。计算分析可以较早地在开发过程中进行，与实际的实验相比，所花费的时间和费用较少，设计结果可以更早确定，有利于其他部门的应用。

5. 增材制造（早期的快速成形）

将三维模型转换成多面片，通常以立体光刻成形（STL）的方式。在加工中整个工件的形体被切分成一个个独立的逐层堆叠的片状结构，该片层结构可通过不同的制造方法加工出来。在设计工作场所就可采用塑料制造的功能模型，也有用木材、纸张和其他材料制造的模型，最近高强度的金属材料也成为可能。这种方法主要用于原型机设计和小批量应用（包括模具）。

6. 可视化和数字化样机

三维模型的可视化和数字化样机（DMU）是可能的，部件、组件同整个产品一样进行早期检查且方法有很多种。计算机辅助设计系统可读取和生成适用于因特网的压缩数据格式，特殊的可视化软件可压缩数据，读取标准格式数据，并提供修改功能。书签和注释是最常见的功能，这些功能也可通过 PDM 系统提供。DIN 标准的数据格式与 JT 存在不同，计算机辅助设计系统的模型的展示和检查中起着重要的作用，它提供了许多计算机辅助设计系统支持的标准化组件信息，轻量化的数据格式但却可进行装配

和安装空间、碰撞、公差测试以及其他在完全 DMU 几何数据范围的精确检查。数字化样机在汽车行业得到最重要的应用：在第一辆样车被制造出来的很早以前，不同的项目汇集在一个三维模型框架中，可以从四面八方观看。一辆虚拟的汽车不仅对外形的优美程度进行评价，如车门功能、行李箱盖，而且内部的安装空间都要清晰、准确地展示，以能够体现出汽车的整体形象。

7. 图形导入

三维计算机辅助设计数字化产品模型得到了越来越多的应用，在大批量生产中三维模型代替了图纸作为研发信息的主要载体。尽管如此，图纸并不是多余的，生产装备、刀具信息和 NC 程序的图集仍然是一个规范标准，在许多地方还伴随着三维可视化的补充。图形导入导出是三维计算机辅助设计系统中一个重要、有效的功能，它在很大程度上实现了自动化。当然，截面、标题栏的填写和视图的选择可以手工进行，而且经常在需要时合并在一起自动生成，由于产品设计责任和归档保存原因，以 TIFF 格式给出。PDM 对图样数据的不同应用可提供方便的操作，如图 7-30 所示。

8. PDM 的作用

五个以上的计算机辅助设计工作站工程数据，如果没有建立在操作系统之上的目录结构智能管理，就可能一团糟。但这已不再是 PDM 系统在市场上迅速增长的主要原因。即使是简单的 PDM 解决方案，如今的表现也远远超出了结构化数据存储的传统功能，图样编号分配、物料清单汇总和图样管理功能。PDM 早期除了提供智能参考和搜索功能外，还定义了流程和访问权限，并设置了约束。尤其是变更管理、企业内部流程，如研发和生产发布，包括所有必要的数据和流程汇集给下游部门，这是进行专业化工作的基础。

图 7-30　通过鼠标选择可快速展现三维模型信息

9. PDM 作为计算机辅助设计系统的集成平台

进行由许多零部件组成的复杂产品开发的企业，包括众多供应商和提供半成品的客户，不可能在理想的成本下保持统一的计算机辅助设计标准。这里 PDM 起到了至关重要的作用，即不考虑数据的来源，必须建立统一的访问规则、流程和一般管理功能。采用多个 CAD 的 PDM 解决方案会提高效率。不同计算机辅助设计中的用户界面包含了系统特定的计算机辅助设计管理器，保留了使用者熟悉的工作环境，用户界面只增加了一些 PDM 功能。

中央数据库的操作取代了原来计算机辅助设计应用的模型数据管理。

在一个完整的产品中对不同来源的零部件进行管理也得到了保证，可以对几何数据例如：特征、关系和各种文档分别进行管理。

如果采用多个 CAD 软件进行工作，三维模型数据除了原始的数据格式外，会自动在 PDM 系统中转成中性格式（工业标准 JT 格式），超越计算机辅助设计系统进行展示和分析成为可能。

10. PDM 是传播信息的关键

由于数字化模型是应用三维计算机辅助设计系统进行产品开发的核心，因特网技术、PDM 解决方案成为围绕研发的交流平台。通过因特网技术和标准的应用，如 J2EE，企业内的所有地方都可以使用相同的数据。分布在全球各地的开发团队，同时编辑一个集中管理和安全的共享数据库。这种单一的产品数据的来源，确保方便检索当前的研发现状，即使全球分布式团队也有同时协作的可能性。

11. 产品生命周期管理的基础

PDM 系统存储研发部门的知识，将其分发到所有的业务部门，并确保开发阶段完成后的几十年内得到进一步的应用。这些功能使用产品生命周期管理的概念来实现具体的经济目标，即更短的开发时间，更高的产品质量，更快的创新周期，生产的全球化。由此为工业界战胜现实的挑战做出重要的贡献。

7.3.4　数字化制造

CAD 系统和 CAM 系统之间的相互作用发展到最近几年主要构成了以下三种方案:

1)与 CAD 系统相独立的 CAM 系统。

2)可选在 CAD 系统的用户界面中集成 CAM 系统的解决方案。

3)完整的 CAD/CAM 一体化。

每种解决方案都对应工厂里的特定工作组织形式和被加工零件的系列。没有设计部门的企业与拥有设计部门的制造商有不同的需求,如图 7-31 所示。

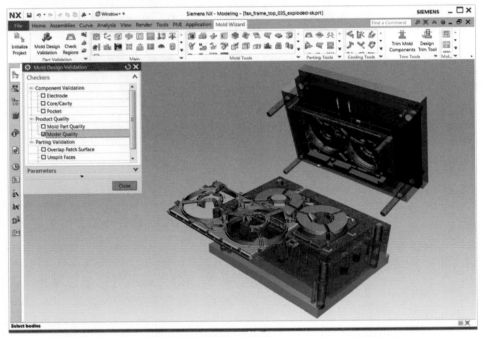

图 7-31　基于知识的模具设计技术进一步提高了自动化水平

1. 2.5 维编程系统

多年以来独立于 CAD 系统的 CAM 系统,典型应用的零部件供应商和批量生产的企业,主要在 2.5 维领域,也就是由标准的面和体组成的零件。通过 DXF、IGES 等标准接口的二维 CAD 系统中的数据传输往往复杂烦琐,因为根据 NC 编程系统的可能性需要重新建立所需的模型,即根据生产图样、尺寸和材料特性分成零件和毛坯。2.5 维编程系统与机床的 NC 系统之间的通信困难。NC 车、NC 铣、电火花加工和激光切割机床要求不同的数据格式,相关的命令集超出了 DIN 66025 的规范,这个标准中只规定了必需的工作指令的基本指令集。

2. 三维 CAM 系统

除了这里所述的主流方向,三维 CAM 系统也存在于车间层面,特别是用于要求苛刻的单件小批量的加工任务,例如,工具和模具的制造。这些系统采用常见的三维格式数据,允许定义毛坯的形状,给出预定义的加工策略以及针对粗加工、精加工、型腔加工等专用加工可能性的建议。不同的经常相互关联的加工顺序如三维铣削和电火花加工机床(EDM),会有非常复杂的 NC 程序。但是通常这个过程的结果不能反馈到三维 CAD 系统。通常在接收模型数据时,交付的模型不能满足三维铣削的要求,模型表面需要修整,或者有倒角和倒圆需要进行修补,如图 7-32 所示。

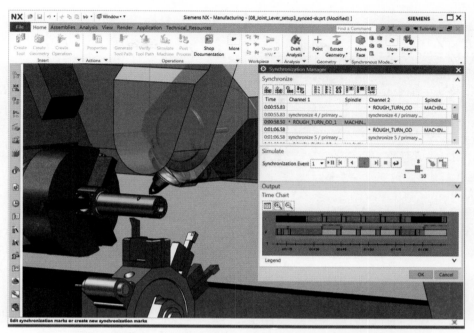

图 7-32　现代带有动力刀具的数控机床对编程和仿真提出了更高的要求

3. 外挂式三维 CAM 系统

CAM 解决方案可以作为独立的编程系统进行购买，或作为一个或多个三维 CAD 系统的插件。这种类型的优点是紧密连接三维 CAD 系统的传输模块，具有统一的用户界面和优化的数据交换，减少了培训和熟悉系统的工作量，数据一致性也自动增强。因为所用的几何数据是基于共同的核心，大部分信息不是通过"翻译"完成的。计算出的刀具路径与在工件文件中的三维模型一起保存。所有的制造信息自动从实体模型中得到，错误的输入在很大程度上被避免了。工件放置在夹紧位置之后，各个加工特征的加工顺序可方便地设置，这减少了鼠标单击和按键的次数。实体模型和加工过程之间的完全相关性，确保了模型发生变化的时候可以快速应对并且防止错误。此外，一次定义的加工策略可以迅速匹配到其他以参数化生成的同族零件的成员上。

4. 集成式的 CAD/CAM 系统

如上所述，实体建模的使用在提高设计技术方法中只占很小一部分。产品研制中整个过程的时间叠加，不同团队共同工作于相同的零部件，所有过程步骤的完整文档，这些都充分利用一次建立的三维模型，这个基本思想与 CAD/CAM 集成解决方案相吻合。

CAM 模型开启了研发和制造阶段所用功能的统一访问，在将其他系统生成的模型进行转换和修整时，在研发夹具或新刀具时都帮助很大。如对不能进行铣削加工的零件的几何面进行优化。

相互关联的所有设计和制造数据，也使相关功能紧密相连，三维模型的后续变化立即反映在 CAM 领域，并触发 NC 程序的及时更新。每一步都是可追溯的：刀具选择、夹具和交给工人的文档都是同步更新的。

5. 受控的流程变更

集成式 CAD/CAM 系统，结合集成的 PDM 系统支持对工艺过程变化的管理，它最大限度地减少了高安全性所需的花费。图 7-33 所示的过程如下：

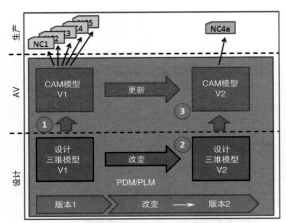

图 7-33　主模型通过与 PDM 系统集成的 CAD/
CAM 系统实现快速可靠的变更处理

1）设计师发布设计，即模型的更改被锁定。

2）工艺规划部门创建一个基于相关 NC 程序的复制程序。

3）设计师发布新的变更，工艺规划部门通过复制几何信息的更改而更新。

4）CAM 模型指示出工艺规划部门创建的 NC 程序相应的改变。

6. 知识导向的 CAM 系统

新一代的 CAM 系统在三维模型中识别分析组成元素，并把几何信息应用在自动化生产上。基于特征的加工技术（FBM）利用存储在规则和公式中的工程知识，也称为基于知识的工程（KBE），提高工艺过程的可靠性并减少高达 90% 的编程时间。从基于规则的刀具选择到制造策略计算，CAM 系统承担了 NC 路径的生成和控制。特别是钻孔加工可以用现代化的 CAD/CAM 系统实现完全基于知识的自动控制。CAM 模块自动识别并给出孔（包括螺纹、配合），加工的工艺过程如倒角、钻孔和接下来的攻螺纹工步，给出相关的刀具，并创建 NC 程序，优化加工路径和刀具的更换。在专业的以知识为基础的模块中，例如刀具和模具制造行业，效率提高得更加明显，如图 7-34 所示。

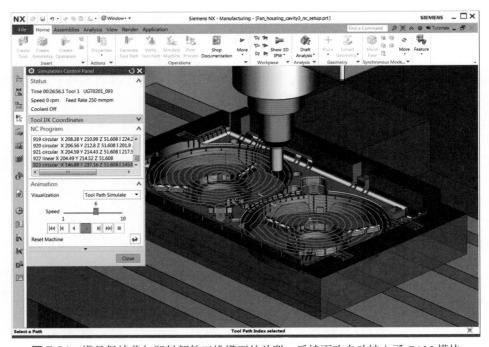

图 7-34　模具保持着与塑料部件三维模型的关联，后续更改自动纳入了 CAM 模块

7. 加工过程的模拟

屏幕上对加工过程进行的图形仿真通常是在办公室里进行 NC 编程的结束工作，不期望出现的碰撞以及工件轮廓、刀具、刀座和主轴的损伤可以在早期通过适当的仿真方法检测出来。先进的系统可以在编程环境中模拟实时刀具路径，用户可选择从加工程序段到工件在机床内完整的加工过程的三维细节的展示。虽然在编程阶段就进行了有效的防碰撞控制，但还不能保证在 NC 程序编写有误的情况下也同样安全。

更进一步的仿真是针对特定控制器的仿真，CAM 系统或专用的仿真软件获取 CNC 控制软件的特殊版本，辅助含有机床重要信息的模型，如惯量、轴信息或主轴功率。图形仿真可以取消或减少在机床上的程序检查工作。在大批量生产所要求的精确度下，得出机床在已有限制和公差下的 NC 程序运行时间。

对 NC 程序的仿真有更多的需求，如图 7-35 所示。首先应符合实际、机床尺寸比例真实，其次展示刀具、夹具、换刀动态过程或工件转动／摆动时的干涉，以及不同的钻孔工艺方法（有／无螺纹）等（见 6.4 节）。

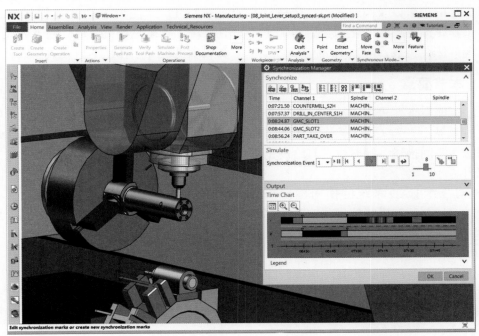

图 7-35　NC 仿真必须包含全部机床的所有组件以获得与实际铣削一致的结果（以模拟车复合机床为例）

7.3.5　小结

构思、开发、设计、验证、生产和交付是制造企业的实际过程链，包括客户、服务提供商和供应商，现在已得到数字化技术的强力支持。这些技术必须与其他企业的软件解决方案对接。对 CAD 和 CAM 解决方案的主要要求同其他软件组件一样是开放性的。近年来这方面改善了很多，接口和标准、开放的数据交换、系统供应商之间的合作是为用户获得更大利益的正确途径。

随着生产中各环节单个软件解决方案的模块化和专业化，已经消除了早期的许多问题，取得了很大进展。因此基本不会在市场上出现全新设计功能的 CAD 系统。现阶段企业最大的优化潜能在其自身的生产过程中。

产品生命周期管理是一种很有前景的方法，在现代软件解决方案的基础上，将企业的各个部门通过快速和高效的流程连接起来。市场和营销部门的员工，以及服务和安装调试的员工与开发和生产联系在一起。当有需要的时候，不同来源的宽带数字信息会结构化地呈现在你面前。此外，这项工程技术久而久之随着国际合作以及分布在全球各地的生产制造场地会自然而然地成为中小企业的一个选项。

新的工作方式对员工来说也是新的挑战，开放性和责任感在这里就如同团队精神、跨文化的理解以及沟通能力。产品开发和制造工作正因为这些变化为今后的工作提供了有趣的职业挑战。

7.3.6 本节要点

1）根据工作方式将 CAD 系统分为二维和三维系统，三维 CAD 系统对物体进行精确的立体空间描述，同时也具有绘制工程图的能力。

2）对三维 CAD 系统的使用不仅在设计阶段，而且在所有后续的过程链阶段都能使用，因为三维模型中包含了许多信息。

3）在研发阶段就可以通过 CAE 软件对零部件进行验证，从而加快开发速度、降低设计错误的成本，设计师由此承担起对自己设计工作的结果进行分析的任务。

4）CAM 过程应该和研发工作紧密结合，高效一致的数据交换方便了这两方面的工作，简化了在最后时刻进行更改的工作，给生产制造带来柔性。

5）每个加工程序的生成都应该在屏幕上进行三维加工过程模拟，只有在真实的加工条件下，即包含机床、夹具、刀具及所有的运动，仿真模拟才有可能保证程序绝对安全可靠。

6）CAD、CAE 和 CAM 系统分别描述了数字化制造的部分领域，从逻辑上讲可以将其看成一个连续的过程并进行组织。

7）PDM 提供了这些过程集成的可能性，因为传统系统无法胜任对五个以上的计算机辅助设计工作站的研发数据进行常规的管理。

8）PDM 系统将所有的产品信息的管理、分配和应用集成在现代的数据库结构中，它预定义了许多企业的工作流程。

9）图样直到今天仍然是一个重要的信息源，特别是对车间的数据交付，同时在产品责任和保障中起到重要的作用。三维 CAD 系统生成三维模型图样，关键是保证模型的准确性和及时性。

10）数字化制造包括在车间进行高效生产过程中所采取的一切方法措施，除了 CAM 软件，在大批量生产中的生产文档、CAPP 以及物流的仿真都是重要的。

7.4 工业 4.0

Dipl.-Ing.（FH）Johann Hofmann

工业 4.0 是指根据过去的三次工业革命来描述的"第四次工业革命"，如今已成为未来智能生产技术的代名词。这次工业革命的核心在于跨系统的全球化的人、设备、产品、自主且分布式的生产单元的组织和统一生产的控制，通过真实和虚拟世界的无缝融合，能够让生产设备和工具实时地协调适应不断变化的个性化的需求。

7.4.1 基础

最初工业 4.0 的概念来自于德国政府发布的未来高科技战略。这一项目的目的是保持德国工业在国际上持久的竞争力。

工业 4.0 的一个目标是以某种方式增加生产的柔性，以便在必要时可以经济地实现批量生产，并且客户可以收到个性化定制的产品。为此有必要收集原始数据，这些原始数据是通过工艺和产品的大量数字化而产生的，并通过模式识别对其进行完善。这带来了新的知识，使人们有可能实现不断提高的质量，更短的交付时间，更短的产品生命周期以及越来越多的变化。

在工业 4.0 价值链中涉及的制造企业及其业务合作伙伴、相关供应商、潜在的客户通过网络化来获得最大可能的、柔性的生产率。工业 4.0 技术的个别概念已经为现有企业所用，但缺乏涵盖全面的标准。

为了抓住工业革命的核心和过去相比的不同特点，有必要简单回顾一下其历史。

历史上以往三次工业革命的征兆早已显现出来。因为人们对前三次工业革命发生的确切时间和内容还没有形成一致的意见，因此先给出常见的分类定义。发生在 18 世纪的第一次工业革命实现了从人力到机械的历史性转变。出现了机械纺织机，马车被蒸汽火车和轮船取代，这是生产效率的巨大提升，不仅体现在工业，还包括其他行业，如

图 7-36 所示。在 19 世纪末，以流水线的出现为代表并以此进行大规模生产分工引领了第二次工业革命。在辛辛那提，第一个传动带用于屠宰场的肉类加工，其原理后来被引进并应用在汽车行业。

在 20 世纪 70 年代发生了最近一次工业革命。自动化进入工作场所和生活的诸多领域，由芯片引起的技术变革，从根本上改变了许多个人和企业的情况。CNC 机床的前身 NC 机床代替了手动操作的机床。

这三个历史变革都从根本上改变了生产条件，其对整个社会的影响是很明显的。

现代企业再次发现今天的改革出路要比以往变革复杂得多。因为相互作用的国际关系全球化使科学和技术变得越来越重要。

这些需要产生的变革，通过利用互联网贯穿及跨平台的工业 4.0 得以实现。

7.4.2 工业 4.0 的核心元素

图 7-37 介绍了工业 4.0 的核心元素，椭圆上方是工业 4.0 的 3 个起始条件，椭圆内部是 13 个使能元素。工业 4.0 的 3 种效用位于椭圆下方，因此共有 13+3+3 个核心概念，如图 7-37 所示。

数据治理描述了工业 4.0 的起始条件。简而言之，它是一种数据管理形式，通过数据准则指定处理数据的规则。这套规则可以包含一般规范以及公司特定规范。任务范围包括如下指导原则：

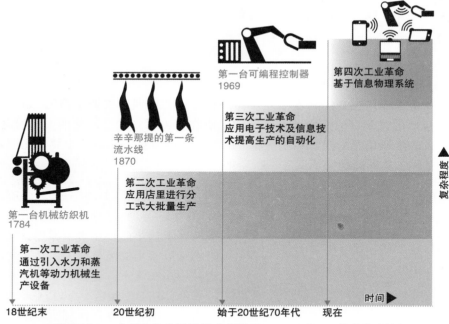

图 7-36 工业革命的发展历程（来源：BMBF 工业 4.0 的实施建议）

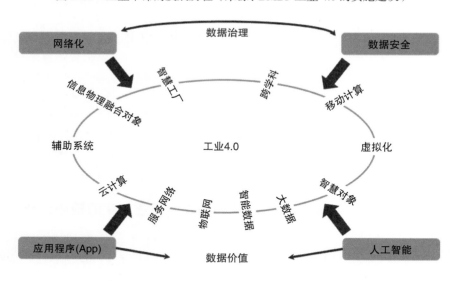

图 7-37 工业 4.0 的框架（来源：www.industrie40.net）

1）数据的准备。

2）访问权限的设置。

3）网络化策略。

4）数据安全。

5）数据质量。

6）数据处理的日志记录。

7）对已定义规则的监控。

8）对法律规则和合规性要求的监测。

最终将为用户提供如下数字化价值：

1）在后端，通过人工智能（AI）在不同场景下起作用，并作为必要的赋能者依据任务模式集成到应用场景中。

2）在前端，工作在不同移动端设备上的应用程序（APP）可为人们提供服务或代替他们的工作。

这将创建出新的产品和新的业务模型。由于关键词太多，因此只能在此处列出几个主要概念和它们的二级概念。

1. 跨学科

跨学科是指独立的（学术）学科及其方法、途径和思考方式的连接与融合。各种策略在这里为获得最好的结果并相互借鉴。这可能会产生解决问题的新的思考方式和解决方案，特别是在第四次工业革命初期，更要利用各个学科的协同作用。

一个具体的例子是机电一体化工人的职业培训。近年来，机械工人、电工的职业教育课程都增加了控制技术、调节技术和信息技术等内容。

2. 虚拟化

虚拟化是在信息技术的基础上发展而来的。虚拟层就建立在此基础上并与实际存在的资源相分离，例如：机器。因此可以提供已有的资源并使得它们对机器用户而言清晰透明。同样的原理也可以用在生产上，在CNC 环境下虚拟的数控机床可在多地用于数控程序的仿真。虚拟工厂也可作为真实工厂生产过程的实时虚拟像。

3. 移动计算

移动计算正变得越来越重要。它包括便携式计算机、移动通信及其软硬件。可用的移动计算机包括智能手机、平板计算机或笔记本式计算机。操作人员可以随时随地访问企业数据，应用过程简单、直观，很可能成为所有企业的标准。

移动计算发展的限制因素有：移动网络传输速度低、缺乏安全标准、设备能耗导致电池寿命低。

4. 智慧对象

智慧对象包括包装、物体、工件等，其带有一个数据存储器芯片，从而将数字世界连接到物理世界。使用该对象的前提是唯一的可识别性。例如可通过扫描仪和计算机读取装有的条形码，无线射频识别（RFID），近场识别（NFC）或者 iBeacon芯片等。

RFID 是一种收发系统中的技术，通过无线电波自动和无接触地识别和定位对象。RFID 系统由一个位于物体上或物体中并包含识别码的应答器以及一个用于读取此标识符的读取器组成。RFID 应答器如图 7-38 所示。在生产制造领域，RFID 已经被用于刀具编码很多年了，如图 7-39 所示。

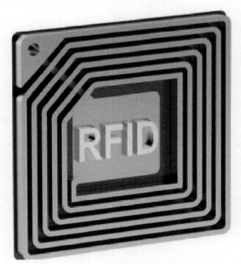

图 7-38　RFID 应答器
（来源：©alexlmx/ Fotolia.com）

图 7-39　使用工业 RFID 为刀具编码
（来源：BALLUFF）

NFC（近场通信）是一种基于 RFID 技术的国际化传输标准，用于通过无线电技术在短距离内进行非接触式的数据交换，如图 7-40 所示。

图 7-40　具有 NFC 应用程序的智能手机和接收器
（来源：©Onidji/Fotolia.com）

同时，借助智能手机及其 NFC 功能，可以解锁各个汽车制造商的车门，并可以对座椅进行个性化设置。iBeacon 是苹果公司（Apple Inc.）推出的专有的标准，可用于基于蓝牙的封闭室内的导航。将小型发射机（信标）派置在房间中作为信号发射机，它们以在固定的时间间隔发送信号。如果接收器（例如智能手机应用）位于发射器的有效范围内，则可以定位发射器并触发动作。

5. 物联网

因特网已经从信息交换媒介转化为人机交互的链路。物联网是现有因特网的延伸，它将不同类别的对象通过数字网络连接在一起，通过一个通用的通信方式使物体对象之间以及与它们的环境之间进行交互。因此，物联网的物理世界无缝地融入数据的虚拟世界中。

未来物联网的一个场景是每个被使用的易损件都有自己的 IP 地址连接到因特网。一旦投入使用，每个零件在生命周期中始终通过因特网和维修服务单位相连。

物联网面临的最大挑战是系统间的统一的通信标准。

6. 服务网络

这是互联网的一部分，相关的任务和功能作为基于网络服务的一部分提供出来。供应商将程序发布到网络上，并根据需求提供相应的功能。

各个软件模块或服务可以通过网络化服务技术相互集成。公司可以将各个软件组件连接起来，以形成复杂而灵活的解决方案。这就产生了新的业务模型，这些业务模型反过来又催化了物联网和服务网络的发展。

7. 大数据

大数据是杂乱的原始数据的集合，它是无法使用常规数据处理方法处理的数据量。由于科技和因特网的发展，这些数据的量正在增长，因此数据变得越来越容易收集、存储和分析。大数据是数字化的大量数据的统称，并在技术上开辟了一些全新的可能性。

但是，大数据的附加值只有在对原始数据（数据池）使用启发式算法或模式识别（数据挖掘）时才会获得出现。这触发了新型的知识获取（智能数据）。

大数据的概念包含以下五个维度：

1）体量（数据的范围）。

2）速度（数据传输的速度）。

3）变量（数据的变化和多样性）。

4）价值（数据使业务增值）。

5）有效性（数据的正确性）。

注意：大数据只有通过数据挖掘才变成智能数据。

8. 智能数据

智能传感器技术正日益征服日常生活。

1）由此形成巨大的数据量（大数据）（＝步骤 1）。

2）如果在一定时间段内对该原始数据

进行了评估并压缩，由此就形成了信息（= 步骤 2）。

3）如果将此信息与数字化的人类知识相结合，则可以计算或者预测出中期结果（= 步骤 3）。

4）如果将这些中期结果与数字化的人类经验相结合，则可以产生初步的效用（= 步骤 4a）。

5）如果将这些中期结果与模式查找算法（数据挖掘）结合使用，则可以产生巨大的收益（= 步骤 4b）。

这样就形成了新的知识类型（智能数据），以此为基础有可能开发新产品、流程或业务模型。

步骤 1~4b 的示例，如图 7-41 所示。

注意："大数据"一词描述了大量的原始数据（数据池）。通过使用数据挖掘，可以获得称为智能数据的新知识。

1.	2.	3.	4a.	4b.
收集	评估	预测	产生初步收益	产生较大收益
数据	数据	数据	数据	数据
	信息	信息	信息	信息
		知识	知识	知识
			人类的经验（= 通过思维进行数据挖掘）	数字化的经验（= 通过原始数据进行数据挖掘）
现在的降雨量	过去几年的降雨量	明天会下雨	需要带雨伞	车需要停在车库，因为会有冰雹

图 7-41　智能数据的形成过程（来源：www.industrie40.net）

在工业 4.0 中真正的新事物是步骤 4b，在这里可以从数据池中提取（挖掘）出全新的知识。只要通过步骤 4b 获得经验并准确地描述并可靠地重复它，那么就会产生新的认知。通过将获得的新认知反馈到步骤 3 中，总体结果由此获得稳定的提高。通过多次迭代循环会产生越来越好的智能数据。步骤 4b 也称为数据科学。数据科学通常是指从数据中萃取知识。

9. 云

云计算是一种使用 IT 资源，例如服务器，并且不是在本地空间运行，而是通过例如以太网实现其运行能力动态规划的运行模式（见图 7-42）。这种部署方式使 IT 资源（硬件、软件、基础设施）可以根据需要灵活地调用。

云计算可以按如下分类：

1）公有云：公有云是一种开放的云平

图 7-42　云（来源：©bagotaj-Fotolia.com）

台，其服务可通过因特网开放给所有人使用。

2）私有云：私有云也称为企业云。尽管它利用了云技术的优势，但是由于部署在企业内部的主机上，从而实现了高级别的安全性和数据保护程度。但是增加了人员和维护的成本。

3）混合云：当私有云与公有云相结合时，就可以说是混合云。由此可以实现对数据保护要求严苛的业务流程以及要求相对宽松的业务流程的分离与区分。当然对人员和维护的成本依然比较高。

注意：云的对立面称为内部部署（On-Premise）。

10. 分析和优化

数据的复杂度和体量都在快速增长。因此，量化和分析它们变得越来越重要。统计方法可用于从数据中提取信息。从大量数据中滤出单个重要信息也称为"数据挖掘"。

大数据越来越多地收集非结构化数据，这些数据只能通过启发式算法和模式识别形成新的认知，例如对工艺过程的优化。

11. 信息物理融合系统（CPS）

信息物理融合系统是将计算机连接到现有的物理设备上进行通信和控制的系统，这通常称为嵌入式系统；也就是说：这给生产设备以全新的规划空间。作为通信媒介，可以采用因特网或企业内部的网络。

弗劳恩霍夫研究所给出的狭义的信息物理融合系统的定义如下：

信息物理融合系统是分布、互联、实时和嵌入的系统，它采用传感器监视真实物理世界的发展过程，通过执行器对这个过程进行控制或调节，并常以高适应性和处理复杂数据结构的能力为特征。

智能的工件可以自动规划其生产并控制其生产步骤，这是信息物理融合系统一个可能的应用场景，目前这项技术是否可在CNC 机床环境下实现还没有确定。

现实中信息物理融合系统在数控机床领域的应用可能是这样的：智能排屑器通过摄像头监视切屑积累的情况，并自主决定是否需要清除切屑。

12. 辅助系统

在过去的几十年里，不断扩展的技术、机器、设备、工序和工艺所带来的挑战程度持续地增加，如图 7-43 所示。

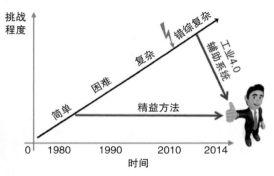

图 7-43　挑战程度的提高和两种使其降低的方法
（来源：JH）

图 7-43 中所示的挑战度线性递增，不过在复杂与错综复杂之间出现了明显的断裂：

如果对于复杂的问题，人们能够对其有足够的了解，那么这些问题就是可以预测、控制和自动解决的。复杂的问题是可以计算的，这不需要人，只需要信息技术就可以实现。例如，两台计算机可以毫无问题地进行象棋比赛。

但错综复杂的问题只可以观测，而无法预见。虽然可以对错综复杂的问题施加影响，但却无法预测它，也就是无法掌控。事实上，对错综复杂系统的精确规划仅仅是一种幻想。

因此无法计算出错综复杂的问题。以足球比赛为例，如果 0∶1 落后，则可以通过替换另一个前锋来对系统施加影响，但无法预见最终结果。

精益生产和工业 4.0 使用不同的方法来应对不断增长的挑战。

精益使用方法和步骤来高效、简单地设计工作流程。也就是说，精益不允许增加对人类的挑战。但是，面对当今的高速运转的流程，精益方法以及人员都越来越达到他们的极限，如图 7-44 所示。

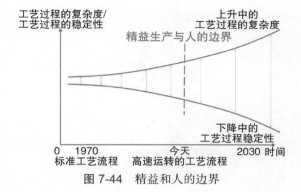

图 7-44 精益和人的边界

更为重要的是，首先需要成功实现所有可用的精益方法。在此基础上，现在可以使用工业 4.0 中的方法论。

工业 4.0 完全允许增加复杂性，并通过辅助系统"有效地"将人类"已经到达的"复杂性降低到可管理的水平。

辅助系统能够产生以下积极影响：

1）辅助系统可实现结果的改善：这就好比汽车中的制动辅助系统，可以改善制动距离并在制动时将制动轨迹保持在车道上。

2）辅助系统要求用户提高其能力：以汽车中的导航系统为比喻，它可以使非本地驾驶员在陌生的城市中具备通过导航驾驶的能力。

3）辅助系统使不可能的事情成为可能：以现代化的战斗机为比喻，如果其中没有辅助系统，飞行员就不可能独自驾驶它。

从工业 4.0 的角度出发，MES 系统也可以作为一种现代化的辅助系统（制造执行系统）。一方面它充当 ERP 系统与车间之间的连接（纵向集成）；另一方面充当车间中执行生产任务的各个生产工序之间的连接（横向集成）。

13. 智慧工厂

"智慧工厂"是指对生产领域使用因特网的新认识，对快速适应变化（弹性）的工厂，其中人员、机器和工件之间互相通信，只生产那些真正需要的东西。生产运行过程分布化，由被生产的产品控制调节（信息物理融合系统）。毛坯、半成品以及成品成为智能化网络化的信息载体，它们与环境、人及设备进行交互。

智慧工厂更好的能源和资源利用效率的实现得益于物联网的实时控制。

7.4.3 制造业中的工业 4.0

早在 20 世纪 80 年代，计算机集成制造（CIM）是第一个网络化的生产方式。

当时的制造业主要采用的是孤岛式解决方案，也就是系统和软件只针对生产过程中特定受限的小部分应用。因为缺少和其他系统的接口，没有建立一个全局集成通信的可能性。

数据必须采用耗费人工的方式维护，这就有产生巨大错误隐患的可能性，这是 CIM 失败的主要原因之一。

工业 4.0 和 CIM 两者主要的差异是对人的注重程度不同。通过全新的辅助系统，如复杂工艺过程的支持系统，使人首次成为生产的中心要素。工业 4.0 的方法使得自动化、可视化、分析研究成为可能，但这些都需要人来决定。

CIM 的解决方案（＝制造）采用所谓的"1 对 1"的端口进行通信，汇集的接口组不再一目了然且难于维护（见图 7-45）。智能的数据中心（＝价值创造®）则极大地减少了接口的数量和接口所需的带宽。

7.4.4 制造执行系统是工业 4.0 的重要组件

在这种情况下，制造执行系统（MES）内部的中央集线器（HUB）作为数据中心具有如下特点。

MES 作为 ERP 系统和工厂过程层（车间）之间 IT 结构的连接层，如图 7-46 所示。因此，MES 结合生产的横向和纵向集成，这也是智慧工厂的前提条件。

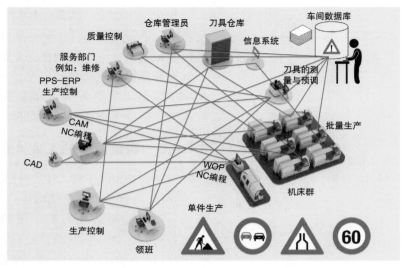

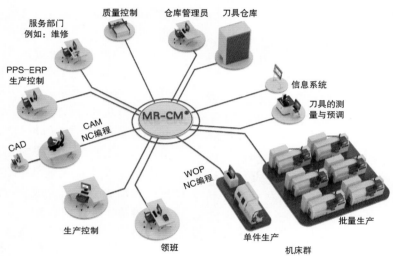

图 7-45　制造业与价值创造®

图 7-46　用 MES 联网 ERP 和车间

在纵向集成中，ERP 系统把计划生产订单转到 MES 中，这使得工厂过程层（车间）能够成功执行。在这个过程中，通过 MES 建立起一个完整的数据流，除了完工的任务，任务的部分进展也都反馈给 ERP 系统。通过这种方式的联网，ERP 系统可以访问生产中的所有数据，并且能够考虑在实际的需求时间点被提交的任务信息并分配相关任务，取代了现有的容易出错的根据计划数据来计算产能的方式。

生产的横向集成通过车间设备的联网实现。HUB 是所有机械设备连接的中心节点，提供实时通信。生产环节的全部参与者全方位地通过作为数据中心的 HUB 联网，如图 7-47 所示，就可以持续优化生产的效率和透明度。

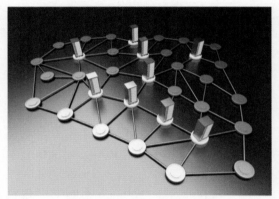

图 7-47 工业 4.0 支持多个控制中心操作生产单位

虽然制造业金字塔式的信息技术结构描述仍然有效，但未来可能还要进行修改。

一个原因是，通过工业 4.0 这种金字塔结构将被离散的和自主运行的单位所改变。

MES 为用户实现更多的价值，能够执行数据的融合。这里参与者的系统通过请求 MES 来收集不同系统（A、B、C 三个系统）的现有数据。通过智能地融合数据，为高效的工作流程产生新的所需的数据，如图 7-48 所示。

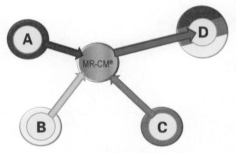

图 7-48 数据收集示意图

对于复杂的切削制造的集成系统解决方案，MES 可实现对整个生产及过程概况的了解。此外，确保连续一致的、无手工操作的生产控制的信息流可自动计算得到设备的综合设备效率（OEE）。OEE 由可用率、表现指数和质量指数计算得到。这些数据明

晰了生产的效率，机器的非增值时间被立即发现并最小化。以前在员工和数据库中非系统性积累的知识，现在由 MES 在任何时间、任何地点向所有员工和机床提供需要的数字化信息。

生产的复杂性不断增加，一个现代的、面向工业 4.0 的 MES 给用户提供了众多辅助系统和丰富的数据逻辑来降低生产的复杂性。

MES 的另一个优点是在数控编程中，刀具列表自动准备并数字化，精确的装配图示省去了许多疑问。数控文档规范化、电子化。老式的纸质工件图、数控程序、刀具列表及工件装夹图等都会被数字化取代。此外，通过 MES 所有数控程序的历史记录完全数字化，可以清楚地追踪数控程序的变化，区分设备和员工的责任。

由于整个生产无纸质文档，一个高效、透明的生产过程架构得以实现。

依据当前的、全局的数据决定给机床设备分配生产任务。

工业 4.0 在制造业中的另一个发展方向是合适的通信接口标准。如今机床和设备间的数据交换经常通过专有的数据格式，这可能导致媒介中断和数据丢失。

这些问题可以通过 MES 解决，即安装中央集线器，中央集线器像多种语言翻译一样进行通信协调，数据融合自动完成，实现信息通路及数据连接。通过采用开放的、基于 XML 的标准，实现纵向和横向的集成，使整个系统的可扩展性得以实现。

7.4.5 工业 4.0 的挑战与风险

以下内容摘录自德国工业 4.0 工作组最终报告（简短汇总）。

德国是最有竞争力的工业国，是全球领先的工业设备提供商。凭借其强大的机器和设备制造能力、在世界范围内对其所关注的 IT 领域的卓越竞争能力、嵌入式系统中

的 Know-How 以及自动化技术方面拥有的最好条件，可以让德国扩展其在制造技术领域的领导地位，没有其他国家具备德国拥有开辟工业化新时代的潜力，即工业 4.0。

走向工业 4.0 的道路需要德国在研发上付出巨大努力，为了实施双重战略，研究需要在生产系统横向和纵向集成上以及贯穿一体的工程化。此外，还要注意在工业 4.0 中工作的新社会基础结构并对 CPS 继续进行研发。

除了研究和开发，实现工业 4.0 还需要制定相应的政策和工业决策。工作组认为工业 4.0 的着手点应放在下面几个重要领域：

1）标准化和软件架构：工业 4.0 表示跨企业互联和整个价值链的集成。今天缺少一个统一交互的软件架构，这意味着必须单独、昂贵、面向客户个体进行编程，因此跨越国家或企业的项目扩展计划会自然地被限制。

2）掌控复杂系统：产品和生产系统越来越复杂。适当的规划模型是应对日益增长的复杂性的基础。今天，几乎没有方法和工具来创建这样的模型。

3）广泛的宽带基础设施：工业 4.0 的一个基本前提条件是高可靠、高品质、全方位的通信网络，因此必须大规模建设全球宽带因特网的基础设施。

4）安全企业和生产安全是智能制造系统成功的关键因素：首要目标是生产设备和产品对人类和环境无风险；其次，设备和产品自身必须受到保护，不被滥用和非法访问，特别是其中的数据和信息。例如，为此集成了安全体系结构和明确的身份验证。

5）教育与培训：工业 4.0 显著改变了对员工的能力要求和工作内容，目前仅有少量的培训战略。

6）法律框架：工业 4.0 新的生产过程和网络必须遵守法律进行构建，同时针对现行法律进行充分的培训。这些挑战包括企业数据、责任问题、个人数据和贸易限制。所需要的不仅是立法机关，还有经济方面，如手册、示范合同和企业协议或自律，如通过审计以及其他更多的适当手段。

7）资源效率：一个限制因素是高耗能，因为许多物理对象确实通过通信技术连接，但必须独立于电网运行。至今传感器、执行器和通信协议很少从节约使用资源的角度开发。

7.5 数控机床领域的数字化之路

在工业应用语境中，"工业4.0"和"数字化"具有相同的含义。数字化通常被理解为在社会所有领域中使用网络数字技术。工业4.0则专注于工业中的应用，例如机械制造和车辆制造领域。

7.5.1 社会变革的影响

数十年来，网络化生产一直是重要的主题，尤其是在金属加工生产中。为了能够在汽车行业有效且高质量地实现批量生产，机床、运输设备、测量设备等在20世纪90年代开始投入使用，并与更高级别的主计算机联网。在消费品生产领域，设计变更通常非常迅速，这使得通用的CAD/CAM/CNC工艺链在21世纪初被用于工具和模具的制造。在医疗技术和飞机制造领域，所有制造的部件的生产数据必须始终以备审核和且可追溯的方式存储。上述行业的这些要求导致开发了用于网络化生产的软件产品和解决方案，特别是在金属加工行业。日益增加的

成本压力，以及越来越短的反应时间和生产时间，迫使生产链中的许多供应商不得不应对数字化这一话题。但是如何开始？则是向许多中型公司自己提出的问题。当今市场上有各种各样的软件产品可供选择，但是由于资源不足和IT知识通常很少，因此很难正确地开始。生产中的产品生命周期（PLM）通常分为以下步骤，如图7-49所示。

1）产品设计。

2）生产计划。

3）生产准备。

4）生产执行。

5）服务。

在完成金属切削加工的订单时，此过程

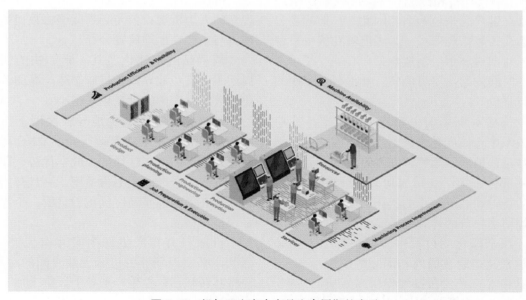

图7-49　机加工生产中产品生命周期的表示

简化为生产准备和生产执行。使用数字化最重要的节点始终是生产准备，如图 7-50 所示。这里必须回答许多问题，例如：

1）订单需要什么材料？

2）是否为该订单提供工装夹具？

3）需要多少费用？

4）如何编程？

5）是否具备必需的机器设备？

6）是否可以满足订单的质量要求？

当今仍在机床上直接创建许多 NC 程序，并且设置机床需要大量的时间和专业知识。由于技术工人的短缺，尤其是在高薪国家中，以及所谓的"数字原生"一代对 IT 解决方案的亲和力，劳动力市场发生了变化。对于下一代"数字原生"们来说，数控机床在加工技术和机床操作方面的高要求会让他们不适应，尽管这并不陌生。我们的后代在生活环境方面和地理上地址的关联会减少，这不可避免地也会影响与雇主的关系。知识也不断通过员工流动来迁移。大多数新工作需要新的专业知识，因此必须对新员工进行尽可能高效的培训。培训新人员一定不能导致机床的停产以及加工效率的降低。

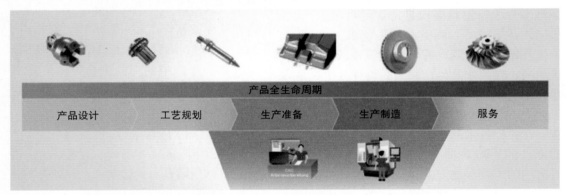

图 7-50　在机床制造领域将 PLM 过程简化为生产准备和生产制造

在全球网络化时代，数控机床的生产对潜在客户越来越透明。因此，长期的客户关系变得越来越薄弱。为了能够在报价平台上进行演讲展示，制造业公司必须在尽可能短的时间内给出尽可能便宜和尽可能多次的进行报价。

价格对于采购决策越来越重要，在业务关系中忠诚度越来越不重要。因此，必须非常迅速地展示出可以在现有机床上制造哪些零部件。为了获得成功，必须将 CNC 程序运行时间和进一步的机床运行时间作为尽可能精确报价的计算基础。

在全球化的过程中，数控加工生产必须越来越多地在国内和国际范围进行部署。这意味着有必要在各地提供高素质的专家。数控生产的分散性增加会导致本地专家的缺乏，可能因此无法接到订单。为了充分利用现有的人力资源，公司必须能够将数控生产准备与生产在地理位置分开。

消费品的个性化及其不断加快的创新周期不可避免地导致了机床制造产品的个性化。数控生产中的批量越来越小。

这种趋势不可避免地导致换型工作量的增加，并且由于频繁运行新的 CNC 程序而导致错误的可能性增加。成本优势，即大批量生产的分摊效应不再适用。一旦开始生产，就必须已经是经过优化的且第一个零件必须是合格品。

机床只有在产生切削时才有生产力。因此，必须识别导致机床无效时间的活动，并将其转移到数控生产准备上。整个加工工艺的过程实际上将越来越多地发生在生产准备中。

7.5.2 数控加工工艺的数字化

为了清楚地说明数字化的起源，下面章节中将区分以下两个概念：

1）切削加工的数字化。

2）数控加工工作流的数字化。

切削加工的数字化意味着将所有编程、模拟、设置、测试和优化都转移到准备工作环节。大多数数控机床制造商都为相应的控制器提供编程站，如图 7-51 所示。通过读入真实机器的参数集，可以对其进行调试，以使机床的虚拟映像具有和真实机床相同的配置。此外，机床制造商可以输入机床的几何数据，以便创建数控机床的统一映像。这样就可以像真正的数控机床一样在计算机上对零部件进行编程、测试和优化。借助仿真可以识别碰撞，并且可以对真实机床的运行时间做出可靠的估测。这样就可以给出真实的报价且无需实际加工测试样件。

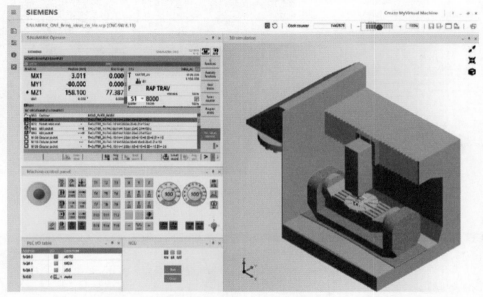

图 7-51 Sinumerik ONE 编程环境 -Run MyVirtualMachine 3D 为真实机床和机床的
3D 模型提供了一致的操作和编程（来源：西门子公司）

随着零件越来越复杂，必须使用 CAD/CAM 系统。自由曲面的编程，各种加工策略以及数据（刀具、夹具、切削参数，程序）的一致性都需要 CAD/CAM 的使用。如今，制造商通常会通过电子邮件接收订单，或者以通用格式（例如 STEP 或 IGES 格式）下载订单，他们必须了解订单并使其适应相应的机床加工（CAM，后处理器）。夹具、刀架、切削参数等也可以输入 CAD/CAM 系统中，因此在整个加工车间中都是通用的。大多数刀具和夹具制造商都提供其产品组合的几何数据下载，以便每个用户都可以虚拟地创建和维护其特定的刀具和夹具库。此外，CAD/CAM 系统还可以与相应数控机床厂商的数控系统软件连接，这样，在工作准备时就可以拥有实际机器的近乎100% 的数字孪生，如图 7-52 所示。

数控加工工作流的数字化是对加工所需的制造数据的管理。在编程站或 CAD/CAM 系统上创建的工件程序必须分配给对应的工单和机床。这包括所有必要刀具的库存比较，如果缺少刀具，则必须与刀柄重新组装并再次检测。机床上需要所有已发布和验证的数据，以便可以处理生产订单。该过程可以由相应的生产经理或班组长手动进行，或由适当的软件模块进行数字化的支持。在最简单的情况下，机床是联网的，程序可以通过内部网络从服务器传输到机床内。

在这种背景下，数字化解决方案具有巨大的潜力。这可以在不同的 IT 平台上执行。两者之间有基本的区别，如图 7-53 所示。

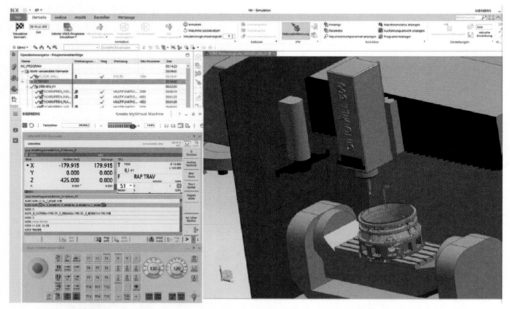

图 7-52　借助 NX VirtualMachine，CAD/CAM 系统和 CNC 系统软件组成的数字孪生是用于生产准备的（来源：西门子公司）

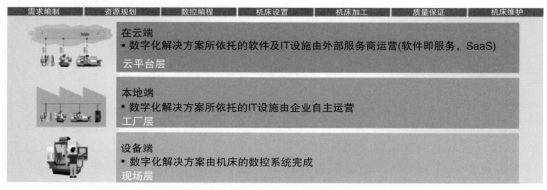

图 7-53　数字化解决方案可以在不同的 IT 平台上实施

1）在机内＝数字化解决方案直接在机床的 CNC 系统上运行。

2）在线上＝数字化解决方案在客户公司自己的 IT 基础架构上运行。

3）在云端＝数字化解决方案在外部 IT 服务提供商的软件和 IT 基础架构上运行。

其中，"在机内"数字化解决方案专注于直接在数控机床侧处理的数据。最简单的情况是面向车间的用户界面，使熟练的技术人员能够支持从设置和编程到优化的整个过程。这还包括集成的 CNC 解决方案，例如碰撞监控或自适应控制（见第 3 章），可用于确保加工工艺过程的安全。

对于多机操作，软件模块也可以直接

集成在控制器中。用户可以随时关注正在运行的机床，同时设置另一台机器。他可以立即对机床消息做出反应并采取适当的措施，如图 7-54 所示。这样可以防止意外停机，同时用户可以完全专注于其核心任务并节省不必要的走动距离。

平稳生产过程的智能和前瞻性计划是自动化生产的前提条件，即使在主要生产单个零件和小批量产品的公司中也是如此。为此，生产过程链中的具有纵向和横向集成的网络化生产车间是良好的前提。智能的自动化解决方案：例如通过集成在 CNC 中的托盘管理创建订单池，检查可行性并进行处理，从而实现对已计划的程序的无差错执行，如图 7-55 所示。预先显示人工干预和积压订单的运行时间。可以提早进行加工的准备工作，例如在机床的换刀装置中尽早补充所需的刀具。从第一批次开始就有了通过自动化和数字化达到最佳机器利用率的潜力。

图 7-54 对于多机操作，软件模块也可以直接集成在控制器中。用户可以在一台机床运行并保持关注的同时设置另一台机床（来源：Heidenhain）

图 7-55 可以通过 CNC 中的集成的托盘管理来创建订单池，并对其进行自动处理（来源：Heidenhain）

刀具和工件的彼此作用形成了"在机内"方案中的重要数据。这些数据通过"实时的时间戳"大量出现。CNC 是主要的数据源。每秒最多可产生 2MB 的工艺过程数据。从长远来看，将这种数量的数据永久存储在本地服务器或云中是不合适的。因此，必须借助算法大大减少数据量。必须根据不同的应用场景和目标，提取并压缩相关的过程数据——使得大数据成为智能数据。即使当今的现代化 CNC 控制器具有高性能和大存储容量，其任务仍然是尽可能最佳的控制机床。CNC 的核心竞争力是轨迹和速度控制。CNC 的体系架构是为此核心性能量

身定制的。可以使用用于数据分析的其他算法的计算能力，但是不能保证具备足够的算力。特别是在对自由曲面加工等技术要求很高的工艺中，此时 CNC 正忙于发挥其核心的竞争力。因此，将计算能力转移到"控制系统的边缘"是有意义的，这就是边缘计算。高性能的工业计算机（边缘计算）直接位于机床的控制柜中，可以节省资源来处理数据流，作为与云的接口可以以较少的数据流量提供压缩的数据。由于采用了位于机床近侧的数据处理，因此即使是仅允许短响应时间（延迟）的高频数据也可以得到有效的处理和使用，如图 7-56 所示。

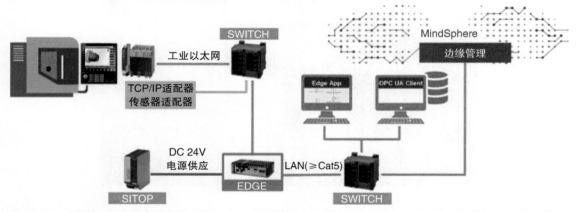

图 7-56　内置在 CNC 机床控制柜中的强大工业计算机（边缘计算）使来自 CNC 的高频数据得以收集并可进行下一步的分析（来源：西门子公司）

边缘计算不仅用于分析和处理来自 CNC 的工艺数据，还提供了一个平台，在该平台上可以处理安装在机床中的来自其他传感器的数据。例如，可以连续地评估摄像头记录，以便对零件的夹紧或刀具的磨损进行监控。边缘计算应用程序执行的数据处理结果可以直接传输回机床，以优化正在进行的工艺，从而最大程度地减少磨损或提高加工质量。

来自 CNC 的高频数据也可用于获取机床的机械指纹。该指纹可提供有关机床磨损和维护要求的信息。因此可进行基于状态的维护保养，从而提高了机床的可用性。定期

监控机床状况并与参考状况进行比较，可以根据机床状态进行维护来尽早发现关键偏差并避免产生故障。

边缘计算上的应用程序集成可以从不同角度进行。除了 CNC 或机床制造商的应用程序外，各种技术提供商（例如刀具或夹具的制造商）也可以开发并提供他们的应用程序。这些功能无法在 CNC 中直接实现，因为这些功能已经由机床制造商实现了个性化开发并且没有统一的技术平台。这种个性化是必要的，因为机床制造商必须保证机床加工过程的生产率和质量。边缘计算设备与控制系统脱钩，因此为其他的技术提供商提

供了基础。

为此，边缘计算有其自己的开发平台，该平台支持对应用程序进行最简单且无误的编程。此外，边缘计算配备了实时运行的软件，可确保与所连接的自动化设备以及边缘计算管理的连接。与边缘计算管理的连接包括与 IIoT 云的接口。这种连接不仅可以在更高级别的 IT 系统中进一步处理工艺过程数据，还可以管理和更新应用程序本身。

本地端的数字化解决方案聚焦于公司自己的 IT 基础架构中的本地客户端 - 服务器应用程序中处理的数据，如图 7-57 所示。

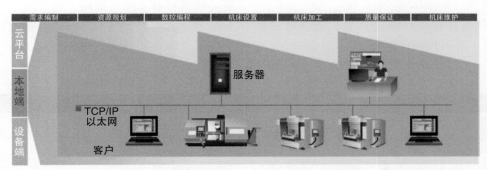

图 7-57 本地端的数字化解决方案在本地的企业网络中处理数据且无需连接到因特网

用于设备数据采集（MDE）的智能软件解决方案可以记录、评估和可视化来自机床的所有重要信息，在理想情况下，与机床类型和控制方式无关。这些信息包括机床状态、机床的利用率、机床的可用性、订单状态、加工进度和机床的生产率等。通过它们可以概览生产和所有相关工艺过程的当前状态。

对收集到的数据的评估显示了在制造和整个工艺过程链中提高效率和生产率的潜能。订单数据的获取和反馈能够对机床数据进行与订单相关的分析，尤其是当机床以数字化的方式连接到商品管理和控制中心系统、MES（制造执行系统）或 ERP（企业资源规划）的软件解决方案时。

这些信息包括实时查看每台机床的加工状态，已连接机床的生产状态和其他重要数据概览，以及倍率状态、程序统计和机床消息提示等，具体信息如图 7-58 所示。图形化的生产效率显示使您可允许快捷地查看机床运行状态：多少台机床处于生产状态？多少台机床尚未准备好运行或多少台机床不可用？对机床状态的详细评估使提高生产效

率成为可能。以下数据可用于说明这一点：

1）机床的每日状态。

2）机床状态评估。

3）关键指标的评估。

4）程序运行时间的评估。

5）机床消息提示的评估。

6）订单时间的评估。

图 7-58 确保透明度：海德汉公司的 StateMonitor 软件提供了多台计算机状态的快速概览
（来源：Heidenhain）

这些评估可以形成：

1）机床的利用率和可用性的相关

数据。

2）程序运行过程中最大进给速度的相关数据。

3）关于生产中断和程序中断原因的信息。

4）用于每个加工工步的成本核算数据。

5）关于生产件数的信息，包括对合格品、返工件或废品件的评估。

6）将订单的生产时间细分为设置准备时间、生产时间和其他运行时间。

刀具管理是金属切削生产中的最大挑战之一。刀具可以在机床的刀库中、刀具柜中或仍在购买过程中。根据机床刀库的大小，必须管理数千种刀具并将其分配给相应的订单。即使是最好的生产经理也要达到极限。在这种背景下，使用刀具管理系统被证明是特别有用的。例如，刀具资源计划软件可以执行以下任务，如图 7-59 所示。

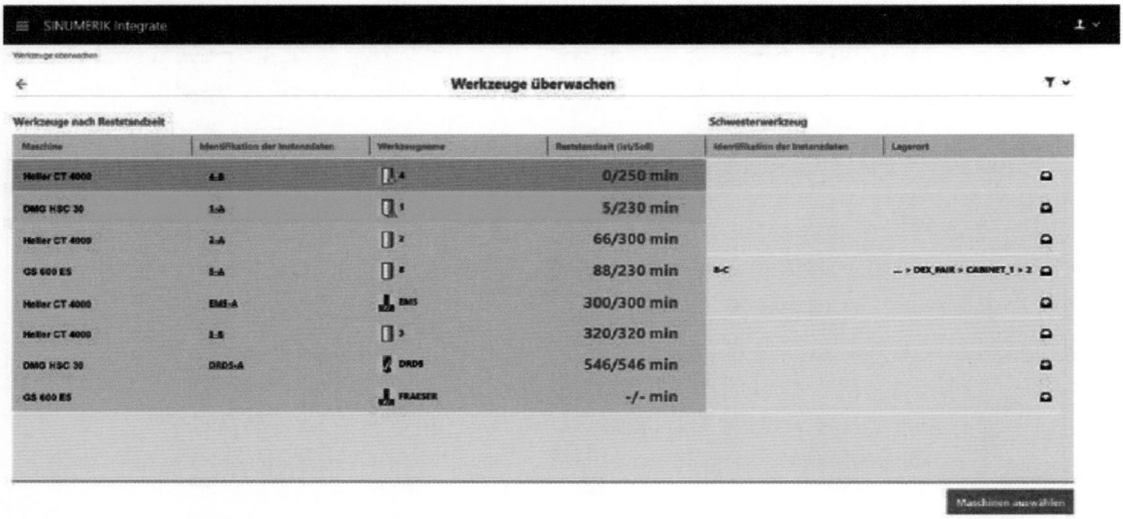

图 7-59　使用 Manage MyResources（MMR）软件可视化多台机床上当前剩余的刀具寿命
（来源：西门子公司）

1）将校正数据从对刀设备进行数字化的传输并将此数据提供给机床。

2）用新的自动提供校正数据的刀具 1∶1 地替换磨损的刀具。

3）对多台机床上刀具的剩余寿命可视化。

4）刀具统计信息 - 刀具实际使用寿命的概览。

5）对所有刀具进行统一的存储管理。

"在云端"的数字化解决方案专注于通过由软件、平台和基础架构提供商的云服务来处理的数据，如图 7-60 所示。

例如，可以实现以下功能：

1）分布在不同位置的机床及其状态的概览，如图 7-61 所示。

2）自动获取和可视化相关机床数据。

3）了解带有历史记录的 NC 和 PLC 报警。

4）创建带有电子邮件通知选项的触发器，例如可用于设备维护。

5）从控制器端自动上传文件（信号跟踪，日志文件）。

6）选择和比较不同时间点的统计数据。

7）以标准的 CSV 格式导出保存的数据。

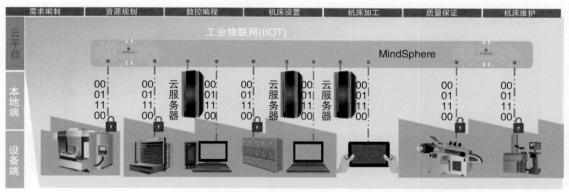

图 7-60　基于云的系统可以对机床进行状态和警报监视，无论它们在全球的哪个位置

（来源：西门子公司）

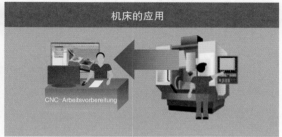

图 7-61　机床的数字孪生系统既支持设计、调试过程，也支持应用

8）机床制造商、用户和 CNC 制造商之间的协作平台。

9）远程访问和操作 CNC 用户界面，机床操作员和维修技术人员可共享 CNC 的实时界面视图。

10）用于培训和责任界定等目的的自动会话记录。

基于云端的系统适合机床制造商和机床用户的需求。为机床制造商提供了维修机床的全新营销模式。全世界的机床的可用性对机床运营商都具有高度的透明度，发生故障时可以授权机床厂的技术人员和 CNC 制造商进行在线会诊分析。

总结：

工业环境中的数字化为提高机床生产率提供了广泛的可能性。所有线程在生产准备环节汇聚在了一起。因此，必须在生产准备环节中找到数字化集成的起点。

7.5.3　机床的数字孪生

在机床的生命周期中，数字孪生系统有两种截然不同的应用：一种是由机床制造商的要求决定的，它与机械的设计、建造、调试以及维护和服务中的应用有关。

第二种应用涉及机床的操作，首先是创建和验证用于加工的工艺过程可靠的 CNC 程序。

通常，数字孪生是连接现实世界和虚拟世界的过程、产品或服务虚拟模型。通过将两者联系起来，可以在实施之前对配置进行测试和优化，并分析和消除出现可能的问题，如图 7-62 所示。机床是复杂的机电产品，因此它的数字孪生也很复杂。就像真正的"机床"实体一样，数字孪生模型（见图 7-62）包括：

1）CNC 设备的虚拟映像。

2）机床运行动作的虚拟映像。

3）机械部分的虚拟映像。

图 7-62　数字孪生连接了机床电子设备、传感器和机械装置的虚拟图像

数字孪生支持机床生命周期的所有阶段。从机床的开发、建造和调试，到用于生产差异化的工件，再到服务和维护。范围广泛：所有这些都可以通过数字孪生在虚拟层级上同步进行计划、检查和优化。机床不同生命周期（开发、使用、服务）对数字孪生的要求是非常不同的。

机床的使用者希望使用其机床的数字孪生，以确保在仿真层级上 CNC 程序没有错误，并能立即提供所需的加工结果。这可以大大减少设置 CNC 程序的时间。该程序几乎可以在真实的计算机上进行完全测试，而不会浪费时间。可以确保刀具、夹具和技术参数是否真正满足相应工件的要求和目标机床的加工能力。在生产中，数字孪生应确保机床的可靠运行工艺任务，并可以释放到真实的切削加工工序中，即使测试时没有切屑产生。如果真实的机床总体上已经可以按规定的要求运行，则以此为前提就不再需要通过数字孪生进行检验。

另一方面，机床制造商的电气设计、软件部门和服务部门使用数字孪生来支持机床的调试过程。目的在于调试、测试和优化 CNC 应用程序与执行器、传感器和机械装置之间的相互作用。在此过程中会预演所有可能的运行情况，并考虑到 CNC 应用程序中发生的特殊情况。在验收并交付了真实机床之后，该服务便使用该数字孪生来跟踪故障并提供解决方案，而无需与客户面对面。

对于机床制造商而言，重点是缩短开发和推向市场的时间。这是通过将开发环节的虚拟化，节省机械原型机并最大程度地提高机床的运行可靠性和可用性来实现的。

每台机床的行为取决于大量执行器和传感器的相互作用，如图 7-62 所示。以换刀装置为例：主轴必须处于换刀位置，刀库的挡板随后打开，夹爪抓刀到位，主轴的松刀机构必须释放到位，然后夹爪将先前的刀具移开，随后将新刀具移入主轴然后拉紧刀具。刀具夹爪缩回，挡板闭合等。为了进行开发、调试和维修，数字孪生不仅必须要模拟机床的行为，还必须模拟所涉及的全部机床部件、执行器和传感器的相互作用，还必须能够确保这些相互配合是可以实现的而且也是可以被调整的。

与数字孪生在机床使用中的应用不同，所有电气和电子设备（CNC、PLC、驱动器、HMI）实际上必须在调试期间能够与机械结构进行细节上的虚拟交互。通过虚拟世界和物理世界之间的这种联系，就形成了机床产品。调试时间可以大大减少，例如，如果不使用数字孪生，则只能在真实机床上测试换刀。

基本思路是：整个机床（机械、电气工程、软件）都是完全虚拟创建的。只有对工程和调试的虚拟结果感到满意时，才可以在真实机床上进行实施。这种整体工程方法可以使机床制造商的工作流程并行化和简化。

机床的机械结构在 CAD 系统中进行设计。借助软件工具，例如机电一体化概念设计软件（MCD），可以在 3D 建模中实现机械设计。通过引入轴和铰链的信息并在现有或导入的几何图形上定义传感器和执行器（位置和速度控制），简单的 3D CAD 模型成为具备自动化行为的模型。这样复杂的机床及其不同的变体得以开发、分析和优化。

通过其他软件接口可以完成机床的工程准备工作。创建了机床的电路图和电气设计，并根据机械要求设计了驱动器和电机。接着对 PLC 进行适配编程。软件工具提供了几乎完整的机床编程和配置的图景。在此

基础上，可以使用非特定硬件的软件架构为每种情况下可用的实际硬件进行配置，如图 7-63 所示。这类工程基础构架表明：修改或替换库中的软件组件时，不论是关于特定的夹具，新的软件版本，还是全新的部件，都需要更改程序代码。已完成的参数化配置设备，预先完成硬件配置，已经编写的功能和软件模块，所有这些都作为库元素迁移到电气设计人员的数据库中。系统中由组件构成的机床越多，进一步的开发，个性化的客户需求的实现以及新机床的开发速度也将更快。将 PLC 适配程序虚拟化的机床制造商可以缩短开发时间，即使有特殊需求。有了模块化，批量生产的机床只需按一下按钮即可生成相应配置。

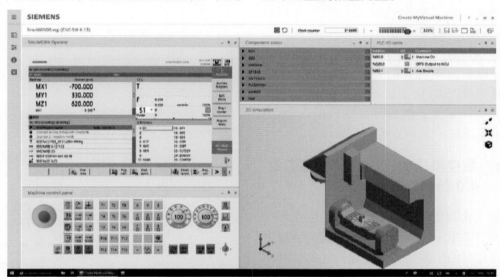

图 7-63　支持机床调试的数字孪生，以 Sinumerik ONE 的 Create MyVirtualMachine 为例
（来源：西门子公司）

自动化的数字孪生 - 机器的运动机构和控制系统的数字化图像 - 使预先虚拟测试配置并将其投入运行成为可能。在 CNC 数字孪生的基础上，在以前必须在实际安装好的机床上才能进行操作的很多任务，现在可以进行虚拟的验证，因此可以将相对昂贵的机床的开发工作减至最少，而后者至今仍必须在装配车间中花费一定的资金实现。在虚拟

调试之后，剩下要做的就是在真实的硬件上优化机床。

数字孪生的存在还使机床制造商能够开发新的商业模式。

可以从产品的数字孪生生成应用于生产的数字孪生（使用其虚拟机床），并将其提供给他的客户（机床使用者）。

机床买家可以使用此虚拟模型参与到

他们的新机床的工程设计阶段,并与数字孪生建立联系以进行机床的设计和调试。对于批量化机床的客户特定的设计,通常使用数字孪生对所需功能进行详细协调。对于特殊机床或大型机床至关重要的是,机床制造商应在设计阶段就与未来的用户讨论可能的解决方案。

另一个有趣的应用方面是"虚拟展览厅陈列室"。批量化机床的制造商始终面临着要在展览会和展厅中展示所有机床序列和机床类型的挑战。但是由于成本原因,这是不可能实现的。这是数字孪生可以提供帮助的地方,尤其是借助 VR(虚拟现实)眼镜以几乎真实的方式体验它。机床的销售过程得以更早地开始。另一个主题是机床的验收。当然,机床的最终验收仍在"产生切屑的实际切削"加工时进行。但是机床的预验收和对规划零件的测试可以在机床交付前几个月在虚拟的环境下进行。

这意味着数字孪生不仅是研发、生产和服务中的强大工具,而且还是传达思想、功能或要求时非常有效的交流手段。

7.5.4 数控机床的传感器技术是工业 4.0 的前提条件

数字化和工业 4.0 主要与跨领域和跨公司的网络联系在一起。由于近年来计算能力和存储容量的巨大增长,因此快速的计算单元和中央数据库也用于监控和优化自身的生产。这不仅需要大范围的数据采集和存储,还需要对其进行分析评估并将其结果快速地使用。

1. 出发点

效率一直是任何生产的首要条件。但是,当今的数字化和自动化为优化生产提供了很好的方法。这种投资仅当它们支持用户提高效率或替换并改进其他先前的措施时才值得。为了成功使用为此所需的传感器、计算机和软件,在技术上对特定应用场景的了解是前提。由此可迭代出进一步的措施和结果。

2. 效率

效率的关键指标是设备的综合效率(OEE)。这分为三个部分:可用率(VF)、生产率(LF)和合格率(QF)。OEE 关键指标是根据可用率、生产率和合格率的积计算得出的。设备综合效率 $OEE = VF \times LF \times QF$

3. 可用率

机床的可用率描述了在计划的生产时间内的实际运行时间。但实际上,计划内和计划外的停机都会减少计划内的时间。大多数机床停机时间是由于:

1)组织性的有条件停机。

2)设置调整时间。

3)刀具和工件的更换。

4)计划内维护。

5)计划外维护。

可用率是用已完成的运行时间与计划的生产时间之比计算得出的。

$VF=$(运行时间 [min])/(计划生产时间 [min])

4. 生产率

生产率描述了工件实际生产数量相对于工件计划数量的比值。为了加工工件,通常需要几个工艺过程和操作,当然也包括机械加工工艺过程之外的动作。机床生产效率的典型损失来自于:

1)空运行和等待时间。

2)必要的节拍时间间隔。

3)主加工时间和辅助时间之间的中断。

4)主轴的加减速时间。

在计算 OEE 时也要考虑生产率。这是由生产出的产品数量和给定的任务产量之间的比值算出的。

$$LF = \frac{生产数量}{给定数量}$$

5. 合格率

合格率描述了每个制造的工件的尺寸精度的公差范围。合格率是 OEE 的领导性因素和限制性因素，所有提高可用率和生产率的措施都不得最终导致合格率的下降。在合格率方面的典型损失是报废和返工。

合格率由合格品数量与产品总量之比计算得出：

$$QF = \frac{合格品数量}{生产数量}$$

6. 生产环境中数字化的逐步实施

为了使数字化对 OEE 关键指标产生积极影响，必须改善上述一个或多个因素。这需要在现有的生产基础架构中采取分阶段的流程和措施。

现有生产设备中的数字化水平可以用不同的自动化水平来描述（对应于工业 3.0）。这是由于安装时部件的研发状态的不同决定的。为了达到工业 4.0（使用信息物理系统）的水平，必须经历几个阶段。图 7-64 对此进行了描述。

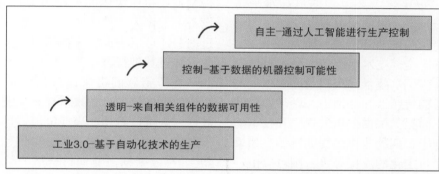

图 7-64　逐步将自动化程度系统化提高到工业 4.0 的步骤模型（来源：舍弗勒）

总是从生产信息透明度的实现开始。重要的是从生产环境中的各个部件提供已经存在的或必需的数据。用于数据传送的相关组件是机床的控制系统、测量系统或传感器等。但是，现有软件系统也可以用于数据的提供。例如，ERP（企业资源计划）或 MES（制造执行系统）。数据在生成时必须考虑很多要素。下面列出了一些：

1）数据生成和数据传送的安全性。

2）本地的或中央的数据存储（可能是云服务）。

3）数据管理（采样频率、实时性和必要的参数）。

4）统一化的数据模型的必要性。

5）对基础架构（例如网络基础架构、工业 PC、边缘计算数据中心服务总线等）进行必要的调整。

法律问题（例如谁是数据所有者，跨境数据交换的要求）。

接下来是实现基于数据的机床控制的可能性问题。当前的自动化状况（大多数情况下）是基于固化编程的流程控制程序（NC 程序和 PLC 程序），操作员可使用的干预选项有限，多数情况需要手动干预。手动干预基本上是基于机床操作员的特定的个人经验。因此，不可能对这些干预是否有助于机床的最有效的运行做出合理的评估。只能通过基于数据的控制和调节过程对机床操作进行符合自身的适配和评估。为此，必须先得到来自机床控制器或各种传感器的相关数据，并传输到判读单元。判读单元可以是工业 PC 或机床级别的边缘计算数据中心。出于性能相关的原因以及经验：根据当今的状态，不应在实际的机床控制器上进行数据的判读。重要的是，数据判读必须基于实时性，以免损害生产的连续性。因此，数据的判读优先通过安装在判读单元上并具有专门技术功能的软件应用来进行。应用程序基于数据的判读生成控制命令，并将其发送到实际的机床控制器中以适配机床的运行参数，从而始终保证机床的最佳运行状态。

原理上，这种对加工工艺的自动监控和优化与以前的自适应控制的功能相当，但是技术水平更高。

图 7-65 中的示例简要描述了基于数据的机床控制的流程。

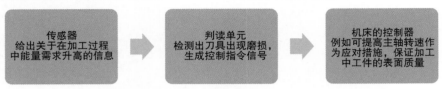

图 7-65 基于数据的机床控制的系统性流程介绍（来源：舍弗勒）

生产中数字化工艺过程的最高水平是自主的生产控制。目的是以自动化和最大效率的方式控制和调节公司的大部分流程。这个过程是基于全部技术和组织部分的整体的网络构架。为了从技术和组织角度实现生产环境的必要的持续性和穿透力，必须考虑到许多挑战。前提是根据公司的规模和技术的起步点确定中长期的业务流程的转型。如果达到了生产自主化的流程等级，则可以由一些专业同事来监督和控制生产、厂内物流和订单处理相关的大部分工作内容。

下面描述了一些技术示例，这些示例对于在层级模型的框架内对机床赋能十分必要。

7. 使机床满足数字化的要求

为了使现有的 CNC 机床能够满足数字化的要求，必须首先弄清哪些应用场景或工作任务可被来自相应机床的信息流所覆盖。这些问题基本上可以分为上述的"透明化""控制"和"自主"三类。所需要的程度越高，机床中的大部分部件也需相应地符合对应的要求。然而，对于所有的三类而言都一致的是所谓的网关：通过该网关，来自机床内部网络的数据被传送到另一网络（例如，生产网络）或数据存储器。利用特殊算法，可以根据数据计算出可能给生产过程带来改进的应对措施，并将相应的控制命令传输到机床网络。这样的网关可以直接在机床控制器或机床集成的工业 PC 机（边缘计算设备）上作为软件解决方案实现。此外，通过网关还可以查询机床控制器中永久存在的数据并对其进行传递。

带传感器的机床设备根据特定的需求提供数据。例如：如果需要有关能耗需求的数据，则可以将功率表或电流表连接到电路干线或某几个独立的部件上（例如主轴驱动器）。可以根据需要通过合适的传感器记录其他物理量，只是需要事先弄清楚这些数据可以起到什么作用。

8. 传感器的任务

机床和设备的较高的可用性决定其在生产中的经济性如何。基于状态的维护使明显属于随机且不可预测的事件或扰动得以清晰明确，因此可以进行主动预告性的预测和介入。通过对相关生产数据的连续记录和可视化，例如：来自机床关键组件上加速度传感器的振动数值和控制器中的参数，机床的状态受到监控并可尽可能地排除扰动原因。如果无法做出改善，则会出现警告消息。在这种情况下，关键的机床组件如：用于加工的主轴，其他辅助的驱动器和伺服驱动器。

识别主轴上的过载是机床内部传感器必不可少的应用场景。为此，仅测量电源功率的消耗是不够的。相应的传感器单元还要高精度地测量主轴在机械负载下的轴向和径向形变，如果超出公差，则需要立即关断主轴驱动系统和相应的进给驱动系统。

9. 磨床的案例研究

在磨床侧发现主轴故障的案例数量非常多。在寻找损坏的主要原因时，如下状态信息得到了监控：例如主轴温度（温度传感器）、冷却液的流量（体积流量传感器）和某些振动参数（加速度传感器）。在很短的时间后情况得以澄清：冷却介质的温度和体积流量的变化是导致故障的主要原因。可以通过实施简单的极限值监控并及时地进行干预，以防止随之而来的主轴损坏。基于此，使用应用的大数据技术和机器学习算法开发并实现了预测模型。这样，可以将预测范围延长到最多两周。由于更好的机床维护的可预测性，这又使机床的可用性进一步提高。

全部机床故障的大约 1/3 是由主轴故障引起的。这个问题可以通过给轴承配置传感器进行及时地识别并有计划地给予消除，如图 7-66 所示。

DuraSense传感器　　　　主轴传感器

图 7-66　用于监视主轴负载和轴承润滑的传感器

由于进给轴的轴承问题，导致机床的故障频率只有很少的降低。这种情况下合适的传感器也可以帮助确保正常运行，如图 7-67 所示。

该传感器可对直线导轨的润滑进行持续监控。如果润滑不足或甚至完全失效，则存在机床停机的风险，然后轴会意外失效。由于对润滑的永久监控，机床的操作员可以及时计划任何必要的维护，避免停机。

例如，其他系统可以实现有针对性的频率选择性振动监测，并在不同速度下反馈机械部件的当前状态。这可以显著减少昂贵

的非计划性机床停机时间。原则上，这种系统可以适用于所有旋转的机床部件，如图 7-68 所示。

图 7-67　可以使用合适的传感器连续监控润滑油的质量。例如，使用 FAG 油脂监测传感器可以检测润滑的条件、油脂的老化以及润滑剂中的不清洁度和水的含量。这样可以防止超过 50% 的计划外的滚子轴承的故障（来源：舍弗勒）

图 7-68　使用 FAG DETECT X1 和 FAG ProCheck对滚动轴承、齿轮和传动机构进行振动监控（来源：舍弗勒）

10. 总结

对生产进行长期监控和优化是非常重要的，因为它影响着三个基本参数：机床的可用性、生产效率和产品的合格率；如果机床没有得到充分的维护，那么质量首先受到影响，出现返工或废品。这样一来，无论是对小批量生产的工件，还是对大型昂贵的工件，长期来看都会导致成本过高，从而使整个工厂运营不经济。如果不及时维护，下一

个威胁就是机床的停机。随着今天数字化、监控和计算机辅助分析的可能性，可以避免意外的、计划外的机床故障。这种监控系统所涉及的部件的内部联网和对测量值的及时评估是使生产经营永久运作和盈利的最重要工具。

11. 数控机床领域的数字化之路

以下要点值得注意：

1）"工业 4.0" 一词描述了工业中机床和机床操作过程的智能且持续的连接、联网和控制。

2）生产加工的效率可以通过可用率、生产率和合格率的乘积确定。

3）在 CNC 加工的工作准备中，所有的数字化要求都汇集于此。

4）在数字孪生的帮助下，可以使用虚拟的工艺模型、产品模型或业务模型来连接真实世界和虚拟世界。通过将两者联系起来，可以在实际配置实施之前就对其进行测试和优化，并且可以分析和消除出现的任何问题。

5）数字化解决方案可以在不同的 IT 平台上实施。在以下方面有基本区别：

① 在机内 = 数字化解决方案直接在机床的 CNC 控制器上运行。

② 在线上 = 数字化解决方案在公司自己的 IT 基础架构上运行。

③ 在云端 = 数字化解决方案在外部 IT 服务提供商的软件和 IT 基础架构上运行。

6）自动化从工业 3.0 类别提升到 4.0 类别的过程至少分为三个阶段：

① 确定可用的数据。

② 检查基于数据的机床控制的可能性。

③ 通过人工智能进行生产控制。

7）为了永久监测与故障相关的组件，通常在机床上需要附加传感器。

8）最重要的是计算机辅助的数据判读，以通过有针对性的措施影响数控机床，从而使得生产持续进行而不会中断。

9）理论上，对处理顺序的监控和优化与早期的自适应控制的功能相当，但技术水平更高。

10）工厂内部机床网络中的数据可通过网关传输到外部网络或数据存储器。

11）使用特殊算法，可以从数据中计算出工艺过程改善后的可能反馈，并作为控制命令传送到机床网络。

12）传感器中通常以模拟量形式记录的物理值必须进行数字化处理。

13）理论上，传感器可以适用于所有的机床组件。

7.6 中型制造业企业中的工业 4.0

Dr. Reinhold Walz, Gewatec

机器、软件和供应链的全面集成在中型企业的工业 4.0 中发挥着核心作用。在工业 4.0 中，生产范式正在发生转变，软件成为生产要素。工件和机床要相互通信，只能借助信息技术来实现。这种认知具有优化生产和提高生产率的巨大潜力。

7.6.1 工业 4.0 的前提

智能工厂的前提是计划层和生产层之间持续的数据交换。实际上，智能工厂意味着工件和机床的彼此通信。工业 4.0 无法依靠仅由本地软件模块和极少量接口组成的孤立的解决方案来实现。设备数据采集（MDE）/生产数据采集（BDE）系统、DNC 软件和用于计划和维护的软件模块通常在同一网络上彼此独立地运行。智能工厂的先决条件是对机器的工艺数据和质量数据的采集到客户在线连接的所有 IT 模块的完美融合。通过高度集成的 MES 软件模块 MDE/BDE/PZE（人员时间采集）、CAQ 和 PPS 以及过程和质量数据的整合，也可以为中型精密零件制造商实施工业 4.0。工业 4.0 的许多方法在快速发展的 IT 世界中已经成为现实，并且已经全面找到了解决之道。智能工厂必须满足以下要求：

1）工件和机床相互通信（WEB 服务器和控制主站）。

2）信息技术与生产的融合。

3）计划层和生产层间持续的数据交换。

4）工件和产品具有明确唯一标识。

5）可获取当前的生产地点和产品的制造状态。

6）对价值链和半成品的持续评估。

7）产品制造过程的追溯。

8）其他可替代的制造方法的相关知识。

9）生产过程的柔性。

10）最佳的生产组织和 IT 基础架构。

11）生产反馈。

12）生产计划和车间层信息的耦合。

13）业务流程数据和机器设备数据的完美融合。

14）从理论计算到生产设备的一致性。

15）在设备种类参差不齐的生产环境中实时获取生产数据。

16）在计划层和生产层之间建立控制回路。

中型生产企业中的工业 4.0 如图 7-69 所示。

7.6.2 工业 4.0 的优势

工业 4.0 具有以下优点：

1）通过信息物理系统（传感器/执行器）优化生产。

2）将生产效率提高达 30 %。

3）全球化的信息访问，从机器到 iPhone（移动客户端）的无缝的信息链。

4）减少材料消耗。

5）减少能源消耗。

6）可实现向前和向后的信息可溯。

7）更快的响应速度。

8）实时地获取关键指标和状态信息。

9）伴随着计算，可实现持续的目标数据和实际数据间的比较。

10）全面的评估和可视化模块。

11）瓶颈分析。

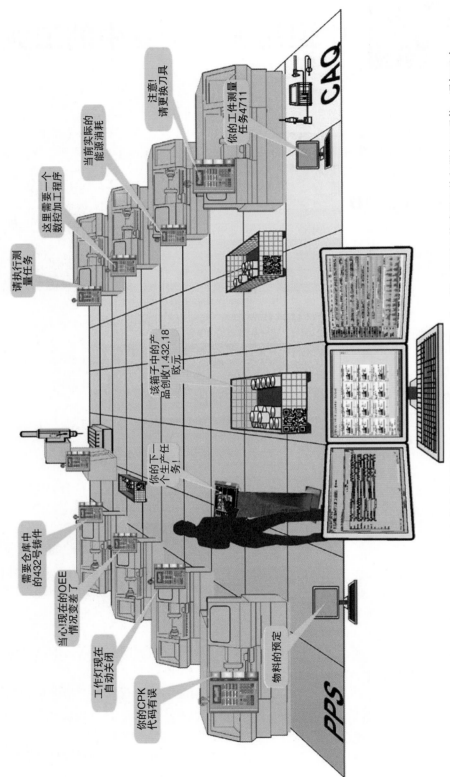

图 7-69 中型生产企业中的工业 4.0：生产状态的可视化是控制网络化企业的第一步。第二步则是传感器和执行器相互通信、通知工人、独立决策并完全自动的触发行动（来源：GEWATEC）

12）通过过程指示灯，引导对工人进行管理。

13）降低故障易感性。

7.6.3 信息物理系统和物联网

信息物理系统是由用于数据采集的传感器和用于在物理世界中执行命令的执行器组成的系统。所有传感器和执行器在通过软件网络中通过逻辑连接起来。

物理世界与虚拟世界在网络空间融合在一起。也可以说，物理世界通过信息物理系统和虚拟世界形成"物联网"。

在理论基础上，可以部分实现具有远程监控功能的独立工作的生产系统。

7.6.4 工业 4.0 的 16 个案例

1. 自动加载正确的 CNC 程序

在中小批量生产中，通常必须在机床侧针对新零件进行换型操作并对机床重新进行设置。换型过程在设备数据采集终端上注册，且在生产订单中明确指定。在重新加工过程中，将在前有效版本的数据库中搜索属于该对象和机床的数控加工程序，并通过无线网络将其自动加载到 CNC 控制器中。所有 NC 程序均按照各自的生产订单进行版本控制和归档。

2. 班次结束后自动仓储记录

自动请求材料

当供应给机床的物料用尽时，工人可以通过按按钮将物料请求信息发送给仓库的业务员。可以使用自定义的工作流程定义任何启动自动物料供应的措施。在物料申请中输入物料编号、批号、物料数量和仓库中要从中取出物料的存储位置。

通过集成在设备数据采集终端中的计数模块，记录信号并对所有产生的工件进行计数。如果出现废品，则将这些废品报告给加工工位的设备数据采集终端。在每个班次

结束时，所有的合格品都会自动登记到指定的存储位置。此外，所使用的物料会根据生产的零件自动从物料库中扣除。设备数据采集终端 IC901 如图 7-70 所示。

图 7-70　借助记录所有机器状态的设备数据采集终端 IC901，机器操作员可以启动自定义的工作流程。典型的示例是：对未加工零件的库存提出物料请求，具有 NC 自动版本控制的订单接受和完成通知等。设备数据采集终端还可向机床操作员提供反馈：例如换刀或维护措施的时间。集成的过程信号灯会通过不同的颜色（红色，黄色，绿色）显示最重要的质量和过程指标（OEE，cpk），从而用于生产中的过程控制（来源：GEWATEC）

3. 对尺寸过度磨损的刀具提出更换请求

根据停机时间和使用时间为每个单独的刀具计算出更换刀具的时间点。在生产过程中，这种计算将不断更新。对于每个制造的零件，都会检查每把刀具，以确定是否已到达更换的时间点。

然后，终端上的工艺提示灯会亮红色，并向工人显示需要更换的刀具。终端的显示屏上显示要更换的刀具：如："更换 4 号刀具的刀片"。

4. 自动运输系统

自动导引车（AGV）已经在现有的柔性制造系统中使用，4.3 节对此进行了更详

细的描述。自动导引车从主计算机接收信息，以在定义的位置装载某种产品或托盘，并通过定义的路线将其运输到定义的位置并存放在那里。物流过程按照单纯的控制原则进行。

AGV 使用现有的交通路线。如果在途中发生故障，例如指定的路线被堵塞，则所有后续运输车辆也将停止。这种堵塞会导致生产过程的严重中断。工件、设备或刀具不能按时到达目的地，其他物品也不能被装载。只有手动排除故障后，物流运输才能再次工作。

根据工业 4.0 的原则，AGV 在现有的运输路线上可完全自主驾驶。主计算机仅指定目的地。如果道路上发生故障，受影响的第一个 AGV 将立即通过无线控制网络直接或通过主机将其报告给所有其他 AGV。受此影响的 AGV 立即自主地寻求合适的"转移位置"。这种功能原理与 GPS 导航系统相似。这样可以避免交通堵塞，从而生产得以继续无故障地进行，并且工作人员可以消除故障原因以及拥堵。

从细节上看，这需要复杂的物流技术，与解决类似城市交通情况的驾车者的情况类似：

1）自动寻路。

2）转向或倒退行驶。

3）注意交通情况和路权。

4）必须避免二次事故。

只有相互配合，才能避免交通拥堵。这种物流需要一种适用于现有平面图的算法。在工业 4.0 中，每个 AGV 会立即获悉障碍物的位置，并独立确定其替代分流路线。一旦找到路线，它只会在路径畅通时才开始移动。最后，每个 AGV 都会到达其指定的目的地，尽管会有所延迟。

基于以前工业 3.0 原则的 AGV 控制将不能胜任这种任务。现在主计算机将始终必须知道每个 AGV 遥控路线上的所有 AGV，

并对这些 AGV 实现远程的控制和导航，而这是工业 3.0 解决方案从前没有做到的。

5. 机床侧的工单的自动切换

当生产订单的最后一个工作步骤报告为"已完成"时，新订单将被自动接受。规划人员借助图形交互的产能规划软件将其分配给相关机床。切换订单时，将自动触发以下过程：

1）保存当前的 CNC 程序。

2）提供新的加工程序。

3）创建测试订单。

4）设置机床为准备状态。

6. 在线进行发货取消操作

制造、组装和物流紧密相连。交货计划和订单的取消可由客户在线直接传输到计算机网络，并转发到生产过程环节。

7. 物料周转箱的管理

工业 4.0 包括有关地理位置和产品当前生产状态的知识。物料周转箱管理将生产订单的生产批量与周转箱联系起来。通过唯一的周转箱编码预定全自动的货物收纳仓库。

使用数据矩阵扫描仪或平板计算机读取工件托盘的二维码，如图 7-71 所示。

图 7-71　使用数据矩阵扫描仪或平板计算机读取工件托盘的二维码。ProVisNavigator 对周转箱的位置和生产状态完成可视化，并确定所有零件的加工状态（来源：GEWATEC）

8. 基于工艺过程信号灯的过程控制

连接了工艺过程信号灯和相应软件的工业 PC 可以纵览生产中正在发生的一切情况。

工艺信号灯根据相关的关键指标用信号灯的颜色指示机床的当前状态。设备综合效率（OEE）提供相应机器的利用率、性能和合格率指标的信息。

CPK（过程能力指数）值提供有关工艺能力统计值的信息。质量数据获取（QDE）表示如：何时应再次开始质量监控的测量周期。借助统计数学来监控生产过程。生产过程中的工艺能力的关键指标是 CPK 值。

系统还通知何时需要更换刀具（TOOL Change TLC）。生产中的员工总是会被告知机床的状况。

员工还可以使用工艺过程信号灯在工业 PC 上记录设备数据和生产数据的采集，诸如：调整时间和维修情况。生产的透明性为识别和纠正错误和薄弱环节以及不断优化生产创造了先决条件。

9. 实时计算

生产期间，计算所有和生产业务相关的参数：例如每个零件的加工时间，刀具的消耗和材料消耗，并与计算得出的目标值进行比较。发生偏差时，将触发在工作流程中定义的适当措施。例如，可以自动给生产经理发送电子邮件或短信。

10. 智能的刀具分配

通过生产订单号将正确的刀具自动提供给工人（见图 7-72）。记录刀具的使用情况，刀具会自动记录到关联的生产订单中。

通过软件来实现刀具、刀具列表、设置表和 CNC 程序的管理。根据加工对象、工作计划、工作过程以及最终通过选择机床，可以访问 CNC 程序及其刀具列表。刀具表中可自由配置的输入字段可用于创建与机床相关的刀具列表和设置列表。

图 7-72　使用生产订单编号，在全自动刀具柜上为工人提供适当的刀具组。避免了错误的刀具选择，并且可以精确地计划刀具的损耗（来源：GEWATEC）

11. 工艺和质量数据的关联

测试规划描述了待测试的零件。所有与质量相关的功能都在功能目录中进行管理。为各个特性记录的测量值存储在质量控制卡中。设备数据采集系统记录工艺过程参数，例如压力和温度（工艺过程数据采集器）。

如果发现触及了工艺流程卡中规定的

特性指标的控制极限，则必须立即启动适当的措施（取决于几秒钟或几分钟内的过程），使工艺过程处于可控。例如：必须针对喷射过程重新调节温度。工艺过程参数由控制室的计算机通过标准化的 EURO-MAP 63 或 OPC 接口按照上述步骤完全自动地校正。

12. 自动的刀具校正（刀具补偿）

根据质量控制卡中的测量值确定某种趋势，而该趋势可用于预测出现或违反公差带极限的情况。如果违反公差带极限，将以相反的方向校正受影响的给予标识的刀具组合的偏差，并将其在线传输到机床的控制系统中。

13. 强制停机，机器停机

生产过程的一个典型例子是质量管理和生产控制的相互作用（见图 7-73）。

如果在 CAQ 测量站上检测到超出公差极限，则通过设备数据采集终端自动使制造零件的机床停机。

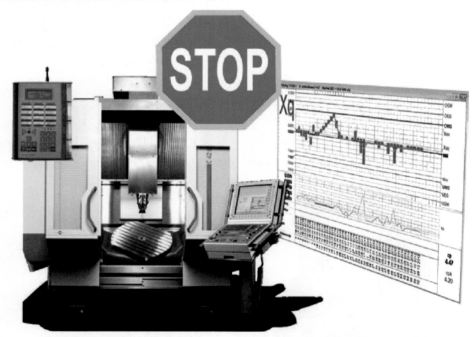

图 7-73　仅当各种制造过程相互关联时，工业 4.0 才发挥作用。例如，通过连接质量管理和生产控制系统，如果工件的特征超出制造公差，则可以自动使机床停机。包含有关机床停止信息的消息可以通过电子邮件或短信发送给机床的操作员或生产经理（来源：GEWATEC）

14. 检验要求，动态的检验严重性级别控制

要求工人通过工艺过程信号灯进行测量。通过在测量站注册 RFID 芯片，关联的测量工单将自动打开，测量可立即开始。测量顺序中指定了要进行测量的时间间隔。使用动态的检测严重性级别控制，可以根据工艺过程的掌控程度来加强或放松管控。

15. 能源管理，照明和压缩机的关闭

由于缺少材料和刀具损坏，机器 4、5、8 和 10 需要上夜班，那么在这一区域的灯光会自动关闭。当所有机器都停止时，压缩机将切换到"待机"模式。

软件和相应的传感器会检查生产中所有机床的确切状态（工件数量，静止 / 正在运行）。许多机床可以生产到深夜，直到没

有可用的物料为止。

使用基于软件的能源管理，有可能在各种机床或机床组不再生产时（节能生产）打开和关闭压缩机、照明、空调和其他用电器。

可自定义的事件脚本使用户可以打开和关闭任何用电器。

除了关闭用电器外，任何可自由编程的消息也可以通过电子邮件或短信发出。

16. 维护，预测性维护，范围控制

通过一致的预测性维护概念，可以将功能安全性、复杂系统的可靠性、生产资源及其可用性保持在始终如一的高生产效率水平。

结合相应的软件解决方案，可以在软件工具上预订零件数量（例如：在注塑机上的注射加工的次数）。当达到最大零件数（塑料注模机的注射数量）时，设备数据采集终端上的工艺过程灯会指示需要维修或等待更换工具。

7.6.5 工业 4.0 的一个工作日

工人在夜班来到公司并接管机器。工人在监视器上收到和自己有关的机器的事件、消息或有关他的订单的信息通知。他可以通过工作清单查看下一个订单，并开始他的班次计划。

他开始通过文档管理系统准备工单（工具列表等）。

他通过生产数据采集系统（BDE）客户端订购材料，使用生产订单将刀具的输出订单信息到计算机控制的刀具柜中。

当前的工作已经结束。工人 XYZ 通过终端将旧程序发送回服务器，并在服务器中将其保存为订单或工单信息。

工人接到了新工单。通过系统自动创建相应的测试工单。终端使用新程序可用于下一个工单，工人可将其导入机器中。使用 CAQ 系统对机器准备好后的验收。

切换到"生产"后，工人可以直观地看到实际的准备过程与理想的准备过程之间的比较。

机器上发生事先没有预料的故障。工作人员将其纠正，并通过终端进行记录。这时一把刀具损坏了，工人通过他的生产订单从刀具分配柜中获取额外的刀具。这种预订是自动进行的（可能是维修订单）。更换刀具后，机器恢复生产。工人从工艺信号灯中识别出即将进行的测量任务。工人在测量站（带或不带测量仪机）进行 SPC（Statistical Process Control）测量。通过切换为"绿色"，工艺信号灯会记录测量的执行（QDE）和结果（cpk）。工艺信号灯通知工人进行维护工作。工人通知自己相关的生产数据采集的客户端并进行维护。

在第二天，可以通过工作准备的工艺规划部门 / 领班 / 质量部门（在监视器中查看时间线，检查员发送的消息，控制卡）充分跟踪所执行的操作。

在工作准备中，由于刀具损坏而导致的不可预见的停机时间以及由此导致的生产时间偏差会导致后续跟进订单的冲突报告。计划者可以确定新的订单结束日期，并能立即通知客户，并确定是否需要重新规划才能完成订单。

同时，运行中的机器会继续为加工工艺提供与当前订单上执行的服务有关的且有意义的数据（OEE，QlikView）。

工艺信号灯指示必须在刀具站 0606 上更换钻头。更换刀具的时间是根据使用情况和使用寿命计算的。

同时，销售部门从客户那里收到一条消息，告知他急需零件 - 无论是多少 - 需要尽快。销售部门通过终端上的邮件功能通知工人。

工人可以释放所生产零件的零件周转卡并将其直接传递给发货部门。如果用于表面处理的纸张是根据生产工单创建的，则零

件可以由驾驶员直接装货并进行下一环节的运输。

如果一组机器在夜班期间闲置，则灯光和压缩机会自动关闭。

控制员需要有关生产订单 4711 的边际利润以及与相对于报价的成本信息（可同时和后期计算）。

7.6.6　小结

在中型制造公司中也可以实现基于工业 4.0 的智能工厂的目标。前提条件是将机器、控制器、测试设备、室内基础设施和计算机系统联网，并安装合适的传感器以记录工艺数据和进行工艺监控。与客户、供应商和业务合作伙伴的在线连接扩大了数字化生产的可能性。

为了使生产尽可能无问题且高效地进行，每天必须以一种易于理解的方式找到许多问题的答案并对其进行可视化（见图 7-74）。这种制造参数的可视化，例如零部件的剩余使用寿命，当前可用的刀具库存，NC 程序的版本等是工业 4.0 的切入点。第一步，生产经理或工人可以使用这种在线信息快速准确地做出正确的决定。下一步，传感器、执行器和智能软件还可以自动执行决策，例如机器停止运行是对超出公差的响应。这样，即使在中型公司中，也可以逐步实现合理且可控的工业 4.0 应用。

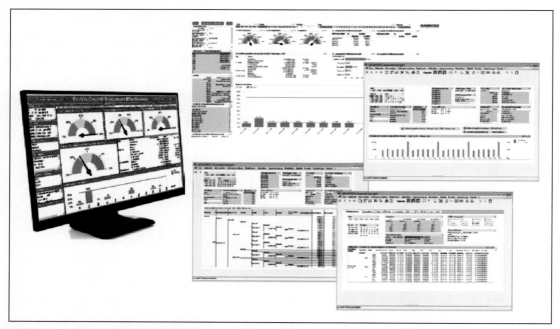

图 7-74　整个生产过程的可视化，包括所有辅助过程，例如人员工时的记录、维护间隔、刀具库存、
刀具要求等，是网络化生产成功的前提（来源：GEWATEC）

应当注意以下要点：

1）工业 4.0 是过去三次工业革命的进一步发展，也被称为第四次工业革命。

2）"工业 4.0"—词来自德国联邦政府高科技战略的未来项目，旨在提高德国工业的竞争力。

3）第四次工业革命的基本出发点是跨系统的人员、工厂和产品的全球化联网。

4）未来的产品和生产单元应以去中心化的方式自行组织和自行控制。

5）工业 4.0 基于以下 12 个支柱：

① 跨学科。

② 社交媒体。

③ 虚拟化。

④ 大数据。

⑤ 智能数据。

⑥ 分析和优化。

⑦ 移动计算。

⑧ 智能对象。

⑨ 物联网。

⑩ 服务网。

⑪ 信息物理系统。

⑫ 智能工厂。

6）工业 4.0 的背后是行业协会 Bitkom（德国信息技术，电信和新媒体协会），VDMA（德国机械设备制造业联合会）和 ZVEI（德国电子电气行业协会）。

7）工业 4.0 描述了以"智能工厂"中的所有机器、产品和工艺联网为目标的变革。为此，使用了物联网中也使用的技术，包括无线网络、智能对象、传感器和执行器。

8）以下发展迅速的领域还有进一步发展的潜力：

① 自主化对象的能源供应。

② 电池的寿命限制。

③ 没有统一化的接口、架构和平台。

④ 无线网络的传输标准不同。

⑤ 尚未解决的数据保护和法律方面的问题。

⑥ 互联网端数据安全性的缺乏。

⑦ 没有对新型业务模型的一致性的流程设计。

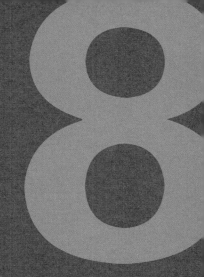

第 8 章
附录

简要内容：

8.1 准则、标准和建议

对于数控机床的使用，很早就已经确立了统一的、标准化的前提。标准的使用者们应该感谢美国和德国标准委员会所做的工作，他们的工作避免了无意的混淆，因此这些有意义的工作是不该被忽视的。

同时，一些较早的准则和标准已被撤销或被其他准则和标准替代。

8.1.1 VDI 准则

布斯出版社，D-10772 柏林，电话：0049 030 26 01-22 60，传真：0049 030 2601-1260，（www.beuth.de）。

下列 VDI 准则被撤销且没有新的准则来替代：

2813，2850，2851，2855，2863，2870，2880，3422，3424，3426，3427，3429，3550 第 1 部分和第 2 部分，3687，3689 第 1 部分和第 2 部分。

1. VDI 2852

1984-10

数控制造设备的特点

第 1 部分，4 页：自动换刀中"屑到屑"的换刀时间（注：参照德国 DMG 机床公司的中文官网的译法）

第 2 部分，4 页：自动工件托盘交换中更换托盘的时间和工件填入时间

第 3 部分，4 页：定位时间、主轴加速时间、等待时间

2. VDI 2860

1990-05，16 页

装配和搬运技术：术语、定义、符号

3. VDI 2861，第 1 部分

1988-06

装配和搬运技术：工业机器人参数：轴名称

该部分主要描述了在自由度规定下的轴的定义、轴的样式以及根据各种不同的设备结构定义的轴名称。为保证可比性，在此准则中定义的轴名称是根据标准化的基本描述所制定的，这些设备没有改造为其他的表现形式，并且没有和扩展的数控设备相连接，没有包含新的、基于应用定制化的轴名称。

4. VDI 2861，第 2 部分

1988-05

装配和搬运技术：工业机器人参数：应用特殊参数

在第 2 部分中描述的对象是在确定的边界条件下对一些核心指标的定义，这些核心指标对判定工业机器人在各种不同的应用情况下的使用以及在这些情况下所能达到的精度的判断和评估有帮助。第 2 部分的主题是一定条件下的参数，这将有助于确定不同应用的定义，从而实现对高精度工业机器人的适用性进行评估。

5. VDI 2861，第 3 部分
1988
装配和搬运技术：工业机器人参数：特性测试
第 3 部分为测试性能提出了适当的测量建议。

6. VDI 3423
2011-08
机械设备的可用性：术语、定义、时间表和计算
该准则定义了可用性的概念，特别是对于单机、系统部件以及完全生产系统的使用度。对于预先判断停机时间，由于停机而导致的延时，占用的时间以及解决问题所需要的时间都进行了声明，并且通过实例进行说明。该准则可以用作用户和机器或系统供应商之间合同谈判以及企业内部优化的基础。

7. VDI/DGQ 3441~3445
1977-03
机床的工作以及定位精度的静态检查
VDI/DGQ 3441：基础知识
VDI/DGQ 3442：车床
VDI/DGQ 3443：铣床
VDI/DGQ 3444：钻铣机床和加工中心
VDI/DGQ 3445：磨床

8. VDI/VDE 3550，第 1~3 部分
术语和定义
第 1 部分：2001-09，人工神经网络的自动化技术
第 2 部分：2002-10，模糊逻辑和模糊控制
第 3 部分：2003-02，进化算法

9. VDI/VDE 3685，第 1 部分
1990-05
自适应控制器：概念和特点
该准则的目的是分类和定义自适应控制系统的术语和功能。自适应控制器的制造商能够有机会使用该设备的特性清单，告诉用户该类设备应具备哪些功能，可用于什么目的。

10. VDI/VDE 3685，第 2 部分
1992-01
自适应控制器：解释和例子

第 2 部分中相关指导原则的目的是说明第 1 部分中的相关定义。各种不同的算法和众多的应用在第 2 部分有示例性说明和解释。因此在该准则前一部分中采用框图形式和各种结构作为例证。该准则后一部分中则给出了不同文献中表征特征列表中操作使用自适应控制技术的方法。

11. VDI/VDE 3685，第 3 部分

2001-09

自适应控制器：用于调节的系统调试的规定

第 3 部分对调试系统的术语和功能表定义一并进行分类。调试系统可以看作独立或集成的产品。

12. VDI/VDE 3694

2014-04

自动化系统的设计要求 / 功能规格要求

综合该准则规定的基本方面，即自动化系统的规划、实施和运行的意义，并给出了设计要求和功能规格的建议提纲。

该准则还确定了自动化系统的技术性以及经济性的需求。操作者、规划者和制造商之间的合作将因此准则的应用程序得以简化。

13. VDMA 34180

2011-07

自动化制造系统的数据接口、CNC 系统和机器人系统之间的数据接口，不被绑定的数据及说明不包含在内。

8.1.2 VDI/NCG 准则

以下推荐的 NCG 准则已经撤销：NCG 2001、2002、2003、2004、2005、2006、2007。它们由下列 VDI/NCG 测试标准所代替。

1. 技术规则，提纲 VDI/NCG 5210，第 2 部分：2012-09

水切割技术 - 水切割的测试标准和测试工件 - 三维加工的测试件

该准则中描述了针对水切割机床的测试件以及评估的流程，展示了在测试一台水切割机床中最重要的几种可能情况。被定义的测试件是基于一台优化完成的水切割设备，根据设备制造商提供的参数而编写的检测要求（用于评判工件的公差是由用户和制造商共同确定的），展示了最大量的加工结果。在三维领域进行水切割加工时采用的是加沙水切割（纯水切割也可以）。测试工件对于多头的水切割机床也是适用的。通过测试工件的测量结果，正在被测试的机床可以根据其精度得以分类。这种方法推而广之，测试工件就可用作检测件。由此既可以作为功能和精度的证据，也可用来说明在一定时间内功能和精度的变化。

2. 技术规则，草案 VDI/NCG 5210，第 3 部分：2012-12

水切割技术 - 水切割的测试标准和测试工件 - 微水流切割测试工件

测试和评价微水流切割机,该准则描述了测试水流切割机的主要途径,展示了在使用制造商所描述的系统参数标准优化的水刀切割系统的基础上的最大产量的结果。它被限制在三维系列微水流切割的技术(纯水切割加工也是可以的)。该微型测试工件也可以适用于多头的水切割机床。通过工件精度对机床分类。该方法常用测试工件作为控制件。因此可以根据属性和准确性以及它们在时间框架中的变化进行描述。

3. 技术规则,草案　VDI/NCG 5211,第 1 部分:2013-08

高动态响应加工(HSC)的测试标准和试件 - 三轴加工铣床和加工中心

该准则以及其中定义的试件和几何元素适用于使用带有确定切削刃的旋转刀具在高动态特性的切削过程。在这种高速切削加工中,需要增强型的加速度大、轴速度高以及转速高的高动态特性的机械系统,并且在实际的应用过程中需要多轴的联动加工。在这种加工中心使用之前的标准试件已经无法满足要求。需要进行关于更多的高动态响应轴的组合效应(联动加工)的评估。在该准则中定义的工件具有典型的几何元素,使得机床的动力学、加工速度、加工精度都能够进行比较和验收。单独的部件(如轴)也是在组合效应(联动加工)中进行评估的。最终客户可以得到这样的结果,机床在哪些方面表现的特性是与验收件的哪个几何元素相映射的。这种比普通切削加工要复杂的高速切削系统,起到了一个平台的作用和影响,也就得到了应有的分类。

4. 技术规则,草案　VDI/NCG 5211,第 2 部分:2013-09

高动态响应加工(HSC)的测试标准和试件 - 铣床和五轴联动铣削加工中心

与三轴加工不同,五轴联动加工具有一系列的技术、几何尺寸以及经济上的优势。除了在三 + 二轴加工中,一次装卡可以对多面体的面以及轮廓进行加工外,五轴联动加工具有恒定且有利的、带有正面作用的技术切入条件,如刀具磨损、尺寸一致性、表面粗糙度、加工安全性。在五轴加工中,在很多应用场合需要具有多轴联动插补的功能,需要加速度大、轴速度高以及快速的轴定位运动的高动态特性的机械系统。在此准则中描述的工件使得对于所有轴联动定位的测试得以首次实现。试件定义的基本几何元素以及加工策略可以实现整个系统(机械以及控制系统)在静力学、动力学、加工速度以及加工精度上的比较和检验。该准则的使用者可以得到这样的结果,机床在哪些方面表现的特性是与验收件的哪个几何元素相映射的。

5. 技术规则,草案　VDI/NCG 5211,第 3 部分:2012-05

用于机床铣微型加工的试件

该准则旨在简化微型铣削用户和制造商之间的交流。它描述了一个试件,以验证在微型铣削的领域中使用的数控机床特性的有效性,并提供了一种有效的和等同的检查不同微型铣削机床在微型铣削上的可能方法。此外,使用此试件可以进行当前机床的实际使用状态的重复性分析。用以确定加工质量的最重要的影响因素,除几何尺寸以及加工工艺外,工件材料以及使用的切削刀具也会被确定。

8.1.3　德国工业标准(DIN)

布斯出版社,D-10772 柏林,电话:0049 030 26 01-22 60,传真:0049 030 26 01-12 60,

（www.beuth.de ）。

下列 DIN 标准已经被撤销且无替代：

19226，19245 第 1~3 部分，44302，55003，66016，66024，66025 第 3 部分和第 4 部分。

1. DIN 8580

2003-09

制造方法，分类

该标准适用于制造过程的整个范围。它定义和解释了制造过程所需的描述和分类的基本概念。

2. DIN 66025，第 1 部分

1983-01

数控机床的程序结构

总则

该标准定义了数控机床加工程序的结构。该标准对于不同（厂家）的同一类机床之间的程序直接互换还是不够完备的。

总体而言，该标准介绍了程序的结构、语句的结构、字的结构、字符集和针对插补算法的编程方法。

3. DIN 66025，第 2 部分

1988-09

工业自动化：数控机床的程序结构：G 功能指令和辅助功能指令

该标准定义了数控机床编程时需要的 G 功能指令和辅助功能指令（M 功能）。

4. DIN 66215，第 1 部分

刀位文件

第 1 部分，CNC 机床的编程

1974-08

一般结构和语句类型

刀位文件（CLDATA）是一种用于 NC 处理器输出数据的语言，可以作为 NC 后置处理器的输入而被使用。CLDATA 的名字是根据英语 Cutter Location Data（刀具位置数据）而得到的。该标准的作用是，使数控机床中的编程语言和刀路文件的文本结构在应用层面结合起来并加以规范。对于每一种 NC 后置处理器都需要按照事先确定的标准结构编写刀路文件的文本。

5. DIN 66215，第 2 部分

刀位文件

1982-02

语句类型 2000 的附件

根据 DIN 66215 第 1 部分规定的关于后置处理器的核心术语的指令，在第 2 部分中对附件部分的标准进行定义。语句类型 2000 包含了关于后置处理器的指令集。

6. DIN 66217

1975，8 部分

数控机床的轴坐标和运动方向

该标准以国际标准 ISO 841：1974 为背景，用于匹配数控机床坐标系统的运动轴，因而机床的运动方向可以得到溯源。其对数控机床的规范编程有重要的作用，也见于 DIN 66025 第 1 部分。

如果刀具夹持装置移动，那么其移动的方向和轴移动方向相同。其运动的正方向也就是轴移动的正方向，记作 +X，+Y，+Z。

如果工件夹持装置移动，那么其移动的方向和轴移动方向相反。其移动的正方向记作 +X′，+Y′，+Z′。

7. DIN 66246，第 1 部分

1983-10

数控机床的编程、处理器输入语言的程序设计：基础和可能的几何定义和执行指令

8. DIN 66267，第 1 部分

1984-08，4 部分

工业自动化：与 NC 进行数据交换：接口和传输协议

该标准适用于启动 / 停止和双向传输。

9. DIN 66303

2000-06

信息技术 - 用于计算机系统的 8 位代码

DIN 66303 的字符集对应的范围和字符集规定符合国际标准 ISO 8859-1。

10. DIN 69873

1993-07

刀具和工装夹具通过 RFID 进行数据传递，对数据载体的尺寸及其放置空间的尺寸进行规定。

11. DIN ISO 10791

2001-01

机床，加工中心的测试条件

第 1 部分：带有水平 Z 轴的加工中心

第 3 部分：带有垂直 Z 轴的加工中心

第 4 部分：带有直线轴和旋转轴的加工中心

第 7 部分：成品试件的精度

12. DIN 19245

工业通信网络 - 现场总线

被 IEC 标准所代替：

2007 年秋天，IEC 61158 和 IEC 61784-1 标准已发布新版本。其结构已被简化成 IEC

61158，各类文件都可以单独购买。对于 Profibus 只需要类型 3（type 3）即可。此外，Profinet IO（3/5、3/6 和 3/7 ）等文件也已经得到定义。

13. IEC 60050-351

2009-06

国际电工技术词汇表

国际电工技术词汇表是国际电工委员会（IEC）旨在统一电工技术术语而颁布的。

第 351 部分，控制技术：定义控制技术的基本术语，除此之外还有处理技术和控制技术。在德国，它们取代了 DIN IEC 60050-351 和 DIN V 19222-2001-09。

14. DIN ISO 230-1

1999-07

机床的测试准则，第 1 部分：在无负载或轻负载条件下工作的机床的几何精度（ISO 230-1：1996）

15. DIN ISO 230-2

2011-11

机床的测试准则，第 2 部分：数控轴的精度和重复定位精度的测定

ISO 230 的目的是实现对机床精度测试的标准化，便携式电动工具除外。

16. DIN ISO 230-5

2006-03

机床的测试准则，第 5 部分：噪声的测定

8.2 NC 专业词汇

随着技术的迅速发展，所使用的术语不断被调整、补充和修改。

以下术语和解释主要涉及数控技术。

三维模型

3D-Modell　3D solid model

也被称为实体模型（volumetrisches Modell）。用于评估或测试外观和结构的三维真实比例的几何模型。

开关控制回路　开 / 关控制

Abschaltkreis　on/off control

简单的控制回路，只要其中反馈信号（实际值）达到设定值时就执行打开和关闭操作。也称为两点控制器。例如，冰箱温度、液位控制、热水器。

绝对式测量系统　绝对测量系统

Absolutes Messsystem　absolute measuring system

数控轴的位置测量系统，其中所有的测量值都是相对于固定零点的。每一个点的位置都有独特的测量信号。主要使用的测量系统有直线编码器和旋转编码器。

ALT：增量式测量系统。

偏差　参见：轨迹偏差

Abweichung　deviation

轴，轴标识

Achse, Achsbezeichnung　axis

刀具在工件上相对运动的方向。对于铣床，是三个线性轴 X、Y 和 Z，它们彼此垂直。与此平行的称为轴 U、V 和 W。附加旋转轴（旋转和摆动轴）称为 A、B 和 C（DIN 66217 和 ISO 841）。在确定轴的正方向时（+X、+Y、+C 等），假定刀具移动，工件是静止的。如果是工件移动，如坐标轴和转台一样，该轴用撇号表示，X′、Y′ 或 C′。NC 编程就可独立于机床的结构。

轴的镜像　镜像操作

Achsenspiegeln　mirror image operation

切换（交换）NC 轴的正 / 负轴向。

参见：镜像加工

轴交换　轴变化

Achsentauschen　axis change

在 NC 系统中交换 Y 轴和 Z 轴，以便于在机床的 NC 程序中能够使用不同轴顺序定义及摆头。

自适应控制 AC

Adaptive Steuerung，AC adaptive control

控制系统自动调整切削条件到给定的最佳条件，例如最大切削功率或最佳刀具利用率。这些要求在铣削加工中可以在切削过程中通过进给速度的变化来满足。这些需要专用的测量传感器来测定主轴挠曲、电动机功率、转矩、电动机发热和颤振，为自适应控制不断提供当前的切削和性能方面的数据。据此计算进给速度和主轴转速的给定量并输出给执行器。

地址

Adresse address

一个字母，与后接的数值在 NC 程序中构成一组值。例如，X27.845 表示 X 轴方向（位移）27.845mm，F125 表示进给速度为 125mm/min 等。

参见：字母数字拼写法

自动导引车

AGV automatic guided vehicle

德语：无人无轨输送车。其路线由嵌在路线下的电线感应来驱动。

执行机构 驱动器

Aktoren，Stellglieder actuator

执行机构将控制信号转换成机械运动。

执行机构在实践中以电动机、液压缸或气缸、压电制动器、超声波电动机的形式存在。在直线驱动技术中使用了机电一体的行程调节来调整系统。执行机构用于开环或闭环控制中。

字母数字拼写法 字母符号

Alphanumerische Schreibweise alphanumeric notation

使用字母和数字符号的 NC 程序编写法。

例如，N123 G01 X475，5 Y-235，445 F250 T7 M02。

模拟量

Analog analogue，analog

一个物理变量模拟另一个物理变量，根据两者之间的特定关系而改变。两者的关系不一定是线性的。

基本特征：模拟信号可以在边界值之间变化（连续信号值）。

例如：

1）指针时钟、温度计。

2）用电压表示一个物理量，例如测速电压代表转速，电位器上的电压代表旋转角，热传感器上的电压代表温度。

3）旋转变压器，共有两路输出电压，电压变化与旋转变压器机械轴的旋转角位置的正 / 余弦值成正比。

反义词：数字量

模 - 数转换器

Analog-Digital-Umsetzer analog-digital-converter

大多数的电子设备将模拟的输入信号转换成数字信号输出。

适配控制器

Anpasssteuerung　machine-control interface

数控机床中用来与数控系统相配的电气或电子控制系统。它们具有以下任务：

1）解码、存储并放大由 CNC 编码的输出信号给执行机构。

2）从机床的限位开关传递反馈信号。

3）指令互锁，避免不可靠的开关命令。

可编程序控制器（PLC）的主要任务。

自动编程工具

APT，Automatically Programmed Tools

美国开发的一种可生成机床的 3D/NC 程序的编程语言，主要用于铣削自由曲面的复杂几何形状。亚琛工业大学通过增加切削条件（例如进给速度，主轴转速，刀具名称，M 辅助指令等）拓展了其在生产技术中的应用，并开发出可用作几乎所有切削加工生产的 EXAPT（APT 的扩展子集）。

等距轨迹　偏移路径

Aquidistante Bahn　offset path

根据编程工件轮廓定义的等间距的轨迹曲线，距离编程工件的轮廓轨迹恒定。例如，由 CNC 自动计算的铣削刀具半径补偿。

工作区域限制

Arbeitsfeld-Begrenzung　working area limit

通过在 NC 中输入机床每个轴的负向限位和正向限位，使得相应的轴可以在允许的工作范围内编程。如果输入的位置值在工作限制区域之外，机床会立即停止。

参见：软限位开关

ASCII 码

ASCII　ASCII

它是美国信息交换标准代码（American Standard Code for Information Interchange）的缩写，是数据存储和数据传输的标准化编码。为了描述字符，使用 7 位二进制数，第 8 位是为了凑成一个字节的偶数。最大可编码 $2^7 = 128$ 个字符。

ASCII 码键盘

ASCII-Tastatur　ASCII keybord

用于包含字母、数字、符号和 ASCII 格式的辅助命令的数据录入的字母数字式键盘，如该键盘可用于计算机和数控系统。

汇编

Assembler　assembler

1）计算机相关的低级编程语言。

2）将汇编语言编写的程序转换为机床指令的程序翻译。

专用集成电路

ASIC

它是一种客户定制化的电子电路，被制造为集成电路（IC）模块。ASIC 按照客户定制化的需求制造出来，并通常只提供给特定的客户。

异步工作方式 异步模式

Asynchronbetrieb asynchronous mode

没有时间上的限制并且独立于其他顺序流程的操作或传输类型。

异步轴

Asynchrone Achsen asynchronous axis

独立于数控机床主要轴并且可编程、可控制的辅助轴，如用于装载机器人。

异步电动机

Asynchronmotor asynchronous motor

三相交流电动机，与负载相关的转子速度总是小于定子绕组的旋转速度。

笼型转子两端是铜或铝铸棒的短路环，这是最常见的电动机类型。旋转磁场在转子中产生的感应电流生成转子的转矩。

集电环式异步电动机转子通过 3 个集电环和 3 个电刷与 3 个线圈连接，通过外置电阻实现"大负载起动"。

这两种类型的电动机可直接连接交流电源并起动。转速取决于定子线圈的极数（2、4、6 或 8 极），额定转速分别为 3000r/min、1500r/min、1000r/min 或 750r/min 扣除转差速度。

正常运行中，异步电动机未被设计且不适用于速度控制。尽管如此，每个电动机可以通过连接变频器来实现速度控制。

使用此配置可以采用笼型电动机作为速度控制的主轴驱动。速度变化是通过改变电源电压和频率完成的。如今异步伺服电动机采用特殊设计，可达到更大的调节范围。

自动导引车

ATS AGV = automatic guided vehicle

自动运输系统：无人无轨输送车，使用各种技术来完成路径引导。

感应式：配合地面上的导线集电环。

光学式：配合地面上的标识。

激光制导式：配合周边安置的反射器。

RFID（射频识别）：在地面安置位置传感器。

或由卫星提供定位支持。

分辨率

Auflösung resolution

物理学上正确的名称是测量步距。

1）测量系统能够采集的最小的两个位置的距离，通常数控机床的最小步距为 0.001mm。

2）屏幕的像素间距。

自动方式

Automatikbetrieb automatic mode

NC 运行方式，在这种方式下数控加工程序可以不中断地完成运行。

自动化

Automatisierung automation

许多连续的生产过程自动进行的生产制造过程，使人类从不断重复的脑力和体力劳动及机床的时间节拍的连接中解放出来。与之相对的是，整个生产过程一成不变般重复的机械化。自动化设备可根据外部给定的可改变的程序运行，在整个生产流程中都会被监控，并对于误差进行自我调节（自动地）和校正。

自动化程度

Automatisierungsgrad　degree of automation

自动化过程在所有的过程中所占的比例。随着自动化程度的提高，成本逐步上升，增加了制造成本。同时也提高了产出，使生产率提高，进而降低生产成本。

轨迹偏差　偏差

Bahnabweichung　deviation

数控机床编程与实际路径的偏差，也称为动态路径偏差。这将影响工件的轮廓精度，因此需要在 NC 中采取措施使其保持最小。（见 VDI 3427，第 1 部分）

轨迹控制　连续轨迹轮廓控制

Bahnsteuerung　continuous path control，contouring control

一种数控技术，对刀具和工件之间相对运动沿着编程路径做连续控制。通过两个或多个机床轴协调的、同时的运动。在数控系统软件中轮廓轨迹控制即插补器，包括在数控系统软件中。根据输入预先定义的轨迹元素（直线、圆、抛物线等）的开始点和结束点，精确计算出其间的路径轨迹。

条形码

Barcode　barcode

通过宽和窄的条带表示字母数字。有许多不同的编码系统在视觉上难以辨认，因此通常附加阿拉伯数字打印。用于刀具和工件的标识和自动识别、代替条形码的数据二维码正得到越来越多的使用，因为它们具有更小的面积（2cm×2cm），多达 200 个字符。通常的光学可读编码系统越来越多地由射频识别（RFID）所替代。

基带

Basisband　baseband

未被调制的信号的频率范围，例如局域网。只有一个现存的通信通道，相连的站点按顺序使用。

反义词：宽带

波特率

Baud　baud

在数据传输中使用，定义调制速度，1Baud 相当于每秒 1 个符号标识的变化。常会与数据传输速率（bit/s）混淆。

组件插槽

Baugruppentrager　cardrack

机械支承架，用于存放多个可插入的电子模块控制单元。

BCD 码

BCD-Code　BCD-code

BCD 是英文 Binary Coded Decimal Code 的缩写，表示二进制码的十进制数。

BCD 码是一种通过多个二进制码记录十进制数的方法。这里，每个数字是用二进制数表示的。

例如，000100100011010010001001= 123489。

BCD 码使每个数值的表示更加简单，简单地实现了无限的存储。

BDE 生产数据采集

BDE manufacturing data collection

BDE 是德文 Betriebsdatenerfassung 的缩写。例如，对产品数量、废品数量、干扰、时间、员工等的采集。用于提高生产过程的透明度和快速分析漏洞。

参见：MDE/PDE

加工中心（BAZ） 加工中心（MC）

Bearbeitungszentrum（BAZ） machining center（MC）

加工中心是配备了自动化操作功能的数控机床。为了扩大自动化功能还可提供外围设备等，例如，带换刀装置的刀库、工件交换装置或更换托盘交换装置。刀具换刀时间，即屑对屑换刀的时间在现代加工中心中需要小于 3s，这大大缩短了节拍周期。

相应的数控机床具有极高的自动化程度，例如，工件的全自动化完全加工。

加工中心根据主轴（水平或垂直）的方向加以区分，另一个进一步的区分是数控轴的数量。加工中心可配备增加旋转和摆动轴，因此，增加了一个或两个附加 NC 轴。最新的机床可以应用旋转工作台甚至进行车削、磨削和齿轮加工。

由于这种机床的经济性，该机型的设计有进一步的发展或者新的概念，例如，车削中心、磨削中心和带有激光加工集成的加工中心，发展目标始终是无需人工干预的全自动数控零件加工。

（注：没有统一的加工中心的定义）

系统程序 执行程序

Betriebsprogramm executive program

数控系统的系统软件，其中控制器的功能特性和特殊功能包是针对特定的机床类型的。

参见：开放式 CNC

操作系统

Betriebssystem operating system

一种用于在计算机中的自动控制和监控可编程过程的软件，例如，UNIX、Windows 和 Linux。

参考尺寸 固定零维绝对尺寸

Bezugsmaß fixed zero dimension absolute dimension

参考尺寸也称为绝对尺寸或绝对坐标值，相对于坐标原点的尺寸数值。

反义词：增量尺寸、相对尺寸

大数据

Big Data

大数据这一概念来自于英语，描述的是一种极大、极复杂、时效性极强且结构化程度极弱的数据量。其无法使用手动或者传统的数据处理方法进行评估。

监视器

Bildschirm

参见：显示器

二进制

Binär binary

两个相互排斥的状态，例如，是 / 否，真 / 假，开 / 关，1/0。这些都是简单的数字显示。

二进制代码

Binärcode binary code

用来表示只有两个不同元素的数据的编码，0 和 1 特别适合于以数字形式传输数据的表示，或者在计算机上做进一步处理。用 n 个二进制信号可以定义 2^n 个状态。最好的例子就是纸带：7 字符（第 8 个仅用于校验）可以代表 $2^7= 128$ 个信号。

参见：二进制系统和 BCD 码

二进制数

Binärzahl binary number

用 2 为基数表示的数字系统。

十进制数 51 用二进制表示为 110011，即 $1 \times 2^5+1 \times 2^4+0 \times 2^3+0 \times 2^2+1 \times 2^1+1 \times 2^0=$ 32+16+0+0+2+1=51。

位

Bit

在电子数据处理中被定义为最小可能的存储单元，记作 1 位（bit），状态为 0 或 1。传输速率用 bit/s 表示。

程序段

Block block

组合起来的数据集，在 NC 程序中也记作一句语句。

钻孔循环（G80~G89）

Bohrzyklen（G80~G89） drilling cycles

将频繁重复的钻、铣、攻螺纹等加工过程保存为子程序，当调用 G81~G89 指令时添加参数值（如参考平面、钻孔深度）。随后在每个 X、Y 坐标进行相应的加工。

参见：固定循环

宽带传输

Breitband-Übertragung broadband transmission

一种数据网络的标识，在多个站之间通过多个频带同时进行选择性数据传输。最好的例子是有线电视。

网桥

Brücke bridge

将两个相同的数据网络之间相互连接的电子设备。

参见：局域网

读带机旁路系统

BTR-Eingang btr-input

英文是 Behind Tape Reader Input，用于将数据输入到不具有 DNC 接口的控制器的数据输入端。数据输出是不允许的。

总线

Bus bus

英文是 Business line，通过并行连接许多设备或设备单元，进行二进制信号交换的一组线路，分为地址总线、数据总线和控制总线。

字节

Byte byte

1 字节（B）是一组 8 位编码单一的文字或数字字符。因此，它在许多计算机架构中作为最小可寻址元素，也作为存储和处理单位。在数控程序中可以用 1B（8 位）表示地址（字母）、数字（0~9）和所有辅助字符。

计算机辅助

CA

CA 是 Computer Aided 的缩写，其后可以加以下字母，表示不同含义：

A = 装配

D = 设计

E = 工程

M = 制造

P = 部门规划，生产准备

Q = 质量保证

T = 测试

CAD/CAM

计算机辅助设计与制造。包含 CAD、CAP 和 CAM，通过统一的数据接口和公共的 CAD 数据库，任意访问企业所有部门的数据。CAD/CAM 使用由 CAD 系统创建的工件数据进行 NC 程序编写。

CAM

CAM 是英文 Computer Aided Manufacturing 的缩写，表示计算机辅助制造，是在计算机辅助下的生产制造中所有技术和管理的任务总称。在与 NC 制造结合时，CAM 特指计算机辅助 NC 编程和程序仿真。

CAN 总线

CAN-Bus

CAN 是英文 Controller Area Network 的缩写。它是博世公司为汽车应用而开发的局域网控制器。连同 Interbus 和 Profibus 一起是三种最重要的"现场总线"，也称为"传感器/执行器总线"。适用在近距离的通信控制器和传感器/执行器之间发送少量数据的快速通信。

CANopen/DeviceNet

CANopen 和 DeviceNet 基于 CAN 7 层通信协议，它主要应用于自动化技术。CANopen 总线的流通区域主要是欧洲。它是由德国中小型企业发起，并通过博世公司领导的 Esprit 的项目开发的。它自 1995 年以来由 CiA 维护，并已标准化为欧洲标准 EN 50325-4。

DeviceNet 在美国的使用更普遍。

CIM

CIM 是英文 Computer Integrated Manufacturing 的缩写，表示计算机集成制造。与生产相关的独立的生产部门能够通过 CAD、CAPP、CAM、CAQ、PPS 实现对变更和修整的反应更加灵活的信息融合。除了技术外，组织功能可以被集成到一个 CIM 系统中（销售、采购、成本核算等），以实现更快地产品供货、商定计划和定价。

CISC

CISC 是英文 Complex Instruction Set Computer 的缩写，表示处理器复杂指令集。

刀位文件

CL-Data　CLDATA

CLDATA 是英文 Cutter Line Data 的缩写，表示刀位数据。它是在自计算机编程中根据刀路轨迹计算的中间结果。这些数据通过后置处理器依据不同数控机床生成相应格式的零件程序。

闭环控制方式

Closed Loop Betrieb　closed loop control

闭环，即受控变量的测量值被返回，在比较器中与理论值进行比较并连续跟踪，使两者之间的差值永远保持平衡。

例如，速度控制、采用光栅尺的位置控制。

CNC

CNC 是英文 Computerized Numerical Control 的缩写，表示计算机数字控制。数控包含一个或多个微处理器。外部特征是屏幕、键盘，用于存储、修正程序和补偿数据，能够自动读入 / 读出。

由于所有现代数控系统包括至少一个微处理器，术语 NC 和 CNC 可视为同义词。

编码

Code，kodieren　code

由商定的规则把数据从一种格式转换成另一种。编码消息可以由数据或一系列数字、字符、字母或其他信息载体组成。

在 NC 中，编码数据被用于数据载体上并可以存储，进行自动的读写。在通信专业上，编码广义上来说也是一种语言。

下列所示为不同的编码：

1）在计算机里使用 ASCII 码，将字母、数字和标点符号通过位序列来表示。目前 Unicode 覆盖了世界上几乎所有的符号系统。

2）在计算机技术中有所谓的机器码。它是包含处理器指令和数据的二进制码。

3）在数据传输中使用线路编码。

4）在互联网中，有电子邮件或世界性的新闻组网络系统的极客代码。

5）进行计算机算法编程的源代码。

代码校验

Codeprüfung　code checking

NC 或编程系统的检验功能，用于识别数据传输中不正确的字符。例如，测试 ISO 编码的字节（奇偶校验）。根据编程规则检查语句的意义。数据值的错误信息不在这里识别。

编码
Codieren　encoding

一般情况下，根据预定的规则对信息加密。

在 NC 中，机械的可读字符在控制数据中传输，在存储介质中存储。

旋转编码器
Codierte Drehgeber　rotary encoder，shaft encoder

测量装置，将轴的角度位置转换成编码的数字化数据。通过一个被分成一定数量的离散位置的编码盘完成，通过光电单元进行数据采集，编码盘的每个轨道分配有自己的测量单元。位置值通过二进制代码输出，格雷码输出最适合使用。

代码转换器
Code-Umsetzer　code converter

数字输入信号转换成一个不同的数字信号，例如，二进制代码转换成 BCD 码。

编译器
Compiler，Kompiliere　compiler

将由高级语言程序转换成特定计算机的机器代码的编译程序。

计算机
Computer　computer

程序控制的、电子化工作的计算机器，用来解决数学上定义的任务。

并行工程（CE）
Concurrent Engineering，CE

在不同的地点同时开发多个产品组件，最好是使用单一的 CAD 系统。

CPU
CPU 是英文 Central Processing Unit 的缩写，表示中央处理器，是计算机的中央处理单元，由算术逻辑单元、控制单元和寄存器组成。

制程能力指数
Cpk，Ppk　Potenzielle Prozessfähigkeit（potential capability，Cp）

在评估工艺能力时，人们需要确定该种加工过程所达到的结果是否可以达到客户的预期。通过制程能力指数我们可以：

- 清晰描述某个加工工艺过程的生产能力。
- 采用一致的结果对各种不同的生产工艺直接进行逐一的对比。
- 基于上述比对的结果对工艺过程进行优化。

制程能力指数（cpk）是用来描述加工工艺能力的最重要的指标。它包含了分布宽度以及与公差带相对位置有关的信息。一个单独的 cpk 数值永远只代表一个单独的度量。根据 cpk 数值可以说明某个统计学意义上的工艺管控（SPC）是否真的有效。

带冲突检测的载波监听多路访问
CSMA/CD　Carrier Sense Multiple Access with Collision Detection

传输介质（总线）的访问方法。通过对希望发送数据的站点的传输介质的监听，检测网络是否空闲。

光标

Cursor　cursor

显示在屏幕上的电子指针（光标记），通常是一个闪烁的点、圆形或十字星形。它的作用是指导操作者在被存储的数据中的一个特定位置做定位，或者对被存储的数据中的一个特定位置做修改。

文件

Datei　file

在计算机或在 CNC 定义的存储区域中，用于存储重复使用的具体数据。例如，刀具文件、材料文件、切削数据文件、退刀槽文件。

数据

Daten　data，informations

主要指需要自动处理的指定的数值。

参见：信息

数据库

Datenbanken　data base

存储在计算机中的数据是根据不同的来源引入的，根据不同的规则进行排序，并且可以由多个用户访问。

数据接口

Datenschnittstelle　data interface

数控系统和外部系统之间进行数据和控制信息的自动传送的接口。例如，DNC 接口、驱动器接口、计算机接口。

参见：接口

数据存储器

Datenspeicher　data memory

在有序的存储介质里面存储数据，以便日后可以使用。

数据存储介质

Datentrager　data carrier，data storage medium

为了日后能重新使用、传输和自动读取的可移动的数据存储器。目前，存储介质几乎完全是电子介质，如 CDROM、DVD、USB 闪存盘、存储卡。

数据处理

Datenverarbeitung　data processing

按照一定的规则进行计算或其他逻辑运算，从而产生新的信息，或者转换成另外一定形式的信息，或者为了控制另外一种设备，如数控机床。

专用计算机

Dedicated Computer　dedicated computer

用于特定任务的、具有特定用途的计算机，例如，一个 DNC 主机和一定数量的机床组，或一个作为 CAD 机械零件设计工作站的计算机。

十进制数

Dekade　decade

以 10 为单位的一组数字，或者两个数字之间的距离比例是 1：10。

小数点编程

Dezimalpunkt-Programmierung   decimal point programming

编程和输入路径尺寸的输入使用小数点，而不是使用前导零或尾部零。例如，用 417 代替 417000 的尾部零，用 .75 代替 750 的尾部零，用 0.001 代替 000001 的前导零。

十进制

Dezimalsystem   decimal system

基于十进制数字系统。它使用数字 0~9，相邻数字的值是 10 的整数幂。

诊断

Diagnose   diagnosis

计算机或数控系统的特殊功能，在屏幕的帮助下寻找定位错误源。这些包括在数控系统中的如软件功能逻辑分析仪、PLC 监控、多通道存储示波器、日志、图形测量显示以及许多其他的措施。

对话式操作模式

Dialogbetrieb   dialog mode

操作人员通过屏幕输入框"被引导"的数据录入方法，由此可简化输入以及避免输入错误。

数字量

Digital   digital，numeric

用数字或号码表示的，即使用离散的数字值或信号来运作的信息表示。

数 - 模转换器

Digital-Analog-Umsetzer   digital-analog converter

大多数电子操作单元是将数字输入信号转换成模拟输出信号。

数字显示

DigitaleAnzeige   digital readout，numerical display

直接以十进制数字显示数值。在 NC 上如轴位置以毫米（mm）或英寸（in）显示，进给速度以毫米 / 分（mm/min）显示，转速以转 / 分（r/min）显示。

数字测量系统

Digitales Messsystem   digital measuring system

位移或位置测量系统，用离散的单位步长或测量走过的距离（增量位置）或各自的位置（绝对位置）。

数位化

Digitalisieren   digitizing

将物理模型或不能在数学上被定义的组成图形的曲线转换为独立的、首尾相接的坐标数值。

数字化

Digitalisierung   digitizing

如今，各个领域都在向数字化转换。数字化的目的在于对信息进行数字式存储并使其可用于电子化的数据处理。在技术层面，它主要通过计算机辅助系统进行自动化。模拟量以及实际物理模型也可进行数字化转换。

直接金属激光烧结

Direct Metal Laser Sintering（DMLS）

也称为选区激光熔化（Selective Laser Melting，SLM）或者激光粉末床熔融（Laser Powder Bed Fusion，LPBF），是一种金属零件的增材制造技术。借助高能激光束将金属粉末分层熔合，以形成稳定的三维零件。零件可由粉末状材料制成，例如，铝、不锈钢或钛。成品零件结构稳定，表面质量高。（来源：Stratasys direct manufacturing）

直接位置测量

DirekteWegmessung　direct measurement

通用的数控机床上的直接位置路径测量系统的惯用语，可对机床导轨的运动做直接测量，无须通过编码器的旋转运动进行转换进而检测，因此测量精度不受丝杠、测量齿条或者测量传动链的影响。

DNC

DNC 是英文 Direct Numerical Control 或者 Distributed Numerical Control 的缩写，表示直接数字控制或分布式数字控置。由一个或多个计算机存储所有数控加工程序的系统，管理和按需经由电缆或网络连接（LAN）传输到所连接的数控机床，因此需要数控机床有可进行双向数据交换的 DNC 或 LAN 接口（如以太网）。

DRAM

DRAM 是英文 Dynamic Random Access Memory 的缩写，表示动态随机存取存储器。其存储的信息必须定期刷新才不会丢失。

旋风铣

Drehfräsen

使用旋转的刀具在车削大型工件时采用的一种更为经济的替代方案，可以进行轴向加工，也可以进行端面加工。不要将其与可进行铣削加工的车床或者可进行车削加工的铣床混淆（车铣复合中心）。

Dreh-Fräsmaschine，Fräs-Drehmaschine
车铣复合机床和铣车复合机床
参见：多功能机床（Multi-Tasking Maschinen）

旋转编码器　旋转位置传感器

Drehgeber　rotary position transducer
测量旋转传感器的名称，例如，用于 NC 轴的位置测量。

旋转工作台

Drehtisch　rotary table
可旋转的可夹紧的工作台，可用来对立方体工件进行多面加工。如加工中心的 B′ 轴，即绕 Y 轴的旋转轴。
参见：摆动工作台

车削中心

Drehzentrum　turning center
通过自动换刀和采用其他辅助设备扩展了加工范围的数控车床，如偏心钻削和铣削、工件交换、平面铣削，甚至可以是磨削、测量和淬火。

二进制系统

Dualsystem dual system

使用基数为 2 的系统，所有的数字都是 2 的整数幂。例如，$77=2^6+2^3+2^2+2^0=64+8+4+1$。二进制表示为 1001101=77，即 $1 \times 2^6+0 \times 2^5+0 \times 2^4+1 \times 2^3+1 \times 2^2+0 \times 2^1+1 \times 2^0$。

参见：二进制、BCD

双工模式

Duplexbetrieb duplex mode

在两个方向上同时进行数据传输。

实时处理

Echtzeitverarbeitung real time processing，on-line processing

计算机对所计算出的数据会进行立即处理的运行模式。例如，一个正在被控制的过程，一台数控机床或者仿真。

拐角减速

Eckenbremsen corner-deceleration

用于防止铣刀在铣削内部拐角时过载，由 G 功能指令控制进给速度，根据之前的编程值自动降低并在离开拐角区域后恢复到 100%。

过切，倒圆弧

Eckenrunden a）undershoot，b）comer rounding

a）过切。刀具在工件拐角上产生了不期望的倒圆和不连续的过渡，这些是由 NC 轴的跟随误差造成的，可通过编写"精准停"指令（G60、G61）提高位置环增益 Kv 系数或者在拐角处减速来避免。

b）倒圆弧。在不连续的过渡段自动插入半径实现圆角过渡。

程序编辑

Editing program edit

通过插入、删除或更改符号、程序字或程序段来修正 NC 程序。

EIA 代码

EIA-Code

由美国电子工业协会标准化的数控机床八轨穿孔带代码。EIA 358 B 与 ISO 标准相同，这里定义每个字符的孔数是偶数。

EIA-232C，RS-232C

用于串行通信的接口标准，最初在 NC 中作为 DNC 接口使用。由于传输速度不足，往往由更快的接口取代，如 EIA-422、EIA-423 和 EIA-449 或 LAN 接口（以太网）。

单段模式

Einzelsatzbetrieb single block mode

一种数控的操作模式，各个数控段的执行操作必须单独由操作者启动。

电子束熔炼

Elektronenstrahl-Schmelzen Electron-beam melting（EBM）

金属零件的增材制造技术。原料金属粉末在真空下通过电子束加热并分层熔化在一起。

注：该技术不同于直接金属激光烧结（DMLS）。

电子手轮

Elektronisches Handrad　electronic handwheel

在数控机床中代替机械手轮的电子设备，在数控机床操作面板或在机床上安装的小手轮。在调整操作模式下可以手动调整每个轴，调整的精度通常是可变的。

能源效率

Energieeffizienz　energy efficiency

与机床和外部设备相关，在加工、存储和运输工件时降低能耗（伺服驱动、液动、气动、刀具、排屑器的电流消耗）。目前，数控系统通过特殊的程序能够测量、记录、分析和降低每台机器的能耗。

EPROM，EEPROM/EPROM

电子存储装置，其内容可以用紫外光或电脉冲（FEPROM）擦除和重新编程。

ERP

ERP 是英文 Enterprise Resource Planning System 的缩写，表示企业资源规划系统，控制和支持企业的所有业务流程（物料管理、生产、财务等），还包括原材料、消耗品和刀具的准备。

扩展的设置功能

Erweiterte Einrichtfunktionen　additional machine setup functions

通过 CNC 附加的测量和显示功能简化机床或工件的设定工作。

以太网

Ethernet

应用不同的传输介质（同轴电缆、双绞线电缆、光纤电缆）广泛使用的数据总线。因其具有价格优惠、高可用性和 10M~10Gbit/s 的各种不同的数据传输速度的优点，以太网标准最终成为占主导地位的网络协议。在本地网络包括办公室通信以及在工业自动化网络领域中越来越多地被使用。

以太网还可以建立区域网络 [城域网（MAN）]，更容易实现无转换的贯通的标准协议，这比不同系统间需要大量转换器更简单且便宜。以太网是近年来标准的办公网络环境，并越来越多地应用于工业环境（工业以太网）。

专家系统

Expertensystem　expert system

专家系统是一个以知识为基础的计算机程序，依赖于过去的经验和已有的知识来解决有限的技术问题，不过也可以通过必要的方法和处理步骤加以补充。

外部存储器

Extemer Speicher　external memory

计算机中央处理单元以外的（存储器扩展的）数据存储器，通常设计成一个大容量存储器（硬盘、磁带、存储卡、快闪存储器）。

特征

Feature　feature

一个应用概念的技术描述，它表示功能特性或直截了当的特点或事物的性质。

面向特征的编程
Feature-orientierte Programmierung
通过多个重复工艺过程的自动组合来加快和简化 NC 编程过程。例如，带精加工的钻孔，腔体铣削，槽铣削。如果特征的几何形状发生变化，则会在 NC 程序中自动对其进行调整。

现场总线
Feldbus fieldbus
全球标准化（IEC 61158）的工业通信系统，许多"现场设备"如传感器、致动器和驱动器（执行器）都被连接到控制单元。现场总线系统通过数字通信技术得以开发，以取代昂贵的并联布线二进制信号，即模拟信号的传输。在实际的应用环境中有许多不同性能的现场总线系统：位总线、Profibus、Interbus、ControlNet、CAN 总线以及越来越多的工业以太网。

硬盘
Festplatte harddisk
用于数据存储封装的磁系统，具有比软盘大得多的存储容量。与软盘驱动器相反，硬盘不能从驱动器中取出并更换。

固件
Firmware firmware
由电子设备厂家开发的软件，不可改变地存储在可编程的芯片中，更多情况下是存储在快闪存储器、EPROM 或 EEPROM 中，制造商以此防止被第三方修改操控。

柔性制造岛
Flexible Fertigungsinsel flexible manufacturing island
一个拥有多台机床和设备的有限车间区域，能够完成有限的工件类型的所有加工工作，在那里工作的人员对正在被加工的工件的计划、决定和管控自行做出决定。

柔性制造系统
Flexibles Fertigungssystem（FFS） flexible manufacturing system（FMS）
具有高度全面自动化的许多加工中心组或者柔性制造单元组，它有一个统一的自动化的零件输送和上下料系统，对零件族的任意批量、任意顺序可进行无人工干预的全部自动化加工。通常整个系统还与一个主机相连。

柔性制造单元
Flexible Fertigungszelle flexible manufacturing cell
高度自动化的自主加工单元，由一台数控机床和刀具及工件更换装置组成，还附加检测系统和 DNC 连接。

自动导引车
Flurforderzeug automatic guided vehicle
无人驾驶的无轨的由计算机控制的用于运输工件和刀具的车辆。

易失性存储器
Flüchtiger Speicher volatile memory
数据存储装置，其在断电时会失去存储的内容，例如 RAM。

铣刀半径补偿

Fraserradius-Korrektur cutter radius compensation

数控系统对轨迹铣削中铣刀直径偏差进行补偿的一种可能。功能指令 G41 表示铣刀左刀补，G42 表示铣刀右刀补，在刀具移动的过程中根据刀补存储器中的内容计算刀具在轮廓的位置。

数控系统根据每把铣刀的直径计算等距中心轮廓与工件轮廓即切削点和在拐角过渡处的半径。

框架

Frame frame

编程计算方法中的常用概念，如坐标的平移或旋转。

自由曲面，雕塑曲面

Freiformfläche sculptured surface

复杂曲面、多次曲面，通常无法通过简单的几何形式，如直线、圆、圆锥曲线来进行数学的定义。

变频器（FU）

Frequenzumrichter（FU） frequency controller

由处理器控制的带放大器的速度和位置控制器，对于同步电动机，可进行进给驱动和主轴驱动的速度控制。为此安装于电动机转子的光电位置编码器是必需的，用于反馈永久磁铁转子到控制器的角位置，并且控制旋转磁场的切换操作。对于异步电动机的简单速度控制，用速度编码器来代替位置编码器通常就足够了。

制动能量由变频器回送到电网。

射频识别（RFID）

Funk-Erkennung Radio Frequency Identification（RFID）

从"应答器"（数据存储器）中以非接触及视觉接触的方式，将数据读取出来的方法。这个应答器可以与物理对象连接，根据其上存储数据自动迅速地识别对象。

RFID 是完整的技术设备的总称。RFID 系统包括：

1）应答器（或称为 RFID 标签、芯片、标签、标记或无线电标签）。

2）发送接收单元（也称为读取器）。

3）集成服务器、服务和其他系统，例如，收银系统或商品经济系统。

应答器与读取器之间的数据传输，通过电磁波来进行。在低频时是近场感应，在高频时是远场感应。RFID 应答器能够被读出的距离从几厘米到上千千米，取决于结构（无源/有源）、使用的频带、发射功率和环境的影响。

熔融沉积成形（FDM）

Fused Depositing Modeling（FDM）

一种用于分层制造精密塑料件 RPD（快速成型）的工艺方法。

模糊逻辑

Fuzzy Logic fuzzy logic

例如，不需要花费很大的技术投入，用于对编程的加工过程在可能的极限内进行优化或纠正。使用示例：线切割、电火花。

龙门机床

Gantry-Type-Maschine　gantry type machine

可移动龙门架机床。主要用于航空工业中对多个扁平且长的工件进行多个主轴的并行加工。优点：与工作台机床相比，所需要的基准面的数量较少。

G 功能

G-Funktionen　G-functions

G 功能也称为准备功能。为数控机床准备的控制命令集，例如编程终点的运行轨迹如何确定：通过直线，一个顺时针圆弧或逆时针圆弧或者结合固定循环（G80~G89）。

网关

Gateway

对两个具有不同协议的不同数据网络实现互连的电子设备，通常是计算机。

编码器

Geber，Messgeber　encoder

参见：测量传动机构

精度

Genauigkeit　accuracy，precision

数控机床有静态精度和动态精度之分。

静态精度是指绝对的和重复的定位精度。它受系统性的和偶然的误差影响。（参见：VDI/DGQ 3441）

动态精度需要考虑由进给速度和加速度的不精确性造成的误差。（参见：VDI 3427）

工件所能达到的精度总是比机床的精度低，因为它还受到其他因素的影响，如机床和夹具的刚度、热影响、刀具磨损、工件质量和加工工艺。

增材制造方法

Generative Fertigungsverfahren　additive manufacturing process

这是到目前为止称为快速成型、快速制模和快速生产概念的上级概念，是对模型、样件、原型、工具和成品的快速且廉价的制造方法。

这种生产基于 CAD 内部数据模型以分层的方式将无形（液体、粉末等）或者形状中性（带状、丝状、纸或膜）的材料通过化学或物理的方法生成。

这种方法包括立体光刻、选择性激光烧结、熔融沉积造型、叠层实体建模和3D打印。它们在生产具有较高复杂性几何形状的零件时具有经济实用性。

闭环控制回路

Geschlossener Regelkreis　closed loop system

根据 DIN 19226 定义：控制回路通过给定值与回到自身的反馈值的比较结果作为控制量进行控制。数控机床有很多控制环路，如主轴转速、进给速度和轴定位。

螺纹铣削

Gewindefräsen　thread milling

参见：螺旋线插补

图形

Grafik　graphic

使用 CNC 或编程系统的屏幕，进行放大的图形显示，如根据输入的零件轮廓进行编程，对生成的程序顺序进行带刀具路径动态显示的图形仿真，出现问题时给操作人员和编程人员的快速帮助信息显示，图形化故障诊断辅助错误查寻。

雕刻循环
Gravurzyklen　engraving cycles

在工件上雕刻出在机床（控制系统）上直接编程的任意文本，例如，日期、时间、工件号或序列号。用激光束或特殊铣刀在工件上加工。

大型计算机
Großrechner　mainframe computer

具有高计算能力的计算机、更大的字节宽度和非常快的同步运算操作。企业中连接各个部门的终端或独立计算机的中央计算机属于此类。

成组技术
Group Technology

参见：零件族

半导体器件
Halbleiter-Bauelemente　semiconductor components

电子开关器件，通过其特殊的功能具有电流触发、产生、整流、开关和可控的功能。例如，光电阻器、二极管、晶体管、微处理器、RAM、ROM 等。

手动数据输入控制器
Handeingabe-Steuerung　manual data input control

CNC 集成的编程系统，使整个加工过程可以直接在机床上完成编程。

参见：对话式操作模式

搬运装置
Handhabungsgerät　handling unit

在机床上进行换刀或部件安装的上下料机器人的另一个名称。

握手信号
Handshake

通过数据传输的方法来协调传输和排除传输错误。数据块的传输仅在当先前的数据块无差错接收且得到接收端的确认后才进行。

硬件
Hardware

计算机或控制系统的所有组成设备和部件。

反义词：软件

硬件 NC
Hardwired NC

所有功能和命令通过连接在一起的电路和组件进行处理。系统的改变只能通过线路变化或者更换组件来实现。

反义词：软件 NC，即 CNC。

工艺时间　加工时间，切削时间，生产时间

Hauptzeit　machining time，cutting time，production time

对于机床，工件加工中所有以进给速度运行的总时间。

赫兹　千 / 兆 / 吉赫兹

Hertz　Kilo-/Mega-/Gigahertz

赫、千赫、兆赫、吉赫的简称。频率的单位，即每秒振荡的次数。

$1kHz = 10^3 Hz$，$1MHz = 10^6 Hz$，$1GHz = 10^9 Hz$

十六进制

Hexadezimal　hexadecimal

以 16 为基数的数字系统，也就是有 16 位数符。以计算机使用为主。前 10 位使用数字 0~9，剩余 6 位使用拉丁字母的前 6 位大写字母（A~F）。

十进制	二进制	十六进制
0	0000	0
1	0001	1
3	0011	3
7	0111	7
9	1001	9
10	1010	A
11	1011	B
12	1100	C
13	1101	D
14	1110	E
15	1111	F

六脚机构

Hexapode　hexapod

机床或机器人的运动学结构，其特征为：一个平台在空间上的直线和旋转运动通过六个可调节长度的"支柱"（轴）来实现，由此达到六个自由度。每个位置对应一个定义的六"轴"组合。通过同时控制所有六个支柱，平台可实现在空间任意位置的运动，在它上面固定的主轴 + 刀具也同样运动。它的工作空间不是立方体而是很多半球形。

高科技

high tech　high tech

根据最新的研发成果实现的技术，将在可预见的未来进一步发展，然后重复，成为一般的技术。

例如，微处理器、总线系统、光盘、数据的存储。

辅助功能

Hilfsfunktionen　auxiliary functions，miscellaneous functions

通过 M 地址可以控制数控机床的开关功能，例如主轴开、切削液关、更换刀具、更换工件或程序结束。

人机界面

HMI 或 MMI

人机界面 [（德）Mensch-Maschine-Schnittstelle，MMS；（英）Human Machine Interface，HMI；（英）Man Machine Interface，MMI] 是设备和用户间的信息交互接口。在这里设备的使用者可以通过显示屏幕上的软菜单键找到相关的全部信息，据此可以完成使用者和设备之间的"对话"，即彼此间的信息交互。

HSC 机床

HSC-Maschine

HSC 机床的英文是 High Speed Cutting-Maschine，表示高速切削机床，高速铣床具有非常高的主轴转速（高达 100000r/min）和进给速度达（60m/min）。对于机床和数控系统的要求特别高，如刚性高、重量轻、程序段处理周期短、近乎 0 的跟随误差、预读缓冲等。

中央集线器

Hub

在电信中使用的设备，例如，使用星形方式连接多台计算机。也可以称为多端口中继。用于网络节点或其他节点的连接，例如，通过以太网实现计算机的互联。

混合数控机床

Hybrid-CNC-Maschinen　hybrid machine tools

参见：多任务数控机床

IGES

IGES 是英文 Initial Graphics Exchange Specification 的缩写，表示初始图形交换规范。它是独立于制造商的用于不同 CAD 系统之间的几何数据传输的标准化的数据格式，也用于从 CAD 到 CAM 系统的数据传输。

参见：STEP、VDA-FS

脉冲编码器

Impulsgeber　pulse generator digitizer

每转输出确定的脉冲数，具有非常高的角度精度的测量装置。在数控机床上用作增量编码器，用于测量路径或在车床中测量主轴位置。

间接位置测量

Indirekte Wegmessung　indirect measurement

通过旋转测量系统（编码器、脉冲编码器）经进给丝杠或测量齿条和齿轮驱动进行距离测量的方法。传输元件的误差对测量精度产生影响。现代数控系统可以对系统化的可测量出的误差进行补偿。

反义词：直接位置测量

工业机器人（IR）

Industrieroboter（IR）　industrial robot

配有工作爪或工具来操作完成上下料和 / 或制造任务（如工件或工具更换、焊接作业、激光加工、喷涂、组装）的可自由编程的多轴（自由度）的机械装置。

可从如下方面进行分类：

1）根据运动学结构分为直角、圆柱、球形或关节坐标机器人。

2）根据编程方式分为示教 / 录返或者外部数据输入型机器人。

3）根据控制方式分为抓取或 NC 轨迹控制型机器人。

4）根据驱动方式分为液动、气动或电动型机器人。

5）根据应用领域分为通用性、特殊性或可移动机器人（移动式或龙门式）。

6）根据负重能力和承载能力分。

信息

Informationen   information

主要是考虑给人使用的、一目了然的、易于理解的、总结性的数据。

增量

Inkrement   increment

单次的、同样大小的且同单位级别的尺寸量的增加。

增量式位置测量

Inkrementale Wegmessung   incremental measuring system

在数控系统中通过电子计数器中合计的位置增量（如 0.001mm）进行路径测量，例如，在 NC 中，计数器的读数就是实际位置值。

接口

Interface   interface

例如，数控系统和机床、机床控制器或人机界面之间的电子接口，即带显示的操作面板，以及带输入元件的操作面板。

因特网

Internet   internet

全球计算机网络，通过它用户可以互相通信交换数据，这里有不同的协议（TCP/IP）。也可用于通过故障原因远程诊断和采取干预措施纠正 CNC 机床的操作程序。

2.5 维或三维插补

Interpolation，2½-D oder 3D   2½-D or 3D motion

两个（2½-D）或更多（3-D）数控轴同时运动。

内网

Intranet intranet

例如，存在于企业内部的使用 Internet 协议的专用网络。其主要目的是为员工提供数据和信息，必须保证这些数据没有外部人员访问。如果有必要，可以通过网关计算机完成到 Internet 的连接。

中断

Interrupt   interrupt

一个程序在一个地方临时或永久断开，不作为程序的结束。

ISO 代码

ISO-Code

标准 8 位编码，7 个信息位和 1 个在第 8 条轨道上的校验位。

实际值

Istwert   actual position

从测量系统返回的值、受控变量的瞬时值，如速度、进给速度或 NC 轴的位置。

通道结构

Kanalstruktur　channel structure

数控系统的一种可能的功能架构，受控的 NC 轴可根据需要划分为同步轴（即相互之间可进行插补的数控轴）和异步轴（即和数控轴的实时性关联不强的辅助轴或附加轴）。

笛卡儿坐标

Kartesische Koordinaten　cartesian coordinates

用于确定平面或空间中一个点的位置的轴，名称为 XYZ 的直角坐标。

KB

KB 是英文 Kilo-Byte 的缩写，表示千字节，定义计算机或 CNC 的存储容量。用大写 K 和二进制来说明：

$$1KB = 1 \times 2^{10}B = 1024B$$
$$8KB = 8 \times 2^{10}B = 8192B$$

内核

Kernel　kernel

操作系统中具有下列任务的基本组成部分：

1）用户程序接口（启动、停止、输入 / 输出、内存访问）。

2）控制访问处理器、设备、存储器。

3）监测访问多用户设备系统和文件的权限等。

4）资源分配，如分配给用户程序的处理时间。

增量尺寸

KettenmaBe　incremental dimensioning

所有的以前面位置为参考的尺寸。

运动学

Kinematik　kinematics

物理中的动力学学科。描述机床和机器人的运动结构，即在笛卡儿、圆柱形、球形或关节坐标系下的运动可能性。

兼容性

Kompatibilität　compatibility

如果两个系统（硬件或软件）无需额外的设备或改变，或者相互交换就能完成工作，则称彼此是兼容的。

轮廓段编程

Konturzug-Programmierung　contour segment programming

指通过输入许多彼此相关的轮廓段，这些轮廓段没有对每个都进行尺寸标注，而是总体有一个统一的线路的编程功能。系统自己计算每一个转折点、过渡半径和切向过渡，并生成合适的数控程序。

三坐标测量仪

Koordinaten-Messmaschine　Coordinate Measuring Machine（CMM）

手动或 CNC 控制的自动坐标测量仪，可检查加工质量或监测刀具数据。为此，需要测量探针和相应的软件来对测量循环进行编程、对数据进行保存以及对测量结果进行评估。

坐标系

Koordinatensystem　coordinate system

一个点在一个平面或空间上的位置通过数值来确定的数学系统，在应用中有笛卡儿坐标系、圆柱形坐标系、关节坐标系、极坐标系或球面坐标系。

坐标变换

Koordinaten-Transformation　coordinate transformation

带有旋转或摆动轴的数控机床或带有非线性运动机构的机器人，将空间坐标变换到轴坐标系的一个数学概念。这有利于在空间坐标里编程的系统的程序编制。

坐标值

Koordinatenwerte　coordinates

在空间内定义一个点的数值。在数控技术中主要使用的是笛卡儿坐标系和极坐标系。

圆弧插补

Kreisinterpolation　circular interpolation

对编程的起点和终点之间的圆弧进行内部数控计算。圆弧插补一般只能在平面 XY、YZ 和 XZ 进行，而在空间斜面通常是不可能的。

人工智能

Künstliche Intelligenz（KI）　Artificial intelligence

计算机领域的实证学科，人工智能研究人类的智能行为的机理及其向计算机控制的系统进行转移。这些都是通过计算机程序的模拟仿真完成的。人工智能应该使某一台机器可以从经验中学习，并在必要时做出相应的反应。

滚珠丝杠

Kugelumlaufspindel　ball screw

通过丝杠和滚珠螺母之间的低摩擦在数控机床的工作台中用于动力传递的丝杠。其优点包括高导程精度、丝杠和螺母之间很大程度无间隙，以及约为 98% 的高效率。

K_v 系数

K_v-Faktor　amplification factor

控制环中的放大系数，即轴的跟随误差（S_a，单位是 mm）和进给速度（v，单位是 m/min）的关系。

$$K_v = v : S_a$$

K_v 值越高，控制回路的动态特性越硬。

刀具长度补偿

Längenkorrektur　tool length compensation

数控系统中存储的来补偿实际刀具长度的修正值，与编程的刀具长度相对，例如钻头、锪钻或丝锥。

位置控制

Lageregelung　position feedback control，closed loop control

不断比较位置点理论值与实际值偏差的输出校正信号，直到两个数值的差值达到平衡的、满意的期望位置的闭环控制。

LAN

LAN 是英文 Local Area Network 的缩写，表示局域网，即一个不受到邮政监管的具有相对有限的范围和程度的数据网络。它连接一个有限范围内的多台计算机和外围设备，并能与彼此的设备直接通信。

数据传输主要通过宽带技术，即通过铜线、光纤、无线电或激光传送的调制载波频率。

激光熔化

Laserschmelzen   lasercusing

通过熔融金属粉材料组成高密度层结构的一种快速成型制造方法。

精益管理

Lean Management

精益管理描述的是在有效构建整个工业品的可以产生价值的全部链条中的所有原理、方法及过程。它旨在全部领域里避免时间和物料的浪费，避免错误和不必要的成本，而不仅仅是在生产阶段（精益生产），并同时不影响产品的良好质量。

LED

LED 是英文 Light Emiting Diode 的缩写，表示发光二极管。需要较少能量的彩色的发光半导体，可以用作白炽灯照明的替代品。

主机

Leitrechner   host computer

上级计算机，例如，在制造系统（FFS）中对数据分发、传输控制、刀具调度、物料管理和错误监控进行管控，收集反馈报告和创建管理报告。

线性插补

Linear-Interpolation   linear interpolation

在编程开始点和结束点之间的直线路径上点的数控系统内部的计算。分为简单的二维插补、平面转换（2.5 维）插补和空间（三维）插补。

直线电动机

Linearmotoren   linear motors

驱动机床轴直线运动的电动驱动系统，和旋转电动机相比，无额外的机械传动装置。直线电动机驱动技术避免了弹性变形、间隙和摩擦影响以及传动系统中的自由振荡。这使得在运动控制中达到高动态性能和运动精度。

物流

Logistik   logistics

通过有目的地安排和有目的地对生产要素（人力、设备、材料）进行组织、计划和管控，以实现业务目标，如存储和运输环节。

LOM

LOM 是英文 Laminated Object Manufacturing 的缩写，表示分层实体制造。基于 CAD/CAM 的增材加工的制造，其中零件几何形状在创建时通过不同片状薄膜相互粘接在一起，然后沿着数控系统控制的激光轮廓进行切割，这就形成了一个类似于木材的三维模型。

参见：RPD

预读功能

Look-Ahead-Funktion　look ahead function

预读多个 NC 程序段的轨迹，以便能够及时识别不连续的拐角和折边，使机床的进给
动态特性能够相适应（尖锐轮廓之前的自动减速、拐角减速）。

宏

MACRO

被存储的且可以作为一个单元被调用的一组指令（控制数据），对于重复任务，这样
可以减少编程的工作量。

参见：子程序

磁带

Magnetband　magnetic tape

存储介质，由涂磁材料制成的塑料带。在进行数据输入和输出时可以使用标准的或小
型的磁带。主要用于数据备份及其他应用。

手工编程

Manuelle Programmierung　manual programming

不使用计算机辅助编程系统，根据机床和控制系统的编程格式创建 NC 程序。

计算机辅助编程

Maschinelle Programmierung　computer aided programming

用机器编程，这里是指计算机。

使用计算机辅助编程系统编制 NC 程序，它可为编程人员提供对话引导式的计算机辅
助的图形支持功能。通过后置处理器，以问题为导向创建的程序（CLDATA）可以传输给
任何合适的数控机床。

设备数据采集（MDE）

Maschinendaten-Erfassung，MDE

在加工阶段自动采集和存储必需的机床数据，通过手动输入补充附加信息，提高加工
方法的透明度，并快速分析生产技术和组织管理上的弱点。

它涵盖了机器运行时间、停机时间和故障时间及其出错原因、人工干预的自动过程及
修正值的输入。MDE 是一个更为广泛的 BDE（运行数据）的一部分。

机床零点

Maschinennullpunkt　machine zero point

被确认的 NC 轴的零点位置，通常是通过测量仪器精准可重复测定的坐标原点。

尺寸比例缩放

Maßtabänderung scaling

也称为缩放，通过这个 CNC 功能，可以用相同的 NC 程序来加工不同比例尺的工件，
为此每个轴给定一个比例因子，这样可以相应改变编程尺寸。

MB

兆字节的缩写，实际上为 1048576B $=2^{20}$B。

参见：字节

Mbit

兆位，实际上为 1048576bit = 2^{20}bit。

参见：位

MDE/BDE

参见：设备数据采集和生产数据采集

机电一体化

Mechatronik mechatronic

工程科学中基于机械、电气和信息科学的跨学科领域。它通过传感器和微型计算机实现部分智能功能的产品和系统，是对机械系统的补充和扩展。

菜单

Menü menu

在屏幕上向操作者提供可能性的选项，以便完成既定的任务。

生产过程执行管理系统

MES MES

MES 是英语 "Manufacturing Execution System" 的缩写，也可称为生产管理系统。它用于对生产过程进行实时的指导、操纵、控制和监督。这也包括 BDE、MDE 和 PPS 功能。

一个 MES 必须为用户生产的每种产品提供以下功能：

- 生产计划系统。
- 生产流程列表（在生产流程开始之前）。
- 生产工具和原材料的管理。
- 当前所有资源的占用情况。

在制造过程中的一个本地化的生产控制的中心，且大部分需要具备下列功能：

- 维护工作的预测性规划。
- 生产工具和原材料的管理。
- 采集和评估生产数据。
- 建立其与物料的成本费用、产品设计、订单处理等过程之间的联系。

测量误差补偿

Messfehlerkompensation axis calibration

用来弥补数控轴的系统化的测量误差，从而达到更高精度的数控功能。使用激光干涉仪精确测量数控轴，并将机床测量系统的偏差作为补偿值进行存储。在机床的后续运行中，这些位置及方向相关的测量值会被叠加上。

测量探针

Messfühler（schaltend） probe，switching probe

一种在加工过程中或加工完成后自动测取工件或刀具测量值的测量设备。开关型测量探针只会触发一个非常精确的测量信号而不是输出一个测量数值。

测量传动机构

Messgetriebe measuring gear

通常在机械测量体（齿条/齿轮副或滚珠丝杠/螺母副）和编码器之间应用的高精度的传动机构。

M 功能

M-Funktionen　M functions

M 是英文 Miscellaneous 的缩写，M 功能表示辅助功能，机床的 M 地址用于可编程的开关功能。

测量系统

Messsystem　measuring system

参见：测量值变送器和位置测量系统

测量探头

Messtaster，Messfühler　sensing probe，touch probe

开关式精密测量探头具有高的开关精度和开关点的重复定位精度。它像一个主轴上的刀具，能够用来测量刀具长度、工件位置或者对加工和精度进行检验。为此，CNC 系统需要通过特殊的软件程序来保存这些值，并由此计算补偿值、圆心位置或公差等。

参见：测量循环

测量方法

Messverfahren　method of measurement

测量方法是测量原理的实际应用和评估，测量需要比长仪和读取或评估仪器。测量分为直接测量和间接测量。直接测量通过用测量和参考值的直接比较而得到测量值，如长度尺对长度进行比较。间接测量通过对另外一个物理尺寸反馈得到需要的测量值，例如，通过电动机的转角得到位置数据。

测量值变送器

Messwertgeber　feedback device

测量物理量并转换成电信号输出，进行评估测量的一种设备。数控技术使用不同的遥测数据发送器，例如，对轴的位置、速度、转速、转矩、电流和温度进行测量。

测量循环

Messzyklen　probing cycles

在数控系统中存储的子程序，用测头自动测量孔、槽或面，计算出位置、精度、公差、圆心、内径或倾斜度。

方法

Methode　method，process

通过有计划的、周全的和万无一失的策略来达到一个确定的目标。

微处理器

Mikroprozessor　microprocessor

一种包含计算机的中央处理单元（CPU）的大规模集成电路（LSI）器件，由计算单元、各种工作寄存器和顺序控制器组成。但仅有这些组合配置，微处理器还不具备工作的能力。

参见：微型计算机

微型计算机

Mikrocomputer　microcomputer

具有工作能力的单元，包括微处理器、程序存储器、内存和 I/O 单元，最具有工作能力的计算机硬件的最小配置。

微系统技术

Mikrosystemtechnologie（MST）

制造最小的精密零件，质量约为 1mg，体积为与质量相应的最小体积。

MIPS

德文缩写 MIPS 表示每秒百万指令。它是计算机计算速度的衡量单位，用每秒完成的工作指令数量来表示。

MMS HMI

德文缩写 MMS 表示人机界面，是"机床的操作和显示装置"的严格表述，其英文缩写为 HMI，即 human machine interface。

模态功能

modale Funktion　modal function

它们是直到被删除或者被其他指令覆盖前一直有效的 NC 程序指令。

例如，G90/G91、G80~G89，或常见的 F、S 和 T 指令。一些指令不仅有模态功能，还可仅在一段程序中有效，如 G04、M06。

调制解调器

MODEM

数据传输的数据调制、解调电子装置。将数据从一种形式转换成另一种形式，如通过电话线采用位串行脉冲传输 8 轨代码字符。

模块化

Modularität，Module　Modularity，modules

通过组合较小的标准化单元（即所谓的模块）来构建大型技术系统的工业设计。其优势在于易于修改或更换有缺陷的单元结构。

模块化

Modulbauweise　modular design

用多个简单的组件（模块）构建的复杂的、功能强大的电子控制器的法则。

显示器

Monitor　monitor

通过电子设备和计算机的屏幕来显示文字或图形数据、事件、过程和结果。

电主轴

Motorspindeln　motor spindles

主轴机械集成了同轴配置的电动机。其优点是高动态响应、高刚性、紧凑的设计、高功率密度，以及重量较轻、摩擦力较小。这使得高的动态特性成为可能。由于使用直接测量，使得主轴定位和速度特性在其作为 C 轴时具有高的加工精度。

多任务数控机床

Multitasking-Maschinen　multitasking machine tools

多任务最初是计算机技术的术语。它通常是指一个系统具有同时运行多个任务的能力。多任务数控机床允许各种类型的加工，如钻孔、铣削、车削、磨削等集中在一台机床上，以经济上最优的时间加工一个完整的高度复杂的工件。

迟滞

Nachlauf axis lag

跟随误差

Nachlauffehler following error

轴运动过程中计算出的理论位置与实际位置的动态差值，跟随误差值取决于驱动器的位置环增益及进给速度。

零跟随误差

Nachlauf-Null zero lag

前馈

Vbrsteuerung feed forward

该 NC 功能提前修正预期路径中的误差，即 NC 轴没有跟随误差直接在理论轮廓上运行。

仿形控制

Nachführsteuerung photoelectric line tracer

控制光电读头采用 1∶1 比例跟踪一个特殊的图形模板。主要在火焰切割机上应用，但是由于 1∶1 的模板太大，所以会降比例使用。

改造

Nachrüstung retrofitting

用一个新的、功能更强大的控制器替换、改造已过时的数控机床，大多数情况下还采用现代的驱动器和测量系统，以及更换电气控制系统与 PLC。只有保存完好的、价格昂贵的大型机床才有改造的价值。

NC

NC 是英文 Numerical Control 的缩写，表示数字控制。

NC 轴

NC-Achse NC axis

数字控制的机床轴，它的位置和运动是通过在 NC 系统中直接输入尺寸值进行编程来控制的。任何 NC 轴都需要位置测量系统和一个受控的驱动器。

NC 或 CNC 机床

NC-oder CNC-Maschinen NC or CNC machine tools

数控机床的缩写。

NC 程序

NC-Programm NC program

数控机床上加工工件的控制程序。它在一个正确的序列中包含所有必要的数据和控制命令，并在数控机床中逐步得到处理。

数控编程

NC-Programmierung NC programming

也称零件编程。创建数控机床加工工件的控制程序。分为手动数控编程、自动数控编程和面向车间的编程（WOP）。

NC 机床

NC-Werkzeugmaschine　NC machine tool

使用数控系统的机床。

非生产时间

Nebenzeiten　nonproductive time

机床的所有非生产时间的总和，如快速移动、换刀时间、工件更换、测量过程等。

网络协议

Netzwerkprotokoll（或 Netzprotokoll，Übertragungsprotokoll）protocol

数据网络互连的计算机或过程之间的数据交换的精确约定。它由一组规则和格式（语法）组成，其能够控制正在通信中的计算机的数据流通。

零点

Nullpunkt　datum point

1）坐标系的原点。

2）测量系统的起点（零点）。

零点偏移

Nullpunktverschiebung　zero offset

以手动和可编程的方式对程序零点做任意移动的数控功能，在数控系统中存储不同的零点偏移值，供 NC 程序调用。

数控

Numerische Steuerung，NC　numerical control

即数字控制，输入命令为数字形式。在机床中，特指控制的刀具和工件之间（路径信息）直接测量的相对运动。此外，还有速度、进给速度、刀具号和各种辅助功能（开关量信息）的数值。数据可以通过键盘、电子数据载体或电缆连接（DNC）输入。

如今的控制器毫无例外地都是采用微处理器来构建的。

参见：CNC

NURBS

它是非均匀有理 B 样条的缩写。一种自由曲面和规则平面，如圆柱体、球体，或由点及参数表示的环面的数学描述方法。NURBS 允许这些曲线和曲面作为点模型来进行更有效的处理。通过这种样条曲线可以完美地描述和实现各种样式的几何形状，甚至尖锐的拐角和边缘等其他样条。

较新的 CAD/CAM 系统将 CAD 系统输出的 NURBS 曲线直接应用到数控机床的加工中，它的优点是数据量减少、精度和速度更高、机床的运动更均匀、机床和刀具寿命更长。

设备综合效率

OEE　Overall Equipment Effectiveness

在生产过程中用于计算全体设备效率的关键指标，包括生产设备（如机器、生产单元、流水线等）的生产率、利润率和综合效率，并结合生产的工艺过程进行计算、监控以及改进。

开放式数控系统

Offene CNC   open-ended control

包括一台 PC 并使用 PC 的操作系统（如 DOS、Windows、OS/2、UNIX）的数控系统。开放意味着用户可以在程序运行中进行干预，使用户能够进行个性化的修改和开发机床定制化的功能。不考虑对过时的数控程序进行处理。

离线

off-line

计算机系统的一种运行模式，外围设备自主和独立于中央计算机工作，计算机产生的数据被缓存在中间数据载体上，直到以后才进行处理。

反义词：在线

偏置

Offset   offset compensation

对工件或刀具的装夹偏差进行的电子补偿，节省了机械对准或调零的工作。

参见：零点偏移

在线

online

计算机系统的一种运行模式，外围设备直接受中央计算机的控制。它们通过数据线连接到计算机并且即时处理计算机生成的数据。

OS

OS 是英文 Operating System 的缩写，表示计算机的操作系统。

OSACA

OSACA 是英文 Open System Architecture for Controls within Automation Systems 的缩写，表示控制自动化系统中的开放式系统架构。

根据欧盟项目需要开发用于机床控制的开放式架构。参与者为三个研究所、三个机床制造商和五个控制系统制造商。

托盘

Palette   pallet

能够在机床外夹紧、松开工件，自动更换到机床中进行加工的可运输的工件夹紧装置。这减少了机床的停机时间，并允许将夹紧的工件自动传输到多台机床（柔性制造系统）。

平行轴

Parallelachsen   parallel axis

1）两个机械联动的 NC 轴，例如，龙门机床 Y1 轴和 Y2 轴，为了避免龙门架拉拽变形，必须同步驱动。

2）两个同向运动的 NC 轴，例如，钻铣床的铣杆轴和主轴或工作台和主轴，都具有相同的轴线方向。

3）两个相互独立的 NC 轴，例如，一台立式铣床有两个不同主轴箱的 Z1 轴和 Z2 轴，可以同时加工两个相同的工件。

并行数据传输

Parallele Datenubertragung   parallel data transmission

在彼此相邻的多条线路上或者同时通过多个逻辑信道同时（并行）传输多位的数据。数据通路的数量不是固定的，通常选择为 8 的倍数，因此可发送足够的字节（例如，16 通路可传输 16bit，即 2B）。常用附加线路传送校验位（奇偶校验位）或节拍信号。

反义词：串行数据传输

并行编程

Parallelprogrammierung   parallel input mode

通过数控机床的手动输入编制一个新工件的程序，而机床同时在加工另一个工件。

参数编程

Parametrische Programmierung   parametric programming

通过输入描述性参数值进行数控编程，例如，孔的直径、孔的数量、角度的初始值和增量、希望的钻孔循环。通过这些很少的输入值，系统会计算每个位置和加工序列。

奇偶校验

Paritätsprüfung   parity check

简单的二进制数据错误的检查方法，为了检测不正确的字符或数据传输的简单传输错误。例如，在 ISO 字符传输时出现奇数位的字符。

PC 卡

PC-Karte   PC card

便携式计算机中可擦除的读写数据存储卡。如今主要的闪存 ROM 存储容量高达 16GB，用作数控系统可移动的程序存储器。

产品数据管理（PDM）

PDM，Produkt-Daten-Management   product data management

产品定义的数据和文件的存储及管理的理念，并在以后阶段应用于产品的生命周期，基础是一个集成的产品模型。PDM 主要是管理由于引入 CAD 系统时带来的急剧增加的图样数据，主要根据标准 ISO 10303（STEP）来建立各个分立系统间的及产品模型描述的数据交换。

CAD 系统可以视为 PDM 源头。PDM 提高了产品开发的质量，减少了产品开发的时间和成本。为了贯通信息流，这些优点应该传递给下游参与产品生命周期的部门。

PDM 普遍是针对行业和企业定制化的系统。

性能

performance

这个术语在不同的领域具有不同的含义，在技术领域是指所有产品特征的总和。

外围设备

Peripheriegeräte   peripheral units

对连接到一台计算机的其他附加设备的总称。例如，打印机、数据存储、绘图仪或屏幕。

PKM

PKM 是并行机构的缩写。对基于"杆机构"而产生全部运动的机器的总称。例如，三杆机构、六杆机构。

录返方式

Playback-Betrieb　playback

主要用在机器人的编程方法中，手动操作机器人的运动，控制器同时存储整个过程（示教），然后可以改变速度，重复所存储的运动过程。

可编程逻辑控制器

PLC　Programmable Logic Controller

即德语的 SPS（Speicherprogrammierbaren Steuerung）

产品生命周期管理（PLM）

PLM，Produkt-Lebenszyklus-Management　product lifecycle management

使所有在产品的创建、存储和销售时产生的数据统一存储、管理和访问的一种 IT 解决方案。它基于公共的数据库覆盖计划（PPS 和 ERP）、设计（CAD）、制造（CAM 和 CAQ）、控制、销售和服务的领域和系统。

由于 PLM 的复杂性，不应把它看成一个可以购买到的产品，而应理解为是一种通过合适的技术和组织方法实现企业特定运营的战略。

绘图仪

Plotter　plotter

计算机控制的绘图仪器，用于在纸上绘制图形。

极轴

Polarachse　polar axis

用于标记摆动轴、铰接轴和数控机床的转台。

极坐标

Polarkoordinaten　polar coordinates

通过半径矢量的长度和该矢量与零线的极角来确定在一个平面上的点位置的数学系统。

多项式插补

Polynom-Interpolation

数控轴根据公式 $f(p)=a_0+a_1p+a_2p^2+a_3p^3$（多项式最多有 3 项）进行插补的方法。通过这个插补，可生成直线、抛物线或者幂函数。

位置显示

Positionsanzeige　position display

由位置反馈系统反馈的机床工作台与轴的零点或编程零点间的绝对位置值的可视化显示。

后置处理器（PP）

Postprozessor（PP）　postprocessor

计算机辅助编程所需的软件程序，它将由计算机计算得到的标准的刀具运动数据（CL-DATA）转化成与机床相关的 NC 程序，不同的机床/数控的组合需要不同的后置处理器。

PPS

PPS 是生产计划的缩写。用于生产中的组织规划、生产过程控制和进度监控，以及从报价到交货的集成的信息管理系统。其主要任务是机床利用率规划、生产计划、物料库存控制、装配时间的预期规划。

预置

preset　preset

定义机床的零点坐标，预置时机床轴不发生移动，只是当前轴的位置有一个新的位置值。

原理

Prinzip　principle

原则或规则。

Profibus-DP（分布式外围设备）

Profibus-DP（Dezentrale Peripherie）

用于生产技术中中央控制器对传感器和执行器的控制，其他应用领域包括分布式智能的连接，即多个控制器形成网络（类似于 Profibus-FMS）。使用双绞线、光纤，线路数据（传输）速率可能高达 12Mbit/s。

程序

Programm　program

参见：NC 程序

程序结束

Programmende　end of program（EOP）

用于加工结束后停止数控机床的可编程辅助功能（M00、M02、M30），通过该指令可实现主轴停止、切削液关闭、刀具进入刀库和所有轴移动到起始位置。

程序格式

Programmformat　program format

在存储器中放置数据的规则和规定。例如，NC 程序的结构，包括地址、字符、字和长度可变的程序段。

编程语言

Programmiersprache　programming language

通过助记编码对计算机指令的符号进行描述的"人造语言"。对于 NC 编程，理解为创建一个与源程序相关联的以问题为导向的"语言"。将它输入到计算机中由"语言处理器"翻译成通用的 NC 程序（CLDATA），以后对特定数控机床使用后置处理器进行转换。

例如，APT、EXAPT、RADU 的后置处理程序（PP）。

编程系统

Programmiersystem　programming system

用于数控机床的，由带有键盘、显示器、编程软件的计算机以及相应的外围设备组成的编程装置。

编程

Programmierung

参见：数控编程

程序中断

Programmunterbrechung　program interrupt

中断加工过程的可编程的停止指令（M00），其间允许操作人员检验、测量、更换刀具或转换装夹。启动命令可使加工继续进行。

PROM

PROM 是英文 Programmable Read Only Memory 的缩写，表示可编程只读存储器，它是一种只能进行一次编程的电子存储器，编程后数据不会丢失。

协议

Protokoll   protocol

计算机和 / 或其他电子设备之间的数据交换规则。

过程数据采集

Prozessdatenerfassung   Data Logging

在某一段生产时间内收集和存储数据，以便能够从其中分析并得到某种特定的趋势或某个边界值。其目的是为了获得恒定的生产质量而优化生产。

集成于机床侧的加工中的测量

Prozessnahes Messen auf der Maschine   In-process gauging

在加工过程中对工件进行自动化的测量并获取对应的测量数值，以识别实际尺寸与编程中给定尺寸值之间的误差，并在数控系统中可以自动执行必要的修正。

处理器

Prozessor   processor

1）执行特定任务的计算机上专用的电子硬件。

2）用于将采用以问题为导向的语言编写的程序转换到通用的独立于数控系统格式（CLDATA）的软件。转换好的文件再通过后置处理可成为 NC 程序。

校验码

Prüfbarer Code   error detecting code

通过每个字符（ISO 代码）位码之和为偶数进行检验的一种简单的数据检验方法。

参见：奇偶校验

伪绝对位置测量

Pseudo-absolute Wegmessung   pseudo-absolut measuring

1）使用两个循环绝对编码器（旋转变压器），连同一个特殊的测量传动机构和一个电子读数单元。通过每转大约相差 1° 的不同角度位置，两个传感器之间产生相位差，电子读数系统就此计算出绝对位置。根据分辨率检测有限的绝对距离，例如，5~8m 可以达到 0.001mm 的分辨率（23bit=838860800 步）。

2）脉冲标记，在每 20mm 的距离上设置距离参考标记和专用的电子读数单元。运行通过两个距离标记之后，绝对位置有效。

3）带有备用电池的脉冲编码器。在停机状态下也能测量机床的每个运动。开机后绝对位置坐标有效。

点位控制

Punktsteuerung   point-to-point control

所有编程位置不受轨迹控制运行的数控系统。运动过程中没有刀具切削。只有到达位置后才开始加工，如钻孔、冲孔、定位焊的应用。

一款商业智能产品

QlikView

QlikTech 公司的主要产品，QlikTech 以前是一家瑞典的软件公司，目前总部位于美国宾夕法尼亚州的拉德诺。QlikView 是一款商业智能（Business Intelligence）软件。

QlikView 是一个从事分析和报告的系统。使用相关性内存搜索技术进行数据分析，并为用户提供有关其业务数据的概览以及认知。

质量管理

QM-Qualitätsmanagement

包含用于企业或组织内改善和保障任何一种形态产品的工艺过程的质量和效率的全部举措。质量管理是管理的核心任务，主要涉及企业内部的设计、规划、制造、检测和维护等所有相关领域组织。

象限

Quadrant   quadrant

1）四分之一的圆或圆面积的四分之一。

2）四分之一的平面，由两个垂直的坐标轴分割。

源程序

Quellenprogramm   source program

用一种以问题为导向的高级编程语言编写的 NC 程序。

刀具半径补偿

Radiuskorrektur   cutter compensation

参见：铣刀半径补偿、刀尖半径补偿

RAM

RAM 是 Random Access Memory 的缩写，表示随机存取存储器。可随机存取的电子存储器（读 / 写存储器），即每个位置都可被寻址、直接写入或读出。

DRAM（动态随机存取存储器）与 SRAM（静态随机存取存储器）相比，具有非常短的读取时间。

快速成型

Rapid Prototyping

属于增材制造方法，通过计算机辅助构造物理原型的应用特殊设备和方法的一项相对较新的技术。最终产生一个在 CAD 系统下通过一个特殊软件生成一个独立的完全封闭的被切成单独层的数据集（立体模型）。

例如，光固化、激光烧结 / 熔化层、（层压）方法、3D 打印。

快速模具

Rapid Tooling

制造作为用于塑料注射成型或金属压铸的模具，是快速成型技术的应用（激光烧结 / 熔化、通过精密铸造进行的快速模具成形等）。

合理化

Rationalisierung   rationalization

技术和组织管理措施以提高效率。例如，提高性能、降低复杂性或成本。通过合理化使生产资料（原材料、资本、劳动力）和时间得到节省。在制造业，大多与生产过程自动化和工作人员减少相关。

计算机

Rechner

参考点

Referenzpunkt reference point

与轴的零点具有确定距离的 NC 轴上的固定位置。当机床起动时就会使机床向参考点运动，从而使坐标系归零。使用绝对式编码器不需要回参考点。

控制回路

Regelung，Regelkreis closed-loop control，servo loop

控制系统根据反馈值来调节。例如，数控系统中不断地比较指定轴的位置设定值与当前反馈的实际值，并由此计算出对驱动系统的命令，以使两者的值一致（实际值＝理论值）。

增量尺寸编程

Relativmaß-Programmierung incremental programming

坐标值是针对上一个位置的增量进行的数控编程（G91）。

重夏定位精度

Repetiergenauigkeit repeatability

可重复性

Reproduzierbarkeit reproducibility

较长时期内进行基本相同的重复。

复位

reset reset

使电子设备回到一个确定的初始状态的重置命令。不要与 NC 轴的回零相混淆。

旋转变压器

Resolver resolver

基于电磁场基础的旋转测量系统，它将转子的角度分解成正弦和余弦分量，实现转子旋转的绝对测量。

射频识别装置（RFID）

radio frequency identification device

以非接触与无视觉接触的方式读取应答器（存储器、交换器）的数据，并能够保存的电子设备。

RFID 系统由存储芯片（应答器）、读写头和收发单元（也称为读取器）组成。标签和读取器接收单元之间的数据通过电磁（射频）波传输。

参见：射频识别

RISC

RISC 是英文 Reduced Instruction Set Computer 的缩写，表示精简指令集计算机。通过放弃复杂的命令，使用较少的指令集使计算机的使用更简单，价格更便宜，速度更快。复杂的命令被分解成几个简单的指令并按顺序执行。

反义词：CISC

机器人

Roboter　robot

可以配有夹爪或者刀具来执行复杂的运动流程的可编程控制设备。它们主要用于刀具或工件的传递以及装卸。例如，喷涂、焊接、去毛刺、换刀。

ROM

ROM 是英文 Read Only Memory 的缩写，表示只读存储器。只读存储器中的内容只能被读取，不能被改变。

快速产品开发（RPD）

RPD　Rapid Product Development，Rapid Prototyping

原型工件的增材制造方法的统称。

参见：快速成型

反馈

Rückführung　feedback

一个（测量）信号从后面层级传递到前面层级的封闭系统（控制环），例如，转速实际值或实际位置值的传输，在与理论值有偏差时可进行自动调节。

段

Satz　block

在 NC 程序中作为一个单元处理的相互关联的由程序字组成的组。一个 NC 程序段通常由段号（N）开始，在一般情况下，是 NC 程序中的一行。

程序段结尾标示符

Satzende-Zeichen　end of block character

在段的最后，用于分开彼此单独加工信息的固定符号（如 $、LF 或 *）。

段号

Satznummer　block number

NC 程序中以地址 N 编写的程序段的序号，主要用于指示操作者加工进行到的位置。

段搜索

Satzsuchen　block/sequence search

跳过 NC 程序直到某一段的数控功能，这时机床的所有功能将被禁用。如果需要在搜索定位点启动程序，刀具、主轴转速、进给和补偿值必须是激活的。

条件段

Satzüberlesen　block delete

段地址之前用斜杠（/N478）标示程序段，并根据开关位置选择跳过或执行的 NC 功能。

程序段扫描周期

Satz-Zykluszeit　block cycletime

NC 程序段按顺序加工所需的时间，由此可以计算出：

1）由许多微小直线段组成的小线段组（线性插补）的最大进给速度。

2）根据预定的进给速度下一个段中允许的最小距离增量。

扫描仪

Scanner   scanner

在数控领域，表示对工件坐标值进行数字化的设备，并转化存储在数据存储器中。原则上是一个带测头的仪器，可以对工件进行逐行扫描并存储测量数据。

SCARA 机器人

SCARA-Roboter   SCARA robot

SCARA 是英文 Selective Compliance Assembly Robot Arm 的缩写，表示选择性服从装配机械手。

辅助功能（开关功能、M 功能）

Schaltbefehl, Schaltfunktion   M-function

控制机床开关功能的可编程命令。例如，开启 / 关闭（M08、M09）、主轴（M03、M05），或激活换刀（M06）。

转速差

Schlupfdrehzahl   Slip

总体而言，表示两个彼此摩擦接触的机械零部件之间的速度差。

在电气工程学上则表示：交流异步电动机中旋转磁场和转子之间的转速差。这种"迟滞"将随着负载的逐渐增加直至到达极限转矩。也就是说，电机的运动不再连贯。

刀尖半径补偿

Schneidenradius-Korrektur   tool nose compensation

车床等距路径校正，以补偿不同的刀尖半径，还需要考虑切削刃中心点的位置（右 / 左侧切削、工件前 / 后、平行于轴线）。

接口

Schnittstelle   interface

IT 设备（硬件接口）或程序（软件接口）之间的标准化的交换站。用于不同的系统之间的数据、命令或信号的传输。例如，IGES、MAP、VDAFS、SERCOS、V.24、RS-232 等。

螺旋线插补

Schraubenlinien-Interpolation   helix interpolation

除了在一个平面（X，Y）的圆弧插补外，还存在垂直于该平面的第三轴（Z）的直线插补。使用成形铣刀用于制造内、外螺纹和铣削润滑槽（螺纹铣）。

步进电动机

Schrittmotor   stepping motor

转子以小的均匀角度进行旋转（如 400 个脉冲 / 转）的电动机。转子的位移角由控制器发出的脉冲数控制，旋转速度对应于脉冲频率。

无调节回路，即没有反馈，只能输出相对较低的速度和转矩，更大的转矩需要使用液压放大器（液压伺服模块）。

增量点动

Schrittvorschub   incremental jog

通过可选增量调整一个 NC 轴，例如，1μm、10μm、0.1mm、1mm 等。

保护区

Schutzzone restricted area

也称为软限位开关。可使 NC 程序暂时禁止进出特定区域的可编程的 NC 功能，以避免由于不正确的路径信息使所述刀具与工件之间发生碰撞。

摆动工作台

Schwenktisch tilting or swivelling table

斜度可调（倾斜）的机床工作台，用来加工立方工件表面和斜孔，以及自由曲面。围绕 X 轴摆动的工作台为 A′ 轴。

参照：旋转工作台

姐妹刀具

Schwesterwerkzeug alternate tool

也称为替换刀具。存放在刀库中的被用来替代处于寿命末期的或破损的同种类别的刀具。

选择性掩模烧结

Selective Mask Sintering（SMS）

一种用以制造 3D 结构零件的数字化的增材加工技术，通过该技术可一层一层地自下而上通过红外光烧熔塑料粉末进而组成薄壁的片层结构，最终构成数字化的 3D 打印掩模。

选择性激光烧结（SLS）

Selektives Lasersintern（SLS）

基于 CAD 数据，用激光聚焦辐射分层熔融粉状物料生产高度耐用的原型的快速成型（RPD）工艺方法。还有特别型砂可以用于生产金属铸模和型芯。

半闭环

Semi Closed Loop semi closed loop

这个概念没有在测量和控制技术中定义，但被用于安装了编码器的伺服电动机、配置了滚珠丝杠长轴的位置测量和控制（间接位置测量）。该测量方法不能获取丝杠螺距误差及间隙位置误差。使用编码器只能测量进给轴丝杠的角度及由此计算出的位置。

参见：闭环控制方式

传感器

Sensoren sensors

电气传感器用于测量非电气量，例如，长度、角度、力、压力、温度。测量值变化时传感器的输出要尽可能快，并且无死区时间变化。

SERCOS

SERCOS 表示串行实时通信系统，是 CNC 和驱动器之间的普遍规范化的数字接口，规范全面。使来自不同制造商的 CNC 和驱动系统可能连接，达到比模拟控制回路更高的同步精度。

串行数据传输

Serielie Datenübertragung serial data transmission

在一个数据通道上按时间顺序进行的信息传输。

反义词：并行数据传输

服务器

Server　server

通过专用软件控制所有连接设备（计算机、磁盘驱动器、打印机等）的联网的计算机。

伺服控制

Servo-Steuerung　servo control

在数控机床中，其控制量是机械运动的控制环，例如，NC 轴的位置控制。

参见：控制回路

伺服采样周期

Servo-Abtastrate　servo cycle time

指的是 NC 轴的实际位置值通过电子化的方式进行数据采样并将其反馈到位置控制回路频次的时间量（以 ms 为单位）。对数控机床的动态精度起主要作用。

安全距离

Sicherheitsabstand　safety clearance

自动换刀中 Z 轴方向上离工件的最小的免碰撞距离。

安全策略

Sicherheitskonzepte　safety functions

关于一种附加的安全功能的满足，例如，在调试和测试进行时安全防护门的安全要求，即防护门的安全完整性等级是 IEC 61508 的 SIL2 和满足 EN ISO 13849 的 PL d 级别。为了将功能安全的基本要求简单、经济地进行转换：

1）监视运动速度和静止状态。

2）工作区和保护区的安全界限。

3）安全相关信号及其内部的逻辑联动。

模拟仿真

Simulation　simulation

由计算机生成的在屏幕上展示的尽可能逼真的复杂技术过程模型，以节省以后（真实的）工作流程（可能带来的）时间和花费的校验过程。

例如，以检测错误为目的，数控加工或机械手的动态图形模拟。在安装开始前就可以仿真测试一个工厂柔性制造系统（FFS）的瓶颈，产能、扩建的可能性，结构变化或者时间问题。

切片器，切片软件

Slicer，Slicing　Software

增材制造（3D 打印机）中的计算机软件，用于将 STL 格式的 CAD 对象模型转换为在 3D 打印机中可执行 NC 程序。为此，切片器将对象分成为多个均匀的薄层，然后由 3D 打印机从下到上逐层连接并形成完整的对象。

斜坡加减速控制

Slope　slope

NC 轴的可编程或可调平滑加速和制动特性，以避免运动突变及保护机械装置。

SMD

SMD 是英文 Surface Mounted Devices 的缩写，表示表面贴装元件，是微电子组件（电路板）组装的特殊工艺。

软键

Softkeys

软件

Software   software

一般来讲，软件操作计算机或计算机辅助系统所必需的程序。

对于 CNC 来说，是微处理器执行的 NC 程序，如监测和诊断程序、适配程序和机床定制化的专用程序。

不可与用户的 NC 加工程序混淆。

软限位开关

Software-Endschalter   software limit switch

可编程的数控机床轴的极限，防止意外的超限运动。可应用于替代机械轴的限位开关或工作区域的暂时边界来保护和防止机床和工件不受输入的路径信息损害。

软键

Software-Taster   softkeys

可自由分配的功能键和多功能键。大多是 5~8 个放置在 CNC 屏幕边缘的机械或电子按键，按键功能可以变化。通过软件将这些数控按键依次分配几个不同的功能，来替代许多功能分立的硬件按键。

给定值，给定位置

Sollwert，Soilposition   command position

NC 轴（机床工作台）编程的路径信息。

统计过程管控

SPC   statistical process control

统计意义上的工艺过程管控（也叫工艺过程调节或工艺过程控制）是一种基于统计方法对生产流程或服务流程进行优化的工作方法。

存储器

Speicher   memory

可以记录、存储和释放数据的电子功能单元。在 NC 技术中使用不同的存储模块，例如，RAM、ROM、EPROM、EEPROM。

存储卡

Speicherkarte   memory card

便携、可插拔的电子数据存储器，大小与信用卡相同，厚度为 3~4mm。它可以配置 RAM、EPROM 或 EEPROM。各种规格还在不断地更新，例如 SD、Mini SD、Micro-SD（如在手机内）。

镜像加工

Spiegelbild-Bearbeitung   mirror image operation

通过反转 NC 轴方向（＋和－的交换），使用同一个 NC 程序可以生产两个镜像的工件。

例如，左、右门铣削，钻外壳和盖的钻削。

间隙补偿

Spielausgleich　backlash compensation

通过滚珠丝杠和旋转编码器间接测量数控轴位置时的数控功能，对机械传动链和编码器之间的间隙进行电子补偿。在换向时位置检测直到存储在 CNC 中的补偿值运行完才开始继续工作。需要分别为每个轴进行（间隙补偿的）调整和修正。

主轴定向

Spindelorientierung　spindle orientation

可编程的 NC 功能，用于将主轴停止在固定的位置。在带单切削刃的铣刀从孔中回退或刀柄带有卡槽和限位装置的刀具换刀时，必须进行主轴定向。

样条函数

Spline-Funktion　spline function

拟合曲线的数学处理方法。通过平滑、连续的曲线连接预定的支点，构成样条曲线。在数控系统中分为 A、B 和 C 样条。

参见：NURBS

样条插补

Spline-Interpolation　spline interpolation

通过三次或高次的多项式使其生成的曲线连接保持了（原始离散点）的过渡性和连贯性的状态特性。可以通过少量的辅助点计算出自由曲面。

SPS　PLC

SPS 和 PLC 分别为可编程序控制器的德文缩写和英文缩写。这些电气控制器替换了早期的继电控制器对开关命令功能（位处理）的简单执行。

使用多输入和输出专用过程计算机进行连续监测的强大系统，并有数据反馈（字处理）的过程控制。

SRAM

SRAM 表示静态随机存取存储器，是电子读写存储器，其存储的内容无须定期更新。

刀具寿命监控

Standzeit-Überwachung　tool monitoring

监控数控机床刀库中每个刀具的理论使用寿命（使用寿命）的 CNC 功能。为此将 NC 刀具的使用时间相加，并将其与理论寿命进行比较。到了寿命末期的刀具被禁止使用，然后调用其替换刀具。

螺距误差补偿

Steigungsfehler-Korrektur　lead error compensation

可通过编程修正测量得到的滚珠丝杠螺距或齿条齿轮误差的 NC 功能。

STEP

STEP 是英文 Standard for the Exchange of Product Model Data 的缩写，表示产品模型数据交换标准，是为了平滑地进行 CAD 数据交换和进一步处理的国际标准（ISO 10303）。

立体光刻成形

Stereolithografie

用于生产无铸模和无刀具切削的样品的 CAD/CAM 方法。初始材料是液态塑料池，在数字控制的激光或紫外光束的作用下塑料逐层硬化。

参见：快速产品开发（RPD）

开环控制

Steuerkette   open loop control

其控制指令的执行不被反馈信号控制和调节的控制系统。

反义词：控制回路

控制器

Steuerung   controller, machine control unit

电气或电子设备，用于可编程或通过连线控制机床的特定功能。在数控技术中所有的控制任务分配给 NC 和 PLC。

直线切削控制

Streckensteuerung   straight cut control

刀具只平行于轴线进给（X 轴、Y 轴、Z 轴依次进行）的数控系统。

同步电动机

Synchronmotor   synchronous motor

其转子与负载无关的一直以电动机定子产生的旋转磁场同步运转的三相交流电动机。定子绕组与异步电动机一样。

转子配备有永久磁铁或他励磁铁，设计布局一个到多个极对。同步电动机不能直接在电网上接通三相交流电起动，需要一个"辅助起动"达到额定速度，通常是笼型的。

速度是通过变频器改变电源电压和频率进行控制的。速度范围是从静止状态（带零速转矩）到最大允许速度，由电动机决定，从 2000r/min 到大于 9000r/min。

可调变速同步电动机的优势使它成为目前数控机床的首选轴驱动。现在的同步伺服电动机都采用特殊的设计，允许较大的控制范围，具有良好的动态速度特性。

语法

Syntax   syntax

1）语法。句子组成的规范，单词和句子成分以及主句和从句的位置和顺序的规则。

2）数控技术。构建字符、字和语句命令的确定的规则。

系统

System   system

由人创建的事物、过程和部件之间的整体联系。例如，化学元素周期、行星系统、度量系统、控制论系统、编程系统、制造系统。

系统的

Systematik   systematic

根据客观的和逻辑的关联进行分类。

型腔铣削

Taschenfräsen   pocket milling

通过简单的输入命令铣削凹槽或更深的工件表面的 NC 或编程功能。

TCP/IP

TCP/IP 是英文 Transmission Control Protocol/Internet Protocol 的缩写，表示传输控制协议。它是网络协议，对互联网非常重要，也简称互联网协议。

示教方式

Teach-in　teach-in mode

通过逐步获取位置信息进行编程。主要用于机器人、机器人臂在调试阶段顺序移动到所需的位置，通过按键输入在 CNC 中保存这个位置，然后开始自动向每个位置移动（录返）。

工艺循环

Technologiezyklen　machining cycles

在平面、回转体的端面或柱面及倾斜的工件表面上加工标准的几何形状、环形凹槽、螺纹退刀槽、雕刻循环和深孔钻削等的加工循环。

工艺数据

Technologische Daten　technological data

作为对几何数据的补充，在 NC 程序中用以技术功能选择的所有信息，例如，主轴转速、进给速度、切削液和刀具。

零件族

Teilefamilien　group technology

不进行显著的修改，使用相同的机床和刀具就能加工的几何形状和技术条件类似的一组工件。

终端

Terminal　terminal

进行数据输入和显示的设备，主要由 ASCII 键盘和屏幕组成。

晶闸管

Thyristor　silicon controlled rectifier（SCR）

能够由断路状态转换到接通状态（反之亦然）的可控半导体器件。广泛应用于电力电子行业的转速和频率调节。

分时

Time sharing　time-sharing

计算机运行的一种模式，多个用户通过同一台计算机的终端同时进行不同的任务。这样能够更有效地利用计算机，而对每一个用户不产生明显的延迟。

令牌环

Token Ring　token ring

局域网（LAN）的令牌访问方法，用于控制总线上的每一个参与者的访问。该"令牌"（特定的位模式，授予传输权利）总是可以从一个参与者传递到另一个参与者，这确保了总是仅有一个参与者发送，数据可无冲突地传输。

拓扑结构

Topologie　structure

计算机网络中的拓扑是多个设备相互连接的结构，保证了公共的数据交换。主要有星形、环形、总线型、树形、网状和细胞拓扑结构。网络的拓扑结构对于其可靠性至关重要，只有节点间存在替代路线，当连接出现问题时才能保持通信功能，因为边上有一个或多个备用路径（或重新定向）。

转矩电动机

Torquemotor　torque motor

转矩电动机由无减速机构直接驱动，具有非常高的转矩（8000N·m）和相对低的转速。它们被用于快速和精确地移动和定位。由于其紧凑的设计和少量的部件，因此只需要很小的空间。它们适用于回转工作台、摆动轴、回转轴、动态刀库和铣床的旋转轴。

转矩电动机可制造成内部或外部转子的形式，外部转子形式在相同的外部尺寸时拥有更大的转矩。

触摸屏

Touch screen　touch screen

用手指点触屏幕触摸传感器（代替软键），激活所提供的菜单。

流水线

Transferstraße　transferline

多个生产单元分组在同一生产线，所有工件以指定的顺序通过每一个生产单元，采用首尾相继、相互补充的方案进行加工。该加工过程只能在有限的范围内改变。因此，流水线是理想的大批量的没有太大的产品类型变化的生产方式。由于当前汽车制造需要极大的灵活性和大量的产品类型数量，使得传统意义上的流水线失去了优势，它们将被柔性制造系统所取代。

超声技术

Ultraschall-Technologie　ultrasonic technology

对于陶瓷、玻璃、硬质合金、硅和类似材料的一种新型的、经济性的加工方法。在一个特殊的旋转速度为 3000~40000r/min 的"超声波主轴"的金刚石刀具上叠加一个约 20000Hz 的 Z 轴方向的机械振动，这种振动方式的"拍打"会在工件表面生成粉末状微粒，从而得到较高的表面质量。

反向间隙

Umkehrspiel　backlash

机械传动机构的丝杠和螺母之间或者在齿轮与齿条之间的不期望出现的间隙。

转换器

Umsetzer　converter

数据从一种形式转换到另一种形式的电子设备。在 NC 中有代码转换器、数-模转换器、串行-并行转换器。

UNIX

由 AT&T 贝尔实验室为多用户开发的计算机操作系统。

子程序

Unterprogramm　subroutine，macro

在存储器中，经常反复出现的程序部分，通过主程序对其调用访问，此后程序流程跳转回主程序。

U 盘

USB-Stick

便携式半导体存储器，大部分是 ROM 闪存。不同于个人计算机的内存，这些存储器芯片即使没有工作电压也能够保持它们存储的内容。USB 是最优的连接方法，因此目前被广泛使用，同时可提供紧急充电并特别支持即插即用。

V.24 接口

V.24-Schnittstelle

CCITT 推荐和标准化的串行数据接口，在很大程度上与 EIA-232-C 接口相容，在数控系统中用于数据的自动输入输出。

随机位置编码

Variable Platzcodierung　random tool access

用于存储和管理刀库中刀具存储的方法。当装载刀具时，刀具被分配到空闲的刀位。当用双爪换刀机械手换刀时，刀具交换了位置，也就是说，每次换刀刀库分配就跟着变化，由数控系统负责刀具和位置编码的逻辑管理。

优点：可使用未编码的刀具，在 NC 程序中编写刀具编码，采用双爪换刀机械手时，以最短路径寻找和准备刀具，缩短了刀具的更换时间。

可变程序段格式

Variable Satzlänge　variable block format

NC 程序格式，其中长度可根据每个数值的不同而变化。

VDAFS

VDAFS 表示汽车行业协会 - 面接口，是 1986 年的 DIN 标准（DIN 66301）。纯几何接口，专门用于三维曲面（自由曲面）和平面数据的交换，例如，CAD 系统之间的交换。其特点是较少的基本元素、简单的数据格式和简单的语法。

矢量进给速度

Vektor-Vbrschub　vector feedrate

合成的进给速度，刀具以这个速度沿着工件轮廓表面移动。所涉及的轴将改变其速度，使得刀具的合成矢量速度符合编程值并且保持不变。

方法步骤

Verfahren　procedure

产品的获利、生产或清理的进行方式和方法流程。

比较器

Vergleicher　comparator

用于轴的理论位置与实际位置的比较的一种功能单元，在有偏差时产生补偿信号给控制回路，以减少这种偏差。

偏量

Versatz

参见：偏置。

放大器

Verstärker　amplifier

对信号功率进行放大的电子单元。在数控系统中通常是一个伺服系统，它提供可控制的驱动功率。

暂停时间

Verweilzeit　dwell

以秒计的或主轴旋转编程的段后的等待时间，例如，刀具的空切时间。

虚拟产品

Virtuelies Produkt　virtual product

基于计算机的具有全部所需功能的产品实体模型在屏幕上的逼真显示。无需事先制造出真实物理实体，即可进行尽可能真实的评估。

超大规模集成

VLSI

VLSI 是英文 Very Large Scale Integration 的缩写，指的是半导体电子元器件的集成度。例如，VLSI 处理器有 10 万 ~100 万个晶体管。

预读功能

Vorausschauende Bahnbetrachtung　look ahead function

预先读取多个刀具路径段，用于对关键轮廓过渡（转角、半径），根据机床的机械特性调整进给速度以保证工件轮廓精度的 CNC 的自动功能。此外，可以识别和避免工件轮廓的损伤危险，例如，在腔体铣削时刀具的直径大于工件的轮廓直径。

夹具

Vorrichtung，Spannvorrichtung　fixture

机械夹紧装置，工件能够借助它在机床工作台的一个精确位置上固定，以在高重复定位精度下进行加工。

进给

Vorschub　feed

工件每分钟或每转运动的路程（单位是 mm/min 或 mm/r）。NC 程序中定义了 F 地址进行编程，通过 G 代码（G94 和 G95）定义进给的类型。

进给倍率

Vbrschubkorrektur　feedrate override

用于暂时改变数控机床的编程进给速度，以适应加工工艺配比的一种手动干预的可能性。

WAN

WAN 是英文 Wide Area Network 的缩写，表示广域网，用于计算机与远距离设备的数据连接，如电话线路或电信的 ISDN 等公共设施。

G 功能

Wegbedingungen　G-functions

在 NC 程序中的 G 功能（G00~G99），用以确定如何运动到编程位置，如直线、圆、快速或钻孔循环。

位置信息

Weginfbrmationen　dimensional data

在 NC 程序中以地址 X、Y、Z、A、B、C、U、V、W、R 表示的所有的 NC 轴的给定值。

位置测量系统

Wegmesssysteme　position measuring system

带有电气测量信号的设备，用于检测数控机床轴的运动。包括多种不同的测量系统和测量方法，如线性和旋转编码器，绝对和相对、模拟和数字以及伪绝对测量系统。

面向车间的编程

Werkstattorientierte　Programmierung

参见：WOP

工件零点

Werkstücknullpunkt　part program zero

大多是由编程人员在每个坐标上指定的固定编程零点，所有 NC 程序中的尺寸都与它相关。通过零点偏置使它与机床零点建立关联。

工件更换

Werkstückwechsel　workpiece changer

在数控机床中，通过托盘或机器人将一个加工好的工件与未加工工件进行更换的可编程的且自动运行的更换过程。

刀具调用

Werkzeugaufruf　tool function

寻找 T 地址编程的刀具号，并在刀库中准备好下一个刀具，然后用 M06 指令在主轴上装入刀具。

刀具路径

Werkzeugbahn　tool path

通过 NC 计算出刀具中心点相对于工件移动的路径，以生成由编程确定的工件轮廓。

刀具数据

Werkzeugdaten　tool data

刀具的描述性数据，例如，直径、长度和寿命。在某些情况下，还有切削参数、重量、形状和类型等。

刀具补偿

Werkzeugkorrektur　tool compensation

在 NC 中存储的修正值，用来补偿刀具长度、不同的刀具半径、刀具的位置或刀具磨损的变化。

机床

Werkzeugmaschine　machine tool

机床用于金属、木材、塑料或其他材料工件的切削或非切削加工。例如，车削、铣削、刨削、钻削、电火花、磨削、剪、冲、压、轧、机械锻压。较新的机床种类有水射流切割机和激光切割机床，用于焊接、切割、去除或成形（光刻立体成形）。机床可手动或自动操作，后者速度更快且精度更高。数控机床可以运行一个可自由编程的加工序列，可以自动以任意顺序对不同的工件进行加工。

简单机床或专用机床用于单个或多个生产过程的制造。通用机床可用于不同生产过程和次序的加工。

批量生产时，通常是多个加工单元或机床进行分组加工并相互连接，这样不同的加工可以有序进行（旋转或平移自动输送、流水线、柔性制造系统）。机器人、喷漆机、测量机、焊接设备和其他生产设备不属于机床。

刀具寿命监控

Werkzeugstandzeitüberwachung　tool life monitoring

是一种通过连续获取每一把被激活使用的刀具的加工时间，在完成对应的累计求和与数据存储后再和之前设定的刀具可用时间进行比较的数控功能。若已经达到了之前设定的刀具可用的时间，数控系统在下一次程序停止后会通过信号自动更换上备用刀具。

刀具管理

Werkzeugverwaltung　tool management

1）机床内部。对在刀库中的刀具通过刀具号、刀座号、寿命、修正值、磨损、破损以及失效进行管理的 NC 功能。

2）机床外部。需要对所有数控系统运行的（刀具）管理任务以外的任务，例如，刀具号、刀具数据、校正和调整值、可用性、剩余使用寿命等进行管理的中央刀具（管理）计算机。

刀具（管理）计算机和 CNC 机床之间的数据交换或者通过 DNC 或刀柄上的可读 / 写数据存储芯片来进行。

持续的管理和刀具数据的更新对控制机床的经济性是至关重要的。

刀具预调

Werkzeugvoreinstellung　tool presetting

相关的长度（钻头、铣刀）和直径（镗刀）的基于预定刀具值的精确测量和调整。可以使用带有显微镜、投影仪和计算机结合使用的预调仪，用于测量值的准确捕捉或调整，并进行存储，随后传输、存储到数控机床。

换刀装置

Werkzeugwechsler　tool changer

用于从刀库到加工主轴进行自动装刀或者卸刀的数控机床的机械设备。可通过单爪或双爪，或者直接由刀库直接放入主轴。

重复定位精度

Wiederholgenauigkeit　repeatability repetitive accuracy

在相同条件下机床工作台重复多次定位到相同位置所达到的精度，这个偏差是由随机误差而不是系统误差决定的。

操作向导

Wizard

例如，在 CAD 和 PDM 系统中自动运行、显著缩短处理时间的一种软件工具。

面向车间的编程（WOP）

WOP-Werkstattorientierte Programmierung　shop floor programming

使用方便，操作对话界面和图形输入，适用于车间的一种编程方法，在工艺规划部门和车间统一编程。

WOP 的特点是几何尺寸和工艺过程输入的严格分离，即没有根据工件的几何尺寸输入并不意味着影响以后的加工顺序，编程的对象是工件轮廓而不是刀具路径。

程序字

Wort　program word

NC 程序段的基本单元，由地址和数值组成。

工作站

workstation

计算机的通信终端，大多配备有自己的计算机设备。

X 轴、Y 轴、Z 轴

X-，Y-，Z-Achse　X-，Y-，Z-axis

数控机床的三个线性轴地址标识，大多使用直角坐标系。这里 X 轴在水平方向运动，Y 轴在纵向方向运动，Z 轴在主轴方向运动。

（加工）单元

Zelle　cell，manufacturing cell

参见：柔性制造单元

缩放功能

Zoom-Funktion　zooming

在屏幕上无级放大或缩小一个图形以得到更好的识别细节。

访问时间

Zugriffszeit　access time

在存储器中检索一定数量数据的必要时间。

附加功能

Zusatzfunktionen

参见：辅助功能

固定循环

Zyklus　cycle

存储在 NC 中，并且可以通过 M 或 G 功能进行调用的由多个单一加工步骤组成的固定过程。固定循环通过特定的参数值（返回平面、钻孔深度、切削区域）来适应给出的加工任务。这样简化了编程，显著减少了程序长度。使用固定循环的 NC 程序比没有使用固定循环的程序更加便于修改。例如，攻螺纹、钻深孔、粗加工、更换刀具、更换托盘、测量过程。

处理周期

Zykluszeit　cycle time

NC 用来处理连续加工段和为加工进行准备的最短时间。如果一个程序段所需的加工时间比处理周期短，那么机床只有停留等待一段时间，直到下一个加工的程序段被释放出来。为了防止发生这种情况，进给速度必须减慢。

8.3 缩写词汇

AC	Adaptive Control	自适应控制
AF	Auxiliary Functions	辅助功能
AGV	Automatic Guided Vehicle	自动导引车
AI	Artificial Intelligence	人工智能
AM	Additive Manufacturing	增材加工
APT	Automatically Programmed Tools	自动编程工具
AR	Augmented Reality（erweiterte Realität）	增强现实
ASCII	American Standard Code for Information Interchange	美国信息交换标准代码
ASIC	Application-Specific Integrated Circuit	专用集成电路
AWL	Anweisungsliste，für die Programmierung von SPS	指令列表（用于 PLC 编程）
BDE	Betriebs-Daten Erfassung	运行数据采集
BCD	Binary Coded Decimalcode	二进制码的十进制数
CAA	Computer Aided Assembly	计算机辅助装配
CAE	Computer Aided Engineering	计算机辅助工程
CAI	Computer Aided Inspection	计算机辅助检测
CAM	Computer Aided Manufacturing	计算机辅助制造
CAN	Controller Area Network（Feldbus-System）	现场总线系统
CAP	Computer Aided Programming	计算机辅助编程
CAPP	Computer Aided Production（or Process）Planning	计算机辅助工艺过程设计
CAQ	Computer Aided Quality Insurance	计算机辅助质量保证
CAR	Computer Aided Research	计算机辅助研究
CBN	Cubisches Bornitrid（Werkzeug-Schneidstoff）	立方氮化硼
CE	Concurrent Engineering	并行工程
CiA	CAN in Automation	自动化总线
CIM	Computer Integrated Manufacturing	计算机集成制造
CISC	Complex Instruction Set Computer	复杂指令集计算机
CMM	Coordinate Measuring Machine	坐标测量仪
CNC	Computerized Numerical Control	计算机数字控制
PC	Potential Capability	潜在能力
CPS	Cyber Physical System	信息物理系统
CPU	Central Processing Unit	中央处理器
CRT	Cathode Ray Tube	阴极射线管
CSMA/CA	Carrier-Sense Multiple Access with Collision Avoidance	带有冲突避免的载波监听多路访问
CSMA/CD	Carrier-Sense Multiple Access with Collision Detection	带有冲突检测的载波监听多路访问
DIN	Deutsche Industrie Norm	德国工业标准

DMLS	Direct Metal Laser Sintering	直接金属激光烧结
DMU	Digital Mockup	数字模型
DMZ	DeMilitarized Zone	非军事区
DNC	（Director）Distributed Numerical Control	（直接或）分布式数控
DP	Decentralized Peripherals	分布式外围设备
DRAM	Dynamic Random-Access Memory	动态随机存取存储器
EBM	Electron-Beam Melting	电子束熔炼
EOB	End of Block（= Line Feed）	语句段结束（换行）
EOP	End of Program	程序结束
EPROM	Erasable Programmable Read-Only Memory	可擦除可编程只读内存
ERP	Enterprise Resource Planning System	企业资源规划系统
FBM	Feature Based Machining	基于特征的加工
FDM	Fused Depositing Modeling	熔融沉积造型
FMS	Flexible Manufacturing System	柔性生产系统
FMS	Fieldbus Message Specification	现场总线报文规范
FUP	Funktionsplan（für die Programmierung von SPS）	功能计划（用于 PLC 编程）
GAE	Gesamtanlageneffektivität	全员生产维护
HMI	Human-Machine Interface	人机界面
HSC	High Speed Cutting	高速切削
HSK	Hohlschaftkegel（bei Werkzeugaufnahmen）	空心刀柄锥度
I4.0	Industrie 4.0	工业 4.0
IGES	Initial Graphics Exchange Specification	初始图形交换规范
IPC	Industrie-PC	工业计算机
IR	Industrial Robot	工业机器人
ISO	International Standards Organization	国际标准化组织
KOP	Kontaktplan（für die Programmierung von SPS）	梯形图（用于 PLC 编程）
KTY	Kaltleiter Temperatursensor Y（für kommerzielle Anwendung）	Y 型温度传感器（商用）
K_v	Verstärkungsfaktor im Regelkreis	控制环路增益系数
LAN	Local-Area Network	局域网
LC	Laser Cusing	激光熔融
LED	Light Emitting Diode	发光二极管
LOM	Laminated-Object Manufacturing	分层实体制造
MAP	Manufacturing Automation Protocol	制造自动化协议
MB	Mega Byte	兆字节
Mb	Megabit	兆比特
MDA	Machine Data Acquisition	机床数据采集
MDC	Manufacturing Data Collection	生产数据采集
MES	Manufacturing Execution System	制造执行系统
MIPS	Million Instructions Per Second	每秒百万指令
MMI	Man-Machine Interface	人机界面

MMS	Mensch-Maschine-Schnittstelle	人机界面
NC	Numerical Control	数字控制
NURBS	Non-Uniform Rational B-Splines	非均匀有理 B 样条曲线
OEE	Overall Equipment Effectiveness	设备综合效率
OS	Operating System	操作系统
OSACA	Open System Architecture for Controls within Automation Systems	为自动化系统中的控制提供开放的系统架构
PDA	Production Data Acquisition	生产数据采集
PDM	Product Data Management	产品数据管理
PKD	Polykristalliner Diamant（Werkzeug-Schneidstoff）	多晶金刚石（切削刃材料）
PKM	Parallel Kinematic Machines	并联机床
PLC	Programmable Logic Controller	可编程逻辑控制器
PLM	Product Lifecycle Management	产品全生命周期管理
PMI	Produkt Manufacturing Information	产品生产信息
PP	Post Processor	后置处理器
PPC	Production Planning and Control	生产计划与控制
PROM	Programmable Read-Only Memory	可编程只读存储器
RAM	Random Access Memory	随机存取存储器
RFID	Radio Frequency Identification Device	射频识别装置
ROM	Read Only Memory	只读存储器
RP	Rapid Prototyping	快速原型
RPD	Rapid Product Development	快速产品开发
SCR	Silicon-Controlled Rectifier	晶闸管整流器
SERCOS	Serielles Echtzeit Communicaions-System	串行实时通信系统
SK	Steilkegel（bei Werkzeug-aufnahmen）	锥度（刀柄）
SLS	Selective Laser Sintering	选择性激光烧结
SMD	Surface-Mounted Device	表面贴装器件
SMS	Selective Mask Sintering	选择性掩模烧结
SPC	Statistical Process Control	统计质量控制
SPS	Speicherprogrammierbare Steuerung	可编程逻辑控制器
SRAM	Static RAM	静态随机存取存储器
STEP	Standard for the Exchange of Product Model Data	产品模型数据交互规范
TCP/IP	Transmission Control Protocol/ Internet Protocol	传输控制协议 / 互联网协议
TPM	Total Productive Maintenance（Gesamtanlageneffektivität GAE）	全员生产维护
TOP	Technical and Office Protocol	技术及办公协议
VDI	Verein Deutscher Ingenieure	德国工程师协会
VLSI	Very Large-Scale Integration	超大规模集成
VNCK	Virtueller NC-Kern	虚拟数控内核
VR	Virtual Reality	虚拟现实
WAN	Wide Area Network	广域网
WPL	Wendeplatten（bei Werkzeugen）	可转位刀片（刀具）

8.4 关键词索引

A

Abrasiv-Schneiden	（水切割加工）磨料切削
Abrichten von Schleifscheiben	砂轮修整
Abrichtgerät	修整器
Abrichtwerkzeuge	修整工具
Abrichtzyklen	修整循环
ABS-Kupplung	ABS- 联轴器
Absolute Messung	绝对式测量
Absolutmaße	绝对尺寸
Absolutmaßprogrammierung	绝对坐标编程
Abstandscodierte Referenzmarken	距离编码的参考点标记
Achsantriebe	轴的驱动
Achsbezeichnung	轴名称
Achsen，asynchrone	异步轴
Achsen sperren	轴锁定
Achsen，synchrone	同步轴
Achsen tauschen	轴交换
Achsmechanik	坐标轴的机械结构
Achsregelung	轴的控制
Achsrichtung，positive	轴的正方向
Adaptive Control（AC）	自适应控制（AC）
Adaptive Controls	自适应控制
Adaptive Feed Control	自适应进给控制
Adaptives Bearbeiten	自适应加工
Adaptive Vorschubregelung	自适应进给控制
Additive Fertigungsverfahren	增材制造
Additive Manufacturing	增材制造
AGV（Automated Guided Vehicles）	AGV（自动导引车）
Analoge Regelung	模拟量控制
Angetriebene Werkzeuge	动力刀具
Angetriebene Werkzeugspindeln	动力刀具主轴
Ankratzen	接触式对刀
Anpassprogramm	适配（PLC）程序
Anpassteil	配电单元

Antriebe，analog/digital	模拟量 / 数字量驱动器
Antriebsleistung	驱动功率
Antriebsregelung	驱动的调节
Antriebsregler	驱动控制器
Antriebstechnik	驱动技术
Anzeigen in CNC	CNC 的显示界面
Apps	应用程序
Äquidistantenkorrektur	等距轮廓补偿
Arbeiten von der Stange	棒料的加工
Arbeitserleichternde Grafiken	简化工作图
Arbeitsfeldbegrenzung	加工区域限制
Asynchrone Unterprogramme	异步子程序
Asynchronmotor	异步电动机
Aufspannplanung	装夹方案
Ausbildung und Schulung	教育和培训
Auslegerbohrmaschinen	摇臂钻床
Ausspindelwerkzeuge	精镗单元
Auswahl des geeigneten Programmiersystems	适合的编程系统的选择
Automated Guided Vehicles（AGV）	自动导引车（AGV）
Automatische Systemdiagnosen	系统自动诊断
Automatisierung	自动化
-flexible	灵活的自动化
-gleitende	移动的自动化
AWL-Anweisungsliste	指令表

B

Bahnsteuerung	轨迹控制
Balance Cutting	平衡切削
Bandsägen	带锯
BDE/MDE	生产数据 / 设备数据采集
Bearbeitungsstrategien	加工策略
Bearbeitungszentrum	加工中心
-mehrspindliges	多主轴加工中心
Bedienung	操作
Bedienungspersonal	操作人员
Betriebssystem	操作系统
Bezugspunkte	参考点
Big Data	大数据
Binder jetting	黏结剂喷射
Blindleistung	无功功率
Blindstrom	无功电流

F

Logbuch	日志
Look-Ahead-Funktion	预读功能，前瞻功能
Losekompensation	间隙补偿

M

Makros	宏
Mantelfläche	外表面
Manuelle Betriebsart	手动操作方式
Maschine nauswahl	机床的选择
Maschinendatener fassung	设备数据收集
Maschinendatener fassung（MDE）	设备数据收集
Maschinengestelle	床身
Maschinenmodell	机床模型
Maschinennullpunkt	机床零点
Maschinen-Parameterwerte	机床参数值
Maschinenseitige Aufnahmen	机床侧刀具的夹持装置
Maschinenverkleidung	机床防护
Masken-Sintern（MS）	壳模烧结
Maßstabfaktor	比例系数
Maßstabfehler-Kompensation	比例误差补偿
Master-Slave-Verfahren	主从方式
Materialanforderung	原材料的需求清单
Material extrusion	材料挤出
Materialise E-Stage Materialise	E-Stage 软件（一款可精确计算 3D 打印时需要支撑的位置，并自动为部件生成最佳金属支撑结构的软件）
Material jetting	材料喷射
MDE/BDE	设备数据 / 生产数据采集
Mehr-Achsen Auftrag（DED,EXT）	多轴任务
Mehrfach-Spannbrücke	多面加工桥架
Mehrmaschinenbedienung	多机床操作
Mehrspindelautomaten	多主轴自动车削中心
MES（Manufacturing Execution System）	制造执行系统
MES Pyramide	MES 金字塔
Messen und Prüfen	测量与检测
Messgeber	测量传感器
Messgesteuertes Schleifen	量测磨削
Messköpfe	测头
Messmaschinen	测量机
Messprotokoll	测量记录
Messsteuergeräte	测量仪

Offenheit einer CNC	数控系统的开放性
Offset	偏置
Öl-/Luft-Schmierung	油气润滑
OPC UA	OPC UA 协议
Open System Architecture	开放式系统架构
Optimierte CNC-Drehbearbeitung	优化的 CNC 车削策略
Optimierte CNC-Frässtrategien	优化的 CNC 铣削策略
Overall Equipment Effectiveness（OEE）	设备综合效率

P

Palette	托盘
Palettenpool	托盘池
Palettenspeicher	托盘库
Paletten-Umlaufsysteme	托盘流通系统
Palettenverwaltung	托盘管理
Palettenwechsel	交换工作台，托盘交换
Parallel-Achsen	平行轴
Parallelkinematik	并联运动机构
Parametrierung	参数化
PDM（Product Data Management/ Produktdatenmanagement）	产品数据管理
PDM-Systeme	PDM 系统
Pick-Up-Drehmaschinen	可自动上下料的车床
Pick-up-Verfahren	上下料过程
PID-Regler	PID 调节器
Planung eines Flexiblen Fertigungssystems	柔性制造系统的规划
Planung flexibler Fertigungssysteme	柔性制造系统的规划
Planungsphase in der Serienfertigung	批量生产的规划阶段
Platzcodierung	位置编码
-variable	随机位置编码
PLM（Product Lifecycle Management）	产品全生命周期管理
PMI（Product Manufacturing Information）	产品制造信息
Pneumatik	气动
Polarkoordinaten	极坐标
Portalfräsmaschinen	龙门铣床
Portalroboter	门架机器人
Portal-Tischbauweise	龙门工作台结构
Position setzen	位置设定
Positionsregelung	位置环调节
Postprozessor	后置处理
Postprozessoren（PP）	后置处理器

Prüfschärfensteuerung	检验严重性级别控制
Pulsweiten-Modulation	脉冲宽度调制
Punktsteuerungen	点位控制

Q

Quadrantenfehler-Kompensation	过象限误差补偿

R

Rahmenständerbauweise	立柱框架结构
Rapid Manufacturing	快速制造
Rapid Prototyping	快速原型
Rapid-Technologien	快速技术
Rapid Tooling	快速制模
Rattern	颤振
Ratterunterdrückung	颤振抑制
Räumen	拉削
Rechnereinheit	计算单元
Referenzpunkt	参考点
Regeldifferenz	调差
Regelkreis	控制回路
Regelung	调节
Regelungstechnik	控制技术
Reglertypen	调节器类型
Reibkompensation	摩擦补偿
Relativmaße	相对尺寸
Reset	复位
Revolver	旋转变压器
RFID	射频识别
Roboter	机器人
Roboterarm	机械人手臂
Robotersteuerung	机器人控制器
Rohrbiegemaschinen	弯管机
Rollenförderer	辊式运输机
Rotierende Werkzeuge	旋转刀具
Ruckbegrenzung（Slope）	加加速限制（对加速度的变化率进行限制）
Rückzugsbolzen	拉钉
Rund-oder Schwenkachsen	旋转或摆动轴

S

Sachmerkmalleiste	物品特性表
Safe Handling	安全操纵
Safe Operation	安全操作

Selektive Laserstrahlschmelzen	选择性激光熔化
Selektives Lasersintern（SLS）	选择性激光烧结
Semi Closed Loop	半闭环
Semi-Closed-Loop-Betrieb	半闭环运行
Senkerodieren	下降侵蚀工艺
Sensoren	传感器
SERCOS interface	SERCOS 接口
Servoantriebe	伺服驱动器
Servomotor	伺服电机
Shiften	摆动
Sicherheitsfunktionen bei Robotern	机器人的安全功能
Sicherheitskonzepte，integrierte	安全集成策略
Sicherheitstechnik	安全技术
Simulation	仿真
Der Bearbeitung	加工仿真
Des Bearbeitungsablaufs	加工过程仿真
Simulationsgrafik	模拟图形
Simulation von FFS	柔性制造系统的仿真
Simultandrehen	同步车削
Sinterverfahren	烧结工艺
Slice-Prozess	片层处理
Smart Data	智能数据
Smarte Objekte	智能对象
Smart Factory	智能工厂
Software	软件
Software-Schnittstelle	软件接口
Sonderwerkzeuge	特殊刀具
Späneförderer	排屑器
Spannfutter	卡盘的卡爪
Spannmittel	夹具
Spannvorrichtungen	夹紧装置
Speicherprogrammierbare Anpasssteuerung	可编程逻辑适配程序（PLC 程序）
Speicherprogrammierbare Steuerung	可编程逻辑控制器
Speicherprogrammierbare Steuerungen（SPS）	可编程逻辑控制器（PLC）
Sperrluft	密封空气
Spiegeln，Drehen，Verschieben	镜像、旋转、平移
Spindelantriebe	主轴驱动
Spindeldrehzahl	主轴转速
Spindelmesstaster	可装在主轴上的测头
Spindelsteigungsfehlerkompensation	丝杠螺距误差补偿

T

Tapping-Center	钻攻中心
Taster，messender	测头
Tastkopf	触头
Tauchfräsen（Plunging）	插铣
TCP/IP	TCP/IP 协议
Technologische Informationen	工艺指令
Teileprogramme	子程序
Teilverfahren	（齿轮加工）分度法
Temperaturfehler-Kompensation	温度误差补偿
Temperaturkompensation	温度补偿
Tiefbohrmaschinen	深孔钻床
Token Passing	令牌传递
Token-Prinzip	令牌原则
Topologie-Optimierung	拓扑模型优化
Torquemotoren	力矩电机
Touchbedientafeln	触摸式操作面板
Touch-Bedienung	触控操作
Touch Panels	触控面板
Trägheitsmoment	转动惯量
Transferstraßen	传送自动生产线
Transformation	变换
Transportsysteme	输送系统
Trochoidale Bearbeitung	摆线加工
Trockenbearbeitung	干式切削
Trockenlauf	空运行

U

Übertragungsgeschwindigkeit	传输速率
Übertragung von Daten	数据传输
Umkehrspanne	反向死区
Umlenkspiegel	偏转反射镜
Umschlingungswinkel	接触角
Universal-Rundschleifmaschine	万能（内外）圆磨床
Universelle NC-Programmiersysteme	万能的 NC 编程系统
Unterprogramme	子程序

V

V.24-Schnittstelle	V.24 接口
VDI-Halter	VDI 刀座（车床）
Verschleißkompensation	磨损补偿

8.5 推荐的 NC 文献

1. 专业杂志

为了持续获得最新的制造技术、金属加工、数控技术、CAD/CAM 领域的信息，建议订阅下列专业杂志。

（1）《模具与工具》Form und Werkzeug

每年 6 期

卡尔·汉瑟出版社，Kolberg 大街 22 号，81679 慕尼黑，电话:（0049）089-99830-611，redaktion@hanser.de

（2）《车间和工厂》WB Werkstatt und Betrieb

每月 1 期（2 本）

卡尔·汉瑟出版社，Kolberg 大街 22 号，81679 慕尼黑，电话:（0049）089-99830-254，redaktion@hanser.de

（3）《工厂的经济性运营杂志》ZwF-Zeitschrift fur den wirtschaftlichen Fabrikbetrieb

每年 10 期

卡尔·汉瑟出版社，Kolberg 大街 22 号，81679 慕尼黑，电话:（0049）030-39006226，redaktion@hanser. de

（4）《数控加工》NC-Fertigung

每年 10 期

NC 出版社，奥格斯堡办公室，86150 奥格斯堡，电话:（0049）0821-319880-10，angeli@schluetersche.de

（5）《刀具和模具》Werkzeug und Formenbau

每年 5 期

摩登工业出版社，尤斯图斯·冯·李比希大街 1 号，86899 兰茨贝格，电话:（0049）08191-125-0

（6）《VDI-Z 综合生产》VDI-Z IntegrierteProduktion

每年 12 期（含特别版）

斯普林格-VDI-联合出版有限公司，VDI-广场 1 号，40468 杜塞尔多夫，电话:（0049）0211-6103-0

2. 专业书籍

为深入快速地学习数控技术及其应用，下面列出了一些参考书。

（1）Awiszus, Bast, Hänel, Kusch,《制造技术基础　第 7 版》, Grundlagen der Fertigungstechnik, 7.A.

卡尔·汉瑟出版社，慕尼黑

ISBN 978-3-446-45033-2

（2）Conrad,《工程设计基础》, Grundlagen der Konstruktionslehre
卡尔·汉瑟出版社，慕尼黑
ISBN 978-3-446-43533-9

（3）Conrad 等人,《机床袖珍手册》, Taschenbuch der Werkzeugmaschinen
莱比锡专业书籍出版社
ISBN 978-3-446-43855-2

（4）Conrad,《工程设计手册》, Taschenbuch der Konstruktionstechnik
莱比锡专业书籍出版社
ISBN 3-446-41510-2

（5）Gebhardt,《增材制造和 3D 打印技术原型制造》, Generative Fertigungsverfahren Additive Manufacturing und 3D Drucken fur Prototyping-Tooling-Produktion
卡尔·汉瑟出版社，慕尼黑
ISBN 978-3-446-43651-0

（6）Gebhardt,《产品造型中使用的增材加工》, Produktgestaltung für die Additive Fertigung
卡尔·汉瑟出版社，慕尼黑
ISBN 978-3-446-45285-5

（7）Gebhardt,《3D 打印增材加工详解》3D Printing Understanding Additive Manufacturing
卡尔·汉瑟出版社，慕尼黑
ISBN 978-1-56990-702-3

（8）Heisel, Klocke, Uhlmaim, Spur,《切削手册》, Handbuch Spanen
卡尔·汉瑟出版社，慕尼黑
ISBN 978-3-446-42826-3

（9）Klocke/Brecher,《齿轮和传动技术设计、制造、检测与仿真》, Zahnrad-und Getriebetechnik Auslegung-Herstellung-Untersuchung Simulation
卡尔·汉瑟出版社，慕尼黑
ISBN 978-3-446-43068-6

（10）König,《制造工艺》（卷 1 和卷 2）, Fertigungsverfahren（Band 1 und 2）
斯普林格出版社
第 1 卷：磨削，珩磨，研磨，Band 1：Schleiffen, Honen, Lappen
ISBN 3-540-23458-6
第 2 卷：车削，铣削，钻削，Band 2：Drehen, Frasen, Bohren
ISBN 3-540-23496-9

（11）Koether/Rau,《经济工程师需要掌握的制造技术 第 2 版》, Fertigungstechnik für Wirtschafts-ingenieure, 2.A.
卡尔·汉瑟出版社，慕尼黑
ISBN 978-3-446-43084-6

（12）Lierse,《磨削和修整技术》, Schleif-und Abrichttechnik
卡尔·汉瑟出版社，慕尼黑

ISBN 978-3-446-46190-1

（13）Müller，Franke，Henrich，Kuhlenkötter，Raatz，Verl，《人与机器人协同工作的指南》Handbuch Mensch-Roboter-Kollaboration

卡尔·汉瑟出版社，慕尼黑

ISBN 978-3-446-45016-5

（14）Neugebauer（主编），《并联运动机构机床草案规划、设计及应用》，Parallelkinematische Maschinen；Entwurf，Konstruktion，Anwendung

斯普林格出版社

ISBN 978-3-540-29939-4

（15）Perovic，《机床的计算、规划和设计手册》，Handbuch Werkzeugmaschinen Berechnung，Auslegung，Konstruktion

卡尔·汉瑟出版社，慕尼黑

ISBN 3-446-40602-6

（16）Regele，《使用 3D 打印技术做点什么！自己动手打印或建造一个实体，包括项目中的 3D 建模》，Mach was mit 3D-Druck! Entwickle，drucke und baue deine DIY-Objekte. Inklusive der 3D-Modelle aller Projekte

卡尔·汉瑟出版社，慕尼黑

ISBN 978-3-446-44781-3

（17）Regele，《机械零件的设计公式、使用技巧、计算程序　第 2 版》，Auslegung von Maschinenelementen Formeln，Einsatztipps，Berechnungsprogramme，2.A.

卡尔·汉瑟出版社，慕尼黑

ISBN 978-3-446-45430-9

（18）Rieg，Steinhilper，《设计手册　第 2 版》，Handbuch Konstruktion，2.A.

卡尔·汉瑟出版社，慕尼黑

ISBN 978-3-446-43000-6

（19）Scheuermann，《Inventor 2014 多种设计实例基本概念和方法》，Inventor 2014 Grundlagen und Methodik in zahlreichen Konstruktionsbeispielen

卡尔·汉瑟出版社，慕尼黑

ISBN 978-3-446-43633-6

（20）Seidel，《磨削烧伤及其检验实践中的指导性原则》，Schleifbrand und dessen Prüfung Leitfaden für die Praxis

卡尔·汉瑟出版社，慕尼黑

ISBN 978-3-446-46334-9

（21）《金属手册，欧洲金属专业教科书》，Tabellenbuch Metall，Europa-Fachbuchreihe für Metallberufe

ISBN 978-3808517284

（22）Vogel，《Solidworks 入门：草图、零件图、装配图的录像培训　第 5 版》，Einstieg in SolidWorks，5.A.Videotraining für Skizzen，Bauteile，Baugruppen

卡尔·汉瑟出版社，慕尼黑

ISBN 978-3-446-46374-5

（23）Vogel,《使用 SolidWorks 进行设计 第 8 版》, Konstruieren mit SolidWorks, 8.A.
卡尔·汉瑟出版社，慕尼黑

ISBN 978-3-446-45432-3

（24）Vogel,《使用 AutoCAD 出色的完成绘图并符合标准地打印出来》, Einstieg in AutoCAD Perfekt zeichnen und normgerecht drucken
卡尔·汉瑟出版社，慕尼黑

ISBN 978-3-446-45125-4

（25）Weber,《工业机器人的控制与调节方法》, Industrieroboter Methoden der Steuerung und Regelung
卡尔·汉瑟出版社，慕尼黑

ISBN 978-3-446-45952-6

（26）Weck/Brecher,《机床》（第 1~5 卷）, Werkzeugmaschinen, Band 1-5
斯普林格出版社
第 1 卷：机床的类型，结构和应用领域，Band 1 : Maschinenarten, Baufbrmen und Anwendungsbereiche

ISBN 3-540-22504-8

第 2 卷：设计和计算，Band 2 : Konstruktion und Berechnung

ISBN 3-540-43351-1

第 3 卷：机电一体化系统：进给驱动，过程诊断，Band3 : Mechatronische Systeme : Vorschubantriebe, Prozessdiagnose

ISBN 3-540-67614-7

第 4 卷：机床和设备的自动化，Band 4 : Automatisierung von Maschinen und Anlagen

ISBN 3-540-67613-9

第 5 卷：机床的测试和评估，动态稳定性，Band 5 : Werkzeugmaschinen Messtechnische Untersuchung und Beurteilung, dynamische Stabilität

ISBN 3-540-22505-6